网络空间安全技术丛书

U0182125

unidbg
逆向工程
原理与实践

UNIDBG REVERSE
ENGINEERING
Principles and Practices

陈佳林 著

机械工业出版社
CHINA MACHINE PRESS

图书在版编目（CIP）数据

unidbg 逆向工程：原理与实践 / 陈佳林著 . —北京：机械工业出版社，2023.12
（网络空间安全技术丛书）
ISBN 978-7-111-74182-4

Ⅰ . ① u… Ⅱ . ①陈… Ⅲ . ①计算机网络 - 网络安全 Ⅳ . ① TP393.08

中国国家版本馆 CIP 数据核字（2023）第 210476 号

机械工业出版社（北京市百万庄大街 22 号　邮政编码 100037）
策划编辑：杨福川　　　　　　责任编辑：杨福川
责任校对：樊钟英　刘雅娜　　责任印制：单爱军
保定市中画美凯印刷有限公司印刷
2024 年 1 月第 1 版第 1 次印刷
186mm×240mm・35.5 印张・791 千字
标准书号：ISBN 978-7-111-74182-4
定价：129.00 元

电话服务　　　　　　　　网络服务
客服电话：010-88361066　　机 工 官 网：www.cmpbook.com
　　　　　010-88379833　　机 工 官 博：weibo.com/cmp1952
　　　　　010-68326294　　金 书 网：www.golden-book.com
封底无防伪标均为盗版　　机工教育服务网：www.cmpedu.com

写作背景

现在的 App，只要是稍微对安全有一些要求的，都会把核心逻辑、加解密算法或者保护机制，比如一些反调试手段，使用 NDK 开发的方式写到 Native 库中，最终生成 so 文件。

so 文件的逆向比 Java 层的 DEX 要困难很多，如果文件中还有比较严重的混淆或者花指令的话，可能连正常的反编译都成问题，更不用说查看它采用的是什么算法了。不仅如此，现在 ARM 平台上还出现了让算法完全消失的虚拟机保护（Virtual Machine Protect）技术，该技术通过自定义字节码的方式实现一套自己的 CPU。如果不能理解这套虚拟机的运行流程，逆向算法便无从谈起。

下图为一个经过 OLLVM 强混淆的简单 RC4 算法，仅仅几行代码就能混淆出千头万绪、杂乱无章、面目全非的数万行伪代码。如果再嵌套几个手写的非标准算法，还原难度可以达到"地狱级"。

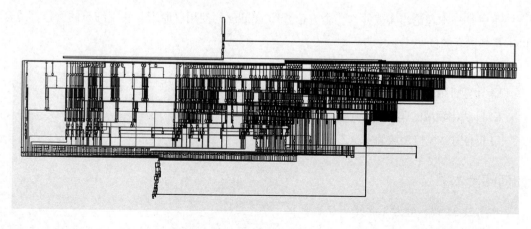

"兵来将挡，水来土掩。"幸运的是，随着技术的发展，可以应对这样场景的对抗方案出

现了。正如 AlphaGo 在大战李世石时依赖暴力下棋法一样，我们也可以不还原某段算法，而是凭借现代计算机的超高算力，直接暴力执行这段算法。

在模拟执行的过程中，算法是黑盒，我们并不直接分析这个黑盒，而是直接让它运行，它需要什么我们就给它补充什么，以确保它能顺利地执行完算法，生成我们需要的结果。

这个模拟执行的框架就是 unidbg。

本书特点

1）由浅至深。我们先让 unidbg 框架运行起来，比如能够加载 so 文件，完成基础的补环境，排除基本报错，支持 Hook 功能，执行 so 文件中的算法。待基本的使用没有问题之后，再进阶到原理部分，详解 so 文件是如何加载和运行的，以及内存、信号、虚拟机、系统调用等是如何模拟真实的 Android 系统环境的，带领大家实现一个类似框架。

2）授人以鱼，同时授人以渔。在使用 unidbg 框架的时候，各种报错千奇百怪，尤其是难以定位的内存问题。很多时候，在 A 处没有进行处理或者初始化，却在 B 处报错。此时如果不能进行全局综合分析，或者缺乏对 so 的初始化和函数调用流程的完整把握与清晰认知，那么我们将无从下手。因此在学习本书的过程中，更重要的是知识深度与广度的积累，只有真正理解并掌握 unidbg 的原理，高屋建瓴、把握全局，最终才能做到游刃有余。

3）内容翔实、丰富，实用性强。本书介绍 unidbg 的方方面面，从应用到原理，从案例到检测，不仅可以运行算法，还可以辅助算法还原，因此可以作为 unidbg 的操作宝典来学习、参考。

阅读对象

本书是一本理论与实战并举，全方位介绍 unidbg 的使用、原理及实现细节的著作，适合以下几类读者阅读：

❑ 移动应用安全方向的安全工程师。

❑ 计算机组成原理和软件模拟方向的应用开发者。

❑ 自动化领域的爬虫工程师。

❑ 反欺诈 / 风控领域的安全工程师。

如何阅读本书

本书共 31 章，分为 4 部分。

第一部分（第 1 ～ 3 章） 进入 unidbg 的世界。通过阅读该部分，读者可以简单了解

unidbg 的基础知识，通过 unidbg 执行一些基本的操作，包括环境准备、so 文件加载、简单补环境、Hook 和 Patch 的方法等。

第二部分（第 4 ~ 15 章） unidbg 原理。由于 unidbg 主要是用 Java 写的，代码比较通俗易懂，且核心原理参照的是 Android 系统，可以说是一个缩小版 AndroidLite，因此如果有哪部分看不懂，可以直接参考 Android 源码。读完该部分，读者会对 unidbg 核心原理有比较完整的认识。

第三部分（第 16 ~ 26 章） 模拟执行与补环境实战。该部分主要介绍 unidbg 实战中的各种具体技术案例，如 I/O 重定向、Debugger 自吐、指针参数与 Debugger、魔改 Base64 还原、使用 unidbg 动态分析内存中的数据、使用 unidbg 主动调用 fork 进程，并对补环境中的补环境入门、标识记录、设备风控、补环境加强等进行分析，指导读者编写实际的补环境代码，更好地将理论知识运用于实践。

第四部分（第 27 ~ 31 章） 反制与生产环境部署。该部分介绍环境变量检测、xHook 框架检测、JNI 层常见函数处理等，并对常规检测进行总结，还介绍通过检测之后如何把 so 部署到 x86 服务器上运行。该部分是大家最关心的批量生产与对抗的内容，也是最敏感的支持风控数据与决策的内容，对于打击黑灰产、遏制网络犯罪有着非常积极的意义。

资源与勘误

由于知识的动态发展和不断更新，加之笔者水平有限，书中难免有考虑不周之处，还望读者海涵。读者可以在 GitHub 上提 issue，与笔者一起讨论，地址为 https://github.com/r0ysue/UnidbgBook。本书相关资源也会上传到该地址，读者可自行下载、查阅。

致谢

感谢我的父母。感谢凯 R 开源 unidbg 这个功能如此强大的框架。感谢 bxl、冻鱼战神、Forgo7ten，感谢看雪学院和段钢先生，感谢寒冰冷月、imyang、灰翔的猫，感谢白龙、寄予蓝，感谢葫芦娃、非虫，感谢 52pojie、国防科技大学，是你们的支持和帮助让这本书顺利面市！

目 录 *Contents*

第一部分 *Part 1*

进入 unidbg 的世界

Chapter 1 第 1 章

unidbg 环境准备与快速上手

"工欲善其事，必先利其器。"本章将介绍笔者在使用 unidbg 时的一些环境配置，包括主机和测试机的一些基础环境。一个良好的工作系统体系能给工作带来很多便利，让大家不必因为环境问题而焦头烂额。

1.1 r0env 环境介绍与集成

r0env 是笔者专门为初学者打造的一个 Android 逆向工程环境，使用该环境可以免去枯燥的、充满重复劳动的、高度依赖科学上网的环境准备过程，让初学者的逆向工程学习变得无比顺畅、事半功倍。同时，拥有一个统一的环境，可以降低沟通成本。在本书中，我们统一使用该环境。

1.1.1 r0env 各组件介绍

对于 PC 环境，笔者基于 Kali Linux 制作了相关虚拟机镜像，并集成了开发环境及常用的逆向工具。

使用虚拟机而不是真机，有以下两个主要原因。其一，虚拟机自带"时光机"功能，可以"时光倒流"。这样在配置失误导致环境崩溃时，可以极为方便地通过历史快照来恢复环境。图 1-1 为笔者在日常工作中创建的一些虚拟机快照。

其二，虚拟机在工作环境中具有良好的隔离特性，在实验的过程中不会"污染"真机，是测试全新功能的天然"沙盘"。如 VMware 具有良好的跨平台特性，完美支持 Windows、macOS 和 Linux 三大主流操作系统，可以随时将学习和工作环境整体打包，在各种环境中进行部署和迁移。现在笔者就是在将环境打包分享给大家。

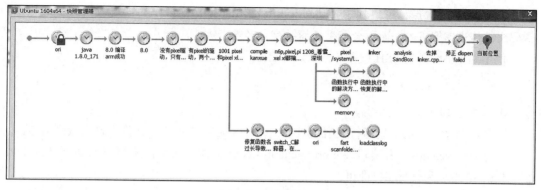

图 1-1　虚拟机快照

而 Kali Linux 是基于 Debian 的 Linux 发行版，与 Ubuntu 师出同门，用于数字取证操作系统。Kali Linux 预装了许多渗透测试软件，包括 Metasploit、Burp Suite、sqlmap、Nmap以及 Cobalt Strike 等，是一套开箱即用的专业渗透测试工具箱。

Kali Linux 自带 VMware 镜像版本，下载并解压后双击打开 .vmx 文件即可开机。后续不管是 Frida 工作开发环境配置、Android Studio 安装、NDK 开发、抓包环境配置、自制路由器抓包、GDB 和 LLDB 调试，还是更加复杂的 OLLVM 开发、ART 虚拟机定制开发、AOSP 源码阅读或编译等，都将在 Kali Linux 中完成。如果使用 Windows、macOS 系统，则将在莫名 Bug 的定位和消除上耗费大量的时间，而时间成本是很高的。

笔者分享的镜像已经做了以下的环境配置。

1. 用户选择

新款 Kali Linux 虚拟机的默认用户是 Kali。对于专业的 Android 逆向人员来说，用 root用户可以更加心无旁骛地专注于工作本身。

笔者已经重新将 root 用户开启，大家在开机后在用户处填写 root，在密码处填写 toor即可进入系统。

同时原装 Kali Linux 开机时的时区是不对的，会影响抓包。笔者已经将时区调整到东八区，即在联网时当前时区会与授时服务器自动同步，后续免维护。

2. 终端选择

Kali Linux 最新版本的默认 Shell 是 Zsh，Zsh 虽然方便，但它并不兼容且不能运行诸多编译系统。因此，笔者已经将 Shell 回退到 Bash。进入虚拟机后，使用 <Ctrl + Shift + T> 组合键即可打开 Bash。

3. 文件传输

虽然 Kali Linux 支持直接将文件拖曳进虚拟机，但是 VMware tools 默认会在 /root/.cache/vmware/drag_and_drop 目录下缓存文件，久而久之，缓存文件会非常占空间。如果习惯使用拖曳的方式传文件，一定要记得多清理这个目录。笔者建议使用 SSH 服务来传输文件。

开启 SSH 服务后，可以在虚拟机外使用 FileZilla 将文件，比如动辄数十 GB 的 AOSP 源码文件传进虚拟机内，而不会产生任何缓存，轻松高效。

使用如下命令开启 SSH 服务（已默认开启）：

```
/etc/init.d/ssh start
```

4. 科学工具

推荐将科学上网的工具运行在宿主机上，打开 SOCKS5 服务并允许来自局域网的连接。

对于 proxychains，需编辑 /etc/proxychains4.conf 文件，在文件末尾按照如下格式添加宿主机的 IP 地址和科学端口即可：

```
socks5 192.168.179.1 1080
```

而对于 redsocks，则需编辑 /etc/redsocks.conf 文件，将 ip 和 port 修改为宿主机的 IP 地址和科学上网的端口。也要编辑 iptables.sh 文件，将不重定向的地址添加为宿主机的 IP 地址。

```
ip = 192.168.179.1;
port = 1080;
```

proxychains 只对单条命令生效。redsocks+iptables 对全局有效，重启后失效。

5. Frida 开发环境

对于 Frida 的版本管理，笔者已经安装好 pyenv，在任意目录下，如果切换 Python 环境，则切换了 Frida 的版本。

同时笔者也配置好了 Frida 的开发环境，如支持在任意目录下编写 JavaScript 都有 Frida 的代码提示，按住 Ctrl 后鼠标单击 API 即可阅读相应源码，以及按回车键补全（代码块）等方便的功能。

6. 开发、逆向工具等集成

笔者也集成了常用的分析工具，运行相关命令即可打开。r0env 中已经集成的工具如表 1-1 所示。

表 1-1　r0env 中已经集成的工具

工具	运行命令
动态分析工具：Android Studio	/root/Desktop/android-studio/bin/studio.sh
手机投屏工具：scrcpy	scrcpy
动态分析工具：DDMS	/root/Android/Sdk/tools/lib/monitor-x86_64/monitor
静态分析工具：jadx	jadx-gui
动静态分析工具：JEB	/root/Desktop/jeb/jeb_linux.sh
动态分析工具：hyperpwn	hyper
静态分析工具：010 Editor	开始菜单→ 010 editor
抓包工具：Charles	/root/Desktop/charles/bin/charles
抓包工具：Burp Suite	java -jar /root/Desktop/burp/burploader.jar
抓包工具：Wireshark	wireshark

至于相关工具的介绍与使用，笔者将会在实战操作中慢慢讲解。

1.1.2　r0env 下载及安装

r0env 的虚拟机的下载地址如下，读者可任选其一进行下载。

百度网盘：https://pan.baidu.com/s/1anvG0Ol_qICt8u7q5_eQJw；提取码：3x2a

阿里云盘：http://49.235.84.125:8080/r0env

登录时用户名：root；密码：toor

下载完所有文件后将其放在同一目录中，先查看解压指南 .txt，验证文件的 MD5，保证文件在传输过程中没有损坏。

在 Windows 系统下打开 cmd 命令窗口，验证命令示例如下：

```
E:\VMware\Virtual Machines>CertUtil -hashfile r0envKaliLinux2021.7z.001 MD5
MD5 的 r0envKaliLinux2021.7z.001 哈希：
e149ad96605844dd307b2e2699df4c3f
CertUtil: -hashfile 命令成功完成。
```

之后双击 r0envKaliLinux2021.7z.001 文件，使用压缩工具进行解压。

解压完成后导入 VMware：在 VMware 菜单中依次选择 "文件" → "打开"（快捷键 <Ctrl+O>），打开文件夹中的 vmx 文件即可，如图 1-2 所示。

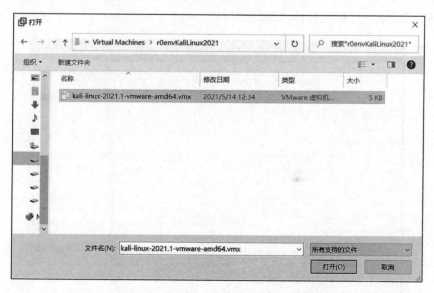

图 1-2　VMware 的选择虚拟机镜像界面

之后选择 "开启虚拟机" 来启动 Kali 虚拟机。

第一次启动时，VMware 会弹出如图 1-3 所示的对话框，这里有移动和复制两个选项。

如果没有特殊需要，推荐选择"我已复制该虚拟机 (P)"。

正常开机后，在用户名处输入 root，在密
码处输入 toor，即可进入 r0env Kali。

至此，初始开发环境配置完成。

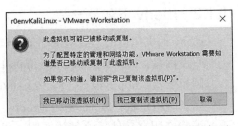

1.2 IDEA 安装及配置

IDEA 是一个 Java 编辑器，对 Java 的支持
很好，提供很多 Java 相关的插件。

图 1-3　VMware 对于配置网络功能的提示

由于 unidbg 是 IDEA 项目，所以需要下载 IDEA 工具来进行相关的开发。

首先打开 IDEA 官网（https://www.jetbrains.com/zh-cn/idea/download/#section=linux），选
择 Linux Ultimate 版本进行下载。

点击后，会跳转到新的页面，右击"直接链接"并选择"复制链接"。在虚拟机中使用
wget 命令下载，示例如下：

wget https://download.jetbrains.com/idea/ideaIU-2021.3.3.tar.gz?_gl=1*b2rtzl*_ga*NjM4O
DM5MDk5LjE2NDg5Njk5MzM.*_ga_V0XZL7QHEB*MTY0OTMyMjAyNy4xLjEuMTY0OT
MyMjQ4My4w&_ga=2.115551046.1167729747.1649322028-638839099.1648969933

等待下载完成，过程如图 1-4 所示。

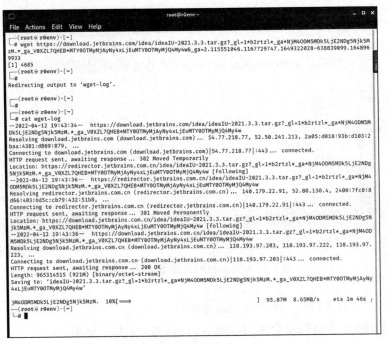

图 1-4　下载 IDEA

下载的文件名后有一部分网址参数，使用以下命令对文件进行重命名并校验 SHA256 值。

```
mv ideaIU-2021.3.3.tar.gz\?_gl\=1\*b2rtzl\*_ga\*NjM4ODM5MDk5LjE2NDg5Njk5MzM.
   \*_ga_V0XZL7QHEB\*MTY0OTMyMjAyNy4xLjEuMTY0OTMyMjQ4My4w ideaIU-2021.3.3.tar.gz
sha256sum ideaIU-2021.3.3.tar.gz
```

至此，IDEA 下载完成。接着对下载的 IDEA 文件进行解压，命令如下：

```
tar -zxvf ideaIU-2021.3.3.tar.gz
```

解压后我们就安装好了 IDEA。然后启动 IDEA，命令如下：

```
./idea-IU-213.7172.25/bin/idea.sh
```

进入 IDEA 初始设置界面。阅读并同意用户协议，登录 JetBrains Account 账户开始试用。IDEA 欢迎界面如图 1-5 所示。

图 1-5　IDEA 欢迎界面

1.3　第一个 unidbg 项目

接下来，我们一起运行第一个 unidbg 项目。

1.3.1　unidbg 介绍

unidbg 是一个基于 Unicorn 的逆向工具，可以黑盒调用 Android 和 iOS 中的 so 文件。这使逆向人员无须了解 so 内部算法原理，只需主动调用 so 中的函数，传入所需的参数，补全运行所需的环境，即可得到需要的结果。

对于 Android 逆向来说，unidbg 有以下几个特点：

❑ 模拟 JNI 调用的 API，因而可以调用 JNI_OnLoad 函数。
❑ 支持 JavaVM 和 JNIEnv。
❑ 支持模拟系统调用指令。
❑ 支持 ARM32 和 ARM64。

❑ 支持基于 Dobby 的 Inline Hook。

❑ 支持基于 xHook 的 GOT Hook。

❑ Unicorn 后端支持简单的控制台调试器、GDB Stub、指令追踪和内存读写追踪。

❑ 支持 Dynarmic。

笔者将会在接下来的内容中逐步讲解 unidbg 的特点。

1.3.2　unidbg 下载与运行示例

unidbg 的下载地址为 https://github.com/zhkl0228/Unidbg，直接使用以下命令即可将它下载到本地。

```
git clone https://github.com/zhkl0228/Unidbg.git
Cloning into 'Unidbg'...
remote: Enumerating objects: 33604, done.
remote: Counting objects: 100% (533/533), done.
remote: Compressing objects: 100% (317/317), done.
remote: Total 33604 (delta 158), reused 394 (delta 107), pack-reused 33071
Receiving objects: 100% (33604/33604), 552.55 MiB | 5.82 MiB/s, done.
Resolving deltas: 100% (16642/16642), done.
Updating files: 100% (1334/1334), done.
```

unidbg 是一个标准的 Java 项目，下载完成后，使用 IDEA 打开 unidbg 项目文件夹，并在弹出的窗口中选择相应的项目，如图 1-6 所示。

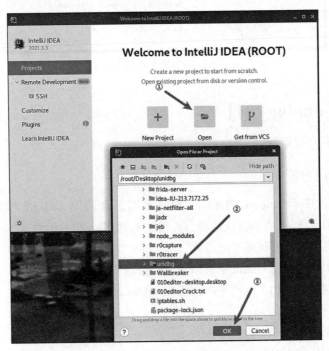

图 1-6　使用 IDEA 打开 unidbg 项目

当第一次打开项目时，IDEA 会下载一些依赖，慢慢等待下载完成即可。可以通过 jnettop 命令查看 IDEA 后台下载情况，执行命令后的结果如图 1-7 所示。

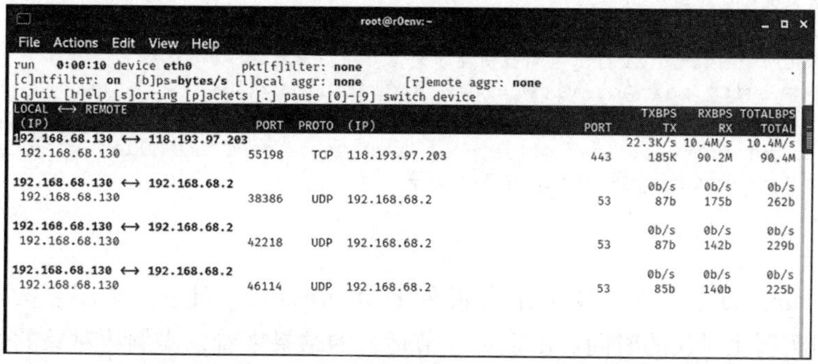

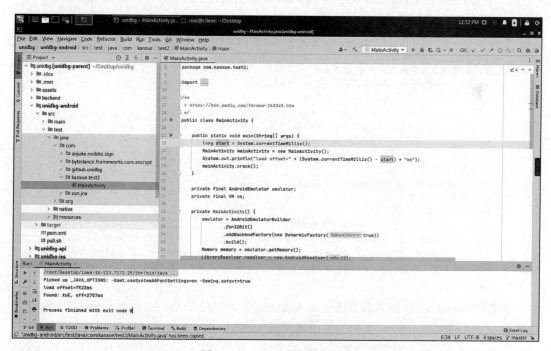

图 1-7　通过 jnettop 命令查看 IDEA 后台下载情况

下载完成后，打开项目根目录下的 unidbg-android/src/test/java/com/kanxue/test2/MainActivity.java 文件，单击 main 方法左侧的绿三角（快捷键 <Ctrl+Shift+F10>）来运行该代码。如果运行成功，则证明 unidbg 环境搭建完成，如图 1-8 所示。

图 1-8　unidbg 环境搭建完成

1.3.3　unidbg 示例讲解

在上一小节我们成功运行了 unidbg 的示例代码，接下来我们根据代码的执行流程对示例代码进行讲解。

```java
public static void main(String[] args) {
    // 获取系统当前时间
    long start = System.currentTimeMillis();
    // 实例化一个 MainActivity( 即当前类 ) 对象
    MainActivity mainActivity = new MainActivity();
    // 打印当前时间与开始时间差值，即实例化 MainActivity 对象的时间
    System.out.println("load offset=" + (System.currentTimeMillis() - start) + "ms");
    // 执行 MainAcitivty 的 crack() 实例方法
    mainActivity.crack();
}
```

首先看 main() 方法。其主要工作为实例化 MainActivity 对象，调用它的 crack() 方法，并记录和打印实例化对象的时间。由上一小节运行的结果来看，实例化对象的过程是比较耗时的，但对于逆向安全人员来讲，达成最终目的更重要，这点性能损耗可以忽略。

```java
private final AndroidEmulator emulator;
private final VM vm;

private MainActivity() {
    // 使用 AndroidEmulatorBuilder 构建类来构建一个 AndroidEmulator 模拟器实例
    emulator = AndroidEmulatorBuilder
            .for32Bit()
            .addBackendFactory(new DynarmicFactory(true))
            .build();
    // 获取到操作内存的 Memory 接口实例
    Memory memory = emulator.getMemory();
    // 实例化一个 AndroidLibrary 解析器
    LibraryResolver resolver = new AndroidResolver(23);
    // 为 Memory 实例设置该 Android 解析器
    memory.setLibraryResolver(resolver);

    // 创建 vm 虚拟机
    vm = emulator.createDalvikVM();
    // 设置日志输出为 false
    vm.setVerbose(false);
    // 通过 vm 虚拟机将相应的 so 文件载入内存
    DalvikModule dm = vm.loadLibrary(new File("unidbg-android/src/test/
        resources/example_binaries/armeabi-v7a/libnative-lib.so"), false);
    dm.callJNI_OnLoad(emulator);
}
```

其次看 MainActivity 的构造方法 MainActivity()。该构造方法通过 AndroidEmulatorBuilder 构建了一个 AndroidEmulator 实例。其中调用的 for32Bit() 方法指定模拟器为 32 位。addBackendFactory() 方法则为模拟器添加一个后端工厂，此处添加的后端工厂为 DynarmicFactory。虽然牺牲了一定的特性，但它的执行速度比较快，后续可以根据情况切换成相应的后端工厂。这里传入的参数 true 的含义为 "当出现问题时，回退到 Unicorn 后端工厂"。最后调用 build() 方法来创建对象。

除了 DynarmicFactory，unidbg 还支持 hypervisor、KVM、Unicorn2 以及默认的 Unicorn。后端工厂通常位于项目根目录下的 backend 文件夹中，如图 1-9 所示。默认的 Unicorn 则位于项目根目录下的 unidbg-api/pom.xml 文件中以 Maven 的方式被引用。

然后 emulator 通过调用 getMemory() 方法获得了 Memory 对象。Memory 接口可以让我们进行一些内存相关的操作。

之后，实例化一个 Android 库解析器，将 SDK 版本设置为 23。unidbg 提供了两个 SDK 版本，分别是 19 和 23，位于项目根目录下的 unidbg-android/src/main/resources/android 目录下。SDK 的目录下有一些运行时依赖库，用于模拟相关的环境，如图 1-10 所示。

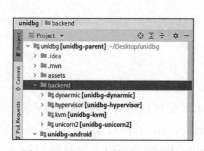

图 1-9　unidbg 支持的后端工厂

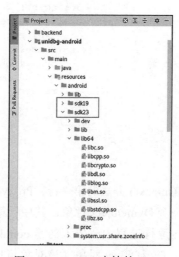

图 1-10　unidbg 支持的 SDK

同时给 Memory 接口的对象设置这个 Android 库解析器。

通过 emulator 模拟器对象的 createDalvikVM() 方法创建了一个 vm 虚拟机，并通过 setVerbose() 方法禁止输出详细日志。vm 对象的其他个性化配置将会在后文中一一讲解。

之后使用 vm.loadLibrary() 方法将 so 文件加载到内存中。该方法需传入两个参数：第一个参数是一个 File 对象，传入的地址是基于项目根目录的路径；第二个参数控制是否自动执行 so 文件中的 init 函数，此处设置为 false，表示不自动执行（如果设置为 true，则 unidbg 会在加载时自动调用相应的 init 函数）。

so 文件加载成功后会返回一个 DalvikModule 对象，可以使用该对象来执行 callJNI_OnLoad() 方法，从而使 unidbg 执行 JNI_OnLoad 函数。其中传入的参数为模拟器对象。

这样，通过 MainActivity 的构造方法，我们完成了模拟器及 so 文件运行所需的一些环境的初始化。

接下来便是调用 MainActivity 对象的 crack() 方法了。

```
private static final char[] LETTERS = {
```

```
                    'A', 'B', 'C', 'D', 'E', 'F', 'G', 'H', 'I', 'J', 'K', 'L', 'M',
                    'N', 'O', 'P', 'Q', 'R', 'S', 'T', 'U', 'V', 'W', 'X', 'Y', 'Z',
                    'a', 'b', 'c', 'd', 'e', 'f', 'g', 'h', 'i', 'j', 'k', 'l', 'm',
                    'n', 'o', 'p', 'q', 'r', 's', 't', 'u', 'v', 'w', 'x', 'y', 'z'
            };

    private void crack() {
        DvmObject<?> obj = ProxyDvmObject.createObject(vm, this);
        long start = System.currentTimeMillis();
        for (char a : LETTERS) {
            for (char b : LETTERS) {
                for (char c : LETTERS) {
                    String str = "" + a + b + c;
                    boolean success = obj.callJniMethodBoolean(emulator,
                        "jnitest(Ljava/lang/String;)Z", str);
                    if (success) {
                        System.out.println("Found: " + str + ", off=" + (System.
                            currentTimeMillis() - start) + "ms");
                        return;
                    }
                }
            }
        }
    }
```

在 crack() 方法的第一行，ProxyDvmObject.createObject(vm, this) 通过代理 Dvm 对象创建了一个 DvmObject 对象，其中：第一个参数为 vm 虚拟机；第二个参数为传入的 this 指针，在运行过程中，传入的是 com.kanxue.test2.MainActivity 实例对象。这一行得到的 obj 是一个 DvmObject 对象，该对象可以通过 callJniMethodBoolean() 等方法来调用 so 文件中 JNI 的方法，调用方法的返回值为 Boolean 类型。这是 unidbg 中调用 JNI 方法的操作。

再下面是一个三层循环，使用 LETTERS 字符表遍历组成三个字符的字符串。通过 obj 对象调用 callJniMethodBoolean() 方法来执行 so 文件中的 jnitest(Ljava/lang/String;)Z 函数，通过返回值来判断是否成功。如果返回值为真，则打印传入的参数与所耗时间并退出函数。

callJniMethodBoolean() 方法有三个参数：第一个参数为模拟器实例对象；第二个参数为 so 文件中的 JNI 方法签名；第三个参数为函数的参数列表，此处为 JNI 方法所需的参数字符串。

接下来我们将相应路径中的 so 提取出来，使用 IDA 打开，在函数列表中使用组合键 <Ctrl+F> 搜索 jnitest 命令来找到相应的函数，使用快捷键 F5 查看相应的伪代码，如图 1-11 所示。

不难看出，这个 JNI 方法添加了 OLLVM 混淆，会增加逆向人员的分析难度。unidbg 允许我们在不需要知道函数内部逻辑及算法细节的情况下，对函数进行主动调用，只需传入相应的参数即可获得运行结果，使函数可以"为我所用"，从而极大地提高逆向人员的效率。这也是 unidbg 最重要的应用。

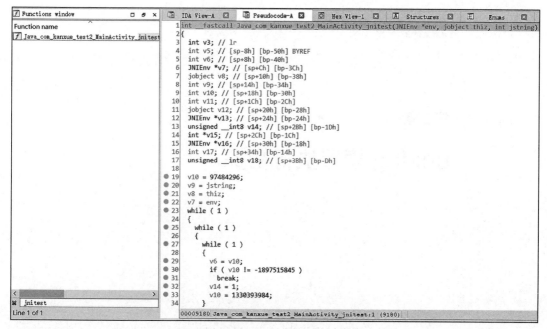

图 1-11　IDA 关于 jnitest 函数的伪代码

与此同时，我们可以看到，实际上调用的 JNI 方法声明为 int__fastcall Java_com_kanxue_test2_MainActivity_jnitest(JNIEnv *env, jobject thiz, jstring str);。在上述实际调用过程中，我们的方法名只写了 jnitest，且只传入了最后一个参数。对于缺失的前两个参数，unidbg 会自动帮助我们完成补全操作。

对于 JNI 方法的函数名，unidbg 也会根据 ProxyDvmObject.createObject(vm, this) 这个代理对象传入参数中的 this 参数，来解析对应的类的全类名，并对 JNI 方法名进行补全操作。这也是为什么 MainActivity 的包名为 com.kanxue.test2，它是与 so 中 JNI 方法的方法名相对应的。只有相应的包名与类名配置正确，unidbg 才能正确地执行 JNI 方法。

unidbg 是一个非常强大的框架。Unicorn 只是模拟了一个 CPU 来执行一些汇编指令。而 unidbg 在 Unicorn 的基础上添加了一些 so 运行所依赖的环境，会自动帮助我们完成 so 所需的加载、Linker 链接等一系列复杂操作，使我们可以非常方便地调用 so 中的 JNI 方法，获得我们想要的结果。

1.4　本章小结

在本章中，笔者对 unidbg 的环境配置、下载安装，以及第一个 unidbg 示例的运行与代码进行了细致的讲解，相信大家对 unidbg 已经有了一个简单的认识。

在接下来的章节中，笔者将会继续对 unidbg 的初步使用进行讲解，带领大家逐步走进 unidbg 的世界。

Chapter 2 第 2 章

unidbg 模拟执行初探

由于各个 App 厂商的安全意识逐渐提高，目前已经很少有 App 厂商将 App 的关键算法放在 Java 层面，大部分厂商开始尝试使用 NDK 开发，将关键算法放在 so 层中，并配置一些防护手段来保护 App 不被逆向分析和破解。

本章将带领大家创建一个 NDK Android 项目，通过使用 unidbg 模拟执行自己编写的 so 函数实例，来对 unidbg 调用函数的两种方式和参数问题进行讲解。

2.1 第一个 NDK 项目

接下来我们创建第一个 NDK 项目来完成案例的演示。

2.1.1 使用 Android Studio 创建 NDK 项目

首先打开 Android Studio，在菜单栏中依次选择 File → New → New Project... 来打开新建项目向导，选择相应的项目模板创建 NDK 项目，如图 2-1 所示。

之后配置项目属性，如图 2-2 所示，单击 Next 按钮进入下一步。

在 Activity 界面选择默认配置即可，直接单击 Finish 按钮，如图 2-3 所示。

接下来耐心等待 Gradle 配置完成，界面如图 2-4 所示。

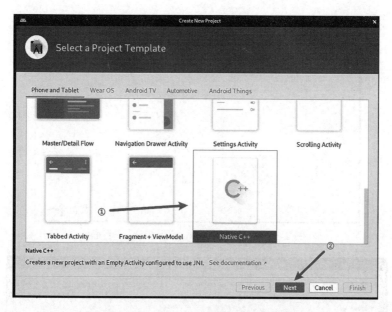

图 2-1　Android Studio 新建项目选择模板

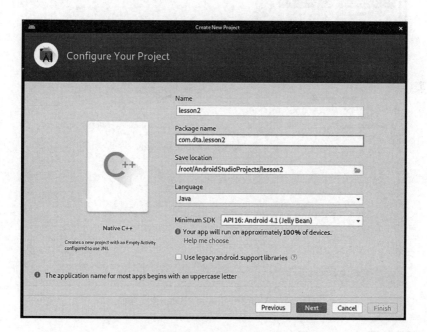

图 2-2　Android Studio 配置项目属性

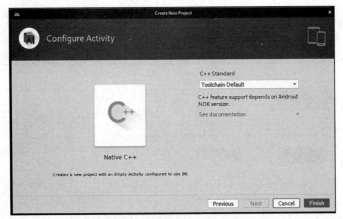

图 2-3　Android Studio 配置 Activity 界面

图 2-4　Android Studio NDK 项目界面

2.1.2　编写自己的 so 业务代码

首先打开 activity_main.xml，添加一个 Button 控件，如图 2-5 所示。

编写 MainActivity.java 代码，添加 md5() 方法并编写 Button 按钮的单击事件来调用该方法，如图 2-6 所示。

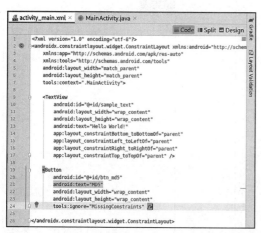

图 2-5　打开 activity_main.xml，添加 Button 控件

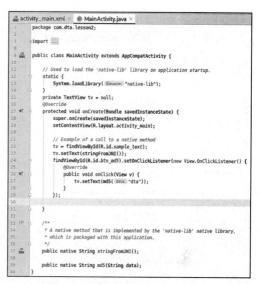

图 2-6　MainActivity.java 代码

可以发现 md5() 方法名报红，这是因为编译器没有找到方法相应的实现。单击报红的函数名，然后使用组合键 <Alt + Enter> 选择 Create JNI function for md5，如图 2-7 所示。

Android Studio 会自动在 native-lib.cpp 中生成一个 md5() 方法的空实现，如图 2-8 所示。

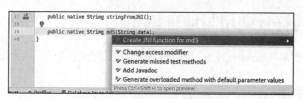

图 2-7　自动创建 JNI 函数

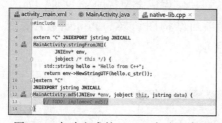

图 2-8　自动生成的 md5() 方法空实现

在 GitHub 上找一份 md5() 方法的相应实现，代码链接为 https://github.com/pod32g/MD5，将代码粘贴到上述的空实现处，如图 2-9 所示。

连接模拟器或者真机并运行，APK 会自动编译并安装到目标计算机上。单击 MD5 按钮，TextView 的内容会改变，如图 2-10 所示。

经过 CyberChef 的验证，程序的计算结果是正确的。

接下来我们开始通过 unidbg 来模拟执行自己编写的 so 文件中的 md5() 方法。

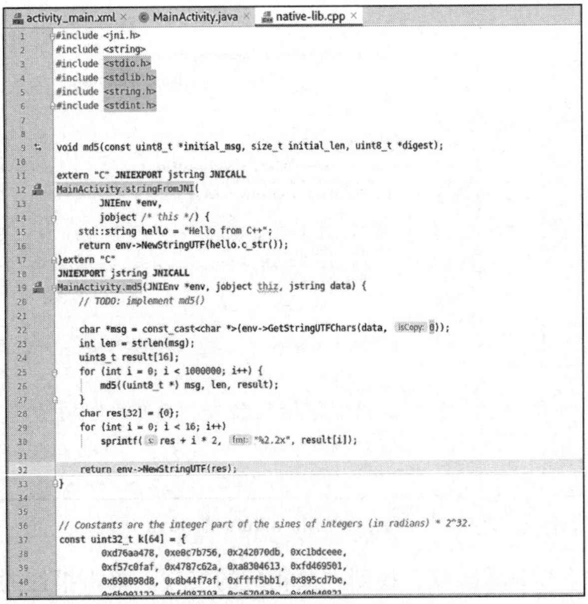

图 2-9　native-lib.cpp 代码

图 2-10　自编写 App 运行界面

2.2　unidbg 的符号调用与地址调用

这一节，我们来学习 unidbg 提供的两种模拟调用方式：符号调用和地址调用。

2.2.1　unidbg 主动调用前置准备

首先重新编译一下 APK，使它生成全架构的 so 文件，如图 2-11 所示。

将 Android Studio 左侧项目结构图切换为 Project 视图，然后找到项目中编译出来的 app-debug.apk，如图 2-12 所示。

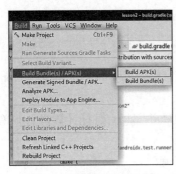

图 2-11　编译 APK 操作

图 2-12　app-debug.apk 目录

接着使用终端进入相应目录，使用以下命令解压 APK 文件。

```
unzip app-debug.apk
```

使用 IDEA 打开之前的 unidbg 项目，在 unidbg-android/src/test/java 下依照引用 so 文件的全类名来编写相同的类。然后将上面解压的 APK 中的 lib/arm64-v8a 中的 so 及 APK 文件都复制到该目录下，最终效果如图 2-13 所示。

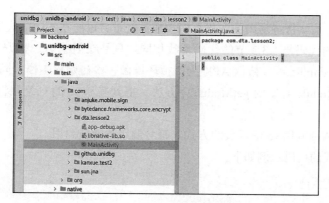

图 2-13　代码编写准备界面

2.2.2　unidbg 主动调用 so 函数

首先编写 MainActivity 构造方法来模拟 so 执行所需的环境。

```
// Android 模拟器对象
private final AndroidEmulator emulator;
// 虚拟机对象
private final VM vm;
// 内存接口对象
private final Memory memory;
// 加载进入内存的 Module 对象
private final Module module;

public MainActivity(){
    // 新建一个模拟器
    emulator = AndroidEmulatorBuilder
            .for32Bit()
            .addBackendFactory(new DynarmicFactory(true))
            .build();
    // 得到内存接口对象
    memory = emulator.getMemory();
    // 将 Android 解析器 SDK 版本设置为 23
    memory.setLibraryResolver(new AndroidResolver(23));

    // 根据传入的 APK 文件来创建相应的 vm 虚拟机
vm = emulator.createDalvikVM(new File("unidbg-android/src/test/java/com/dta/
    lesson2/app-debug.apk"));
```

```
// 使用虚拟机将 so 文件加载进来，并调用相应的 init 函数
DalvikModule dalvikModule = vm.loadLibrary(new File("unidbg-android/src/
    test/java/com/dta/lesson2/libnative-lib.so"), true);
// 将 so 文件对应的 Module 存入成员变量
module = dalvikModule.getModule();

// 调用 so 的 JNI_OnLoad() 方法来进行初始化
vm.callJNI_OnLoad(emulator,module);
}
```

由代码可知，前 4 行将常用的变量存储为成员变量，以便在不同的成员函数间使用。

初始化环境的代码与 1.3.3 节的代码大致相同。只是在创建 vm 虚拟机时，传入了原本的 APK 文件，使 unidbg 可以依据 APK 为模拟环境做一些初始化工作。同时通过加载 so 文件得到的 dalvikModule 对象的 getModule() 方法，得到操作 so 的对象并将其保存到成员变量中备用。

unidbg 支持两种调用 so 中函数的方式：符号调用和地址调用。

符号调用方式的代码示例如下：

```
public void callMd5(){
    DvmObject obj = ProxyDvmObject.createObject(vm,this);
    String data = "dta";
    DvmObject dvmObject = obj.callJniMethodObject(emulator, "md5(Ljava/lang/
        String;)Ljava/lang/String;", data);
    String result = (String) dvmObject.getValue();
    System.out.println("[symble] Call the so md5 function result is ==> "+ result);
}
```

相关代码与 1.3.3 节的示例代码区别不大。先根据传入的 this 参数生成一个调用 so 的代理对象 obj，该处传入的 this 参数即 com.dta.lesson2.MainActivity 对象，如果全类名无法与原 APK 中调用 so 的 java 类对应，则 unidbg 将无法补全相应的函数名。

由于 md5() 方法的返回值为 String 类型，所以应当使用 callJniMethodObject() 方法来调用 md5() 方法，同时使用 DvmObject 对象来接收该返回值。除了基本类型之外，其余的类型都要返回 Object 对象，相关的 API 如图 2-14 所示。

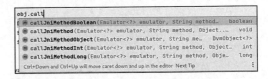

图 2-14　unidbg 支持的 callJniMethod 相关的 API

对于得到的 md5() 方法的结果 DvmObject 对象，我们可以通过调用它的 getValue() 方法来获得相应的值。由于我们已知函数的返回值为 String 类型，因此可以将其强制转换为 String 类型，之后将获得的值输出。

unidbg 中另一种常用的函数调用方式是地址调用。一般情况下，我们所需的函数可能没有导出，所以无法进行符号调用。

地址调用方式的代码示例如下：

```
private void call_address() {
    // 构造函数的参数
    Pointer jniEnv = vm.getJNIEnv();
    DvmObject obj = ProxyDvmObject.createObject(vm,this);
    StringObject data = new StringObject(vm,"dta");

    // 构造为参数列表
    List<Object> args = new ArrayList<>();
    args.add(jniEnv);
    args.add(vm.addLocalObject(obj));
    args.add(vm.addLocalObject(data));

    // 调用 so 函数
    Number number = module.callFunction(emulator, 0x8E81, args.toArray());
    // 根据 Number 中存储的对象 hash 值取得 DvmObject 对象
    DvmObject<?> object = vm.getObject(number.intValue());
    String value = (String) object.getValue();
    System.out.println("[addr] Call the so md5 function result is ==> "+ value);
}
```

在使用符号调用方式时，unidbg 帮助我们完成了很多操作，例如拼接函数名、填充参数等。但在使用地址调用方式时，这些操作需要我们自己来完成。

根据函数的原型 md5(_JNIEnv *env, jobject thiz, jstring str)，我们需要手动构造参数列表，补全相应参数，才能对相关函数进行调用。

首先通过 getJNIEnv() 方法获取 JNIEnv，并使用指针类型来存储。然后使用与符号调用相同的方式创建一个调用 so 函数的代理对象，并将其作为所需的第二个参数 jobject。对于第三个参数需要注意的是，在 unidbg 中，当传入参数为非指针和 Number 类型时，都需要先将其定义为 DvmObject 对象并添加到 VM 中，才能够使用该参数。而对于常用的 String 类，unidbg 对其做了相应的封装，这里新建了一个 StringObject 对象来作为第三个参数。

之后定义一个 List<Object> 参数列表，并将构造的三个参数添加到其中。然后使用 module.callFunction() 方法来对函数进行调用，该方法需要三个参数，分别为模拟器对象、函数的相对偏移地址和参数数组。

对于函数偏移的获取，我们需要使用 IDA 载入该 so 函数以找到相应的获取函数，如图 2-15 所示。

可以看到 md5() 方法的偏移为 0x8E80，但由于该汇编指令的格式为 thumb，所以需要对函数地址进行加 1 操作，最终此处填入的参数的值为 0x8E81。对于 arm 指令与 thumb 指令，可以通过指令长度来区分：thumb 的指令长度为 2 字节，而 arm 指令长度为 4 字节。此外，arm 指令中是没有 PUSH 指令的，这也可以作为区分的依据。

调用函数后获得的返回值为 Number 类型，这与函数的实际返回值 String 类型是不相符的。不过不用着急，我们可以用两种方案来处理：对于基本数值类型或者布尔类型，可以直接通过 Number 获取相应的值；而对于 Object 对象来说，Number 中实际存储的是 Object 对象的 hash 值，因此需要先通过 vm.getObject() 方法来获取 DvmObject 对象（传入的参数为

number.intValue()，即 Object 对象的 hash 值），之后即可通过 getValue() 方法来获取对象中存储的值，并将其强制转换为 String 类型后输出。

```
.text:00008E80                    ; int __fastcall Java_com_dta_lesson2_MainActivity_md5(_JNIEnv *env, jobject thiz, jstring str)
.text:00008E80                        EXPORT Java_com_dta_lesson2_MainActivity_md5
.text:00008E80                    Java_com_dta_lesson2_MainActivity_md5   ; DATA XREF: LOAD:000019E01o
.text:00008E80
.text:00008E80    var_74          = -0x74
.text:00008E80    format          = -0x70
.text:00008E80    var_6C          = -0x6C
.text:00008E80    var_68          = -0x68
.text:00008E80    var_64          = -0x64
.text:00008E80    var_60          = -0x60
.text:00008E80    var_5C          = -0x5C
.text:00008E80    var_58          = -0x58
.text:00008E80    var_54          = -0x54
.text:00008E80    var_50          = -0x50
.text:00008E80    var_4C          = -0x4C
.text:00008E80    var_48          = -0x48
.text:00008E80    s               = -0x44
.text:00008E80    var_40          = -0x40
.text:00008E80    anonymous_0     = -0x38
.text:00008E80    anonymous_1     = -0x30
.text:00008E80    anonymous_2     = -0x28
.text:00008E80    var_1C          = -0x1C
.text:00008E80    var_C           = -0xC
.text:00008E80
.text:00008E80 80 B5      PUSH      {R7,LR}
.text:00008E82 6F 46      MOV       R7, SP
.text:00008E84 9C B0      SUB       SP, SP, #0x70
.text:00008E86 30 48      LDR       R3, =(__stack_chk_guard_ptr - 0x8E8C)
.text:00008E88 7B 44      ADD       R3, PC ; __stack_chk_guard_ptr
.text:00008E8A 1B 68      LDR       R3, [R3] ; __stack_chk_guard
.text:00008E8C 1B 68      LDR       R3, [R3]
.text:00008E8E 1B 93      STR       R3, [SP,#0x78+var_C]
.text:00008E90 0A 90      STR       R0, [SP,#0x78+var_50]
00008E80 00008E80: Java_com_dta_lesson2_MainActivity_md5 (Synchronized with Hex View-1)
```

图 2-15　使用 IDA 获取函数偏移

main() 方法就比较简单了，仅仅是实例化 MainActivity 对象后使用了符号调用和地址调用这两个方式来完成 so 中函数的调用。

```
public static void main(String[] args) {
    long start = System.currentTimeMillis();
    MainActivity mainActivity = new MainActivity();
    System.out.println("load the vm "+( System.currentTimeMillis() - start )+ "ms");
    mainActivity.callMd5();
    mainActivity.call_address();
}
```

输出如下，可以发现函数的输出是正确计算出来的。

```
Picked up _JAVA_OPTIONS: -Dawt.useSystemAAFontSettings=on -Dswing.aatext=true
load the vm 16020ms
[symble] Call the so md5 function result is ==> 36072180305f072a2e2c7ea96eedf034
[addr] Call the so md5 function result is ==> 36072180305f072a2e2c7ea96eedf034

Process finished with exit code 0
```

2.2.3　unidbg 部分 API 简单讲解

在上述代码中，我们接触到几个常用的接口，如 AndroidEmulator、Memory、VM 等。AndroidEmulator 是一个抽象的 Android 模拟器接口。它作为一个枢纽，协调 unidbg 中大多数模块的工作，至关重要。我们的大多数操作需要借助它完成。

而 AndroidEmulatorBuilder 可以帮助我们快速创建 AndroidEmulator 实例。例如：

```
AndroidEmulator emulator = AndroidEmulatorBuilder
    // 指定 32 位处理器
    .for32Bit()
    // 指定 64 位处理器
    // .for64bit()
    // 添加后端工厂
    .addBackendFactory(new DynarmicFactory(true))
    // 指定进程名，推荐以 Android 包名作为进程名
    .setProcessName("com.github.unidbg")
    // 设置根路径，此路径相当于 Android 中的根目录
    .setRootDir(new File("target/rootfs/default"))
    // 生成 AndroidEmulator 实例
    .build();
```

我们也可以通过 AndroidEmulator 实例来获取内存操作接口 Memory 实例：

```
Memory memory = emulator.getMemory();
```

创建 DalvikVM 虚拟机：

```
// 创建虚拟机
VM dalvikVM = emulator.createDalvikVM();
// 创建虚拟机并指定 APK 文件
VM dalvikVM = emulator.createDalvikVM(new File("apk file path"));
```

Memory 内存接口主要提供内存管理和 ELF 文件加载两个功能。

对于 ELF 文件的加载，我们一般用加载 APK 的形式实现，因为 unidbg 会帮助我们进行一些解析处理，可以节省很多时间。

```
Module module = emulator.loadLibrary(new File("file path"), true);
```

而 VM 对象的主要作用就是代理一套 JNI，帮助用户借助 JNI 来操作 Java 层。

VM 的实际功能是调用 JNI_OnLoad 函数。某些 JNI 方法在 JNI_OnLoad 函数进行动态绑定时需调用此函数才能够调用 JNI 方法，所以这里推荐在加载模块后再执行此方法。

```
// 参数一：模拟器实例
// 参数二：要执行 JNI_OnLoad 函数的模块
dalvikVM.callJNI_OnLoad(emulator,module);
```

或者控制 JNI 交互的详细日志输出：

```
// 设置是否输出 JNI 运行日志
vm.setVerbose(true);
```

对于 CallMethod 系列的方法，第二个参数是方法签名，我们只需传入部分名称即可，这是因为 unidbg 在底层逻辑中进行了相应的处理。

对于上面的项目，按住 Ctrl 后单击 callJniMethodObject() 方法，可以跟进相应的实现，之后跟进其内部的 callJniMethod() 方法，再跟进 findNativeFunction() 方法，可以查看 unidbg 找到相应函数的过程，如图 2-16 所示。

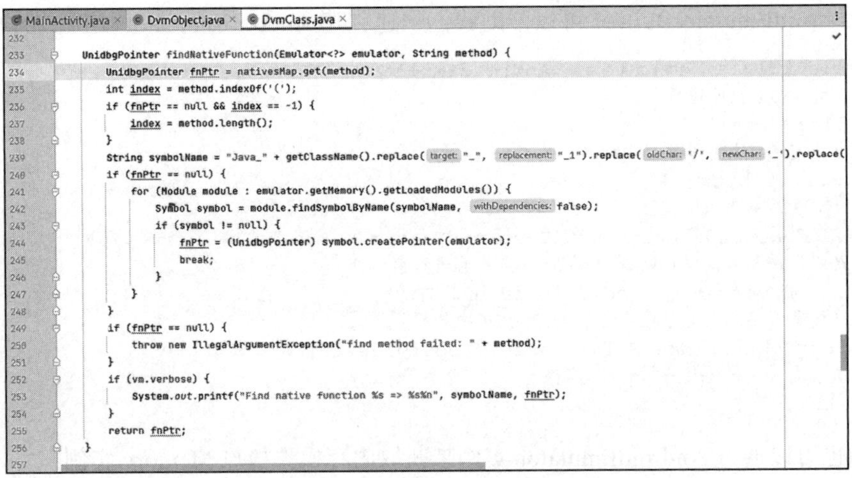

图 2-16　unidbg findNativeFunction() 实现

可以看到，在第 239 行 unidbg 根据对传入对象的全类名与函数名进行拼接来得到最终的函数名。

而使用 callFunction() 方法时需要传入参数，除了基本数据类型之外，其余数据类型都要封装为 DvmObject 并传入 VM 虚拟机后才能够使用，具体后文会有详细的案例。

2.3　本章小结

在本章中，笔者首先带领大家编写了一个自己的 NDK 项目，并使用 unidbg 提供的两种模拟调用方式（符号调用和地址调用）对自编写的 so 进行了模拟执行，最后对实验中涉及的 API 进行了简要讲解。相信学习完本章后，大家已经对 unidbg 的使用方式有了简单了解，至于更多的用法，会在后续章节中慢慢探讨。

第 3 章 *Chapter 3*

unidbg 补环境、Hook 与 Patch

在上一章中，我们对 unidbg 的模拟执行进行了简单的介绍，但自编写的 so 过于简单，并没有太多地体现出真实环境中复杂的情况。在本章中，我们将为自编写的 so 添加与 JNI 交互的功能，使用 unidbg 为它补全 JNI 环境并模拟执行，还会对其中遇到的问题和解决思路进行探讨。在模拟执行的基础上，为了应对真实环境中的校验等程序逻辑，本章对 Hook 框架的使用和如何进行内存 Patch（打补丁）也进行了初步讲解。

3.1 为 so 添加交互：使用 JNI 接口编写 md5 方法

在编写调用 JNI 接口实现 md5 方法之前，我们先用 Java 实现 md5 方法，以便作为示例来指导编写。相关代码如下所示。编译好后运行，运行结果无误。

```
@Override
protected void onCreate(Bundle savedInstanceState) {
    super.onCreate(savedInstanceState);
    setContentView(R.layout.activity_main);

    tv = findViewById(R.id.sample_text);
    tv.setText(stringFromJNI());
    tv.setText("abdcd");

    findViewById(R.id.btn_md5).setOnClickListener(new View.OnClickListener() {
        @Override
        public void onClick(View v)
        {
            tv.setText(md52("dta".getBytes()));
```

```
        }
    });

}

private String md5Java(byte[] data) {
    try {

        MessageDigest digest = MessageDigest.getInstance("md5");
        digest.update(data);
        byte[] digest1 = digest.digest();
        return byte2Hex(digest1);
    } catch (NoSuchAlgorithmException e) {
        e.printStackTrace();
    }
    return null;
}

public String byte2Hex(byte[] data){
    StringBuilder sb = new StringBuilder();
    for (byte b : data){
        String s = Integer.toHexString(b & 0xFF);
        if (s.length() < 2){
            sb.append("0");
        }
        sb.append(s);
    }
    return sb.toString();
}
```

之后我们依靠 Java 版示例，定义本地方法 md52()，并使用 < Alt + Enter> 快捷键让 Android Studio 帮我们创建相应函数的空实现。

依照 Java 相关代码，使用 JNI 接口调用 Java 层的 MessageDigest 等类的方法完成相关方法的调用，最后代码如下所示。

```
extern "C"
JNIEXPORT jstring JNICALL
Java_com_dta_lesson2_MainActivity_md52__Ljava_lang_String_2I(JNIEnv *env,
    jobject thiz, jstring data,int flag) {
    // TODO: implement md52()

    // 通过 env->FindClass 获取 MessageDigest 类
    jclass MessageDigest = env->FindClass("java/security/MessageDigest");
    // 获得 getInstance 方法的 jmethodID 以便调用
    jmethodID getInstance = env->GetStaticMethodID(MessageDigest,"getInstan
        ce", "(Ljava/lang/String;)Ljava/security/MessageDigest;");
    // 通过类名和 jmethodID 来调用 static 方法，得到 MessageDigest 对象
    jobject digest = env->CallStaticObjectMethod(MessageDigest,getInstance,
        env->NewStringUTF("md5"));

    // 获取 update 方法的 jmethodID
    jmethodID update = env->GetMethodID(MessageDigest, "update", "([B)V");
```

```
    // 用 digest 对象调用 update 方法，传入参数 data
    env->CallVoidMethod(digest,update,data);

    // 获取 digest() 方法并调用，获得 md5 运算得到的结果 result
    jmethodID dig = env->GetMethodID(MessageDigest,"digest", "()[B");
    jobject result = env->CallObjectMethod(digest,dig);

    // 调用自己编写的 byte2Hex 方法
    jclass MainActivity = env->FindClass("com/dta/lesson2/MainActivity");
    jmethodID byte2Hex = env->GetMethodID(MainActivity,"byte2Hex","([B)Ljava/
        lang/String;");
    jobject string_result = env->CallObjectMethod(thiz,byte2Hex,result);
    // 最终返回计算出的字符串结果
    return static_cast<jstring>(string_result);
}
```

这是根据 Java 代码的流程使用 JNI 接口仿写了一遍。JNI 接口代码的编写流程与 Java 的反射类似，通过 FindClass() 方法找到类，通过 GetStaticMethodID() 等方法获得方法的 jmethodID，然后通过 CallStaticObjectMethod() 等系列方法来执行方法得到结果。

3.2　使用 unidbg 修补执行环境并模拟执行

首先将编写的 unidbg 代码 MainActivity.java 复制到同包名目录下，改名为 MainJni.java，我们将在此文件中编写响应代码。同时，将上述 Android 项目编译好的 APK 解压，取得 armeabi-v7a 下的 so 文件，复制到同目录中，并重命名为 libjni.so。

接下来简单修改一下源代码，如下所示：

```
public MainJni(){
    emulator = AndroidEmulatorBuilder
            .for32Bit()
            .addBackendFactory(new DynarmicFactory(true))
            .build();

    memory = emulator.getMemory();
    memory.setLibraryResolver(new AndroidResolver(23));

    vm = emulator.createDalvikVM(new File("unidbg-android/src/test/java/com/
        dta/lesson2/app-debug.apk"));

    DalvikModule dalvikModule = vm.loadLibrary(new File("unidbg-android/src/
        test/java/com/dta/lesson2/libjni.so"), true);
    module = dalvikModule.getModule();

    vm.callJNI_OnLoad(emulator,module);
}

public void callMd5(){
    DvmObject obj = ProxyDvmObject.createObject(vm,this);
```

```
String data = "dta";
DvmObject dvmObject = obj.callJniMethodObject(emulator, "md52([B)Ljava/
    lang/String;", data.getBytes());
String result = (String) dvmObject.getValue();
System.out.println("[symble] Call the so md5 function result is ==> "+ result);
}
```

这里仅仅是修改了加载 so 的名称，模拟执行函数的函数名、函数签名以及传入的参数。修改完后尝试运行，收到如图 3-1 所示的报错消息。

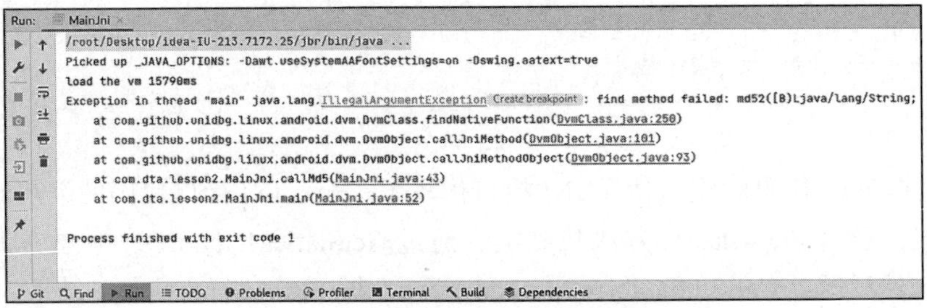

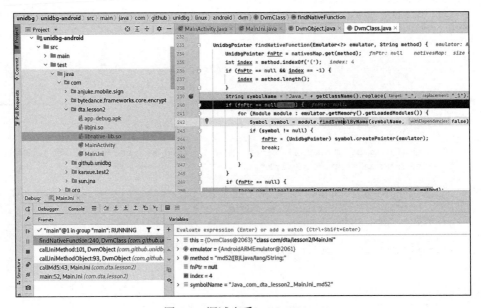

图 3-1　寻找 md52() 方法失败报错

这是因为我们修改了类文件的文件名，而上述代码传入了该类实例来当作执行 so 中函数的 java 对象，导致 unidbg 根据传入的类实例处理后的函数名无法找到需要调用的 Java_com_dta_lesson2_MainActivity_md52() 方法。

可以找到 2.2.3 节中 API 的内部实现，下断点进行调试，查看处理后得到的最终的函数名，如图 3-2 所示。

图 3-2　调试查看 symbolName

　　由于我们修改了执行类的类名，导致传入该实例后，拼接后的函数名为 Java_com_dta_lesson2_MainJni_md52，这与我们想要调用的函数名是不相符的，自然找不到对应的函数。

　　所以需要将上述代码修改为如下代码：

```
DvmObject obj = vm.resolveClass("com/dta/lesson2/MainActivity").newObject(null);
```

　　首先使用 vm.resolveClass() 方法，通过传入一个类名字符串的方式来构建一个 class，然后使用 newObject() 方法来实例化对象，这样 unidbg 便可以通过该对象来获得正确的函数名。

　　再次运行，仍然报错，如图 3-3 所示。

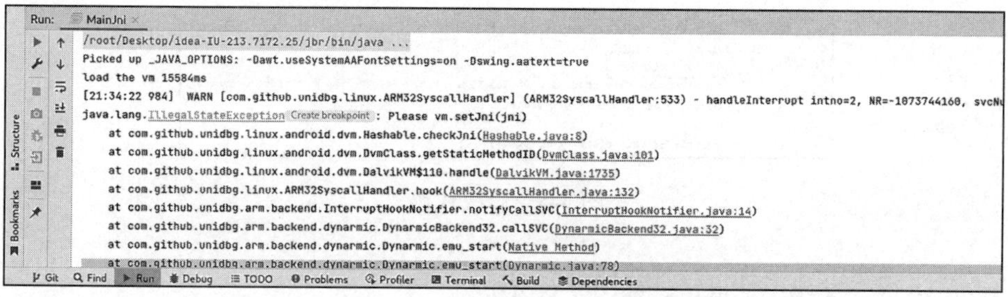

图 3-3　未设置 setJni() 方法报错

　　由于模拟执行的函数中有 JNI 操作，而不同的 so 调用的 JNI 方法有所不同，unidbg 无法为其一一实现，只实现了部分常用的 JNI 接口，缺失的部分则需要读者自己来实现。因此这里提示我们需要设置 vm.setJni() 来实现缺失的 JNI 接口部分。

　　具体做法是：我们需要调用 setJni() 方法，让 MainJni 继承 AbstractJni 类，并将 MainJni 类实例当作参数传入 setJni() 方法中。

　　当我们进入 AbstractJni 类时，可以发现 unidbg 已经实现了常用的 JNI 操作，如图 3-4 所示。

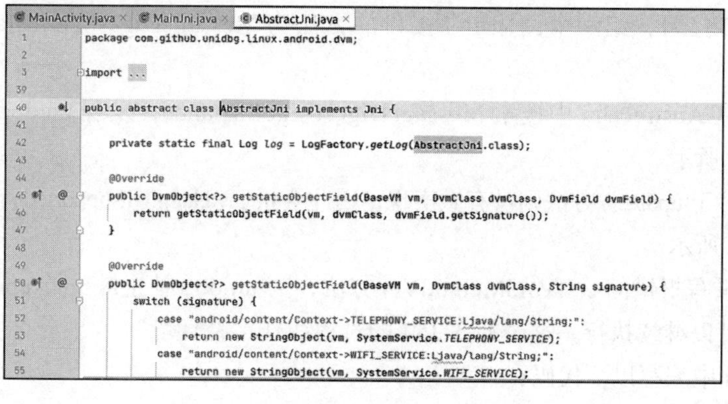

图 3-4　AbstractJni 相关实现

修改代码，如图 3-5 所示。

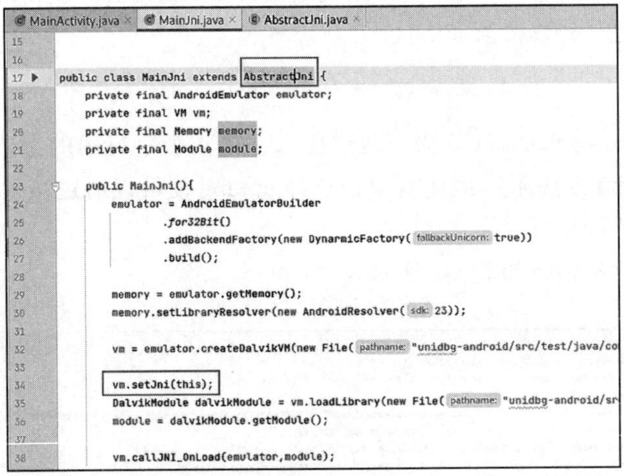

图 3-5　修改代码

修改后运行，发现还是报错，如图 3-6 所示。

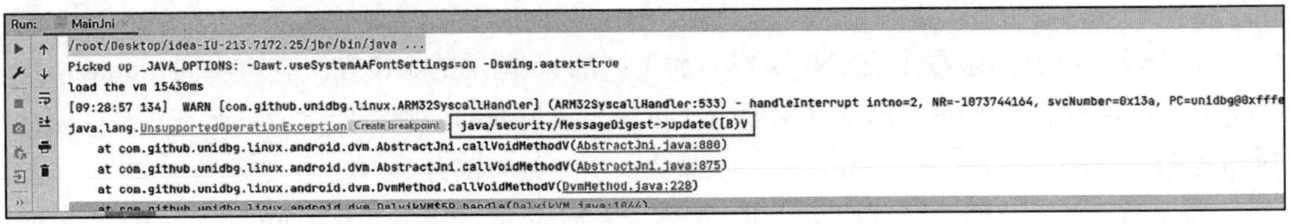

图 3-6　没有 MessageDigest.update() 实现

　　虽然我们继承了 AbstractJni 类，并为 VM 虚拟机设置了 JNI 接口，但由于 AbstractJni 并没有相应 MessageDigest.update() 的实现，所以报错。MessageDigest.update() 是代码中调用的第二个 JNI 接口，第一个调用 JNI 接口的方法为 MessageDigest.getInstance()，为什么它没有报错呢？

　　我们尝试在 AbstractJni 中搜索 MessageDigest->getInstance，发现 unidbg 已经对其做了实现，如图 3-7 所示。

　　而 unidbg 对于 update() 方法则没有做实现，因此会报 java.lang.UnsupportedOperationException 错误，如图 3-8 所示。

　　我们需要重写报错的 callVoidMethodV() 方法，为 unidbg 补全缺失的 update() 方法的具体实现，使之可以继续执行。这个补齐 JNI 的过程叫作“补环境”。

　　在 MainJni 中编写以下代码：

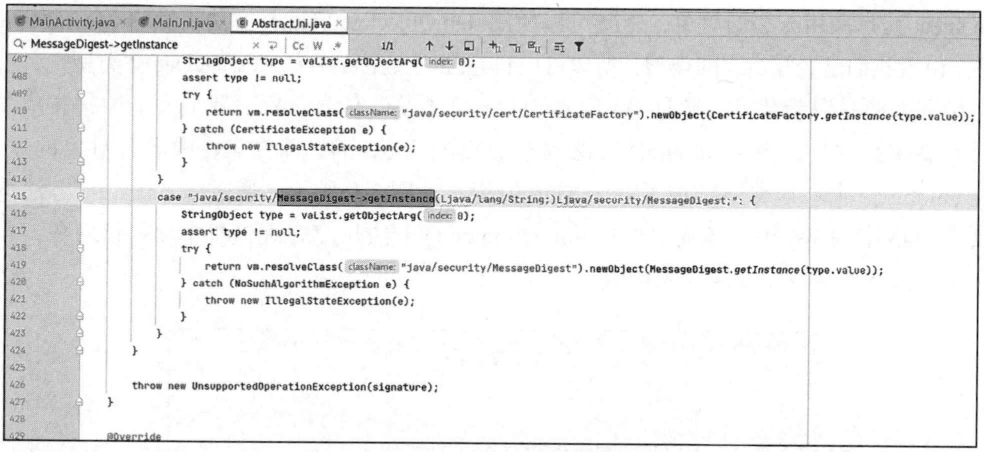

图 3-7　AbstractJni 实现 MessageDigest->getInstance

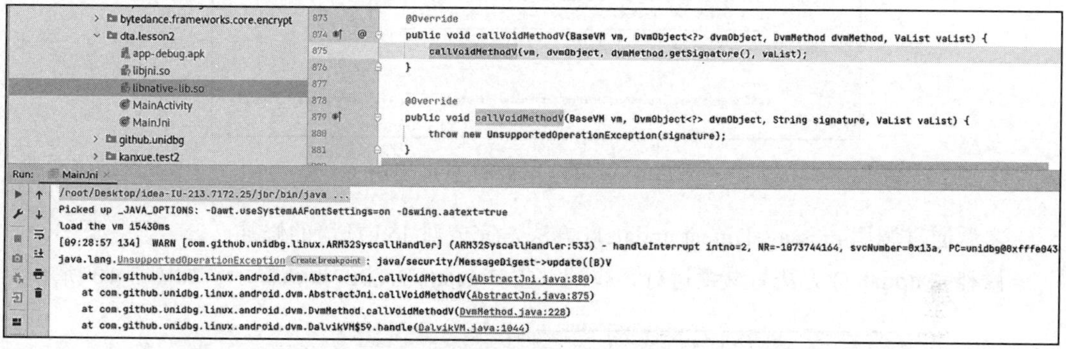

图 3-8　缺失 update() 方法报错

```
public void callVoidMethodV(BaseVM vm, DvmObject<?> dvmObject, String
    signature, VaList vaList) {
    if (signature.equals("java/security/MessageDigest->update([B)V")){
        MessageDigest messageDigest = (MessageDigest) dvmObject.getValue();
        int intArg = vaList.getIntArg(0);
        Object object = vm.getObject(intArg).getValue();
        messageDigest.update((byte[]) object);
        return;
    }
    super.callVoidMethodV(vm, dvmObject, signature, vaList);
}
```

当执行到该方法时，参数 vm 为虚拟机，dvmObject 为调用该函数的对象，signature 为函数的签名，vaList 为函数的参数列表。

在调用 callVoidMethodV 函数前先判断函数的签名是否与 update() 方法相匹配，该处填写的签名为报错信息给出的签名，如果匹配则执行补齐的自实现代码。

在执行 messageDigest.update() 方法时，我们首先要取得 MessageDigest 对象，如我们已知的

dvmObject 就是调用方法的对象，因此可以使用 dvmObject.getValue() 方法来获得 MessageDigest 对象，由于我们已经知道它的类型，所以可以将它强制类型转换为 MessageDigest 类型。

接下来便是取参数了。通过 vaList.getIntArg() 方法，传入下标，我们便能取得相应的参数。需要注意的是，由于 update() 方法的参数类型为 byte[]，而在 JNI 中没有对象的概念，因此 unidbg 为非基本类型维护了一个 Map 引用，如图 3-9 所示。通过 getIntArg() 方法取得的只是 Map 中的 key 值，还需要通过 vm.getObject() 方法从 VM 虚拟机中取得该对象，再通过 .getValue() 方法取得实际对象的值。

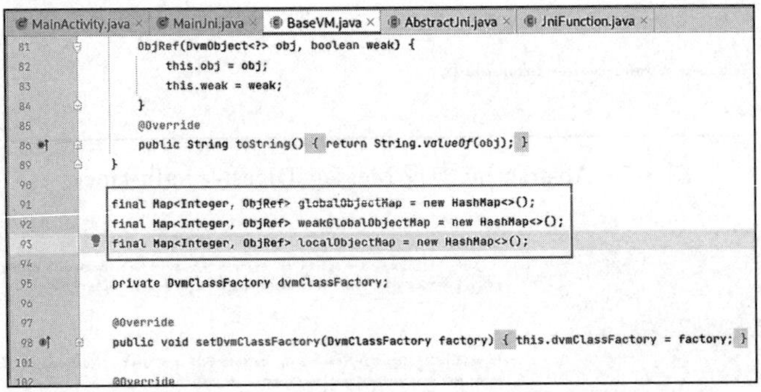

图 3-9 unidbg 维护的 Map 引用

之后通过调用 messageDigest.update() 方法，完成对 JNI 环境的修补。

修补完 update() 方法后继续运行，收到缺失 digest() 方法的报错提示，如图 3-10 所示。

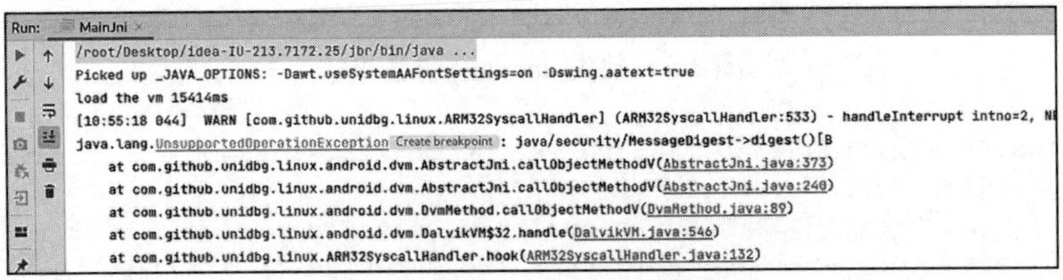

图 3-10 缺失 digest() 方法报错

根据报错的调用栈，重写 callObjectMethodV() 方法，代码如下：

```java
public DvmObject<?> callObjectMethodV(BaseVM vm, DvmObject<?> dvmObject,
    String signature, VaList vaList) {
    if (signature.equals("java/security/MessageDigest->digest()[B")){
        MessageDigest messageDigest = (MessageDigest) dvmObject.getValue();
        byte[] digest = messageDigest.digest();
        DvmObject<?> object = ProxyDvmObject.createObject(vm, digest);
        vm.addLocalObject(object);
        return object;
    }
    return super.callObjectMethodV(vm, dvmObject, signature, vaList);
}
```

步骤与之前大致相同，只是多了一个将运算得到的结果 digest 先代理创建为 DvmObject 对象，再添加到 VM 虚拟机的操作。所有的非基本类型、包装类型都需要添加到 VM 虚拟机的 Map 映射中，否则在 JNI 中无法找到该引用。最后将运算得到的结果当作函数返回值返回。

再次运行，继续报错，提示找不到自编写的 byte2Hex() 方法，如图 3-11 所示。继续根据报错信息来补全 JNI 环境。

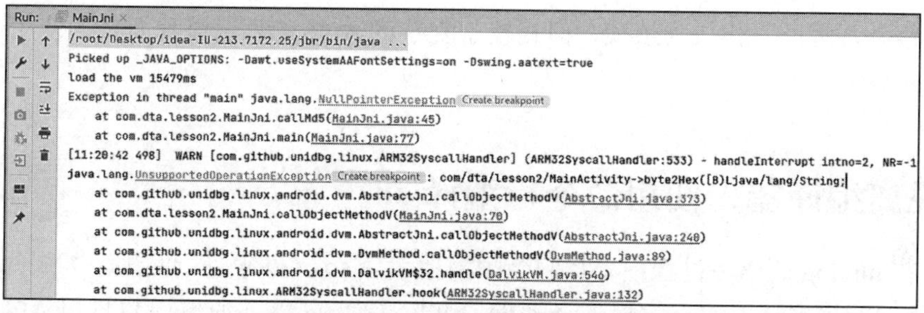

图 3-11 缺失 byte2Hex() 方法报错

补全后的 byte2Hex() 方法代码如图 3-12 所示，这里只是直接调用了编写好的 byte2Hex() 方法，并将结果转换为 StringObject 对象并添加到 VM 虚拟机中。

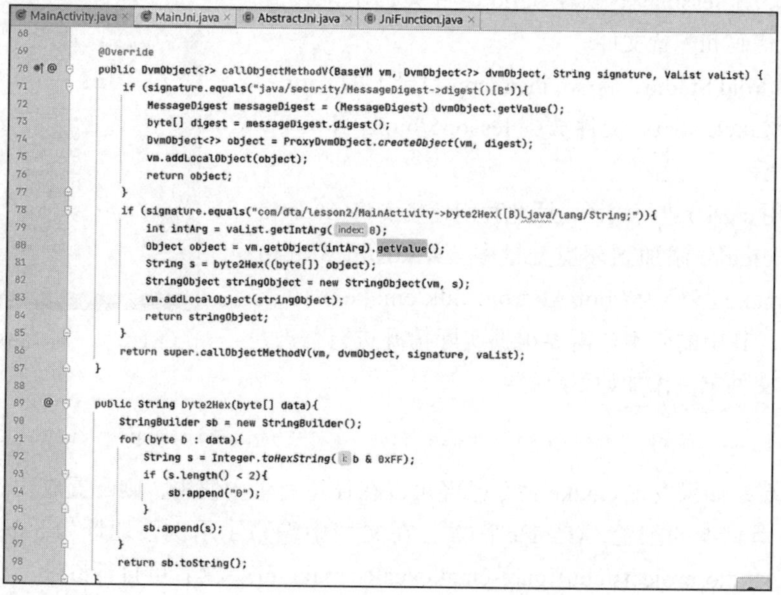

图 3-12 补全后的 byte2Hex() 方法代码

再次运行，发现成功得到正确的结果，如图 3-13 所示。

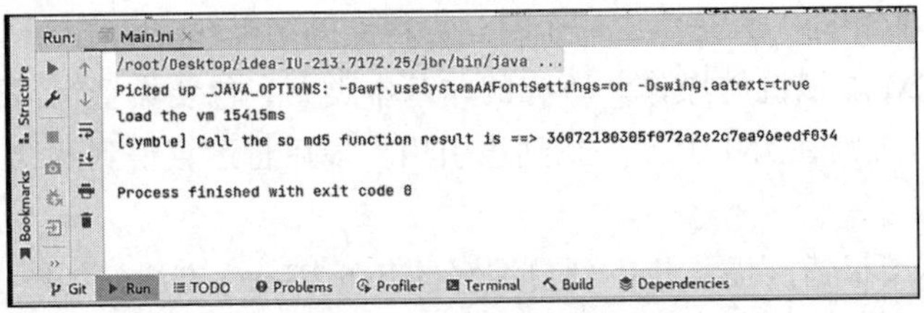

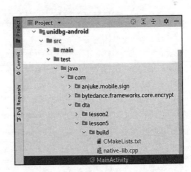

图 3-13　成功模拟执行 JNI 函数

虽然修补环境的工作较为烦琐，但相较于复杂的 so 中的算法流程而言，使用 unidbg 的好处不言而喻。

3.3　脱离编译器，使用命令行编译 so

由于在 unidbg 的学习过程中，我们会频繁地编译 so 文件来进行测试。如果每次都使用 Android Studio 来编译，那么需要编译器做一些除编译 so 以外的编译与打包 APK 的操作，也需要我们手动提取出 APK 中的 so 文件。为了提高效率，我们学习一下使用命令行编译 so 文件的方法。

首先打开 IDEA，在 lesson2 包的同级目录中创建 lesson5 包，并将 MainActivity.java 代码复制进去。在 lesson5 下创建 build 文件夹，用于存放编译 so 的源代码和配置文件。

打开 Android Studio，将 src/main/cpp 目录下的 native-lib.cpp 与 CMakeLists.txt 文件放到 lesson5/build 目录下，如图 3-14 所示。

由于使用 cmake 进行编译，因此我们还需要将 Android Studio 中的 cmake 添加到环境变量中。Android Studio SDK 中的 cmake 路径为 /root/Android/Sdk/cmake/3.10.2. 4988404/bin，其中的版本号需要根据实际情况进行修改。在 ~/.bashrc 文件末尾添加如下路径：

图 3-14　lesson5 项目结构

```
PATH=$PATH:/root/Android/Sdk/cmake/3.10.2.4988404/bin;export PATH;
```

重启终端，如果发现 cmake 命令已经可以在任意目录中使用，则配置成功。

对于编译脚本的配置，Google 官方已在文档中编写了示例，地址为 https://developer.android.com/studio/projects/configure-cmake#call-cmake-cli，读者可自行参考。

在 build 目录下创建 build.sh 文件，将示例复制到文件中，并修改如下路径：

```
cmake \
// 配置 CMakeLists.txt 的目录，如果为当前目录，使用 ./ 即可，\ 用于命令换行
-H./ \
```

```
// 配置 ninja 的目录
-B./ninja \
// 配置生成的架构，指定 armeabi-v7a 架构
-DANDROID_ABI=armeabi-v7a \                    // 或 arm64-v8a
// 配置 Android 平台版本
-DANDROID_PLATFORM=android-23 \                // 或 android-16
// 配置 NDK 目录
-DANDROID_NDK=/root/Android/Sdk/ndk/22.1.7171670 \
// 配置工具链 android.toolchain.cmake 文件的位置
-DCMAKE_TOOLCHAIN_FILE=/root/Android/Sdk/ndk/22.1.7171670/build/cmake/android.
    toolchain.cmake \
-G Ninja

// 使用 ninja 来编译 so
ninja -C ./ninja
```

还需修改 CMakeLists.txt 文件，添加如下配置：

```
# 配置生成 so 文件目标目录为项目根目录的上一层（即 build 目录的上级目录）
set(CMAKE_LIBRARY_OUTPUT_DIRECTORY ${PROJECT_SOURCE_DIR}/../)
# 配置构建类型为 Release
set(CMAKE_BUILD_TYPE "Release")
# 指定 C 和 C++ 不输出调试信息
set(CMAKE_C_FLAGS_RELEASE "${CMAKE_C_FLAGS_RELEASE} -s")
set(CMAKE_CXX_FLAGS_RELEASE "${CMAKE_CXX_FLAGS_RELEASE} -s")
```

个性化修改并删除所有注释后，so 编译相关配置如图 3-15 所示。

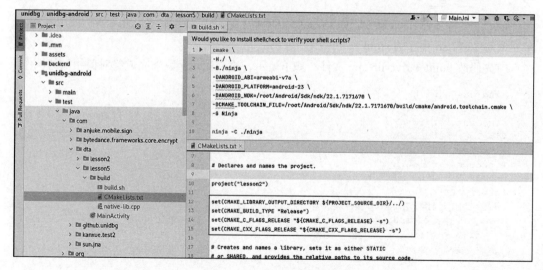

图 3-15　so 编译相关配置

运行 build.sh 脚本，如果在 build 的同级目录下生成 libnative-lib.so，则命令行编译成功，如图 3-16 所示。

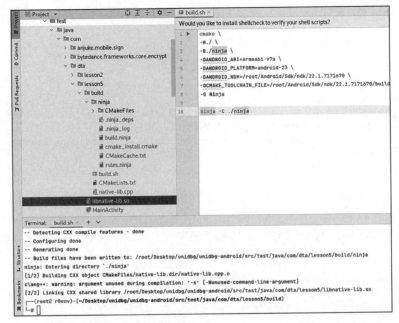

图 3-16 命令行编译成功

3.4 unidbg 的 Hook

unidbg 支持多种 Hook 框架，如 HookZz、Dobby、xHook、whale 等。此处我们使用 HookZz 来完成对 32 位 so 程序的 Hook。

首先修改 build/native-lib.cpp 文件，如下所示，添加 add 函数来完成绝对值相加的操作。

```cpp
#include <jni.h>
#include <string>
#include <stdio.h>
#include <stdlib.h>
#include <string.h>
#include <stdint.h>


extern "C"
JNIEXPORT jint JNICALL
Java_com_dta_lesson5_MainActivity_add(JNIEnv *env, jobject thiz, jint a, jint b) {
    if(a < 0){
        a = -a;
    }
    if(b < 0){
        b = -b;
    }
    return a + b;
}
```

接着重新编写 MainActivity.java 代码，并模拟执行 add() 方法，如图 3-17 所示。

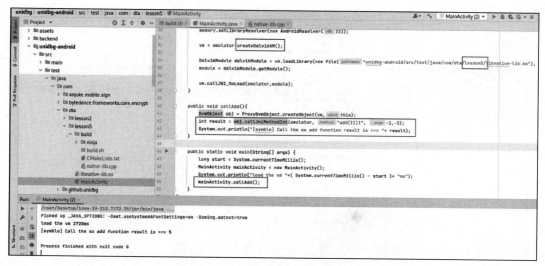

图 3-17　模拟执行 add() 方法

　　成功模拟执行 add() 方法后，接下来在 MainActivity.java 中编写 hook() 方法，如图 3-18 所示。

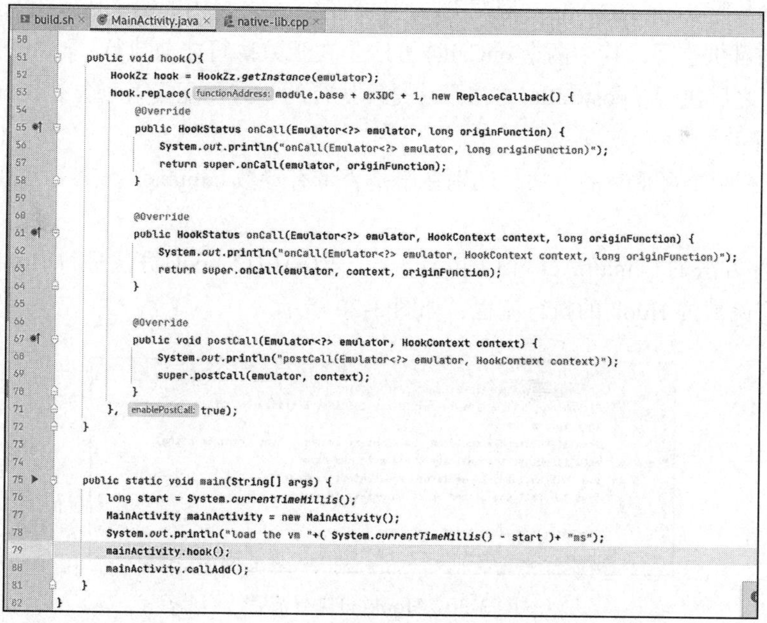

图 3-18　hook () 方法

　　首先通过 HookZz.getInstance() 方法获取到 HookZz 实例，然后调用它的 replace() 方法。replace() 方法的第一个参数是需要被 Hook 的函数的首地址，可以通过 IDA 来查看，如图 3-19 所示。由于这里使用 thumb 指令集，因此需要对地址进行 + 1 操作。

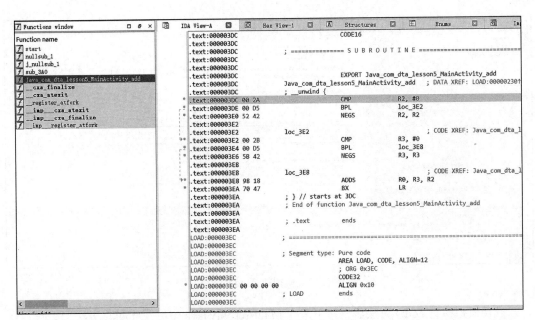

图 3-19　IDA 查看 add 函数地址

第二个参数是 ReplaceCallback 回调类，通过新建一个匿名内部类来传入。ReplaceCallback 类有三个方法可供重写，其中两个 onCall() 方法是在函数执行之前执行，postCall() 方法是在函数执行结束之后执行。postCall() 方法默认是不执行的，需要配置第三个参数 enablePostCall 为 true 来启用。

onCall() 有两个可重写的方法，区别在于是否带有参数 context，该参数可用于读写寄存器相关内容。

在 main() 方法的 "mainActivity.callAdd();" 前调用该 hook 方法进行 Hook，运行，可以观察到相应函数的 Hook 的执行流程，如图 3-20 所示。

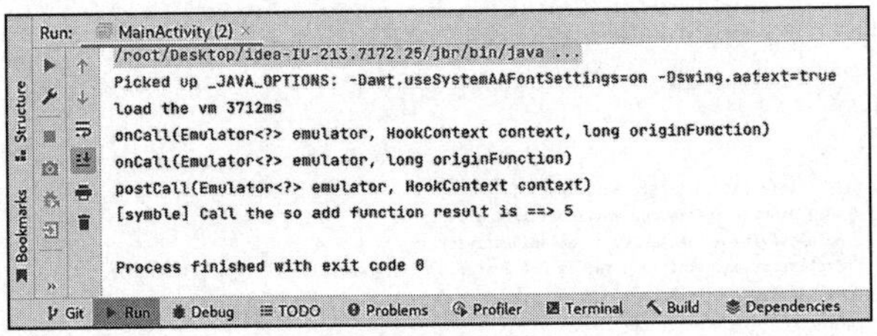

图 3-20　Hook 的执行流程

对于 onCall() 方法，可以在函数执行前获取和修改函数的参数，如图 3-21 所示。

对于 postCall() 方法，可以借助后端工厂来进行寄存器的写入操作，以达到修改返回值的目的，如图 3-22 所示。

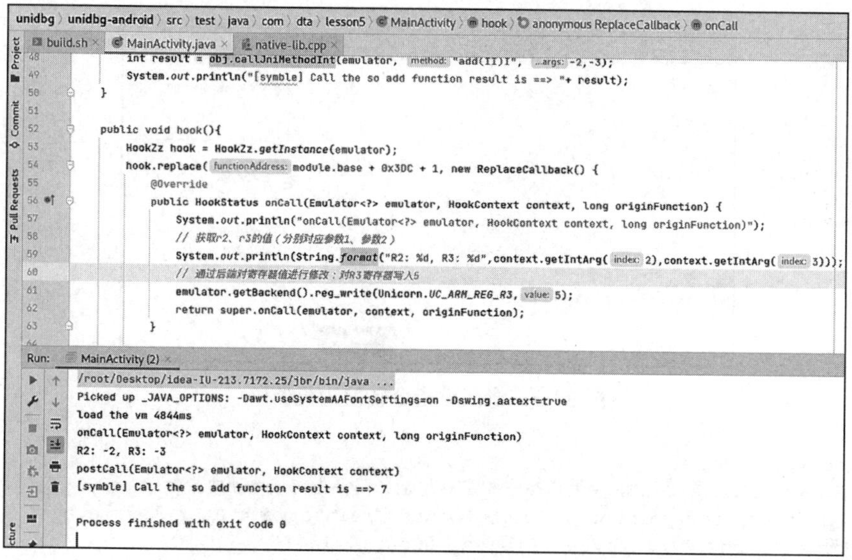

图 3-21　调用 onCall() 方法获取和修改函数的参数

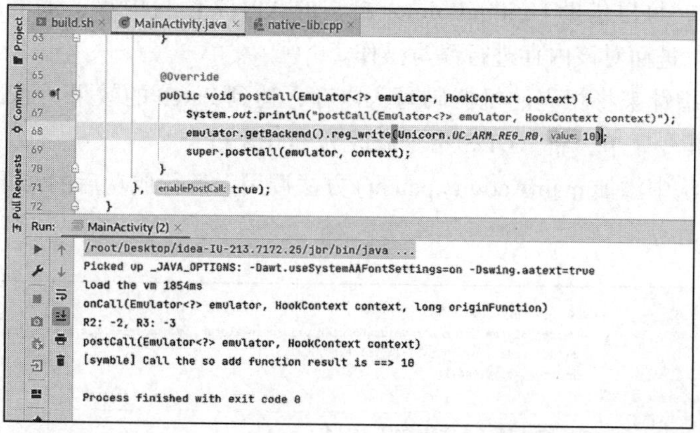

图 3-22　调用 postCall() 方法修改返回值

3.5　unidbg 的 Patch

如果想要在 unidbg 中修改程序的逻辑代码，那么可以利用 Patch 技术。

接下来将图 3-19 中地址为 0x3E8 的 ADDS 指令修改为 SUBS 指令，也就是将原函数的绝对值相加功能改为绝对值相减功能。可以通过 https://armconverter.com/ 来将汇编指令转换为机器码，得到 D01A，如图 3-23 所示。

在 MainActivity.java 中添加 patch() 方法。

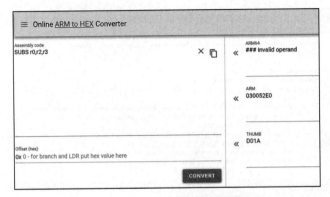

图 3-23 将汇编指令转换为机器码

```
public void patch(){
    //module.base+0x3E8 得到内存中相应的地址，获得指向该地址的指针
    UnidbgPointer pointer = UnidbgPointer.pointer(emulator,module.base + 0x3E8);
    byte[] code = new byte[]{(byte) 0xd0, 0x1a};
    pointer.write(code);
}
```

在 unidbg 中，可以借助 UnidbgPointer 封装的 API 来读写内存，也可以通过传入地址来获得一个指针，进而对该内存进行读写操作。

此处便通过指针来将相应的机器码写入内存，达到 Patch 的效果。通过 UnidbgPointer. write() 写入两个指令字节，将 ADDS 指令修改为 SUBS 指令。

在 main() 方法中添加 mainActivity.patch() 方法调用，运行成功后的结果如图 3-24 所示，值变为了 –1。

```
73
74    public void patch(){
75        UnidbgPointer pointer = UnidbgPointer.pointer(emulator, addr: module.base + 0x3E8);
76        byte[] code = new byte[]{(byte) 0xd0, 0x1a};
77        pointer.write(code);
78    }
79
80    public static void main(String[] args) {
81        long start = System.currentTimeMillis();
82        MainActivity mainActivity = new MainActivity();
83        System.out.println("load the vm "+( System.currentTimeMillis() - start )+ "ms");
84        mainActivity.hook();
85        mainActivity.patch();
86        mainActivity.callAdd();
87    }
88    }

Run:    MainActivity (2)  ×
/root/Desktop/idea-IU-213.7172.25/jbr/bin/java ...
Picked up _JAVA_OPTIONS: -Dawt.useSystemAAFontSettings=on -Dswing.aatext=true
load the vm 15583ms
onCall(Emulator<?> emulator, HookContext context, long originFunction)
R2: -2, R3: -3
postCall(Emulator<?> emulator, HookContext context)
[symble] Call the so add function result is ==> -1

Process finished with exit code 0
```

图 3-24 通过机器码 Patch 运行结果

但是，每次手动将汇编指令转换为机器码比较麻烦，可以借助 Keystone 来将汇编指令自动转换为机器码，再进行 Patch。

编写 patch2() 方法，代码如下：

```
public void patch2(){
    UnidbgPointer pointer = UnidbgPointer.pointer(emulator,module.base + 0x3E8);
    // 指定架构和模式实例化一个 Keystone 对象
    Keystone keystone = new Keystone(KeystoneArchitecture.Arm, KeystoneMode.
        ArmThumb);
    // 要修改的汇编指令
    String s = "subs r0, r2, r3";
    // 获得机器码字节数组
    byte[] machineCode = keystone.assemble(s).getMachineCode();

    pointer.write(machineCode);
}
```

该代码只是将人工转换机器码的工作交给了 Keystone 来做。首先实例化一个 keystone 对象，传入架构为 Arm、模式为 ArmThumb。然后使用 keystone.assemble(s).getMachineCode() 将汇编指令转换为机器码字节数组来进行 Patch 操作。

在 main() 方法中调用上述方法，运行结果如图 3-25 所示。

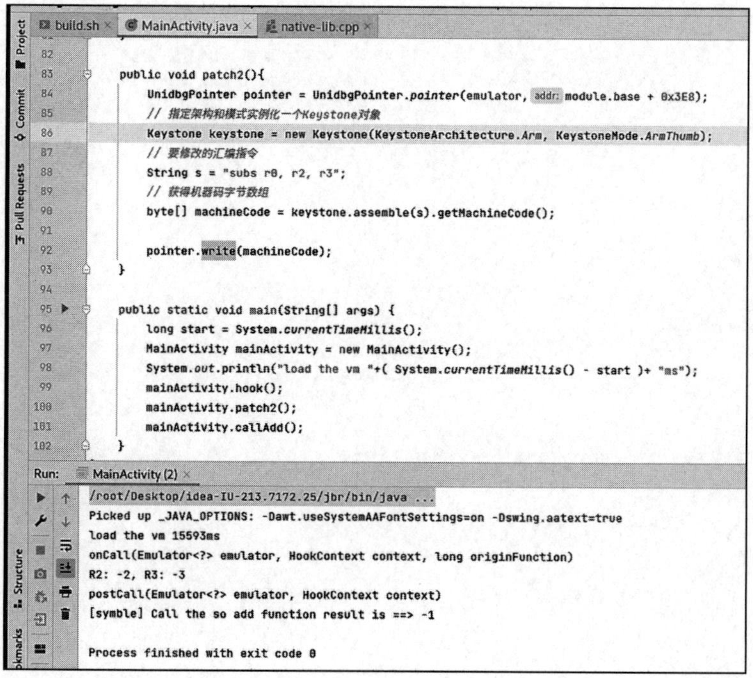

图 3-25　通过汇编指令 Patch 运行结果

3.6 本章小结

本章首先对自编写的 so 文件添加了 JNI 方法，然后使用 unidbg 补全缺失的 JNI 环境，并成功模拟执行。对于补环境，核心思想就是"缺哪补哪"，反复运行查看报错信息，并根据报错信息来补充相应的缺失 JNI 函数的实现代码，直到程序可以成功运行为止。接着为了学习更加方便，探讨了如何脱离编译器来手动编译 so 文件。再然后对 unidbg 支持的几种 Hook 框架进行了简单介绍，并使用 HookZz 框架来对 so 文件进行 Hook 操作。为了满足对程序的执行逻辑进行修改的需求，本章演示了如何使用 UnidbgPointer 来对内存中的代码进行 Patch 操作。至此，unidbg 的基础操作已经介绍完成，在接下来的章节中，我们会对 unidbg 的原理以及高级应用进行深入讲解。

第二部分 *Part 2*

unidbg 原理

Chapter 4 第 4 章

ELF 文件执行视图解析

在之前的学习中，大家已经掌握了 unidbg 的初级使用。在接下来的章节中，我们将重点学习关于 unidbg 原理的内容。本章将以执行视图来介绍 ELF 的文件结构，并深入代码来分析 ELF 的解析过程，从而学习 unidbg 是如何加载并运行 so 文件的前置文件结构知识。

4.1 ELF 文件结构

ELF 全称为 Executable and Linking Format（可执行链接格式）。在 Linux 系统中，ELF 文件有三种类型，不同类型文件的格式不同，可以通过 file 命令来进行查看。

- ❑ 可重定位文件（Relocatable File）：后缀名一般为 .o，包含代码和数据，可以与其他可重定位目标文件合并起来创建一个可执行目标文件。
- ❑ 可执行文件（Executable File）：后缀名一般为 .out，是静态链接的可执行文件，包含二进制代码和数据，可直接复制到内存中执行。
- ❑ 共享目标文件（Shared Object File）：后缀名一般为 .so，包含可在两种上下文中链接的代码和数据，链接编辑器可以将它和其他可重定位文件和共享目标文件一起处理，生成另一个目标文件；此外，在加载或者运行时动态链接器（Dynamic Linker）可以将它动态载入内存并链接，与某个可执行文件以及其他共享目标一起组合创建进程映像。

在 Linux 中并不以后缀名作为区分文件格式的绝对标准，所以后缀名可有可无，具体文件格式可使用 file 命令进行查看，如图 4-1 所示。

```
┌──(root◉r0env)-[~/Desktop/unidbg/unidbg-android/src/test/java/com/dta/lesson5]
└─# file libnative-lib.so
libnative-lib.so: ELF 32-bit LSB shared object, ARM, EABI5 version 1 (SYSV), dynamically linked, BuildID[sha1]
=7216173506b6e45adf405cf0dfc7db2ee6e79bd5, stripped
```

图 4-1　使用 file 命令查看 libnative-lib.so 的文件格式

ELF 文件有两种视图：执行视图和链接视图。对于执行视图，主要使用程序头部表来将它载入内存；对于链接视图，则需要根据节区头部表中的信息来完成链接操作。ELF 文件的两种视图如图 4-2 所示。

ELF 文件开始处是 ELF 头部（ELF Header），用于描述整个文件的组织。

❑ 程序头部表（Program Header Table）用于告诉系统如何创建进程映像。

执行视图	链接视图
ELF头部	ELF头部
程序头部表	程序头部表（可选）
段1	节区1
	…
段2	节区*n*
	…
…	…
节区头部表（可选）	节区头部表

图 4-2　ELF 文件的两种视图

用于构造目标映像的目标文件必须具有程序头部表，可重定位文件并不需要该表。

❑ 节区头部表（Section Header Table）包含了描述文件节区的信息，用于链接的目标文件必须包含节区头部表，其他目标文件则不做要求。

对于共享目标文件，两种视图都必须存在。因为链接编辑器在链接的时候需要节区头部表来查看信息从而对各个目标文件进行链接，而加载器需要根据程序头部表把相应的段加载到进程的虚拟内存中。

本章更注重以执行视图的角度分析 ELF 头部以及程序头部表，节区头部表在之后会继续探讨。

4.1.1　ELF 头部结构

查看 Linux 系统中的 /usr/include/elf.h 文件，可以找到 ELF 头部的结构定义。

```c
#define EI_NIDENT (16)

typedef struct
{
    unsigned char e_ident[EI_NIDENT];
    Elf32_Half    e_type;
    Elf32_Half    e_machine;
    Elf32_Word    e_version;
    Elf32_Addr    e_entry;
    Elf32_Off e_phoff;
    Elf32_Off e_shoff;
    Elf32_Word    e_flags;
    Elf32_Half    e_ehsize;
    Elf32_Half    e_phentsize;
    Elf32_Half    e_phnum;
    Elf32_Half    e_shentsize;
```

```
    Elf32_Half     e_shnum;
    Elf32_Half     e_shstrndx;
} Elf32_Ehdr;
```

使用 010Editor 打开 libnative-lib.so，在 Template Repository 中安装 ELF.bt 模板，查看
ELF 头部，如图 4-3 所示。

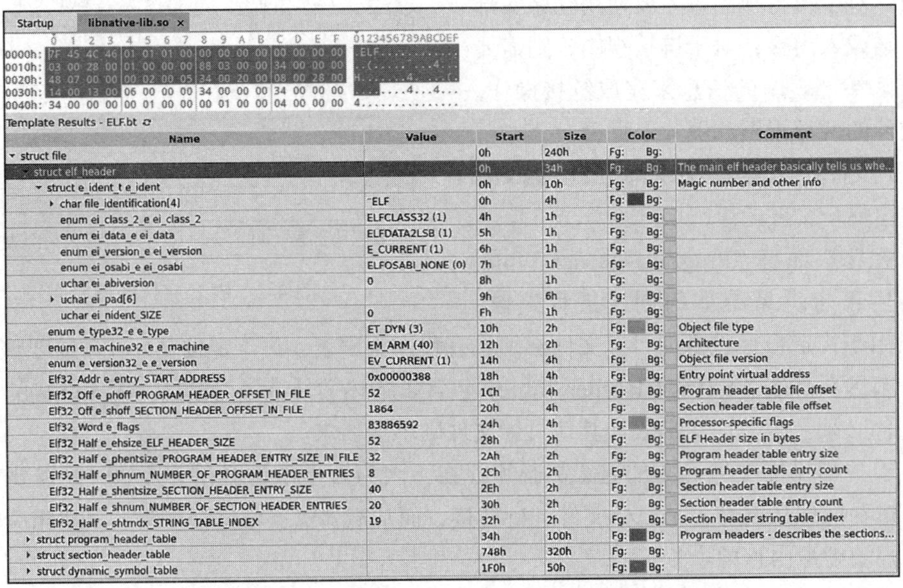

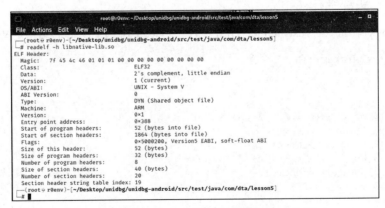

图 4-3　使用 010Editor 查看 ELF 头部

也可以使用 readelf 相关命令来查看 ELF 头部，如图 4-4 所示。

图 4-4　使用 readelf 相关命令来查看 ELF 头部

其中，e_ident 数组给出了 ELF 的一些标识信息。

❏ 前 4 字节是魔数（Magic number），固定为 7F "ELF"。

❑ ei_class：标识文件的类别，此处为 ELFCLASS32，即 32 位目标。

❑ di_data：指明数据的编码格式，此处 LSB 为小端序。

❑ ei_version：版本号码，一般为 0x1，表示 E_CURRENT 当前版本。

解析完 e_ident 数组，继续查看其他字段。

❑ e_type：标识目标文件的类型，此处为 ET_DYN(3)，即共享目标文件。

❑ e_machine：标识文件的目标体系结构类型，表明可以在哪种平台上运行，此处为 EM_ARM(40)，表示它为 ARM 架构。

❑ e_version：标识目标文件版本，一般为 EV_CURRENT(1)。

❑ e_entry：标识程序入口的虚拟地址，类似 C 语言中的 main 函数入口地址，但 so 文件是共享目标文件，没有程序入口点，此值可忽略。

❑ e_phoff：程序头部表格在文件中的字节偏移量，可根据该偏移量找到相应的程序头部表。

❑ e_shoff：节区头部表在文件中的字节偏移量，可根据该偏移量找到相应的节区头部表。

❑ e_flags：保存与文件相关的，特定于处理器的标志。

❑ e_ehsize：ELF 头部的大小，此处为 52，而程序头部表在文件中的字节偏移量也为 52，说明 ELF 头部后紧挨着程序头部表。

❑ e_phentsize：程序头部表中每个表项的大小，此处为 32 字节。

❑ e_phnum：程序头部表中表项的数目，此处为 8。

❑ e_shentsize：节区头部表中每个表项的大小。

❑ e_shnum：节区头部表中表项的数目。

❑ e_shstrndx：节区头部表中与节区名称字符串表相关的表项的索引。

ELF 头部的结构比较简单，包含 ELF 的一些简单信息。接下来重点分析程序头部表部分。

4.1.2　程序头部表

可执行文件或者共享目标文件的程序头部是一个结构数组，每个结构描述了一个段，或者系统准备程序执行所必需的其他信息。程序头部仅对于可执行文件和共享目标文件有意义。

根据 ELF 头部中的 e_phoff 字段，在 010Editor 中找到相应的程序头部段，如图 4-5 所示。

在 ELF 头部中，根据 e_phentsize 字段，每个表项的大小为 32 字节，根据 e_phnum 得到，程序头部段一共有 8 个表项。所以整个程序头部段的大小为 $32 \times 8 = 256$ 字节。

在 elf.h 中找到程序头部的数据结构，也就是每个表项中的结构，如下：

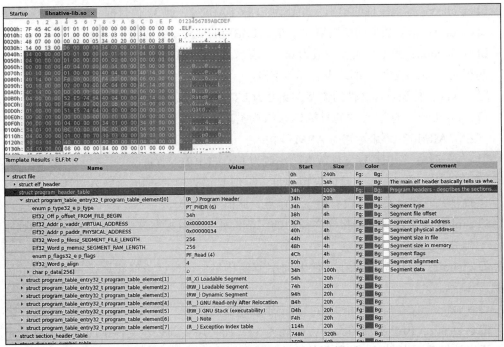

图 4-5 使用 010Editor 查看程序头部段

```
typedef struct
{
    Elf32_Word    p_type;
    Elf32_Off     p_offset;
    Elf32_Addr    p_vaddr;
    Elf32_Addr    p_paddr;
    Elf32_Word    p_filesz;
    Elf32_Word    p_memsz;
    Elf32_Word    p_flags;
    Elf32_Word    p_align;
} Elf32_Phdr;
```

各字段说明如下。

❑ p_type：该元素负责描述段的类型，具体类型在下文详细探讨。

❑ p_offset：标识该段在文件中的字节偏移。

❑ p_vaddr：标识该段将被放在内存中的虚拟地址，即相对偏移地址。

❑ p_paddr：标识该段将被放在内存中的物理地址，但现代常见的体系架构中很少直接
使用物理地址，所以这里 p_paddr 的值与 p_vaddr 相同。

❑ p_filesz：标识该段在文件映像中所占的字节数。

❑ p_memsz：标识该段在内存映像中所占的字节数。

❑ p_flags：标识段的标志。

❑ p_align：约束段的字节对齐。

只看概念可能比较抽象，下面结合具体实例来进行分析。

先分析程序头部表中的第一个表项，如图 4-6 所示。

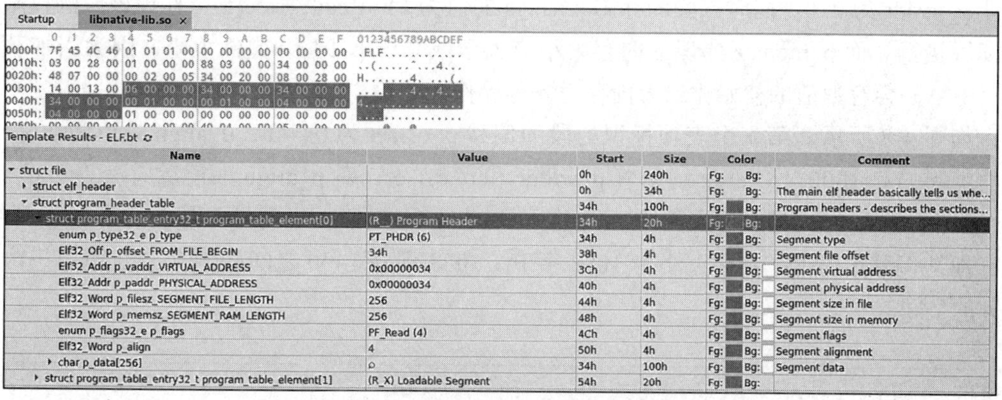

图 4-6　程序头部表中的第一个表项

p_type 的值为 PT_PHDR(6)，表示该类型的数组元素如果存在，则包含的信息为程序头部表自身的大小和位置等信息。可以看到 p_offset 值（也就是段的开始偏移）为 0x34，即程序头部表开始处对应文件的偏移，同时也对应 ELF 头部的 e_phoff 字段中的值。p_vaddr 的值标识当被加载至内存时，该段与基址的相对虚拟地址。p_filesz 的值标识该段的大小，256 字节数对应 ELF 头部的 e_phentsize、e_phnum 两个字段乘积得到的大小。p_flags 此处为 PF_Read(4)，标识该段为只读段。p_align 的值为 2，规定加载内存段的对齐。对于 010Editor 中的 p_data 数组，则是根据该段的偏移和大小链接到的相应的数据段。

如图 4-7 所示，第二个表项的 p_type 值为 PT_LOAD(1)，代表该段如何被加载到内存，

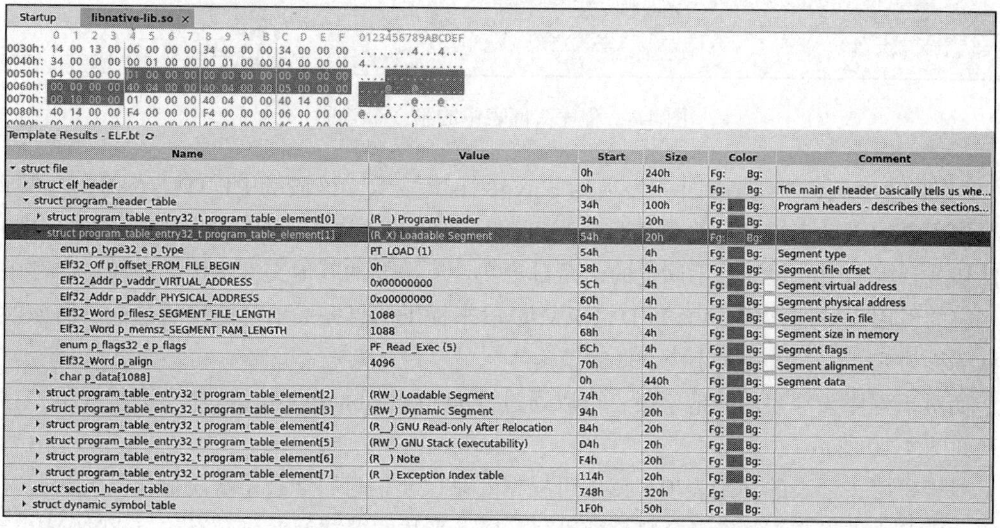

图 4-7　程序头部表中的第二个表项

所有需要被加载到内存的段都为 PT_LOAD 段。该处的 p_offset 段的开始偏移为 0x0，p_filesz 段的大小为 1088 字节，表示将从偏移 0x0 处开始，将 1088 字节载入内存，相对虚拟地址 p_vaddr 为 0x0。同时该段的标志 p_flags 的值为 PF_Read_Exec(5)，标识该段的权限为可读可执行。而 p_memsz 标识的内存大小应大于或等于 p_filesz 文件大小，因为当加载到内存中时，会有数值的初始化或者内存对齐等操作。

如图 4-8 所示，第三个表项标识的段的偏移 p_offset 为 0x440，p_align 的值为 4096 即十六进制的 0x1000。p_align 约束着 p_vaddr 和 p_offset，对 p_align 取模后应该等于 0，则 p_vaddr 的值为 0x1440，符合要求。而上一个 PT_LOAD 段，也就是头部表的第二个表项，内存地址偏移为 0x0，内存大小为 1088 字节，1088 到 0x1440 之间的内存空间即用于内存对齐的空间。

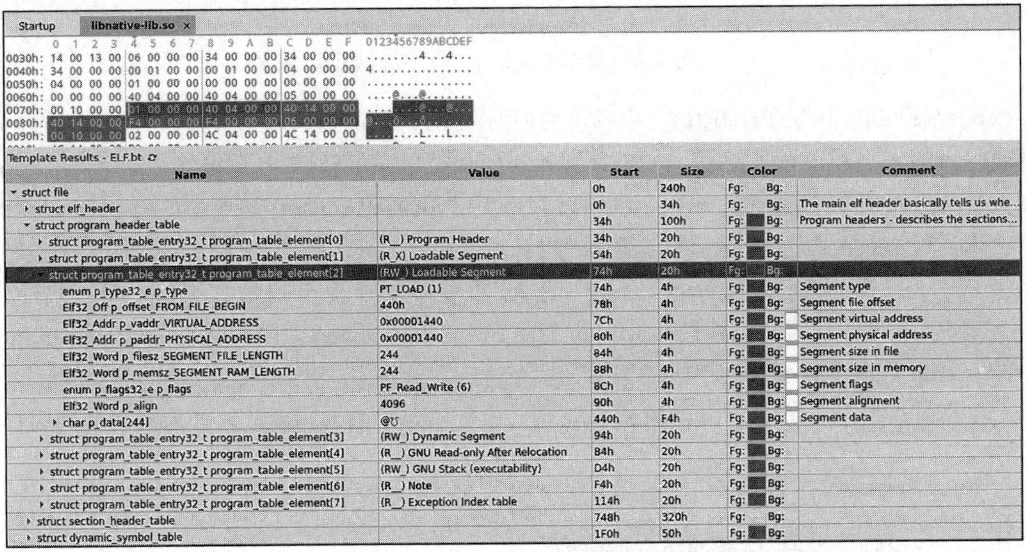

图 4-8　程序头部表中的第三个表项

如图 4-9 所示，根据第四个表项的 p_type 标识显示，该段为 PT_DYNAMIC(2) 类型，主要作用是给出动态链接所需的信息。当可执行文件或者共享目标文件被加载到内存中时，文件加载到内存中的地址是不固定的，而对于文件所需要的其他文件引用，如何在内存中找到相应的引用呢？这就需要由该 _DYNAMIC 段来提供信息完成动态链接的过程。而该段的文件偏移为 0x44C，段的大小为 208 字节。

而对于程序头部表的其他字段，可以通过 readelf -l libnative-lib.so 命令进行解析，具体实现如图 4-10 所示。

对于程序头部表的其余表项，读者可根据北京大学信息科学技术学院操作系统实验室发布的《ELF 文件格式》等参考资料自行研究，接下来我们继续分析动态节区 _DYNAMIC 段。

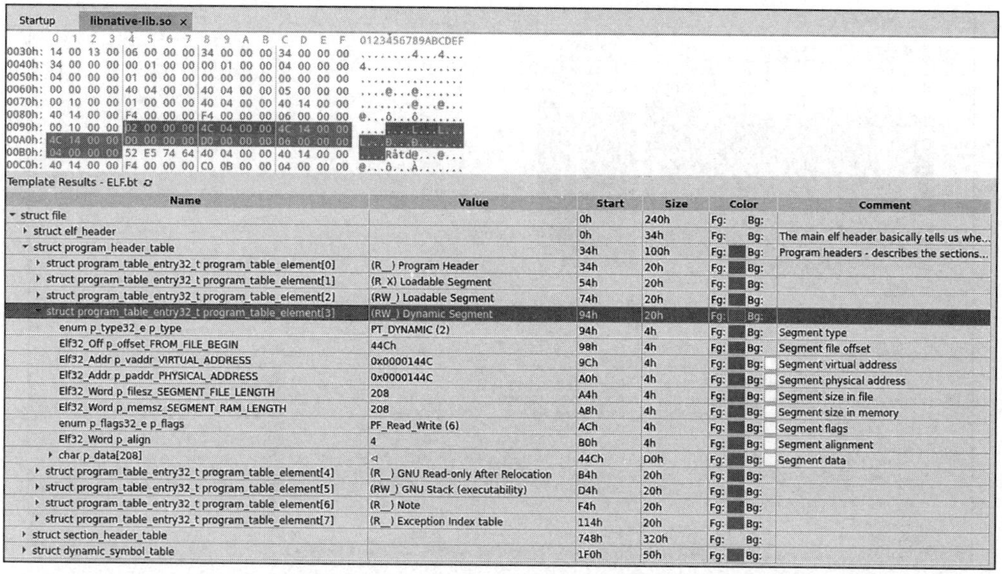

图 4-9　程序头部表中的第四个表项

```
┌──(root㉿r0env)-[~/Desktop/unidbg/unidbg-android/src/test/java/com/dta/lesson5]
└─# readelf -l libnative-lib.so

Elf file type is DYN (Shared object file)
Entry point 0x388
There are 8 program headers, starting at offset 52

Program Headers:
  Type           Offset   VirtAddr   PhysAddr   FileSiz MemSiz  Flg Align
  PHDR           0x000034 0x00000034 0x00000034 0x00100 0x00100 R   0x4
  LOAD           0x000000 0x00000000 0x00000000 0x00440 0x00440 R E 0x1000
  LOAD           0x000440 0x00001440 0x00001440 0x000f4 0x000f4 RW  0x1000
  DYNAMIC        0x00044c 0x0000144c 0x0000144c 0x000d0 0x000d0 RW  0x4
  GNU_RELRO      0x000440 0x00001440 0x00001440 0x000f4 0x00bc0 R   0x1
  GNU_STACK      0x000000 0x00000000 0x00000000 0x00000 0x00000 RW  0
  NOTE           0x000134 0x00000134 0x00000134 0x000bc 0x000bc R   0x4
  EXIDX          0x000330 0x00000330 0x00000330 0x00040 0x00040 R   0x4

 Section to Segment mapping:
  Segment Sections...
   00
   01     .note.android.ident .note.gnu.build-id .dynsym .gnu.version .gnu.version_r .gnu.hash .dynstr .rel.dyn .ARM.exidx .rel.plt .text .plt
   02     .data.rel.ro .fini_array .dynamic .got.plt
   03     .dynamic
   04     .data.rel.ro .fini_array .dynamic .got.plt
   05
   06     .note.android.ident .note.gnu.build-id
   07     .ARM.exidx
```

图 4-10　使用 readelf 命令查看程序头部表的其他字段

4.1.3 动态节区 _DYNAMIC 段

如果一个目标文件参与动态链接，它的程序头部表将包含类型为 PT_DYNAMIC 的元素。此“段”包含 .dynamic 节区。

根据 4.1.2 节中解析出 _DYNAMIC 段的偏移 0x44C，可以在 010Editor 中找到相应的数据块，如图 4-11 所示。

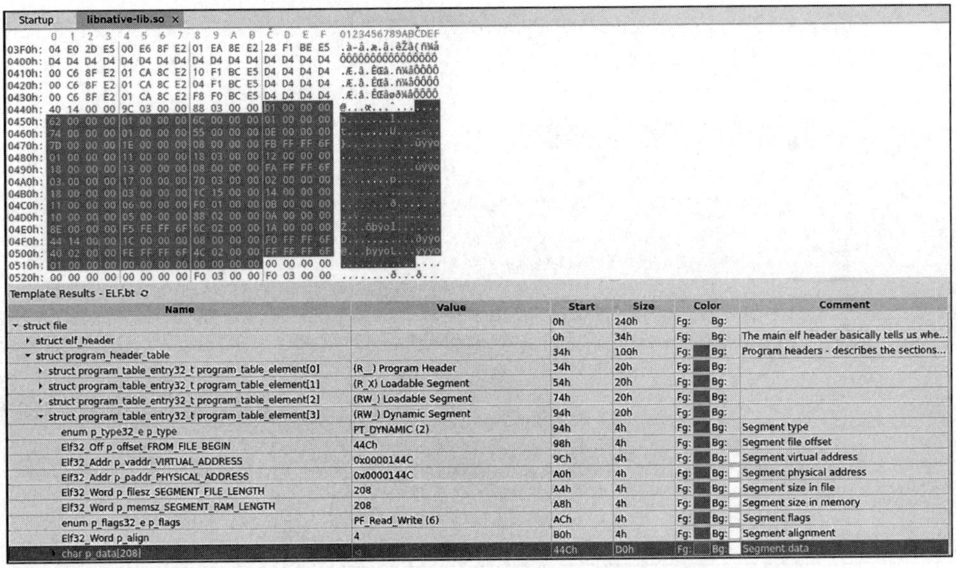

图 4-11　在 010Editor 中找到的 _DYNAMIC 段

　　010Editor 中的模板并没有很好地解析这部分数据，我们同样可以使用 readelf 命令来对该部分进行解析，在此之前，我们先手动解析一下 _DYNAMIC 段的部分内容。

　　通过查看 elf.h 文件，可以得知 _DYNAMIC 段的内容数据格式如下：

```
typedef struct
{
    Elf32_Sword    d_tag;
    union
        {
            Elf32_Word d_val;
            Elf32_Addr d_ptr;
        } d_un;
} Elf32_Dyn;
```

　　可以得知，每个数组的大小是 8 字节，由 d_tag 标志位和地址或值组成，由 d_tag 的值来控制 d_un 的含义。

　　查看前 8 字节数据，d_tag 的值为 DT_NEEDED(1)，这标识着某个需要被链接的依赖库的名称，而此元素包含的是一个 NULL 结尾的字符串的字符串表偏移。使用的字符串表根据 DT_STRTAB 项目中记录的内容确定，所谓的偏移是指在该表中的下标。所以该项指向的字符串的地址应该是 DT_STRTAB 段地址加上 d_val 的偏移。

　　而 DT_STRTAB 段的 d_tag 的值为 DT_STRTAB(5)，包含字符串表的地址、符号名、库名和其他字符串。在 _DYNAMIC 段中查找 0x5，对应的 d_ptr 为 8802 0000，即偏移为 0x288。

　　根据字符串表的首地址，可以找到第一个字符串为 0x288 + 0x62 = 0x2EA，根据偏移，可以找到对应的字符串为 liblog.so，如图 4-12 所示。

```
Startup    libnative-lib.so ×
        0  1  2  3  4  5  6  7  8  9  A  B  C  D  E  F   0123456789ABCDEF
02E0h: 63 2E 73 6F 00 4C 49 42 43 00 6C 69 62 6C 6F 67   c.so.LIBC.liblog
02F0h: 2E 73 6F 00 6C 69 62 6D 2E 73 6F 00 6C 69 62 64   .so.libm.so.libd
0300h: 6C 2E 73 6F 00 6C 69 62 6E 61 74 69 76 65 2D 6C   l.so.libnative-l
0310h: 69 62 2E 73 6F 00 00 00 40 14 00 00 17 00 00 00   ib.so...@.......
```

图 4-12 _DYNAMIC 中的第一个元素所需库

动态链接器为某个目标文件创建内存段时，依赖关系（记录于动态结构的 DT_NEEDED 表项中）能够提供需要哪些目标来提供程序服务的信息。通过不断地在被引用的共享目标与它们的依赖之间建立连接，动态链接器才能构造出完整的进程映像。

字符串表中的字符串是不定长长度，以 00 来分隔。

继续查看 DYNAMIC 中的第五个数据，它的 d_tag 的值为 DT_SONAME(0xe)，标识着某个共享目标的名称。同样，该元素包含的也是 DT_STRTAB 项目中的偏移索引。可以计算出 0x288 + 0x7D = 0x305，查看文件偏移为 0x305 的位置，发现对应的字符串为 libnative-lib.so，也就是共享目标的名称，如图 4-13 所示。

```
Startup    libnative-lib.so ×
        0  1  2  3  4  5  6  7  8  9  A  B  C  D  E  F   0123456789ABCDEF
0300h: 6C 2E 73 6F 00 6C 69 62 6E 61 74 69 76 65 2D 6C   l.so.libnative-l
0310h: 69 62 2E 73 6F 00 00 00 40 14 00 00 17 00 00 00   ib.so...@.......
0320h: 44 14 00 00 17 00 00 00 48 14 00 00 17 00 00 00   D.......H.......
0330h: 58 00 00 00 01 00 00 00 60 00 00 00 01 00 00 00   X.......`.......
```

图 4-13 _DYNAMIC 段中的第五个数据的共享目标的名称

对于 DYNAMIC 其余元素的解析，同样可以借助 readelf 命令，如图 4-14 所示。

```
┌──(root㉿r0env)-[~/Desktop/unidbg/unidbg-android/src/test/java/com/dta/lesson5]
└─# readelf -d libnative-lib.so

Dynamic section at offset 0x44c contains 26 entries:
  Tag        Type                         Name/Value
 0x00000001 (NEEDED)                     Shared library: [liblog.so]
 0x00000001 (NEEDED)                     Shared library: [libm.so]
 0x00000001 (NEEDED)                     Shared library: [libdl.so]
 0x00000001 (NEEDED)                     Shared library: [libc.so]
 0x0000000e (SONAME)                     Library soname: [libnative-lib.so]
 0x0000001e (FLAGS)                      BIND_NOW
 0x6ffffffb (FLAGS_1)                    Flags: NOW
 0x00000011 (REL)                        0x318
 0x00000012 (RELSZ)                      24 (bytes)
 0x00000013 (RELENT)                     8 (bytes)
 0x6ffffffa (RELCOUNT)                   3
 0x00000017 (JMPREL)                     0x370
 0x00000002 (PLTRELSZ)                   24 (bytes)
 0x00000003 (PLTGOT)                     0x151c
 0x00000014 (PLTREL)                     REL
 0x00000006 (SYMTAB)                     0x1f0
 0x0000000b (SYMENT)                     16 (bytes)
 0x00000005 (STRTAB)                     0x288
 0x0000000a (STRSZ)                      142 (bytes)
 0x6ffffef5 (GNU_HASH)                   0x26c
 0x0000001a (FINI_ARRAY)                 0x1444
 0x0000001c (FINI_ARRAYSZ)               8 (bytes)
 0x6ffffff0 (VERSYM)                     0x240
 0x6ffffffe (VERNEED)                    0x24c
 0x6fffffff (VERNEEDNUM)                 1
 0x00000000 (NULL)                       0x0
┌──(root㉿r0env)-[~/Desktop/unidbg/unidbg-android/src/test/java/com/dta/lesson5]
└─#
```

图 4-14 readelf 解析 _DYNAMIC 段

我们可以很清晰地看到 readelf 命令贴心地解析出了各个元素以及各个元素的数据。其中的部分字段含义如下。

❑ DT_NEEDED：指出需要链接的共享库，此处的值是以 DT_STRTAB 为参照的偏移，存放的是共享库的名称。

❑ DT_SONAME：指出某个共享目标的名称，此处的值是以 DT_STRTAB 为参照的偏移，存放的是共享库的名称。

❑ DT_SYMTAB：此元素包含符号表的地址。将该值作为文件偏移可以找到 ELF 文件的符号表。

❑ DT_SYMENT：此元素给出符号表项的大小，按字节数计算。

❑ DT_STRTAB：此元素包含字符串表的地址、符号名、库名和其他字符串。将该值作为文件偏移可以找到该 ELF 文件的字符串表。

❑ DT_STRSZ：此元素给出字符串表的大小，按字节数计算。

❑ DT_NULL：标记为 DT_NULL 的项目标注了整个 _DYNAMIC 数组的末端，作为最后一个表项。

至此，以执行视图的角度通过十六进制视图来分析 ELF 的文件结构就介绍完毕了，4.2 节将深入代码细节对 ELF 解析进行研究。

4.2 深入 jelf 代码细节，探究 ELF 解析

本节将会以 ELF 解析项目 jelf 与 unidbg 中修改的 jelf 来通过代码对 ELF 文件格式解析进行讲解，通过代码细节来对 ELF 文件格式有一个更加清晰的认识。

4.2.1 分析原版 jelf 代码

首先将 jelf 项目复制到本地，命令如下：

```
git clone https://github.com/fornwall/jelf
```

复制完成后使用 IDEA 打开该项目，等待依赖下载并关联完成。

gradle 运行完毕后，打开 net.fornwall.jelf.ElfFile 类，查看它的构造方法，阅读源码，如图 4-15 所示。

可以看到首先实例化了一个 ElfParser 对象。点击进入 ElfParser 类，发现其中已经封装好了部分读取数据的方法。

对于 seek()、skip()、readUnsignedByte()、raed() 方法，则是直接调用了 BackingFile 类中的同名方法。

对于 readShort()、readInt()、readLong() 等方法，则是使用 readUnsignedByte() 方法读取大小相同的字节数目，之后根据 ElfFile.ei_data 值来判断该程序的大小端序，根据判断的结果将字节数拼接成相应的长度。readIntOrLong() 方法则是根据程序是 32 位或者 64 位来调用 readInt() 方法或者 readLong() 方法。

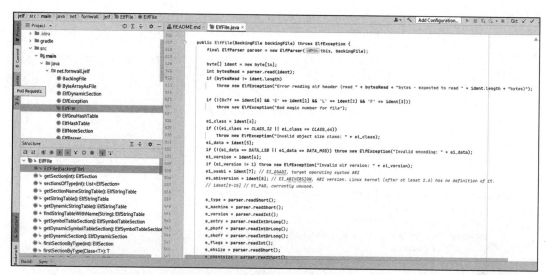

图 4-15　ElfFile 类的构造方法

该类还封装了 unsignedByte() 方法，由于 Java 中没有无符号类型，都是有符号类型的数据类型，如果想读取一个无符号字节，需要使用比 byte 类型大的数据类型来存储。

virtualMemoryAddrToFileOffset() 方法则是接收一个虚拟内存地址，然后求出相对偏移，再加上文件的偏移，得到文件中的地址。

到这里，对于 ElfParser 这个 ELF 解析类就介绍完毕了，继续回过头查看 ElfFile 类的构造方法。

它首先读取了前十六字节 e_ident，判断魔数是否合法，校验 el_class、ei_data、ei_version 等值的合法性，然后保存了运行的 CPU 架构，以及 ELF 头部的其他字段等。

```
sections = MemoizedObject.uncheckedArray(e_shnum);
for (int i = 0; i < e_shnum; i++) {
    final long sectionHeaderOffset = e_shoff + (i * e_shentsize);
    sections[i] = new MemoizedObject<ElfSection>() {
        @Override
        public ElfSection computeValue() throws ElfException {
            ElfSectionHeader elfSectionHeader = new ElfSectionHeader(parser,
                sectionHeaderOffset);
            switch (elfSectionHeader.sh_type) {
                case ElfSectionHeader.SHT_DYNAMIC:
                    return new ElfDynamicSection(parser, elfSectionHeader);
                case ElfSectionHeader.SHT_SYMTAB:
                case ElfSectionHeader.SHT_DYNSYM:
                    return new ElfSymbolTableSection(parser, elfSectionHeader);
                case ElfSectionHeader.SHT_STRTAB:
                    return new ElfStringTable(parser, elfSectionHeader.sh_
                        offset, (int) elfSectionHeader.sh_size, elfSectionHeader);
                case ElfSectionHeader.SHT_HASH:
                    return new ElfHashTable(parser, elfSectionHeader);
                case ElfSectionHeader.SHT_NOTE:
                    return new ElfNoteSection(parser, elfSectionHeader);
```

```
            case ElfSectionHeader.SHT_RELA:
                return new ElfRelocationAddendSection(parser, elfSectionHeader);
            case ElfSectionHeader.SHT_REL:
                return new ElfRelocationSection(parser, elfSectionHeader);
            case ElfSectionHeader.SHT_GNU_HASH:
                return new ElfGnuHashTable(parser, elfSectionHeader);
            default:
                return new ElfSection(elfSectionHeader);
            }
        }
    };
}

programHeaders = MemoizedObject.uncheckedArray(e_phnum);
for (int i = 0; i < e_phnum; i++) {
    final long programHeaderOffset = e_phoff + (i * e_phentsize);
    programHeaders[i] = new MemoizedObject<ElfSegment>() {
        @Override
        public ElfSegment computeValue() {
            return new ElfSegment(parser, programHeaderOffset);
        }
    };
}
```

接着读取了节区头部表，得到各个段的数据。最后，读取了程序头部表，但是由于 jelf 并没有对程序头部表的 _DYNAMIC 段做特殊处理，因此我们继续查看 unidbg 中修改过的 jelf 中的代码来跟进。

4.2.2 分析 unidbg 版 jelf 代码

打开 unidbg 项目，找到 unidbg-android/src/main/java/net/fornwall/jelf/ElfFile.java 类文件，如图 4-16 所示。

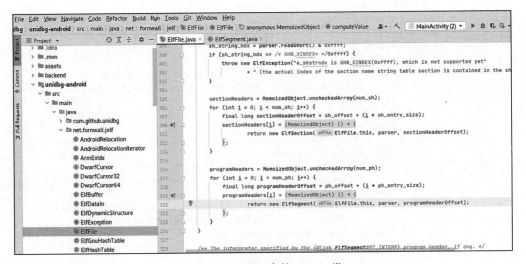

图 4-16 unidbg 中的 ElfFile 类

它将程序头部表中的段封装进了 ElfSegment 类。查看 ElfSegment 类中的构造方法，首先通过 ElfParser.seek() 方法定位到该段的文件偏移处，然后根据 ELF 文件是 32 位还是 64 位来确定读取数据的长度，读取完数据并保存到成员变量。最后根据段的类型，构造了独特的类对象，如图 4-17 所示。

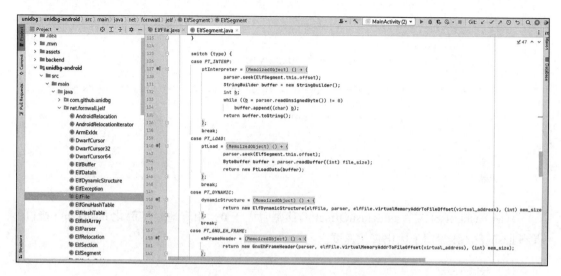

图 4-17　unidbg 的 ElfSegment 类

可以看到 type 的值为 PT_DYNAMIC 时，构造了 ElfDynamicStructure 类。跟进该类的构造方法继续查看。

```
parser.seek(offset);
int numEntries = size / (parser.elfFile.objectSize == ElfFile.CLASS_32 ? 8 : 16);
```

最开始同样通过 seek() 方法重新定位文件指针。然后用总大小除以单个大小获得元素的个数 numEntries。接着对 _DYNAMIC 段的元素逐一进行遍历，判断 d_tag 的值，并根据 d_tag 的值来保存元素携带的第二个数据到各个变量中。

```
if (dt_strtab_size > 0) {
    dtStringTable = new MemoizedObject<ElfStringTable>() {
        @Override
        protected ElfStringTable computeValue() throws ElfException, IOException {
            return new ElfStringTable(parser, elfFile.virtualMemoryAddrToFileO
                ffset(dt_strtab_offset), dt_strtab_size);
        }
    };
}
```

之后判断字符串表的长度 dt_strtab_size 是否大于 0，如果大于 0 则构造一个 ElfStringTable 对象。

```
final MemoizedObject<HashTable> hashTable;
if (hashOffset > 0) {
    hashTable = new MemoizedObject<HashTable>() {
        @Override
        protected HashTable computeValue() throws ElfException, IOException {
            return new ElfHashTable(parser, elfFile.virtualMemoryAddrToFileOff
                set(hashOffset), -1);
        }
    };
} else if(gnuHashOffset > 0) {
    hashTable = new MemoizedObject<HashTable>() {
        @Override
        protected HashTable computeValue() throws ElfException, IOException {
            return new ElfGnuHashTable(parser, elfFile.virtualMemoryAddrToFile
                Offset(gnuHashOffset));
        }
    };
} else {
    hashTable = null;
}
```

判断 hashOffset 或者 gnuHashOffset 偏移是否大于 0，相应地，实例化 hashTable 接口，得到 hash 表。该表用于优化查找速度。

```
if (symbolOffset > 0) {
    symbolStructure = new MemoizedObject<ElfSymbolStructure>() {
        @Override
        protected ElfSymbolStructure computeValue() throws ElfException,
            IOException {
            return new ElfSymbolStructure(parser, elfFile.virtualMemoryAddrToF
                ileOffset(symbolOffset), symbolEntrySize, dtStringTable, hashTable);
        }
    };
}
```

判断符号偏移 symbolOffset 是否大于 0，根据哈希表和字符串表来查找相应符号，哈希表可起到快速查找的作用。

可以跟进 ElfSymbolStructure 类，它有一个通过名字得到 ELF 符号的 getELFSymbolByName() 方法，实际上是调用了哈希表的 hashTable.getValue().getSymbol(this, name) 方法，查看 HashTable 类的 getSymbol() 方法，找到其实现类 ElfHashTable 的 getSymbol() 方法，如图 4-18 所示。

可以看到这里首先根据 symbolName 计算出哈希值，然后在哈希表中查找相应符号并返回。

对于符号表，可以在 010Editor 中查看，如图 4-19 所示。

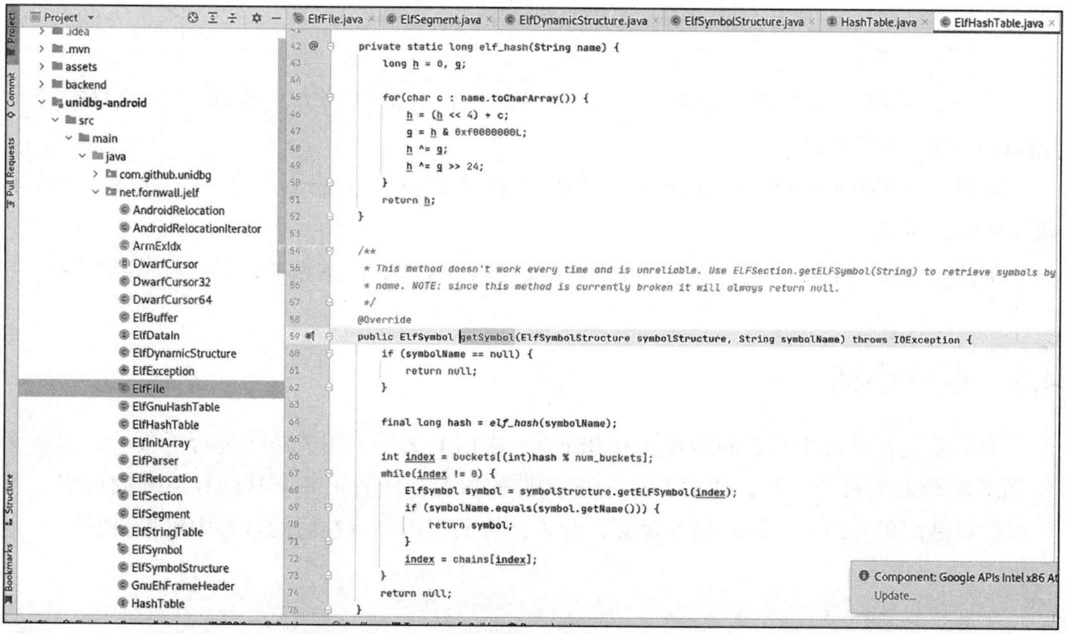

图 4-18　ElfHashTable 类的 getSymbol() 方法

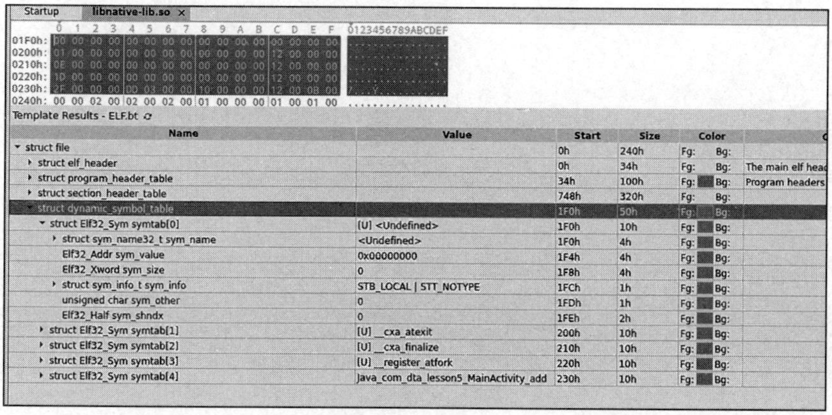

图 4-19　使用 010Editor 查看 ELF 的符号表

每个表项长度为 16 字节，数据结构如下：

```
typedef struct
{
    Elf32_Word    st_name;      /* Symbol name (string tbl index) */
    Elf32_Addr    st_value;     /* Symbol value */
    Elf32_Word    st_size;      /* Symbol size */
    unsigned char st_info;      /* Symbol type and binding */
    unsigned char st_other;     /* Symbol visibility */
```

```
    Elf32_Section st_shndx;          /* Section index */
} Elf32_Sym;
```

符号表存储了符号名和地址的对应关系，符号表的应用方式将在后续章节中涉及 Linker 的时候继续探讨。

继续回到 ElfDynamicStructure 类，后面对 plt 表以及 .init_array 段等做了处理，生成了相关的实例对象。

至此，对于与 ELF 头部、程序头部表以及 _DYNAMIC 段的相关代码已经分析完毕。

4.3　本章小结

本章首先是通过十六进制编辑器 010Editor 对 ELF 文件的相关结构进行了分析，然后深入 ELF 解析器的代码分析，使读者对 ELF 文件的执行视图有了一个基础且清晰的认识。当然本章只是简单介绍了结构的相关含义，对于结构的应用则将在后续章节中慢慢讲解。

第 5 章 *Chapter 5*

Unicorn 的初级使用与初探 Linker

在第 4 章学习完 ELF 文件结构后，本章将会介绍 Unicorn 的基础使用方法，并简单追踪 System.loadLibrary() 方法内的 Android 系统源码，以便大家可以深入地理解 so 文件是如何加载到内存的。

5.1　Unicorn 的初级使用：模拟执行与 Hook

unidbg 可以将 so 加载运行的基础是它集成的几种后端工厂，本节将会介绍 unidbg 的后端工厂 unicorn 的基本使用。Unicorn 是一个基于 QEMU 的轻量级、多平台、多体系架构的 CPU 模拟器框架，使用 C 语言编写并支持多种语言绑定，是模拟执行常用的框架之一。

5.1.1　使用 Unicorn 进行模拟执行

首先使用 IDEA 创建一个 Maven 空项目，如图 5-1 所示。

在单击 Next 按钮后单击 Finish 按钮，即可创建一个 Maven 空项目。

从 unidbg 项目中的 unidbg-api/pom.xml 中参考相应依赖，打开新建的 Maven 项目中的 pom.xml 文件，在 <project> 的节点下添加如下内容。

```
<dependencies>
    <dependency>
        <groupId>com.github.zhkl0228</groupId>
        <artifactId>unicorn</artifactId>
        <version>1.0.12</version>
    </dependency>
    <dependency>
```

```
        <groupId>com.github.zhkl0228</groupId>
        <artifactId>capstone</artifactId>
        <version>3.1.6</version>
    </dependency>
    <dependency>
        <groupId>com.github.zhkl0228</groupId>
        <artifactId>keystone</artifactId>
        <version>0.9.7</version>
    </dependency>
    <dependency>
        <groupId>junit</groupId>
        <artifactId>junit</artifactId>
        <version>4.13.2</version>
        <scope>test</scope>
    </dependency>
</dependencies>
```

图 5-1　使用 IDEA 创建 Maven 空项目

之后单击 Maven 的同步按钮，静等依赖下载关联完成。

下载完成后，在 src/test/java 目录下新建 UnicornTest 类，准备编写 Unicorn 模拟执行指令的代码。

首先需要编写汇编代码用于模拟执行，ARM 汇编代码如下所示。

```
MOVS R0, #01
```

```
MOVS R1, #02
ADD R0, R1
```

　　该代码实现的操作是将 R0 寄存器赋值为 0x1，将 R1 寄存器赋值为 0x2，之后计算出
R0 与 R1 的和存入 R0 寄存器。可以通过网站 https://armconverter.com/ 将 ARM 汇编代码转
换为机器指令，如图 5-2 所示。

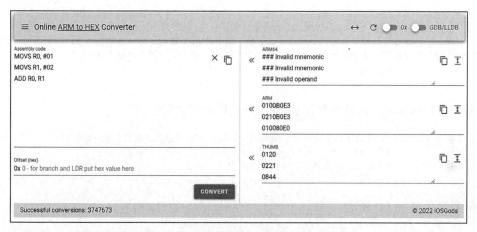

图 5-2　将 ARM 汇编代码转换为机器指令

得到的机器指令如下。

```
0120
0221
0844
```

在 UnicornTest 类下新建 test() 方法，并添加 junit 的 @Test 注解，方便测试。

首先传入所需参数来实例化一个 Unicorn 对象，代码如下。

```
// 实例化一个 Unicorn 对象，参数为 CPU 架构和模式
Unicorn unicorn = new Unicorn(UnicornConst.UC_ARCH_ARM, UnicornConst.UC_MODE_THUMB);
```

通过 Unicorn 对象来映射一块内存，并设置内存相关权限。

```
// 映射内存的基址
long BASE = 0x1000;
/**
 * 申请内存，初始地址为 0x1000，大小为 0x1000。由于需要执行该段代码，所以赋予可读可写可执行权限
 * 需要注意的是，地址和大小需要按页来映射，地址需要为 0x1000 的倍数，此处为了与内存对齐，也需
 *    要为 0x1000
 */
unicorn.mem_map(BASE, 0x1000, UnicornConst.UC_PROT_WRITE | UnicornConst.UC_
    PROT_READ | UnicornConst.UC_PROT_EXEC);
```

将机器码字节数组写入映射的内存中：

```
// 需要执行的机器码字节数组
```

```
byte[] code = new byte[]{0x01, 0x20,
        0x02, 0x21,
        0x08, 0x44};
// 将需要执行的机器码字节数组写入内存中，参数分别为写入的地址及写入的数据
unicorn.mem_write(BASE, code);
```

当内存中已有代码数据时，调用 emu_start() 方法来执行这段指令：

```
/**
 * 开始执行指令，由于是 thumb 模式，开始地址需要 +1，执行结束地址为初始地址加指令长度
 * 第三个参数为限制指令执行的时间，单位为秒，若为 0 则不限制，模拟执行指令到指令结束
 * 第四个参数为限制指令执行的条数，若为 0 则不限制，模拟执行指令到指令结束
 */
unicorn.emu_start(BASE + 1, BASE + code.length, 0, 0);
```

模拟执行结束后，获取寄存器 R0 的值并输出到控制台：

```
// 通过 reg_read() 方法来读取寄存器，要传入待读取的寄存器，此处返回值是 Long 类型
Long o = (Long) unicorn.reg_read(ArmConst.UC_ARM_REG_R0);
// 调用 intValue() 方法来获得真正的寄存器中的值
System.out.println("the emulate finished result is ==> " + o.intValue());
```

运行结果如图 5-3 所示。

图 5-3　Unicorn 模拟指令

可以看到 Unicorn 模拟执行指令的速度还是非常快的。

5.1.2　Unicorn 的 Hook

在学习完如何编写 Unicorn 的模拟执行代码之后，我们继续学习 Unicorn 的 Hook 操作。

在模拟执行前添加 Hook 操作，通过编译器的代码提示，可以看到 Unicorn 支持多种 Hook API，如图 5-4 所示。

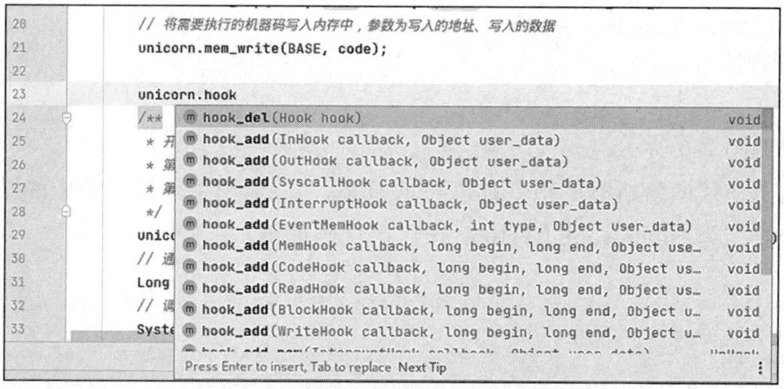

图 5-4　Unicorn 支持的 Hook API

接下来编写部分 Hook API 的代码来用实例讲解 Unicorn 的 Hook 操作。

首先新建一个指令 Hook（CodeHook）实例对象，作为第一个参数，这会对 Hook 范围内所有执行的指令进行 Hook；然后将 BASE 作为开始地址、BASE + code.length 作为结束地址传入，表示 Hook 了模拟执行的所有指令；第四个参数较为特殊，是用户数据，传入后可以在 Hook 回调函数的 user 参数中获取并使用，此处设置为 null。

```
// 添加一个 Hook，传入 Hook 的对象、起始地址、结束地址、用户数据
unicorn.Hook_add(new CodeHook() {
    @Override
    public void Hook(Unicorn u, long address, int size, Object user) {
        // 第四个参数中的用户数据会当作参数 user 被传递进来
        // 输出指令的地址和指令的长度
        System.out.print(String.format(">>> Tracing instruction at 0x%x,
            instruction size = 0x%x\n", address, size));
    }
}, BASE, BASE + code.length, null);
```

添加代码后运行，查看运行结果，如图 5-5 所示。

可以发现成功对执行的三条指令进行了 Hook，并输出了执行指令的地址和长度。

对于 Hook_add() 方法的第二个和第三个参数的特殊情况，如果起始地址的值大于结束地址的值，则 Hook 所有的指令。

尝试填入开始地址为 0 和结束地址为 –1 的参数，代码如下。

```
// 添加一个 Hook，传入 Hook 的对象、开始地址、结束地址、用户数据
unicorn.Hook_add(new CodeHook() {
    @Override
    public void Hook(Unicorn u, long address, int size, Object user) {
        // 第四个参数中的用户数据会当作参数 user 被传递进来
        // 输出指令的地址和指令的长度
```

```
        System.out.print(String.format(">>> Tracing instruction at 0x%x,
            instruction size = 0x%x\n", address, size));
    }
    // Hook 指定地址范围的指令
// }, BASE, BASE + code.length, null);
// Hook 全部指令
}, 0, -1, null);
```

运行结果如图 5-6 所示。

可以看到上述代码对所有的指令都进行了 Hook，并输出了回调函数中的结果。

添加一个类型为 BlockHook 的 Hook 操作，代码如下：

```
// 添加 BlockHook 操作，参数分别为 Hook 对象、Hook 开始地址、Hook 结束地址、用户数据
unicorn.Hook_add(new BlockHook() {
    @Override
    public void Hook(Unicorn u, long address, int size, Object user) {
        // 输出 Hook 的块地址和块大小
        System.out.print(String.format(">>> Tracing basic block at 0x%x, block
            size = 0x%x\n", address, size));
    }
}, BASE, BASE + code.length, null);
```

运行结果如图 5-7 所示。

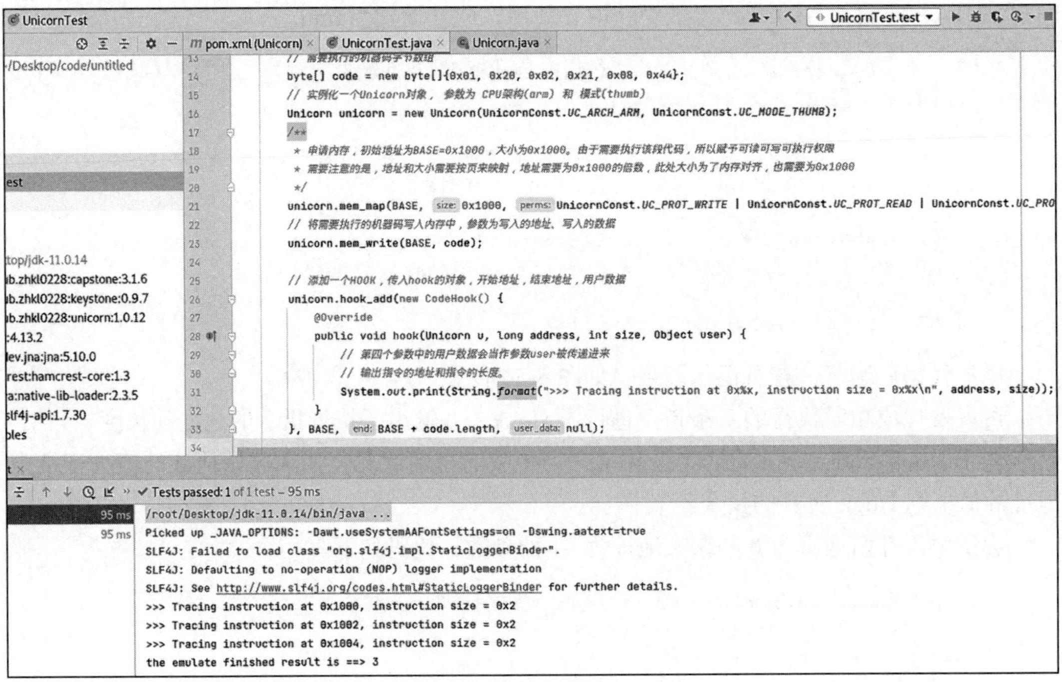

图 5-5　Hook 运行结果

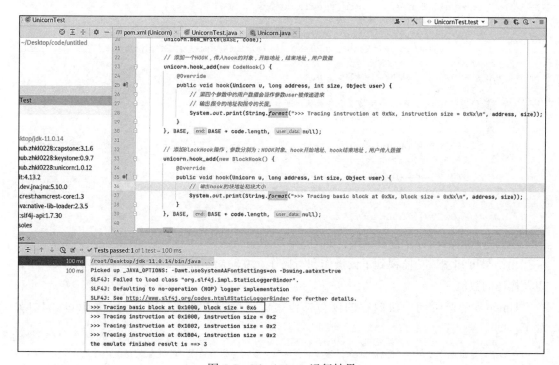

```java
        // 添加一个HOOK，传入hook的对象，开始地址，结束地址，用户数据
        unicorn.hook_add(new CodeHook() {
            @Override
            public void hook(Unicorn u, long address, int size, Object user) {
                // 第四个参数中的用户数据会当作参数user被传递进来
                // 输出指令的地址和指令的长度。
                System.out.print(String.format(">>> Tracing instruction at 0x%x, instruction size = 0x%x\n", address, size));
            }
        // hook指定地址范围的指令
//        }, BASE, BASE + code.length, null);
        // hook全部指令
        }, begin: 0, end: -1, user_data: null);
```

```
✓ Tests passed: 1 of 1 test – 91 ms
/root/Desktop/jdk-11.0.14/bin/java ...
Picked up _JAVA_OPTIONS: -Dawt.useSystemAAFontSettings=on -Dswing.aatext=true
SLF4J: Failed to load class "org.slf4j.impl.StaticLoggerBinder".
SLF4J: Defaulting to no-operation (NOP) logger implementation
SLF4J: See http://www.slf4j.org/codes.html#StaticLoggerBinder for further details.
>>> Tracing instruction at 0x1000, instruction size = 0x2
>>> Tracing instruction at 0x1002, instruction size = 0x2
>>> Tracing instruction at 0x1004, instruction size = 0x2
the emulate finished result is ==> 3

Process finished with exit code 0
```

图 5-6　Hook 所有指令的结果

```
                unicorn.mem_write(BASE, code);

        // 添加一个HOOK，传入hook的对象，开始地址，结束地址，用户数据
        unicorn.hook_add(new CodeHook() {
            @Override
            public void hook(Unicorn u, long address, int size, Object user) {
                // 第四个参数中的用户数据会当作参数user被传递进来
                // 输出指令的地址和指令的长度。
                System.out.print(String.format(">>> Tracing instruction at 0x%x, instruction size = 0x%x\n", address, size));
            }
        }, BASE, end: BASE + code.length, user_data: null);

        // 添加BlockHook操作，参数分别为：HOOK对象，hook开始地址，hook结束地址，用户传入数据
        unicorn.hook_add(new BlockHook() {
            @Override
            public void hook(Unicorn u, long address, int size, Object user) {
                // 输出hook的块地址和块大小
                System.out.print(String.format(">>> Tracing basic block at 0x%x, block size = 0x%x\n", address, size));
            }
        }, BASE, end: BASE + code.length, user_data: null);
```

```
✓ Tests passed: 1 of 1 test – 100 ms
/root/Desktop/jdk-11.0.14/bin/java ...
Picked up _JAVA_OPTIONS: -Dawt.useSystemAAFontSettings=on -Dswing.aatext=true
SLF4J: Failed to load class "org.slf4j.impl.StaticLoggerBinder".
SLF4J: Defaulting to no-operation (NOP) logger implementation
SLF4J: See http://www.slf4j.org/codes.html#StaticLoggerBinder for further details.
>>> Tracing basic block at 0x1000, block size = 0x6
>>> Tracing instruction at 0x1000, instruction size = 0x2
>>> Tracing instruction at 0x1002, instruction size = 0x2
>>> Tracing instruction at 0x1004, instruction size = 0x2
the emulate finished result is ==> 3
```

图 5-7　BlockHook 运行结果

另外，Unicorn 还支持写或者读操作的 Hook，下面便来演示一下。

首先，修改之前的汇编代码，添加写和读操作：

```
MOVS R0, #01
MOVS R1, #02
ADD R0, R1
MOVS R2, #0x1100
STR R0, [R2, #0]
LDR R3, [R2, #0]
```

新添加的语句的含义为，将 0x1100 赋予寄存器 R2，将寄存器 R0 的值存储到 R2+0x0 这个地址，再将 R2+0x0 地址中的值读取到寄存器 R3 中。

然后根据在 armconverter 网站上得到的机器码，修改字节数组，并添加相应的读写 Hook，代码如下：

```
// 需要执行的机器码字节数组
// byte[] code = new byte[]{0x01, 0x20, 0x02, 0x21, 0x08, 0x44};
byte[] code = new byte[]{0x01, 0x20, 0x02, 0x21, 0x08, 0x44,0x5F, (byte) 0xF4,
    (byte) 0x88,0x52,0x10,0x60,0x13,0x68};

// 对读操作进行 Hook，第二个和第三个参数标识着监视内存地址的范围
unicorn.Hook_add(new ReadHook() {
    @Override
    public void Hook(Unicorn u, long address, int size, Object user) {
        byte[] bytes = u.mem_read(address, size);
        // 输出读操作的内存地址、大小，以及第一个字节的值
        System.out.print(String.format(">>> Memory read at 0x%x, block size = 0x%x,
            value is = 0x%s\n", address, size, Integer.toHexString(bytes[0] & 0xff)));
    }
}, BASE + 0x100, BASE + 0x102, null);

// 对写操作进行 Hook，第二个和第三个参数标识着监视内存地址的范围
unicorn.Hook_add(new WriteHook() {
    @Override
    public void Hook(Unicorn u, long address, int size, long value, Object user) {
        // 输出写操作的内存地址、大小，以及第一个字节的值
        System.out.print(String.format(">>> Memory write at 0x%x, block size =
            0x%x, value is = 0x%x\n", address, size, value));
    }
}, BASE + 0x100, BASE + 0x102, null);
```

编写好代码后运行，查看结果，如图 5-8 所示。

由结果可知它成功监视到了读操作和写操作，并输出了相关的内存地址、内存块大小，以及操作的数值。

Unicorn 为监听同一段内存的读写操作提供了更加方便的 API——MemHook，代码如下：

```
// 对指定范围内的内存操作进行 Hook，第二个和第三个参数标识着监视内存地址的范围
unicorn.Hook_add(new MemHook() {
    // 读操作回调方法
    @Override
    public void Hook(Unicorn u, long address, int size, Object user) {
```

```
        byte[] bytes = u.mem_read(address, size);
        // 输出读操作的内存地址、大小，以及第一个字节的值
        System.out.print(String.format(">>> Memory read at 0x%x, block size = 0x%x,
            value is = 0x%s\n", address, size, Integer.toHexString(bytes[0] & 0xff)));

    }

    // 写操作回调方法
    @Override
    public void Hook(Unicorn u, long address, int size, long value, Object user) {
        // 输出写操作的内存地址、大小，以及第一个字节的值
        System.out.print(String.format(">>> Memory write at 0x%x, block size =
            0x%x, value is = 0x%x\n", address, size, value));
    }
},BASE+0x100,BASE+0x102,null);
```

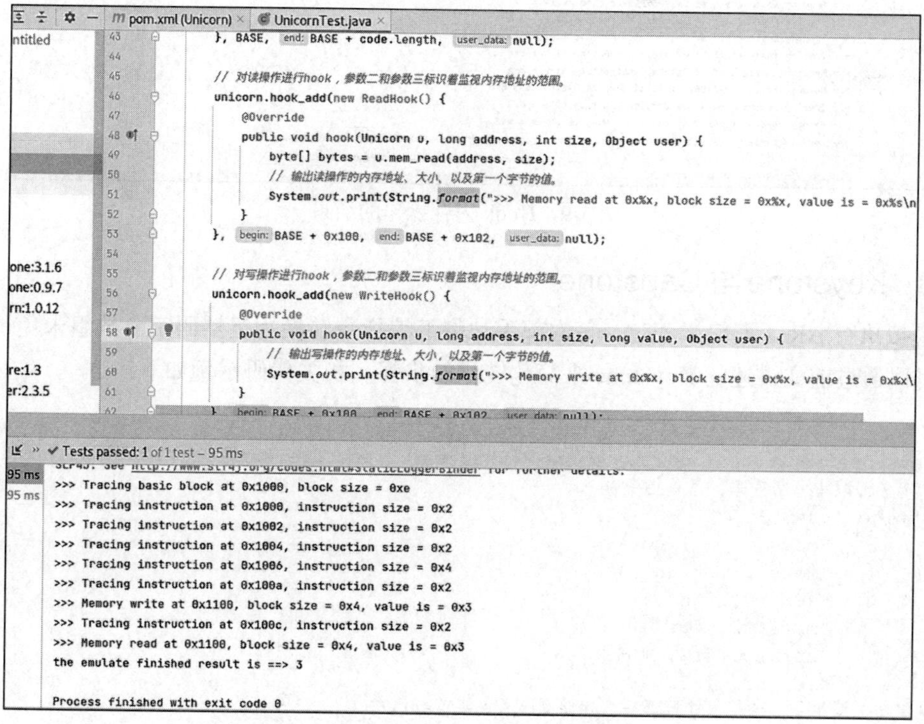

图 5-8　Hook 读写操作的结果

Hook 内存操作的结果如图 5-9 所示。

Unicorn 中常用的 Hook 类就介绍到这里，对于其余的 Hook 类，将在后续实践中解释其含义。

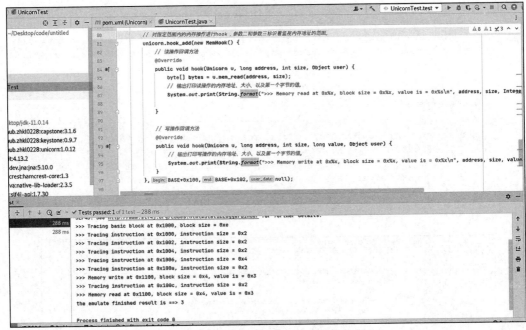

图 5-9　Hook 内存操作的结果

5.1.3　Keystone 与 Capstone

模拟执行 ARM 汇编指令时，每次都手动将汇编指令转换为机器码字节数组未免过于麻烦。可以通过前文讲述的 Keystone 来简化转化的步骤。相关代码示例如下：

```
// 指定 CPU 架构与模式，实例化一个 Keystone 对象
Keystone keystone = new Keystone(KeystoneArchitecture.Arm, KeystoneMode.ArmThumb);
// 定义汇编指令字符串，每条指令占一行
String assembly =
        "movs r0, #1\n" +
        "movs r1, #2\n" +
        "add r0,r1\n" +
        "movs r2, #0x1100\n" +
        "str r0, [r2, #0]\n" +
        "ldr r3, [r2, #0]";
// 编译汇编指令，再获得其机器码，存储到 code 字节数组中
byte[] code = keystone.assemble(assembly).getMachineCode();
```

获得了机器码字节数组 code 之后，便可以使用它进行模拟执行或者其他一些操作了。

相应地，也可以将机器码转换为相应的汇编指令，使用的包为 Capstone，相关代码示例如下：

```
// 设置 CPU 架构与模式
Capstone cs = new Capstone(Capstone.CS_ARCH_ARM,Capstone.CS_MODE_THUMB);
// 通过 disasm() 方法解释为汇编指令，传入相应机器码字节数组，以及指令的开始地址；返回值是一个数
//   组，每个元素为一条汇编指令
Instruction[] disasm = cs.disasm(code, 0x1000);
```

```
// 遍历每条汇编指令
for (Instruction i : disasm){
    // 输出汇编指令的地址、助记符、操作数
    System.out.println(String.format("0x%x:%s %s",i.getAddress(),i.
        getMnemonic(),i.getOpStr()));
}
```

运行结果如图 5-10 所示。

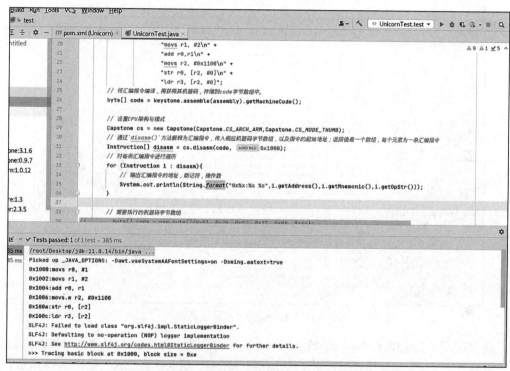

图 5-10　Capstone 转换机器码为汇编指令

可见 Capstone 已经成功地将机器码转换为汇编指令了。

至此，有关 Unicorn 与 Keystone、Capstone 的初级使用就讲解完成了。

5.2　初探 Android 系统源码

在前文中，我们学习了 ELF 执行视图的文件结构以及 Unicorn 模拟执行的相关操作。有了这些前置知识，我们便能开始对于 Linker 的相关研究。本节将简单地对 Android 系统源码进行分析，为下一章深入 Linker 做准备。

当我们使用 Android Studio 来进行 NDK 开发时，先在 Java 类中编写 native 方法的声明，之后在 cpp 文件中编写相应函数的实现，最后根据 CMakeLists.txt 将 cpp 代码编译为 so，并在 Java 类中使用 System.loadLibrary() 方法将 APK 安装包中 lib 目录下的相应架构的 so 文件载入内存。而该方法是如何将 so 文件载入内存的呢？这其中又做了什么操作？这需

要我们深入源码来探究它内部的代码逻辑。

如果只是查看源码，将 Android 源码下载到本机来查看未免会占用太大空间，且对于多个版本的源码查看也不方便。因此我们使用 AndroidXRef 网站（http://androidxref.com/）来在线查看 Android 源码，如图 5-11 所示。

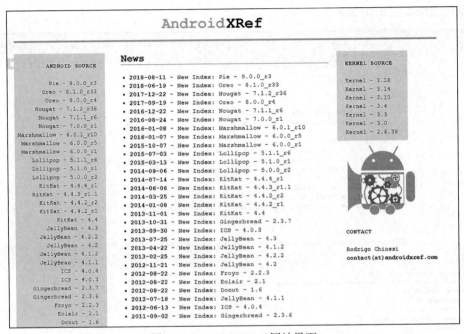

图 5-11 AndroidXRef 网站界面

这里我们选择 KitKat 4.4.4_r1 的 Android 版本源码来分析，在大家熟悉了相关流程之后，可自行选择高版本源码进行分析，点击该版本链接，进入搜索界面，如图 5-12 所示。

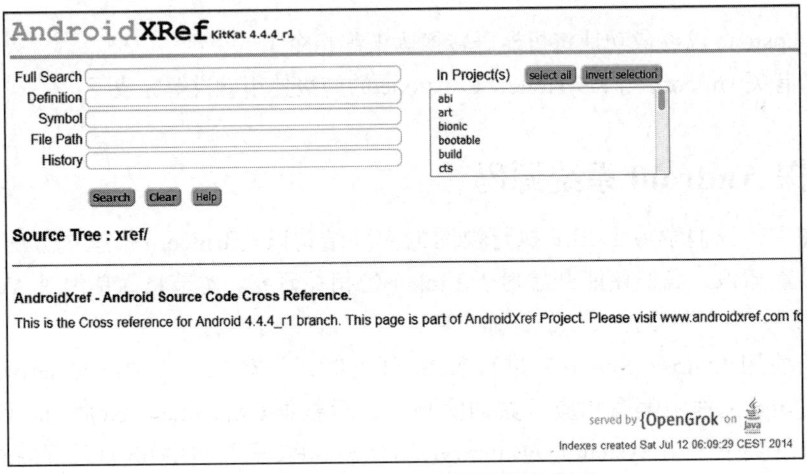

图 5-12 AndroidXRef 源码搜索界面

5.2.1　Java 层代码追踪

　　加载 so 文件在上层是由 System.loadLibrary() 方法完成的，所以我们以此为入口开始分析，在搜索界面搜索该方法名的定义，右边的范围如果不清楚，选择所有（select all）即可。可以看到已经搜索到了相关定义，如图 5-13 所示，鼠标单击跟进方法定义。

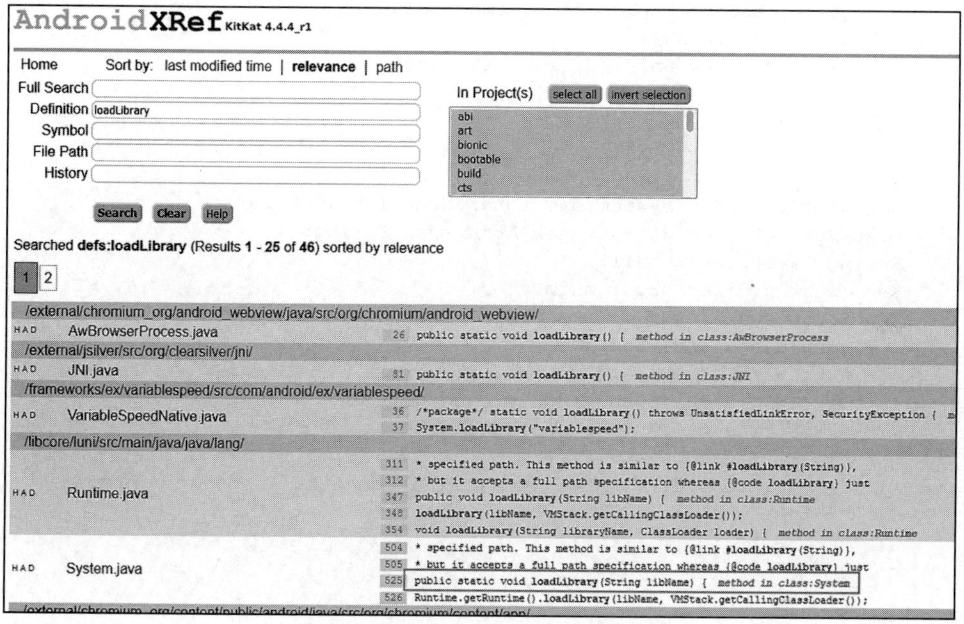

图 5-13　loadLibrary 搜索结果

loadLibrary 具体实现如下所示。

```
> http://androidxref.com/4.4.4_r1/xref/libcore/luni/src/main/java/java/lang/
  System.java#loadLibrary
public static void loadLibrary(String libName) {
    Runtime.getRuntime().loadLibrary(libName, VMStack.getCallingClassLoader());
}
```

　　可以发现上述代码通过 Runtime.getRuntime() 获得了 Runtime 实例对象，然后调用了实例方法 loadLibrary()，该方法的第一个参数为要加载的 so 的名称，第二个参数为类的 ClassLoader。

　　在搜索界面找到 Runtime 类中的 loadLibrary() 方法，跟进查看。

```
> http://androidxref.com/4.4.4_r1/xref/libcore/luni/src/main/java/java/lang/
  Runtime.java#354

void loadLibrary(String libraryName, ClassLoader loader) {
    if (loader != null) {
        // 通过 loader.findLibrary 方法传入 so 名称来查找该 so 的全路径
```

```
        String filename = loader.findLibrary(libraryName);
        if (filename == null) {
            throw new UnsatisfiedLinkError("Couldn't load " + libraryName +
                                           " from loader " + loader +
                                           ": findLibrary returned null");
        }
        // 如果找到该 so，调用 doLoad() 方法来加载
        String error = doLoad(filename, loader);
        if (error != null) {
            throw new UnsatisfiedLinkError(error);
        }
        return;
    }

    String filename = System.mapLibraryName(libraryName);
    List<String> candidates = new ArrayList<String>();
    String lastError = null;
    for (String directory : mLibPaths) {
        String candidate = directory + filename;
        candidates.add(candidate);
        // 通过其他路径来搜索 so 名称，搜到后使用 doLoad() 方法来加载
        if (IoUtils.canOpenReadOnly(candidate)) {
            String error = doLoad(candidate, loader);
            if (error == null) {
                return; // We successfully loaded the library. Job done.
            }
            lastError = error;
        }
    }

    if (lastError != null) {
        throw new UnsatisfiedLinkError(lastError);
    }
    throw new UnsatisfiedLinkError("Library " + libraryName + " not found;
        tried " + candidates);
}
```

首先判断 ClassLoader 是否为空，如果不为空，则调用 loader.findLibrary() 方法。ClassLoader 是个抽象类，我们需要查看 BaseDexClassLoader 类中实现的该方法。在搜索界面搜索定义 BaseDexClassLoader，找到其中的 findLibrary() 方法：

```
> http://androidxref.com/4.4.4_r1/xref/libcore/dalvik/src/main/java/dalvik/
    system/BaseDexClassLoader.java#76
@Override
public String findLibrary(String name) {
    return pathList.findLibrary(name);
}
```

可以发现，它调用了 pathList 的同名方法。继续搜索，以找到 DexPathList 类下的 find-Library() 方法。

```
> http://androidxref.com/4.4.4_r1/xref/libcore/dalvik/src/main/java/dalvik/
    system/DexPathList.java#380
public String findLibrary(String libraryName) {
    String fileName = System.mapLibraryName(libraryName);
    for (File directory : nativeLibraryDirectories) {
        String path = new File(directory, fileName).getPath();
        if (IoUtils.canOpenReadOnly(path)) {
            return path;
        }
    }
    return null;
}
```

大概流程是从 ClassLoader 的依赖库路径中寻找该名字的依赖库，找到后返回全路径，找不到则返回 null。

返回 Runtime 类的 loadLibrary() 方法，如果类加载器不为空，则通过名称查找该类的全路径并进行加载，否则返回空。如果类加载器为空，则在某些路径中尝试查找 so 并加载。

查找到 so 后，调用 doLoad() 方法来加载 so。

```
> http://androidxref.com/4.4.4_r1/xref/libcore/luni/src/main/java/java/lang/
    Runtime.java#393
private String doLoad(String name, ClassLoader loader) {
    String ldLibraryPath = null;
    if (loader != null && loader instanceof BaseDexClassLoader) {
        // 如果类加载器是继承自 BaseDexClassLoader，尝试获取系统 so 的路径
        ldLibraryPath = ((BaseDexClassLoader) loader).getLdLibraryPath();
    }
    synchronized (this) {
        // 添加同步锁，调用 nativeLoad 方法来加载 so
        return nativeLoad(name, loader, ldLibraryPath);
    }
}
```

该方法用于判断类加载器是否为 BaseDexClassLoader 的子类，也就是判断是否使用的是第三方自定义类加载器。如果没有使用第三方自定义类加载器，则从类加载器中获取到系统路径，传递给 nativeLoad() 方法。

5.2.2　Native 层代码追踪

nativeLoad() 方法为 Native 层的方法，接下来就要进行 C/C++ 代码层面的分析了，它的方法声明如下：

```
> http://androidxref.com/4.4.4_r1/xref/libcore/luni/src/main/java/java/lang/
    Runtime.java#426
private static native String nativeLoad(String filename, ClassLoader loader,
    String ldLibraryPath);
```

继续搜索 nativeLoad 的定义，发现它出现在 java_lang_Runtime.cc 文件中，如图 5-14 所示。

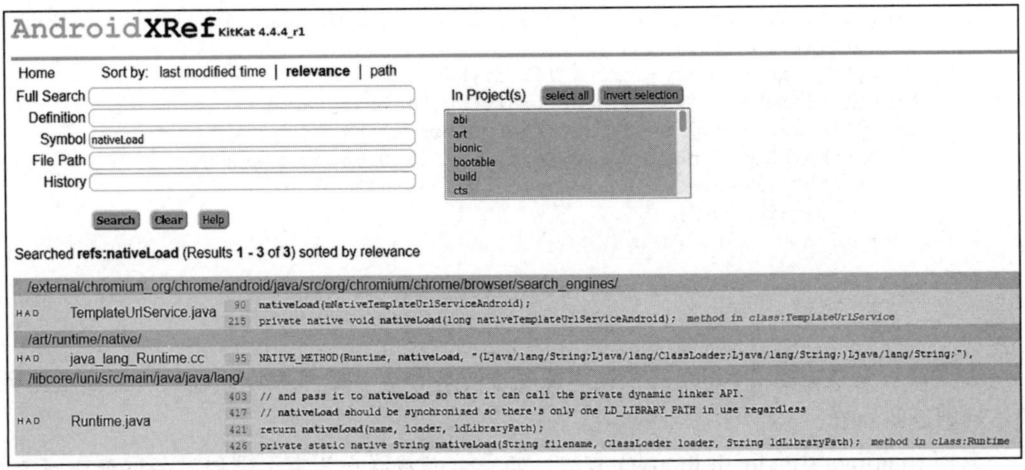

图 5-14　搜索 nativeLoad 结果

```
> http://androidxref.com/4.4.4_r1/xref/art/runtime/native/java_lang_Runtime.cc#95
static JNINativeMethod gMethods[] = {
    NATIVE_METHOD(Runtime, freeMemory, "()J"),
    NATIVE_METHOD(Runtime, gc, "()V"),
    NATIVE_METHOD(Runtime, maxMemory, "()J"),
    NATIVE_METHOD(Runtime, nativeExit, "(I)V"),
    NATIVE_METHOD(Runtime, nativeLoad, "(Ljava/lang/String;Ljava/lang/
        ClassLoader;Ljava/lang/String;)Ljava/lang/String;"),
    NATIVE_METHOD(Runtime, totalMemory, "()J"),
};
```

根据函数名判断出作用为动态注册，但是如何找到实际的函数定义部分的代码呢？单击 NATIVE_METHOD，发现它在 jni_internal.h 文件中有如下定义：

```
> http://androidxref.com/4.4.4_r1/xref/art/runtime/jni_internal.h#33
#define NATIVE_METHOD(className, functionName, signature) \
    { #functionName, signature, reinterpret_cast<void*>(className ## _ ##
        functionName) }
```

该方法的返回值依次为函数名、函数签名、根据类名与函数名的拼接所找到的函数地址。因此我们可以拼接到在 Kative 层的函数名应该为 Runtime_nativeLoad，也存在于 java_lang_Runtime.cc 文件中，相关代码如下：

```
> http://androidxref.com/4.4.4_r1/xref/art/runtime/native/java_lang_Runtime.cc#43
static jstring Runtime_nativeLoad(JNIEnv* env, jclass, jstring javaFilename,
    jobject javaLoader, jstring javaLdLibraryPath) {
    ScopedObjectAccess soa(env);
    ScopedUtfChars filename(env, javaFilename);
    if (filename.c_str() == NULL) {
        return NULL;
    }
    // ... 检查
```

```
mirror::ClassLoader* classLoader = soa.Decode<mirror::ClassLoader*>(javaLoader);
std::string detail;
JavaVMExt* vm = Runtime::Current()->GetJavaVM();
bool success = vm->LoadNativeLibrary(filename.c_str(), classLoader, detail);
if (success) {
    return NULL;
}

// Don't let a pending exception from JNI_OnLoad cause a CheckJNI issue
  with NewStringUTF.
env->ExceptionClear();
return env->NewStringUTF(detail.c_str());
}
```

在分析过程中，应跟进参数 javaFilename，这是需要处理的 so 的名称。首先判断 filename 是否为空，如果为空则返回 NULL。然后调用 vm->LoadNativeLibrary 函数，传入 so 名称和类加载器，继续追踪 LoadNativeLibrary() 函数。该函数位于 jni_internal.cc 文件中，对于我们传入的 so 的全路径，关键处理代码如下：

```
> http://androidxref.com/4.4.4_r1/xref/art/runtime/jni_internal.cc#3120
bool JavaVMExt::LoadNativeLibrary(const std::string& path, ClassLoader* class_loader,
                                  std::string& detail) {
    // ... 检查是否加载过，如果加载过则不需要重复加载
    self->TransitionFromRunnableToSuspended(kWaitingForJniOnLoad);
    // 调用 dlopen 函数，返回句柄 handle
    void* handle = dlopen(path.empty() ? NULL : path.c_str(), RTLD_LAZY);
    self->TransitionFromSuspendedToRunnable();

    VLOG(jni) << "[Call to dlopen(\"" << path << "\", RTLD_LAZY) returned " <<
        handle << "]";

    // ... 校验 handle 是否为空

    // ... 为类加载器添加该共享库路径

    bool was_successful = false;
    // 调用 dlsym 来查找 JNI_OnLoad 的符号
    void* sym = dlsym(handle, "JNI_OnLoad");
    if (sym == NULL) {
        VLOG(jni) << "[No JNI_OnLoad found in \"" << path << "\"]";
        was_successful = true;
    } else {
        typedef int (*JNI_OnLoadFn)(JavaVM*, void*);
        JNI_OnLoadFn jni_on_load = reinterpret_cast<JNI_OnLoadFn>(sym);
        ClassLoader* old_class_loader = self->GetClassLoaderOverride();
        self->SetClassLoaderOverride(class_loader);

        int version = 0;
        {
            ScopedThreadStateChange tsc(self, kNative);
            VLOG(jni) << "[Calling JNI_OnLoad in \"" << path << "\"]";
```

```
        // 在此处调用 JNI_OnLoad() 方法
        version = (*jni_on_load)(this, NULL);
    }

    // ...JNI_OnLoad() 方法返回值相关判断
    VLOG(jni) << "[Returned " << (was_successful ? "successfully" : "failure")
            << " from JNI_OnLoad in \"" << path << "\"]";
    }

    library->SetResult(was_successful);
    return was_successful;
}
```

先判断 so 文件是否已经加载过，如果没有则通过 dlopen 函数传入 so 的全路径以及相应的标志进行加载，返回一个句柄 handle，搜索该 handle 中的 JNI_OnLoad() 方法并调用。

继续深入 dlopen 函数，通过搜索找到该函数位于 dlfcn.cpp 文件下，代码如下：

> http://androidxref.com/4.4.4_r1/xref/bionic/linker/dlfcn.cpp#63

```
void* dlopen(const char* filename, int flags) {
    ScopedPthreadMutexLocker locker(&gDlMutex);
    soinfo* result = do_dlopen(filename, flags);
    if (result == NULL) {
        __bionic_format_dlerror("dlopen failed", linker_get_error_buffer());
        return NULL;
    }
    return result;
}
```

可以看到 dlopen 函数内部的逻辑较为简单，即通过调用 do_dlopen 函数，返回一个 soinfo 类型的指针 result 作为结果。

do_dlopen 函数位于 linker.cpp 中，从此处开始便进入 Linker 的代码细节了，也就是说，我们成功通过 System.loadLibrary() 方法逐步追踪，寻找到了 Linker 的入口点。

5.3 本章小结

本章介绍了 Unicorn 的基础操作，包括模拟执行汇编代码与多种 Hook 方式，并使用 Keystone 与 Capstone 在汇编代码与机器码之间进行切换。5.2 节引领大家探究了 System.loadLibrary() 方法的代码实现，并一步步追踪到 Linker。在下一章中，我们将会深入 Linker，对它如何加载 so 文件进行详细的研究。

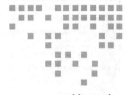

深入 Linker：so 的加载、链接、初始化

在上一章的最后，我们通过追踪 System.loadLibrary() 方法内部实现追踪到了 Linker 的入口 do_dlopen 函数，在本章中，我们将会深入 Linker 内部代码，探究 so 的加载、链接以及初始化过程。

6.1　so 的加载过程

接着第 5 章最后分析 do_dlopen 函数的代码：

```
> http://androidxref.com/4.4.4_r1/xref/bionic/linker/linker.cpp#823
soinfo* do_dlopen(const char* name, int flags) {
    if ((flags & ~(RTLD_NOW|RTLD_LAZY|RTLD_LOCAL|RTLD_GLOBAL)) != 0) {
        DL_ERR("invalid flags to dlopen: %x", flags);
        return NULL;
    }
    set_soinfo_pool_protection(PROT_READ | PROT_WRITE);
    soinfo* si = find_library(name);
    if (si != NULL) {
        si->CallConstructors();
    }
    set_soinfo_pool_protection(PROT_READ);
    return si;
}
```

该函数通过 find_library 函数加载 so，如果成功加载，刚尝试调用 si->CallConstructors 函数进行 so 的初始化操作，之后返回一个 soinfo 类型的指针。soinfo 是 so 被加载到内存的一个代表，存放了内存中 so 的信息。

查看 soinfo 类型，该结构体存在于 linker.h 文件中，部分结构如图 6-1 所示。

xref: /bionic/linker/linker.h

Home | History | Annotate | Line# | Navigate | Download [Search] only in linker.h

```
struct soinfo {
 public:
  char name[SOINFO_NAME_LEN];
  const Elf32_Phdr* phdr;
  size_t phnum;
  Elf32_Addr entry;
  Elf32_Addr base;
  unsigned size;

  uint32_t unused1;  // DO NOT USE, maintained for compatibility.

  Elf32_Dyn* dynamic;

  uint32_t unused2; // DO NOT USE, maintained for compatibility
  uint32_t unused3; // DO NOT USE, maintained for compatibility

  soinfo* next;
  unsigned flags;

  const char* strtab;
  Elf32_Sym* symtab;

  size_t nbucket;
  size_t nchain;
  unsigned* bucket;
  unsigned* chain;

  unsigned* plt_got;

  Elf32_Rel* plt_rel;
  size_t plt_rel_count;

  Elf32_Rel* rel;
  size_t rel_count;

  linker_function_t* preinit_array;
  size_t preinit_array_count;

  linker_function_t* init_array;
  size_t init_array_count;
  linker_function_t* fini_array;
  size_t fini_array_count;

  linker_function_t init_func;
  linker_function_t fini_func;
```

图 6-1 soinfo 类型部分结构

该结构体描述了 ELF 的文件结构，其中的成员 phdr 为程序头表，Elf32_Phdr 为程序头部表的每个表项结构。其余的各个成员也与我们先前介绍过的 ELF 文件结构差别不大，这里不再赘述。

追踪 find_library 函数，相关代码如下：

```
> http://androidxref.com/4.4.4_r1/xref/bionic/linker/linker.cpp#785
static soinfo* find_library(const char* name) {
    soinfo* si = find_library_internal(name);
    if (si != NULL) {
        si->ref_count++;
    }
    return si;
}
```

该函数通过 find_library_internal 函数加载 so，并做了引用计数的操作。继续追踪 find_library_internal 函数。

```
> http://androidxref.com/4.4.4_r1/xref/bionic/linker/linker.cpp#751
static soinfo* find_library_internal(const char* name) {
    if (name == NULL) {
        return somain;
    }
```

```
// 寻找已经加载过的 so, 当 so 加载完成后, 会被放到已加载列表, 再次调用 System.
   loadLibrary 的时候不需要进行二次加载
soinfo* si = find_loaded_library(name);
if (si != NULL) {
    if (si->flags & FLAG_LINKED) {
        return si;
    }
    DL_ERR("OOPS: recursive link to \"%s\"", si->name);
    return NULL;
}

TRACE("[ '%s' has not been loaded yet.  Locating...]", name);
// 如果没有加载过, 则调用 load_library 进行加载
si = load_library(name);
if (si == NULL) {
    return NULL;
}

TRACE("[ init_library base=0x%08x sz=0x%08x name='%s' ]",
      si->base, si->size, si->name);

// 加载完 so 后, 进行链接操作
if (!soinfo_link_image(si)) {
    munmap(reinterpret_cast<void*>(si->base), si->size);
    soinfo_free(si);
    return NULL;
}

return si;
}
```

在上述代码中，先通过 find_loaded_library 函数来判断 so 是否被加载过，相关逻辑如下：

```
> http://androidxref.com/4.4.4_r1/xref/bionic/linker/linker.cpp#732
static soinfo *find_loaded_library(const char *name)
{
    soinfo *si;
    const char *bname;

    // TODO: don't use basename only for determining libraries
    // http://code.google.com/p/android/issues/detail?id=6670

    bname = strrchr(name, '/');
    bname = bname ? bname + 1 : name;

    for (si = solist; si != NULL; si = si->next) {
        if (!strcmp(bname, si->name)) {
            return si;
        }
    }
    return NULL;
}
```

find_loaded_library 函数的作用是，对已经加载的 solist 进行遍历，如果 so 的名称相同，则返回该 so。

之后调用 load_library 函数来加载该 so，并通过 soinfo_link_image 函数对加载的 so 进行链接。

至此，我们已经找到了 Linker 中加载 so 的主要代码部分，分别是在 find_library_internal 函数中调用 load_library() 函数来加载 so，调用 soinfo_link_image 函数来进行链接操作，以及在 do_dlopen() 函数中调用 si->CallConstructors 来进行初始化操作。

假设我们的 so 文件是第一次加载，则会执行 load_library 函数，追踪该函数。

```
> http://androidxref.com/4.4.4_r1/xref/bionic/linker/linker.cpp#702
static soinfo* load_library(const char* name) {

    int fd = open_library(name);
    if (fd == -1) {
        DL_ERR("library \"%s\" not found", name);
        return NULL;
    }


    ElfReader elf_reader(name, fd);
    if (!elf_reader.Load()) {
        return NULL;
    }

    const char* bname = strrchr(name, '/');
    soinfo* si = soinfo_alloc(bname ? bname + 1 : name);
    if (si == NULL) {
        return NULL;
    }
    si->base = elf_reader.load_start();
    si->size = elf_reader.load_size();
    si->load_bias = elf_reader.load_bias();
    si->flags = 0;
    si->entry = 0;
    si->dynamic = NULL;
    si->phnum = elf_reader.phdr_count();
    si->phdr = elf_reader.loaded_phdr();
    return si;
}
```

先通过 open_library 函数打开 so 文件，得到一个文件描述符，之后创建 ElfReader 对象，传入文件名和文件描述符，最后将 elf_reader 读取到的结构赋值给 si 并当作结果返回。

关键的地方在于新建 ElfReader 对象，以及 elf_reader.Load() 的调用，如果返回为 false 则该函数会返回 NULL，所以继续跟进此处。

先看 ElfReader 的构造函数，只是初始化了一个空对象。

> http://androidxref.com/4.4.4_r1/xref/bionic/linker/linker_phdr.cpp#118

```
ElfReader::ElfReader(const char* name, int fd)
    : name_(name), fd_(fd),
        phdr_num_(0), phdr_mmap_(NULL), phdr_table_(NULL), phdr_size_(0),
        load_start_(NULL), load_size_(0), load_bias_(0),
        loaded_phdr_(NULL) {
}
```

对于 ELF 文件的主要操作是在 ElfReader::Load 函数中完成的。

> http://androidxref.com/4.4.4_r1/xref/bionic/linker/linker_phdr.cpp#134
```
bool ElfReader::Load() {
    // 读 ELF 文件头
    return ReadElfHeader() &&
    // 验证 ELF 文件头
        VerifyElfHeader() &&
        // 读程序头部表
        ReadProgramHeader() &&
        // 处理地址空间
        ReserveAddressSpace() &&
        // 加载段信息
        LoadSegments() &&
        // 寻找程序头 Phdr 并校验
        FindPhdr();
}
```

load 函数会调用这些函数，只有这些函数返回值均为 true 时才会返回 true。接下来分别对这些函数进行分析。先对 ReadElfHeader 函数进行分析。

> http://androidxref.com/4.4.4_r1/xref/bionic/linker/linker_phdr.cpp#143
```
bool ElfReader::ReadElfHeader() {
    ssize_t rc = TEMP_FAILURE_RETRY(read(fd_, &header_, sizeof(header_)));
    if (rc < 0) {
        DL_ERR("can't read file \"%s\": %s", name_, strerror(errno));
        return false;
    }
    if (rc != sizeof(header_)) {
        DL_ERR("\"%s\" is too small to be an ELF executable", name_);
        return false;
    }
    return true;
}
```

该函数主要用于从文件中读取 header_ 大小的字节数据到 header_ 中，而 header_ 的类型为 Elf32_Ehdr，该类型存在于 exec_elf.h 文件中，各个成员定义正是 ELF 文件的头部。

> http://androidxref.com/4.4.4_r1/xref/bionic/libc/include/sys/exec_elf.h#98

接着看 ElfReader::VerifyElfHeader 函数，代码如下：

> http://androidxref.com/4.4.4_r1/xref/bionic/linker/linker_phdr.cpp#156
```
bool ElfReader::VerifyElfHeader() {
    // 判断 ELF 魔术头
```

```
    if (header_.e_ident[EI_MAG0] != ELFMAG0 ||
            header_.e_ident[EI_MAG1] != ELFMAG1 ||
            header_.e_ident[EI_MAG2] != ELFMAG2 ||
            header_.e_ident[EI_MAG3] != ELFMAG3) {
        DL_ERR("\"%s\" has bad ELF magic", name_);
        return false;
    }

    // 判断是否为 32 位 so
    if (header_.e_ident[EI_CLASS] != ELFCLASS32) {
        DL_ERR("\"%s\" not 32-bit: %d", name_, header_.e_ident[EI_CLASS]);
        return false;
    }
    // 判断是否为小端序
    if (header_.e_ident[EI_DATA] != ELFDATA2LSB) {
        DL_ERR("\"%s\" not little-endian: %d", name_, header_.e_ident[EI_DATA]);
        return false;
    }

    // 判断文件类型是否为共享目标文件
    if (header_.e_type != ET_DYN) {
        DL_ERR("\"%s\" has unexpected e_type: %d", name_, header_.e_type);
        return false;
    }

    // 判断 ELF 版本
    if (header_.e_version != EV_CURRENT) {
        DL_ERR("\"%s\" has unexpected e_version: %d", name_, header_.e_version);
        return false;
    }

    // 校验目标体系结构类型
    if (header_.e_machine !=
#ifdef ANDROID_ARM_LINKER
        EM_ARM
#elif defined(ANDROID_MIPS_LINKER)
        EM_MIPS
#elif defined(ANDROID_X86_LINKER)
        EM_386
#endif
    ) {
        DL_ERR("\"%s\" has unexpected e_machine: %d", name_, header_.e_machine);
        return false;
    }

    return true;
}
```

可见该函数对程序头部的字段取值进行了限制，只有都符合时才能返回 true。

继续看 ElfReader::ReadProgramHeader 函数：

> http://androidxref.com/4.4.4_r1/xref/bionic/linker/linker_phdr.cpp#202

```
bool ElfReader::ReadProgramHeader() {
    // 读取程序头部表表项数量
    phdr_num_ = header_.e_phnum;

    // 同时头部表的总大小要大于或等于 1KB 且小于 64KB
    if (phdr_num_ < 1 || phdr_num_ > 65536/sizeof(Elf32_Phdr)) {
        DL_ERR("\"%s\" has invalid e_phnum: %d", name_, phdr_num_);
        return false;
    }

    // 计算页对齐相关地址
    Elf32_Addr page_min = PAGE_START(header_.e_phoff);
    Elf32_Addr page_max = PAGE_END(header_.e_phoff + (phdr_num_ * sizeof(Elf32_Phdr)));
    Elf32_Addr page_offset = PAGE_OFFSET(header_.e_phoff);

    // 求出程序头页对齐之后的大小
    phdr_size_ = page_max - page_min;

    // 将 ELF 文件从偏移 page_min(0) 处私有映射到内存
    void* mmap_result = mmap(NULL, phdr_size_, PROT_READ, MAP_PRIVATE, fd_, page_min);
    if (mmap_result == MAP_FAILED) {
        DL_ERR("\"%s\" phdr mmap failed: %s", name_, strerror(errno));
        return false;
    }

    phdr_mmap_ = mmap_result;
    // 文件起始位置加上 page_offset(程序头部的偏移) 得到指向程序头部的指针, 赋值给 phdr_table_
    phdr_table_ = reinterpret_cast<Elf32_Phdr*>(reinterpret_cast<char*>(mmap_
        result) + page_offset);
    return true;
}
```

对于其中的页对齐操作，相关宏定义如下：

```
#define PAGE_SHIFT 12

// 页大小为 4096
#define PAGE_SIZE (1UL << PAGE_SHIFT)
// 页掩码
#define PAGE_MASK (~(PAGE_SIZE-1))

// 返回包含地址 x 的页面的地址
#define PAGE_START(x)  ((x) & PAGE_MASK)

// 返回地址 x 在页面的偏移
#define PAGE_OFFSET(x) ((x) & ~PAGE_MASK)

// 返回地址 x 之后下一页的地址，除非地址 x 本身位于页的开头
#define PAGE_END(x)     PAGE_START((x) + (PAGE_SIZE-1))
```

例如，地址 x = 0x1010，则 PAGE_START(x) 应为 0x1000，PAGE_OFFSET(x) 应为 0x10，PAGE_END(x) 应为 0x2000。这样做是为了算出页对齐之后相关页的参数。

所以 ReadProgramHeader 函数首先读程序头部表表项数量、校验程序头部表大小合法性，然后将 ELF 文件映射到足够存储程序头的大小的内存，最后通过偏移给 phdr_table_ 赋值指向程序头的指针。

接下来分析 ReserveAddressSpace 函数。

```
> http://androidxref.com/4.4.4_r1/xref/bionic/linker/linker_phdr.cpp#283
bool ElfReader::ReserveAddressSpace() {
    Elf32_Addr min_vaddr;
    // 计算 so 文件的 load_size，也就是需要加载的大小
    load_size_ = phdr_table_get_load_size(phdr_table_, phdr_num_, &min_vaddr);
    // 对大小进行校验，大小为 0 则没有需要加载的段
    if (load_size_ == 0) {
        DL_ERR("\"%s\" has no loadable segments", name_);
        return false;
    }

    // 该地址为上面计算出来的加载段的最小地址
    uint8_t* addr = reinterpret_cast<uint8_t*>(min_vaddr);
    int mmap_flags = MAP_PRIVATE | MAP_ANONYMOUS;
    // 进行私有匿名映射，传入映射的地址和大小，返回内存中的首地址；没有传递文件指针，仅仅开辟空
    //  内存空间
    void* start = mmap(addr, load_size_, PROT_NONE, mmap_flags, -1, 0);
    // 映射失败的处理
    if (start == MAP_FAILED) {
        DL_ERR("couldn't reserve %d bytes of address space for \"%s\"", load_
            size_, name_);
        return false;
    }

    // load_start_ 是内存中的实际地址
    load_start_ = start;
    // addr 是文件中描述的要加载的偏移地址，相减后求出的差值的作用是根据文件中描述的地址加上
    //  load_bias_ 后找到内存中的实际地址
    load_bias_ = reinterpret_cast<uint8_t*>(start) - addr;
    return true;
}
```

ReserveAddressSpace 函数的主要作用是计算出 so 文件中需要加载到内存的 PT_LOAD 段的总大小，并开辟相应大小的内存空间。其中 load_bias_ 的作用可以这样来理解，假设某 so 文件中的某 PT_LOAD 段指定的开始虚拟地址为 addr = 0x100，而实际上将该段加载到了 load_start_ = 0x1000 的地址上，那么当寻找 0x300 这个地方的数据时，实际上要做的操作是寻址 0x1000 + 0x300 − 0x100 来得到内存中的实际数据，也就是 0x300 + load_start_ − addr。所以计算出差值为 load_bias_，当需要得到内存中的真实地址时只需要加上这个偏移即可，即 0x300 + load_bias_。

对于该函数内的 phdr_table_get_load_size 函数还需要分析一下：

```
> http://androidxref.com/4.4.4_r1/xref/bionic/linker/linker_phdr.cpp#239
```

```
size_t phdr_table_get_load_size(const Elf32_Phdr* phdr_table,
                                size_t phdr_count,
                                Elf32_Addr* out_min_vaddr,
                                Elf32_Addr* out_max_vaddr)
{
    // 求最小地址和最大地址，最小地址初始化为最大、最大地址初始化为最小；
    Elf32_Addr min_vaddr = 0xFFFFFFFFU;
    Elf32_Addr max_vaddr = 0x00000000U;

    // 寻找 pt_load 段的标志位
    bool found_pt_load = false;
    // 遍历程序头中的每一个段
    for (size_t i = 0; i < phdr_count; ++i) {
        // 获得每一个段的指针 phdr
        const Elf32_Phdr* phdr = &phdr_table[i];

        // 如果类型不是 PT_LOAD 则继续遍历，只有 PT_LOAD 段才需要载入内存
        if (phdr->p_type != PT_LOAD) {
            continue;
        }
        found_pt_load = true;

        // 找到所有 PT_LOAD 段中最小的开始地址
        if (phdr->p_vaddr < min_vaddr) {
            min_vaddr = phdr->p_vaddr;
        }

        // 找到所有 PT_LOAD 段中最大的结束地址
        if (phdr->p_vaddr + phdr->p_memsz > max_vaddr) {
            max_vaddr = phdr->p_vaddr + phdr->p_memsz;
        }
    }
    // 如果没有找到 PT_LOAD 段，则设置最小地址为 0x0
    if (!found_pt_load) {
        min_vaddr = 0x00000000U;
    }

    // 进行页对齐
    min_vaddr = PAGE_START(min_vaddr);
    max_vaddr = PAGE_END(max_vaddr);

    if (out_min_vaddr != NULL) {
        *out_min_vaddr = min_vaddr;
    }
    if (out_max_vaddr != NULL) {
        *out_max_vaddr = max_vaddr;
    }
    // 返回包含所有 PT_LOAD 段的页大小
    return max_vaddr - min_vaddr;
}
```

该函数的作用是求出一个包含所有 **PT_LOAD** 段的最小地址和最大地址，并在页对齐

之后求出所有段占用的大小。

之后继续看 LoadSegments 函数。

```
> http://androidxref.com/4.4.4_r1/xref/bionic/linker/linker_phdr.cpp#308
bool ElfReader::LoadSegments() {
    // 遍历程序头部表的每个段
    for (size_t i = 0; i < phdr_num_; ++i) {
        const Elf32_Phdr* phdr = &phdr_table_[i];

        // 遍历每个 PT_LOAD 段
        if (phdr->p_type != PT_LOAD) {
            continue;
        }


        // 通过文件中的地址加上 load_bias_ 得到真实的内存开始地址
        Elf32_Addr seg_start = phdr->p_vaddr + load_bias_;
        // 通过开始地址添加内存段的大小得到真实的内存结束地址
        Elf32_Addr seg_end   = seg_start + phdr->p_memsz;

        // 对 PT_LOAD 段进行页对齐，得到页的开始地址与结束地址
        Elf32_Addr seg_page_start = PAGE_START(seg_start);
        Elf32_Addr seg_page_end   = PAGE_END(seg_end);

        // 计算 PT_LOAD 段在内存中对应文件的结束位置
        Elf32_Addr seg_file_end   = seg_start + phdr->p_filesz;

        // 段的文件偏移：文件开始地址与文件结束地址
        Elf32_Addr file_start = phdr->p_offset;
        Elf32_Addr file_end   = file_start + phdr->p_filesz;

        // 对段的文件开始地址进行页对齐
        Elf32_Addr file_page_start = PAGE_START(file_start);
        // 求出段末到该页开始处的长度
        Elf32_Addr file_length = file_end - file_page_start;

        // 如果文件长度不等于 0
        if (file_length != 0) {
            // 在指定的地址 seg_page_start 开辟 file_length 长度的内存空间，并根据文件中的
               字段来设置相应的权限，从文件的 file_page_start 处加载
            void* seg_addr = mmap((void*)seg_page_start,
                            file_length,
                            PFLAGS_TO_PROT(phdr->p_flags),
                            MAP_FIXED|MAP_PRIVATE,
                            fd_,
                            file_page_start);
            // 映射失败的处理
            if (seg_addr == MAP_FAILED) {
                DL_ERR("couldn't map \"%s\" segment %d: %s", name_, i,
                    strerror(errno));
                return false;
            }
```

```
    }

    // 如果段是可写的且该段指定的文件大小并不是页边界对齐的，则把除该段之外的填充部分（页
       内没有与文件对应的部分）写入 0
    if ((phdr->p_flags & PF_W) != 0 && PAGE_OFFSET(seg_file_end) > 0) {
        memset((void*)seg_file_end, 0, PAGE_SIZE - PAGE_OFFSET(seg_file_end));
    }

    // 对段文件结束位置进行页对齐操作
    seg_file_end = PAGE_END(seg_file_end);

    // 如果段的内存虚拟大小大于文件大小，即 ELF 文件结构中的 p_memsz 大于 p_filesz，则
       在上面映射的内存大小是不够的，需要在 seg_file_end 处扩充（seg_page_end - seg_
       file_end）长度，对多出的页进行匿名映射，防止出现总线错误
    if (seg_page_end > seg_file_end) {
        void* zeromap = mmap((void*)seg_file_end,
                             seg_page_end - seg_file_end,
                             PFLAGS_TO_PROT(phdr->p_flags),
                             MAP_FIXED|MAP_ANONYMOUS|MAP_PRIVATE,
                             -1,
                             0);
        if (zeromap == MAP_FAILED) {
            DL_ERR("couldn't zero fill \"%s\" gap: %s", name_, strerror(errno));
            return false;
        }
    }
  }
  return true;
}
```

LoadSegments 函数的主要作用是遍历每一个 PT_LOAD 段，将文件中的段按照 Reserve-AddressSpace 函数中计算出来的内存空间范围加载进去，并对它进行额外的 0 填充等操作。继续看 FindPhdr 函数：

```
> http://androidxref.com/4.4.4_r1/xref/bionic/linker/linker_phdr.cpp#612
bool ElfReader::FindPhdr() {
    const Elf32_Phdr* phdr_limit = phdr_table_ + phdr_num_;

    // 如果有段的类型是 PT_PHDR，则可以直接使用它进行检查
    for (const Elf32_Phdr* phdr = phdr_table_; phdr < phdr_limit; ++phdr) {
        if (phdr->p_type == PT_PHDR) {
            return CheckPhdr(load_bias_ + phdr->p_vaddr);
        }
    }

    // 否则，检查第一个 PT_LOAD 段，如果它的偏移为 0，该段以 ELF Header 开始，也可以从中找到加
       载的程序头
    for (const Elf32_Phdr* phdr = phdr_table_; phdr < phdr_limit; ++phdr) {
        if (phdr->p_type == PT_LOAD) {
            if (phdr->p_offset == 0) {
                Elf32_Addr  elf_addr = load_bias_ + phdr->p_vaddr;
```

```
                const Elf32_Ehdr* ehdr = (const Elf32_Ehdr*)(void*)elf_addr;
                Elf32_Addr  offset = ehdr->e_phoff;
                return CheckPhdr((Elf32_Addr)ehdr + offset);
            }
            break;
        }
    }

    DL_ERR("can't find loaded phdr for \"%s\"", name_);
    return false;
}
```

这个函数简单了解即可，它的主要作用是寻找 PT_PHDR 段并校验，此段指定了段表本身的位置和大小。其中 CheckPhdr 函数主要是判断 PT_LOAD 段是不是全部在被加载的内存空间范围内。

至此，so 文件的加载部分就分析完了。so 的加载流程就是根据 so 的文件信息，先读入 so 的头部信息并进行验证；然后找到程序头的位置，遍历段表的每一个段，根据 PT_LOAD 段指定的信息将 so 进行加载。相对于 so 的加载过程，更难的部分则是 so 的链接过程。

6.2　so 的链接过程

分析完 so 的加载过程，也就是 ElfReader::Load 函数，我们返回上层函数 load_library：

> http://androidxref.com/4.4.4_r1/xref/bionic/linker/linker.cpp#702

加载完 so 后，便是将 so 中的一些值如加载的 so 的首地址、内存的大小、偏移 load_bias、头部表的数目以及程序头赋值给相应的成员变量了，在上文中也有提到过，这里不再赘述。

继续回到上层函数 find_library_internal 中：

> http://androidxref.com/4.4.4_r1/xref/bionic/linker/linker.cpp#751
```
static soinfo* find_library_internal(const char* name) {
    // …
    // 如果没有加载过，则调用 load_library 进行加载
    si = load_library(name);
    if (si == NULL) {
        return NULL;
    }

    // At this point we know that whatever is loaded @ base is a valid ELF
    // shared library whose segments are properly mapped in.
    TRACE("[ init_library base=0x%08x sz=0x%08x name='%s' ]",
            si->base, si->size, si->name);

    // 加载完 so 后，进行链接操作
    if (!soinfo_link_image(si)) {
        munmap(reinterpret_cast<void*>(si->base), si->size);
```

```
        soinfo_free(si);
        return NULL;
    }

    return si;
}
```

加载 so 得到 si，然后通过 soinfo_link_image(si) 函数进行动态链接，跟进查看该函数。

```
> http://androidxref.com/4.4.4_r1/xref/bionic/linker/linker.cpp#1303
static bool soinfo_link_image(soinfo* si) {
    // 获取内存加载地址、段表指针、段表数
    Elf32_Addr base = si->load_bias;
    const Elf32_Phdr *phdr = si->phdr;
    int phnum = si->phnum;
    bool relocating_linker = (si->flags & FLAG_LINKER) != 0;

    // ...

    /* Extract dynamic section */
    size_t dynamic_count;
    Elf32_Word dynamic_flags;
    // 遍历段表，找到类型为 PT_DYNAMIC 的段，存入 si->dynamic 中
    phdr_table_get_dynamic_section(phdr, phnum, base, &si->dynamic,
                                  &dynamic_count, &dynamic_flags);
    // ...
    return true;
}
```

可以看到该函数首先获取了 so 加载到内存的地址以及程序头部表的指针与数目，然后调用 phdr_table_get_dynamic_section() 函数寻找 PT_DYNAMIC 段得到该段的指针。对 phdr_table_get_dynamic_section 函数的分析如下。

```
> http://androidxref.com/4.4.4_r1/xref/bionic/linker/linker_phdr.cpp#579
phdr_table_get_dynamic_section(const Elf32_Phdr* phdr_table,
                              int              phdr_count,
                              Elf32_Addr       load_bias,
                              Elf32_Dyn**      dynamic,
                              size_t*          dynamic_count,
                              Elf32_Word*      dynamic_flags)
{
    const Elf32_Phdr* phdr = phdr_table;
    const Elf32_Phdr* phdr_limit = phdr + phdr_count;

    // 遍历每一个段
    for (phdr = phdr_table; phdr < phdr_limit; phdr++) {
        if (phdr->p_type != PT_DYNAMIC) {
            continue;
        }

        // 找到 PT_DYNAMIC 段，并将地址传给 dynamic 参数
        *dynamic = reinterpret_cast<Elf32_Dyn*>(load_bias + phdr->p_vaddr);
```

```
    // 得到 PT_DYNAMIC 段中表项的数目
    if (dynamic_count) {
        *dynamic_count = (unsigned)(phdr->p_memsz / 8);
    }
    // 取到 PT_DYNAMIC 段的权限
    if (dynamic_flags) {
        *dynamic_flags = phdr->p_flags;
    }
    // 返回
    return;
    }
    // 如果没有找到，则将 *dynamic 赋值为 NULL，将 *dynamic_count 赋值为 0
    *dynamic = NULL;
    if (dynamic_count) {
        *dynamic_count = 0;
    }
}
```

该函数比较简单，就是在程序头部表中寻找 **PT_DYNAMIC** 段，并将相应的地址、段中元素的数目赋值给参数指针来传递出去。

返回 soinfo_link_image() 函数，继续分析。

```
static bool soinfo_link_image(soinfo* si) {
    // ...
    // 对 PT_DYNAMIC 段中的字段进行遍历，并根据 d_tag 做不同操作
    uint32_t needed_count = 0;
    // d_tag 为 DT_NULL 表示结束
    for (Elf32_Dyn* d = si->dynamic; d->d_tag != DT_NULL; ++d) {
        DEBUG("d = %p, d[0](tag) = 0x%08x d[1](val) = 0x%08x", d, d->d_tag,
            d->d_un.d_val);
        switch(d->d_tag){
        case DT_HASH:
            // 对于哈希表的处理
            si->nbucket = ((unsigned *) (base + d->d_un.d_ptr))[0];
            si->nchain = ((unsigned *) (base + d->d_un.d_ptr))[1];
            si->bucket = (unsigned *) (base + d->d_un.d_ptr + 8);
            si->chain = (unsigned *) (base + d->d_un.d_ptr + 8 + si->nbucket * 4);
            break;
        case DT_STRTAB:
            // 对于字符串表的处理
            si->strtab = (const char *) (base + d->d_un.d_ptr);
            break;
        case DT_SYMTAB:
            // 对于符号表的处理
            si->symtab = (Elf32_Sym *) (base + d->d_un.d_ptr);
            break;
        case DT_PLTREL:
            if (d->d_un.d_val != DT_REL) {
                DL_ERR("unsupported DT_RELA in \"%s\"", si->name);
                return false;
            }
            break;
```

```
    case DT_JMPREL:
        // 对于 PLT 重定位表的处理
        si->plt_rel = (Elf32_Rel*) (base + d->d_un.d_ptr);
        break;
    case DT_PLTRELSZ:
        // PLT 重定位表大小
        si->plt_rel_count = d->d_un.d_val / sizeof(Elf32_Rel);
        break;
    case DT_REL:
        // 对于重定位表的处理
        si->rel = (Elf32_Rel*) (base + d->d_un.d_ptr);
        break;
    case DT_RELSZ:
        // 重定位表大小
        si->rel_count = d->d_un.d_val / sizeof(Elf32_Rel);
        break;
    case DT_PLTGOT:
        // GOT 全局偏移表，与 PLT 延时绑定相关，此处未处理，在 unidbg 中也没有处理此项
        si->plt_got = (unsigned *)(base + d->d_un.d_ptr);
        break;
    case DT_DEBUG:
        // 调试相关，unidbg 未处理
        if ((dynamic_flags & PF_W) != 0) {
            d->d_un.d_val = (int) &_r_debug;
        }
        break;
    case DT_RELA:
        // RELA 表与 REL 表在 unidbg 中的处理方案是相同的
        DL_ERR("unsupported DT_RELA in \"%s\"", si->name);
        return false;
    case DT_INIT:
        // 初始化函数
        si->init_func = reinterpret_cast<linker_function_t>(base + d->d_
            un.d_ptr);
        DEBUG("%s constructors (DT_INIT) found at %p", si->name, si->init_func);
        break;
    case DT_FINI:
        // 析构函数
        si->fini_func = reinterpret_cast<linker_function_t>(base + d->d_
            un.d_ptr);
        DEBUG("%s destructors (DT_FINI) found at %p", si->name, si->fini_func);
        break;
    case DT_INIT_ARRAY:
        // init.array 初始化函数列表
        si->init_array = reinterpret_cast<linker_function_t*>(base + d->d_
            un.d_ptr);
        DEBUG("%s constructors (DT_INIT_ARRAY) found at %p", si->name, si-
            >init_array);
        break;
    case DT_INIT_ARRAYSZ:
        // init.array 大小
        si->init_array_count = ((unsigned)d->d_un.d_val) / sizeof(Elf32_Addr);
        break;
```

```
    case DT_FINI_ARRAY:
        // fini.array 析构函数列表
        si->fini_array = reinterpret_cast<linker_function_t*>(base + d->d_
            un.d_ptr);
        DEBUG("%s destructors (DT_FINI_ARRAY) found at %p", si->name, si-
            >fini_array);
        break;
    case DT_FINI_ARRAYSZ:
        // fini.array 大小
        si->fini_array_count = ((unsigned)d->d_un.d_val) / sizeof(Elf32_Addr);
        break;
    case DT_PREINIT_ARRAY:
        // 初始化函数，但是与 init.array 不同，这个段大多只出现在可执行文件中，在 so 中忽略
        si->preinit_array = reinterpret_cast<linker_function_t*>(base +
            d->d_un.d_ptr);
        DEBUG("%s constructors (DT_PREINIT_ARRAY) found at %p", si->name,
            si->preinit_array);
        break;
    case DT_PREINIT_ARRAYSZ:
        // 初始化函数列表大小
        si->preinit_array_count = ((unsigned)d->d_un.d_val) /
            sizeof(Elf32_Addr);
        break;
    case DT_TEXTREL:
        si->has_text_relocations = true;
        break;
    case DT_SYMBOLIC:
        si->has_DT_SYMBOLIC = true;
        break;
    case DT_NEEDED:
        // 当前 so 的依赖，仅仅做计数操作
        ++needed_count;
        break;



// 可执行文件操作（省略）

// Dynamic 段的信息已经解析完毕，并已经存入 soinfo 中
soinfo** needed = (soinfo**) alloca((1 + needed_count) * sizeof(soinfo*));
soinfo** pneeded = needed;

// 再次遍历 Dynamic 段
for (Elf32_Dyn* d = si->dynamic; d->d_tag != DT_NULL; ++d) {
    // 查找 DT_NEEDED 项
    if (d->d_tag == DT_NEEDED) {
        // 通过 d_val 去字符串表找到加载库昵称
        const char* library_name = si->strtab + d->d_un.d_val;
        DEBUG("%s needs %s", si->name, library_name);
        // 递归调用 find_library 来加载依赖库，同之前分析的步骤：如果已加载则直接返回，
        //   如果未加载则进行查找并加载
        soinfo* lsi = find_library(library_name);
        if (lsi == NULL) {
```

```
                strlcpy(tmp_err_buf, linker_get_error_buffer(), sizeof(tmp_
                    err_buf));
                DL_ERR("could not load library \"%s\" needed by \"%s\"; caused by %s",
                    library_name, si->name, tmp_err_buf);
                return false;
            }
            *pneeded++ = lsi;
        }
    }
    *pneeded = NULL;

    // 要加载的 so 所需的依赖库也已经加载完毕

    // 根据 PLT 重定位表或者重定位表来处理重定位
    if (si->plt_rel != NULL) {
        DEBUG("[ relocating %s plt ]", si->name );
        if (soinfo_relocate(si, si->plt_rel, si->plt_rel_count, needed)) {
            return false;
        }
    }
    if (si->rel != NULL) {
        DEBUG("[ relocating %s ]", si->name );
        if (soinfo_relocate(si, si->rel, si->rel_count, needed)) {
            return false;
        }
    }

    // ...
    // 设置 so 的链接标志，表示已链接
    si->flags |= FLAG_LINKED;
    DEBUG("[ finished linking %s ]", si->name);
    // ...
    return true;
}
```

　　该函数首先查找 PT_DYNAMIC 段，然后对 PT_DYNAMIC 段中的字段进行遍历，并根据 d_tag 做不同处理，接着将依赖库载入内存，根据重定位表来处理重定位，最后设置 so 的已链接标志，表示该 so 动态链接完成。

　　soinfo_relocate() 函数便是来处理重定位的：

```
> http://androidxref.com/4.4.4_r1/xref/bionic/linker/linker.cpp#848
static int soinfo_relocate(soinfo* si, Elf32_Rel* rel, unsigned count,
                        soinfo* needed[])
{
    // 得到符号表与字符串表
    Elf32_Sym* symtab = si->symtab;
    const char* strtab = si->strtab;
    Elf32_Sym* s;
    Elf32_Rel* start = rel;
    soinfo* lsi;
```

```
                    // 对重定位表的每个表项进行遍历
                    for (size_t idx = 0; idx < count; ++idx, ++rel) {
                        // 得到重定位类型
                        unsigned type = ELF32_R_TYPE(rel->r_info);
                        // 得到重定位符号
                        unsigned sym = ELF32_R_SYM(rel->r_info);
                        // 通过加载的地址计算得到需要重定位的地址
                        Elf32_Addr reloc = static_cast<Elf32_Addr>(rel->r_offset + si->load_bias);
                        Elf32_Addr sym_addr = 0;
                        char* sym_name = NULL;

                        DEBUG("Processing '%s' relocation at index %d", si->name, idx);
                        if (type == 0) { // R_*_NONE
                            continue;
                        }
                        if (sym != 0) {
                            // 如果 sym 不为 0, 说明重定位需要用到符号; 通过 st_name 字段在字符串表中拿到符号名
                            sym_name = (char *)(strtab + symtab[sym].st_name);
                            // 根据符号名来从依赖 so 中查找所需要的符号, 找到之后把地址赋给 lsi
                            s = soinfo_do_lookup(si, sym_name, &lsi, needed);
                            if (s == NULL) {
                                // 如果没有找到, 则使用 so 本身的符号
                                s = &symtab[sym];
                                if (ELF32_ST_BIND(s->st_info) != STB_WEAK) {
                                    DL_ERR("cannot locate symbol \"%s\" referenced by
                                        \"%s\"...", sym_name, si->name);
                                    return -1;
                                }
                                // 如果符号不是外部符号, 就只能是以下几种类型
                                switch (type) {
#if defined(ANDROID_ARM_LINKER)
                                case R_ARM_JUMP_SLOT:
                                case R_ARM_GLOB_DAT:
                                case R_ARM_ABS32:
                                case R_ARM_RELATIVE:
#endif /* ANDROID_*_LINKER */
#if defined(ANDROID_ARM_LINKER)
                                case R_ARM_COPY:
#endif /* ANDROID_ARM_LINKER */
                                default:
                                    // 如果不是以上几种类型, 则报错
                                    DL_ERR("unknown weak reloc type %d @ %p (%d)",
                                        type, rel, (int) (rel - start));
                                    return -1;
                                }
                            } else {
                                // 如果找到了外部 so 中的符号
#if 0
                                if ((base == 0) && (si->base != 0)) {
                                    /* linking from libraries to main image is bad */
                                    DL_ERR("cannot locate \"%s\"...",
                                        strtab + symtab[sym].st_name);
                                    return -1;
```

```
                    }
#endif
                    // 获取外部 so 的基址加上符号的 st_value 来得到符号的值
                    sym_addr = static_cast<Elf32_Addr>(s->st_value + lsi->load_bias);
                }
                count_relocation(kRelocSymbol);
            } else {
                // 如果 sym 为 0，则说明当前重定位用不到符号
                s = NULL;
            }
```

　　这部分可结合之前 ELF 文件的示例 so 文件进行分析，可以在图 4-14 中找到 readelf 对于 _DYNAMIC 段的解析，可以得到符号表的文件地址为 0x1F0，字符串表的文件地址为 0x288，重定位表 REL 的文件地址为 0x318，JMPREL 的文件地址为 0x370，也可以通过 readelf 命令对重定位表进行解析，命令如下：

```
readelf -r libnative-lib.so
```

readelf 读取 so 的重定位表如图 6-2 所示。

```
┌─(root💀r0env)-[~/Desktop/unidbg/unidbg-android/src/test/java/com/dta/lesson5]
└─# readelf -r libnative-lib.so

Relocation section '.rel.dyn' at offset 0x318 contains 3 entries:
 Offset    Info    Type          Sym.Value  Sym. Name
00001440  00000017 R_ARM_RELATIVE
00001444  00000017 R_ARM_RELATIVE
00001448  00000017 R_ARM_RELATIVE

Relocation section '.rel.plt' at offset 0x370 contains 3 entries:
 Offset    Info    Type          Sym.Value  Sym. Name
00001528  00000216 R_ARM_JUMP_SLOT  00000000   __cxa_finalize@LIBC
0000152c  00000116 R_ARM_JUMP_SLOT  00000000   __cxa_atexit@LIBC
00001530  00000316 R_ARM_JUMP_SLOT  00000000   __register_atfork@LIBC
```

图 6-2　readelf 读取 so 的重定位表

　　可见它一共有六项。查找 Elf32_Rel 类型，可以得到如下结构：

```
> http://androidxref.com/4.4.4_r1/xref/bionic/libc/include/sys/exec_elf.h#544
typedef struct {
    Elf32_Word    r_offset;
    Elf32_Word    r_info;
} Elf32_Rel;
```

　　该结构体总大小为 8 字节。通过 010Editor，选择地址为 0x378 的项进行模拟分析，它的十六进制数据为 2C15 0000 1601 0000，可以得到 r_info = 0x116，r_offset = 0x152C。
　　另可根据代码找到相应的宏定义如下：

```
> http://androidxref.com/4.4.4_r1/xref/bionic/libc/include/sys/exec_elf.h#556
#define ELF32_R_SYM(info)    ((info) >> 8)
#define ELF32_R_TYPE(info)   ((info) & 0xff)
```

　　可以计算出 type = 0x16、sym = 0x1，由于 sym != 0，因此会通过符号表查找相应的符号。符号表结构如下：

```
> http://androidxref.com/4.4.4_r1/xref/bionic/libc/include/sys/exec_elf.h#455
typedef struct {
    Elf32_Word    st_name;
    Elf32_Word    st_value;
    Elf32_Word    st_size;
    Elf_Byte     st_info;
    Elf_Byte     st_other;
    Elf32_Half    st_shndx;
} Elf32_Sym;
```

该结构体的大小为 16 字节（4+4+4+1+1+2）。已知符号表地址为 0x1F0，则可以得到该处重定位的符号地址为 0x1F0+0x10=0x200。可根据 010Editor 来查看解析该符号，如图 6-3 所示。

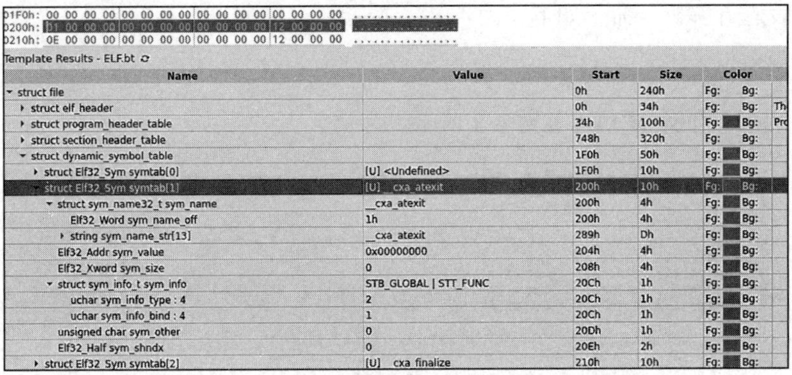

图 6-3　根据 010Editor 查看符号表

根据 st_name 中的值在字符串表找到相应的字符串名后，会根据符号名先从外部依赖 so 中查找该符号，如果找到了则会将相应符号的地址复制给 sym_addr 变量。

继续回到 soinfo_relocate() 函数，如下面的代码所示，在找到符号之后进行重定位的处理操作。

```
// 根据重定位的类型来处理重定位
switch(type){
#if defined(ANDROID_ARM_LINKER)
    case R_ARM_JUMP_SLOT:
        count_relocation(kRelocAbsolute);
        MARK(rel->r_offset);
        TRACE_TYPE(RELO, "RELO JMP_SLOT %08x <- %08x %s", reloc, sym_addr,
            sym_name);
        // 如果是 R_ARM_JUMP_SLOT 类型：直接将需要重定位的地方写入获取到的符号地址
        *reinterpret_cast<Elf32_Addr*>(reloc) = sym_addr;
        break;
    case R_ARM_GLOB_DAT:
        count_relocation(kRelocAbsolute);
        MARK(rel->r_offset);
        TRACE_TYPE(RELO, "RELO GLOB_DAT %08x <- %08x %s", reloc, sym_addr, sym_name);
```

```
            // 直接将需要重定位的地方写入获取到的符号地址，与 R_ARM_JUMP_SLOT 相同
            *reinterpret_cast<Elf32_Addr*>(reloc) = sym_addr;
            break;
        case R_ARM_ABS32:
            count_relocation(kRelocAbsolute);
            MARK(rel->r_offset);
            TRACE_TYPE(RELO, "RELO ABS %08x <- %08x %s", reloc, sym_addr, sym_name);
            // 如果是 R_ARM_ABS32 类型：需要重定位的地方与获取到的符号地址相加，再写入需要重
               定位的地方
            *reinterpret_cast<Elf32_Addr*>(reloc) += sym_addr;
            break;
        case R_ARM_REL32:
            count_relocation(kRelocRelative);
            MARK(rel->r_offset);
            TRACE_TYPE(RELO, "RELO REL32 %08x <- %08x - %08x %s",
                       reloc, sym_addr, rel->r_offset, sym_name);
            // 如果是 R_ARM_REL32 类型：需要重定位的地方与获取到的符号地址相加再减去 rel-
               >r_offset，写入需要重定位的地方
            *reinterpret_cast<Elf32_Addr*>(reloc) += sym_addr - rel->r_offset;
            break;

#endif /* ANDROID_*_LINKER */

#if defined(ANDROID_ARM_LINKER)
        case R_ARM_RELATIVE:

#endif /* ANDROID_*_LINKER */
            count_relocation(kRelocRelative);
            MARK(rel->r_offset);
            if (sym) {
                DL_ERR("odd RELATIVE form...");
                return -1;
            }
            TRACE_TYPE(RELO, "RELO RELATIVE %08x <- +%08x", reloc, si->base);
            // 需要重定位的地方与 so 的基址相加，再写入需要重定位的地方
            *reinterpret_cast<Elf32_Addr*>(reloc) += si->base;
            break;



#ifdef ANDROID_ARM_LINKER
        case R_ARM_COPY:
            // 进行了错误处理（省略）
#endif /* ANDROID_ARM_LINKER */

        default:
            DL_ERR("unknown reloc type %d @ %p (%d)",
                   type, rel, (int) (rel - start));
            return -1;
        }
    }
    return 0;
}
```

soinfo_relocate() 函数余下的部分便是根据既定的规则，对相应的符号进行重定位处理。到这里，so 的链接过程就讲完了。

6.3 so 的初始化操作

so 的初始化需返回 do_dlopen() 函数中查看：

```
> http://androidxref.com/4.4.4_r1/xref/bionic/linker/linker.cpp#823
soinfo* do_dlopen(const char* name, int flags) {
    if ((flags & ~(RTLD_NOW|RTLD_LAZY|RTLD_LOCAL|RTLD_GLOBAL)) != 0) {
        DL_ERR("invalid flags to dlopen: %x", flags);
        return NULL;
    }
    set_soinfo_pool_protection(PROT_READ | PROT_WRITE);
    soinfo* si = find_library(name);
    if (si != NULL) {
        si->CallConstructors();
    }
    set_soinfo_pool_protection(PROT_READ);
    return si;
}
```

在 find_library 函数中完成 so 的加载与链接后，通过 si->CallConstructors 函数来完成 so 的初始化。

```
> http://androidxref.com/4.4.4_r1/xref/bionic/linker/linker.cpp#1192
void soinfo::CallConstructors() {
    // 如果已经初始化过，则不再初始化，防止多次调用
    if (constructors_called) {
        return;
    }

    constructors_called = true;

    if ((flags & FLAG_EXE) == 0 && preinit_array != NULL) {
        // The GNU dynamic linker silently ignores these, but we warn the developer.
        PRINT("\"%s\": ignoring %d-entry DT_PREINIT_ARRAY in shared library!",
            name, preinit_array_count);
    }

    // 如果 dynamic 段不为空，则先处理依赖库的初始化
    if (dynamic != NULL) {
        for (Elf32_Dyn* d = dynamic; d->d_tag != DT_NULL; ++d) {
          if (d->d_tag == DT_NEEDED) {
            const char* library_name = strtab + d->d_un.d_val;
            TRACE("\"%s\": calling constructors in DT_NEEDED \"%s\"", name,
                library_name);
            // 寻找已经加载过的依赖库，并调用它的初始化方法
            find_loaded_library(library_name)->CallConstructors();
          }
```

```
        }
    }

    TRACE("\"%s\": calling constructors", name);


    // 调用 _init 函数
    CallFunction("DT_INIT", init_func);
    // 调用 init_array 数组函数
    CallArray("DT_INIT_ARRAY", init_array, init_array_count, false);
}
```

这个函数比较简单，只是判断有没有初始化过，以防止多次初始化，之后判断有没有依赖库，如果有依赖库则先对依赖库进行初始化，最后调用 CallFunction 与 CallArray 函数分别对 _init 函数与 init_array 函数数组进行调用。

查看 CallFunction 函数，逻辑很简单，只是执行了参数中的 function 函数。

> http://androidxref.com/4.4.4_r1/xref/bionic/linker/linker.cpp#1172
```
void soinfo::CallFunction(const char* function_name UNUSED, linker_function_t function) {
    if (function == NULL || reinterpret_cast<uintptr_t>(function) == static_
        cast<uintptr_t>(-1)) {
        return;
    }

    TRACE("[ Calling %s @ %p for '%s' ]", function_name, function, name);
    // 对参数函数进行调用
    function();
    TRACE("[ Done calling %s @ %p for '%s' ]", function_name, function, name);

    set_soinfo_pool_protection(PROT_READ | PROT_WRITE);
}
```

CallArray 函数的逻辑也很简单：

> http://androidxref.com/4.4.4_r1/xref/bionic/linker/linker.cpp#1153
```
void soinfo::CallArray(const char* array_name UNUSED, linker_function_t*
    functions, size_t count, bool reverse) {
    if (functions == NULL) {
        return;
    }

    TRACE("[ Calling %s (size %d) @ %p for '%s' ]", array_name, count, functions, name);

    int begin = reverse ? (count - 1) : 0;
    int end = reverse ? -1 : count;
    int step = reverse ? -1 : 1;

    // 遍历每一个函数列表中的每一个函数
    for (int i = begin; i != end; i += step) {
        TRACE("[ %s[%d] == %p ]", array_name, i, functions[i]);
        // 使用 CallFunction 函数进行调用
```

```
        CallFunction("function", functions[i]);
    }

    TRACE("[ Done calling %s for '%s' ]", array_name, name);
}
```

CallArray 函数只是遍历函数列表中的每一个函数，然后使用 CallFunction 函数对其进行调用完成初始化。

到这里，Linker 中的 so 加载、链接、初始化过程就讲解完毕了。

6.4　本章小结

在本章中，我们通过 Linker 的入口 do_dlopen 函数进入了 find_library 函数，这是寻找 so 库的地方，然后又进入了 find_library_internal 函数，在其中找到了 load_library 函数对 so 进行加载、soinfo_link_image 函数对加载到内存中的 so 进行链接，最后回到 do_dlopen 函数中的 CallConstructors() 分析完 so 的初始化。到这里我们对 Linker 中 so 的加载流程有了一个清晰的认识。在下一章，我们将开始使用 Unicorn 来模拟加载 so 的过程，以便更加深刻地理解 so 的加载过程。

第7章 *Chapter 7*

使用 Unicorn 模拟 Linker：so 的加载过程

在之前的章节中，我们已经学习了 ELF 执行视图的文件结构，并探究了 Android 源码 Linker 加载 so 的流程。从本章开始，我们将参考 Linker 源码与 unidbg 中加载 so 的源码，使用 Unicorn 模拟 Linker 加载 so 文件并执行的过程。在编写完相关代码后，我们会动态调试 Linker 中的代码，探究并理解 so 加载后在内存中的布局。

7.1 模拟 Linker：环境准备

由于本章注重模拟 Linker 加载的部分，因此在编写 Linker 之前，需要将相关的代码依赖配置好，这样可以更加专注于 Linker 的编写。首先需要将本书资源（地址见前言内容）中的 Xxdbg.tar.gz 下载下来，我们将会参考该项目来逐步编写我们的项目代码。有余力的读者可以自行深入研究相关代码。

下载后将该项目拖入虚拟机，解压命令如下：

```
tar -zxvf Xxdbg.tar.gz
```

解压后使用 IDEA 打开该项目，打开 xxdbg-android/src/test/java/com/bxlong/xxdbg/AndroidEmulateTest.java 文件，尝试运行 main() 方法，可以正常计算出传入参数 10 时的结果为 55，说明环境依赖等没有错误，如图 7-1 所示。

接下来，我们将参照上面的项目来编写加载 so 的业务代码。使用 IDEA 新建项目，选择 Maven 项目，单击 Next 按钮，项目属性如图 7-2 所示，完成后单击 Finish 按钮。

图 7-1 Xxdbg 模拟传入参数 10 时的运行结果

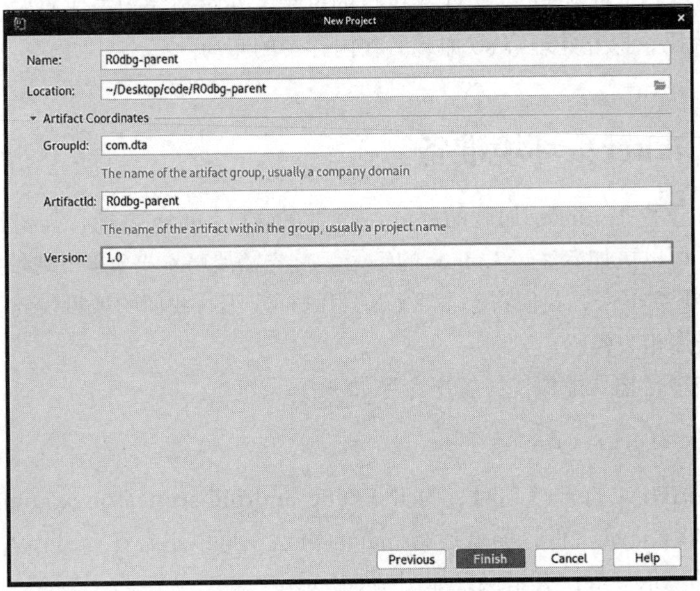

图 7-2 IDEA 新建项目属性

新建好项目后,要编写加载 so 的代码,需要有解析 ELF 文件结构的代码。这里选择之前分析过的 ElfParser 项目,将 Xxdbg 中的 ElfParser 目录复制到项目根目录下,命令如下:

```
cp -r Xxdbg/ElfParser/ R0dbg-parent/
```

然后使用 IDEA 将 ElfParser 作为模块导入，如图 7-3 所示，单击 OK 按钮。

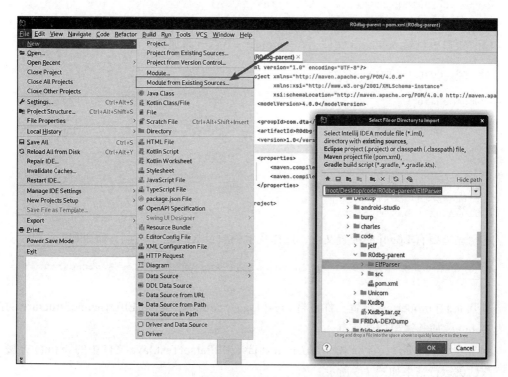

图 7-3　使用 IDEA 导入 ElfParser 模块

选择以 Maven 模型导入，如图 7-4 所示，单击 Finish 按钮。

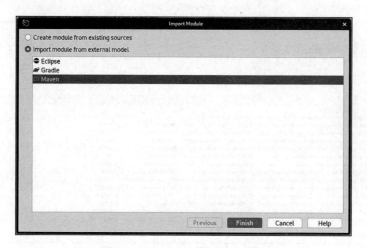

图 7-4　以 Maven 模型导入模块

修改 ElfParser/pom.xml 文件，将 <parent> 节点的内容修改为：

```
<groupId>com.dta</groupId>
<artifactId>R0dbg-parent</artifactId>
<version>1.0</version>
```

修改项目根目录 pom.xml 文件，在 <project> 节点下添加如下内容：

```
<packaging>pom</packaging>

<dependencies>
    <!--          Slf4j 依赖 -->
    <dependency>
        <groupId>org.slf4j</groupId>
        <artifactId>slf4j-log4j12</artifactId>
        <version>1.7.26</version>
        <scope>compile</scope>
    </dependency>
</dependencies>
```

注意还需要有 Log4j 的配置文件，选择从示例项目 Xxdbg 中复制，命令如下：

```
cp Xxdbg/xxdbg-android/src/main/resources/log4j.properties R0dbg-parent/
    ElfParser/src/test/resources/
```

打开 log4j.properties 配置文件，将 log4j.logger.com.bxlong.elf.ElfDynamicStructure 的值改为 Debug，使其输出调试信息。

同步一下 Maven，运行 ElfParser/src/test/java/ElfParserTest.java 文件中的 main() 方法来进行测试，运行结果如图 7-5 所示。

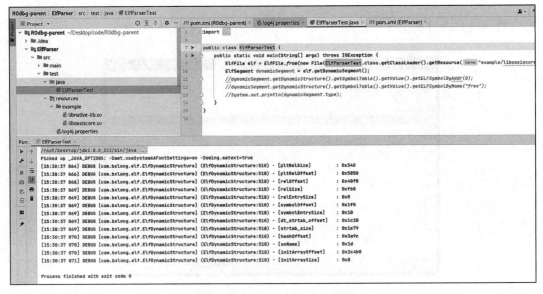

图 7-5　ElfParserTest 运行结果

为了便于相关依赖的直接引用，我们参照示例代码新建一个 Maven 模块，模块相关属性如图 7-6 所示。

新建完模块后，将 Xxdbg/xxdbg-android/pom.xml 中的依赖配置 <dependencies> 节点复制到 R0dbg-android/pom.xml 中。然后将 Xxdbg 项目中的部分类按照相对路径复制过来，并将报红的相关代码注释掉，最终结果如图 7-7 所示。

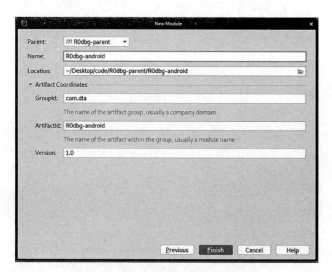

图 7-6　R0dbg-android 模块相关属性

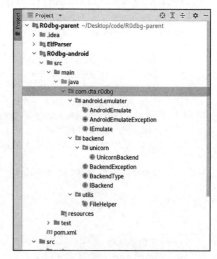

图 7-7　项目的基本代码依赖

utils/FileHelper 类代码如下：

```java
public final class FileHelper {
    public static File getResourceFile(Class<?> cls, String sourcePath){
        // 通过相对路径来加载资源
        URL resource = cls.getClassLoader().getResource(sourcePath);
        if (resource == null){
            return null;
        }
        // 得到要加载的资源的绝对路径
        String path = resource.getPath();
        // 包装成文件来返回
        return new File(path);
    }
}
```

FileHelper 类中只有一个参数 sourcePath，我们可以通过 ClassLoader 获取资源目录的方式来得到全路径，这样可以省去编写文件的全路径，后续使用时读者可以自行查看相应的效果。

IBackend 是规定了后端的接口，所有的后端都要实现该接口中的方法，方法如果报错，则会抛出 BackendException 异常。

BackendType 是个枚举类，规定了后端的类型，因为只实现了 Unicorn 后端，所以它的值只有 Unicorn。

UnicornBackend 是实现了 IBackend 接口中的一系列方法。方法的实现大部分直接调用了 Unicorn 中同名方法的实现。

IEmulate 则是模拟器接口，规定了模拟器需要实现的方法。由于我们暂未引入 Memory 类，因此先注释掉 getMemory() 方法。

```java
public interface IEmulate {

    int R_ARM_ABS32 = 2;
    int R_ARM_REL32 = 3;
    int R_ARM_COPY = 20;
    int R_ARM_GLOB_DAT = 21;
    int R_ARM_JUMP_SLOT = 22;
    int R_ARM_RELATIVE = 23;
    int R_ARM_IRELATIVE = 160;

    long LR = 0xffff0000L;

    // 初始化
    void init();

    // 机器位数
    boolean is32Bit();

    boolean is64Bit();

    // 获得后端
    IBackend getBackend();

    // Memory getMemory();

    // 获得系统 so
    File getSystemLibrary(String name);

    // 执行函数
    Number eFunc(long begin, long until);

    // 追踪指令
    void traceCode(long begin, long end);

}
```

AndroidEmulate 则是实现了 IEmulate 接口的实现类，它为 so 的运行提供了一个基础的运行环境，使我们可以专注于加载 so 进入内存的部分。

到这里基本的依赖环境便准备好了，同时这份基础的项目代码已经打包到本书资源中的 R0dbg-parent_init.tar.gz，读者可自行查看。

7.2　模拟 Linker：so 的加载

接下来便可以动手编写 Linker 类的相关代码了。首先建立 com.dta.r0dbg.android.linker 包，然后在它的下面建立 Linker 类。

```
package com.dta.r0dbg.android.linker;
import com.dta.r0dbg.android.emulater.IEmulate;
public class Linker {
    IEmulate emulate;
    public Linker(IEmulate emulate) {
        this.emulate = emulate;
    }
}
```

我们仿照 Android 系统源码来编写代码。首先 Linker 的入口为 do_dlopen 函数，它的返回值为 soinfo * 类型，描述了 so 在内存中的信息，同时传入了 so 文件的名称及标志位。在此我们编写 do_dlopen() 方法，同样需要返回 so 在内存中的信息，而在示例项目中这部分是由 ElfModule 来完成的。将示例项目中的 com/bxlong/xxdbg/android/module 包复制到 com/dta/r0dbg/android/ 的目录下作为依赖，该包包含描述 ELF 信息的 ElfModule 类，如图 7-8 所示。

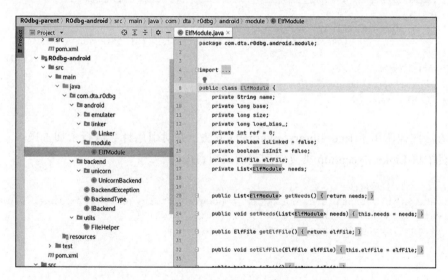

图 7-8　ElfModule 类

可见该类包含了 ELF 的相关信息，如文件名、加载的地址、大小、是否链接、是否初始化，以及原 ELF 文件和所需的依赖库等。

有了表示 so 内存信息的 ElfModule 类，便可以编写 do_dlopen 函数了，代码如下：

```
/**
 * 加载库文件接口
 * http://androidxref.com/4.4.4_r1/xref/bionic/linker/linker.cpp#823
```

```
 * @param elfFile ELF 文件对象
 * @param isCallConstructors 如需执行初始化函数，需要指定为 true
 * @return
 */
public ElfModule do_dlopen(File elfFile, boolean isCallConstructors) {
    // 调用 find_library() 方法来加载 so 文件
    ElfModule library = find_library(elfFile, null);
    // 如果需要初始化且已经链接完成，则进行初始化
    if (isCallConstructors && library.isLinked()) {
        // TODO call_constructors(library);
    }
    return library;
}
```

该方法比较简单，仅仅是调用了 find_library() 方法来加载 so 文件，然后根据传入的参数 isCallConstructors 来判断是否需要初始化。对于初始化的操作最后再编写实现代码，继续参照 Android 源码编写 find_library() 方法，代码如下：

```
// http://androidxref.com/4.4.4_r1/xref/bionic/linker/linker.cpp#785
private ElfModule find_library(File elfFile, String elfName) {
    // 调用 find_library_internal() 方法加载 so 文件
    ElfModule lib = find_library_internal(elfFile, elfName);
    // 如加载为空，抛出异常
    if (lib == null) {
        throw new LinkerException(String.format("the [%s] file can't find", elfName));
    }
    // 引用计数加 1
    lib.setRef(lib.getRef() + 1);
    return lib;
}
```

该方法同样调用了 find_library_internal() 方法，并对引用计数进行了加 1 操作。同时从参考项目中将 LinkerException 类复制到我们的项目中。

```
// Log4j 打印 log 输出
private static final Logger logger = LoggerFactory.getLogger(Linker.class);
private void debug(String format, Object... args) {
    logger.debug(String.format(format, args));
}

/**
 * 如果 elfName 不为空，优先加载 elfName 指定文件
 * http://androidxref.com/4.4.4_r1/xref/bionic/linker/linker.cpp#751
 * @param elfFile 要加载的 File 文件
 * @param elfName 要加载的 ELF 文件名
 * @return
 */
private ElfModule find_library_internal(File elfFile, String elfName) {
    // 如果 ELF 名称不为空，优先根据 ELF 文件名来加载
    if (elfName != null) {
        elfFile = emulate.getSystemLibrary(elfName);
```

```
        }
        if (elfFile != null) {
            // 获得 ELF 文件的文件名
            String name = elfFile.getName();
            // 在已加载的模块中寻找，如果找到了则不需要多次加载
            ElfModule loaded_library = find_loaded_library(name);
            if (loaded_library != null) {
                // 判断是否链接过
                if (loaded_library.isLinked()) {
                    // 已经加载且链接过了，直接返回
                    debug("[%s] is also loaded!", name);
                    return loaded_library;
                } else {
                    // 未链接，逻辑异常
                    throw new LinkerException("linker error!");
                }
            } else {
                // 未加载，执行加载流程
                debug("[%s] prepare to load.", name);
                ElfModule loadModule = load_library(elfFile);
                // 加载完后模块为空，抛出异常
                if (loadModule == null) {
                    throw new LinkerException(elfName + " load error!");
                }
                debug("[%s] prepare to link and relocation.", name);
                // 进行链接和重定位操作
                if (!link_library(loadModule)) {
                    throw new LinkerException("linker error!");
                }
                return loadModule;
            }
        }
        return null;
    }
```

　　find_library_internal() 方法首先判断第二个参数 elfName 是否为空，若不为空则使用 elfName 来尝试加载 ELF 文件。之后通过 elfFile 对象的名称在已加载的 Module 中查找是否已经加载：如果加载且链接过了，则直接返回该 Module 对象；如果没有加载，则执行 load_library() 方法来将 so 载入内存，并通过 link_library() 方法进行链接和重定位操作。

```
// 成员变量，存放着已加载的 ElfModule 列表
private List<ElfModule> loadedModules = new LinkedList<ElfModule>();
/**
 * 查找已加载的模块
 * http://androidxref.com/4.4.4_r1/xref/bionic/linker/linker.cpp#732
 * @param name 加载模块的名字
 * @return
 */
private ElfModule find_loaded_library(String name) {
    // 遍历每个模块
    for (ElfModule module : loadedModules) {
```

```
        // 如果列表中有名称相等的模块，则返回该模块
        if (module.getName().equals(name)) {
            return module;
        }
    }
    // 如果没有在已加载的模块中找到，则返回 null
    return null;
}
```

find_loaded_library() 只是遍历 Linker 类的成员变量 loadedModules，查找有没有名称与参数 name 相同的模块，如果找到了则返回相匹配的模块，如果没有找到则返回空。

load_library() 方法则是负责将 so 文件载入内存，代码如下所示：

```
/**
 * 加载 ELF 文件到内存
 * http://androidxref.com/4.4.4_r1/xref/bionic/linker/linker.cpp#702
 * @param elfFile ELF 文件
 */
private ElfModule load_library(File elfFile) {
    String elfName = elfFile.getName();
    // 获得文件的输入流，可以通过 ElfFile.from(elfIs) 来得到 ElfFile 对象；这里没有使用，而
      是通过 ElfFile.from(elfFile) 来得到
    // InputStream elfIs = open_library(elfFile);

    ElfFile elf;
    try {
        // elf = ElfFile.from(elfIs);
        // 加载得到 ELF 文件
        elf = ElfFile.from(elfFile);
    } catch (Exception e) {
        throw new LinkerException(elfName + " file is error!");
    }

    // 模拟 ReserveAddressSpace 函数的工作
    // 定义最大地址和最小地址
    long min_vaddr = Long.MAX_VALUE;
    long max_vaddr = 0x00000000;
    boolean found_pt_load = false;
    // 可以通过 getLoadSegment() 方法直接得到 PT_LOAD 段
    List<ElfSegment> loadSegments = elf.getLoadSegment();
    if (loadSegments == null) {
        throw new LinkerException(elfName + " hasn't load segment!");
    }
    // 遍历所有的 PT_LOAD 段
    for (ElfSegment load : loadSegments) {
        found_pt_load = true;
        // 找到所有 PT_LOAD 段中最小的开始地址
        if (load.virtual_address < min_vaddr) {
            min_vaddr = load.virtual_address;
        }
        // 找到所有 PT_LOAD 段中最大的结束地址
        if (load.virtual_address + load.mem_size > max_vaddr) {
```

```
                max_vaddr = load.virtual_address + load.mem_size;
        }
}

if (!found_pt_load) {
        min_vaddr = 0x00000000;
}
// 对地址进行页对齐
min_vaddr = ARM.PAGE_START(min_vaddr);
max_vaddr = ARM.PAGE_END(max_vaddr);
// 求出加载的大小
long load_size_ = max_vaddr - min_vaddr;
if (load_size_ <= 0) {
        throw new LinkerException(elfName + " has no loadable segments");
}
// 使用 emulate.getMemory() 获取 Memory 对象，调用 mmap() 方法来申请内存空间
long load_start_ = emulate.getMemory().mmap(-1, (int) load_size_, UC_PROT_
    ALL,MAP_ANONYMOUS,-1,0);

// 使用加载的地址减去文件中的最小地址，求出加载的偏移 load_bias
long load_bias = load_start_ - min_vaddr;

// 模拟 LoadSegments 函数的工作
// 遍历每个 PT_LOAD 段
for (ElfSegment load : loadSegments) {
        // 求出每个段在内存中的开始地址与结束地址
        long seg_start = load.virtual_address + load_bias;
        long seg_end = seg_start + load.mem_size;

        // 求出每个段所在页的开始地址与结束地址
        long seg_page_start = ARM.PAGE_START(seg_start);
        long seg_page_end = ARM.PAGE_END(seg_end);

        // 计算出内存中的文件结束地址
        long seg_file_end = seg_start + load.file_size;

        // 段的文件偏移：文件开始地址与文件结束地址
        long file_start = load.offset;
        long file_end = file_start + load.file_size;

        // 对内存中文件的开始地址进行页对齐，求出内存中文件结束地址减去到该页的长度，即内存中
        //   的文件大小
        long file_page_start = ARM.PAGE_START(file_start);
        long file_length = file_end - file_page_start;

        // 如果文件大小不为 0，将相应文件中的数据写入
        if (file_length != 0) {
            // mprotect(seg_page_start, file_length, load.flags);
            // 向映射好的内存写入文件内容
            mwrite(seg_page_start, elf.getBytes(file_page_start, (int) file_length));
        }

        // 如果该段可写，且文件末与页末有空余，需用 0 填充
```

```
            if ((load.flags & UC_PROT_WRITE) != 0 && ARM.PAGE_OFFSET(seg_file_end) > 0) {
                byte[] zeros = new byte[(int) (ARM.PAGE_SIZE - ARM.PAGE_
                    OFFSET(seg_file_end))];
                emulate.getBackend().mem_write(seg_file_end, zeros);
            }

            seg_file_end = ARM.PAGE_END(seg_file_end);
            // 如果该段的 mem_size > file_size 且超过一个页，则在 Android 源码中，它将对多出
            的页进行匿名映射，防止出现总线错误
            if (seg_page_end - seg_file_end > 0) {
                byte[] zeros = new byte[(int) (seg_page_end - seg_file_end)];
                mwrite(ARM.PAGE_END(seg_file_end), zeros);
            }
        }
        // 加载段
        // 新建一个 ElfModule 对象并设置相应的属性
        ElfModule elfModule = new ElfModule();
        elfModule.setBase(load_start_);
        elfModule.setLoad_bias_(load_bias);
        elfModule.setName(elfName);
        elfModule.setSize(load_size_);
        elfModule.setElfFile(elf);
        // 将其存入 loadedModules 列表里，表示已经加载
        loadedModules.add(elfModule);
        debug("[%s] is load complex, load_start: 0x%x, load_bias:0x%x, size:%d",
                elfName, load_start_, load_bias, load_size_);
        return elfModule;
    }
    private void mwrite(long address, byte[] data) {
        if (data != null) {
            // 调用后端的 mem_write() 方法来写内存
            emulate.getBackend().mem_write(address, data);
        }
    }
}
```

load_library() 在 Android 系统源码中进行的主要操作是打开 so 文件得到文件描述符，传入 ElfReader 类中，通过 ElfReader::Load() 方法实现相关功能。该方法调用了 6 个函数，分别负责完成读 ELF 文件头、验证 ELF 文件头、处理地址空间、将段载入计算好的地址空间、寻找程序头并校验程序头的工作。其中，读 ELF 文件头并验证的工作已经由 ElfParser 完成，寻找程序头并校验的工作也不需要做，因为已经解析完成，所以我们只需要做处理地址空间并加载段的工作即可。

对于其中缺失的 ARM 类，可以直接将参考项目中的 Xxdbg 复制过来：将 com.bxlong. xxdbg.backend.arm.ARM 文件复制到 com.dta.r0dbg.backend.arm.ARM 中。这里主要进行页对齐的相关操作。

对于 Memory 类，实现代码如下：

```
public class Memory {
    // Log4j 日志记录
    private static final Logger logger = LoggerFactory.getLogger(Memory.class);
```

```
// 模拟器对象
private final IEmulate emulate;
// Linker 对象
private final Linker linker;

// 将 so 加载到的内存地址，可以作为检测点
private static long MMAP_BASE = 0x40000000;

// 保存已经映射的内存块的 map，以便于释放
protected final Map<Long, MemoryMap> memoryMap = new TreeMap<>();

// 构造方法
public Memory(IEmulate emulate) {
    this.emulate = emulate;
    linker = new Linker(emulate);
}

// 调用 Linker 来加载依赖库
public ElfModule loadLibrary(File elf, boolean isCallConstructors) {
    return linker.do_dlopen(elf, isCallConstructors);
}

// 相关标志
public static final int MAP_FIXED = 0x10;
public static final int MAP_ANONYMOUS = 0x20;


public long mmap(long start, int length, int prot, int flags, int fd, int
    offset) {
    int alignedSize = (int) ARM.PAGE_END(length);
    // 是否匿名映射
    boolean isAnonymous = ((flags & MAP_ANONYMOUS) != 0) || (start == 0 &&
        fd <= 0 && offset == 0);
    if ((flags & MAP_FIXED) != 0 && isAnonymous) {
//     if (log.isDebugEnabled()) {
//         log.debug("mmap2 MAP_FIXED start=0x" + Long.toHexString
            (start) + ", length=" + length + ", prot=" + prot);
//     }
//
//     munmap(start, length);
        emulate.getBackend().mem_map(start, alignedSize, prot);
//     if (memoryMap.put(start, new MemoryMap(start, aligned, prot)) != null) {
//         log.warn("mmap2 replace exists memory map: start=" + Long.
            toHexString(start));
//     }
//     return start;
    }
    // 如果是匿名映射
    if (isAnonymous) {
        // 调用 allocateMapAddress() 方法来分配内存
        long addr = allocateMapAddress(0, alignedSize);
        // 打印调试信息
        debug("mmap addr=0x%x, mmapBaseAddress=0x%x, start=0x%x, fd=%d,
```

```
                            offset=0x%x, aligned=0x%x", addr, MMAP_BASE, start, fd,
                            offset, alignedSize);
                // 调用后端 (如 Unicorn) 来映射内存
                emulate.getBackend().mem_map(addr, alignedSize, prot);
                // 将映射的内存段保存起来，以便于取消映射
                if (memoryMap.put(addr, new MemoryMap(addr, alignedSize, prot)) != null) {
                    debug("mmap replace exists memory map addr=0x%x", addr);
                }
                // 将映射的地址返回
                return addr;
            }

        throw new UnsupportedOperationException("can not resolve the [mmap]");
    }

    // 分配内存空间
    private long allocateMapAddress(long mask, long length) {
        Map.Entry<Long, MemoryMap> lastEntry = null;
        for (Map.Entry<Long, MemoryMap> entry : memoryMap.entrySet()) {
            if (lastEntry == null) {
                lastEntry = entry;
            } else {
                MemoryMap map = lastEntry.getValue();
                long mmapAddress = map.base + map.size;
                if (mmapAddress + length < entry.getKey() && (mmapAddress &
                    mask) == 0) {
                    return mmapAddress;
                } else {
                    lastEntry = entry;
                }
            }
        }
        if (lastEntry != null) {
            MemoryMap map = lastEntry.getValue();
            long mmapAddress = map.base + map.size;
            if (mmapAddress < MMAP_BASE) {
                // log.debug("allocateMapAddress mmapBaseAddress=0x" +
                    Long.toHexString(mmapBaseAddress) + ", mmapAddress=0x" +
                    Long.toHexString(mmapAddress));
                setMMapBaseAddress(mmapAddress);
            }
        }

        long addr = MMAP_BASE;
        while ((addr & mask) != 0) {
            addr += ARM.getPageAlign();
        }
        // 加载完后，将 MMAP_BASE 修改为加载段的结束地址，下次加载时紧挨着继续加载
        setMMapBaseAddress(addr + length);
        return addr;
    }

    private void setMMapBaseAddress(long addr) {
```

```
        MMAP_BASE = addr;
    }

    private void debug(String format, Object... args) {
        logger.debug(String.format(format, args));
    }
}
```

Memory.mmap() 方法主要负责映射内存地址空间。其中的成员变量 memoryMap 用于保存已经分配的内存空间，以便取消映射时释放这些内存空间。

将示例项目中的 com.bxlong.xxdbg.memory.MemoryMap 文件复制到 com.dta.r0dbg.memory. MemoryMap 来补全依赖，MemoryMap 仅仅标识已分配内存空间的地址和大小，代码如下：

```
public class MemoryMap {
    public final long base;
    public final long size;
    public final int prot;
}
```

由于已经将 Memory 类引入，可以将 AndroidEmulate 中关于 Memory 被注释掉的代码取消注释。写完这些，我们可以尝试编写一个测试方法来测试一下上述代码能否将 so 加载到内存中去。在 R0dbg-android 模块中的 test 下新建 AndroidEmulateTest 类，编写如下代码：

```
public class AndroidEmulateTest {
    public static void main(String[] args) {
        // 使用建造者模式新建一个模拟器对象
        AndroidEmulate emulate = new AndroidEmulate.Builder()
                // 32 位
                .for32Bit()
                // 设置后端工厂
                .setBackendType(BackendType.Unicorn)
                // 创建
                .build();
        // 获得 Memory 对象
        Memory memory = emulate.getMemory();
        // 通过 getResourceFile() 方法读取 resources 下的文件
        File file = FileHelper.getResourceFile(AndroidEmulateTest.class,
            "example/libtest-lib.so");
        // 使用 memory.loadLibrary() 方法来加载 so 文件，该方法会调用 Linker.do_dlopen() 方法
        ElfModule elfModule = memory.loadLibrary(file, true);
    }
}
```

在 test 下新建 resources 目录，将示例代码中的 ELF 例子复制到该目录下，命令示例如下：

```
cp -r Xxdbg/xxdbg-android/src/test/resources/example/ R0dbg-parent/R0dbg-
    android/src/test/resources/
```

另外，在 R0dbg-android/src/main/resources/log4j.properties 中写入如下日志配置：

```
log4j.rootCategory=Info, stdout
```

```
log4j.appender.stdout=org.apache.log4j.ConsoleAppender
log4j.appender.stdout.layout=org.apache.log4j.PatternLayout
log4j.appender.stdout.layout.ConversionPattern=[%d{HH:mm:ss SSS}] %5p [%c]
    (%C{1}:%L) - %m%n
log4j.logger.org.scijava.nativelib.NativeLibraryUtil=Info
## Linker
log4j.logger.com.dta.r0dbg.android.linker.Linker=Debug
## 动态段解析
log4j.logger.com.bxlong.elf.ElfDynamicStructure=Info
## Backend
log4j.logger.com.dta.r0dbg.backend.unicorn.UnicornBackend=Info
## AndroidEmulate
log4j.logger.com.dta.r0dbg.android.emulater.AndroidEmulate=Debug
## SystemCallHandler
log4j.logger.com.dta.r0dbg.linux.SystemCallHandler=Debug
## Memory
log4j.logger.com.dta.r0dbg.memory.Memory=Info
```

运行测试代码，发现能成功打印出相关信息，如图 7-9 所示。

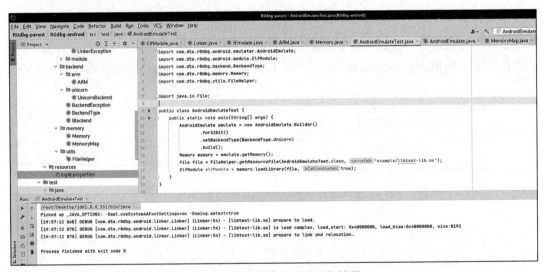

图 7-9　so 加载代码测试运行结果

本节的代码示例位于 R0dbg-parent 中，读者可根据需要自行下载研究。

7.3　动态调试 Linker，探究 so 的内存布局图

在上一节中，我们已经编写好了 Linker 中加载 so 到内存的代码，并成功运行。在本节中，我们将会以 ELF 为例来动态调试我们编写的 Linker 代码，并画出相应的 so 的内存布局图。

首先使用 readelf 命令来查看 libtest-lib.so 的程序头，如图 7-10 所示。

可以看到该 ELF 文件有两个 LOAD 段：第一个 LOAD 段的 VirAddr 为 0x0，MemSiz 为 0x4b0；第二个 LOAD 段的 VirAddr 为 0x14b0，MemSiz 为 0xf8。

```
┌──(root㉿r0env)-[~/Desktop/code/R0dbg-parent/R0dbg-android/src/test/resources/example]
└─# readelf -l libtest-lib.so

Elf file type is DYN (Shared object file)
Entry point 0x3bc
There are 8 program headers, starting at offset 52

Program Headers:
  Type           Offset   VirtAddr   PhysAddr   FileSiz MemSiz  Flg Align
  PHDR           0x000034 0x00000034 0x00000034 0x00100 0x00100 R   0x4
  LOAD           0x000000 0x00000000 0x00000000 0x004b0 0x004b0 R E 0x1000
  LOAD           0x0004b0 0x000014b0 0x000014b0 0x000f8 0x000f8 RW  0x1000
  DYNAMIC        0x0004bc 0x000014bc 0x000014bc 0x000d0 0x000d0 RW  0x4
  GNU_RELRO      0x0004b0 0x000014b0 0x000014b0 0x000f8 0x00b50 R   0x1
  GNU_STACK      0x000000 0x00000000 0x00000000 0x00000 0x00000 RW  0
  NOTE           0x000134 0x00000134 0x00000134 0x000bc 0x000bc R   0x4
  EXIDX          0x000348 0x00000348 0x00000348 0x00048 0x00048 R   0x4

 Section to Segment mapping:
  Segment Sections...
   00
   01     .note.android.ident .note.gnu.build-id .dynsym .gnu.version .gnu.version_r .gnu.hash .dynstr .rel.dyn .ARM
.exidx .rel.plt .ARM.extab .text .plt
   02     .data.rel.ro .fini_array .dynamic .got.plt
   03     .dynamic
   04     .data.rel.ro .fini_array .dynamic .got.plt
   05
   06     .note.android.ident .note.gnu.build-id
   07     .ARM.exidx
```

图 7-10　libtest-lib.so 的程序头

而编写的 Linker 代码中负责加载 so 的代码主要在 load_library() 方法中，所以调试时主要关注此方法。

该方法首先通过遍历 LOAD 段，找到一个可以容纳所有 LOAD 段的最大地址和最小地址。由 readelf 给出的信息可以得出，两个 LOAD 段中的最小地址为 0x0，最大地址为 0x14b0 + 0xf8 = 0x15a8，如图 7-11 所示。

```
    throw new LinkerException(elfName + " hasn't load segment!");  elfName: "libtest-lib.so"
}
for (ElfSegment load : loadSegments) {  loadSegments:  size = 2
    found_pt_load = true;
    if (load.virtual_address < min_vaddr) {
        min_vaddr = load.virtual_address;
    }

    if (load.virtual_address + load.mem_size > max_vaddr) {
        max_vaddr = load.virtual_address + load.mem_size;  max_vaddr: 5544
    }
}

if (!found_pt_load) {  found_pt_load: true
    min_vaddr = 0x00000000;
}
min_vaddr = ARM.PAGE_START(min_vaddr);  min_vaddr: 0
max_vaddr = ARM.PAGE_END(max_vaddr);
long load_size_ = max_vaddr - min_vaddr;
if (load_size_ <= 0) {
    throw new LinkerException(elfName + " has no loadable segments");
}

Variables
Evaluate expression (Enter) or add a watch (Ctrl+Shift+Enter)
> oo Long.toHexString(min_vaddr) = "0"
> oo Long.toHexString(max_vaddr) = "15a8"
```

图 7-11　得到可以容纳所有 LOAD 段的地址空间

得到的地址还需要进行页对齐操作才能进行内存映射，页对齐后的地址为 0x0 到 0x2000，也就是说需要映射的大小为 0x2000 字节。然后通过 mmap() 方法进行内存映射，因为 Memory

类中定义了基址为 0x40000000，所以得到的 load_start_ 为 0x40000000，同时由于在该 ELF 文件中 min_vaddr 为 0，所以偏移 load_bias 的值与 load_start_ 相同。页对齐的调试信息如图 7-12 所示。

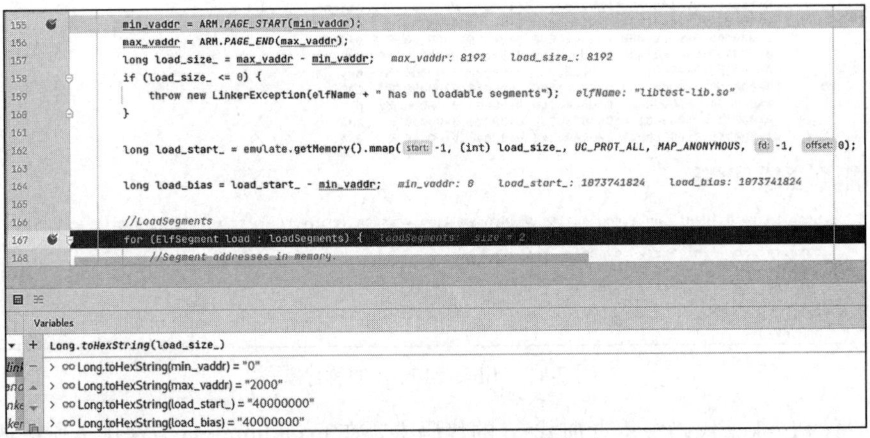

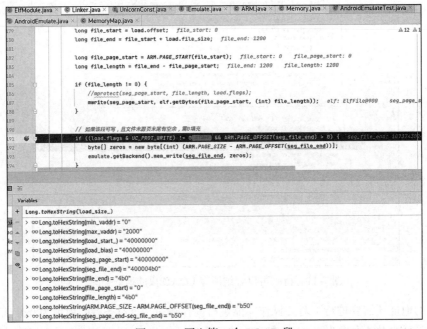

图 7-12　页对齐的调试信息

映射了内存空间后，接下来便是向内存空间写入文件数据了。第一个 LOAD 段的大小为 0x4b0，因此在 mwrite() 方法中，向地址 0x40000000 写入文件中偏移为 0、长度为 0x4b0 的数据，如图 7-13 所示。同时如果该段有可写权限，并且文件末尾与该内存页有空余的话，需要进行 0x0 填充，但该段没有可写权限，所以不做处理。

图 7-13　写入第一个 LOAD 段

而对于第二个 LOAD 段，readelf 中显示的段信息表示了内存偏移地址 VirAddr 为 0x14b0，基址是 0x40000000，也就是说，第二个段应从 0x400014b0 处开始，长度为 0xf8，在 0x400015a8 处结束。

写入第二个 LOAD 段的代码如图 7-14 所示。

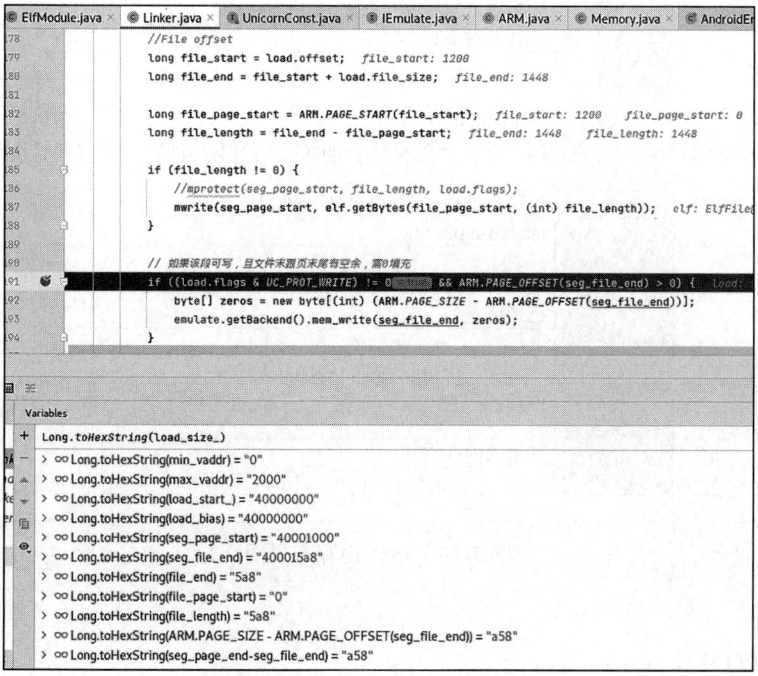

```
78    //File offset
79    long file_start = load.offset;   file_start: 1200
80    long file_end = file_start + load.file_size;   file_end: 1448
81
82    long file_page_start = ARM.PAGE_START(file_start);   file_start: 1200   file_page_start: 0
83    long file_length = file_end - file_page_start;   file_end: 1448   file_length: 1448
84
85    if (file_length != 0) {
86        //mprotect(seg_page_start, file_length, load.flags);
87        mwrite(seg_page_start, elf.getBytes(file_page_start, (int) file_length));   elf: ElfFile
88    }
89
90    // 如果该段可写，且文件末尾页末有空余，需0填充
91    if ((load.flags & UC_PROT_WRITE) != 0   && ARM.PAGE_OFFSET(seg_file_end) > 0) {   Load
92        byte[] zeros = new byte[(int) (ARM.PAGE_SIZE - ARM.PAGE_OFFSET(seg_file_end))];
93        emulate.getBackend().mem_write(seg_file_end, zeros);
94    }
```

Variables

Long.toHexString(load_size_)

- > ∞ Long.toHexString(min_vaddr) = "0"
- > ∞ Long.toHexString(max_vaddr) = "2000"
- > ∞ Long.toHexString(load_start_) = "40000000"
- > ∞ Long.toHexString(load_bias) = "40000000"
- > ∞ Long.toHexString(seg_page_start) = "40001000"
- > ∞ Long.toHexString(seg_file_end) = "400015a8"
- > ∞ Long.toHexString(file_end) = "5a8"
- > ∞ Long.toHexString(file_page_start) = "0"
- > ∞ Long.toHexString(file_length) = "5a8"
- > ∞ Long.toHexString(ARM.PAGE_SIZE - ARM.PAGE_OFFSET(seg_file_end)) = "a58"
- > ∞ Long.toHexString(seg_page_end-seg_file_end) = "a58"

图 7-14　内存写入第二个 LOAD 段

在 mwrite() 方法中，向地址 0x40001000 处写入文件中偏移为 0、长度为 0x5a8 的数据。第二个段的文件偏移为 0x4b0，该地址正对应内存中的 0x400014b0 处。mwrite() 方法由于效率因素，选择从页的起始处写入数据，因此多写入了在此前的 0x4b0 长度的数据。

该段为可写段，文件末尾 seg_file_end 为 0x400015a8，与页尾 0x40002000 有空余空间，因此使用后端的 mem_write() 方法来对这部分的内存填充 0x0 数据。

mwrite() 方法也调用了后端的 mem_write() 方法。

根据上述地址数值，我们可以画出内存布局图，如图 7-15 所示。

可以清晰地看到：第一个内存页加载了第一个 LOAD 段，同时剩余的空间由于权限不可写，没有做 0 填充；第二个内存页将两个 LOAD 段大小为 0x15a8 的数据同时加载进来，但是只有第二个段是可用的，第一个段的数据没有使用。

第一个LOAD段	size: 0x4b0	地址0x40000000 这段数据是文件中0~0x4b0的数据
	size: 0xb50	地址0x400004b0 如果有可写权限，会用0x0填充该段 此处不做填充
第一个LOAD段	size: 0x4b0	地址0x40001000 同样将第一个LOAD段加载进来，但没有使用，仅仅做对齐使用
第二个LOAD段	size: 0xf8	这段数据是文件中0~0x5a8的数据
	size: 0xa58	地址0x400015a8 该段有可写权限并有空余，使用0x0填充该段 已经填充
		0x40002000… 其余的内存空间

图 7-15　so 的内存布局图

7.4　本章小结

在本章中，我们根据示例代码搭建好了一个基本的使用 Unicorn 的模拟环境，之后编写 Linker 类相关代码，模拟了 Android 系统源码中 so 的加载过程，成功运行并打印了相关的加载日志，并调试分析了 so 在内存中的布局。在下一章中，我们将会对 so 的动态链接过程进行模拟。

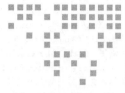

第 8 章 | *Chapter 8*

使用 Unicorn 模拟 Linker：so 的链接过程

在上一章中，我们编写了 Linker 代码中加载 so 的部分，在本章中我们将编写 so 的链接过程代码，并探究 unidbg 中的链接细节。

8.1 so 的依赖库加载过程

首先定位到 find_library_internal() 方法，取消注释 link_library() 方法的部分，代码如下所示：

```
/**
 * 链接，加载需要的依赖库
 *
 * @param elfModule elf 内存信息
 * @return
 */
private boolean link_library(ElfModule elfModule) {
    // 通过 elfModule 获得 ELF 文件对象 ElfFile
    ElfFile elf = elfModule.getElfFile();
    // 通过 ELF 文件，获得 DYNAMIC 段
    ElfDynamicStructure dynamicStructure = elf.getDynamicSegment().
        getDynamicStructure();
    // 如果为 null，则抛出异常，提示没有 DYNAMIC 段
    if (dynamicStructure == null) {
        throw new LinkerException(elfModule.getName() + " can't find the
            dynamic structure");
    }

    // 所需依赖库的列表
```

```
    List<ElfModule> needs = new ArrayList<>();
    // 通过 getNeededLibraries() 方法拿到所需依赖库的名称列表，进行遍历来加载
    for (String need : dynamicStructure.getNeededLibraries()) {
        debug("[%s] need %s library.", elfModule.getName(), need);
        // 调用 find_library() 方法来加载所需依赖库
        ElfModule neededLibrary = find_library(null, need);
        // 加载完成后将加载得到的 ElfModule 对象添加到 needs 列表中
        needs.add(neededLibrary);
    }
    // 设置成员变量依赖库列表 needs
    elfModule.setNeeds(needs);

    // 对符号进行重定位
    if (!relocation_library(elfModule, needs)) {
        debug("[%s] relocation error!");
        return false;
    }
    // 设置已链接标志位
    elfModule.setLinked(true);
    return true;
}
```

使用 link_library() 方法先获得 ELF 文件的 DYNAMIC 段，然后通过调用 getNeedLibraries()
方法来得到所需的依赖库名称列表，该方法位于 ElfDynamicStructure 类中，定义如下所示。

```
public List<String> getNeededLibraries() throws ElfException {
    List<String> result = new ArrayList<>();
    // 找到字符串表
    ElfStringTable stringTable = dtStringTable.getValue();
    // 根据所需依赖库的偏移，在字符串表中找到相应的名字，并添加到结果列表中
    for (int needed : dtNeeded) {
        result.add(stringTable.get(needed));
    }
    return result;
}
```

这里的主要操作是先得到字符串表，后遍历依赖库名称在字符串表的偏移列表，来调
用 ElfStringTable.get() 方法读取到相应的依赖库名称。ElfStringTable 类代码如图 8-1 所示。

可见在构造方法中，初始化了一个 ByteBuffer 来存放字符串表所有的字节数据。在
get() 方法中，通过定位到偏移，一直循环直到遇见字节 0x0 数据为止，使用 ByteArrayOut-
putStream 类读取数据并转换为字符串。

getNeededLibraries() 方法中的 dtNeeded 是所需依赖库名称在字符串表中的偏移，相关
解析代码在 ElfDynamicStructure 类的构造函数中，如下所示。

```
// 存放依赖库字符串表偏移的 int 数组
private final int[] dtNeeded;

// 构造方法，解析 ELF 文件
ElfDynamicStructure(final ElfParser parser, long offset, int size) throws
    IOException {
```

```
parser.seek(offset);
int numEntries = size / (parser.elfFile.objectSize == ElfFile.CLASS_32 ? 8 : 16);

// 存放依赖库字符串表偏移
List<Integer> dtNeededList = new ArrayList<>();

// 遍历 DYNAMIC 段
for (int i = 0; i < numEntries; i++) {
    // 读取 d_tag 来判断类型
    long d_tag = parser.readIntOrLong();
    // 读取相应的值或者地址
    final long d_val_or_ptr = parser.readIntOrLong();
    switch ((int) d_tag) {
        // ...
        case DT_NEEDED:
            // 当 d_tag 类型为 DT_NEEDED 时，相应的值为符号名在字符串表处的偏移；将该偏
               移保存到 dtNeededList 中
            dtNeededList.add((int) d_val_or_ptr);
            break;
        // ...
    }
}
// 将局部变量列表复制到成员变量 dtNeeded 中，即偏移数组
dtNeeded = new int[dtNeededList.size()];
for (int i = 0, len = dtNeeded.length; i < len; i++) {
    dtNeeded[i] = dtNeededList.get(i);
}
// ...
}
```

图 8-1　ElfStringTable 类代码

可以看到 ElfDynamicStructure() 方法对 ELF 文件进行了解析，这部分内容已经在第 4 章中探讨过，这里不再赘述。

之后 link_library() 方法通过 find_library() 方法来加载所需要的共享库，这里只传递了共享库的名字作为参数，最终会执行 find_library_internal() 中的 emulate.getSystemLibrary (elfName) 方法来加载所需要的依赖库，该方法的定义如下所示：

```
public File getSystemLibrary(String name) {
    // name = name.replaceAll("\\+","p");
    // 使用 FileHelper 工具类来加载 resources 文件夹下的 so 文件
    File libFile = FileHelper.getResourceFile(AndroidEmulate.class, "android/
        ld/" + name);
    return libFile;
}
```

但因为相应的目录中还没有系统依赖库，所以我们选择从示例项目 Xxdbg 中复制一份过来，相关命令及路径示例如下：

```
cp -r Xxdbg/xxdbg-android/src/main/resources/android R0dbg-parent/R0dbg-
    android/src/main/resources/
```

回到 link_library() 方法，在递归加载完依赖库后（依赖库同时会递归加载自身的依赖库），通过 relocation_library() 方法进行重定位操作。

但在分析 relocation_library() 方法之前，可以注释掉该部分代码来测试一下是否能将所需的依赖库加载到内存中。注释后，运行 Test 测试类，运行结果如图 8-2 所示。

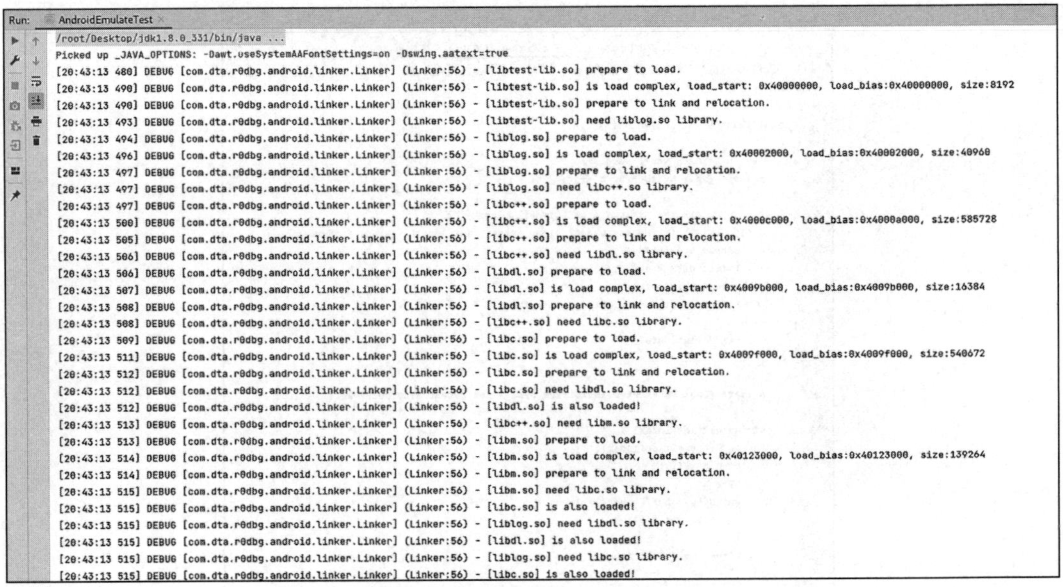

图 8-2　测试加载依赖库运行结果

可以看到这里成功地将所需要的依赖库逐次地加载到了内存中，并对依赖库所需的依赖库进行了递归加载，直到所有的依赖库加载完毕。

8.2　so 的动态链接

取消 relocation_library() 的注释，开始编写该方法，如下所示。

```
/**
 *  对符号表进行重定位
 *
 *  @param elfModule elf 文件在内存中的表示
 *  @return
 */
private boolean relocation_library(ElfModule elfModule, List<ElfModule> needs) {
    // 得到 ELF 文件的 ElfFile 文件类对象
    ElfFile elf = elfModule.getElfFile();
    // 得到内存加载相对于文件描述地址的偏移
    long base = elfModule.getLoad_bias_();
    // 得到 DYNAMIC 段结构 ElfDynamicStructure 对象
    ElfDynamicStructure dynamicStructure = elf.getDynamicSegment().
        getDynamicStructure();


    // 通过 dynamicStructure 来得到重定位项，进行遍历
    for (MemoizedObject<ElfRelocation> rel_item : dynamicStructure.getRelocations()) {
        // 获得 ElfRelocation 项
        ElfRelocation rel = rel_item.getValue();
        // 得到重定位类型
        int type = rel.type();
        // 得到符号表索引
        int sym = rel.sym();
        // 得到已经加载到内存的符号地址
        long reloc = rel.offset() + base;

        // R_*_NONE type 为 0，不做处理
        if (type == 0) {
            continue;
        }
        // ...
    }
    return true;
}
```

首先获得表示 DYNAMIC 段的 ElfDynamicStructure 对象，然后通过该对象的 getRelocations() 获得重定位项，该方法的代码细节如下所示。

```
public Collection<MemoizedObject<ElfRelocation>> getRelocations() {
    List<MemoizedObject<ElfRelocation>> list = new ArrayList<>();
//        if (androidRelocation != null) {
//            for (MemoizedObject<ElfRelocation> elfRelocationMemoizedObject :
```

```
                         androidRelocation.getValue()) {
//                  list.add(elfRelocationMemoizedObject);
//              }
//          }
        if (rel != null) {
            Collections.addAll(list, rel);
        }
        if (pltRel != null) {
            Collections.addAll(list, pltRel);
        }
        return list;
    }
```

可以看到这里将重定位表与 PLT 重定位表添加到了列表中并返回，其中注释掉的 androidRelocation 也是重定位表，但目前先不考虑它。

继续编写 relocation_library() 方法，如下所示。

```
private boolean relocation_library(ElfModule elfModule, List<ElfModule> needs) {
        // ...
        for (MemoizedObject<ElfRelocation> rel_item : dynamicStructure.
            getRelocations()) {
            // ...
            ElfSymbol symbol;
            long symbol_addr = 0;
            // 如果有符号，先找符号
            if (sym != 0) {
                // 根据字符串表中的偏移找到符号表的名字
                String sym_name = rel.symbol().getName();
                // 根据符号名，在 ELF 文件或依赖库中查找符号
                ElfSymbol s = do_look_up(elfModule, sym_name, needs);
                if (s == null) {
                    // 如果没有找到外部符号，则只允许虚引用存在
                    if (rel.symbol().getBinding() != 2) { // #define STB_WEAK 2
                        // throw new LinkerException(sym_name + "can not found!");
                    }
                    // 只允许有以下四种类型，否则就抛出异常
                    switch (type) {
                        case IEmulate.R_ARM_JUMP_SLOT:
                        case IEmulate.R_ARM_GLOB_DAT:
                        case IEmulate.R_ARM_ABS32:
                        case IEmulate.R_ARM_RELATIVE:
                            continue;
                    }
                    debug("symbol name : [%s] can not resolve!", sym_name);
                    throw new LinkerException(sym_name + "can not found!");
                } else {
                    // 找到符号
                    /**
                     * sym_addr = static_cast<Elf32_Addr>(s->st_value + lsi
                         ->load_bias);
                     */
                    symbol = s;
```

```
                symbol_addr = s.value + s.getLoad_bias_();
            }
        } else {
            // 没有符号，则 symbol 为 null
            symbol = null;
        }
        // ... 重定位地址操作
    }
    return true;
}
```

使用 do_look_up() 方法来查找符号的过程如下所示。

```
/**
 * 查找符号
 *
 * @param sym_name
 * @param needs
 */
private ElfSymbol do_look_up(ElfModule elfModule, String sym_name,
    List<ElfModule> needs) {
    // 遍历所有的依赖库
    for (ElfModule need : needs) {
        // 在依赖库中查找符号
        ElfSymbol sym = findSym(need, sym_name);
        // 如果找到符号，则返回该符号
        if (sym != null){
            return sym;
        }
    }
    // 如果在依赖库中没有找到符号，则在自身查找符号
    ElfSymbol sym = findSym(elfModule, sym_name);
    return sym;
}

private ElfSymbol findSym(ElfModule module, String sys_name){
    if (module == null){
        return null;
    }
    // 获得 module 的 ELF 文件描述对象
    ElfFile elf = module.getElfFile();
    // 获得符号表
    ElfSymbolStructure value = elf.getDynamicSegment().getDynamicStructure().
        getSymbolTable().getValue();
    // 通过名字在符号表中获得符号
    ElfSymbol symbol = value.getELFSymbolByName(sys_name);
    if (symbol != null) {
        // 为符号设置加载的偏移地址
        symbol.setLoad_bias_(module.getLoad_bias_());
        return symbol;
    }
    return null;
}
```

do_look_up() 方法首先在所需的依赖库中查找符号，然后在自身中查找符号。通过 findSym() 方法查找符号，通过 ElfSymbolStructureElfSymbolStructure() 方法传入符号名进行查找，如果没有找到则返回 null。

当找到符号后的最后一步便是修改符号指向的地址了，如下所示。

```
/**
* 重定位
*
* @param elfModule
* @return
*/
private boolean relocation_library(ElfModule elfModule, List<ElfModule> needs) {
    // ...
    for (MemoizedObject<ElfRelocation> rel_item : dynamicStructure.getRelocations()) {
        // ...
        // 开始真正重定位
        Pointer relocate_p = new Pointer(emulate, reloc);
        Pointer symbol_addr_p = new Pointer(emulate, symbol_addr);

        // 根据不同类型进行不同的重定位操作
        switch (type) {
            case IEmulate.R_ARM_JUMP_SLOT:
            case IEmulate.R_ARM_GLOB_DAT:
                relocate_p.setPointer(0, symbol_addr_p);
                break;
            case IEmulate.R_ARM_ABS32:
                symbol_addr_p.share(relocate_p.getInt(0), 0);
                relocate_p.setPointer(0, symbol_addr_p);
                break;
            case IEmulate.R_ARM_REL32:
                int old_value = relocate_p.getInt(0);
                symbol_addr_p.share(old_value-rel.offset(),0);
                relocate_p.setPointer(0, symbol_addr_p);
                break;
            case IEmulate.R_ARM_RELATIVE:
                long offset = relocate_p.getInt(0);
                if (symbol != null) {
                    throw new LinkerException("R_ARM_RELATIVE: sym=" + sym);
                }
                relocate_p.setPointer(0, Pointer.point(emulate, base + offset));
                break;
            case IEmulate.R_ARM_COPY:
            default:
                throw new LinkerException("the type: " + type + "hasn't support");
                // break;
        }
    }
    return true;
}
```

该部分代码是按照 Android 源码相应的部分翻译过来，并根据既定的规则对重定位地址进行了修改。其中有一个 Pointer 类，该类封装了对于内存的读写方法。使用时，将示例项目中的 com.bxlong.xxdbg.memory.Pointer 复制到 com.dta.r0dbg.memory.Pointer 即可。

　　到这里为止，so 的链接过程的代码已经编写完成了。虽然还没有进行 so 的初始化，但目前已经可以执行简单的函数，接下来我们便补充以下相关运行环境来执行简单的递归函数。

8.3　初尝试：使用 unidbg 模拟执行简单 so 文件

　　IEmulate 接口类中有一个 eFunc() 方法，该方法用于执行函数并返回函数的运行结果。但如果想执行代码，需要有运行所需的栈空间来存放局部变量等。在使用 AndroidEmulate.Builder 类的 build() 方法来生成模拟器对象时，调用了 IEmulate 的 init() 方法，将 getMemory().init() 取消注释，在 Memory 中添加该方法，代码如下所示。

```
// 栈的基址
long STACK_BASE = 0xc0000000L;
// 栈页的大小
int STACK_SIZE_OF_PAGE = 256; //1024KB
public void init() {
    // 映射返回地址的内存
    emulate.getBackend().mem_map(LR, 0x1000, Unicorn.UC_PROT_ALL);

    // 设置寄存器 SP
    emulate.getBackend().reg_write(ArmConst.UC_ARM_REG_SP, STACK_BASE);
    long stackSize = STACK_SIZE_OF_PAGE * 4096;
    // 映射一块可读可写的内存空间作为栈空间
    emulate.getBackend().mem_map(STACK_BASE - stackSize, stackSize,
        UnicornConst.UC_PROT_READ | UnicornConst.UC_PROT_WRITE);

}
```

　　Memory.init() 方法为返回寄存器 LR 映射了内存空间，同时将寄存器 SP 的地址设置为 STACK_BASE，并为栈映射了足够的内存空间。

　　对于执行函数的 eFunc() 方法，在 AndroidEmulate 类中的实现如下所示。

```
/**
    * 执行函数
    *
    * @param begin 代码开始执行处地址
    * @param until
    * @return
    */
@Override
public Number eFunc(long begin, long until) {
    // 设置寄存器 LR 的值为映射的内存空间的地址
    backend.reg_write(ArmConst.UC_ARM_REG_LR, LR);
    // 调用 emulate() 方法来模拟执行
```

```
        return emulate(begin, LR, 0);
    }

    protected final Number emulate(long begin, long until, long timeout) {
        if (running) {
            backend.emu_stop();
            throw new IllegalStateException("running");
        }

        try {

            if (logger.isDebugEnabled()) {
                // logger.debug("emulate " + pointer + " started sp=" + getStackPointer());
            }

            running = true;
            if (logger.isDebugEnabled()) {

            }
            // 调用后端 Unicorn 来模拟执行
            backend.emu_start(begin, until, timeout, 0);

            if (is64Bit()) {
                return backend.reg_read(Arm64Const.UC_ARM64_REG_X0);
            } else {
                // 将 R0 与 R1 两个 32 位寄存器的值拼接成 64 位结果返回
                Number r0 = backend.reg_read(ArmConst.UC_ARM_REG_R0);
                Number r1 = backend.reg_read(ArmConst.UC_ARM_REG_R1);
                return (r0.intValue() & 0xffffffffL) | ((r1.intValue() &
                    0xffffffffL) << 32);
            }
        } catch (RuntimeException e) {
            debug("emulate runtime exception.message:%s", e.getMessage());
            throw e;
        } finally {
            running = false;
        }
    }
```

eFunc() 方法首先设置了寄存器 R0 的值，然后调用 emulate() 方法来模拟执行，在 emulate() 方法中调用后端来模拟执行后，对返回结果进行处理并返回。

初始化了栈空间环境后我们便可以编写测试类方法来测试一下能否模拟执行函数了。

在 AndroidEmulateTest 类中的 main() 方法的最后添加如下代码。

```
public class AndroidEmulateTest {
    public static void main(String[] args) {
        // ...

        // 通过 ELF 文件得到 DYNAMIC 段，从而得到符号表，最终通过符号名获得我们要模拟执行的 add 函数
        ElfSymbol add = elfModule.getElfFile().getDynamicSegment().
            getDynamicStructure().getSymbolTable().getValue().
```

```
        getELFSymbolByName("Java_com_dta_lesson5_MainActivity_add");
    // 追踪指令
    emulate.traceCode(0,-1);
    // 向寄存器写入值，传入参数
    emulate.getBackend().reg_write(ArmConst.UC_ARM_REG_R2,3);
    emulate.getBackend().reg_write(ArmConst.UC_ARM_REG_R3,7);
    // 模拟执行 add() 函数，传入地址需加上 base 的值才是内存中的地址
    Number number = emulate.eFunc(add.value + elfModule.getBase(), 0);
    // 打印模拟执行函数的返回值
    System.out.println("return value is ==> " + number.intValue());
    }
}
```

在开启 traceCode 进行指令追踪时，需将缺失的函数从示例项目中复制到相应类中来补全依赖。编写完测试代码后，模拟执行并查看运行结果，如图 8-3 所示。

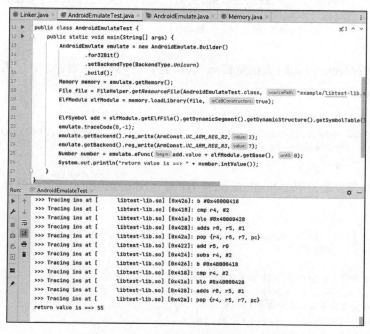

图 8-3　模拟执行 add 函数的运行结果

可见我们编写的 R0dbg 已经可以成功地模拟执行函数，追踪相应指令并输出，当传入参数为 10 时，函数运行结果为 55。对于这部分的项目，我们已经将其放在了附件 R0dbg-parent_relocate.tar.gz 中，读者可自行查阅。

8.4　探究 unidbg 的 Linker 代码细节

在本节我们一起来探索 unidbg 中 Linker 的相关实现。

8.4.1 unidbg 加载 so 文件代码入口

在编写 so 的初始化代码之前，我们需要了解一下 unidbg 中 Linker 的解析过程，以便更好地理解并编写初始化相关代码。

打开之前编写的 unidbg 模拟代码，可以发现 so 文件被加载为 ElfModule 对象是由以下代码来完成的。

```
DalvikModule dalvikModule = vm.loadLibrary(new File("unidbg-android/src/test/
    java/com/dta/lesson5/libnative-lib.so"), true);
```

按下 Ctrl + 鼠标左键，来到 BaseVM 类的 loadLibrary() 方法，如下所示。

```
@Override
public final DalvikModule loadLibrary(File elfFile, boolean forceCallInit) {
    Module module = emulator.getMemory().load(new ElfLibraryFile(elfFile,
        emulator.is64Bit()), forceCallInit);
    return new DalvikModule(this, module);
}
```

该方法使用 Memory.load() 方法加载 so 文件得到一个 Module 对象，并使用 DalvikModule 类进行包装后返回。

```
@Override
public final Module load(LibraryFile libraryFile, boolean forceCallInit) {
    return loadInternal(libraryFile, forceCallInit);
}
```

load() 方法仅仅是调用了 loadInternal() 方法，AndroidElfLoader 类中的 loadInternal() 方法如下所示。

```
protected final LinuxModule loadInternal(LibraryFile libraryFile, boolean
    forceCallInit) {
    try {
        // 调用 loadInternal 方法重载，加载 so 文件核心流程
        LinuxModule module = loadInternal(libraryFile);
        // 处理重定位相关的符号
        resolveSymbols(!forceCallInit);
        // 进行初始化 (省略)

        // 添加引用计数
        module.addReferenceCount();
        return module;
    } catch (IOException e) {
        throw new IllegalStateException(e);
    }
}
```

该方法首先对 loadInternal() 方法进行了重载来加载 so 文件，加载完 so 文件后，对重定位符号进行处理并进行 so 的初始化。继续追踪 loadInternal() 重载方法，这也是 unidbg 加载 so 的主要逻辑部分。

8.4.2　处理 so 信息并载入内存

loadInternal() 方法用于处理 so 信息的代码如下所示。

```
private LinuxModule loadInternal(LibraryFile libraryFile) throws IOException {
    // 加载 ELF 文件
    final ElfFile elfFile = ElfFile.fromBytes(libraryFile.mapBuffer());

    // 判断文件相关标志是否合法（省略）

    // 找到 LOAD 段的最大相对虚拟结束地址及最大页对齐参数
    long start = System.currentTimeMillis();
    long bound_high = 0;
    long align = 0;
    for (int i = 0; i < elfFile.num_ph; i++) {
        ElfSegment ph = elfFile.getProgramHeader(i);
        if (ph.type == ElfSegment.PT_LOAD && ph.mem_size > 0) {
            // 每个 LOAD 段的相对结束地址
            long high = ph.virtual_address + ph.mem_size;

            if (bound_high < high) {
                bound_high = high;
            }
            if (ph.alignment > align) {
                align = ph.alignment;
            }
        }
    }

    ElfDynamicStructure dynamicStructure = null;
    // 选择文件与模拟器中最大的页对齐参数作为 baseAlign
    final long baseAlign = Math.max(emulator.getPageAlign(), align);
    // 计算 so 的加载地址
    final long load_base = ((mmapBaseAddress - 1) / baseAlign + 1) * baseAlign;
    // 计算页对齐之后的大小
    long size = ARM.align(0, bound_high, baseAlign).size;
    // 重新设置基址，加载下一个 so 文件会加载到此地址
    setMMapBaseAddress(load_base + size);

    final List<MemRegion> regions = new ArrayList<>(5);
    MemoizedObject<ArmExIdx> armExIdx = null;
    MemoizedObject<GnuEhFrameHeader> ehFrameHeader = null;
    Alignment lastAlignment = null;
    // 遍历程序头表
    for (int i = 0; i < elfFile.num_ph; i++) {
        ElfSegment ph = elfFile.getProgramHeader(i);
        switch (ph.type) {
            // 如果为 PT_LOAD 段
            case ElfSegment.PT_LOAD:
                // 获取该段在内存中对应的操作权限
                int prot = get_segment_protection(ph.flags);
                if (prot == UnicornConst.UC_PROT_NONE) {
                    // 如果未指定权限，设置满权限
```

```
        prot = UnicornConst.UC_PROT_ALL;
    }

    // 与 base 地址相加，得到内存中的地址
    final long begin = load_base + ph.virtual_address;

    // 计算该段在内存中的地址和大小；Alignment 类仅存储这两个字段
    Alignment check = ARM.align(begin, ph.mem_size, Math.
        max(emulator.getPageAlign(), ph.alignment));
    // 获取上一个内存块
    final int regionSize = regions.size();
    MemRegion last = regionSize <= 0 ? null : regions.
        get(regionSize - 1);
    MemRegion overall = null;
    // 判断该段是否与上一个内存块重叠
    if (last != null && check.address >= last.begin && check.
        address < last.end) {
        overall = last;
    }
    if (overall != null) {
        // 处理重叠部分代码，一般不会重叠
    } else {
        // 对 LOAD 段进行内存映射
        Alignment alignment = this.mem_map(begin, ph.mem_size,
            prot, libraryFile.getName(), Math.max(emulator.
            getPageAlign(), ph.alignment));
        // 将它添加到内存段列表中
        regions.add(new MemRegion(alignment.address, alignment.
            address + alignment.size, prot, libraryFile,
            ph.virtual_address));
        if (lastAlignment != null) {
            // 得到上一个内存段的结束地址
            long base = lastAlignment.address + lastAlignment.size;
            // 当前内存段开始地址减去上一个内存段的结束地址
            long off = alignment.address - base;
            if (off < 0) {
                throw new IllegalStateException();
            }
            if (off > 0) {
                // 如果有空隙，则将上一个内存段的空隙修改权限设置为 NONE
                backend.mem_map(base, off, UnicornConst.UC_PROT_NONE);
                if (mMapListener != null) {
                    // 同样置 NONE 权限
                    mMapListener.onMap(base, off, UnicornConst.UC_
                        PROT_NONE);
                }
                if (memoryMap.put(base, new MemoryMap(base, (int)
                    off, UnicornConst.UC_PROT_NONE)) != null) {
                    log.warn("mem_map replace exists memory map
                        base=" + Long.toHexString(base));
                }
            }
        }
    }
```

```
                    // 保存上一个映射的内存段
                    lastAlignment = alignment;
                }
                // 将 LOAD 段的数据写入已经映射好的内存
                ph.getPtLoadData().writeTo(pointer(begin));
                break;
            case ElfSegment.PT_DYNAMIC:
                dynamicStructure = ph.getDynamicStructure();
                break;
            // 对其他类型的段进行处理（省略）
        }
    }
    // ...
}
```

这部分代码首先计算出 so 所需要的内存空间，并对 so 的段进行处理。对不同的段做不同的处理操作，如将 LOAD 段加载到映射好的内存中等。

8.4.3　对 so 的依赖库进行处理

接下来便是对 so 的依赖库进行处理，如下所示。

```
private LinuxModule loadInternal(LibraryFile libraryFile) throws IOException {
    // ...

    // 如果 DYNAMIC 段为空，则抛出异常
    if (dynamicStructure == null) {
        throw new IllegalStateException("dynamicStructure is empty.");
    }
    // 通过 DYNAMIC 段获取当前 so 文件的名称，log 日志也是基于该名称进行打印，而不依赖于文件名
    final String soName = dynamicStructure.getSOName(libraryFile.getName());

    // 定义 Map 用于存放所需的依赖库
    Map<String, Module> neededLibraries = new HashMap<>();
    // 遍历所有依赖库的名称
    for (String neededLibrary : dynamicStructure.getNeededLibraries()) {
        // 如果设置 debug，则打印日志
        if (log.isDebugEnabled()) {
            log.debug(soName + " need dependency " + neededLibrary);
        }

        // 在已加载模块中搜索该依赖库
        LinuxModule loaded = modules.get(neededLibrary);
        if (loaded != null) {
            // 如果该依赖库已经加载，则引用计数加一，并将其名称与模块存入依赖库 Map
            loaded.addReferenceCount();
            neededLibraries.put(FilenameUtils.getBaseName(loaded.name), loaded);
            // 继续遍历下一个依赖库
            continue;
        }
        // 如果该依赖库没有进行加载，则使用 resolveLibrary() 方法尝试从 so 同目录下进行查找并加载
        LibraryFile neededLibraryFile = libraryFile.resolveLibrary(emulator, neededLibrary);
```

```
// 如果同目录没有找到，则使用 libraryResolver 进行加载
if (libraryResolver != null && neededLibraryFile == null) {
    // 这里 resolveLibrary() 的实现是在 `unidbg-android/src/main/resources/
      android/sdk*/` 目录下查找，也就是 unidbg 设置的系统目录
    neededLibraryFile = libraryResolver.resolveLibrary(emulator, neededLibrary);
}
// 如果已经找到依赖库文件
if (neededLibraryFile != null) {
    // 使用 loadInternal() 方法将其加载到内存中
    LinuxModule needed = loadInternal(neededLibraryFile);
    // 添加引用计数
    needed.addReferenceCount();
    // 将该依赖库添加到依赖库 Map 中
    neededLibraries.put(FilenameUtils.getBaseName(needed.name), needed);
} else {
    // 如果系统目录中也没有找到，则提示加载该依赖库失败
    log.info(soName + " load dependency " + neededLibrary + " failed");
}
}
}
}
```

该部分代码是遍历所需的依赖库名称，先在该 so 文件的同目录下尝试加载，如果没有找到则使用 libraryResolver 在 unidbg 设置的系统目录中进行加载。使用 libraryResolver 加载依赖库的相关代码如下所示。

```
protected static LibraryFile resolveLibrary(Emulator<?> emulator, String
    libraryName, int sdk, Class<?> resClass) {
    // 根据 32 位或者 64 位来选择不同的依赖库路径
    final String lib = emulator.is32Bit() ? "lib" : "lib64";
    // 在 resources 目录下的 lib 或 lib64 目录下查找相应的文件
    String name = "/android/sdk" + sdk + "/" + lib + "/" + libraryName.replace('+', 'p');
    // 查找资源
    URL url = resClass.getResource(name);
    if (url != null) {
        return new URLLibraryFile(url, libraryName, sdk, emulator.is64Bit());
    }
    return null;
}
```

可见 libraryResolver 是从 unidbg 下的 unidbg-android/src/main/resources/android/sdk*/ 目录中查找相应的系统依赖库文件。

8.4.4　重定位操作

加载完依赖库后，开始对相关的符号进行重定位，如下所示。

```
// 处理之前模块中未解决（符号为 0 特殊情况）的重定位
for (LinuxModule module : modules.values()) {
    for (Iterator<ModuleSymbol> iterator = module.getUnresolvedSymbol().
        iterator(); iterator.hasNext(); ) {
        ModuleSymbol moduleSymbol = iterator.next();
        ModuleSymbol resolved = moduleSymbol.resolve(module.getNeededLibraries(),
```

```
                    false, hookListeners, emulator.getSvcMemory());
            if (resolved != null) {
                if (log.isDebugEnabled()) {
                    log.debug("[" + moduleSymbol.soName + "]" + moduleSymbol.
                        symbol.getName() + " symbol resolved to " + resolved.toSoName);
                }
                resolved.relocation(emulator);
                iterator.remove();
            }
        }
    }
}
// 定义一个列表，用于保存不能处理的符号
List<ModuleSymbol> list = new ArrayList<>();
for (MemoizedObject<ElfRelocation> object : dynamicStructure.getRelocations()) {
    // 遍历重定位表
    ElfRelocation relocation = object.getValue();
    // 获得重定位表的类型
    final int type = relocation.type();
    if (type == 0) {
        log.warn("Unhandled relocation type " + type);
        continue;
    }
    // 得到重定位表的符号
    ElfSymbol symbol = relocation.sym() == 0 ? null : relocation.symbol();
    long sym_value = symbol != null ? symbol.value : 0;
    // 与 load_base 相加，得到需要重定位的真实地址
    Pointer relocationAddr = UnidbgPointer.pointer(emulator, load_base +
        relocation.offset());
    assert relocationAddr != null;

    Log log = LogFactory.getLog("com.github.unidbg.linux." + soName);
    if (log.isDebugEnabled()) {
        log.debug("symbol=" + symbol + ", type=" + type + ", relocationAddr=" +
            relocationAddr + ", offset=0x" + Long.toHexString(relocation.
            offset()) + ", addend=" + relocation.addend() + ", sym=" +
            relocation.sym() + ", android=" + relocation.isAndroid());
    }

    ModuleSymbol moduleSymbol;
    // 对不同类型采取不同的重定位操作
    switch (type) {
        case ARMEmulator.R_ARM_ABS32: {
            int offset = relocationAddr.getInt(0);
            moduleSymbol = resolveSymbol(load_base, symbol, relocationAddr,
                soName, neededLibraries.values(), offset);
            if (moduleSymbol == null) {
                // 如果没有找到符号，则将其添加到列表中
                list.add(new ModuleSymbol(soName, load_base, symbol,
                    relocationAddr, null, offset));
            } else {
                // 进行重定位
                moduleSymbol.relocation(emulator);
            }
```

```
            break;
        }
        // ... 不同类型的处理
    }
}
```

该部分代码对 so 中符号进行查找并处理，如果没有找到则将其添加到 unresolvedSymbol 列表中。

8.4.5 处理 so 的初始化信息与生成 module 对象

处理完符号的重定位后，开始对 so 的 init() 方法与 init_array 初始化函数数组进行处理，如下所示。

```
// 定义 init 函数列表
List<InitFunction> initFunctionList = new ArrayList<>();
if (elfFile.file_type == ElfFile.FT_EXEC) {
    // ... 对可执行文件的处理
}
if (elfFile.file_type == ElfFile.FT_DYN) { // not executable
    // 获得 init 函数地址
    int init = dynamicStructure.getInit();
    if (init != 0) {
        // 将 init 函数添加到待执行的 init 函数列表中
        initFunctionList.add(new LinuxInitFunction(load_base, soName, init));
        // 在 Android 源码中，先执行 init 函数，再执行 init_array 函数数组，这里将其都存入了
        //    initFunctionList 中，执行顺序无法确定，是错误的
    }
    // 得到 initArray 的大小
    int initArraySize = dynamicStructure.getInitArraySize();
    // 计算出 init 函数数组中函数的个数
    int count = initArraySize / emulator.getPointerSize();
    // 如果有 initArray 函数数组
    if (count > 0) {
        // 得到指向内存中该数组的指针
        UnidbgPointer pointer = UnidbgPointer.pointer(emulator, load_base +
            dynamicStructure.getInitArrayOffset());
        // 如果指针为 null, 抛出异常
        if (pointer == null) {
            throw new IllegalStateException("DT_INIT_ARRAY is null");
        }
        // 对每个 init 函数进行遍历，将其添加到 initFunctionList 列表中
        for (int i = 0; i < count; i++) {
            UnidbgPointer ptr = pointer.share((long) i * emulator.getPointerSize(), 0);
            initFunctionList.add(new AbsoluteInitFunction(load_base, soName, ptr));
        }
    }
}
```

unidbg 首先将所有的 init 函数都添加到 initFunctionList 数组中，然后在 loadInternal (LibraryFile, boolean) 方法中根据相关标志位的设置进行处理，但 init 函数应先于 init_array

数组执行，这里并没有体现出这一点。

在 loadInternal() 方法的最后，利用解析出来的相关信息生成一个 LinuxModule 对象，并将其添加到已加载的模块 Map 中，如下所示。

```
// 获得符号表
SymbolLocator dynsym = dynamicStructure.getSymbolStructure();
if (dynsym == null) {
    throw new IllegalStateException("dynsym is null");
}
ElfSection symbolTableSection = null;
try {
    symbolTableSection = elfFile.getSymbolTableSection();
} catch(Throwable ignored) {}
// 利用上面所有信息生成一个 LinuxModule 对象
LinuxModule module = new LinuxModule(load_base, size, soName, dynsym, list,
    initFunctionList, neededLibraries, regions,
        armExIdx, ehFrameHeader, symbolTableSection, elfFile, dynamicStructure,
            libraryFile);
if ("libc.so".equals(soName)) { // libc
    malloc = module.findSymbolByName("malloc");
    free = module.findSymbolByName("free");
}

// 将该 module 放入 unidbg 维护的已加载的模块 Map 中
modules.put(soName, module);
if (maxSoName == null || soName.length() > maxSoName.length()) {
    maxSoName = soName;
}
if (bound_high > maxSizeOfSo) {
    maxSizeOfSo = bound_high;
}
// 为该 module 设置入口点
module.setEntryPoint(elfFile.entry_point);
log.debug("Load library " + soName + " offset=" + (System.currentTimeMillis() -
    start) + "ms" + ", entry_point=0x" + Long.toHexString(elfFile.entry_point));
notifyModuleLoaded(module);
// 返回 module 对象
return module;
```

到这里便已经将 so 加载到内存得到 module 对象了，但并没有执行它的初始化函数。

8.4.6　执行初始化

回到 loadInternal(LibraryFile, boolean) 方法重载中，如下所示。

```
protected final LinuxModule loadInternal(LibraryFile libraryFile, boolean forceCallInit) {
    try {
        LinuxModule module = loadInternal(libraryFile);
        resolveSymbols(!forceCallInit);
        // 根据标志位决定是否进行初始化
        if (callInitFunction || forceCallInit) {
```

```
// 对所有模块进行遍历
for (LinuxModule m : modules.values().toArray(new LinuxModule[0])) {
    // 两种为真的情况
    // 1. 模块是我们自己加载的模块且 forceCallInit 参数设置为 true
    // 2. 模块本身有一个 forceCallInit 参数，默认为 true
    boolean forceCall = (forceCallInit && m == module) ||
        m.isForceCallInit();
    // 调用初始化函数
    if (callInitFunction) {
        m.callInitFunction(emulator, forceCall);
    } else if (forceCall) {
        m.callInitFunction(emulator, true);
    }
    // 移除该模块下的所有初始化函数
    m.initFunctionList.clear();
    }
}
module.addReferenceCount();
return module;
} catch (IOException e) {
throw new IllegalStateException(e);
}
}
```

对于是否需要初始化，除了由我们传入的 forceCallInit 参数决定外，还由 callInitFunction 决定，而该值默认为 true。如果我们不想执行 so 中的初始化方法，除了需要将 forceCallInit 设置为 false 外，还需要调用 memory.disableCallInitFunction() 方法来将 callInitFunction 设置为 false。

8.5　本章小结

在本章中，我们首先编写了 R0dbg 项目的 Linker 类中的 so 的链接过程，然后回到 unidbg 的 Linker 源码中进行分析，对 unidbg 的 Linker 如何加载一个 so 文件的流程进行了介绍。在下一章中，我们将会编写 R0dbg 的初始化相关业务代码，并使用 R0dbg 来进行实战。

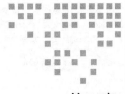

第 9 章　*Chapter 9*

R0dbg 实战与 Unidbg_FindKey

在之前的学习中，我们已经编写好了 R0dbg 项目中 Linker 关于 so 的加载与链接过程，在本章，我们将编写完善 so 的初始化代码，并对系统调用、追踪等进行完善和补充，再使用 R0dbg 模拟执行 aes 与 md5 等函数，并通过 __android_log_print 函数输出相关日志。最后介绍 Unidbg_FindKey 的用法，便于读者在使用 unidbg 进行模拟执行时，在内存中检索出 aes 的密钥。

9.1 模拟 Linker：so 的初始化过程

在之前的学习中，为了逐步理解 Linker 代码，我们将示例项目 Xxdbg 回退到简单版本，以便于理解相应的实现。但在接下来的学习中，我们需要将 Xxdbg 恢复至新版。

在 Xxdbg 的根目录执行以下终端命令：

```
git reset --hard 1e1fc07
HEAD is now at 1e1fc07 syscallHandler
```

我们将继续以 Xxdbg 作为示例项目来学习并编写我们的 Linker。

取消对 dl_open 函数中调用 call_constructors 函数代码的注释，并编写缺失的 call_constructors 函数，如下所示。

```
/**
 * 执行初始化函数
 *
 * @param module
 * @return
 */
```

```java
private void call_constructors(ElfModule module) {
    // 先调用所需依赖库的初始化函数
    for (ElfModule m : module.getNeeds()) {
        call_constructors(m);
    }
    // 如果该 module 已经初始化, 不再重复初始化
    if (module.isInit()) {
        return;
    }

    // 得到 ElfDynamicStructure 对象, 可以根据该对象获得 .init_proc 与 .init_array
    ElfDynamicStructure dynamicStructure = module.getElfFile().
        getDynamicSegment().getDynamicStructure();

    // .init_proc
    long initOffset = dynamicStructure.getInit();
    // 如果有 init_proc 函数
    if (initOffset > 0) {
        long func_init_addr = initOffset + module.getLoad_bias_();
        debug("the [%s] .init_proc function addr: 0x%x", module.getName(),
            func_init_addr);
        // 调用 init 函数
        emulate.eInit(func_init_addr);
    }

    // 获得 .init_array 段地址
    long initArrayOffset = dynamicStructure.getInitArrayOffset();

    // 如果没有, 则直接返回
    if (initArrayOffset <= 0) {
        return;
    }

    // 获得 initArray 数组的大小
    int initArraySize = dynamicStructure.getInitArraySize();
    // 根据大小除以指针长度来得到函数指针的个数
    int initArrayCount = initArraySize / emulate.getPointSize();
    // 遍历每一个 init 函数
    for (int i = 0; i < initArrayCount; i++) {
        // 获得 init 函数的偏移
        long offset = module.getLoad_bias_() + initArrayOffset + i * emulate.
            getPointSize();
        // 初始化一个 Pointer 对象
        Pointer pointer = Pointer.point(emulate, offset);
        // 从相应偏移处读取函数的地址
        long fun_addr = pointer.getInt(0);
        debug("the [%s] init function addr: 0x%x", module.getName(), fun_addr);
        // 对函数进行调用
        emulate.eInit(fun_addr);
    }
    // 设置已初始化标志位, 不再重复初始化
    module.setInit(true);
}
```

对于 .init_proc 函数的获取，应在 ElfDynamicStructure 类中进行如下补全。

```
ElfDynamicStructure(final ElfParser parser, long offset, int size) throws IOException {
    parser.seek(offset);
    int numEntries = size / (parser.elfFile.objectSize == ElfFile.CLASS_32 ? 8 : 16);
    // ...
    int soName = -1;
    int init = 0;
    loop:
    // 遍历 DYNAMIC 段的每个元素
    for (int i = 0; i < numEntries; i++) {
        long d_tag = parser.readIntOrLong();
        final long d_val_or_ptr = parser.readIntOrLong();
        switch ((int) d_tag) {
            // ...
            case DT_INIT:
                // 当类型为 DT_INIT 时，对 init 函数地址进行保存
                init = (int) d_val_or_ptr;
                debug("init", init);
                break;
            // ...
        }
    }
    this.soName = soName;
    // 将 init 函数地址保存到成员变量中
    this.init = init;
}
// 保存 .init_proc 函数地址
private int init;

public int getInit() {
    return init;
}
```

需要在 IEmulate 接口中添加 getPointSize 函数和 eInit 函数的接口，并在 AndroidEmulate 类中添加相应实现，如下所示。

```
@Override
public int getPointSize() {
    // 根据指针是否 32 位来返回不同的长度，32 位指针返回 4 字节，64 位指针返回 8 字节
    return is32Bit ? 4 : 8;
}

@Override
public Number eInit(long begin) {
    // 直接调用 eFunc() 函数来执行相应的 init 函数
    return eFunc(begin,LR);
}
```

到这里 so 的初始化部分的代码就编写完成了，但是其中的某些处理还未完善，我们先修改之前编写的 R0dbg-android/src/test/resources/example/build/native-lib.cpp 文件，并使用 build.sh 进行编译，在其中添加如下代码。

```
int arr[4] = {1,1,1,1};
__attribute__ ((constructor(2),visibility("hidden"))) int initarray_2(void){
    arr[2] = fib(7);
    return arr[2];
}

extern "C" int _init(void){
    arr[0] = fib(5);
    return arr[0];
}

__attribute__ ((constructor(1),visibility("hidden"))) int initarray_1(void){
    arr[1] = fib(6);
    return arr[1];
}

__attribute__ ((constructor(3))) int initarray_3(void){
    arr[3] = fib(8);
    return arr[3];
}
```

其中 _init 是 .init_proc 函数，其余三个带有 **attribute** 属性的是 .init_array 段中的初始化函数。我们利用这些来模拟一下对 so 中数据进行初始化的效果。

简单修改 Linker 中 call_constructors() 函数中的代码，注释掉依赖库的初始化操作，并输出初始化函数的结果。相关代码修改如下所示。

```
private void call_constructors(ElfModule module) {
    // 先调用 Need 库
    //         for (ElfModule m : module.getNeeds()) {
    //             call_constructors(m);
    //         }
    if (module.isInit()) {
        return;
    }
    ElfDynamicStructure dynamicStructure = module.getElfFile().
        getDynamicSegment().getDynamicStructure();
    // 初始化
    long initOffset = dynamicStructure.getInit();
    if (initOffset > 0) {
        long func_init_addr = initOffset + module.getLoad_bias_();
        // debug("the [%s] .init_proc function addr: 0x%x", module.getName(),
          func_init_addr);
        // emulate.eInit(func_init_addr);
        Number n = emulate.eInit(func_init_addr);
        debug("the [%s] .init_proc function addr: 0x%x result: %d", module.
            getName(), func_init_addr,n.intValue());
    }
    long initArrayOffset = dynamicStructure.getInitArrayOffset();

    if (initArrayOffset <= 0) {
        return;
    }
```

```
int initArraySize = dynamicStructure.getInitArraySize();
int initArrayCount = initArraySize / emulate.getPointSize();
for (int i = 0; i < initArrayCount; i++) {
    long offset = module.getLoad_bias_() + initArrayOffset + i * emulate.
        getPointSize();
    Pointer pointer = Pointer.point(emulate, offset);
    long fun_addr = pointer.getInt(0);
    // debug("the [%s] init function addr: 0x%x", module.getName(), fun_addr);
    // emulate.eInit(fun_addr);
    Number n = emulate.eInit(fun_addr);
    debug("the [%s] init function addr: 0x%x result: %d", module.
        getName(), fun_addr,n.intValue());
}
module.setInit(true);
}
```

运行 AndroidEmulateTest 类中的 main() 方法，结果如图 9-1 所示。

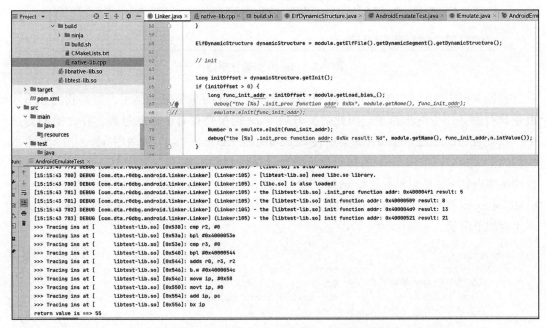

图 9-1　测试自编写 so 初始化的运行结果

可见已经成功执行初始化的函数并输出了相应的运行结果，到这里，简单的 so 初始化操作已经编写完成。

9.2　指令追踪与排错

在追踪指令的过程中，我们总会遇到一些问题，这里向大家介绍一些常见的错误排查点。

9.2.1 TLS 线程局部存储环境初始化

虽然我们在上文中已经测试了自编写 so 文件的初始化过程。但是由于注释掉了依赖库的初始化，并没有执行依赖库的初始化操作，当将相关代码取消注释后，运行报错，如图 9-2 所示。

```
64          long initOffset = dynamicStructure.getInit();
65          if (initOffset > 0) {
66              long func_init_addr = initOffset + module.getLoad_bias_();
67              debug("the [%s] .init_proc function addr: 0x%x", module.getName(), func_init_addr);
68              emulate.eInit(func_init_addr);
69
70 //            Number n = emulate.eInit(func_init_addr);
71 //            debug("the [%s] .init_proc function addr: 0x%x result: %d", module.getName(), func_init_addr,n.intValue());
72          }
73
```

```
android.linker.Linker] (Linker:105) - [libc.so] is also loaded!
android.linker.Linker] (Linker:105) - [libtest-lib.so] need libc.so library.
android.linker.Linker] (Linker:105) - [libc.so] is also loaded!
android.linker.Linker] (Linker:105) - the [libc.so] init function addr: 0x400b668d
android.emulater.AndroidEmulate] (AndroidEmulate:227) - emulate runtime exception.message:Invalid memory read (UC_ERR_READ_UNMAPPED)
nicornException Create breakpoint : Invalid memory read (UC_ERR_READ_UNMAPPED)
ive Method)
.UnicornBackend.emu_start(UnicornBackend.java:121)
r.AndroidEmulate.emulate(AndroidEmulate.java:157)
```

图 9-2　libc.so 初始化报错

根据 log 日志，可以看出是在执行偏移末尾为 68d 的函数时出错了，但是我们并不知道是执行哪条指令时出错了，因此需要开启 trace 指令来查看出错的过程。在之前的测试中，我们在 AndroidEmulateTest 类中使用 emulate.traceCode(0,-1) 来调用 trace 指令来输出执行的汇编指令，但由于 so 的初始化阶段在 memory.loadLibrary() 方法中，而 traceCode 函数的调用在其下，所以没有执行 trace 指令。我们需要将 traceCode 函数的调用放在 memory.loadLibrary 函数的上方，这样便可以执行对初始化函数的 trace 指令了。traceCode 函数的代码实现如下所示。

```
@Override
public void traceCode(long begin, long end) {
    // 新建一个 ARM 架构下 thumb 模式的 Capstone 对象
    final Capstone cs_thumb = new Capstone(Capstone.CS_ARCH_ARM, Capstone.CS_MODE_THUMB);
    // 新建一个 ARM 架构下 arm 模式的 Capstone 对象
    final Capstone cs_arm = new Capstone(Capstone.CS_ARCH_ARM, Capstone.CS_MODE_ARM);
    // 通过后端添加 Hook，对每一条指令进行 Hook
    backend.hook_add_new(new CodeHook() {
        public void hook(Unicorn u, long address, int size, Object user) {
            // Hook 后，读取该地址处相应大小的机器码
            byte[] code = u.mem_read(address, size);
            Capstone.CsInsn[] disasm;
            // 读取寄存器 CPSR 的值来判断是 thumb 模式还是 arm 模式
            Long cpsr = (Long) u.reg_read(ArmConst.UC_ARM_REG_CPSR);
            if ((cpsr >>> 5 & 0x1) == 1) {
                // 根据判断得出的模式，来将机器码转成指令
                disasm = cs_thumb.disasm(code, address);
```

```
        } else {
            disasm = cs_arm.disasm(code, address);
        }
        ElfModule elfModule = getMemory().getElfModuleByAddress(address);
        // 对指令进行格式化并输出
        System.out.println(String.format(">>> Tracing ins at [%20s]
            [0x%x]: %s %s", elfModule.getName(), disasm[0].address -
            elfModule.getBase(), disasm[0].mnemonic, disasm[0].opStr));
    }
}, begin, end, null);
}
```

traceCode 函数相关的实现是借助后端，来对每一条指令进行 Hook，得到执行代码的地址与大小，然后借助 Capstone 根据相应的模式将机器码转换为汇编指令并输出。这便是自实现的简易 trace 指令，缺点是会输出太多日志，可以在之后的学习中参考 unidbg 中的实现。

再次运行 AndroidEmulateTest 类的 main() 方法，仍然报错，如图 9-3 所示。

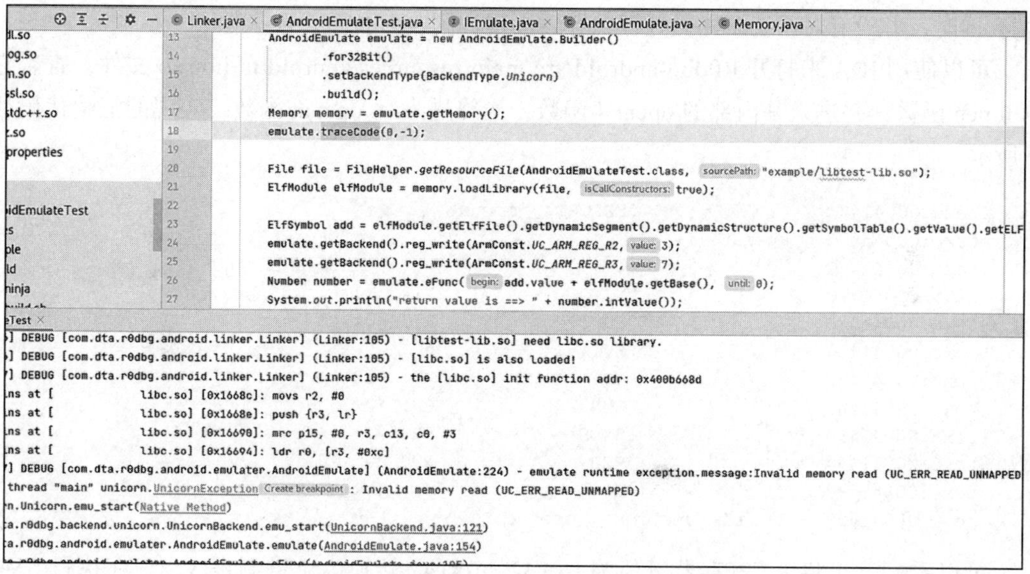

图 9-3　libc 初始化：协处理器指令出错

此处的错误与线程局部存储相关，线程局部存储主要用于在多线程中存储和维护一些线程相关的数据，存储的数据会被关联到当前线程中，并不需要锁来维护。我们参考 unidbg 的做法，在 AndroidEmulate 类的 init() 方法中，调用 initTLS() 方法对 TLS 进行初始化。将示例项目 Xxdbg 中的 initTLS() 方法与相关依赖复制到 R0dbg 中。在 initTLS() 中补全相应的 TLS 环境，再次运行，结果如图 9-4 所示，系统调用异常。

可见之前的 TLS 已经不再报错，报错的是 SVC 指令。

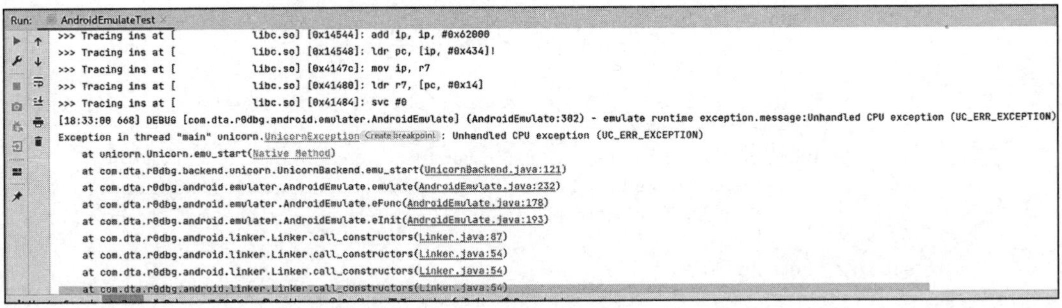

图 9-4　系统调用异常

9.2.2　R0dbg 对系统调用进行处理

Android 系统中内置链接器 Linker 组件，所以 Android 的系统调用可以交给 Linker 组件进行处理。SVC 指令的作用是抛出一个异常，在 ARM32 中，使用 R7 寄存器来保存系统调用号，然后在维护的异常向量表中根据相应的系统调用号执行相应的操作。但当我们模拟执行 so 时，并没有对系统调用做处理，导致出现如图 9-4 中所示的异常。

可以使用 IDA 来打开 R0dbg-android/src/main/resources/android/ld/libc.so 文件，查看它的 fopen 函数，并进入其内部的 open64 函数，最终进入 __openat 函数，实现的汇编代码如下所示。

```
.text:0004147C                    EXPORT __openat
.text:0004147C __openat                                    ; CODE XREF: j___openat+8 ↑ j
.text:0004147C                                              ; DATA XREF: LOAD:00002670 ↑ o ...
.text:0004147C                    MOV        R12, R7
.text:00041480                    LDR        R7, =0x142
.text:00041484                    SVC        0
.text:00041488                    MOV        R7, R12
.text:0004148C                    CMN        R0, #0x1000
.text:00041490                    BXLS       LR
.text:00041494                    RSB        R0, R0, #0
.text:00041498                    B          j___set_errno_internal
.text:00041498 ; End of function __openat
```

可以看到这里将 R7 寄存器赋值为 0x142，0x142 转换为十进制是 322。在执行 SVC 指令时抛出一个异常。可以通过 http://androidxref.com/6.0.0_r5/xref/bionic/libc/kernel/uapi/asm-arm/asm/unistd.h 来查看，在其中找到系统调用号 322，对应如下：

```
#define __NR_openat (__NR_SYSCALL_BASE + 322)
```

可见这里执行的是 __NR_openat 操作，同时 IDA 反编译后也贴心地帮我们显示出了要执行的操作，部分反编译伪代码如下所示。

```
result = linux_eabi_syscall(__NR_openat, a1, a2, a3, a4, v4, v5, v6);
```

那么，我们要如何模拟系统调用呢？Unicorn 中有对异常进行处理的 InterruptHook 类，因此我们可以在 AndroidEmulate 类的 init() 方法中添加 Hook，类型为 InterruptHook，这样在模拟器初始化时，便添加了对系统调用的处理。

首先在 init() 方法中取消对 backend.hook_add_new(new SystemCallHandler(), this); 的注释，然后新建 com.dta.r0dbg.linux 包，在该包下新建 SystemCallHandler 类，代码如下所示。

```java
package com.dta.r0dbg.linux;
import unicorn.ArmConst;
import unicorn.InterruptHook;
import unicorn.Unicorn;
public class SystemCallHandler implements InterruptHook {
    @Override
    public void hook(Unicorn u, int intno, Object user) {
        // 获取 R7 寄存器的值
        Long R7 = (Long) u.reg_read(ArmConst.UC_ARM_REG_R7);
        // 输出系统调用号
        System.out.println("syscall NR:"+R7.intValue());
    }
}
```

在这里我们对系统调用进行了简单处理，并没有完善其实际功能，而只是输出了 R7 寄存器的值系统调用号，再次尝试运行，结果如图 9-5 所示，发现 VFP 报错。

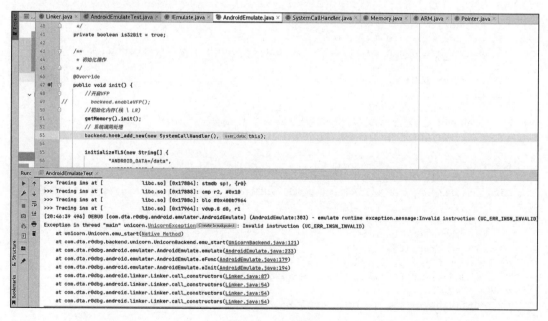

图 9-5　VFP 报错

VFP 是进行浮点运算的指令，在 Unicorn 中，该功能是默认关闭的，因此需要在后端开启该功能。在 UnicornBackend 类中编写 enableVFP() 方法，相关代码实现可参考本书资源。

因为我们并未真正地处理系统调用，所以还是会出现其他运行错误。但由于这部分的内容并不属于 Linker 的部分，并且比较烦琐且重复，所以我们不再深入讲解。对于 libc 中的系统调用，我们已经将其完善并放在 R0dbg-parent_final.tar.gz 中，感兴趣的读者可以自行阅读源码学习。

9.3 使用 R0dbg 模拟执行 so

紧接着我们将之前课程实现的 md5() 与 GitHub 中的 AES（https://github.com/dhuertas/AES）实现移植到我们的 native-lib.cpp 文件中，尝试进行模拟执行。在将它的依赖函数移植过来之后，关键实现代码如下所示。

```
extern "C"
JNIEXPORT void JNICALL
Java_com_dta_lesson2_MainActivity_aes(JNIEnv *env, jobject thiz, jstring data) {
    uint8_t i;
    uint8_t out[16]; // 128
    uint8_t *key = (uint8_t *)"1234567812345678";
    uint8_t *plain_text = (uint8_t *)"r0ysuer0ysuer0ys";
    size_t ken_len = 16;
    uint8_t *w; // expanded key
    w = aes_init(ken_len);
    aes_key_expansion(key, w);
    aes_cipher(plain_text /* in */, out /* out */, w /* expanded key */);

    char  res[32] = {0};
    for (int i = 0; i < 16; i++)
        sprintf(res+i*2, "%2.2x", out[i]);
    __android_log_print(4,"r0dbg","aes:%s",res);
}

extern "C"
JNIEXPORT void JNICALL
Java_com_dta_lesson2_MainActivity_md5(JNIEnv *env, jobject thiz, jstring data) {

    char *msg = "123456";
    int len = strlen(msg);
    uint8_t result[16];
//    for (int i = 0; i < 1000000; i++) {
//        md5((uint8_t*)msg, len, result);
//    }
    md5((uint8_t*)msg, len, result);

    char  res[32] = {0};
    for (int i = 0; i < 16; i++)
        sprintf(res+i*2, "%2.2x", result[i]);

    __android_log_print(4,"r0dbg","md5:%s",res);
}
```

　　由于 R0dbg 并未实现 JNI 接口，所以此处的参数 data 并无作用，相关输入由局部变量来表示。

　　紧接着修改 AndroidEmulateTest 类中的 main() 方法，如下所示。

```
public static void main(String[] args) {
    // 初始化模拟器
    AndroidEmulate emulate = new AndroidEmulate.Builder()
            .for32Bit()
            .setBackendType(BackendType.Unicorn)
            .build();
    Memory memory = emulate.getMemory();
    // 加载测试 so
    File file = FileHelper.getResourceFile(AndroidEmulateTest.class, "example/
        libtest-lib.so");
    // 开启 trace 指令，为了避免日志过多，此处没有开启
    // emulate.traceCode(0,-1);
    ElfModule elfModule = memory.loadLibrary(file, true);

    // 在符号表中寻找 add 函数符号，并进行调用、打印结果
    ElfSymbol add = elfModule.getElfFile().getDynamicSegment().
        getDynamicStructure().getSymbolTable().getValue().
        getELFSymbolByName("Java_com_dta_lesson5_MainActivity_add",false);
    emulate.getBackend().reg_write(ArmConst.UC_ARM_REG_R2,0);
    emulate.getBackend().reg_write(ArmConst.UC_ARM_REG_R3,10);
    Number number = emulate.eFunc(add.value + elfModule.getBase(), 0);
    System.out.println("return value is ==> " + number.intValue());
    // 在符号表中寻找 md5 函数符号，并进行调用
    ElfSymbol md5 = elfModule.getElfFile().getDynamicSegment().
        getDynamicStructure().getSymbolTable().getValue().
        getELFSymbolByName("Java_com_dta_lesson2_MainActivity_md5",false);
//      long start = System.currentTimeMillis();
    Number md5_number = emulate.eFunc(md5.value + elfModule.getBase(), 0);
//      System.out.println("calculator 1000000 times: ==> " + (System.
            currentTimeMillis() - start));

    // Java_com_dta_lesson2_MainActivity_aes
    // 在符号表中寻找 aes 函数符号，并进行调用
    ElfSymbol aes = elfModule.getElfFile().getDynamicSegment().
        getDynamicStructure().getSymbolTable().getValue().
        getELFSymbolByName("Java_com_dta_lesson2_MainActivity_aes", false);
    Number aes_number = emulate.eFunc(aes.value + elfModule.getBase(), 0);
}
```

　　运行结果如图 9-6 所示。

　　可见在执行完相关函数后，R0dbg 成功使用 android/log.h 中的 __android_log_print 函数输出了结果，此时 R0dbg 已经可以调用某些函数了，但是由于还没有对 JNI 做处理，暂时还不能模拟执行 JNI 函数。

　　到这里，我们就成功编写出可以模拟执行简单 so 的 R0dbg 了，相信大家对 Linker 的细节已经颇为熟悉。

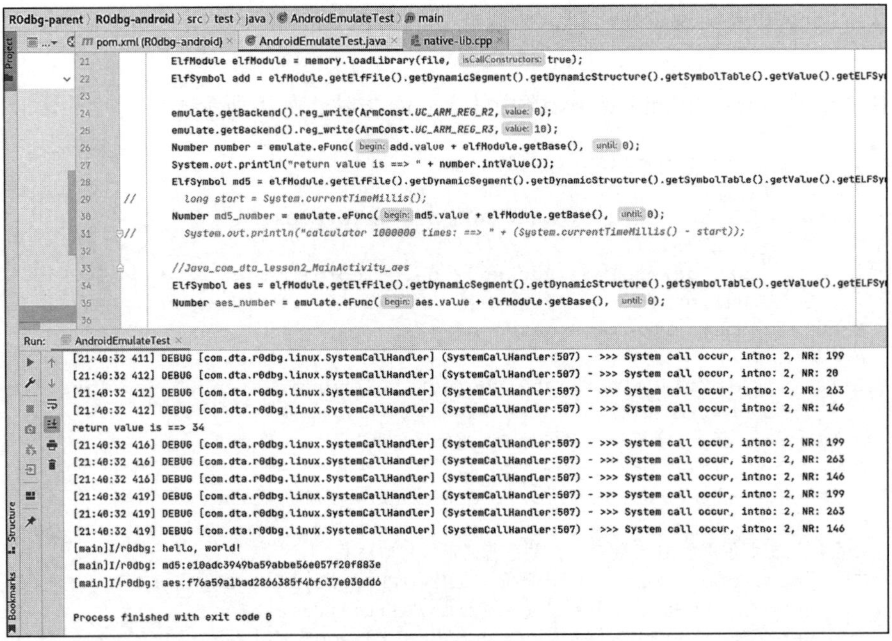

图 9-6　使用 R0dbg 模拟执行 so

9.4　Unidbg_FindKey 牛刀小试

在上一小节中，我们已经成功模拟执行了 aes 函数，但如果实践中遇到了较难分析的 aes，我们应该如何快速地找到它的 key 来还原算法呢？此时便用到了白龙编写的 unidbg 插件 Unidbg_FindKey，它的 GitHub 开源地址为 https://github.com/Pr0214/Unidbg_FindKey。该插件可以通过内存检索的方式来查找 aes 的密钥，接下来我们便来演示一下这个插件的使用方法。

之前我们已经使用 R0dbg 对 aes 进行了模拟执行，在使用 Unidbg_FindKey 之前，我们需要使用 unidbg 来模拟执行该 aes 函数。

将生成的 libtest-lib.so 复制到之前 unidbg 项目的 com.dta.lesson2 包下，并对 MainActivity 进行如下修改。

```
public class MainActivity {
    private final AndroidEmulator emulator;
    private final VM vm;
    private final Memory memory;
    private final Module module;

    public MainActivity() {
        // 创建模拟器
        emulator = AndroidEmulatorBuilder
                .for32Bit()
                // 使用 KeyFinder 时，需使用 Unicorn 的后端
//                .addBackendFactory(new DynarmicFactory(true))
                .build();
```

```
    memory = emulator.getMemory();
    memory.setLibraryResolver(new AndroidResolver(23));

    vm = emulator.createDalvikVM(new File("unidbg-android/src/test/java/
        com/dta/lesson2/app-debug.apk"));

    // 加载 so 文件
    DalvikModule dalvikModule = vm.loadLibrary(new File("unidbg-android/
        src/test/java/com/dta/lesson2/libtest-lib.so"), true);
    module = dalvikModule.getModule();

    vm.callJNI_OnLoad(emulator, module);
}

public static void main(String[] args) {
    long start = System.currentTimeMillis();
    MainActivity mainActivity = new MainActivity();
    System.out.println("load the vm " + (System.currentTimeMillis() -
        start) + "ms");
    // 调用 aes 函数
    mainActivity.callAes();
}

public void callAes() {
    DvmObject obj = ProxyDvmObject.createObject(vm, this);
    String data = "dta";
    // 通过符号来执行 aes 方法，传入的参数并未使用
    obj.callJniMethod(emulator, "aes(Ljava/lang/String;)V", data);
}
}
```

运行结果如图 9-7 所示。

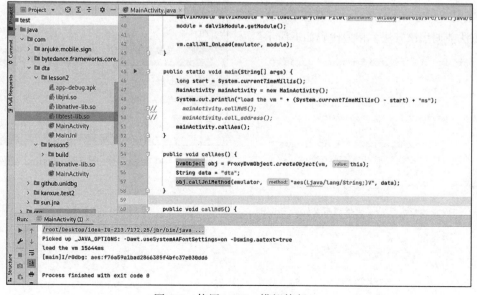

图 9-7　使用 unidbg 模拟执行 aes

在 unidbg 可以成功模拟执行 aes 后，我们便可以通过 Unidbg_FindKey 来尝试自动化寻找 aes 的密钥了。

首先将该项目复制到本地磁盘中，命令如下：

```
git clone https://github.com/Pr0214/Unidbg_FindKey.git
```

之后将 IDAPlugin 目录下的 functionList.py 放入 IDA 目录的 plugins 目录中，如图 9-8 所示。

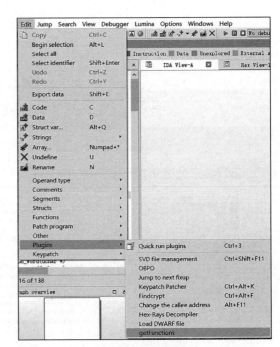

图 9-8 在 IDA 中安装 functionList 插件

使用 IDA 载入 libtest-lib.so 文件，在插件目录中选择 getFunctions，这会在 so 的同目录中生成一个以 so 文件名 *functionlist* 时间戳 .txt 格式命名的 txt 文件，如 libtest-lib_functionlist_1651993253.txt。在 IDA 中使用 getFunctions 插件的示例如图 9-9 所示。

将生成的 libtest-lib_functionlist_1651993253.txt 与 KeyFinder/KeyFinder.java 都放入 com.dta.lesson2 包下，然后在 MainActivity 类中新建 keyFinder() 方法，并在模拟执行 aes 方法前调用该方法。相关代码如下所示。

图 9-9 在 IDA 中使用 getFunctions 插件

```java
public static void main(String[]
    args) {
    long start = System.
        currentTimeMillis();
    MainActivity mainActivity =
        new MainActivity();
    System.out.println("load the vm " +
        (System.currentTimeMillis() -
        start) + "ms");
//      mainActivity.callMd5();
//      mainActivity.call_address();
    // 在模拟执行 aes 之前调用 keyFinder
    mainActivity.keyFinder();
    // 模拟执行 aes
    mainActivity.callAes();
}
private void keyFinder() {
    // 从 IDA 插件解析的文件中读取函数列表
    List<String> funclist = readFuncFromIDA("unidbg-android/src/test/java/com/
```

```
            dta/lesson2/libtest-lib_functionlist_1651993253.txt");
    // 新建 AesKeyFinder 对象
    AesKeyFinder aesKeyFinder = new AesKeyFinder(emulator);
    // 在所有函数中寻找 aes
    aesKeyFinder.searchEveryFunction(module.base, funclist);
}
```

之后运行 MainActivity，运行结果如图 9-10 所示。

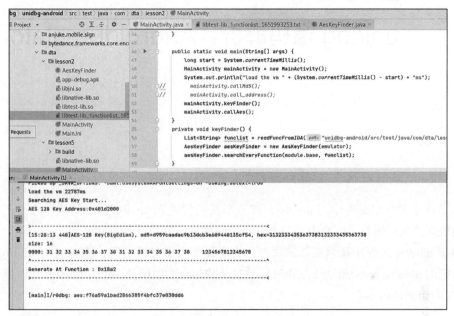

图 9-10　KeyFinder 运行结果

可见 KeyFinder 已经成功地在内存中搜索到了 aes 的密钥，相信在实际环境中使用 KeyFinder 可以给我们带来意想不到的收获。

9.5　本章小结

在本章中，我们首先完善了 R0dbg 中关于 so 的初始化的内容，并使用 trace 指令查找了 R0dbg 运行时错误并对其进行修复，其中并没有详细讲解系统调用的部分，感兴趣的读者可自行研究代码进行学习。在完善了 R0dbg 后，我们尝试模拟执行了 md5 函数与 aes 函数，并成功得到了结果。最后我们学习了 Unidbg_FindKey，使用 Unicorn 对 aes 进行模拟，并使用 AesKeyFinder 对 aes 的密钥进行查找。这里需要注意的是，unidbg 的后端工厂要使用 Unicorn，而不能使用 DynarmicFactory，否则会出现错误。

到这里，我们对 Linker 的学习就基本完成了，在之后的学习中，我们将开始对 unidbg 的源码进行剖析，使得读者可以深入地理解 unidbg 模拟执行的原理，这样当 unidbg 运行出错时，可以快速找到相应的报错点并进行修复。

Chapter 10 第 10 章

unidbg 源码解析：AndroidEmulator

为了便于大家更好地学习 unidbg，接下来我们将进入 unidbg 源码的学习之中。学习一个框架最好的方式便是了解它内部的实现，以便更好地定位并解决问题。

由于 unidbg 还处于频繁更新的状态，为了便于大家分析实践，需要统一 unidbg 版本，本书研究的 unidbg commit 为 b721b3c1ad377e60790cb8288b7ebc8b9f33d0fa，读者可自行使用 git 来切换到该版本。

10.1 创建 AndroidEmulator

在使用 unidbg 时，第一步是创建一个 AndroidEmulator 对象，我们便以此为入口，深入分析内部实现代码。创建模拟器相关代码如下：

```
emulator = AndroidEmulatorBuilder
        //创建 32 位模拟器
        .for32Bit()
        //设置根目录
        // .setRootDir()
        //设置进程名
        // .setProcessName()
        //添加后端工厂
        // .addBackendFactory(new DynarmicFactory(true))
        //进行构建
        .build();
```

AndroidEmulator 对象是由 AndroidEmulatorBuilder 类来生成的，接下来我们便进入 AndroidEmulatorBuilder 类中，分析相关方法的内部实现细节。该类代码如下所示。

```java
public class AndroidEmulatorBuilder extends EmulatorBuilder<AndroidEmulator> {
    // 调用 AndroidEmulatorBuilder 构造方法，参数 false 表示不是 64 位
    public static AndroidEmulatorBuilder for32Bit() {
        return new AndroidEmulatorBuilder(false);
    }
    // 调用 AndroidEmulatorBuilder 构造方法，参数 true 表示是 64 位
    public static AndroidEmulatorBuilder for64Bit() {
        return new AndroidEmulatorBuilder(true);
    }

    protected AndroidEmulatorBuilder(boolean is64Bit) {
        // 调用父类的构造方法，并传入相应参数
        super(is64Bit);
    }

    // ...
}
```

首先 for32Bit() 方法创建了一个 AndroidEmulatorBuilder 对象并返回，而在 AndroidEm-ulatorBuilder 的构造方法中，调用了父类的构造方法。追踪父类 EmulatorBuilder 中，如下所示。

```java
public abstract class EmulatorBuilder<T extends ARMEmulator<?>> {
    // 模拟器是不是 64 位标志位
    protected final boolean is64Bit;

    protected EmulatorBuilder(boolean is64Bit) {
        // 设置成员变量
        this.is64Bit = is64Bit;
    }
    // 进程名
    protected String processName;
    // 设置进程名
    public EmulatorBuilder<T> setProcessName(String processName) {
        this.processName = processName;
        return this;
    }
    // 模拟器系统根目录
    protected File rootDir;
    // 设置模拟器系统根目录
    public EmulatorBuilder<T> setRootDir(File rootDir) {
        this.rootDir = rootDir;
        return this;
    }
    // 存放后端工厂的列表
    protected final List<BackendFactory> backendFactories = new ArrayList<>(5);
    // 添加一个后端工厂并存入列表
    public EmulatorBuilder<T> addBackendFactory(BackendFactory backendFactory) {
        this.backendFactories.add(backendFactory);
        return this;
    }
    // 构造方法，由子类实现
```

```
    public abstract T build();

}
```

EmulatorBuilder 类的构造方法只设置了是不是 64 位模拟器的标志 is64Bit，并未做其他的操作。同时该类中也有其他我们会用到的方法，如 setProcessName() 方法可用于设置进程名，setRootDir() 方法可用于设置模拟器系统根目录，addBackendFactory() 方法可用于添加一个后端工厂。

在调用 build() 方法后，就会生成一个 AndroidEmulator 对象供我们使用，该方法实现如下所示。

```
public class AndroidEmulatorBuilder extends EmulatorBuilder<AndroidEmulator> {

    @Override
    public AndroidEmulator build() {
        // 根据是不是 64 位来选择实例化 AndroidARM64Emulator 或 AndroidARMEmulator 对象
        return is64Bit ? new AndroidARM64Emulator(processName, rootDir,
            backendFactories) : new AndroidARMEmulator(processName, rootDir,
            backendFactories);
    }
}
```

build() 方法也比较简单，仅仅是根据是不是 64 位的标志来选择实例化相应位数的模拟器对象，由于我们调用的是 for32Bit()，所以此处会实例化 AndroidARMEmulator 对象，该构造方法传入了进程名、根目录、后端工厂列表，但我们并未指定相应的参数配置。追踪 AndroidARMEmulator 类，代码如下所示。

```
// AndroidARMEmulator.java
protected AndroidARMEmulator(String processName, File rootDir, Collection
    <BackendFactory> backendFactories) {
    // 调用父类的构造方法
    super(processName, rootDir, Family.Android32, backendFactories);
}
```

AndroidARMEmulator 类的构造方法并没有做什么操作，仅仅调用了父类的构造方法。追踪父类 AbstractARMEmulator 的构造方法，代码如下所示。

```
public AbstractARMEmulator(String processName, File rootDir, Family family,
    Collection<BackendFactory> backendFactories, String... envs) {
    super(false, processName, 0xfffe0000L, 0x10000, rootDir, family, backendFactories);
    // ...
}
```

在 AbstractARMEmulator 构造方法的开始，也是调用了父类的构造方法，因为 unidbg 不仅支持对 ELF 文件的模拟执行，也支持 MachO 格式的文件，所以封装复用的类比较多。继续追踪父类 AbstractEmulator 的构造方法，相关代码如下所示。

```
    /**
```

```
     *
     * @param is64Bit 是不是 64 位
     * @param processName 进程名
     * @param svcBase svc 地址，固定值为 0xfffe0000L
     * @param svcSize svc 大小，固定值为 0x10000
     * @param rootDir 根目录
     * @param family 维护了文件后缀名及库路径，由前面 Family.Android32 参数传递
     * @param backendFactories 后端工厂集合
     */
    public AbstractEmulator(boolean is64Bit, String processName, long svcBase,
        int svcSize, File rootDir, Family family, Collection<BackendFactory>
        backendFactories) {
        super();
        // 将 Family.Android32 保存到成员变量中
        this.family = family;
        // 新建文件对象 targetDir
        File targetDir = new File("target");
        // 如果该文件对象不存在，则通过 FileUtils 类获取临时目录赋值给 targetDir
        if (!targetDir.exists()) {
            targetDir = FileUtils.getTempDirectory();
        }
        // 如果没有指定 rootDir
        if (rootDir == null) {
            // 使用默认的 target 目录的子目录 "rootfs/default"
            rootDir = new File(targetDir, FileSystem.DEFAULT_ROOT_FS);
        }
        // 如果 rootDir 标识的是文件，则抛出异常
        if (rootDir.isFile()) {
            throw new IllegalArgumentException("rootDir must be directory: " + rootDir);
        }
        // 如果 rootDir 不存在，并且创建目录失败，则抛出异常
        if (!rootDir.exists() && !rootDir.mkdirs()) {
            throw new IllegalStateException("mkdirs failed: " + rootDir);
        }
        // 传入 rootDir 来创建文件系统，并保存至成员变量中
        this.fileSystem = createFileSystem(rootDir);
        // 根据传入的后端工厂来创建后端
        this.backend = BackendFactory.createBackend(this, is64Bit, backendFactories);
        // 对进程名进行赋值，默认名称为 "unidbg"
        this.processName = processName == null ? "unidbg" : processName;
        // 通过后端创建寄存器相关操作类
        this.registerContext = createRegisterContext(backend);
        // 获取当前 JVM 进程 pid
        String name = ManagementFactory.getRuntimeMXBean().getName();
        String pid = name.split("@")[0];
        this.pid = Integer.parseInt(pid) & 0x7fff;
        // 创建 SvcMemory
        this.svcMemory = new ARMSvcMemory(svcBase, svcSize, this);
        // 创建线程调度
        this.threadDispatcher = createThreadDispatcher();
        // 初始化后端，但是仅实现 KVM、Hypervisor 两种
        this.backend.onInitialize();
    }
```

该构造方法首先为成员变量 family 赋值，通过参数传进来的值为 Family.Android32，其中维护了依赖库拓展名与依赖库路径。Family 枚举类代码如下所示。

```
public enum  Family {

    Android32(".so", "/android/lib/armeabi-v7a/"),
    Android64(".so", "/android/lib/arm64-v8a/"),
    iOS(".dylib", "/ios/lib/")
    ;
    // 依赖库拓展名
    private final String libraryExtension;
    // 依赖库路径
    private final String libraryPath;
    // ...
}
```

接着新建了文件对象 targetDir，如果 target 不存在，则通过 FileUtils.getTempDirectory() 方法得到系统的临时目录。该方法得到了系统属性 java.io.tmpdir 的值，经过动态调试后，发现对于 Kali 系统而言，是 /tmp 目录。

```
// FileUtils.java
public static File getTempDirectory() {
    return new File(getTempDirectoryPath());
}

public static String getTempDirectoryPath() {
    return System.getProperty("java.io.tmpdir");
}
```

之后判断 rootDir 是否为空，如果为空则指向 targetDir 的子目录，即 /tmp/rootfs/default，否则使用指定的路径，同时对 rootDir 进行有效性检查。在检查无误后，使用 createFileSystem() 方法来创建文件系统，并创建后端，对进程名进行赋值。

之后通过 createRegisterContext() 方法创建寄存器上下文，方便获取各个寄存器和参数的值或指针，此模块并没有什么太复杂的内容，仅对 CPU 的寄存器操作进行了一层封装，封装的方法如图 10-1 所示。

需要注意的是，类似于 getPointerArg() 这样的方法，如果对参数进行取值 / 赋值操作，index 从 0 开始。

之后会创建后端、SvcMemory 与进程调度等一系列操作，这部分操作的细节我们会在下文深入探讨。

执行完 AbstractEmulator 构造方法后，会返回它的子类 AbstractARMEmulator 继续执行构造方法，来完善 ARM 模拟器的实现，相关代码如下所示。

```
public AbstractARMEmulator(String processName, File rootDir, Family family,
    Collection<BackendFactory> backendFactories, String... envs) {
    // 调用父类构造函数进行初始化
    super(false, processName, 0xfffe0000L, 0x10000, rootDir, family, backendFactories);
```

```
// 切换到 CPU 普通模式，在用户模式下运行
backend.switchUserMode();
// 添加 EventMemHook，对内存读、写、映射方面的错误进行处理
backend.hook_add_new(new EventMemHook() {
    @Override
    public boolean hook(Backend backend, long address, int size, long
        value, Object user, UnmappedType unmappedType) {
        // 获得寄存器上下文
        RegisterContext context = getContext();
        // 输出日志
        log.warn(unmappedType + " memory failed: address=0x" +
            Long.toHexString(address) + ", size=" + size + ", value=0x"
            + Long.toHexString(value) + ", PC=" + context.getPCPointer() +
            ", LR=" + context.getLRPointer());
        if (LogFactory.getLog(AbstractEmulator.class).isDebugEnabled()) {
            // 如果 log4j 设置为 Debug，此处可进入 unidbg 的 Console Debugger
            attach().debug();
        }
        return false;
    }
    @Override
    public void onAttach(UnHook unHook) {
    }
    @Override
    public void detach() {
        throw new UnsupportedOperationException();
    }
```

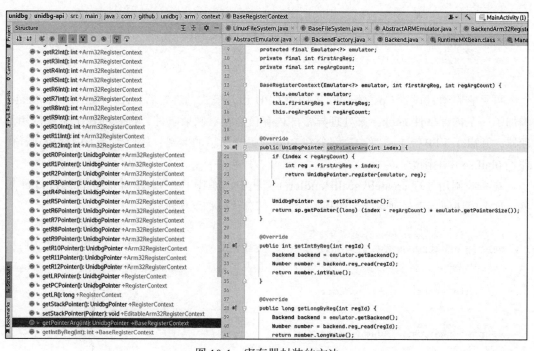

图 10-1　寄存器封装的方法

```
    }, UnicornConst.UC_HOOK_MEM_READ_UNMAPPED | UnicornConst.UC_HOOK_MEM_
        WRITE_UNMAPPED | UnicornConst.UC_HOOK_MEM_FETCH_UNMAPPED, null;
    // 创建系统调用处理器
    this.syscallHandler = createSyscallHandler(svcMemory);
    // 启用 VFP（浮点运算模式），Unicorn 是默认关闭的
    backend.enableVFP();
    // 创建内存模块
    this.memory = createMemory(syscallHandler, envs);
    // 创建代理 libdl.so 类
    this.dlfcn = createDyld(svcMemory);
    this.memory.addHookListener(dlfcn);
    // 添加系统调用处理的 hook
    backend.hook_add_new(syscallHandler, this);
    // 设置内核层提供的用户帮助函数
    setupTraps();
}
```

该方法首先切换了 CPU 的运行模式，对于 Unicorn 后端而言，实现如下所示。

```
// UnicornBackend.java
@Override
public void switchUserMode() {
    if (!is64Bit) {
        Cpsr.getArm(this).switchUserMode();
    }
}

// Cpsr.java
public final void switchUserMode() {
    value &= ~MODE_MASK;
    value |= ARMEmulator.USR_MODE;
    backend.reg_write(regId, value);
}
```

可见它是通过设置 Cpsr 寄存器来切换 CPU 运行模式的。之后，AbstractARMEmulator 添加了一个内存事件 hook，来处理异常的内存读、写、映射事件，接着创建了系统调用处理器，开启了 VFP 浮点运算，这部分在 R0dbg 也有简单的实现，最后创建了内存模块，代理了 libdl.so 中的函数。

在系统调用处理 createSyscallHandler() 方法中，新建了一个 ARM32SyscallHandler 对象，这个模块便用于处理系统调用相关操作。部分代码如下所示。

```
// 构造方法，保存 svcMemory 到成员变量
public ARM32SyscallHandler(SvcMemory svcMemory) {
    super();

    this.svcMemory = svcMemory;
}

@SuppressWarnings("unchecked")
@Override
public void hook(Backend backend, int intno, int swi, Object user) {
```

```java
// ...

// 读取寄存器 R7 中存放的系统调用号
int NR = backend.reg_read(ArmConst.UC_ARM_REG_R7).intValue();
String syscall = null;
Throwable exception = null;
try {
    // ...
    // 对每种系统调用号进行模拟处理
    switch (NR) {
        case 1:
            exit(emulator);
            return;
        case 2:
            backend.reg_write(ArmConst.UC_ARM_REG_R0, fork(emulator));
            return;
        case 3:
            backend.reg_write(ArmConst.UC_ARM_REG_R0, read(emulator));
            return;
        // ...
    }
}
// 捕获异常（省略）
// ...
}
```

Memory 模块是用于处理普通内存的模块，管理着用户空间的内存。Memory 模块在创建时新建了一个 AndroidElfLoader 对象，这也是一个大模块，维护了 Linker 相关的内容，我们将会在后续章节中深入探讨。

至此，AndroidEmulator 的创建过程就研究完了，接下来我们对其中涉及的 FileSystem、Backend、SvcMemory 等模块进行分析。

10.2　创建 FileSystem

追踪 AbstractEmulator 类中的 createFileSystem() 方法，该方法重写于 AndroidARMEmulator 类中，代码如下所示。

```java
// AndroidARMEmulator.java
@Override
protected FileSystem<AndroidFileIO> createFileSystem(File rootDir) {
    // 新建一个 LinuxFileSystem 对象并返回
    return new LinuxFileSystem(this, rootDir);
}
```

该方法实例化了 LinuxFileSystem 对象并返回，创建该部分的方法调用如下所示。

```java
// LinuxFileSystem.java
public LinuxFileSystem(Emulator<AndroidFileIO> emulator, File rootDir) {
```

```java
    // 执行父类构造方法
    super(emulator, rootDir);
}

// BaseFileSystem.java
public BaseFileSystem(Emulator<T> emulator, File rootDir) {
    //
    this.emulator = emulator;
    this.rootDir = rootDir;

    try {
        initialize(this.rootDir);
    } catch (IOException e) {
        throw new IllegalStateException("initialize file system failed", e);
    }
}

// LinuxFileSystem.java
@Override
protected void initialize(File rootDir) throws IOException {
    super.initialize(rootDir);

    FileUtils.forceMkdir(new File(rootDir, "system"));
    FileUtils.forceMkdir(new File(rootDir, "data"));
}

// BaseFileSystem.java
protected void initialize(File rootDir) throws IOException {
    FileUtils.forceMkdir(new File(rootDir, "tmp"));
}
```

LinuxFileSystem 的构造方法调用了父类 BaseFileSystem 的构造方法，在父类中保存了 emulator 与 rootDir 的成员变量，并调用了 initialize() 方法。initialize() 方法为 protected 权限，因此会先执行子类 LinuxFileSystem 重写该方法，而后调用父类的 initialize 方法，强

制在 rootDir 目录中创建了 tmp 目录，即 "/tmp/ rootfs/default/tmp"，之后又强制创建了 system 或者 data 目录。此时目录结构如下：

```
ls
data   system   tmp
```

执行完 initialize() 方法后，LinuxFileSystem 便实例化完成了。该类中包含基本的文件操作的 方法，如图 10-2 所示。

可以看到图中包含了创建文件夹、删除文件 夹、创建输入 / 输出等一系列方法。其中打开文 件的 open() 方法的实现如下所示。

图 10-2　LinuxFileSystem 类中包含的方法

```
// LinuxFileSystem.java
@Override
public FileResult<AndroidFileIO> open(String pathname, int oflags) {
    // 打开终端时，重定向至 NullFileIO
    if ("/dev/tty".equals(pathname)) {
        return FileResult.<AndroidFileIO>success(new NullFileIO(pathname));
    }
    // 对 maps 文件进行特殊处理，打开 unidbg 包装好的 MapsFileIO
    if ("/proc/self/maps".equals(pathname) || ("/proc/" + emulator.getPid() +
        "/maps").equals(pathname)) {
        return FileResult.<AndroidFileIO>success(new MapsFileIO(oflags,
            pathname, emulator.getMemory().getLoadedModules()));
    }
    // 其余的文件交由父类 BaseFileSystem 来处理
    return super.open(pathname, oflags);
}
```

LinuxFileSystem 的 open() 方法对终端文件与 maps 文件进行了特殊处理，其余的文件则交由父类 BaseFileSystem 的 open() 方法来处理，父类的 open() 方法的实现如下所示。

```
// BaseFileSystem.java
@Override
public FileResult<T> open(String pathname, int oflags) {
    // 文件名为空，返回失败结果：没有该文件
    if ("".equals(pathname)) {
        return FileResult.failed(UnixEmulator.ENOENT);
    }
    // 如果打开 stdin 输入，创建一个 stdinIO
    if (IO.STDIN.equals(pathname)) {
        return FileResult.success(createStdin(oflags));
    }
    // 对 stdout 和 stderr 的处理
    if (IO.STDOUT.equals(pathname) || IO.STDERR.equals(pathname)) {
        try {
            File stdio = new File(rootDir, pathname + ".txt");
            if (!stdio.exists() && !stdio.createNewFile()) {
                throw new IOException("create new file failed: " + stdio);
            }
            return FileResult.success(createStdout(oflags, stdio, pathname));
        } catch (IOException e) {
            throw new IllegalStateException(e);
        }
    }
    // 对于普通的文件，直接在根目录新建文件对象，并返回该文件 IO
    File file = new File(rootDir, pathname);
    return createFileIO(file, oflags, pathname);
}
```

在父类 BaseFileSystem 的 open() 方法中，首先判断文件名是否为空，之后根据判断结果对标准的输入输出，以及错误输出进行相应的处理，对于其他文件，则在根目录以传入的路径新建 File 对象，最后创建 FileIO 并返回。

　　FileIO 实际上是关于文件操作的一系列接口，当二进制文件执行到某个地方时，需要读取某个文件中的内容，必须要经过 open() 方法等系统调用来打开某个文件，然后操作 open() 方法返回的文件描述符 fd。unidbg 将对文件描述符的操作封装为 FileIO，各种不同类型的文件都直接或间接实现这个接口，当系统调用产生时，unidbg 就会在 SyscallHandler 系统调用处理器中来对应处理。

　　FileSystem 被维护在 AndroidEmulator 对象中，在 unidbg 中，很多对文件的操作都是先得到 FileSystem 对象，再通过相应的方法做实际的文件操作。

10.3　创建 Backend

　　在 AbstractEmulator 创建完成文件系统后，又调用了 createBackend() 方法来创建后端，代码如下所示。

```
public abstract class BackendFactory {
    // 在添加后端工厂时传入的参数，如 .addBackendFactory(new DynarmicFactory(true)) 中
    //   的 true，标志着在出现异常时是否使用默认后端 unicorn
    private final boolean fallbackUnicorn;

    protected BackendFactory(boolean fallbackUnicorn) {
        this.fallbackUnicorn = fallbackUnicorn;
    }

    private Backend newBackend(Emulator<?> emulator, boolean is64Bit) {
        try {
            // 调用各自后端的实例化方法，来得到相应的后端
            return newBackendInternal(emulator, is64Bit);
        } catch (Throwable e) {
            // 如果出错了，判断是否使用默认后端标志，若使用默认后端，则不抛出异常而返回 null
            if (fallbackUnicorn) {
                return null;
            } else {
                throw e;
            }
        }
    }

    // 各个后端工厂自实现该方法来实例对象
    protected abstract Backend newBackendInternal(Emulator<?> emulator,
        boolean is64Bit);

    public static Backend createBackend(Emulator<?> emulator, boolean is64Bit,
        Collection<BackendFactory> backendFactories) {
        // 首先判断后端列表是否为空
        if (backendFactories != null) {
            // 若不为空，遍历每一个添加进来的后端工厂
            for (BackendFactory factory : backendFactories) {
                // 通过后端工厂调用 newBackend() 来生成后端
```

```
        Backend backend = factory.newBackend(emulator, is64Bit);
        // 返回第一个成功生成的后端
        if (backend != null) {
            return backend;
        }
    }
}
// 如果 backendFactories 为空则用户未添加其他的工厂；如果其他的工厂生成出错并且允许
    调用默认的 Unicorn 后端，则生成一个 UnicornBackend 对象并返回
    return new UnicornBackend(emulator, is64Bit);
    }
}
```

在 createBackend() 方法中，先是遍历用户添加的所有后端工厂，使用后端工厂来加载后端并返回加载成功的第一个后端，如果用户未设置后端工厂或者添加的后端不可用且未抛出异常时，默认使用 Unicorn 后端。在使用后端工厂生成后端的 newBackend() 方法中，如果加载失败，并且标志位 fallbackUnicorn 为 true，则返回 null；否则会抛出异常。fallbackUnicorn由我们添加后端工厂时传入的布尔值确定，用于控制在创建其他后端出现异常时是否回退到使用 UnicornBackend 的标志位。而真正的 newBackendInternal() 方法由各个后端工厂来自行实现。

10.4　创建 SvcMemory

在 AbstractEmulator 中创建 SvcMemory 的代码如下：

```
// svcBase=0xfffe0000L, svcSize=0x10000
// 新建一个 ArcSvcMemory 对象
this.svcMemory = new ARMSvcMemory(svcBase, svcSize, this);
```

SvcMemory 实际上是一块内存，范围为内存范围的最高处的一段 0x10000 大小的内存。它与 Memory 模块都是管理内存的模块。在 Linux 内存模型中，高处 1GB 的地址保留为 Linux 内核使用，所以我们可以理解为 SvcMemory 管理的是 Linux 内核空间的内存。跟入 ARMSvcMemory 构造方法，如下所示。

```
public ARMSvcMemory(long base, int size, Emulator<?> emulator) {
    this.emulator = emulator;
    // 指向模拟器的 base 地址并赋值给成员变量 base
    this.base = UnidbgPointer.pointer(emulator, base);
    assert this.base != null;
    this.base.setSize(size);

    this.baseAddr = base;
    this.size = size;

    Backend backend = emulator.getBackend();
    // 映射地址为 base，大小为 size 的 svc 内存
```

```
backend.mem_map(base, size, UnicornConst.UC_PROT_READ | UnicornConst.UC_
    PROT_EXEC);
}
```

SvcMemory 有几个重要的方法，我们来研究一下，代码如下所示。

```
// 分配内存，传入参数分配的大小与分配内存的标签
@Override
public UnidbgPointer allocate(int size, final String label) {
    // 对分配大小进行内存对齐
    size = ARM.alignSize(size);
    // 从 SvcMemory 的 base 地址的 0 偏移处，分配一块大小为 size 的内存给指针 pointer
    UnidbgPointer pointer = base.share(0, size);
    // 将 SvcMemory 的 base 地址移动到分配内存空间之后
    base = (UnidbgPointer) base.share(size);
    if (log.isDebugEnabled()) {
        log.debug("allocate size=" + size + ", label=" + label + ", base=" + base);
    }
    // 将该段内存新建为 MemRegion 对象，并维护到 MemRegion 列表里
    memRegions.add(new MemRegion(pointer.peer, pointer.peer + size,
        UnicornConst.UC_PROT_READ | UnicornConst.UC_PROT_EXEC, null, 0) {
        @Override
        public String getName() {
            // 设置标签名
            return label;
        }
    });
    // 返回申请内存的指针
    return pointer;
}

private final Map<String, UnidbgPointer> symbolMap = new HashMap<>();

@Override
public UnidbgPointer allocateSymbolName(String name) {
    UnidbgPointer ptr = symbolMap.get(name);
    if (ptr == null) {
        byte[] nameBytes = name.getBytes();
        int size = nameBytes.length + 1;
        // 申请一块容纳 name 大小的内存
        ptr = allocate(size, "Symbol." + name);
        // 将 name 字节数组写入申请的内存中
        ptr.write(0, Arrays.copyOf(nameBytes, size), 0, size);
        // 将名称与指针存入维护的 map 中
        symbolMap.put(name, ptr);
    }
    return ptr;
}

private int thumbSvcNumber = 0;
private int armSvcNumber = 0xff;

private final Map<Integer, Svc> svcMap = new HashMap<>();
```

```java
@Override
public Svc getSvc(int svcNumber) {
    // 根据 svcNumber 从维护的 map 中拿到相应的 svc
    return svcMap.get(svcNumber);
}


@Override
public UnidbgPointer registerSvc(Svc svc) {
    final int number;
    // 如果属于 ThumbSvc
    if (svc instanceof ThumbSvc) {
        // 异常处理
        if (emulator.is64Bit()) {
            throw new IllegalStateException("is 64 bit mode");
        }
        // 对数值依次加一，遇到 0x80 则跳过
        if (++thumbSvcNumber == SyscallHandler.DARWIN_SWI_SYSCALL) {
            thumbSvcNumber++;
        }
        number = thumbSvcNumber;
    } else if (svc instanceof ArmSvc || svc instanceof Arm64Svc) {
        // 异常处理
        if (svc instanceof ArmSvc && emulator.is64Bit()) {
            throw new IllegalStateException("is 64 bit mode");
        }
        if (svc instanceof Arm64Svc && !emulator.is64Bit()) {
            throw new IllegalStateException("is 32 bit mode");
        }

        if (++armSvcNumber == SyscallHandler.DARWIN_SWI_SYSCALL) {
            armSvcNumber++;
        }
        number = armSvcNumber;
    } else {
        throw new IllegalStateException("svc=" + svc);
    }
    // 将数值与 svc 对象存入维护的 map 中
    if (svcMap.put(number, svc) != null) {
        throw new IllegalStateException();
    }
    // 调用 svc.onRegister() 方法回调
    return svc.onRegister(this, number);
}

// Svc.java
public interface Svc {

    int PRE_CALLBACK_SYSCALL_NUMBER = 0x8866;
    int POST_CALLBACK_SYSCALL_NUMBER = 0x8888;

    UnidbgPointer onRegister(SvcMemory svcMemory, int svcNumber);

    long handle(Emulator<?> emulator);
```

```
void handlePreCallback(Emulator<?> emulator);
void handlePostCallback(Emulator<?> emulator);

String getName();

}
```

allocate() 方法是从 SvcMemory 的开始处分配一段内存，同时将指向 SvcMemory 的指针移动到分配内存的结束处，以便分配下一段内存。allocateSymbolName() 方法则是对 allocate() 方法的封装，申请一段可以存放参数字符串的空间，并将该空间存入维护的 map 中。registerSvc() 为传入的参数 svc 分配一个 number，将其存入维护的 map 中，供 getSvc() 方法读取。而 Svc 是一个接口，有几个回调方法。对于 Svc 模块的使用，我们将在之后的分析中逐步探讨。

10.5 本章小结

在本章中，我们深入地了解了 unidbg 的源码，以 AndroidEmulator 的创建为入口，探究了 AndroidEmulator 的内部实现，同时对文件系统的创建、后端的创建、SvcMemory 的内部实现进行了详细分析。在下一章中，我们将继续跟随用户使用 unidbg 的 API 为入口，对 unidbg 的其他模块进行详细的分析。

第 11 章 *Chapter 11*

unidbg 源码解析：DalvikVM

在上一章中，我们分析了创建 AndroidEmulator 的代码实现细节，在本章中，我们继续分析 unidbg 源码。在创建完虚拟机后，我们可以通过 emulator.createDalvikVM() 方法来创建一个 vm，下面我们便进入该方法来研究具体的实现过程。

11.1 分析 createDalvikVM()

首先找到位于 AndroidARMEmulator 类中的 createDalvikVM() 方法，代码如下所示。

```
@Override
public VM createDalvikVM() {
    // 调用另一个 createDalvikVM() 方法重载
    return createDalvikVM((File) null);
}

@Override
public final VM createDalvikVM(File apkFile) {
    // 参数为传入的 apkFile，可以为 null
    // 验证是否已经创建 vm
    if (vm != null) {
        // 如果已创建 vm，则抛出异常
        throw new IllegalStateException("vm is already created");
    }
    // 调用 createDalvikVMInternal() 方法来创建 vm
    vm = createDalvikVMInternal(apkFile);
    return vm;
}
```

```
private VM createDalvikVMInternal(File apkFile) {
    // 新建一个 DalvikVM 对象并返回
    return new DalvikVM(this, apkFile);
}
```

对于我们调用的无参数的 createDalvikVM() 方法,它的内部也会调用 createDalvikVM(File) 重载方法,只不过传入的参数是 null。在有参重载的 createDalvikVM() 方法中,先是判断 vm 是否已经创建过,如果已经创建过则抛出相应异常提示,如果没有创建过,则调用 createDal-vikVMInternal() 方法来创建 vm。在 createDalvikVMInternal() 方法中,通过传入模拟器实例与 APK 文件,新建一个 DalvikVM 对象并返回。我们跟入 DalvikVM 类中,相关代码如下所示。

```
// DalvikVM 构造方法
public DalvikVM(AndroidEmulator emulator, File apkFile) {
    super(emulator, apkFile);
    // ...
}

// DalvikVM 父类 BaseVM
BaseVM(AndroidEmulator emulator, File apkFile) {
    this.emulator = emulator;
    this.apk = apkFile == null ? null : ApkFactory.createApk(apkFile);
}
```

该方法首先调用了父类 BaseVM 的构造方法,该方法的作用是保存模拟器对象与 Apk 对象。

继续分析 DalvikVM 类构造方法剩余的部分,代码如下所示。

```
// 定义两个成员变量来维护 JavaVM 与 JNIEnv
private final UnidbgPointer _JavaVM;
private final UnidbgPointer _JNIEnv;

public DalvikVM(AndroidEmulator emulator, File apkFile) {
    // 调用父类 BaseVM 的构造方法
    super(emulator, apkFile);
    // 通过模拟器来获取 SvcMemory
    final SvcMemory svcMemory = emulator.getSvcMemory();
    // 申请一块指针大小的空间,创建 _JavaVM 指针
    _JavaVM = svcMemory.allocate(emulator.getPointerSize(), "_JavaVM");
    // 为 JNI 函数 _GetVersion 注册 Svc
    // jint        (*GetVersion)(JNIEnv *);
    Pointer _GetVersion = svcMemory.registerSvc(new ArmSvc() {
        @Override
        public long handle(Emulator<?> emulator) {
            return JNI_VERSION_1_6;
        }
    });
    // jclass      (*DefineClass)(JNIEnv*, const char*, jobject, const jbyte*, jsize);
    Pointer _DefineClass = svcMemory.registerSvc(new ArmSvc() {
        @Override
```

```java
    public long handle(Emulator<?> emulator) {
        throw new UnsupportedOperationException();
    }
});
// jclass        (*FindClass)(JNIEnv*, const char*);
Pointer _FindClass = svcMemory.registerSvc(new ArmSvc() {
    @Override
    public long handle(Emulator<?> emulator) {
        // 获得寄存器上下文
        RegisterContext context = emulator.getContext();
        // 获得第一个参数, env
        Pointer env = context.getPointerArg(0);
        // 获得第二个参数, 类名字符串指针
        Pointer className = context.getPointerArg(1);
        // 从指针中获得字符串类名 name
        String name = className.getString(0);
        // 查看 notFoundClassSet 是否包含该名称
        boolean notFound = notFoundClassSet.contains(name);
        // 是否打印日志
        if (verbose) {
            if (notFound) {
                System.out.printf("JNIEnv->FindNoClass(%s) was called from
                    %s%n", name, context.getLRPointer());
            } else {
                System.out.printf("JNIEnv->FindClass(%s) was called from
                    %s%n", name, context.getLRPointer());
            }
        }
        // 如果确定找不到该类, 则抛出异常
        if (notFound) {
            throwable = resolveClass("java/lang/NoClassDefFoundError").
                newObject(name);
            return 0;
        }
        // 调用 resolveClass() 方法来查找类, 得到 DvmClass 对象
        DvmClass dvmClass = resolveClass(name);
        // 计算 hash 值
        long hash = dvmClass.hashCode() & 0xffffffffL;
        if (log.isDebugEnabled()) {
            log.debug("FindClass env=" + env + ", className=" + name + ",
                hash=0x" + Long.toHexString(hash));
        }
        // 返回类的 hash 值, unidbg 代理了整个 JNI 交互层, 通过该 hash 值
        // 来获得想要的类或对象
        return hash;
    }
});


// 为 JNI 函数注册 Svc, 每个 JNI 函数的 handle() 方法实现不同 (省略)

final int last = 0x3a4;
// 申请 last+4 大小的内存, 标签为 JNIEnv.impl
final UnidbgPointer impl = svcMemory.allocate(last + 4, "JNIEnv.impl");
```

```
// 初始化内存: 遍历四字节内存, 为每块内存设置编号, 从 0 开始
for (int i = 0; i <= last; i += 4) {
    impl.setInt(i, i);
}

// 将每个注册好 Svc 的 JNI 函数设置到 JNIEnv 内存空间相应的偏移中
// 从 0x10 开始是因为它有几个未使用的填充, 参考 jni.h 中的 JNINativeInte
// rface 结构体
impl.setPointer(0x10, _GetVersion);
impl.setPointer(0x14, _DefineClass);
impl.setPointer(0x18, _FindClass);
impl.setPointer(0x1c, _FromReflectedMethod);
impl.setPointer(0x20, _FromReflectedField);
impl.setPointer(0x24, _ToReflectedMethod);
impl.setPointer(0x28, _GetSuperclass);
impl.setPointer(last, _GetModule);

// 其余的 JNI 函数与此函数的操作相同, 省略

// 创建 _JNIEnv 指针
_JNIEnv = svcMemory.allocate(emulator.getPointerSize(), "_JNIEnv");
// 设置 _JNIEnv 指针指向上面初始化好的 impl 内存空间
_JNIEnv.setPointer(0, impl);
// jint        (*AttachCurrentThread)(JavaVM*, JNIEnv**, void*);
UnidbgPointer _AttachCurrentThread = svcMemory.registerSvc(new ArmSvc() {
    @Override
    public long handle(Emulator<?> emulator) {
        RegisterContext context = emulator.getContext();
        Pointer vm = context.getPointerArg(0);
        Pointer env = context.getPointerArg(1);
        Pointer args = context.getPointerArg(2); // JavaVMAttachArgs*
        if (log.isDebugEnabled()) {
            log.debug("AttachCurrentThread vm=" + vm + ", env=" + env.
                getPointer(0) + ", args=" + args);
        }
        env.setPointer(0, _JNIEnv);
        return JNI_OK;
    }
});
// jint        (*GetEnv)(JavaVM*, void**, jint);
UnidbgPointer _GetEnv = svcMemory.registerSvc(new ArmSvc() {
    @Override
    public long handle(Emulator<?> emulator) {
        RegisterContext context = emulator.getContext();
        Pointer vm = context.getPointerArg(0);
        Pointer env = context.getPointerArg(1);
        int version = context.getIntArg(2);
        if (log.isDebugEnabled()) {
            log.debug("GetEnv vm=" + vm + ", env=" + env.getPointer(0) +
                ", version=0x" + Integer.toHexString(version));
        }
        // 设置 env 并返回结果到 R0 寄存器中
        env.setPointer(0, _JNIEnv);
```

```
        return JNI_OK;
    }
});
// JNIInvokeInterface 结构体有 8 个指针，所以申请一个 8 指针大小的空间
UnidbgPointer _JNIInvokeInterface = svcMemory.allocate(emulator.
    getPointerSize() * 8, "_JNIInvokeInterface");
for (int i = 0; i < emulator.getPointerSize() * 8; i += emulator.
    getPointerSize()) {
    _JNIInvokeInterface.setInt(i, i);
}
// AttachCurrentThread 为第五个指针，所以偏移为前 4 个指针的大小
_JNIInvokeInterface.setPointer(emulator.getPointerSize() * 4L, _
    AttachCurrentThread);
// GetEnv 为第七个指针，所以偏移为前 6 个指针的大小
_JNIInvokeInterface.setPointer(emulator.getPointerSize() * 6L, _GetEnv);
// 将这块结构体内存空间赋值给 _JavaVM 指针
_JavaVM.setPointer(0, _JNIInvokeInterface);

if (log.isDebugEnabled()) {
    log.debug("_JavaVM=" + _JavaVM + ", _JNIInvokeInterface=" + _
        JNIInvokeInterface + ", _JNIEnv=" + _JNIEnv);
}
}
```

　　首先 DalvikVM 的构造方法调用了父类 BaseVM 的构造方法，这部分我们已经分析过。然后通过模拟器的 getSvcMemory() 方法获得之前生成的 SvcMemory，并在 SvcMemory 中申请一个指针大小的空间来创建 _JavaVM 指针。之后根据 jni.h 头文件中 JNINativeInterface 结构体定义的顺序，依次为其中的 JNI 方法注册 Svc。

　　unidbg 在传入的 ArmSvc 参数中的 handle() 方法内对 JNI 层的函数进行了相应的实现，在此我们只分析一个 _FindClass 方法。在该方法传入的 Svc 的 handle() 方法中，先是从寄存器中读取了参数 env 和要加载的类名 className，之后判断该类名是否在 notFoundClassSet 中，notFoundClassSet 内存储了不存在的类，如果没有，则使用 resolveClass() 方法来加载获得一个 DvmClass，并返回该 DvmClass 的 hash 值。FindClass 函数原本应该返回一个 jclass 对象，而 unidbg 代理了整个 JNI 层，无论返回什么，在使用的时候都要经过 JNI 层，所以 unidbg 返回一个 hash 值，当使用的时候再通过 hash 值获得想要的对象。

　　在 unidbg 对 JNI 层的函数一一实现之后，便分配了足够存放这些函数指针的内存空间，并对其进行了初始化，之后从 0x10 处开始，对 env 相应的内存空间偏移处设置 JNI 函数指针，这部分也是由 jni.h 文件中的 JNINativeInterface 结构体决定的。在将相应的函数指针存入后，申请了一个指针的空间给 _JNIEnv，并让 _JNIEnv 指向该内存空间。这样 so 在执行的时候便可以通过 _JNIEnv 指针找到各个 JNI 函数。

　　初始化好 _JNIEnv 后，继续对 _JavaVM 进行初始化操作，实现了两种获取 _JNIEnv 的方法，通过 SvcMemory 申请了一块内存空间，并在特定偏移存储这两个函数指针，最后将这块内存空间的地址发送给 _JavaVM。

jni.h 文件位于路径 Sdk/ndk/24.0.8215888/toolchains/llvm/prebuilt/linux-x86_64/sysroot/usr/include/jni.h，其中 24.0.8215888 为 NDK 的版本。我们打开该文件，找到结构体定义的部分，代码如下所示。

```
#if defined(__cplusplus)
typedef _JNIEnv JNIEnv;
typedef _JavaVM JavaVM;
#else
typedef const struct JNINativeInterface* JNIEnv;
typedef const struct JNIInvokeInterface* JavaVM;
#endif

struct JNINativeInterface {
    // 32 位中，一个指针大小为 4 字节，空出 16 字节
    void*       reserved0;
    void*       reserved1;
    void*       reserved2;
    void*       reserved3;
    // GetVersion 从 0x10 偏移处开始
    jint        (*GetVersion)(JNIEnv *);

    jclass      (*DefineClass)(JNIEnv*, const char*, jobject, const jbyte*, jsize);
    jclass      (*FindClass)(JNIEnv*, const char*);

    // 其余的函数定义（省略）
}

struct JNIInvokeInterface {
    void*       reserved0;
    void*       reserved1;
    void*       reserved2;

    jint        (*DestroyJavaVM)(JavaVM*);
    jint        (*AttachCurrentThread)(JavaVM*, JNIEnv**, void*);
    jint        (*DetachCurrentThread)(JavaVM*);
    jint        (*GetEnv)(JavaVM*, void**, jint);
    jint        (*AttachCurrentThreadAsDaemon)(JavaVM*, JNIEnv**, void*);
};
```

所以 DalvikVM 中的构造方法所做的操作便是对 JNIEnv 与 JavaVM 这两个重要的指针进行初始化，模拟这两个指针的结构体的内存空间布局，并对相关的 JNI 函数进行模拟实现。

11.2　Dvm 相关类介绍

在上一节阅读 DalvikVM 源码的过程中，我们遇到了 DvmClass 类，下面我们便对 Dvm 相关类进行讲解。

11.2.1　BaseVM 解析

DalvikVM 继承自 BaseVM，BaseVM 实现了 VM 与 DvmClassFactory 两个接口。BaseVM 中有一些重要的方法，代码如下所示。

```
// 设置 Jni 对象，可以在该对象中查找缺失的 JNI 方法
Jni jni;
@Override
public final void setJni(Jni jni) {
    this.jni = jni;
}

// 抛出异常
DvmObject<?> throwable;
@Override
public void throwException(DvmObject<?> throwable) {
    this.throwable = throwable;
}

// 控制是否打印 JNI 调试信息
boolean verbose;
@Override
public void setVerbose(boolean verbose) {
    this.verbose = verbose;
}

// 维护一个找不到的类的类名的 set 集合
final Set<String> notFoundClassSet = new HashSet<>();
@Override
public void addNotFoundClass(String className) {
    notFoundClassSet.add(className);
}

// 存放了所有已经存在的类
final Map<Integer, DvmClass> classMap = new HashMap<>();
// dvmClassFactory 工厂，用于创建类
private DvmClassFactory dvmClassFactory;
@Override
public final DvmClass resolveClass(String className, DvmClass... interfaceClasses) {
    // 如果类名是以 . 分隔的，替换为以 / 分隔
    className = className.replace('.', '/');
    // 计算类名的 hash 值
    int hash = Objects.hash(className);
    // 尝试从 classMap 中根据类名的 hash 值取出该类，得到 DvmClass 对象
    DvmClass dvmClass = classMap.get(hash);
    DvmClass superClass = null;
    // 处理第二个可变参数 interfaceClasses
    if (interfaceClasses != null && interfaceClasses.length > 0) {
        // 下标 0 处代表了父类
        superClass = interfaceClasses[0];
        // 之后的参数代表了实现的接口
        interfaceClasses = Arrays.copyOfRange(interfaceClasses, 1,
```

```
                    interfaceClasses.length);
        }
        if (dvmClass == null) {
            // 如果没有从已加载类的 classMap 中找到类，并且 dvmClassFactory 不为空，先尝试使用
              dvmClassFactory 来创建类
            if (dvmClassFactory != null) {
                dvmClass = dvmClassFactory.createClass(this, className,
                    superClass, interfaceClasses);
            }
            // 如果没有设置 dvmClassFactory 或者工厂创建类失败
            if (dvmClass == null) {
                // 调用本类的 createClass() 方法来创建类
                dvmClass = this.createClass(this, className, superClass, interfaceClasses);
            }
            // 将创建好的 DvmClass 对象存入已有类的 classMap 集合中
            classMap.put(hash, dvmClass);
            // 将 DvmClass 对象添加到维护的全局引用中
            addGlobalObject(dvmClass);
        }
        return dvmClass;
    }
    @Override
    public DvmClass createClass(BaseVM vm, String className, DvmClass superClass,
        DvmClass[] interfaceClasses) {
        // BaseVM 自有的 createClass() 方法，直接新建一个 DvmClass 实例对象
        return new DvmClass(vm, className, superClass, interfaceClasses);
    }

    // VM 中维护的三种引用
    final Map<Integer, ObjRef> globalObjectMap = new HashMap<>();
    final Map<Integer, ObjRef> weakGlobalObjectMap = new HashMap<>();
    final Map<Integer, ObjRef> localObjectMap = new HashMap<>();

    /**
     * 添加对象到引用维护列表
     * @param object 要添加引用的对象
     * @param global 是不是全局引用
     * @param weak 是不是弱全局引用
     * @return
     */
    final int addObject(DvmObject<?> object, boolean global, boolean weak) {
        // 计算对象的 hash 值
        int hash = object.hashCode();
        // 如果开启调试，会打印日志
        if (log.isDebugEnabled()) {
            log.debug("addObject hash=0x" + Long.toHexString(hash) + ", global=" + global);
        }
        // 通过 getValue 方法从 DvmObject 中获得原本的对象
        Object value = object.getValue();
        if (value instanceof DvmAwareObject) {
            ((DvmAwareObject) value).initializeDvm(emulator, this, object);
        }
        if (global) {
```

```
            if (weak) {
                // 如果是弱全局引用，添加到 weakGlobalObjectMap 中
                weakGlobalObjectMap.put(hash, new ObjRef(object, true));
            } else {
                // 如果不是弱引用，添加到 globalObjectMap 中
                globalObjectMap.put(hash, new ObjRef(object, false));
            }
        } else {
            // 如果不是全局引用，添加到 localObjectMap 中
            localObjectMap.put(hash, new ObjRef(object, weak));
        }
        // 返回对象的 hash 值，根据该 hash 值可从维护的引用中取得相应的对象
        return hash;
}
// 添加到本地引用中
@Override
public final int addLocalObject(DvmObject<?> object) {
    // 判断对象是否为空
    if (object == null) {
        return JNI_NULL;
    }
    // 调用 addObject() 方法来进行实际的引用添加操作
    return addObject(object, false, false);
}

// 添加到全局引用中
@Override
public final int addGlobalObject(DvmObject<?> object) {
    if (object == null) {
        return JNI_NULL;
    }

    return addObject(object, true, false);
}
// 通过对象的 hash 值从维护的引用中取得对象
@SuppressWarnings("unchecked")
@Override
public final <T extends DvmObject<?>> T getObject(int hash) {
    ObjRef ref;
    // 先从本地引用中查找
    if (localObjectMap.containsKey(hash)) {
        ref = localObjectMap.get(hash);
        // 再从全局引用中查找
    } else if(globalObjectMap.containsKey(hash)) {
        ref = globalObjectMap.get(hash);
    } else {
        // 最后从弱全局引用中查找
        ref = weakGlobalObjectMap.get(hash);
    }
    // 找到后返回该对象
    return ref == null ? null : (T) ref.obj;
}
```

BaseVM 的构造方法在之前已经分析过，仅仅用于保存模拟器对象和 APK 对象到成员变量中。setJni() 方法在修补 JNI 环境时介绍过，可以传入 Jni 对象来设置 JNI，这样 unidbg 就会使用该类下模拟实现的 JNI 方法。throwException() 方法的作用是抛出异常，当程序执行出现异常时，便使用该方法抛出异常。setVerbose() 方法的作用是通过设置成员变量 verbose 的值来控制是否打印 JNI 调试信息，值为 true 时打印 JNI 调试信息，反之不打印。BaseVM 还维护了一个找不到的类的类名的 set 集合，当使用 FindClass 方法来加载类时，会首先判断类名是否存在于该集合中，如果存在，则会抛出找不到该类的异常。

成员变量 classMap 存放了已存在的类，resolveClass() 方法的主要工作是通过 dvmClass-Factory 或者自实现的 createClass() 方法创建一个新的类，也就是 DvmClass 对象，并将它添加到 classMap 中。而 BaseVM 自实现的 createClass() 方法则是直接新建一个 DvmClass 对象。

在 Java 虚拟机中，对象的引用是发生 GC 时的重要指标，对于不同的引用方式，生命周期也有所不同，对象的引用类型在 jni.h 头文件的定义如下：

```
typedef enum jobjectRefType {
    JNIInvalidRefType = 0,        // 无效引用
    JNILocalRefType = 1,          // 本地引用
    JNIGlobalRefType = 2,         // 全局引用
    JNIWeakGlobalRefType = 3      // 弱全局引用
} jobjectRefType;
```

而 unidbg 在 BaseVM 中维护了三种引用，分别是本地引用、全局引用、弱全局引用。并且可以使用 addObject() 方法来将 DvmObject 对象添加到 map 中，addObject() 添加引用后会返回一个对象的 hash 值，可以通过 getObject() 来获取 map 中与 hash 值对应的对象。

unidbg 并未向用户提供 addObject() 方法，转而代之的是 addLocalObject() 方法与 addGlobalObject() 方法，通过这两个方法可以便捷地添加本地引用或者全局引用。至于弱全局引用的添加实现，则位于 JNI 方法 _NewWeakGlobalRef() 中。

BaseVM 中还有一些常用的方法，具体实现如下所示。

```
// 通过类名在 classMap 中取得已经加载的类，即 DvmClass 对象
@Override
public final DvmClass findClass(String className) {
    return classMap.get(Objects.hash(className));
}

// 传入 so 文件 File 对象，加载一个 library 作为 module 对象
@Override
public final DalvikModule loadLibrary(File elfFile, boolean forceCallInit) {
    Module module = emulator.getMemory().load(new ElfLibraryFile(elfFile,
        emulator.is64Bit()), forceCallInit);
    return new DalvikModule(this, module);
}

// 传入要加载的 so 的名称，so 是否初始化参数
```

```
@Override
public final DalvikModule loadLibrary(String libname, boolean forceCallInit) {
    // 对 so 名进行拼接
    String soName = "lib" + libname + ".so";
    // 调用 findLibrary(soName) 重载，在 APK 文件中查找 so
    LibraryFile libraryFile = findLibrary(soName);
    if (libraryFile == null) {
        throw new IllegalStateException("load library failed: " + libname);
    }
    // 将 Library 加载到内存，获得 Module
    Module module = emulator.getMemory().load(libraryFile, forceCallInit);
    return new DalvikModule(this, module);
}

// 传入要加载的 so 的名称，要加载的 so 的字节数据，是否初始化参数；通过字节数据来加载 so
@Override
public final DalvikModule loadLibrary(String libname, byte[] raw, boolean
    forceCallInit) {
    if (raw == null || raw.length == 0) {
        throw new IllegalArgumentException();
    }
    Module module = emulator.getMemory().load(new ElfLibraryRawFile(libname,
        raw, emulator.is64Bit()), forceCallInit);
    return new DalvikModule(this, module);
}

// 获得模拟器对象 emulator
@Override
public Emulator<?> getEmulator() {
    return emulator;
}

// 调用 so 的 callJNI_OnLoad 方法
@Override
public void callJNI_OnLoad(Emulator<?> emulator, Module module) {
    new DalvikModule(this, module).callJNI_OnLoad(emulator);
}

// 获得 APK 签名
@Override
public CertificateMeta[] getSignatures() {
    return apk == null ? null : apk.getSignatures();
}

// 获得 APK 包名
@Override
public String getPackageName() {
    return apk == null ? null : apk.getPackageName();
}

// 获得 Manifest 的 XML 文本
@Override
public String getManifestXml() {
```

```
    return apk == null ? null : apk.getManifestXml();
}

// 获得 APK 版本名称
@Override
public final String getVersionName() {
    return apk == null ? null : apk.getVersionName();
}

// 获得 APK 版本号
@Override
public long getVersionCode() {
    return apk == null ? 0 : apk.getVersionCode();
}
```

findClass() 方法返回一个 DvmClass 对象，可以从维护的 classMap 中获得已加载的类。而 loadLibrary(File elfFile, boolean forceCallInit) 方法则是我们之前使用过的，so 文件加载成功后，会得到一个 DalvikModule 对象。另外 loadLibrary() 方法还有两个重载，分别是加载 APK 文件中的 so 文件和将字节数组数据作为 so 进行加载。

getEmulator() 方法用于返回保存的 emulator 对象。callJNI_OnLoad() 方法也很常用，用于调用 so 中的 JNI_OnLoad() 方法来做一些初始化操作。此外，BaseVM 还提供了一些获得 APK 信息的方法，如获取 APK 签名、包名、版本号与版本名称等。

11.2.2 DalvikVM 解析

DalvikVM 继承自 BaseVM，大部分方法已经由 BaseVM 实现了，剩余的三个方法的代码如下所示。

```
@Override
public Pointer getJavaVM() {
    // 获得 JavaVM
    return _JavaVM;
}

@Override
public Pointer getJNIEnv() {
    // 获得 JNIEnv
    return _JNIEnv;
}
// 从 APK 中加载 so 文件，在 lib 的相应目录下进行查找
byte[] loadLibraryData(Apk apk, String soName) {
    // 在 apk 包中的 lib/armeabi-v7a/ 目录下查找 so 文件
    byte[] soData = apk.getFileData("lib/armeabi-v7a/" + soName);
    if (soData != null) {
        if (log.isDebugEnabled()) {
            log.debug("resolve armeabi-v7a library: " + soName);
        }
        return soData;
    }
```

```
    soData = apk.getFileData("lib/armeabi/" + soName);
    if (soData != null && log.isDebugEnabled()) {
        log.debug("resolve armeabi library: " + soName);
    }
    return soData;
}
```

DalvikVM 在构造方法中模拟实现了 JavaVM 与 JNIEnv，并提供了获取这两个指针的 get 函数接口。其中 loadLibraryData() 用于直接从 APK 中加载 so 文件，作为 BaseVM 中直接加载 APK 中 so 文件的 loadLibrary() 方法的依赖实现。

11.2.3　DvmObject 解析

在先前的使用中，我们已经见过多次 DvmObject 这个类了，它是 unidbg 中表示对象的类。下面我们便对该类的字段以及方法进行分析，相关代码如下所示。

```
public class DvmObject<T> extends Hashable {
    // 存放对象的类型，DvmClass
    private final DvmClass objectType;
    // 存放真实的对象
    protected T value;
    // vm 虚拟机
    private final BaseVM vm;

    protected DvmObject(DvmClass objectType, T value) {
        this(objectType == null ? null : objectType.vm, objectType, value);
    }
    // 构造方法
    private DvmObject(BaseVM vm, DvmClass objectType, T value) {
        this.vm = vm;
        this.objectType = objectType;
        this.value = value;
    }
    // 对对象的值进行设置
    @SuppressWarnings("unchecked")
    final void setValue(Object obj) {
        this.value = (T) obj;
    }
    // 获得 Dvm 对象的值，即真正的对象
    public T getValue() {
        return value;
    }
    // 获得对象的类型，返回 DvmClass
    public DvmClass getObjectType() {
        return objectType;
    }
    // 判断对象是否为指定类的对象
    protected boolean isInstanceOf(DvmClass dvmClass) {
        return objectType != null && objectType.isInstance(dvmClass);
    }
    // 调用返回值为 int 类型的 JNI 方法
```

```java
@SuppressWarnings("unused")
public int callJniMethodInt(Emulator<?> emulator, String method,
    Object...args) {
    if (objectType == null) {
        throw new IllegalStateException("objectType is null");
    }
    try {
        // 对于数值类型，对方法的返回值直接调用 .xxxValue() 即可获得结果
        return callJniMethod(emulator, vm, objectType, this, method,
            args).intValue();
    } finally {
        vm.deleteLocalRefs();
    }
}
// 调用返回值 Object 的 JNI 方法
@SuppressWarnings("unused")
public <V extends DvmObject<?>> V callJniMethodObject(Emulator<?>
    emulator, String method, Object...args) {
    if (objectType == null) {
        throw new IllegalStateException("objectType is null");
    }
    try {
        // 获取方法的返回值
        Number number = callJniMethod(emulator, vm, objectType, this,
            method, args);
        // 通过 intValue() 获得对象的 hash 值，再从 vm 中取出对象并返回
        return objectType.vm.getObject(number.intValue());
    } finally {
        vm.deleteLocalRefs();
    }
}
// 实际调用的执行 JNI 方法的方法
protected static Number callJniMethod(Emulator<?> emulator, VM vm,
    DvmClass objectType, DvmObject<?> thisObj, String method, Object...args) {
    // 得到方法的指针地址
    UnidbgPointer fnPtr = objectType.findNativeFunction(emulator, method);
    // 使用对象前要将它添加到虚拟机中
    vm.addLocalObject(thisObj);
    List<Object> list = new ArrayList<>(10);
    // 添加 JNI 方法的前两个参数
    list.add(vm.getJNIEnv());
    list.add(thisObj.hashCode());
    // 对方法的参数进行处理
    if (args != null) {
        for (Object arg : args) {
            // 对布尔类型单独处理
            if (arg instanceof Boolean) {
                list.add((Boolean) arg ? VM.JNI_TRUE : VM.JNI_FALSE);
                continue;
            // 对 DvmObject 进行处理
            } else if(arg instanceof Hashable) {
                list.add(arg.hashCode()); // dvm object
```

```
                    if(arg instanceof DvmObject) {
                        vm.addLocalObject((DvmObject<?>) arg);
                    }
                    continue;
                    // 对于 Java 其他的 Object 进行处理
                } else if (arg instanceof DvmAwareObject ||
                        arg instanceof String ||
                        arg instanceof byte[] ||
                        arg instanceof short[] ||
                        arg instanceof int[] ||
                        arg instanceof float[] ||
                        arg instanceof double[] ||
                        arg instanceof Enum) {
                    // 先创建一个代理对象 DvmObject
                    DvmObject<?> obj = ProxyDvmObject.createObject(vm, arg);
                    list.add(obj.hashCode());
                    vm.addLocalObject(obj);
                    continue;
                }

                list.add(arg);
            }
        }
        // 执行相应的 JNI 方法
        return Module.emulateFunction(emulator, fnPtr.peer, list.toArray());
    }
}
```

DvmObject 存放了三个成员变量，分别是 vm 虚拟机、参数对象、参数对象的数组类型，同时包含可以修改对象、获取对象的类型、判断对象是否为指定类的对象等方法。除此之外，DvmObject 还有一系列调用 JNI 方法的方法，如调用无返回值方法 callJniMethod()，调用 Boolean 返回值方法 callJniMethodBoolean()，调用 long 返回值方法 callJniMethodLong()等。除了数值类型之外，其余的类型都为 Object，需从 callJniMethod() 方法的返回值中获取对象的 hash 值，再根据 hash 值从 vm 中取得对象。而这些 public 方法最终都调用了 protected callJniMethod() 方法，我们可以看到在其中获得了调用函数的地址，对参数进行处理以获得参数列表，最终执行 Module.emulateFunction() 方法。

11.2.4　DvmClass 解析

unidbg 除了有对 Object 类进行描述而实现的 DvmObject 类，还有描述 Class 的 DvmClass 类，该类的部分代码如下所示。

```
public class DvmClass extends DvmObject<Class<?>> {

    private static final String ROOT_CLASS = "java/lang/Class";

    public final BaseVM vm;
    // 父类
```

```
            private final DvmClass superClass;
            // 接口类
            private final DvmClass[] interfaceClasses;
            // 类名
            private final String className;
            // 构造方法
            protected DvmClass(BaseVM vm, String className, DvmClass superClass,
                DvmClass[] interfaceClasses, Class<?> value) {
                super(ROOT_CLASS.equals(className) ? null : vm.resolveClass(ROOT_
                    CLASS), value);
                this.vm = vm;
                this.superClass = superClass;
                this.interfaceClasses = interfaceClasses;
                this.className = className;
            }
            // 新建一个 DalvikVM 对象
            public DvmObject<?> newObject(Object value) {
                return new DvmObject<>(this, value);
            }
        }
```

该类中携带了类名、类的父类、类的接口等信息，当然 DvmClass 包含的信息不止这些，DvmClass 类中的其余方法如图 11-1 所示。

从方法名可以看出，DvmClass 对 Class 的一些方法进行了代理实现，而我们需要关注的便是对用户开放的 API。用户可以获取该类的一些信息如类名、父类、接口等，还可以使用 newObject() 方法来新建一个 DvmObject 对象。此外 DvmClass 包含了调用静态 JNI 方法的一系列接口，它的实现与 DvmObject 中调用实例 JNI 方法的实现大致相同。

图 11-1　DvmClass 类中的其余方法

11.3　本章小结

在本章中，我们以 createDalvikVM() 为入口，对 DalvikVM 的创建过程中处理 JNI 方法的代码细节进行了详细分析。在分析完 JNIEnv 与 JavaVM 指针的创建过程后，我们又对 BaseVM、DvmObject、DvmClass 等类中的方法接口进行了简单的介绍，以便更好地了解相关接口并使用。在下一章中，我们将会对 unidbg 模拟 JNI 层的执行流程进行详细的讲解。

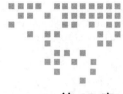

unidbg 源码解析：模拟执行流程追踪

在上一章中，我们对 DavlikVM 的内部实现进行了分析，但我们对 unidbg 的执行流程还不是很了解，到底 unidbg 是如何代理 JNI 层的呢？在本章中我们将从 unidbg 模拟执行函数为入口，对模拟执行流程进行详细的分析，为分析 unidbg 代理 JNI 层的流程做准备。

12.1　编写含 JNI 交互的 MD5 算法并模拟执行

接下来我们使用 JNI 接口编写一个 MD5 算法并进行调用。

12.1.1　编写含 JNI 交互的 so

首先我们编写一个含有 JNI 交互的 md5()方法，代码如下所示。

```
#include <jni.h>

extern "C"
JNIEXPORT jstring JNICALL
Java_com_dta_chap12_MainActivity_md5(JNIEnv *env, jobject thiz, jbyteArray data) {

    // 通过 env->FindClass 获取 MessageDigest 类
    jclass MessageDigest = env->FindClass("java/security/MessageDigest");
    // 获得 getInstance 方法的 jmethodID 以便调用
    jmethodID getInstance = env->GetStaticMethodID(MessageDigest,"getInstan
        ce", "(Ljava/lang/String;)Ljava/security/MessageDigest;");
    // 通过类名和 jmethodID 来调用 static 方法，得到 MessageDigest 对象
    jobject digest = env->CallStaticObjectMethod(MessageDigest,getInstance,e
        nv->NewStringUTF("md5"));
```

```
// 获取 update 方法的 jmethodID
jmethodID update = env->GetMethodID(MessageDigest, "update", "([B)V");
// 用 digest 对象调用 update 方法，传入参数 data
env->CallVoidMethod(digest,update,data);

// 获取 digest() 方法并调用，获得 md5 方法的运算结果 result
jmethodID dig = env->GetMethodID(MessageDigest,"digest", "()[B");
jobject result = env->CallObjectMethod(digest,dig);

// 调用自己编写的 byte2Hex 方法
jclass MainActivity = env->FindClass("com/dta/chap12/MainActivity");
jmethodID byte2Hex = env->GetMethodID(MainActivity,"byte2Hex","([B)Ljava/
    lang/String;");
jobject string_result = env->CallObjectMethod(thiz,byte2Hex,result);
// 最终返回计算出的字符串结果
return static_cast<jstring>(string_result);
}
```

运行之前的 build.sh 脚本，so 编译成功，如图 12-1 所示。

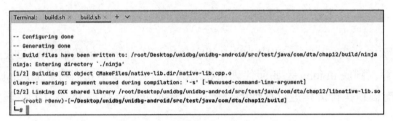

图 12-1　编译 so 脚本运行界面

12.1.2　使用 unidbg 进行模拟执行

在编译好 so 文件之后，接下来使用 unidbg 补全 JNI 环境并模拟执行，代码如下所示。

```
public class MainJni extends AbstractJni {
    private final AndroidEmulator emulator;
    private final VM vm;
    private final Memory memory;
    private final Module module;

    public MainJni(){
        // 创建 emulator 对象
        emulator = AndroidEmulatorBuilder
                .for32Bit()
                // .addBackendFactory(new DynarmicFactory(true)) // 会无法使用某些特性
                .build();
        // 创建 memory 模块对象
        memory = emulator.getMemory();
        memory.setLibraryResolver(new AndroidResolver(23));
        // 创建 vm 虚拟机
        vm = emulator.createDalvikVM();
        // 设置 JNI 接口
```

```
        vm.setJni(this);
        // 将要模拟执行的 so 加载到内存
        DalvikModule dalvikModule = vm.loadLibrary(new File("unidbg-android/
            src/test/java/com/dta/chap12/libnative-lib.so"), true);
        // 得到 module 对象
        module = dalvikModule.getModule();
    }

    public void callMd5(){
        DvmObject obj = vm.resolveClass("com/dta/chap12/MainActivity").
            newObject(null);
        String data = "dta";
        // 使用 DvmObject 的 callJniMethodObject() 方法来模拟执行 md5 函数并得到结果
        DvmObject dvmObject = obj.callJniMethodObject(emulator, "md5([B)Ljava/
            lang/String;", data.getBytes());
        String result = (String) dvmObject.getValue();
        System.out.println("[symble] Call the so md5 function result is ==> "+ result);
    }

    public static void main(String[] args) {
        long start = System.currentTimeMillis();
        MainJni mainActivity = new MainJni();
        System.out.println("load the vm "+( System.currentTimeMillis() - start )+ "ms");
        mainActivity.callMd5();
    }


    @Override
    public void callVoidMethodV(BaseVM vm, DvmObject<?> dvmObject, String
        signature, VaList vaList) {
        if (signature.equals("java/security/MessageDigest->update([B)V")){
            // 获得 MessageDigest 对象
            MessageDigest messageDigest = (MessageDigest) dvmObject.getValue();
            // 取得第一个参数的 hash 值
            int intArg = vaList.getIntArg(0);
            // 利用 hash 值从 vm 获得 DvmObject 对象，然后通过 getValue() 方法得到真正的对象
            Object object = vm.getObject(intArg).getValue();
            // 执行操作
            messageDigest.update((byte[]) object);
            return;
        }
        super.callVoidMethodV(vm, dvmObject, signature, vaList);
    }


    @Override
    public DvmObject<?> callObjectMethodV(BaseVM vm, DvmObject<?> dvmObject,
        String signature, VaList vaList) {
        if (signature.equals("java/security/MessageDigest->digest()[B")){
            MessageDigest messageDigest = (MessageDigest) dvmObject.getValue();
            byte[] digest = messageDigest.digest();
            // 将返回结果包装成 DvmObject 对象
            DvmObject<?> object = ProxyDvmObject.createObject(vm, digest);
            // 将该对象添加到 vm 虚拟机的引用中
```

```
            vm.addLocalObject(object);
            // 返回该 DvmObject 对象
            return object;
        }
        if (signature.equals("com/dta/chap12/MainActivity->byte2Hex([B)Ljava/
            lang/String;")){
            int intArg = vaList.getIntArg(0);
            Object object = vm.getObject(intArg).getValue();
            String s = byte2Hex((byte[]) object);
            StringObject stringObject = new StringObject(vm, s);
            // 添加 StringObject 对象到 vm 的引用中
            vm.addLocalObject(stringObject);
            return stringObject;
        }
        return super.callObjectMethodV(vm, dvmObject, signature, vaList);
    }

    public String byte2Hex(byte[] data){
        StringBuilder sb = new StringBuilder();
        for (byte b : data){
            String s = Integer.toHexString(b & 0xFF);
            if (s.length() < 2){
                sb.append("0");
            }
            sb.append(s);
        }
        return sb.toString();
    }
}
```

这部分代码与之前编写的例子大致相同，在此就不多做解释了，读者可自行复习本书第 3 章中的内容。

12.2 模拟执行流程追踪：寻找函数

在编写完含 JNI 交互的 md5 函数后，我们便可以动态调试，沿着 unidbg 执行的流程对其中的实现细节进行追踪探究。

我们通过 obj.callJniMethodObject() 方法来模拟执行 md5 函数，并以此为入口，深入 unidbg 内部实现进行分析，相关代码如下所示。

```
// 调用返回值 Object 的 JNI 方法
@SuppressWarnings("unused")
public <V extends DvmObject<?>> V callJniMethodObject(Emulator<?> emulator,
    String method, Object...args) {
    // 判断对象的类型是否为空（省略）
    try {
        // 调用 callJniMethod() 来模拟执行，并获取方法的返回值。传入对象的类型 DvmClass、对
        //   象、方法名、参数，前两个参数使用默认值即可
        Number number = callJniMethod(emulator, vm, objectType, this, method, args);
```

```
        // 通过 intValue() 获得对象的 hash 值，再从 vm 中取出对象并返回
        return objectType.vm.getObject(number.intValue());
    } finally {
        vm.deleteLocalRefs();
    }
}
// 实际调用的执行 JNI 方法的方法
protected static Number callJniMethod(Emulator<?> emulator, VM vm, DvmClass
    objectType, DvmObject<?> thisObj, String method, Object...args) {
    // 通过方法名称，得到方法的指针地址
    UnidbgPointer fnPtr = objectType.findNativeFunction(emulator, method);

    // 参数的处理与函数的模拟执行（省略）
}
```

在 callJniMethodObject() 方法中，通过调用 callJniMethod() 方法来获得对象的 hash 值，再通过该 hash 值从 vm 中取出 DvmObject 对象并返回。

在通用的 callJniMethod() 方法重载中，首先调用了 objectType.findNativeFunction() 方法来根据传入的函数名获取函数的地址。其中通过 objectType.findNativeFunction() 方法来找到函数地址的实现如下所示。

```
UnidbgPointer findNativeFunction(Emulator<?> emulator, String method) {
    //（动态注册）首先从 nativesMap 中查找是否有该方法
    UnidbgPointer fnPtr = nativesMap.get(method);
    // 分割出函数名
    int index = method.indexOf('(');
    if (fnPtr == null && index == -1) {
        // 如果 nativesMap 中没有找到，并且也没有找到函数名的 '('，则认为用户只输入了函数名
        index = method.length();
    }
    // 对函数名与类名进行拼接，得到完整的带 Java 类名的 JNI 函数名（静态注册）
    String symbolName = "Java_" + getClassName().replace("_", "_1").replace('/', '_').
        replace("$", "_00024") + "_" + method.substring(0, index).replace("_", "_1");
    // 如果动态注册没有找到函数，则尝试静态注册寻找
    if (fnPtr == null) {
        // 遍历加载的每一个 module 对象
        for (Module module : emulator.getMemory().getLoadedModules()) {
            // 尝试在加载的 module 中寻找符号名
            Symbol symbol = module.findSymbolByName(symbolName, false);
            if (symbol != null) {
                // 如果找到了符号，则获得函数的指针
                fnPtr = (UnidbgPointer) symbol.createPointer(emulator);
                break;
            }
        }
    }
    // 如果 fnPtr 还是为 null，则抛出异常，表示找不到该方法
    if (fnPtr == null) {
        throw new IllegalArgumentException("find method failed: " + method);
    }
    // 是否打印日志
```

```
    if (vm.verbose) {
        System.out.printf("Find native function %s => %s%n", symbolName, fnPtr);
    }
    return fnPtr;
}
```

　　首先从 nativesMap 中查找是否有该方法，也就是查看该函数是否存在于动态注册之中。之后寻找 '(' 的下标，以便分割出函数名，如果 index=-1，则表示传入的函数名称没有 '('，可能用户只传入了函数名，这样便将 index 设置成字符串的长度，可以使用下面的代码取到函数名了。之后对静态注册的函数名进行拼接，可以发现它并没有添加函数签名，这是因为静态注册的函数名都是不相同的，对于 Java 层中不同的函数重载，静态注册会在函数名后加上格式化的参数类型来区分，所以，如果是寻找静态注册的函数，直接传入函数名即可，但一般都是写全函数签名，这样在动态注册的函数列表与静态注册中都能查找。

　　之后判断了 fnPtr 是否为 null，如果为 null，说明没有在动态注册的函数中找到，需要遍历加载的每一个 module，并查看 module 中是否有拼接好的函数符号名，如果找到了，则将该函数的地址赋值给 fnPtr。

　　在经过动态注册和静态注册的函数查找后，如果 fnPtr 还为 null，则抛出寻找该方法失败的异常。

　　为什么说 nativesMap 存放的是动态注册的函数列表呢？在 nativesMap 右键选择 Find Usages(Alt + F7) 来寻找相关的引用，发现它在 DalvikVM 类中注册 JNI 函数、unidbg 模拟实现 _RegisterNatives 时被调用，相关代码如下所示。

```
Pointer _RegisterNatives = svcMemory.registerSvc(new ArmSvc() {
    @Override
    public long handle(Emulator<?> emulator) {
        // 获得寄存器上下文
        RegisterContext context = emulator.getContext();
        // 获得 R1 寄存器的值，为 clazz 类进行动态注册
        UnidbgPointer clazz = context.getPointerArg(1);
        // 获得 R2 寄存器的值，动态注册的方法列表
        Pointer methods = context.getPointerArg(2);
        // 获得 R3 寄存器的值，动态注册的方法列表的长度
        int nMethods = context.getIntArg(3);
        DvmClass dvmClass = classMap.get(clazz.toIntPeer());
        // 是否打印调试信息
        if (log.isDebugEnabled()) {
            log.debug("RegisterNatives dvmClass=" + dvmClass + ", methods=" +
                methods + ", nMethods=" + nMethods);
        }
        // 是否打印日志
        if (verbose) {
            System.out.printf("JNIEnv->RegisterNatives(%s, %s, %d) was
                called from %s%n", dvmClass.getClassName(), methods, nMethods,
                context.getLRPointer());
        }
        for (int i = 0; i < nMethods; i++) {
```

```
// 取出 method 信息
Pointer method = methods.share(i * 0xcL);
Pointer name = method.getPointer(0);
Pointer signature = method.getPointer(4);
Pointer fnPtr = method.getPointer(8);
String methodName = name.getString(0);
String signatureValue = signature.getString(0);
if (log.isDebugEnabled()) {
    log.debug("RegisterNatives dvmClass=" + dvmClass + ", name=" +
        methodName + ", signature=" + signatureValue + ", fnPtr=" + fnPtr);
}
// 将 method 放入 nativesMap 中，完成模拟动态注册的过程
dvmClass.nativesMap.put(methodName + signatureValue, (UnidbgPointer) fnPtr);
// 打印日志
if (verbose) {
    System.out.printf("RegisterNative(%s, %s%s, %s)%n", dvmClass.
        getClassName(), methodName, signatureValue, fnPtr);
}
}
return JNI_OK;
}
});
```

在 _RegisterNatives 注册的 Svc 中，handle() 方法为 unidbg 的代理实现代码，可以看到该方法先通过寄存器上下文取到了函数的三个参数，之后遍历需要注册的方法列表，将动态注册的函数相关信息添加到注册的 clazz 类的 nativesMap 中，来模拟动态注册的过程。

12.3　模拟执行流程追踪：处理参数并模拟执行

继续返回 callJniMethod 方法，查看它对参数的处理，代码如下所示。

```
protected static Number callJniMethod(Emulator<?> emulator, VM vm, DvmClass
    objectType, DvmObject<?> thisObj, String method, Object...args) {
// 通过方法名称，得到方法的指针地址
UnidbgPointer fnPtr = objectType.findNativeFunction(emulator, method);
// 将对象添加到虚拟机中
vm.addLocalObject(thisObj);
List<Object> list = new ArrayList<>(10);
// 将 JNIEnv 添加到参数列表中
list.add(vm.getJNIEnv());
// 将对象的 hash 值添加到参数列表中
list.add(thisObj.hashCode());
// 对方法的参数进行处理
if (args != null) {
    for (Object arg : args) {
        // 将布尔类型转换为 VM.JNI_TRUE 或者 VM.JNI_FALSE（1 或者 0）
        if (arg instanceof Boolean) {
            list.add((Boolean) arg ? VM.JNI_TRUE : VM.JNI_FALSE);
            continue;
        // 对继承了 Hashable 的对象进行处理，也就是对继承了 Hashable 的 DvmObject 进行处理
        } else if(arg instanceof Hashable) {
```

```
            // 将对象的 hash 值添加到参数列表中
            list.add(arg.hashCode());
            // 如果是 DvmObject，再将它添加到 vm 的本地引用中
            if(arg instanceof DvmObject) {
                vm.addLocalObject((DvmObject<?>) arg);
            }
            continue;
            // 对 Java 其他的 Object 进行处理
        } else if (arg instanceof DvmAwareObject ||
                arg instanceof String ||
                arg instanceof byte[] ||
                arg instanceof short[] ||
                arg instanceof int[] ||
                arg instanceof float[] ||
                arg instanceof double[] ||
                arg instanceof Enum) {
            // 先创建一个代理对象 DvmObject
            DvmObject<?> obj = ProxyDvmObject.createObject(vm, arg);
            // 将对象的 hash 值添加到参数列表中
            list.add(obj.hashCode());
            // 将对象添加到 vm 维护的本地引用中
            vm.addLocalObject(obj);
            continue;
        }
        // 如果不是以上类型，则直接将它添加到参数列表中
        list.add(arg);
    }
}
// 调用 Module.emulateFunction 来模拟执行相应的 JNI 方法
return Module.emulateFunction(emulator, fnPtr.peer, list.toArray());
}
```

之后便是对参数列表的处理，如果是 Boolean 类型，需要将它转换为 0 和 1 后再添加到参数列表中；如果是 DvmObject 类型，将它的 hash 值添加到参数列表中，并将对象添加到 vm 的本地引用中；如果是其他常见的对象类型，将它代理为 DvmObject 对象后再将它的 hash 值添加到参数列表，并将对象添加到 vm 的本地引用中以便获取。

在构造好参数列表 list 后，使用 Module.emulateFunction() 方法来模拟执行，代码如下所示。

```
public static Number emulateFunction(Emulator<?> emulator, long address, Object... args) {
    // 新建一个存放 Number 对象的 list 来存放参数，长度为参数列表的长度
    List<Number> list = new ArrayList<>(args.length);
    // 遍历每一个参数 arg
    for (Object arg : args) {
        if (arg instanceof String) {
            // 将 String 类型的参数封装为 StringNumber
            list.add(new StringNumber((String) arg));
        } else if(arg instanceof byte[]) {
            // 将 byte[] 类型的参数封装为 ByteArrayNumber
            list.add(new ByteArrayNumber((byte[]) arg));
        } else if (arg instanceof PointerArg) {
            // 将 Pointer 类型的参数封装为 PointerNumber
            PointerArg pointerArg = (PointerArg) arg;
```

```
                list.add(new PointerNumber((UnidbgPointer) pointerArg.getPointer()));
            } else if (arg instanceof Number) {
                list.add((Number) arg);
            } else if(arg == null) {
                // 如果参数等于 null，则添加一个空指针
                list.add(new PointerNumber(null)); // null
            } else {
                // 如果是其他类型的参数，则抛出异常
                throw new IllegalStateException("Unsupported arg: " + arg);
            }
        }
        // 执行 emulator.eFunc() 方法来模拟执行函数
        return emulator.eFunc(address, list.toArray(new Number[0]));
}
```

emulateFunction 方法又对参数进行了处理，将相应的参数封装为 Number 类型。但动态调用过程中，发现参数 byte[] 数组已经在上层 callJniMethod() 方法中被封装为 Number，所以直接将它添加到 list 列表中，并没有走 byte[] 的分支。

处理完参数之后，便调用了 eFunc() 方法，代码如下所示。

```
@Override
public Number eFunc(long begin, Number... arguments) {
    // private static final long LR = 0xffff0000L;
    return runMainForResult(new Function32(getPid(), begin, LR, isPaddingArgument(),
        arguments));
}
```

eFunc 方法返回了 runMainForResult() 方法的执行结果，该方法传入 MainTask 类型的参数，并最终执行了传入参数 Function32 的重写的 run() 方法。Function32 类的代码如下所示。

```
public class Function32 extends MainTask {

    private static final Log log = LogFactory.getLog(Function32.class);

    private final long address;
    private final boolean paddingArgument;
    private final Number[] arguments;

    public Function32(int pid, long address, long until, boolean
        paddingArgument, Number... arguments) {
        // 在父类 MainTask 中保存成员变量 until；在父类的父类 AbstractTask 中保存成员变量 pid
        super(pid, until);
        // 保存函数的地址
        this.address = address;
        // 是否填充参数标志位
        this.paddingArgument = paddingArgument;
        // 参数列表
        this.arguments = arguments;
    }

    @Override
    protected Number run(AbstractEmulator<?> emulator) {
```

```
    // 获得后端
    Backend backend = emulator.getBackend();
    // 得到 Memory 模块
    Memory memory = emulator.getMemory();
    // 对参数进行初始化
    ARM.initArgs(emulator, paddingArgument, arguments);
    // 获得栈指针
    long sp = memory.getStackPoint();
    if (sp % 8 != 0) {
        log.info("SP NOT 8 bytes aligned", new Exception(emulator.
            getStackPointer().toString()));
    }
    // LR 寄存器存放着函数执行完的返回地址；until 为一个固定的返回地址，返回到 until 就代
       表模拟执行结束
    backend.reg_write(ArmConst.UC_ARM_REG_LR, until);
    // 调用 emulator.emulate() 方法进行模拟执行
    return emulator.emulate(address, until);
}

    // toString() 方法实现（省略）
}
```

在 Function32 类中，构造方法仅仅是保存了各个变量。在最终执行的 run() 方法中，先调用了 ARM.initArgs() 方法对参数等进行初始化，之后将固定地址 0xffff0000L 写入 LR 寄存器，最后调用 emulate() 方法进行模拟执行。

其中 ARM.initArgs() 初始化参数的代码如下所示。

```
public static void initArgs(Emulator<?> emulator, boolean padding, Number...
    arguments) {
    // padding=true，需要对参数进行对齐
    // 获得后端
    Backend backend = emulator.getBackend();
    // 获得 Memory 模块
    Memory memory = emulator.getMemory();
    // 获得存储参数的寄存器列表（遵循调用约定）
    // 对于 32 位，R0、R1、R2、R3 存储前四个参数，多余的参数倒序入栈
    int[] regArgs = ARM.getRegArgs(emulator);
    List<Number> argList = new ArrayList<>(arguments.length * 2);
    int regVector = Arm64Const.UC_ARM64_REG_Q0;
    for (Number arg : arguments) {
        if (emulator.is64Bit()) {
            // 如果是 64 位模拟器，对浮点数的处理
            if (arg instanceof Float) {
                ByteBuffer buffer = ByteBuffer.allocate(16);
                buffer.order(ByteOrder.LITTLE_ENDIAN);
                buffer.putFloat((Float) arg);
                emulator.getBackend().reg_write_vector(regVector++, buffer.array());
                continue;
            }
            if (arg instanceof Double) {
                // 同 Float 的处理（省略）
            }
            argList.add(arg);
```

```
            continue;
        }
        if (arg instanceof Long) {
            // 打印调试信息 (省略)
            if (padding && argList.size() % 2 != 0) {
                // 进行填充
                argList.add(0);
            }
            // 申请长度为 8 的字节缓冲区
            ByteBuffer buffer = ByteBuffer.allocate(8);
            buffer.order(ByteOrder.LITTLE_ENDIAN);
            // 将 Long 数据存入
            buffer.putLong((Long) arg);
            buffer.flip();
            // 从缓冲区的 8 字节数据中取两个 4 字节数据
            int v1 = buffer.getInt();
            int v2 = buffer.getInt();
            // 添加到参数列表中
            argList.add(v1);
            argList.add(v2);
        } else if (arg instanceof Double) {
            // 处理大致同 Long (省略)
        } else if (arg instanceof Float) {
            // 打印调试信息
            if (log.isDebugEnabled()) {
                log.debug("initFloatArgs size=" + argList.size() + ", length=" +
                    regArgs.length, new Exception("initArgs float=" + arg));
            }
            // 申请 4 字节空间
            ByteBuffer buffer = ByteBuffer.allocate(4);
            // 小端序存放
            buffer.order(ByteOrder.LITTLE_ENDIAN);
            // 存入 Float 数据
            buffer.putFloat((Float) arg);
            buffer.flip();
            // 将 Float 数据添加到参数列表中
            argList.add(buffer.getInt());
        } else {
            // 将其余数据直接添加到参数列表中
            argList.add(arg);
        }
    }
// 将 String 与 byte[] 的内容写入栈，并用指向该地址的指针替换参数
final Arguments args = new Arguments(memory, argList.toArray(new Number[0]));

List<Number> list = new ArrayList<>();
if (args.args != null) {
    Collections.addAll(list, args.args);
}
int i = 0;
// 按照调用规则将参数写入寄存器
while (!list.isEmpty() && i < regArgs.length) {
    backend.reg_write(regArgs[i], list.remove(0));
    i++;
```

```
    }
    // 如果还有多余的参数，将参数反转
    Collections.reverse(list);
    if (list.size() % 2 != 0) { // alignment sp
        // 参数对齐，32 位的按 8 字节对齐，64 位的按 16 字节对齐
        memory.allocateStack(emulator.getPointerSize());
    }
    // 如果参数列表不为空，则还有多余的参数
    while (!list.isEmpty()) {
        // 依次取参数
        Number number = list.remove(0);
        // 在栈上开辟指针大小的空间
        UnidbgPointer pointer = memory.allocateStack(emulator.getPointerSize());
        assert pointer != null;
        if (emulator.is64Bit()) {
            // 64 位模拟器指针长度为 8 字节，写入 Long
            if ((pointer.peer % 8) != 0) {
                log.warn("initArgs pointer=" + pointer);
            }
            pointer.setLong(0, number.longValue());
        } else {
            // 32 位模拟器指针长度为 4 字节，写入 Int
            if ((pointer.toUIntPeer() % 4) != 0) {
                log.warn("initArgs pointer=" + pointer);
            }
            pointer.setInt(0, number.intValue());
        }
    }
}
```

在 initArgs() 方法中，将以数值形式存储的参数直接存入参数列表，并在 Arguments 类中将 String 或者 byte[] 类型的数据写入内存中，将指向该内存的指针存入参数列表。最后根据调用约定，将参数存入寄存器中，多余的则倒序压入栈。其中 Arguments 类中处理参数的代码如下所示。

```
public class Arguments {
    public final Number[] args;

    Arguments(Memory memory, Number[] args) {
        int i = 0;
        while (args != null && i < args.length) {
            // 遍历每一个参数
            if (args[i] instanceof StringNumber) {
                // 如果有类型为 StringNumber 的
                StringNumber str = (StringNumber) args[i];
                // 将字符串写入内存中
                UnidbgPointer pointer = memory.writeStackString(str.value);
                if (log.isDebugEnabled()) {
                    log.debug("map arg" + (i+1) + ": " + pointer + " -> " + args[i]);
                }
                // 将参数重新赋值为指向内存中字符串数据的地址
                args[i] = pointer.peer;
                // 添加到成员变量 pointers 指针列表中保存
                pointers.add(pointer.peer);
```

```
        } else if (args[i] instanceof ByteArrayNumber) {
            ByteArrayNumber array = (ByteArrayNumber) args[i];
            // 将 byte 数组写入内存
            UnidbgPointer pointer = memory.writeStackBytes(array.value);
            if (log.isDebugEnabled()) {
                log.debug("map arg" + (i+1) + ": " + pointer + " -> " +
                    Hex.encodeHexString(array.value));
            }
            // 将参数重新赋值为指向内存中 byte 数据的地址
            args[i] = pointer.peer;
            pointers.add(pointer.peer);
        } else if (args[i] == null) {
            args[i] = 0;
        }
        i++;
    }
    // 保存参数
    this.args = args;
}

public final List<Number> pointers = new ArrayList<>(10);

}
```

在 Function32.run() 方法中处理完参数后，通过 emulate() 方法进行模拟执行。emulate()
方法的代码如下所示。

```
public final Number emulate(long begin, long until) throws PopContextException {
    // 如果正在运行，停止并抛出异常
    if (running) {
        backend.emu_stop();
        throw new IllegalStateException("running");
    }
    // 如果是 32 位，对地址进行处理
    if (is32Bit()) {
        begin &= 0xffffffffL;
    }
    // 将开始地址封装为指针
    final Pointer pointer = UnidbgPointer.pointer(this, begin);
    long start = 0;
    Thread exitHook = null;
    try {
        if (log.isDebugEnabled()) {
            log.debug("emulate " + pointer + " started sp=" + getStackPointer());
        }
        // 记录开始执行的时间点
        start = System.currentTimeMillis();
        // 设置运行标志为 true
        running = true;
        if (log.isDebugEnabled()) {
            // 如果启用了调试，添加一个 ShutdownHook
            exitHook = new Thread() {
                @Override
                public void run() {
```

```
                    backend.emu_stop();
                    Debugger debugger = attach();
                    if (!debugger.isDebugging()) {
                        debugger.debug();
                    }
                }
            };
            Runtime.getRuntime().addShutdownHook(exitHook);
    }
    // 使用后端来真正地进行模拟执行
    backend.emu_start(begin, until, 0, 0);
    if (is64Bit()) {
        // 如果是 64 位模拟器，读取 X0 寄存器的值作为返回值
        return backend.reg_read(Arm64Const.UC_ARM64_REG_X0);
    } else {
        // 如果是 32 位，读取 R0 和 R1 寄存器的值，处理后返回，便能拿到 4 字节或者 8 字节的返回值
        Number r0 = backend.reg_read(ArmConst.UC_ARM_REG_R0);
        Number r1 = backend.reg_read(ArmConst.UC_ARM_REG_R1);
        return (r0.intValue() & 0xffffffffL) | ((r1.intValue() &
            0xffffffffL) << 32);
    }
} catch (ThreadContextSwitchException e) {
    // 异常处理（省略）
} finally {
    // 如果有 exitHook
    if (exitHook != null) {
        Runtime.getRuntime().removeShutdownHook(exitHook);
    }
    // 运行结束，设置运行标志为 false
    running = false;
    // 打印日志信息
    if (log.isDebugEnabled()) {
        log.debug("emulate " + pointer + " finished sp=" +
            getStackPointer() + ", offset=" + (System.currentTimeMillis() -
            start) + "ms");
    }
}
}
```

在处理完参数后，最终在 emulate() 方法内调用了 backend.emu_start() 方法以使用后端来进行模拟执行。在模拟执行后对函数的返回值进行处理，并将处理后的结果返回。到这里，unidbg 的模拟执行流程便分析完毕了。

12.4 本章小结

在本章中，我们以模拟执行函数 callJniMethodObject() 方法为入口，跟入并分析其内部代码实现，首先研究了 unidbg 是如何根据函数名查找到函数地址的，之后分析了 unidbg 对于函数传入的参数的处理，最后调用后端来进行模拟执行。在下一章中，我们将会对 unidbg 是如何代理 JNI 层的实现进行分析，便于我们理解 unidbg 的 JNI 交互流程。

第 13 章 *Chapter 13*

unidbg 源码解析：JNI 交互流程追踪

在上一章中，我们对 unidbg 模拟执行一个函数的流程进行了代码追踪与解析，在本章，我们将会对函数执行后，调用 JNI 方法的流程进行详细的分析。

13.1　JNI 注册

首先我们可以借助 unidbg 的 Console Debugger 功能，来查看一下传入的 JNIEnv 指针的相关细节。注意，Debugger 功能不支持使用 Dynarmic 后端，所以这里切换到默认的 Unicorn 后端。首先我们使用 IDA 打开生成的 libnative-lib.so 文件，找到 md5 函数，如图 13-1 所示。

可以看到该函数的地址是 0x630，然后我们在上一章提到的 unidbg 模拟执行的代码的 callMd5() 中添加断点，如下所示。

```
public void callMd5(){
    // 利用偏移的方式添加断点，thumb 指令地址要加 1
    emulator.attach().addBreakPoint(module,0x631);
    // 也支持通过符号名来下断点的方式，但是这种方式不能实现任意地址下断点
//      emulator.attach().addBreakPoint(module,"Java_com_dta_chap12_
            MainActivity_md5");
    // 函数原代码（省略）
}
```

在添加了断点后，点击运行项目，运行结果如图 13-2 所示。

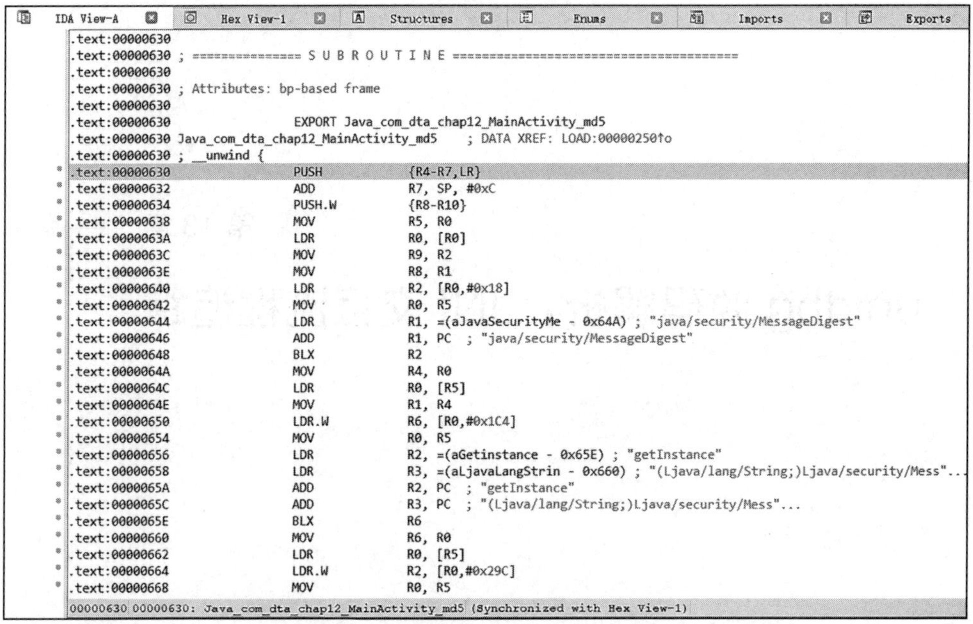

图 13-1 使用 IDA 查看 md5 函数

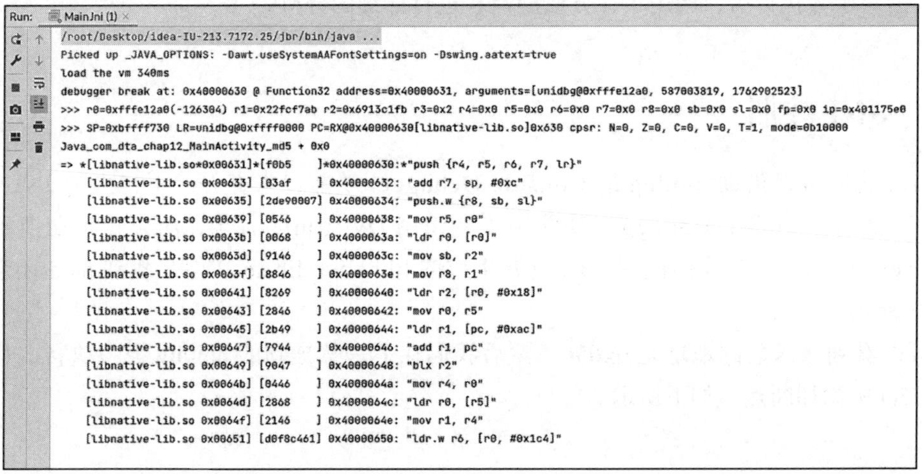

图 13-2 使用 unidbg 断点调试 md5 函数

我们可以看到程序已经在 0x631 处断下，并且打印了寄存器相关信息，R1、R2、R3 寄存器分别存放着传入的参数 JNIEnv、对象 jobject 以及字节数组。此时我们便可以在 IDEA 的终端中使用命令来调试程序了，就算不熟悉命令也没有关系，直接回车，会提示可输入的命令以及相应描述，如图 13-3 所示。

R0 寄存器中的值为 0xfffe12a0，我们尝试输入以下命令来读取 R0 寄存器指向内存的信息：

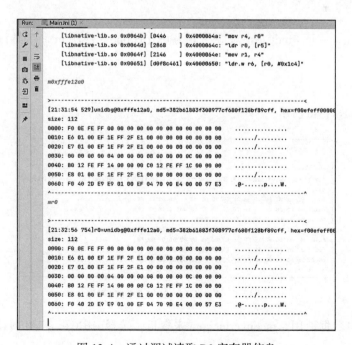

图 13-3　gdb 调试命令提示信息

```
mr0
m0xfffe12a0
```

上述的命令任选其一即可，因为 R0 的值就是 0xfffe12a0，所以这两条命令的含义是等价的。在输入了命令并回车之后，可以看到输出信息如图 13-4 所示。

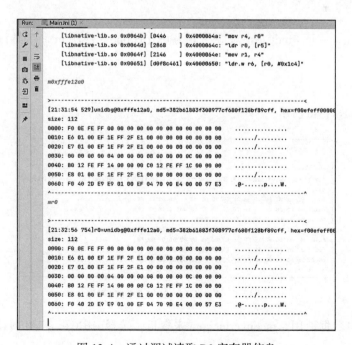

图 13-4　通过调试读取 R0 寄存器信息

可以看到其中的数据为 F0 0E FE FF，且由于是使用小端序来存储，所以真实的值为 0xfffe0ef0，这也是 JNIEnv 指针的值，我们继续使用 m 命令来查看指针指向的内存。

```
m0xfffe0ef0
```

得到的输出信息如图 13-5 所示。

此处的内存空间布局与 jni.h 中的 JNINativeInterface 的布局是一致的，可以看到前 16 字节为保留部分，之后每 4 字节是一个函数指针，其中 JNINative-Interface 结构体的部分结构如下所示。

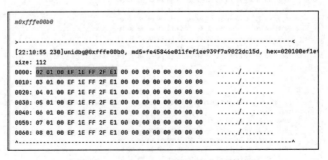

图 13-5　JNIEnv 指针指向的内存

```c
struct JNINativeInterface {
    // 在 32 位中，一个指针大小为 4 字节，空出 16 字节
    void*          reserved0;
    void*          reserved1;
    void*          reserved2;
    void*          reserved3;
    // GetVersion 从 0x10 偏移处开始
    jint           (*GetVersion)(JNIEnv *);

    jclass         (*DefineClass)(JNIEnv*, const char*, jobject, const jbyte*,
                        jsize);
    jclass         (*FindClass)(JNIEnv*, const char*);
    // 其余的函数定义 (省略)
}
```

我们可以查看一下 FindClass 对应的值为 0xfffe00b0，使用 m 命令继续查看其存储的数据。

```
m0xfffe00b0
```

输出结果如图 13-6 所示。

图 13-6　FindClass 指针指向的数据

我们将这段数据使用 armconverter.com 来解析，选择 HEX to ARM 转换，得到的结果如图 13-7 所示。

图 13-7　使用 armconverter.com 将十六进制转换为 ARM

可以得到如下指令：

```
svc #0x102
bx lr
```

而这部分的指令是从何而来的呢？我们回到注册 JNI 函数的部分，在 DalvikVM 类的构造方法中，对各个 JNI 函数进行了注册 Svc 的操作。我们已经分析过 ARMSvcMemory. registerSvc() 方法，它首先分配了一个 SvcNumber，然后调用了 Svc 的 onRegister() 方法。我们跟入 onRegister() 方法，ArmSvc 类的代码如下所示。

```java
public abstract class ArmSvc implements Svc {
    public static final int SVC_MAX = 0xffffff;
    public static int assembleSvc(int svcNumber) {
        // 有效性检验
        if (svcNumber >= 0 && svcNumber < SVC_MAX - 1) {
            // 按位或运算后返回
            return 0xef000000 | svcNumber;
        } else {
            throw new IllegalStateException("svcNumber=0x" + Integer.
                toHexString(svcNumber));
        }
    }

    private final String name;
    public ArmSvc() {
        this(null);
    }

    public ArmSvc(String name) {
        this.name = name;
    }

    @Override
    public UnidbgPointer onRegister(SvcMemory svcMemory, int svcNumber) {
        // 申请了 8 字节的空间
        ByteBuffer buffer = ByteBuffer.allocate(8);
        // 设置小端序
```

```
buffer.order(ByteOrder.LITTLE_ENDIAN);
// 写入 Int
buffer.putInt(assembleSvc(svcNumber)); // svc #svcNumber
// 写入固定值 0xe12fff1e
buffer.putInt(0xe12fff1e); // bx lr
// 得到字节数组
byte[] code = buffer.array();
String name = getName();
// 从 SvcMemory 中申请一块空间, 将得到的字节数组写入
UnidbgPointer pointer = svcMemory.allocate(code.length, name == null ?
    "ArmSvc" : name);
pointer.write(code);
// 返回写入数据后的空间的指针
return pointer;
}

@Override
public void handlePostCallback(Emulator<?> emulator) {
}

@Override
public void handlePreCallback(Emulator<?> emulator) {
}

@Override
public String getName() {
    return name;
}
}
```

在 onRegister() 方法中, 首先申请了 8 字节的空间, 然后在其中写入两个 Int 值, 最终将该字节数组数据写入从 AvcMemory 申请的空间中, 并返回指向该空间的指针。在 DalvikVM 类的构造方法中, 每个 JNI 函数字段得到的是 registerSvc() 方法的返回值, 最终返回的是 onRegister() 方法的结果, 即指向该数据的指针。

为了探究写入数据的含义, 我们可以通过动态调试来进一步分析。在 _FindClass 注册处下断点, 成功断下后在 onRegister() 方法内下断点并运行, 这样便可以断到 onRegister() 方法内部了。对于注册 _FindClass 来说, SvcNumber 的值为 0x102, 之后将它与 0xef000000 进行按位或运算, 得到 0xef000102, 将该值写入后再将 0xe12fff1e 写入, 最终得到数据的字节数组。

可见计算出并写入的数据恰好是我们动态调试时读取的 JNIEnv 的内部数据, 也就是使用 armconverter 解析出来的指令。当程序想执行 _FindClass 方法时, 会跳转到它的指针指向的空间, 来执行 svc 指令以及跳转到返回地址。

13.2　JNI 指令执行

下面注释掉 unidbg 下断点的代码, 使用 emulate.traceCode() 方法来追踪指令, 逐步分析 JNI 方法是如何执行的。尝试运行, 运行结果如图 13-8 所示。

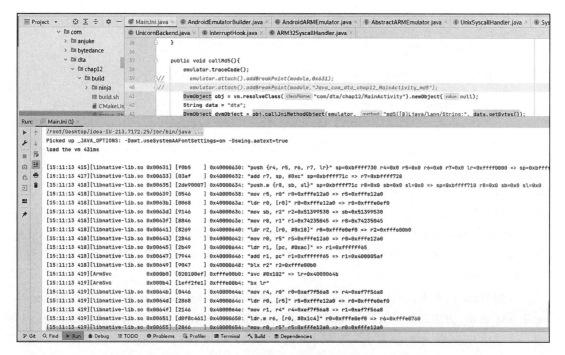

图 13-8　追踪得到的汇编指令

可以看到 unidbg 已经追踪打印了所有执行的汇编指令，其中第一部分指令如下所示。

```
// 保存 R0 寄存器 JNIEnv 指针的值到 R5 寄存器中
[libnative-lib.so 0x00639] [0546     ] 0x40000638: "mov r5, r0" r0=0xfffe12a0
    => r5=0xfffe12a0
// R0 存储的是 JNIEnv 指针：取到 R0 中的值指向的内存地址并赋值给 r0，也就是得到指向 JNIEnv 结构
  体的指针
[libnative-lib.so 0x0063b] [0068     ] 0x4000063a: "ldr r0, [r0]" r0=0xfffe12a0
    => r0=0xfffe0ef0
[libnative-lib.so 0x0063d] [9146     ] 0x4000063c: "mov sb, r2" r2=0x51399530
    => sb=0x51399530
[libnative-lib.so 0x0063f] [8846     ] 0x4000063e: "mov r8, r1" r1=0x74235045
    => r8=0x74235045
// 根据 FindClass 在 JNIEnv 中的偏移，得到 FindClass 的指针，给 R2
[libnative-lib.so 0x00641] [8269     ] 0x40000640: "ldr R2, [r0, #0x18]"
    r0=0xfffe0ef0 => r2=0xfffe00b0
// 恢复 R0 为存放 JNIEnv 指针的地址
[libnative-lib.so 0x00643] [2846     ] 0x40000642: "mov r0, r5" r5=0xfffe12a0
    => r0=0xfffe12a0
// 得到参数 java/security/MessageDigest，放入 R1
[libnative-lib.so 0x00645] [2b49     ] 0x40000644: "ldr r1, [pc, #0xac]" =>
    r1=0xfffffff65
[libnative-lib.so 0x00647] [7944     ] 0x40000646: "add r1, pc" r1=0xfffffff65
    => r1=0x400005af
// 跳转到 FindClass 指针对应的地址空间，来执行响应代码
[libnative-lib.so 0x00649] [9047     ] 0x40000648: "blx r2" r2=0xfffe00b0
```

```
// 转到申请的 Svc 内存，来执行写入的 svc 指令
[ArmSvc             0x000b0] [020100ef] 0xfffe00b0: "svc #0x102" =>
    lr=0x4000064b
// 执行完后跳转到返回地址
[ArmSvc             0x000b4] [1eff2fe1] 0xfffe00b4: "bx lr"
// 返回结果存入 R4 寄存器
[libnative-lib.so 0x0064b] [0446     ] 0x4000064a: "mov r4, r0" r0=0xef7f56a8
    => r4=0xef7f56a8
```

该部分汇编代码首先将 R0 寄存器的值（即 JNIEnv 指针）备份至 R5 寄存器，然后通过 JNIEnv 获得 FindClass 的指针并存入 R2 寄存器，接着将要寻找的类名"java/security/MessageDigest"存入 R1 寄存器，再跳转到 R2 的地址空间，来执行 svc 指令，处理完成后再跳转回来继续向下运行。

svc 指令的作用是产生一个异常，而 Unicorn 的 InterruptHook 会捕获该异常，对于这部分，我们在第 9 章中有过简单实现，这里不再赘述，所以当 unidbg 模拟执行到 svc 指令时，就会回调 InterruptHook。

添加 Hook 的相关代码位于新建模拟器时的 AbstractARMEmulator 类中，通过 backend. hook_add_new() 方法来添加 syscallHandler，而 syscallHandler 类继承了自编写的 InterruptHook 类，该类比 Unicorn 中的类多了一个 swi 参数，目的是获取 svc 指令的操作数。其中 hook_ add_new() 的相关代码如下所示。

```java
// UnicornBackend.java
@Override
public void hook_add_new(final InterruptHook callback, Object user_data)
    throws BackendException {
    try {
        unicorn.hook_add_new(new unicorn.InterruptHook() {
            @Override
            public void hook(Unicorn u, int intno, Object user) {
                int swi;
                // 判断模拟器的位数
                if (is64Bit) {
                    // 对 64 位的处理
                    // 获得 PC 寄存器的值，也就是即将执行语句的地址
                    UnidbgPointer pc = UnidbgPointer.register(emulator,
                        Arm64Const.UC_ARM64_REG_PC);
                    // 减去 4 字节得到上一条指令也就是 svc，经过运算获得 swi
                    swi = (pc.getInt(-4) >> 5) & 0xffff;
                } else {
                    // 对 32 位的处理
                    // 获得 PC 寄存器的值，即下一条执行指令的地址
                    UnidbgPointer pc = UnidbgPointer.register(emulator,
                        ArmConst.UC_ARM_REG_PC);
                    // 判断是否为 thumb 模式
                    boolean isThumb = ARM.isThumb(UnicornBackend.this);
                    if (isThumb) {
                        // 如果是 thumb 模式，每条指令长度为 2，减去 2 字节得到 svc 指令并通
                            过与运算得到 swi
```

```
                        swi = pc.getShort(-2) & 0xff;
                    } else {
                        // 如果是 ARM 模式，则减去 4 字节指令长度，来读取指令并进行与运算得到 swi
                        swi = pc.getInt(-4) & 0xffffff;
                    }
                }
                callback.hook(UnicornBackend.this, intno, swi, user);
            }
        }, user_data);
    } catch (UnicornException e) {
        throw new BackendException(e);
    }
}
```

可见自实现的 UnicornBackend.hook_add_new() 方法内通过调用 Unicorn.hook_add_new()
方法添加了一个 InterruptHook，在其中的 hook() 方法内先做了一些获取 swi 的前置操作后，
然后调用 callback.hook() 方法来执行所需要的 hook 操作。

对于获取 swi 的操作，我们重点关注 32 位 ARM 模式下的处理。首先读取 PC 寄存器的
值，获取要执行的地址。注意，在读取地址处的指令数据时，如果是 thumb 模式，需要将
PC 的值减去 2 字节，如果是 ARM 模式则需要减去 4 字节后再进行读取，减去的字节数恰
好是相应模式下一条指令的长度。这样处理的原因是，当执行到 svc 指令时，实际上 pc 指
针指向下一条指令并正读取，所以说 PC 寄存器的地址减去一条指令的大小后的地址才是目
前正执行的指令地址。得到正在执行的指令地址后，读取 4 字节大小的数据，也就是一个指
令长度，然后让它与 0xffffff 做与运算。之前我们计算出的 FindClass 的指令为 0xef000102，
与运算后可以得到 0x102，最后将 0x102 赋值给 swi，并执行 callback.hook() 方法。

对于 SyscallHandler.hook() 方法，我们之前也有过简单分析，在此重点关注处理 swi 的
部分，代码如下所示。

```
@Override
public void hook(Backend backend, int intno, int swi, Object user) {
    Emulator<AndroidFileIO> emulator = (Emulator<AndroidFileIO>) user;
    UnidbgPointer pc = UnidbgPointer.register(emulator, ArmConst.UC_ARM_REG_PC);
    // ...
    // 读取寄存器 R7 中存放的系统调用号
    int NR = backend.reg_read(ArmConst.UC_ARM_REG_R7).intValue();
    String syscall = null;
    Throwable exception = null;
    try {
        // postCallback（省略）

        // preCallback（省略）

        if (swi != 0) {
            // 异常处理（省略）
            // 通过 swi 号，从 SvcMemory 中拿到 svc
            Svc svc = svcMemory.getSvc(swi);
            if (svc != null) {
```

```
                    // 如果成功拿到了 svc,则执行 svc.handle() 方法
                    backend.reg_write(ArmConst.UC_ARM_REG_R0, (int) svc.handle(emulator));
                    return;
                }
                backend.emu_stop();
                throw new IllegalStateException("svc number: " + swi);
            }

            if (log.isTraceEnabled()) {
                ARM.showThumbRegs(emulator);
            }

            if (handleSyscall(emulator, NR)) {
                return;
            }

            // 对系统调用号进行处理
            switch (NR) {
                case 1:
                    exit(emulator);
                    return;
                case 2:
                    backend.reg_write(ArmConst.UC_ARM_REG_R0, fork(emulator));
                    return;
                case 3:
                    backend.reg_write(ArmConst.UC_ARM_REG_R0, read(emulator));
                    return;
                // ...
            }
        } catch (StopEmulatorException e) {
            backend.emu_stop();
            return;
        } // catch 捕获其他异常(省略)

        // ...
    }
```

可见在其中通过 swi 获取到了 Svc,并最终执行了 svc.handle() 方法来进行具体的操作。这样我们便对 JNI 方法的交互流程有了清晰的认识,首先 unidbg 为 JNIEnv 中的 JNI 方法注册 Svc,得到的方法指向一块含有 svc 指令的空间,当执行像 FindClass 这种 JNI 方法时,就会执行 svc 指令,然后会被 Unicorn 的 InterruptHook 所截获,获取 svc 指令的操作数 swi 后,通过该 swi 在 SvcMemory 中得到注册的 Svc,最终调用 Svc.handle() 方法来进行具体操作,这样 unidbg 便达到了代理 JNI 层的目的。

分析完 FindClass 后,我们继续向下分析其他的 JNI 方法交互,在 FindClass 后,使用 GetStaticMethodID() 方法来获得方法的 ID,汇编代码如下所示。

```
// 将 r0 赋值为 JNIEnv 结构体的指针
[libnative-lib.so 0x0064d] [2868   ] 0x4000064c: "ldr r0, [r5]" r5=0xfffe12a0
    => r0=0xfffe0ef0
```

```
// 将 FindClass 的返回值赋值到 r1 寄存器，作为 GetStaticMethodID 的参数
[libnative-lib.so 0x0064f] [2146    ] 0x4000064e: "mov r1, r4" r4=0xef7f56a8
    => r1=0xef7f56a8
// 通过偏移，将 GetStaticMethodID 的指针赋值给 r6
[libnative-lib.so 0x00651] [d0f8c461] 0x40000650: "ldr.w r6, [r0, #0x1c4]"
    r0=0xfffe0ef0 => r6=0xfffe0760
// 恢复 r0 为存放 JNIEnv 指针的地址
[libnative-lib.so 0x00655] [2846    ] 0x40000654: "mov r0, r5" r5=0xfffe12a0
    => r0=0xfffe12a0
// 第二个参数，方法名为 getInstance
[libnative-lib.so 0x00657] [284a    ] 0x40000656: "ldr r2, [pc, #0xa0]" =>
    r2=0xffffff6d
// 保存第三个参数，方法签名为 (Ljava/lang/String;)Ljava/security/MessageDigest;"
[libnative-lib.so 0x00659] [284b    ] 0x40000658: "ldr r3, [pc, #0xa0]" =>
    r3=0xffffff1d
[libnative-lib.so 0x0065b] [7a44    ] 0x4000065a: "add r2, pc" r2=0xffffff6d
    => r2=0x400005cb
[libnative-lib.so 0x0065d] [7b44    ] 0x4000065c: "add r3, pc" r3=0xffffff1d
    => r3=0x4000057d
// 跳转到 GetStaticMethodID 的 SvcMemory 中，来执行 svc 操作
[libnative-lib.so 0x0065f] [b047    ] 0x4000065e: "blx r6" r6=0xfffe0760
// 通过 svc 指令，调用 unidbg 执行实际的操作
[ArmSvc           0x00760] [6d0100ef] 0xfffe0760: "svc #0x16d" =>
    lr=0x40000661
// svc 处理过后，跳转回原执行地址
[ArmSvc           0x00764] [1eff2fe1] 0xfffe0764: "bx lr"
// 将函数运行结果赋值给 r6
[libnative-lib.so 0x00661] [0646    ] 0x40000660: "mov r6, r0" r0=0x5c20796 =>
    r6=0x5c20796
```

可见该部分代码在进行了参数的处理之后，同样使用 svc 指令来调用 unidbg 来进行实际的处理，而 GetStaticMethodID 注册的 Svc 的 handle() 方法如下所示。

```java
// DalvikVM.java
Pointer _GetStaticMethodID = svcMemory.registerSvc(new ArmSvc() {
    @Override
    public long handle(Emulator<?> emulator) {
        // 获得寄存器上下文
        RegisterContext context = emulator.getContext();
        // 通过寄存器 R1 获取参数 clazz
        UnidbgPointer clazz = context.getPointerArg(1);
        // 通过寄存器 R2 获取参数方法名
        Pointer methodName = context.getPointerArg(2);
        // 通过寄存器 R3 获取方法的参数及返回值签名
        Pointer argsPointer = context.getPointerArg(3);
        // 读取字符串，来获得实际的字符串
        String name = methodName.getString(0);
        String args = argsPointer.getString(0);
        if (log.isDebugEnabled()) {
            // 打印调试信息
            log.debug("GetStaticMethodID class=" + clazz + ", methodName=" +
                name + ", args=" + args + ", LR=" + context.getLRPointer());
        }
```

```
            // 在维护的 classMap 中寻找相应的 clazz，得到 DvmClass
            DvmClass dvmClass = classMap.get(clazz.toIntPeer());
            if (dvmClass == null) {
                throw new BackendException();
            } else {
                // 在 dvmClass 中获得方法，得到的是 hash 值
                int hash = dvmClass.getStaticMethodID(name, args);
                if (verbose && hash != 0) {
                    System.out.printf("JNIEnv->GetStaticMethodID(%s.%s%s) =>
                        0x%x was called from %s%n", dvmClass.getClassName(), name,
                        args, hash & 0xffffffffL, context.getLRPointer());
                }
                // 返回得到得到的方法的 hash 值
                return hash;
            }
        }
    }
});
```

```
// DvmClass.java
int getStaticMethodID(String methodName, String args) {
    // 对方法名与参数进行拼接
    String signature = getClassName() + "->" + methodName + args;
    // 得到方法的 hash 值
    int hash = signature.hashCode();
    if (log.isDebugEnabled()) {
        // 打印调试信息
        log.debug("getStaticMethodID signature=" + signature + ", hash=0x" +
            Long.toHexString(hash));
    }
    if (checkJni(vm, this).acceptMethod(this, signature, true)) {
        // 如果维护的 staticMethodMap 中没有该方法
        if (!staticMethodMap.containsKey(hash)) {
            // 将该方法的 hash 值添加到维护的 staticMethodMap 中
            staticMethodMap.put(hash, new DvmMethod(this, methodName, args, true));
        }
        return hash;
    } else {
        return 0;
    }
}
```

可见 _GetStaticMethodID 实现了查找方法 ID 的功能，返回的是 unidbg 定义的 hash 值。之后又调用了 NewStringUTF() 方法，来将 C 字符串转换为 jstring，相关代码如下所示。

```
// 使 r0 指向 JNIEnv 结构体的指针
[libnative-lib.so 0x00663] [2868    ] 0x40000662: "ldr r0, [r5]" r5=0xfffe12a0
    => r0=0xfffe0ef0
// 根据偏移找到 NewStringUTF 的值
[libnative-lib.so 0x00665] [d0f89c22] 0x40000664: "ldr.w r2, [r0, #0x29c]"
    r0=0xfffe0ef0 => r2=0xfffe0c30
// 恢复 r0 为存放 JNIEnv 指针的地址
[libnative-lib.so 0x00669] [2846    ] 0x40000668: "mov r0, r5" r5=0xfffe12a0
```

```
        => r0=0xfffe12a0
// r1 为参数字符串 "md5"
[libnative-lib.so 0x0066b] [2549     ] 0x4000066a: "ldr r1, [pc, #0x94]" =>
    r1=0xffffff67
[libnative-lib.so 0x0066d] [7944     ] 0x4000066c: "add r1, pc" r1=0xffffff67
    => r1=0x400005d7
// 执行 NewStringUTF 的操作
[libnative-lib.so 0x0066f] [9047     ] 0x4000066e: "blx r2" r2=0xfffe0c30
[ArmSvc          0x00c30] [ba0100ef] 0xfffe0c30: "svc #0x1ba" =>
    lr=0x40000671
[ArmSvc          0x00c34] [1eff2fe1] 0xfffe0c34: "bx lr"
// 将结果保存至 r3
[libnative-lib.so 0x00671] [0346     ] 0x40000670: "mov r3, r0" r0=0x45c7e403
    => r3=0x45c7e403
```

操作与之前大致相同，先是将参数"md5"保存至 R1 寄存器，然后将函数指针存入 R2 寄存器，使用 blx r2 指令跳转后执行 svc 指令，使用 unidbg 模拟执行 NewStringUTF 操作。其中 NewStringUTF 的实现如下所示。

```java
Pointer _NewStringUTF = svcMemory.registerSvc(new ArmSvc() {
    @Override
    public long handle(Emulator<?> emulator) {
        // 获得寄存器上下文
        RegisterContext context = emulator.getContext();
        // 从 R1 寄存器中获得 btyes 指针
        UnidbgPointer bytes = context.getPointerArg(1);
        if (bytes == null) {
            return VM.JNI_NULL;
        }
        // 把 bytes 当作字符串进行读取
        String string = bytes.getString(0);
        if (log.isDebugEnabled()) {
            log.debug("NewStringUTF bytes=" + bytes + ", string=" + string);
        }
        if (verbose) {
            System.out.printf("JNIEnv->NewStringUTF(\"%s\") was called from
                %s%n", string, context.getLRPointer());
        }
        // 新建一个 StringObject 并添加到本地引用，返回它的 hash 值
        return addLocalObject(new StringObject(DalvikVM.this, string));
    }
});
```

这里模拟的 NewStringUTF 比较简单，仅仅是从寄存器中取出相应的数据，新建为 StringObject，并添加到 unidbg 维护的本地引用中。

接下来便是使用 CallStaticObjectMethod() 来调用 Java 层方法了，unidbg 代理实现的代码如下所示。

```java
// DalvikVM.java
Pointer _CallStaticObjectMethodV = svcMemory.registerSvc(new ArmSvc() {
```

```java
@Override
public long handle(Emulator<?> emulator) {
    // 获得寄存器上下文
    RegisterContext context = emulator.getContext();
    // 从 R1 寄存器中获得类 clazz
    UnidbgPointer clazz = context.getPointerArg(1);
    // 从 R2 寄存器中获得方法 ID
    UnidbgPointer jmethodID = context.getPointerArg(2);
    // 从 R3 寄存器中获得参数列表
    UnidbgPointer va_list = context.getPointerArg(3);
    if (log.isDebugEnabled()) {
        log.debug("CallStaticObjectMethodV clazz=" + clazz + ",
            jmethodID=" + jmethodID + ", va_list=" + va_list);
    }
    // 从维护的 classMap 中获得 DvmClass
    DvmClass dvmClass = classMap.get(clazz.toIntPeer());
    // 从 dvmClass 中获得 dvmMethod
    DvmMethod dvmMethod = dvmClass == null ? null : dvmClass.getStaticMethod
        (jmethodID.toIntPeer());
    if (dvmMethod == null) {
        throw new BackendException();
    } else {
        // 对参数进行处理
        VaList vaList = new VaList32(emulator, DalvikVM.this, va_list, dvmMethod);
        // 调用 dvmMethod.callStaticObjectMethodV() 方法并传入参数来执行
        DvmObject<?> obj = dvmMethod.callStaticObjectMethodV(vaList);
        if (verbose) {
            System.out.printf("JNIEnv->CallStaticObjectMethodV(%s, %s(%s) =>
                %s) was called from %s%n", dvmClass, dvmMethod.methodName,
                vaList.formatArgs(), obj, context.getLRPointer());
        }
        // 将得到的结果添加到本地引用中后返回
        return addLocalObject(obj);
    }
}
});

// DvmMethod.java
DvmObject<?> callStaticObjectMethodV(VaList vaList) {
    BaseVM vm = dvmClass.vm;
    // 通过 checkJni() 方法来得到我们设置的 Jni 对象，并调用它的 callStaticObjectMethodV() 方
    //    法来处理
    return checkJni(vm, dvmClass).callStaticObjectMethodV(vm, dvmClass, this, vaList);
}
```

在 unidbg 实现的 _CallStaticObjectMethodV() 方法中，我们得到了要执行方法的方法和类，并将其封装为 DvmClass 和 DvmMethod，然后调用 dvmMethod.callStaticObjectMethodV() 方法，传入参数列表并执行。dvmMethod.callStaticObjectMethodV() 方法用于检查模拟器有没有设置 Jni，如果没有设置 Jni 则会抛出异常，如果设置了 Jni 则会调用 Jni 的 callStaticObjectMethodV() 方法，所以对于一些空缺的方法，我们只需要在设置的 Jni 对象的重写方法中

补全即可模拟执行。对于其余的 call 系列的方法，处理流程与此大致相同，最终都会执行到设置的 Jni 的父类方法或者重写的方法，根据方法签名来模拟执行相应的 JNI 方法，进而得到我们想要的结果。

13.3　本章小结

在本章中，我们配合动态调试，对 unidbg 模拟执行 JNI 方法的整个流程进行了详细的分析。虽然 unidbg 处理的 JNI 函数与官方实现有些不一样，但作用都是相同的。经过本章的学习，我们对 unidbg 模拟的 JNI 层有了较深的理解，在之后的实战中模拟 JNI 方法将不再是问题。

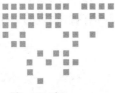

unidbg 源码解析：Memory

在之前的学习中，我们已经学习了 unidbg 源码中的 AndroidEmulator 模块与 DavlikVM 模块，在本章中，我们将学习 unidbg 的 Memory 模块。

14.1 Memory 模块的创建

在创建 AndroidEmulator 模块时，Memory 模块也被创建，相关代码如下所示：

```
// AbstractARMEmulator.java
this.memory = createMemory(syscallHandler, envs);
```

我们跟入 createMemory() 方法，来到子类的重写方法中，如下所示：

```
// AndroidARMEmulator.java
@Override
protected Memory createMemory(UnixSyscallHandler<AndroidFileIO>
    syscallHandler, String[] envs) {
    return new AndroidElfLoader(this, syscallHandler);
}
```

在 createMemory() 方法中新建了一个 AndroidElfLoader 对象作为 Memory，跟入该类查看它的构造方法，代码如下所示。

```
// AndroidElfLoader.java
public AndroidElfLoader(Emulator<AndroidFileIO> emulator, UnixSyscallHandler<A
    ndroidFileIO> syscallHandler) {
    //调用父类的构造方法，初始化 emulator 和 syscallHandler 字段
    super(emulator, syscallHandler);
```

```
// 初始化栈
// 通过每页的大小乘以所占的内存页数目得到栈的总大小
stackSize = STACK_SIZE_OF_PAGE * emulator.getPageAlign();
// 使用 mem_map 映射栈空间所需要的内存，权限为可读可写
backend.mem_map(STACK_BASE - stackSize, stackSize, UnicornConst.UC_PROT_
    READ | UnicornConst.UC_PROT_WRITE);
// 设置栈指针寄存器 SP
setStackPoint(STACK_BASE);
// 初始化 TLS（线程局部存储相关），做协处理器的初始化操作
this.environ = initializeTLS(new String[] {
        "ANDROID_DATA=/data",
        "ANDROID_ROOT=/system",
        "PATH=/sbin:/vendor/bin:/system/sbin:/system/bin:/system/xbin",
        "NO_ADDR_COMPAT_LAYOUT_FIXUP=1"
});
this.setErrno(0);
}


// AbstractLoader.java
public AbstractLoader(Emulator<T> emulator, UnixSyscallHandler<T> syscallHandler) {
    // 维护成员变量
    this.backend = emulator.getBackend();
    this.emulator = emulator;
    // 维护系统调用处理器
    this.syscallHandler = syscallHandler;
    // 设置加载的内存基地址
    setMMapBaseAddress(MMAP_BASE);
}
```

　　我们在编写 R0dbg 的时候就仿写过该部分的代码。在 AndroidElfLoader 的构造方法中，首先调用父类 AbstractLoader 的构造方法，将传入的 emulator 与 syscallHandler 保存到成员变量中，之后设置加载的内存基地址 0x40000000L。有些 App 会对 unidbg 加载的基地址进行检测，我们可以在这里对 MMAP_BASE 进行随机化处理。

14.2　AndroidElfLoader 的方法实现

　　在执行完构造方法后，我们便有了操作内存的接口 Memory，AndroidElfLoader 类继承了 AbstractLoader 类，实现了 Memory 与 Loader 两个接口。这也说明了该类承担了内存管理、加载器的角色，unidbg 没有将两者完全分离。

14.2.1　内存相关方法实现

　　我们先来查看一下 AndroidElfLoader 中对内存操作的方法实现，代码如下所示。

```
public class AndroidElfLoader extends AbstractLoader<AndroidFileIO> implements
    Memory, Loader {
```

```java
/**
 * 申请内存空间
 * @param length，大小
 * @param runtime，运行时
 * @return
 */
@Override
public MemoryBlock malloc(int length, boolean runtime) {
    // 根据运行状态来判断申请内存空间的两种方式
    if (runtime) {
        return MemoryBlockImpl.alloc(this, length);
    } else {
        return MemoryAllocBlock.malloc(emulator, malloc, free, length);
    }
}

/**
 * 映射一块内存空间
 * @param length，映射的长度
 * @param prot，权限等标志
 * @return，指向该内存的 UnidbgPointer 指针
 */
@Override
public final UnidbgPointer mmap(int length, int prot) {
    // 对内存页进行对齐
    int aligned = (int) ARM.alignSize(length, emulator.getPageAlign());
    // 调用 mmap2() 方法做实际的内存映射操作，设置大小和标志位；得到映射好的内存空间的地址
    long addr = mmap2(0, aligned, prot, 0, -1, 0);
    // 通过映射好的内存空间的地址创建一个 UnidbgPointer 指针
    UnidbgPointer pointer = UnidbgPointer.pointer(emulator, addr);
    assert pointer != null;
    // 将指针设置为对齐后的大小，并返回该指针
    return pointer.setSize(aligned);
}

public static final int MAP_FIXED = 0x10;
public static final int MAP_ANONYMOUS = 0x20;

/**
 *
 * @param start，开始地址
 * @param length，长度
 * @param prot，权限
 * @param flags，标志
 * @param fd，文件描述符
 * @param offset，偏移
 * @return，地址
 */
@Override
public long mmap2(long start, int length, int prot, int flags, int fd, int offset) {
    // 再次进行对齐
    int aligned = (int) ARM.alignSize(length, emulator.getPageAlign());
```

```
boolean isAnonymous = ((flags & MAP_ANONYMOUS) != 0) || (start == 0 &&
    fd <= 0 && offset == 0);
if ((flags & MAP_FIXED) != 0 && isAnonymous) {
    if (log.isDebugEnabled()) {
        log.debug("mmap2 MAP_FIXED start=0x" + Long.toHexString(start) + ",
            length=" + length + ", prot=" + prot);
    }

    // 如果 flag 指定为 MAP_FIXED 和 MAP_ANONYMOUS，则先调用 munmap
    munmap(start, length);
    // 之后再次映射内存
    backend.mem_map(start, aligned, prot);
    // 如果 map 监听不为空，回调 onMap 方法
    if (mMapListener != null) {
        mMapListener.onMap(start, aligned, prot);
    }
    // 将映射好的内存存入维护的 memoryMap 中，memoryMap 维护了所有使用的内存块
    if (memoryMap.put(start, new MemoryMap(start, aligned, prot)) != null) {
        log.warn("mmap2 replace exists memory map: start=" + Long.
            toHexString(start));
    }
    // 返回内存块的开始地址
    return start;
}
if (isAnonymous) {
    // 如果是匿名映射
    // 申请 aligned 大小的内存空间
    long addr = allocateMapAddress(0, aligned);
    if (log.isDebugEnabled()) {
        log.debug("mmap2 addr=0x" + Long.toHexString(addr) + ",
            mmapBaseAddress=0x" + Long.toHexString(mmapBaseAddress) + ",
            start=" + start + ", fd=" + fd + ", offset=" + offset + ",
            aligned=" + aligned + ", LR=" + emulator.getContext().
            getLRPointer());
    }
    // 在申请的空间进行映射
    backend.mem_map(addr, aligned, prot);
    if (mMapListener != null) {
        mMapListener.onMap(start, aligned, prot);
    }
    if (memoryMap.put(addr, new MemoryMap(addr, aligned, prot)) != null) {
        log.warn("mmap2 replace exists memory map addr=" + Long.
            toHexString(addr));
    }
    return addr;
}
try {
    // 文件映射的处理
    FileIO file;
    // 判断各种前置条件后再获取文件，并成功获取到 file 对象
    if (start == 0 && fd > 0 && (file = syscallHandler.getFileIO(fd))
        != null) {
        long addr = allocateMapAddress(0, aligned);
```

```
                  if (log.isDebugEnabled()) {
                      log.debug("mmap2 addr=0x" + Long.toHexString(addr) + ",
                          mmapBaseAddress=0x" + Long.toHexString(mmapBaseAddress));
                  }
                  // 交由 file 对象的 mmap2() 方法来处理映射
                  long ret = file.mmap2(emulator, addr, aligned, prot, offset, length);
                  if (mMapListener != null) {
                      mMapListener.onMap(addr, aligned, prot);
                  }
                  if (memoryMap.put(addr, new MemoryMap(addr, aligned, prot)) != null) {
                      log.warn("mmap2 replace exists memory map addr=0x" + Long.
                          toHexString(addr));
                  }
                  return ret;
              }
          } catch (IOException e) {
              throw new IllegalStateException(e);
          }
          // 对文件映射的处理（省略）

          emulator.attach().debug();
          throw new AbstractMethodError("mmap2 start=0x" + Long.toHexString(start) + ",
              length=" + length + ", prot=0x" + Integer.toHexString(prot) + ",
              flags=0x" + Integer.toHexString(flags) + ", fd=" + fd + ", offset=" + offset);
      }


      /**
       * 卸载内存映射
       * @param start，开始地址
       * @param length，内存页的长度
       * @return，返回内存块的权限
       */
      @Override
      public final int munmap(long start, int length) {
          // 对长度进行页对齐
          int aligned = (int) ARM.alignSize(length, emulator.getPageAlign());
          // 调用后端来卸载映射
          backend.mem_unmap(start, aligned);
          if (mMapListener != null) {
              mMapListener.onUnmap(start, aligned);
          }
          // 从维护的 memoryMap 中移除该内存块
          MemoryMap removed = memoryMap.remove(start);

          if (removed == null) {
              // 如果该内存块为空，表示 start 地址不在 memoryMap 维护的内存块中
              MemoryMap segment = null;
              // 遍历所有的内存块
              for (Map.Entry<Long, MemoryMap> entry : memoryMap.entrySet()) {
                  MemoryMap map = entry.getValue();
                  // 查看 start 地址是否在内存块的地址区间中
                  if (start > entry.getKey() && start < map.base + map.size) {
                      segment = entry.getValue();
```

```
            break;
        }
    }
    // 如果还未找到响应的内存区间或者内存区间小于要卸载的大小, 抛出异常
    if (segment == null || segment.size < aligned) {
        throw new IllegalStateException("munmap aligned=0x" + Long.
            toHexString(aligned) + ", start=0x" + Long.
            toHexString(start));
    }
    // 如果卸载的内存块在内存区间中
    if (start + aligned < segment.base + segment.size) {
        // 计算出新的大小
        long newSize = segment.base + segment.size - start - aligned;
        if (log.isDebugEnabled()) {
            log.debug("munmap aligned=0x" + Long.toHexString(aligned) + ",
                start=0x" + Long.toHexString(start) + ", base=0x" + Long.
                toHexString(start + aligned) + ", size=" + newSize);
        }
        // 将后半部分的新内存块存入 memoryMap 中
        if (memoryMap.put(start + aligned, new MemoryMap(start +
            aligned, (int) newSize, segment.prot)) != null) {
            log.warn("munmap replace exists memory map addr=0x" +
                Long.toHexString(start + aligned));
        }
    }
    // 更新已经存在的 memoryMap 的前半部分内存块
    if (memoryMap.put(segment.base, new MemoryMap(segment.base, (int)
        (start - segment.base), segment.prot)) == null) {
        log.warn("munmap replace failed warning: addr=0x" + Long.
            toHexString(segment.base));
    }
    if (log.isDebugEnabled()) {
        log.debug("munmap aligned=0x" + Long.toHexString(aligned) + ",
            start=0x" + Long.toHexString(start) + ", base=0x" + Long.
            toHexString(segment.base) + ", size=" + (start - segment.base));
    }
    return segment.prot;
}
// 如果拿到了要卸载的块, 但大小与 aligned 不相等
if(removed.size != aligned) {
    // 如果要卸载的大小大于拿到的内存块的大小
    if (aligned >= removed.size) {
        if (log.isDebugEnabled()) {
            log.debug("munmap removed=0x" + Long.toHexString(removed.
                size) + ", aligned=0x" + Long.toHexString(aligned) + ",
                start=0x" + Long.toHexString(start));
        }
        // 检查大于 removed 大小的部分, 将其移除
        long address = start + removed.size;
        long size = aligned - removed.size;
        while (size != 0) {
            MemoryMap remove = memoryMap.remove(address);
            if (removed.prot != remove.prot) {
```

```
                    throw new IllegalStateException();
                }
                address += remove.size;
                size -= remove.size;
            }
            return removed.prot;
        }
        // 如果要卸载的内存块大小小于移除内存块的大小（也就是 start + aligned,
          removed.size - aligned 的部分不为空）
        if (memoryMap.put(start + aligned, new MemoryMap(start + aligned,
            removed.size - aligned, removed.prot)) != null) {
            log.warn("munmap replace exists memory map addr=0x" + Long.
                toHexString(start + aligned));
        }
        if (log.isDebugEnabled()) {
            log.debug("munmap removed=0x" + Long.toHexString(removed.
                size) + ", aligned=0x" + Long.toHexString(aligned) + ",
                base=0x" + Long.toHexString(start + aligned) + ", size=" +
                (removed.size - aligned));
        }
        return removed.prot;
    }

    if (log.isDebugEnabled()) {
        log.debug("munmap aligned=0x" + Long.toHexString(aligned) + ",
            start=0x" + Long.toHexString(start) + ", base=0x" + Long.
                toHexString(removed.base) + ", size=" + removed.size);
    }
    if (memoryMap.isEmpty()) {
        setMMapBaseAddress(MMAP_BASE);
    }
    return removed.prot;
}

/**
 * 修改内存权限
 * @param address，内存地址
 * @param length，内存长度
 * @param prot，权限
 * @return，成功与否的标志
 */
@Override
public final int mprotect(long address, int length, int prot) {
    if (address % ARMEmulator.PAGE_ALIGN != 0) {
        setErrno(UnixEmulator.EINVAL);
        return -1;
    }

    // 调用后端来设置权限
    backend.mem_protect(address, length, prot);
    if (mMapListener != null) {
        // 如果有 map 监听器，则回调 onProtect 方法
        mMapListener.onProtect(address, length, prot);
```

```
        }
        return 0;
    }


    /**
     * 申请 length 大小的内存空间
     * @param mask，掩码
     * @param length，要申请的空间大小
     * @return，可用的地址
     */
    protected final long allocateMapAddress(long mask, long length) {
        Map.Entry<Long, MemoryMap> lastEntry = null;
        // 遍历 memoryMap 中维护的所有内存块
        for (Map.Entry<Long, MemoryMap> entry : memoryMap.entrySet()) {
            if (lastEntry == null) {
                lastEntry = entry;
            } else {
                MemoryMap map = lastEntry.getValue();
                long mmapAddress = map.base + map.size;
                // 寻找两个内存块的间隙，如果足够保存 length 大小则直接返回该地址
                if (mmapAddress + length < entry.getKey() && (mmapAddress &
                    mask) == 0) {
                    return mmapAddress;
                } else {
                    lastEntry = entry;
                }
            }
        }
        // 如果没有间隙能插入该内存，则排在内存块的后面
        if (lastEntry != null) {
            MemoryMap map = lastEntry.getValue();
            // 得到 last 内存块的结束地址
            long mmapAddress = map.base + map.size;
            if (mmapAddress < mmapBaseAddress) {
                log.debug("allocateMapAddress mmapBaseAddress=0x" +
                    Long.toHexString(mmapBaseAddress) + ", mmapAddress=0x" +
                    Long.toHexString(mmapAddress));
                setMMapBaseAddress(mmapAddress);
            }
        }
        // 让返回值等于找到的地址
        long addr = mmapBaseAddress;
        while ((addr & mask) != 0) {
            // 进行地址对齐
            addr += emulator.getPageAlign();
        }
        // mmapBaseAddress 后移 length 大小，为下一次申请做准备
        setMMapBaseAddress(addr + length);
        // 返回可用的地址
        return addr;
    }
}
```

malloc() 方法用于申请内存，与 mmap() 方法区别不大。MemoryBlockImpl.alloc() 方法最终也是调用 mmap() 方法，但 MemoryAllocBlock.malloc() 方法调用的是 libc 中的 malloc 函数，需要保证此时 libc 模块已经加载完毕。mmap() 方法用于映射内存空间，但其中的操作是在 mmap2() 方法中完成的。mmap2() 方法做实际的映射操作，对普通映射、匿名映射、文件映射等不同类型的映射分别进行了处理。munmap() 方法用于卸载内存映射，对要卸载的地址及大小进行了判断处理。mprotect() 方法用于更改内存的可读、可写、可执行等属性。allocateMapAddress() 方法用于修改 mmapBaseAddress 为分配的空间之后的地址。我们在R0dbg 的编写过程中也简单实现过类似的方法，这里不再赘述。

14.2.2　栈空间相关方法实现

看完与内存有关的方法之后，我们再来看一下与栈空间相关的方法，代码如下所示。

```
/**
 * 设置栈指针
 * @param sp，要设置的地址值
 */
@Override
public final void setStackPoint(long sp) {
    if (this.sp == 0) {
        this.stackBase = sp;
    }
    this.sp = sp;
    // 判断模拟器的位数
    if (emulator.is32Bit()) {
        // 将 sp 的值写入 SP 寄存器
        backend.reg_write(ArmConst.UC_ARM_REG_SP, sp);
    } else {
        backend.reg_write(Arm64Const.UC_ARM64_REG_SP, sp);
    }
}


/**
 * 在栈上开辟内存空间
 * @param size，要开辟空间的大小
 * @return，返回指向开辟空间地址的指针
 */
@Override
public final UnidbgPointer allocateStack(int size) {
    // 设置栈指针，栈向低地址处增长
    setStackPoint(sp - size);
    // 生成一个指向 sp 的指针
    UnidbgPointer pointer = UnidbgPointer.pointer(emulator, sp);
    assert pointer != null;
    // 为指针设置 size 大小并返回该指针
    return pointer.setSize(size);
}
```

```
/**
 *  向栈上写入字符串
 *  @param str，要写入的字符串
 *  @return，返回字符串地址的指针
 */
@Override
public final UnidbgPointer writeStackString(String str) {
    byte[] data = str.getBytes(StandardCharsets.UTF_8);
    return writeStackBytes(Arrays.copyOf(data, data.length + 1));
}


/**
 *  向栈上写入字节数组
 *  @param data，要写入的字节数组
 *  @return，返回写入地址的指针
 */
@Override
public final UnidbgPointer writeStackBytes(byte[] data) {
    // 对长度进行对齐
    int size = ARM.alignSize(data.length);
    // 在栈中开辟 size 大小的内存
    UnidbgPointer pointer = allocateStack(size);
    assert pointer != null;
    // 通过指针写入 byte 数组
    pointer.write(0, data, 0, data.length);
    // 返回指向该地址的指针
    return pointer;
}
```

setStackPoint() 方法可以设置 sp 指针到 SP 寄存器。allocateStack() 方法用于在栈上分配内存空间。writeStackString() 用于向栈上写入字符串，实则是将字符串转为 byte 数组后调用 writeStackBytes() 方法。writeStackBytes() 方法先调用 allocateStack() 方法在栈上开辟所需要的空间，然后通过指针的 write() 方法将 byte 数组写入栈中。

14.2.3　用户常用方法解析

除了上述的 Memory 模块相关的方法之外，AndroidElfLoader 类中还有一些使用频率相对较高的方法，代码如下所示。

```
/**
 *  根据地址查找模块
 *  @param address，要查找模块的地址
 *  @return，找到的模块或者 null
 */
@Override
public final Module findModuleByAddress(long address) {
    // 遍历加载的每一个模块
    for (Module module : getLoadedModules()) {
        // 拿到该模块的地址
```

```
        long base = getModuleBase(module);
        // 如果该地址位于模块内，则返回该模块
        if (address >= base && address < base + module.size) {
            return module;
        }
    }
    return null;
}


/**
 * 通过名称寻找模块
 * @param name，要寻找模块的名称
 * @return Module，对象
 */
@Override
public final Module findModule(String name) {
    // 遍历加载的每一个模块
    for (Module module : getLoadedModules()) {
        // 如果名称相同
        if (module.name.equals(name)) {
            return module;
        }
    }
    return null;
}


/**
 * 获得所有已加载的模块
 * @return，得到所有模块的列表
 */
@Override
public Collection<Module> getLoadedModules() {
    return new ArrayList<Module>(modules.values());
}


/**
 * 从 module 中拿到基址
 * @param module，加载的 module
 * @return module 的基址
 */
protected long getModuleBase(Module module) {
    return module.base;
}


/**
 * 添加一个 Hook 监听器
 */
@Override
public final void addHookListener(HookListener listener) {
    hookListeners.add(listener);
}
```

```
/**
 * 添加一个 Module 监听器
 */
@Override
public final void addModuleListener(ModuleListener listener) {
    moduleListeners.add(listener);
}


/**
 * 通知某个模块已经被加载
 * @param module, 加载了的模块
 */
protected final void notifyModuleLoaded(Module module) {
    //遍历每一个监听器，调用监听器的 onLoaded() 方法
    for (ModuleListener listener : moduleListeners) {
        listener.onLoaded(emulator, module);
    }
}



/**
 * 设置解析器
 * @param libraryResolver, 支持 SDK19 与 SDK23
 */
@Override
public void setLibraryResolver(LibraryResolver libraryResolver) {
    //为系统调用处理器设置解析器
    syscallHandler.addIOResolver((AndroidResolver) libraryResolver);
    super.setLibraryResolver(libraryResolver);

    /*
     * 注意打开顺序很重要
     */
    //打开标准输入输出与标准错误
    syscallHandler.open(emulator, IO.STDIN, IOConstants.O_RDONLY);
    syscallHandler.open(emulator, IO.STDOUT, IOConstants.O_WRONLY);
    syscallHandler.open(emulator, IO.STDERR, IOConstants.O_WRONLY);
}

//是否调用初始化函数标志位，默认为 true
protected boolean callInitFunction = true;

@Override
public final void disableCallInitFunction() {
    //设置该标志位为 false，用于控制 so 的初始化函数是否执行
    this.callInitFunction = false;
}
```

该类提供了几个与 Module 相关的方法，findModuleByAddress() 方法可以找到含有传入地址的模块；getLoadedModules() 方法可以得到加载的所有模块；findModule() 方法可以根据传入的模块名称查找相应的模块。它还提供了两个监听器，分别是 Hook 监听和

Module 监听。notifyModuleLoaded() 方法会在 module 被加载的时候被调用，该方法会调用所有 ModuleListener 中的 onLoaded() 方法，所以我们可以在 ModuleListener 的回调中做一些操作，如当 Module 加载完成时 hook so 的初始化函数等。

另外，可以通过 setLibraryResolver() 方法来设置库解析器，unidbg 提供了 SDK23 和 SDK19 的库解析器。disableCallInitFunction() 方法则是停止执行 so 的初始化函数，因为在 unidbg 中，执行 so 的初始化是通过 callInitFunction 与 forceCallInit 一起来控制的，具体的代码可以在下文分析 so 的加载 Loader 代码中查看。

14.2.4　虚拟模块

对于目标 so 文件依赖一个用处不大的 so 文件时，除了 patch 掉相关的代码，unidbg 还为我们提供了 VirtualModule 的方式，我们可以注册一个虚拟模块，防止 so 依赖报错。AndroidElfLoader 中加载虚拟模块的代码如下所示。

```
/**
 * 加载虚拟模块
 * @param name，模块名称
 * @param symbols，符号名
 * @return，返回创建好的虚拟模块
 */
@Override
public Module loadVirtualModule(String name, Map<String, UnidbgPointer> symbols) {
    // 创建一个虚拟模块
    LinuxModule module = LinuxModule.createVirtualModule(name, symbols, emulator);
    // 将模块存入维护的 modules 中
    modules.put(name, module);
    if (maxSoName == null || name.length() > maxSoName.length()) {
        maxSoName = name;
    }
    // 返回这个虚拟模块
    return module;
}

private String maxSoName;
```

loadVirtualModule() 方法仅仅是根据传入的 so 名称与符号 map 创建一个虚拟模块，然后将该模块放入维护的 modules 中，这样当目标 so 加载的时候就能查找到这个模块，从而避免了找不到模块而报错的问题。

unidbg 也实现了两个虚拟模块，分别是 AndroidModule 与 JniGraphics，这两个类分别实现了 libandroid.so 与 libjnigraphics.so，其中 AndroidModule 的实现如图 14-1 所示。

如果我们想实现这样一个虚拟模块，只需要继承 VirtualModule 类，然后重写 onInitialize() 方法，即可在其中做符号的处理，以及使用 SvcMemory 将符号的实际操作注册到 Java 层方法中。

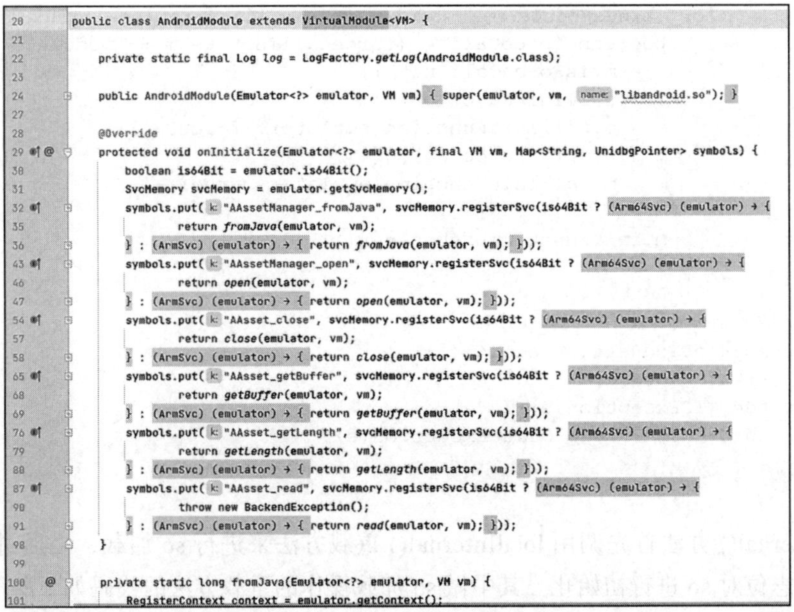

图 14-1　AndroidModule 的实现

14.3　加载 so 的 loader 功能

unidbg 并未将 Memory 模块与 Loader 模块区分开来，下面我们便阅读一下虚拟机加载 so 文件的相关代码，也就是扮演了 Android 源码中 Linker 的角色。当然这部分我们在实现 R0dbg 时也简要分析过。

虚拟机加载 so 文件的入口有多个重载方法，我们选择其中之一进行分析即可，这里选择的是在编写代码时常用到的入口，代码如下所示。

```
@Override
public final Module load(LibraryFile libraryFile, boolean forceCallInit) {
    return loadInternal(libraryFile, forceCallInit);
}
```

该方法调用了 loadInternal() 方法来做实际的加载操作，代码如下所示。

```
protected final LinuxModule loadInternal(LibraryFile libraryFile, boolean
    forceCallInit) {
    try {
        // 将封装为 LibraryFile 对象的 so 文件传入 loadInternal() 方法重载中做加载操作
        LinuxModule module = loadInternal(libraryFile);
        // 加载后处理重定位的符号
        resolveSymbols(!forceCallInit);
        // 根据 callInitFunction 和 forceCallInit 两个标志位来判断是否需要初始化
        if (callInitFunction || forceCallInit) {
            // 调用 so 文件的初始化函数
```

```
        for (LinuxModule m : modules.values().toArray(new LinuxModule[0])) {
            boolean forceCall = (forceCallInit && m == module) ||
                m.isForceCallInit();
            if (callInitFunction) {
                m.callInitFunction(emulator, forceCall);
            } else if (forceCall) {
                m.callInitFunction(emulator, true);
            }
            m.initFunctionList.clear();
        }
    }
    // 添加引用计数
    module.addReferenceCount();
    return module;
} catch (IOException e) {
    throw new IllegalStateException(e);
}
}
```

loadInternal() 方法首先调用 loadInternal() 重载方法来进行 so 加载，之后进行重定位，最后根据标志位对 so 进行初始化。其中做 so 加载操作的重载方法的代码如下所示。

```
private LinuxModule loadInternal(LibraryFile libraryFile) throws IOException {
    // 对 so 文件进行 ELF 文件的解析
    final ElfFile elfFile = ElfFile.fromBytes(libraryFile.mapBuffer());

    // 校验是否合法等（省略）

    long start = System.currentTimeMillis();
    long bound_high = 0;
    long align = 0;
    // 遍历程序头表，获取 so 的最大虚拟地址和页对齐等参数
    for (int i = 0; i < elfFile.num_ph; i++) {
        ElfSegment ph = elfFile.getProgramHeader(i);
        // 寻找 PT_LOAD 段
        if (ph.type == ElfSegment.PT_LOAD && ph.mem_size > 0) {
            long high = ph.virtual_address + ph.mem_size;

            if (bound_high < high) {
                bound_high = high;
            }
            if (ph.alignment > align) {
                align = ph.alignment;
            }
        }
    }

    ElfDynamicStructure dynamicStructure = null;
    // 取一个最大的页对齐参数
    final long baseAlign = Math.max(emulator.getPageAlign(), align);
    // 计算 so 的加载地址
    final long load_base = ((mmapBaseAddress - 1) / baseAlign + 1) * baseAlign;
```

```
// 计算 so 所占的内存大小
long size = ARM.align(0, bound_high, baseAlign).size;
// 设置 xiayigeso 文件加载基址
setMMapBaseAddress(load_base + size);

final List<MemRegion> regions = new ArrayList<>(5);
MemoizedObject<ArmExIdx> armExIdx = null;
MemoizedObject<GnuEhFrameHeader> ehFrameHeader = null;
Alignment lastAlignment = null;
// 再次遍历程序头表
for (int i = 0; i < elfFile.num_ph; i++) {
    ElfSegment ph = elfFile.getProgramHeader(i);
    // 获取每个段，根据段的类型做不同操作
    switch (ph.type) {
        case ElfSegment.PT_LOAD:
            // 对 PT_LOAD 段进行处理
            // 获取该段在内存中对应的操作权限
            int prot = get_segment_protection(ph.flags);
            if (prot == UnicornConst.UC_PROT_NONE) {
                prot = UnicornConst.UC_PROT_ALL;
            }
            // 计算该段在内存中的地址
            final long begin = load_base + ph.virtual_address;
            // 计算该段在内存中的位置和大小
            Alignment check = ARM.align(begin, ph.mem_size, Math.
                max(emulator.getPageAlign(), ph.alignment));
            final int regionSize = regions.size();
            MemRegion last = regionSize <= 0 ? null : regions.
                get(regionSize - 1);
            MemRegion overall = null;
            if (last != null && check.address >= last.begin && check.
                address < last.end) {
                overall = last;
            }
            if (overall != null) {
                // 处理重叠段（省略）
            } else {
                // 将该 PT_LOAD 段进行内存映射
                Alignment alignment = this.mem_map(begin, ph.mem_size,
                    prot, libraryFile.getName(), Math.max(emulator.
                    getPageAlign(), ph.alignment));
                regions.add(new MemRegion(alignment.address, alignment.
                    address + alignment.size, prot, libraryFile,
                    ph.virtual_address));
                if (lastAlignment != null) {
                    // 处理该段与上一个段之间的间隙（省略）
                }
                lastAlignment = alignment;
            }
            // 将该段对应的数据写入已经映射好的内存
            ph.getPtLoadData().writeTo(pointer(begin));
            break;
        case ElfSegment.PT_DYNAMIC:
```

```
                    dynamicStructure = ph.getDynamicStructure();
                    break;
                // 对其他类型的段进行处理（省略）
                default:
                    // 调试信息（省略）
                    break;
            }
        }
        // 若没有 DYNAMIC 段, 抛出异常
        if (dynamicStructure == null) {
            throw new IllegalStateException("dynamicStructure is empty.");
        }
        // 设置 so 名称为 DYNAMIC 中指定的 so 名称
        final String soName = dynamicStructure.getSOName(libraryFile.getName());
        // 处理依赖库
        Map<String, Module> neededLibraries = new HashMap<>();
        // 遍历所有需要的依赖库
        for (String neededLibrary : dynamicStructure.getNeededLibraries()) {
            if (log.isDebugEnabled()) {
                log.debug(soName + " need dependency " + neededLibrary);
            }

            LinuxModule loaded = modules.get(neededLibrary);
            if (loaded != null) {
                // 如果加载了, 则添加引用计数, 并放到 neededLibraries 中, 表示已加载依赖
                loaded.addReferenceCount();
                neededLibraries.put(FilenameUtils.getBaseName(loaded.name), loaded);
                continue;
            }
            // 如果依赖还未加载, 则在当前目录下查找依赖文件
            LibraryFile neededLibraryFile = libraryFile.resolveLibrary(emulator,
                neededLibrary);
            if (libraryResolver != null && neededLibraryFile == null) {
                // 如果当前路径下没有找到, 使用 library 解析器查找
                neededLibraryFile = libraryResolver.resolveLibrary(emulator, neededLibrary);
            }
            if (neededLibraryFile != null) {
                // 递归调用 loadInternal 来加载依赖库
                LinuxModule needed = loadInternal(neededLibraryFile);
                needed.addReferenceCount();
                neededLibraries.put(FilenameUtils.getBaseName(needed.name), needed);
            } else {
                log.info(soName + " load dependency " + neededLibrary + " failed");
            }
        }
        // 处理未解决的重定位, 进行二次重定位
        for (LinuxModule module : modules.values()) {
            for (Iterator<ModuleSymbol> iterator = module.getUnresolvedSymbol().
                iterator(); iterator.hasNext(); ) {
                ModuleSymbol moduleSymbol = iterator.next();
                ModuleSymbol resolved = moduleSymbol.resolve(module.getNeededLibraries(),
                    false, hookListeners, emulator.getSvcMemory());
                if (resolved != null) {
```

```
                if (log.isDebugEnabled()) {
                    log.debug("[" + moduleSymbol.soName + "]" + moduleSymbol.
                        symbol.getName() + " symbol resolved to " + resolved.toSoName);
                }
                resolved.relocation(emulator);
                iterator.remove();
            }
        }
    }
// 处理重定位
List<ModuleSymbol> list = new ArrayList<>();
// 遍历所有重定位信息
for (MemoizedObject<ElfRelocation> object : dynamicStructure.getRelocations()) {
    ElfRelocation relocation = object.getValue();
    // 拿到重定位的类型
    final int type = relocation.type();
    if (type == 0) {
        log.warn("Unhandled relocation type " + type);
        continue;
    }
    // 获得重定位的符号信息
    ElfSymbol symbol = relocation.sym() == 0 ? null : relocation.symbol();
    long sym_value = symbol != null ? symbol.value : 0;
    // 计算需要重定位的位置
    Pointer relocationAddr = UnidbgPointer.pointer(emulator, load_base +
        relocation.offset());
    assert relocationAddr != null;

    Log log = LogFactory.getLog("com.github.unidbg.linux." + soName);
    if (log.isDebugEnabled()) {
        log.debug("symbol=" + symbol + ", type=" + type + ", relocationAddr=" +
            relocationAddr + ", offset=0x" + Long.toHexString(relocation.
            offset()) + ", addend=" + relocation.addend() + ", sym=" +
            relocation.sym() + ", android=" + relocation.isAndroid());
    }

    ModuleSymbol moduleSymbol;
    // 根据重定位类型进行不同的处理
    switch (type) {
        case ARMEmulator.R_ARM_ABS32: {
            int offset = relocationAddr.getInt(0);
            moduleSymbol = resolveSymbol(load_base, symbol, relocationAddr,
                soName, neededLibraries.values(), offset);
            if (moduleSymbol == null) {
                list.add(new ModuleSymbol(soName, load_base, symbol,
                    relocationAddr, null, offset));
            } else {
                moduleSymbol.relocation(emulator);
            }
            break;
        }
        case ARMEmulator.R_AARCH64_ABS64: {
            long offset = relocationAddr.getLong(0) + relocation.addend();
```

```
            moduleSymbol = resolveSymbol(load_base, symbol, relocationAddr,
                soName, neededLibraries.values(), offset);
            if (moduleSymbol == null) {
                list.add(new ModuleSymbol(soName, load_base, symbol,
                    relocationAddr, null, offset));
            } else {
                moduleSymbol.relocation(emulator);
            }
            break;
        }
        // 其他不同类型的处理（省略）
        default:
            log.warn("[" + soName + "]Unhandled relocation type " + type + ",
                symbol=" + symbol + ", relocationAddr=" + relocationAddr + ",
                offset=0x" + Long.toHexString(relocation.offset()) + ", addend=" +
                relocation.addend() + ", android=" + relocation.isAndroid());
            break;
    }
}
// 新建初始化函数列表
List<InitFunction> initFunctionList = new ArrayList<>();
if (elfFile.file_type == ElfFile.FT_EXEC) {
    // 可执行文件相关处理（省略）
}
if (elfFile.file_type == ElfFile.FT_DYN) { // not executable
    // 处理 so 的初始化函数（省略）

    // 添加 init 函数
    int init = dynamicStructure.getInit();
    if (init != 0) {
        initFunctionList.add(new LinuxInitFunction(load_base, soName, init));
    }
    // 处理 init_array 函数
    int initArraySize = dynamicStructure.getInitArraySize();
    int count = initArraySize / emulator.getPointerSize();
    if (count > 0) {
        UnidbgPointer pointer = UnidbgPointer.pointer(emulator, load_base +
            dynamicStructure.getInitArrayOffset());
        if (pointer == null) {
            throw new IllegalStateException("DT_INIT_ARRAY is null");
        }
        for (int i = 0; i < count; i++) {
            UnidbgPointer ptr = pointer.share((long) i * emulator.
                getPointerSize(), 0);
            // 将每个位于 init_array 中的函数添加到 initFunctionList 列表中，以便在外
               层函数中进行 so 的初始化
            initFunctionList.add(new AbsoluteInitFunction(load_base,
                soName, ptr));
        }
    }
}

SymbolLocator dynsym = dynamicStructure.getSymbolStructure();
```

```
if (dynsym == null) {
    throw new IllegalStateException("dynsym is null");
}
ElfSection symbolTableSection = null;
try {
    symbolTableSection = elfFile.getSymbolTableSection();
} catch(Throwable ignored) {}
LinuxModule module = new LinuxModule(load_base, size, soName, dynsym,
    list, initFunctionList, neededLibraries, regions,
        armExIdx, ehFrameHeader, symbolTableSection, elfFile,
            dynamicStructure, libraryFile);

// 单独对 libc 的处理（省略）

// 存入已经加载的 so 列表中
modules.put(soName, module);
// ...

// 设置程序的入口点
module.setEntryPoint(elfFile.entry_point);
log.debug("Load library " + soName + " offset=" + (System.
    currentTimeMillis() - start) + "ms" + ", entry_point=0x" + Long.
    toHexString(elfFile.entry_point));
// 通知监听器，so 文件已经加载完毕（可添加相应监听器对 so 的初始化函数进行 hook 等
notifyModuleLoaded(module);
return module;
}
```

对于这部分代码，我们在之前已经分析过了。loadInternal() 方法中最主要的是 so 加载流程，首先处理 ELF 文件中的信息来加载 so 文件，然后加载 so 所需的依赖库，最后处理 so 文件的重定位信息与初始化函数等。

14.4　本章小结

在本章中，我们对 Memory 模块进行了分析，包括对其提供的方法的代码细节，以及 Loader 加载 so 的流程。在下一章中，我们将对 unidbg 的 Hook 模块进行分析。

unidbg 源码解析：Hook

探究完 unidbg 的其他模块后，本章将学习 unidbg 的最后一个模块：Hook 模块。unidbg 集成了多种第三方 Hook 框架，如 HookZz、Dobby、xHook、Whale 等，我们将会在 15.1 节中讲解 Hook 框架的使用及源码分析。在前文中，我们也体验过了 unidbg 的 Console Debugger 功能，该功能是基于 Hook 来实现的，在 15.2 节中，我们将会对 Hook 的内部实现以及各种命令的作用进行探究。

15.1　unidbg 的 Hook 框架

我们将使用第 9 章中的 AES 例子进行 Hook，来对各个 Hook 框架的使用进行讲解。

15.1.1　Hook 框架的使用

HookZz 框架是 Dobby 框架的前身，unidbg 认为 HookZz 对 32 位程序更友好，因此将它保留了下来，该框架支持 Inline Hook，比较通用。

使用 IDA 载入第 9 章中的 libtest-lib.so 文件，查看 Java_com_dta_lesson2_MainActivity_aes 函数，我们将对该函数中的 j__Z17aes_key_expansionPhS_ 函数尝试进行 Hook，如图 15-1 所示。

可见该函数需要两个参数，分别是 R0 和 R1，R0 传入了密钥字符串，R1 是 aes_init() 的执行结果，是指向 malloc 的内存空间的指针。

双击进入该函数，在经过 plt 表的跳转后，我们得到该函数的地址为 0x20AC，模式为 thumb，所以在 Hook 时，应对该地址 +1。

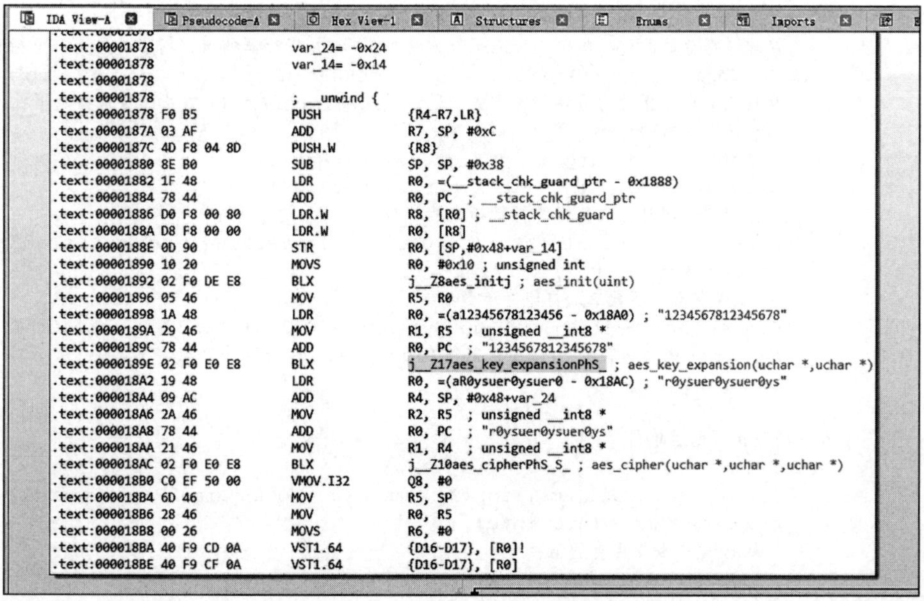

图 15-1　IDA 查看 aes 函数

在我们之前编写的 MainActivity.java 文件中的 main() 方法中，在模拟执行 aes 函数前添加 hook() 方法，并编写使用 HookZz 进行 Hook 的代码实现，如下所示。

```java
public static void main(String[] args) {
    long start = System.currentTimeMillis();
    MainActivity mainActivity = new MainActivity();
    System.out.println("load the vm " + (System.currentTimeMillis() - start) + "ms");
    // 暂时注释掉 keyFinder 的功能
    //    mainActivity.keyFinder();
    // 启用我们自己的 Hook
    mainActivity.hook();
    mainActivity.callAes();
}

private void hook() {
    // 调用 getInstance() 方法，传入模拟器实例，来获取 HookZz 对象
    HookZz hookZz = HookZz.getInstance(emulator);
    // 使用 wrap 方法添加一个 Hook，传入要 Hook 的函数的地址与 Callback 回调类
    hookZz.wrap(module.base + 0x20AC + 1, new WrapCallback<HookZzArm32Register
        ContextImpl>() {
        /**
         * 在函数执行之前执行的回调函数
         * @param emulator, 模拟器实例
         * @param ctx, 寄存器实例
         * @param info, Hook 实例信息
         */
        @Override
        public void preCall(Emulator<?> emulator, HookZzArm32RegisterContextImpl
            ctx, HookEntryInfo info) {
```

```
            System.out.println("onEnter: 0x20AC");
            // 通过寄存器的 getR0Pointer() 方法来获得 R0 寄存器的值, 指明类型是一个指针
            UnidbgPointer r0Pointer = ctx.getR0Pointer();
            // 获取寄存器指针的另外一种方式, 通过 getPointerArg() 方法, 传入指定下标来获得
               相应寄存器的指针
            UnidbgPointer arg0 = ctx.getPointerArg(0);
            UnidbgPointer arg1 = ctx.getPointerArg(1);
            // 打印通过两种方式获得的指针指向的字符串, 可见是相同的
            System.out.println("R0: "+r0Pointer.getString(0)+" / "+arg0.
               getString(0));
            // R1 寄存器, 参数二, 打印字节数组
            Inspector.inspect(arg1.getByteArray(0,200),"0x20AC onEnter R1");
            // 将 arg1 的值保存到 ctx 中, 方便在 postCall() 方法中获取
            ctx.push(arg1);
        }
        // 在函数执行之后执行
        @Override
        public void postCall(Emulator<?> emulator, HookZzArm32RegisterContextImpl
            ctx, HookEntryInfo info) {
            // 从 ctx 中取得保存的值
            UnidbgPointer arg1 = ctx.pop();
            // 打印 R1 计算后的结果
            Inspector.inspect(arg1.getByteArray(0,200),"0x20AC onLeave R1");

            super.postCall(emulator, ctx, info);
        }
    });
}
```

在上述代码中, 我们在 main() 方法中调用了 hook() 方法。在 hook() 方法中, 先调用
HookZz.getInstance() 静态方法来获得 HookZz 的实例, 之后使用 hookZz 的 wrap() 实例方法
来进行 Hook。wrap() 方法与 Frida 中的 Interceptor.attach() 方法类似, 只是在函数的头、尾
来添加并执行额外的逻辑, 并不影响函数原来的代码。wrap() 方法需要两个参数, 第一个参
数是函数的地址或者符号, 第二个参数是 Hook 时执行的回调类 WrapCallback。在该类中有
两个方法, preCall() 方法在函数执行之前执行, postCall() 方法在函数执行之后执行。

在 preCall() 方法中, 我们可以使用 ctx 对象来获取寄存器的各种上下文信息, 如 Hook-
ZzArm32RegisterContextImpl 实现了 RegisterContext 接口, 还额外实现了保存信息的栈与
getRn…() 等方法。因此我们想获取 R0 寄存器的指针值时, 既可以使用 RegisterContext 中的
getPointerArg() 方法, 也可以使用 HookZzArm32RegisterContextImpl 提供的 getR0Pointer()
方法。

对于 R1 寄存器中的内容, 我们也可以使用 Inspector.inspect() 方法来对字节数组进行
打印。如果我们想在函数执行完毕时查看该指针的内存空间, 可以将 arg1 压入 ctx 的栈中,
然后在 postCall 方法中取出, 并使用 inspect() 方法进行打印。对于这部分 Hook 的结果如
图 15-2 所示。

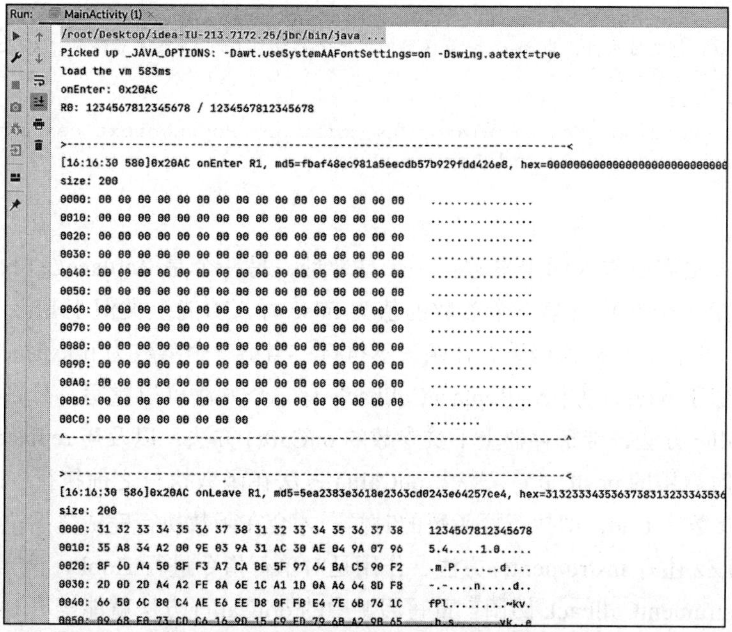

图 15-2　HookZz.wrap() 方法的 Hook 结果

可见通过不同方法接口来获取的 R0 寄存器的指针都是一样的，在函数执行之前，R1 寄存器指向的内存空间是 malloc 的空内存，在函数执行之后，R1 寄存器才有相应的根据 Key 来计算出的值。

另外 HookZz 还提供了一些方法，像 replace() 方法，使用示例如下所示。

```
// 传入函数的地址，ReplaceCallback 对象，以及是否启用 postCall; 第三个参数可省略，默认为 false
hookZz.replace(module.base + 0x20AC + 1, new ReplaceCallback() {
    // 不带寄存器上下文的 onCall 方法，执行晚于三个参数的 onCall 方法，一般不使用
    @Override
    public HookStatus onCall(Emulator<?> emulator, long originFunction) {
        System.out.println("onCall");
        return super.onCall(emulator, originFunction);
    }
    // 含有寄存器上下文的参数（常用）
    @Override
    public HookStatus onCall(Emulator<?> emulator, HookContext context, long
        originFunction) {
        System.out.println("originFunction: " + originFunction);
        System.out.println("onCall R0:" + context.getPointerArg(0).getString(0));

        // 修改函数的返回值示例，可通过 reg_write 方式更改寄存器的值
        // emulator.getBackend().reg_write(ArmConst.UC_ARM_REG_R0,1);

        // 直接返回
        // return super.onCall(emulator, context, context.getLR());

        return super.onCall(emulator, context, originFunction);
```

```
    }
    // 在函数执行之后执行；当 replace 函数的第三个参数为 false 或者省略时，被 Hook 的函数不执
      行，该方法也不启用
    @Override
    public void postCall(Emulator<?> emulator, HookContext context) {
        super.postCall(emulator, context);
    }
}, true);
```

replace() 方法需要传入两个参数：一个是地址，另一个是 ReplaceCallback 回调对象。该方法在省略第三个参数或第三个参数的值为 false 时，功能上类似于 Frida 的 Interceptor.replace() 方法，也就是替换掉函数，让函数不执行；当第三个参数为 true 时，则表示执行原函数，此时类似于 wrap() 方法。ReplaceCallback 有三个方法可以重写，分别是不带寄存器上下文的 onCall() 方法，带寄存器上下文参数的 onCall() 方法，以及当 replace() 方法的第三个参数为 true 时启用的 postCall() 方法。onCall() 方法在函数执行之前执行，postCall() 方法只有在第三个参数为 true，即执行原函数的时候，才会在函数执行完成之后执行。

另外 HookZz 还有 instrument() 方法，作用是对单行指令进行 Hook，该方法需要一个指令地址以及 InstrumentCallback 回调，重写回调中的 dbiCall() 方法就能实现 Hook。

另外 unidbg 还支持使用 Dobby 来进行 Hook，我们常使用 Dobby 来对 64 位程序进行 Hook。Dobby 的使用方式，与 HookZz 的使用方式大同小异，代码如下所示。

```
Dobby dobby = Dobby.getInstance(emulator);
dobby.replace(module.base + 0x20AC + 1, new ReplaceCallback() {
    @Override
    public HookStatus onCall(Emulator<?> emulator, HookContext context, long
        originFunction) {
        // 如不想执行原程序逻辑，可直接返回到 LR 寄存器中的地址
        // HookStatus.RET(emulator,context.getLR());
        return super.onCall(emulator, context, originFunction);
    }

    @Override
    public void postCall(Emulator<?> emulator, HookContext context) {
        super.postCall(emulator, context);
    }
},true);
```

Dobby 的各个方法与接口，都与 HookZz 的差不多，如果不想执行原函数逻辑，可以使用 HookStatus.RET() 方法，传入 LR 寄存器的地址来直接返回。

xHook 框架仅能实现符号表的 Hook，优点是稳定。该 Hook 框架的使用例子如下所示。

```
// 通过 XHookImpl.getInstance() 方法来获取 IxHook 实例对象
IxHook ixHook = XHookImpl.getInstance(emulator);
// 使用 register() 方法来 Hook，需传入 so 的名称、函数名称粉碎后的原始名称，ReplaceCallback 回调
ixHook.register("libtest-lib.so", "_Z17aes_key_expansionPhS_", new ReplaceCallback() {
    @Override
    public HookStatus onCall(Emulator<?> emulator, HookContext context, long
```

```
        originFunction) {
        System.out.println("IxHook");
        return super.onCall(emulator, context, originFunction);
    }

    @Override
    public void postCall(Emulator<?> emulator, HookContext context) {
        super.postCall(emulator, context);
    }
});
// 需调用 refresh() 方法来刷新后才能 Hook
ixHook.refresh();
```

使用 xHook 框架时，同样需要先通过 getINstance() 方法来获取实例对象，之后通过 register() 方法来进行 Hook。需要注意的是，传入的函数名称是原始名称，而不是经过 IDA 解释后的名称。xHook 对于没有符号的函数就无能为力了。在使用 register() 方法进行了 Hook 之后，需要使用 refresh() 方法刷新后，Hook 才能生效。

15.1.2　Hook 源码分析

在探究完 Hook 框架的使用之后，我们开始对 unidbg 的 Hook 源码进行分析。我们以 HookZz 框架为入口来进行分析。首先 HookZz 通过 getInstance() 方法拿到 HookZz 实例，然后进入该方法进行分析，代码如下所示。

```
// HookZz.java
public static HookZz getInstance(Emulator<?> emulator) {
    // 尝试从 emulator 中获得 HookZz 实例
    HookZz hookZz = emulator.get(HookZz.class.getName());
    if (hookZz == null) {
        // 如果获取的 hookZz 为空，即之前没有实例，则新建一个 HookZz 对象
        hookZz = new HookZz(emulator);
        // 将该对象存入 emulator 中
        emulator.set(HookZz.class.getName(), hookZz);
    }
    return hookZz;
}
```

getInstance() 方法保证 HookZz 是单例模式。我们进入 HookZz 的构造方法中进一步查看，代码如下所示。

```
// BaseHook.java
public BaseHook(Emulator<?> emulator, String libName) {
    this.emulator = emulator;
    // 对 Hook 的 so 文件进行加载
    this.module = emulator.getMemory().load(resolveLibrary(libName));
}

// HookZz.java
private HookZz(Emulator<?> emulator) {
```

```
// 调用父类构造方法，传入参数 libhookzz 作为要加载的 so 的名称
super(emulator, "libhookzz");

// 根据是否为 iOS，在加载的 so 模块中寻找相应的符号
boolean isIOS = emulator.getFamily() == Family.iOS;
zz_enable_arm_arm64_b_branch = module.findSymbolByName(isIOS ? "_zz_
    enable_arm_arm64_b_branch" : "zz_enable_arm_arm64_b_branch", false);
zz_disable_arm_arm64_b_branch = module.findSymbolByName(isIOS ? "_zz_
    disable_arm_arm64_b_branch" : "zz_disable_arm_arm64_b_branch", false);
zzReplace = module.findSymbolByName(isIOS ? "_ZzReplace" : "ZzReplace", false);
zzWrap = module.findSymbolByName(isIOS ? "_ZzWrap" : "ZzWrap", false);
zzDynamicBinaryInstrumentation = module.findSymbolByName(isIOS ? "_
    ZzDynamicBinaryInstrumentation" : "ZzDynamicBinaryInstrumentation", false);

// 校验符号是否为空，否则抛出异常（省略）
}
```

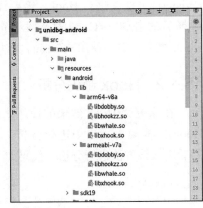

在 HookZz 的构造方法中，首先调用了父类 Base-Hook 的构造方法，并传入 libhookzz 作为要加载的 so 的名字。在父类 BaseHook 的构造方法中，通过 Memory 模块的 load() 方法从如图 15-3 所示的相应位置加载了相应的 so 文件。

在父类加载完 Hook 框架的 so 之后，通过 HookZz 构造方法对 so 中的符号进行寻找，得到所需要的各个函数的指针。将这些符号保存下来，供我们 Hook 时使用。我们可以查看 HookZz.wrap() 方法的代码，如下所示。

图 15-3 Hook 框架 so 文件存放位置

```
@Override
public <T extends RegisterContext> void wrap(long functionAddress, final
    WrapCallback<T> callback) {
    SvcMemory svcMemory = emulator.getSvcMemory();
    // 初始化栈
    final Stack<Object> context = new Stack<>();
    Pointer preCall = svcMemory.registerSvc(emulator.is32Bit() ? new ArmSvc() {
        @Override
        public long handle(Emulator<?> emulator) {
            callback.preCall(emulator, (T) new HookZzArm32RegisterContextImpl(
                emulator, context), new ArmHookEntryInfo(emulator));
            return 0;
        }
    } : new Arm64Svc() {
        @Override
        public long handle(Emulator<?> emulator) {
            callback.preCall(emulator, (T) new HookZzArm64RegisterContextImpl(
                emulator, context), new Arm64HookEntryInfo(emulator));
            return 0;
        }
    });
```

```
Pointer postCall = svcMemory.registerSvc(emulator.is32Bit() ? new ArmSvc() {
    @Override
    public long handle(Emulator<?> emulator) {
        callback.postCall(emulator, (T) new HookZzArm32RegisterContextImpl
            (emulator, context), new ArmHookEntryInfo(emulator));
        return 0;
    }
} :
// 注册 64 位 SVC，同 preCall 处理（省略）
);
int ret = zzWrap.call(emulator, UnidbgPointer.pointer(emulator,
    functionAddress), preCall, postCall).intValue();
if (ret != RS_SUCCESS) {
    throw new IllegalStateException("ret=" + ret);
}
}
```

可见 unidbg 只是注册了几个 SVC，在回调函数中调用我们重写的 preCall 等方法，真正的 Hook 操作则交由 libhookzz.so 去做，同时还初始化了一个栈，用于存储用户数据。

对于其他框架的处理也与此类似，unidbg 只是对不同 Hook 框架进行了封装，在此就不多介绍了。

15.2　Debugger 模块解析

在讲解完 Hook 模块后，我们来查看一下 unidbg 提供的 Debugger 模块。

15.2.1　Console Debugger 的使用

unibdg 还对 Hook 进行了封装，提供了调试器功能，可以让我们很方便地在控制台进行调试。unidbg 除了提供 Console Debugger，还支持 GDB 与 IDA 协助调试，如图 15-4 所示。

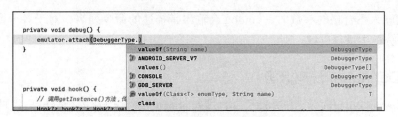

图 15-4　unidbg 提供的调试器类型

在使用调试器功能的时候，需要使用默认的 Unicorn 后端。attach() 方法中的参数如果为空，则默认使用 unidbg 的 Console Debugger。当我们在代码执行前添加断点后，使用 unidbg 模拟执行时就会在相应的地址断下来等待我们操作，代码如下所示。

```
// 附加调试器，并添加相应地址的断点
emulator.attach().addBreakPoint(module.base + 0x20AC + 1);
```

```
// 或者添加一个回调
emulator.attach(DebuggerType.CONSOLE).addBreakPoint(module.base + 0x20AC + 1,
    new BreakPointCallback() {
    @Override
    public boolean onHit(Emulator<?> emulator, long address) {
        // 修改寄存器等操作 ( 省略 )

        // 返回 false 则继续断下，返回 true 则不断下
        return false;
    }
});
```

使用 Console Debugger 进行调试的界面如图 15-5 所示。

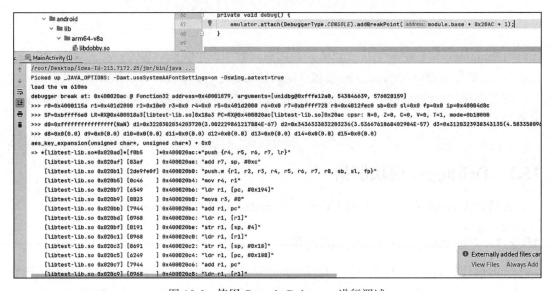

图 15-5　使用 Console Debugger 进行调试

当我们输入不合格的参数时，unidbg 会输出带描述的命令列表，对于各个命令的含义，将会在源码分析中进行讲解。

15.2.2　Debugger 源码分析

我们以 emulator.attach() 方法为入口，进入 attach() 方法内部进行分析，代码如下所示。

```
// AbstractEmulator.java
@Override
public Debugger attach(DebuggerType type) {
    // 如果已经有了调试器，直接返回
    if (debugger != null) {
        return debugger;
    }
    // 选择调试器的类型
```

```
    switch (type) {
        case GDB_SERVER:
            debugger = new GdbStub(this);
            break;
        case ANDROID_SERVER_V7:
            debugger = new AndroidServer(this, DebugServer.IDA_PROTOCOL_VERSION_V7);
            break;
        case CONSOLE:
        default:
            // 默认创建 CONSOLE 类型的调试器
            debugger = createConsoleDebugger();
            break;
    }
    // 到这里如果调试器还为空，则抛出异常
    if (debugger == null) {
        throw new UnsupportedOperationException();
    }
    // 使用了后端 Unicorn 的调试器
    this.backend.debugger_add(debugger, 1, 0, this);
    this.timeout = 0;
    return debugger;
}
```

在 attach() 方法中，首先根据参数 type 来新建调试器实例，默认会创建 ConsoleDebugger 调试器。创建完调试器实例后，通过后端来添加这个调试器。先跟入 createConsoleDebugger() 方法来分析它的创建过程，代码如下所示。

```
// AbstractARMEmulator.java
@Override
protected Debugger createConsoleDebugger() {
    return new SimpleARMDebugger(this) {
        @Override
        protected void dumpClass(String className) {
            AbstractARMEmulator.this.dumpClass(className);
        }
        @Override
        protected void searchClass(String keywords) {
            AbstractARMEmulator.this.searchClass(keywords);
        }
    };
}

// SimpleARMDebugger.java
SimpleARMDebugger(Emulator<?> emulator) {
    super(emulator);
}

// AbstractARMDebugger.java
protected AbstractARMDebugger(Emulator<?> emulator) {
    this.emulator = emulator;
}
```

在 createConsoleDebugger() 方法中，简单创建了一个 SimpleARMDebugger 实例，该对象的初始化只是简单维护了 Emulator 对象。在 backend.debugger_add() 方法中则是添加了几个回调方法，代码如下所示。

```java
// UnicornBackend.java
@Override
public void debugger_add(final DebugHook callback, long begin, long end,
    Object user_data) throws BackendException {
    try {
        final Unicorn.UnHook unHook = unicorn.debugger_add(new unicorn.DebugHook() {
            @Override
            public void onBreak(Unicorn u, long address, int size, Object user) {
                callback.onBreak(UnicornBackend.this, address, size, user);
            }

            @Override
            public void hook(Unicorn u, long address, int size, Object user) {
                callback.hook(UnicornBackend.this, address, size, user);
            }
        }, begin, end, user_data);
        callback.onAttach(new UnHook() {
            @Override
            public void unhook() {
                unHook.unhook();
            }
        });
    } catch (UnicornException e) {
        throw new BackendException(e);
    }
}
```

在新建了 Debugger 对象之后，我们使用了 addBreakPoint() 方法来添加地址和回调方法。该方法有多个重载，我们选择其中一种进行分析，代码如下所示。

```java
// AbstractARMDebugger.java
@Override
public BreakPoint addBreakPoint(long address, BreakPointCallback callback) {
    // 根据地址判断是否为 thumb 指令集
    boolean thumb = (address & 1) != 0;
    // 将地址的最低位置为 0
    address &= (~1);

    if (log.isDebugEnabled()) {
        log.debug("addBreakPoint address=0x" + Long.toHexString(address));
    }
    // 使用 Unicorn 后端对该地址添加断点并传入回调方法
    BreakPoint breakPoint = emulator.getBackend().addBreakPoint(address,
        callback, thumb);
    // 将断点保存到 breakMap 中
    breakMap.put(address, breakPoint);
    return breakPoint;
}
```

当程序运行起来并断下时，Unicorn 会回调调试器的 onBreak() 方法，该方法的代码如下所示。

```
// AbstractARMDebugger.java
@Override
public void onBreak(Backend backend, long address, int size, Object user) {
    // 拿到对应地址的断点
    BreakPoint breakPoint = breakMap.get(address);
    if (breakPoint != null && breakPoint.isTemporary()) {
        // 从 breakMap 与 Unicorn 后端中移除断点
        removeBreakPoint(address);
    }
    BreakPointCallback callback;
    // 执行 onHit 回调，如果 onHit() 方法返回 true，则不会断下
    if (breakPoint != null && (callback = breakPoint.getCallback()) != null &&
        callback.onHit(emulator, address)) {
        return;
    }
    try {
        // 可以设置 listener 来控制断点、是否进入调试
        if (listener == null || listener.canDebug(emulator, new
            CodeHistory(address, size, ARM.isThumb(backend)))) {
            cancelTrace();
            // 设置正在调试的标志
            debugging = true;
            // 进入 loop 函数，循环执行用户指令
            loop(emulator, address, size, null);
        }
    } catch (Exception e) {
        log.warn("process loop failed", e);
    } finally {
        debugging = false;
    }
}
```

onBreak() 方法回调了我们之前设置的 onHit() 方法，同时根据 listener 来判断是否进入调试，最终的用户指令是在 loop() 方法中处理的，该方法的实现代码如下所示。

```
// AbstractARMDebugger.java
@Override
protected final void loop(Emulator<?> emulator, long address, int size,
    DebugRunnable<?> runnable) throws Exception {
    Backend backend = emulator.getBackend();
    boolean thumb = ARM.isThumb(backend);
    long nextAddress = 0;

    try {
        if (address != -1) {
            // 打印断点信息
            RunnableTask runningTask = emulator.getThreadDispatcher().getRunningTask();
            System.out.println("debugger break at: 0x" + Long.toHexString(address) +
                (runningTask == null ? "" : (" @ " + runningTask)));
```

```java
            // 打印寄存器信息
            emulator.showRegs();
        }
        if (address > 0) {
            // 打印反汇编信息
            nextAddress = disassemble(emulator, address, size, thumb);
        }
    } catch (BackendException e) {
        e.printStackTrace();
    }

    Scanner scanner = new Scanner(System.in);
    String line;
    // 循环读取控制台输入
    while ((line = scanner.nextLine()) != null) {
        line = line.trim();
        try {
            // help 指令, 打印帮助信息
            if ("help".equals(line)) {
                showHelp(address);
                continue;
            }
            // iOS 部分的 run 指令, 由于我们要处理的是 Android 部分, 在此不考虑
            if (line.startsWith("run") && runnable != null) {
                // ...
                continue;
            }
            // d/dis 指令, 用于打印寄存器与反汇编信息
            if ("d".equals(line) || "dis".equals(line)) {
                emulator.showRegs();
                disassemble(emulator, address, size, thumb);
                continue;
            }
            // 打印指定地址的反汇编信息
            if (line.startsWith("d0x")) {
                long da = Long.parseLong(line.substring(3), 16);
                disassembleBlock(emulator, da & 0xffffffffL,(da & 1) == 1);
                continue;
            }
            // m 指令
            if (line.startsWith("m")) {
                String command = line;
                // 分成命令与长度两部分
                String[] tokens = line.split("\\s+");
                // 默认长度是 0x70
                int length = 0x70;
                try {
                    if (tokens.length >= 2) {
                        command = tokens[0];
                        String str = tokens[1];
                        length = (int) Utils.parseNumber(str);
                    }
                } catch(NumberFormatException ignored) {}
```

```java
StringType stringType = null;
// 根据末尾字符，指定字符串解析方式
if (command.endsWith("s")) {
    stringType = StringType.nullTerminated;
    command = command.substring(0, command.length() - 1);
} else if (command.endsWith("std")) {
    stringType = StringType.std_string;
    command = command.substring(0, command.length() - 3);
}

int reg = -1;
String name = null;
// R 系列寄存器处理相关
if (command.startsWith("mr") && command.length() == 3) {
    char c = command.charAt(2);
    // 支持 R0~R7 寄存器
    if (c >= '0' && c <= '7') {
        int r = c - '0';
        reg = ArmConst.UC_ARM_REG_R0 + r;
        name = "r" + r;
    }
} else if ("mfp".equals(command)) {
    reg = ArmConst.UC_ARM_REG_FP;
    name = "fp";
} else if ("mip".equals(command)) {
    reg = ArmConst.UC_ARM_REG_IP;
    name = "ip";
} else if ("msp".equals(command)) {
    reg = ArmConst.UC_ARM_REG_SP;
    name = "sp";
} else if (command.startsWith("m0x")) {
    // 读内存地址相关
    long addr = Long.parseLong(command.substring(3).trim(), 16);
    Pointer pointer = UnidbgPointer.pointer(emulator, addr);
    if (pointer != null) {
        dumpMemory(pointer, length, pointer.toString(), stringType);
    } else {
        System.out.println(addr + " is null");
    }
    continue;
}
if (reg != -1) {
    // 如果是寄存器，则读取寄存器的值指向的内存
    Pointer pointer = UnidbgPointer.register(emulator, reg);
    if (pointer != null) {
        dumpMemory(pointer, length, name + "=" + pointer, stringType);
    } else {
        System.out.println(name + " is null");
    }
    continue;
}
}
// 打印调用栈信息
```

```
        if ("where".equals(line)) {
            new Exception("here").printStackTrace(System.out);
            continue;
        }
        // 给某个地址写入数据
        if (line.startsWith("wx0x")) {
            String[] tokens = line.split("\\s+");
            long addr = Long.parseLong(tokens[0].substring(4).trim(), 16);
            Pointer pointer = UnidbgPointer.pointer(emulator, addr);
            if (pointer != null && tokens.length > 1) {
                byte[] data = Hex.decodeHex(tokens[1].toCharArray());
                pointer.write(0, data, 0, data.length);
                dumpMemory(pointer, data.length, pointer.toString(), null);
            } else {
                System.out.println(addr + " is null");
            }
            continue;
        }
        // warn 指令写入数据，为寄存器写
        if (line.startsWith("w")) {
            String command;
            String[] tokens = line.split("\\s+");
            if (tokens.length < 2) {
                System.out.println("wr0-wr8, wfp, wip, wsp <value>: write
                    specified register");
                System.out.println("wb(address), ws(address), wi(address)
                    <value>: write (byte, short, integer) memory of
                    specified address, address must start with 0x");
                continue;
            }
            int value;
            try {
                command = tokens[0];
                String str = tokens[1];
                value = (int) Utils.parseNumber(str);
            } catch(NumberFormatException e) {
                e.printStackTrace();
                continue;
            }

            // 与读类似（省略）
        }
        // 栈回溯
        if (emulator.isRunning() && "bt".equals(line)) {
            try {
                emulator.getUnwinder().unwind();
            } catch (Throwable e) {
                e.printStackTrace();
            }
            continue;
        }
        // 在目标地址下断点
        if (line.startsWith("b0x")) {
```

```
        try {
            long addr = Long.parseLong(line.substring(3), 16) & 0xffffffffL;
            Module module = null;
            // 参数可以是相对偏移，也可以是绝对地址
            if (addr < Memory.MMAP_BASE && (module =
                findModuleByAddress(emulator, address)) != null) {
                addr += module.base;
            }
            // 在目标地址添加断点
            addBreakPoint(addr); // temp breakpoint
            if (module == null) {
                module = findModuleByAddress(emulator, addr);
            }
            System.out.println("Add breakpoint: 0x" + Long.toHexString(addr) +
                (module == null ? "" : (" in " + module.name + " [0x" +
                Long.toHexString(addr - module.base) + "]")));
            continue;
        } catch(NumberFormatException ignored) {
        }
    }
// 在返回地址处下断点
if ("blr".equals(line)) { // break LR
    long addr = backend.reg_read(ArmConst.UC_ARM_REG_LR).
        intValue() & 0xffffffffL;
    addBreakPoint(addr);
    Module module = findModuleByAddress(emulator, addr);
    System.out.println("Add breakpoint: 0x" + Long.toHexString(addr) +
        (module == null ? "" : (" in " + module.name + " [0x" +
        Long.toHexString(addr - module.base) + "]")));
    continue;
}
// 删除当前断点
if ("r".equals(line)) {
    long addr = backend.reg_read(ArmConst.UC_ARM_REG_PC).
        intValue() & 0xffffffffL;
    if (removeBreakPoint(addr)) {
        Module module = findModuleByAddress(emulator, addr);
        System.out.println("Remove breakpoint: 0x" + Long.toHexString(addr) +
            (module == null ? "" : (" in " + module.name + " [0x" +
            Long.toHexString(addr - module.base) + "]")));
    }
    continue;
}
// 在当前地址下断点
if ("b".equals(line)) {
    long addr = backend.reg_read(ArmConst.UC_ARM_REG_PC).
        intValue() & 0xffffffffL;
    addBreakPoint(addr);
    Module module = findModuleByAddress(emulator, addr);
    System.out.println("Add breakpoint: 0x" + Long.
        toHexString(addr) + (module == null ? "" : (" in " +
        module.name + " [0x" + Long.toHexString(addr - module.
        base) + "]")));
```

```
                    continue;
                }
                // 对于更通用的命令进行处理
                if(handleCommon(backend, line, address, size, nextAddress, runnable)) {
                    break;
                }
            } catch (RuntimeException | DecoderException e) {
                e.printStackTrace();
            }
        }
    }
}
```

可以看出整个 loop() 方法都是在处理用户的输入命令，在最后调用了 handleCommon()
方法，让父类处理通用的命令，代码如下所示。

```
// AbstractARMDebugger.java
final boolean handleCommon(Backend backend, String line, long address, int
    size, long nextAddress, DebugRunnable<?> runnable) throws Exception {
    // 退出调试器，让程序继续运行
    if ("exit".equals(line) || "quit".equals(line)) { // continue
        return true;
    }
    // 调用垃圾回收器进行垃圾回收
    if ("gc".equals(line)) {
        System.out.println("Run System.gc();");
        System.gc();
        return false;
    }
    // 查看线程
    if ("threads".equals(line)) {
        for (Task task : emulator.getThreadDispatcher().getTaskList()) {
            System.out.println(task.getId() + ": " + task);
        }
        return false;
    }
    // runnable 如不为 null 则与 iOS 相关
    if (runnable == null || callbackRunning) {
        // 使程序继续运行
        if ("c".equals(line)) { // continue
            return true;
        }
    } else {
        // iOS 的 C 指令处理（省略）
    }
    // 单步过指令
    if ("n".equals(line)) {
        if (nextAddress == 0) {
            System.out.println("Next address failed.");
            return false;
        } else {
            // 对下一条指令下临时断点
            addBreakPoint(nextAddress).setTemporary(true);
```

```
            return true;
        }
    }
// 搜索栈上的数据
if (line.startsWith("st")) {          // search stack
    int index = line.indexOf(' ');
    if (index != -1) {
        // 不需要使用 0x 开头
        String hex = line.substring(index + 1).trim();
        byte[] data = Hex.decodeHex(hex.toCharArray());
        if (data.length > 0) {
            searchStack(data);
            return false;
        }
    }
}
// 搜索堆上的可写数据
if (line.startsWith("shw")) {         // search writable heap
    // ...
}
// 搜索堆上的可读数据
if (line.startsWith("shr")) {         // search readable heap
    // ...
}
// 搜索堆上的可执行数据
if (line.startsWith("shx")) {         // search executable heap
    // ...
}
// iOS 相关（省略）

// trace 指令相关（省略）

// 打印所有加载的模块信息
if (line.startsWith("vm")) {
    // ...
    return false;
}
// 查看所有的断点信息
if ("vbs".equals(line)) {             // view breakpoints
    // ...
    return false;
}
// 停止程序运行
if ("stop".equals(line)) {
    backend.emu_stop();
    return true;
}
// 单步入指令
if ("s".equals(line) || "si".equals(line)) {
    setSingleStep(1);
    return true;
}
// 运行到下一代码块
```

```
    if ("nb".equals(line)) {
        if (!blockHooked) {
            blockHooked = true;
            emulator.getBackend().hook_add_new((BlockHook) this, 1, 0, emulator);
        }
        breakNextBlock = true;
        return true;
    }
    // 指定运行指令的条数
    if (line.startsWith("s")) {
        try {
            setSingleStep(Integer.parseInt(line.substring(1)));
            return true;
        } catch (NumberFormatException e) {
            breakMnemonic = line.substring(1);
            backend.setFastDebug(false);
            return true;
        }
    }
    // 给当前指令打补丁
    if (line.startsWith("p")) {
        // ...
    }
    Module module = emulator.getMemory().findModuleByAddress(address);
    // 转换到 C 函数
    if (module != null && line.startsWith("cc")) {
        // ...
    }

    showHelp(address);
    return false;
}
```

handleCommon() 方法用于判断用户的输入，并根据用户的输入做相应的操作。到这里，我们对调试器功能的源码就分析完了。

15.3 本章小结

在本章中，我们首先对 unidbg 如何使用 Hook 进行了示例讲解，然后对 Hook 功能的实现进行了源码分析，接着对基于 Hook 实现的调试器功能进行了分析与讲解。学习完本章，相信读者能够熟练使用 Hook 功能，并使用调试器的各种命令进行调试了。在第 16 章，我们将从实战开始，对 unidbg 使用实例进行分析。

第三部分 *Part 3*

模拟执行与补环境实战

unidbg 实战：I/O 重定向

在前文中，我们已经分析了 unidbg 各个部分的源码并有了一定的了解，在本章中，我们将分析 App 实例，来使用 unidbg 进行辅助分析并学习更多的补环境操作。

16.1 分析 App 的内部逻辑

接下来，我们通过一个实例来学习 App 的基本运行逻辑。

16.1.1 了解 App 的运行流程

首先了解一下 App 的运行流程。将例子 App 安装到手机上，打开后有一个名为"自由正义分享"的按钮，单击该按钮后会弹出一个对话框，如图 16-1 所示。

单击对话框的"不玩了"按钮，则会退出该 App；而单击"注册"按钮，则会进入一个 App 注册界面，如图 16-2 所示。

输入注册码并单击"注册"按钮后，会弹出对话框，提示"您的注册码已保存"。单击"好吧"按钮退出 App。

接着我们打开 jdax 反编译工具，拖入该 APK 文件。首先查看 AndroidManifest.xml 清单文件，发现该 App 设置了一个 Application 类，值为 com.gdufs.xman.MyApp，如图 16-3 所示。

图 16-1　App 主界面

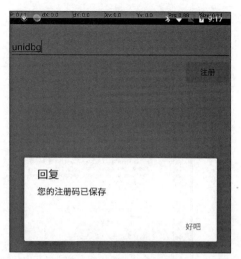

图 16-2　App 注册界面

```
*New Project - jadx-gui

AndroidManifest.xml  ✕

1   <?xml version="1.0" encoding="utf-8"?>
2   <manifest xmlns:android="http://schemas.android.com/apk/res/android" android:versionCode="1" android:versionName="1.0" package="com.gdufs.xman" platfo
7       <uses-sdk android:minSdkVersion="14" android:targetSdkVersion="23"/>
11      <uses-permission android:name="android.permission.WRITE_EXTERNAL_STORAGE"/>
12      <uses-permission android:name="android.permission.MOUNT_UNMOUNT_FILESYSTEMS"/>
14      <application android:theme="@style/AppTheme" android:label="@string/app_name" android:icon="@drawable/aaron" |android:name="com.gdufs.xman.MyApp"| a
20          <activity android:label="@string/app_name" android:name="com.gdufs.xman.MainActivity">
23              <intent-filter>
24                  <action android:name="android.intent.action.MAIN"/>
26                  <category android:name="android.intent.category.LAUNCHER"/>
27              </intent-filter>
28          </activity>
29          <activity android:label="@string/title_activity_reg" android:name="com.gdufs.xman.RegActivity"/>
32      </application>
34  </manifest>
```

图 16-3　AndroidManifest.xml 清单文件

16.1.2　Java 层逻辑分析

接下来我们对 Java 层进行分析。首先查看应用的 Application 类，也就是 MyApp 类，该类反编译后得到的 Java 代码如图 16-4 所示。

在 Android App 的 Application 类中，可以存放一些全局共享的变量、方法等信息。从图 16-4 中可以看出，该类含有一个静态的 int 类型的变量 m，初始化为 0。libmyjni.so 文件中有三个 Native 层的方法。onCreate() 方法调用了位于 so 层的 initSN() 方法，并打印了一条 log 日志。对于 so 层我们将在下文分析，这里先看该 App 另外的 Java 层逻辑。

```java
package com.gdufs.xman;

import android.app.Application;
import android.util.Log;

public class MyApp extends Application {
    public static int m = 0;

    public native void initSN();

    public native void saveSN(String str);

    public native void work();

    static {
        System.loadLibrary("myjni");
    }

    public void onCreate() {
        initSN();
        Log.d("com.gdufs.xman m=", String.valueOf(m));
        super.onCreate();
    }
}
```

图 16-4　对 MyApp 类反编译后得到的 Java 代码

该 App 的入口是 com.gdufs.xman.MainActivity，该类中 onCreate() 方法的反编译代码如图 16-5 所示。

```
⊘ com.gdufs.xman.MainActivity  ✕
    import android.util.Log;
    import android.view.Menu;
    import android.view.View;
    import android.widget.Button;
    import android.widget.Toast;
22  public class MainActivity extends Activity {
        private static String workString;
        private Button btn1;
23      public void onCreate(Bundle savedInstanceState) {
            String str2;
24          super.onCreate(savedInstanceState);
25          setContentView(R.layout.activity_main);
27          Log.d("com.gdufs.xman m=", "Xman");
            MyApp myApp = (MyApp) getApplication();
29          int m = MyApp.m;
30          if (m == 0) {
31              str2 = "未注册";
32          } else if (m == 1) {
33              str2 = "已注册";
            } else {
35              str2 = "已混乱";
            }
38          setTitle("Xman" + str2);
39          this.btn1 = (Button) findViewById(R.id.button1);
54          this.btn1.setOnClickListener(new View.OnClickListener() {
                /* class com.gdufs.xman.MainActivity.AnonymousClass1 */
43              public void onClick(View v) {
44                  MyApp myApp = (MyApp) MainActivity.this.getApplication();
45                  if (MyApp.m == 0) {
46                      MainActivity.this.doRegister();
51                      return;
                    }
48                  ((MyApp) MainActivity.this.getApplication()).work();
49                  Toast.makeText(MainActivity.this.getApplicationContext(), MainActivity.workString, 0).show();
                }
            });
        }
```

图 16-5　MainActivity 中 onCreate() 方法的反编译代码

在 MainActivity 类中的 onCreate() 方法中，首先通过 getApplication() 方法获得了 MyApp 的实例对象，之后拿到了存在于该类中的 m 变量。然后通过 if-else 语句来对 m 的值进行判断：若值为 0，则字符串的值为"未注册"；若值为 1，则字符串的值为"已注册"；若为其他值，则字符串的值为"已混乱"。接着通过 setTitle() 方法将拼接好的注册信息设置到 Activity 的标题中。

之后寻找该 Activity 中的"自由正义分享"按钮的 ID，以获得一个 Button 对象。通过 setOnClickListener() 方法为其设置单击监听事件。在 onClick() 方法中，首先判断 m 的值，如果值为 0，则执行 doRegister() 方法，然后执行 Application 中的 work() 方法，并展示 Toast 气泡消息。其中 doRegister() 方法的反编译代码如下所示。

```
public void doRegister() {
    // 使用 Builder 新创建一个对话框, 设置标题及主题信息, 设置 " 注册 " 按钮
    new AlertDialog.Builder(this).setTitle(" 注册 ").setMessage("Flag 就在前方！ ").
        setPositiveButton(" 注册 ", new DialogInterface.OnClickListener() {
        /* class com.gdufs.xman.MainActivity.AnonymousClass3 */
        public void onClick(DialogInterface dialog, int which) {
            Intent intent = new Intent();
            // 如果单击了确定按钮, 则启动新的 Activity, 结束当前 Activity
            intent.setComponent(new ComponentName(BuildConfig.APPLICATION_ID,
                "com.gdufs.xman.RegActivity"));
            MainActivity.this.startActivity(intent);
            MainActivity.this.finish();
        }
        // 设置 " 不玩了 " 按钮的单击事件
    }).setNegativeButton(" 不玩了 ", new DialogInterface.OnClickListener() {
```

```
        /* class com.gdufs.xman.MainActivity.AnonymousClass2 */
        public void onClick(DialogInterface dialog, int which) {
            // 直接杀掉当前进程
            Process.killProcess(Process.myPid());
        }
    }).show();
}
// 为 workString 成员变量赋值，workString 变量会在 " 自由正义分享 " 按钮的单击事件中弹出 Toast
气泡提示
public void work(String str) {
    workString = str;
}
```

该方法向用户提供了两个选择，如果单击了"注册"按钮则会跳转到注册 Activity，如果单击了"不玩了"按钮则会结束自身进程。

继续分析注册页面，反编译代码如下所示。

```
public class RegActivity extends Activity {
    private Button btn_reg;
    private EditText edit_sn;

    public void onCreate(Bundle savedInstanceState) {
        super.onCreate(savedInstanceState);
        setContentView(R.layout.activity_reg);
        this.btn_reg = (Button) findViewById(R.id.button1);
        this.edit_sn = (EditText) findViewById(R.id.editText1);
        // 为 " 注册 " 按钮设置单击事件监听
        this.btn_reg.setOnClickListener(new View.OnClickListener() {
            /* class com.gdufs.xman.RegActivity.AnonymousClass1 */

            public void onClick(View v) {
                // 首先获得编辑框中的注册码，如果为空则弹出 Toast 气泡提示并退出
                String sn = RegActivity.this.edit_sn.getText().toString().trim();
                if (sn == null || sn.length() == 0) {
                    Toast.makeText(RegActivity.this, " 您的输入为空 ", 0).show();
                    return;
                }
                // 调用 saveSN() 方法，传入用户输入的注册码
                ((MyApp) RegActivity.this.getApplication()).saveSN(sn);
                // 弹出对话框，提示用户 " 您的注册码已保存 "
                new AlertDialog.Builder(RegActivity.this).setTitle(" 回复 ").
                    setMessage(" 您的注册码已保存 ").setPositiveButton(" 好吧 ", new
                    DialogInterface.OnClickListener() {
                    /* class com.gdufs.xman.RegActivity.AnonymousClass1.
                        AnonymousClass1 */
                    public void onClick(DialogInterface dialog, int which) {
                        // 在用户单击 " 好吧 " 按钮后杀掉自身进程
                        Process.killProcess(Process.myPid());
                    }
                }).show();
            }
        });
    }
}
```

在注册页面 RegActivity 中的 onCreate() 方法中，为按钮"注册"设置了单击事件监听，当单击"注册"按钮的时候就会将用户输入的 sn 码作为参数来调用 so 层的 saveSN() 方法，同时会弹出一个对话框，若用户单击"好吧"按钮则 App 会结束自身进程。

可见该 App 在 MainActivity 加载时验证注册码是否正确，而当用户输入注册码后 App 只会将注册码保存起来，等再次启动的时候再验证注册码。这便是典型的"重启验证"程序。接下来我们就开始对 so 层的关键函数进行分析了。

16.1.3　so 层逻辑分析

将 APK 当作压缩包解压，使用 IDA 反编译工具载入 lib/armeabi/libmyjni.so 文件。首先查看函数列表，没有发现静态注册的函数，于是查看 JNI_OnLoad() 方法，该方法可以对 JNI 方法进行动态注册。方法代码如图 16-6 所示。

```
 1 jint JNI_OnLoad(JavaVM *vm, void *reserved)
 2 {
 3   if ( !(*vm)->GetEnv(vm, (void **)&g_env, 65542) )
 4   {
 5     j___android_log_print(2, "com.gdufs.xman", "JNI_OnLoad()");
 6     native_class = (int)(*g_env)->FindClass(g_env, "com/gdufs/xman/MyApp");
 7     if ( !(*g_env)->RegisterNatives(g_env, (jclass)native_class, (const JNINativeMethod *)methods, 3) )
 8     {
 9       j___android_log_print(2, "com.gdufs.xman", "RegisterNatives() --> nativeMethod() ok");
10       return 65542;
11     }
12     j___android_log_print(6, "com.gdufs.xman", "RegisterNatives() --> nativeMethod() failed");
13   }
14   return -1;
15 }
```

图 16-6　IDA 查看 JNI_OnLoad() 方法代码

很明显，g_env 就是 env，可以使用 y 快捷键将 g_env 的类型修改为 JNIEnv*，这样便可以识别 JNI 函数了。在 JNI_OnLoad() 方法中使用 RegisterNatives() 方法对函数进行动态注册，传入的第一个参数是 env，第二个参数是需要动态注册的 Java 类，第三个参数是需要注册的 JNINativeMethod 指针，第四个参数是要注册的函数的个数。JNINativeMethod 结构体中有三个成员，分别是函数名、签名及函数的地址。该结构体的三个函数成员如图 16-7 所示。

```
.data:00005004 methods     DCD aInitsn           ; DATA XREF: JNI_OnLoad+46↑o
.data:00005004                                   ; JNI_OnLoad+4A↑o ...
.data:00005004                                   ; "initSN"
.data:00005008             DCD aV                ; "()V"
.data:0000500C             DCD n1+1
.data:00005010             DCD aSavesn           ; "saveSN"
.data:00005014             DCD aLjavaLangStrin   ; "(Ljava/lang/String;)V"
.data:00005018             DCD n2+1
.data:0000501C             DCD aWork             ; "work"
.data:00005020             DCD aV                ; "()V"
.data:00005024             DCD n3+1
.data:00005024 ; .data     ends
.data:00005024
```

图 16-7　动态注册的函数数组

这里注册了三个方法，initSN() 方法的地址是 0x1380，saveSN() 方法的地址是 0x11F8，work() 方法的地址是 0x1498。

我们首先分析 initSN() 方法，该方法的反编译代码如下所示。

```
int __fastcall n1(JNIEnv *env)
{
    int file;                                      // r0
    int file_;                                     // r4
    JNIEnv *v4;                                     // r0
    int v5;                                        // r7
    const char *v6;                                // r5
    JNIEnv *env_;                                   // r0
    int value;                                     // r1

    file = j_fopen("/sdcard/reg.dat", "r+");       // 读取位于 sdcard 下的 reg.dat 文件
    file_ = file;
    if ( !file )                                   // 如果文件读取失败，则设置 m 为 0
    {
        v4 = env;
        return setValue(v4, 0);
    }
    j_fseek(file, 0, 2);
    v5 = j_ftell(file_);
    v6 = (const char *)j_malloc(v5 + 1);
    if ( !v6 )
    {
        j_fclose(file_);
        v4 = env;
        return setValue(v4, 0);
    }
    j_fseek(file_, 0, 0);
    j_fread(v6, v5, 1, file_);                      // 读取文件内容
    v6[v5] = 0;
    if ( !j_strcmp(v6, "EoPAoY62@ElRD") )           // 如果与预设的字符串相匹配，则设置为 1
    {
        env_ = env;
        value = 1;
    }
    else
    {
        env_ = env;
        value = 0;                                 // 否则设置为 0
    }
    setValue(env_, value);
    return j_fclose(file_);
}
```

对 IDA 的反编译代码进行变量重命名等优化操作。initSN() 方法在 MyApp 类中被调用，在该方法中读取了 "/sdcard/reg.dat" 文件的内容，如果该文件中的内容与 "EoPAoY62@ElRD" 相同，则通过 setValue 函数对 m 的值进行修改。setValue 函数的代码如下所示。

```
int __fastcall setValue(JNIEnv *env, int value)
```

```
{
    jclass v4; // r5
    jfieldID v5; // r0

    v4 = (*env)->FindClass(env, "com/gdufs/xman/MyApp");
    v5 = (*env)->GetStaticFieldID(env, v4, "m", "I");
    return ((int (__fastcall *)(JNIEnv *, jclass, jfieldID, int))(*env)-
        >SetStaticIntField)(env, v4, v5, value);
}
```

可见修改 m 的值的操作是通过 Java 的反射来完成的，先获取到 Class 及 FieldID，之后通过 SetStaticIntField() 对该成员进行赋值。

到这里我们对 so 层 initSN() 方法就分析完了，接下来继续分析另外两个本地方法。在对 saveSN() 的反编译代码进行名称与类型修改优化后，代码如下所示。

```
int __fastcall n2(JNIEnv *env, jobject obj, jstring str)
{
    int file;                                    // r7
    const char *str_1;                           // r6
    const char *str_2;                           // r5
    int num;                                     // r4
    int offset;                                  // r0
    char ch;                                     // r2
    signed int str_len;                          // [sp+8h] [bp-38h]
    char data_str[20];                           // [sp+10h] [bp-30h] BYREF

    file = j_fopen("/sdcard/reg.dat", "w+");
    if ( !file )                                 // 如果文件打开失败
        return j___android_log_print(3, "com.gdufs.xman", "打开文件失败");
                                                 // 打印 log 日志："打开文件失败"
    strcpy(data_str, "W3_arE_whO_we_ARE");
    str_1 = (*env)->GetStringUTFChars(env, str, 0); // 从 Java 字符串中取得字符串数组
    str_2 = str_1;
    str_len = j_strlen(str_1);
    num = 2016;
    while ( 1 )
    {
        offset = str_2 - str_1;                  // 计算出偏移
        if ( str_2 - str_1 >= str_len )          // 如果大于字符串长度，跳出循环
          break;
        if ( offset % 3 == 1 )                   // 偏移对 3 取余，根据取余结果进行操作
        {
          num = (num + 5) % 16;                  // 如果取余结果为 1，计算 num 值
          ch = data_str[num + 1];                // 从 data_str 中取得该字符
        }
        else if ( offset % 3 == 2 )
        {
          num = (num + 7) % 15; // 如果取余结果为 2，则对 num 加 7 后再对 15 取余得到 num
          ch = data_str[num + 2];
        }
        else
```

```
        {
            num = (num + 3) % 13;    // 当取余结果为 0 时，执行这个分支计算出 num 并取得
                                     //         data_str 中的字符
            ch = data_str[num + 3];
        }
        *str_2++ ^= ch;              // 将该字符与用户输入的字符进行异或操作
    }
    j_fputs(str_1, file);            // 将计算好的 str 写入文件中
    return j_fclose(file);           // 关闭文件描述符
}
```

saveSN() 方法，顾名思义，用于保存用户输入的注册码。在该函数中，显示打开了注册码存放文件 reg.dat。如果文件打开失败则会输出一条 log 日志，提示"打开文件失败"。然后一个变量 data_str 初始化为"W3_arE_whO_we_ARE"字符串，作为字符表。之后从第三个参数 str 中取得传入的注册码字符串，通过 GetStringUTFChars() 函数从 jstring 中取得字符串数组，赋值给 str_1，并将 str_1 复制一份赋值为 str_2，这样 str_1 和 str_2 这两个 char 指针便都指向了用户输入的注册码的开头。之后通过 strlen() 函数计算出用户输入注册码的长度，并赋值给 str_len 变量进行保存。

接着初始化了一个 num 变量，值为 2016。在 while 循环中，显示计算出了 str_2 相对于 str_1 的偏移 offset，每次循环都会对 str_2 进行加 1 操作。当 str_2 超出了字符串的范围，也就是 str_2 ≥ str_1+str_len 时，使用 break 语句来跳出循环。之后 offset 对 3 进行取余操作，根据取余结果（0,1,2）的不同，通过不同的运算来计算出 num 的值，并通过 num 从 data_str 字符表中取到一个字符，再将该字符与用户输入的注册码相应位置的字符进行异或操作得到新的字符。最终循环结束，将异或操作后的字符串写入文件，并关闭文件。

可见 saveSN() 方法是将用户输入的字符串与一个简单的密钥生成器产生的密钥流进行异或操作，然后将结果存入文件之中。这个密钥生成器依赖于 num 与 data_str，而这两个值都是固定不变的，所以产生的密钥流也是固定不变的。

异或是可逆操作，如果一个数先与一个数异或，当再次与同一个数异或时，将得到运算最初的结果。因此我们只需获取正确的结果，再将其传入 saveSN() 方法中，运算出的结果就是我们原本应该输入的值。这里正确的结果就是在 initSN() 中验证的字符串"EoPAoY62@ElRD"。所以最简单的解法就是在注册码输入界面输入"EoPAoY62@ElRD"，然后去 reg.dat 中拿到原本我们应该输入的注册码，完成注册。

但是为了学习研究，我们继续分析最后一个函数 work，该函数优化后的反编译代码如下所示。

```
int __fastcall n3(JNIEnv *env)
{
    int m;                  // r0
    JNIEnv *env_;           // r0
    const char *str;        // r1
    n1();                   // 执行 n1，也就是 initSN() 方法
    m = getValue(env);      // 通过 getValue 函数，读取注册状态 m 的值
```

```
    if ( m )                         // 如果 m 的值不为 0
    {
        if ( m == 1 )
        {
            env_ = env;
            str = " 输入即是 flag, 格式为 xman{……}！ ";
        }
        else
        {
            env_ = env;
            str = &asc_2F25;        // 如果 m 的值既不为 0（未注册），也不为 1（已注册），则为字
                                    //   符串赋值 " 状态不太对。"
        }
    }
    else
    {
        env_ = env;
        str = &asc_2EEB;     // 如果 m 的值为 0，则表示没有注册，为字符串赋值 " 还不行呢！ "
    }
    return callWork(env_, str); // 返回 callWork 函数，通过 JNI 方法利用反射来重新调用
                                //   work 函数
}
```

其中，getValue 函数与 callWork 函数的反编译结果如下所示。

```
jint __fastcall getValue(JNIEnv *env)
{
    jclass clazz;                                              // r5
    struct _jfieldID *field;                                   // r0
    clazz = (*env)->FindClass(env, "com/gdufs/xman/MyApp"); // 寻找 MyApp 类
    field = (*env)->GetStaticFieldID(env, clazz, "m", "I");
    return (*env)->GetStaticIntField(env, clazz, field);       // 获取变量 m 的值
}
// 这里应当是 2 个参数，但是 IDA 解析有问题，将两个参数解析成了一个 int64 的数据
__int64 __fastcall callWork(__int64 a1)
{
    const char *str;                                           // r7
    JNIEnv *env_;                                              // r4
    void *v3;                                                  // r5
    struct _jmethodID *v4;                                     // r0
    jobject obj;                                               // r6
    jmethodID methodID;                                        // r5
    jstring param;                                             // r3
    int v9[2];                                                 // [sp+0h] [bp-20h]

    *(_QWORD *)v9 = a1;
    str = (const char *)HIDWORD(a1);   // 取到高四字节，也就是拿到参数中传入的字符串
    env_ = (JNIEnv *)a1;
    v3 = (void *)(*(int (__fastcall **)(_DWORD, const char *))(*(_DWORD *)a1 +
        24))(a1, "com/gdufs/xman/MainActivity"); // 拿到 MainActivity 类
    v4 = (*env_)->GetMethodID(env_, v3, "<init>", "()V");// 拿到构造方法的 MethodID
    obj = (*env_)->NewObject(env_, v3, v4);        // 新建一个 MainActivity 实例对象
    methodID = (*env_)->GetMethodID(env_, v3, "work", "(Ljava/lang/String;)V");
```

```
    if ( methodID )
    {
        v9[1] = (int)(*env_)->CallVoidMethod;
        param = (*env_)->NewStringUTF(env_, str);
        ((void (__fastcall *)(JNIEnv *, jobject, jmethodID, jstring))v9[1])
            (env_, obj, methodID, param);// 调用 MainActivity 的 work 函数
    }
    return *(_QWORD *)v9;
}
```

经过分析，work 函数仅仅根据注册状态来输出提示字符串的功能，最终通过 Java 层的 MainActivity.work(String str) 重载函数来将提示字符串设置到成员变量 workString 中，用于弹出 Toast 提示。

到这里，我们就将整个 App 分析完了。

16.2　unidbg 模拟执行分析

16.2.1　unidbg 模拟执行 saveSN() 方法

将 App 分析完后，我们尝试使用 unidbg 来模拟执行 saveSN() 方法，代码如下所示。

```
package com.dta.lesson25;

import ...;

public class MainActivity {
    private final AndroidEmulator emulator;
    private final VM vm;
    private final Memory memory;
    private final Module module;
    private final DvmObject thiz;

    public MainActivity() {
        // 新建模拟器
        emulator = AndroidEmulatorBuilder.for32Bit()
                .build();
        memory = emulator.getMemory();
        memory.setLibraryResolver(new AndroidResolver(23));

        vm = emulator.createDalvikVM(new File("unidbg-android/src/test/java/
            com/dta/lesson25/xman.apk"));
        vm.setVerbose(true);
        DalvikModule dalvikModule = vm.loadLibrary("myjni", false);
        module = dalvikModule.getModule();
        vm.callJNI_OnLoad(emulator, module);

        // 封装一个 MyApp 对象
        thiz = vm.resolveClass("com/gdufs/xman/MyApp").newObject(null);    }
```

```java
public static void main(String[] args) {
    MainActivity mainActivity = new MainActivity();
    String str = "123";
    mainActivity.callSaveSN(str);
}

private void callSaveSN(String arg) {
    // 模拟执行 saveSN() 方法
    thiz.callJniMethod(emulator, "saveSN(Ljava/lang/String;)V", arg);
}
}
```

执行结果如图 16-8 所示。

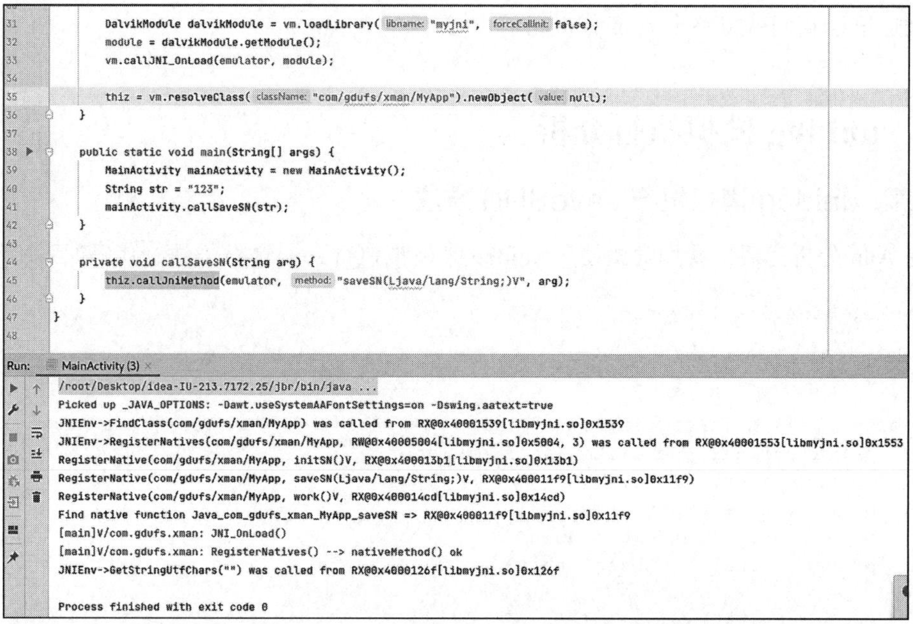

图 16-8　unidbg 模拟执行 saveSN() 方法的执行结果

可见 unidbg 已经模拟执行成功，并没有输出错误信息。那我们的注册信息 reg.dat 文件保存在哪里了呢？我们在之前分析 unidbg 源码的时候提到过，unidbg 的文件系统创建的目录位于 /tmp/rootfs/default 中，如图 16-9 所示。

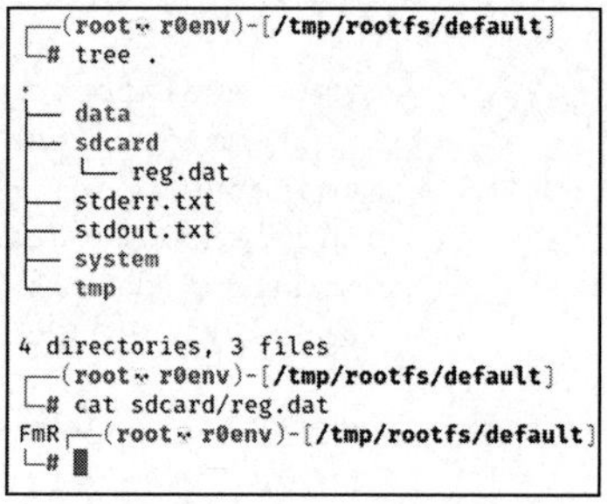

可以看到 unidbg 在该目录中创建了 sdcard/reg.dat 文件，并将注册码存储了进去。我们可以在创建 AndroidEmulator 的时候，通过 AndroidEmulatorBuilder.setRootDir() 方法传入一个目录 File 对象，来指定该文件系统目录。

图 16-9　/tmp/rootfs/default 目录结构

16.2.2 unidbg 的 I/O 重定向

如何控制 reg.dat 文件的读写呢？在 unidbg 中，处理 openat() 方法在 ARM32SyscallHandler
类的系统调用的部分，如图 16-10 所示。

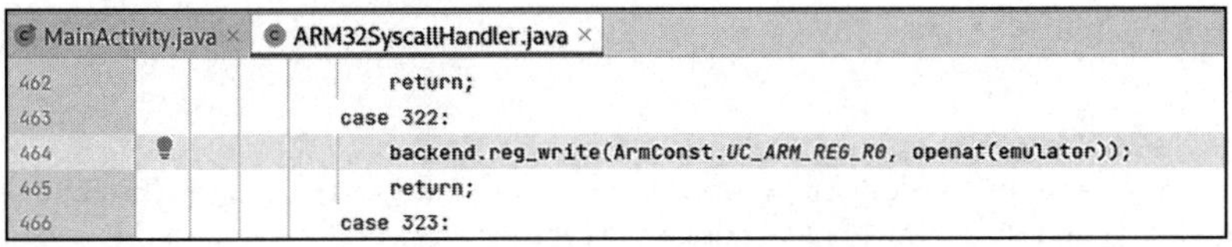

图 16-10 处理 openat() 方法的系统调用

该函数处理的逻辑链如下所示。

```
// ARM32SyscallHandler.java
    private int openat()(Emulator<AndroidFileIO> emulator) {
        // ...

        if (pathname.startsWith("/")) {
            // 调用 open() 方法来处理
            int fd = open(emulator, pathname, oflags);
            if (fd == -1) {
                log.info(msg);
                return -emulator.getMemory().getLastErrno();
            } else {
                return fd;
            }
        } else {
            // ...
        }
    }


// UnixSyscallHandler.java
    @Override
    public final int open(Emulator<T> emulator, String pathname, int oflags) {
        int minFd = this.getMinFd();
        // 调用 resolve() 方法
        FileResult<T> resolveResult = resolve(emulator, pathname, oflags);
        // ...
    }

    protected final FileResult<T> resolve(Emulator<T> emulator, String
        pathname, int oflags) {
        FileResult<T> failResult = null;
        // 遍历已经存在的 IOResolver，查看是否能处理该文件
        for (IOResolver<T> resolver : resolvers) {
            FileResult<T> result = resolver.resolve(emulator, pathname, oflags);
            if (result != null && result.isSuccess()) {
```

```
                    emulator.getMemory().setErrno(0);
                    return result;
                } else if (result != null) {
                    if (failResult == null || !failResult.isFallback()) {
                        failResult = result;
                    }
                }
            }
            // ...
            // 调用文件系统的 open() 方法
            FileResult<T> result = emulator.getFileSystem().open(pathname, oflags);
            if (result != null && result.isSuccess()) {
                emulator.getMemory().setErrno(0);
                return result;
            }

            // ...
        }

// LinuxFileSystem.java
    @Override
    public FileResult<AndroidFileIO> open(String pathname, int oflags) {
        // ...
        // 调用父类的 open() 方法
        return super.open(pathname, oflags);
    }

// BaseFileSystem.java
    @Override
    public FileResult<T> open(String pathname, int oflags) {
        // ...

        // 最终通过这两行代码来处理 /sdcard/reg.dat 文件
        File file = new File(rootDir, pathname);
        return createFileIO(file, oflags, pathname);
    }
```

分析 unidbg 源码，在上述调用链中，针对注册文件，最终调用 BaseFileSystem 类中的 open() 方法来处理，处理方法就是新建一个文件，并创建该文件的 I/O 流。

如何对文件进行重定向呢？在 UnixSyscallHandler 类的 resolve() 方法中，有一个遍历 IOResolver 可以对文件进行处理，因此我们可以新建一个 IOResolver，在该 IOResolver 中实现处理文件的逻辑，再将其插入 UnixSyscallHandler 维护的 resolvers 中。

首先我们让 MainActivity 实现 IOResolver 接口，并重写 resolve() 方法，代码如下所示。

```
public class MainActivity  implements IOResolver<AndroidFileIO> {
    /**
     * 重写 resolve() 方法，来处理文件
     * @param emulator 模拟器对象
     * @param pathname 文件路径
```

```
    * @param oflags 标志
    * @return
    */
@Override
public FileResult<AndroidFileIO> resolve(Emulator<AndroidFileIO> emulator,
    String pathname, int oflags) {
    // 根据路径来判断
    if (pathname.equals("/sdcard/reg.dat")){
        // 将文件重定向到自己想要的位置
        File reg = new File("unidbg-android/src/test/java/com/dta/lesson25/reg.dat");
        // 判断文件是否存在
        if(!reg.exists()){
            try {
                // 如果注册文件不存在，则新建一个空文件
                reg.createNewFile();
            } catch (IOException e) {
                e.printStackTrace();
            }
        }
        // 新建一个普通 I/O 对象，返回一个成功的 FileResult
        return FileResult.<AndroidFileIO>success(new SimpleFileIO(oflags,r
            eg,pathname));
    }
    return null;
}

public MainActivity() {
    emulator = AndroidEmulatorBuilder.for32Bit()
            // 将该目录设置为根路径
            .setRootDir(new File("unidbg-android/src/test/java/com/dta/
            lesson25/filesystem"))
            .build();
    // ...

    // 将当前类的实例对象作为 IOResolver 进行添加
    emulator.getSyscallHandler().addIOResolver(this);
}

// ...
}
```

代码修改好后，重新运行，会将 reg.dat 重定向到我们设置的目录，同时可以在读取的时候为其设置内容。I/O 重定向后的运行结果如图 16-11 所示。

依照之前分析 saveSN() 方法得到的解题思路，将在 initSN() 方法中验证的字符串 "EoPA-oY62@ElRD" 传入 saveSN() 方法中模拟执行，然后看到 reg.dat 文件的内容为 "201608Am!2333"，这便是我们所需要的注册码了。

为程序授予存储权限，输入获得的注册码，再次打开 App，已经不需要注册了，如图 16-12 所示。

```
oject  ▼     ⚙ 도 ≛ ✦ −    ⓒ MainActivity.java ×    ⓒ SimpleFileIO.java ×    ⓒ LinuxFileSystem.java ×    ⓒ UnixSyscallHandler.java ×    ⓒ IOResolver.java ×
         > ▫ chap12              28 ◆↑ @         public FileResult<AndroidFileIO> resolve(Emulator<AndroidFileIO> emulator, String pathname, int oflags) {
         > ▫ lesson2             29                   if (pathname.equals("/sdcard/reg.dat")){
         > ▫ lesson5             30                       File reg = new File( pathname: "unidbg-android/src/test/java/com/dta/lesson25/reg.dat");
         ∨ ▫ lesson25            31                       if(!reg.exists()){
           ∨ ▫ filesystem        32                           try {
               ▫ data            33                               reg.createNewFile();
               ▫ system          34                           } catch (IOException e) {
               ▫ tmp             35                               e.printStackTrace();
               ▫ stderr.txt      36                           }
               ▫ stdout.txt      37                       }
             ◉ MainActivity      38                       return FileResult.<AndroidFileIO>success(new SimpleFileIO(oflags,reg,pathname));
             ▫ reg.dat           39                   }
             ▫ xman.apk          40                   return null;
         > ▫ github              41               }
         > ▫ kanxue             42              public MainActivity() {
         > ▫ sun               43                   emulator = AndroidEmulatorBuilder. for32Bit()  AndroidEmulatorBuilder
         > ▫ org               44                       .setRootDir(new File( pathname: "unidbg-android/src/test/java/com/dta/lesson25/filesystem")) Emul
         > ▫ native            45                       .build();
         > ▫ resources         46                   emulator.getSyscallHandler().addIOResolver(this);
         > ▫ target             47                   memory = emulator.getMemory();
                               48                   memory.setLibraryResolver(new AndroidResolver( sdk: 23));
▣ MainActivity (3) ×
[main]V/com.gdufs.xman: JNI_UnLoad()
[main]V/com.gdufs.xman: RegisterNatives() --> nativeMethod() ok
JNIEnv->FindClass(com/gdufs/xman/MyApp) was called from RX@0x40001539[libmyjni.so]0x1539
JNIEnv->RegisterNatives(com/gdufs/xman/MyApp, RW@0x40005004[libmyjni.so]0x5004, 3) was called from RX@0x40001553[libmyjni.so]0x1553
RegisterNative(com/gdufs/xman/MyApp, initSN()V, RX@0x400013b1[libmyjni.so]0x13b1)
RegisterNative(com/gdufs/xman/MyApp, saveSN(Ljava/lang/String;)V, RX@0x400011f9[libmyjni.so]0x11f9)
RegisterNative(com/gdufs/xman/MyApp, work()V, RX@0x400014cd[libmyjni.so]0x14cd)
Find native function Java_com_gdufs_xman_MyApp_saveSN at RX@0x400011f9[libmyjni.so]0x11f9
JNIEnv->GetStringUtfChars("123") was called from RX@0x4000126f[libmyjni.so]0x126f
                                                                                              ⓘ Externally added files
```

图 16-11   I/O 重定向后的运行结果

图 16-12   程序注册成功提示

16.3   本章小结

在本章中，我们共同分析了测试 App 的 Java 层代码与 so 层代码，分析了 unidbg 的文件操作 openat() 方法的执行流程，最终还使用 unidbg 模拟执行并获得了最终的注册码。

unidbg 实战：Debugger 自吐

在第 16 章中，我们以一个重启注册的 CTF 挑战作为例子，对它进行 Java 层与 Native 层的分析过后，通过 unidbg 来模拟执行，并对其中的文件读写进行了 I/O 重定向的操作。在本章中，我们将对另一个 App 进行分析，探究当依赖 so 的加载逻辑缺失时该如何修补，并对模拟执行的 so 进行 Hook，以便吐出关键数据，最后还会通过内存 patch 的方式来修改程序的执行流程。

17.1　分析 App 的内部逻辑

接下来，我们通过一个案例 App 了解应用程序的内部逻辑。

17.1.1　了解 App 的运行流程

拿到 App 的第一步是先了解它的运行流程。首先连接上测试机，通过 adb 命令将 App 安装进去，安装后的展示界面如图 17-1 所示。

该 App 含有两个输入框，用于提示输入用户名和代码，之后单击"CHECK"按钮进行检查，如果输入不符合要求，则会通过 Toast 气泡提示"验证失败！"。

17.1.2　Java 层逻辑分析

我们将 APK 文件载入 jadx 中，可以看到

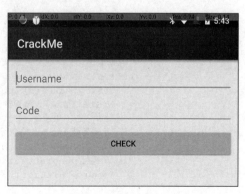

图 17-1　App 展示界面

MainActivity 反编译后的代码如下所示。

```
public class MainActivity extends AppCompatActivity implements View.OnClickListener {
    private Button btn_check;
    private EditText edt_code;
    private EditText edt_username;

    // check() 方法为 native 方法
    public native boolean check(byte[] bArr, byte[] bArr2);

    // 加载 libnative-lib.so 文件
    static {
        System.loadLibrary("native-lib");
    }

    @Override
    public void onCreate(Bundle bundle) {
        super.onCreate(bundle);
        setContentView(R.layout.activity_main);
        // 对控件进行初始化
        initViews();
    }

    private void initViews() {
        // 初始化三个控件
        this.edt_username = (EditText) findViewById(R.id.edt_username);
        this.edt_code = (EditText) findViewById(R.id.edt_code);
        Button button = (Button) findViewById(R.id.btn_check);
        this.btn_check = button;
        // 为按钮设置单击事件监听方法
        button.setOnClickListener(this);
    }

    public void onClick(View view) {
        // 首先判断 View 的 id 是不是属于 btn_check, 这样可以为很多按钮设置这个单击事件监听方
        // 法。在方法内部对按钮的 ID 进行判断
        if (view.getId() == R.id.btn_check) {
            // 如果是 btn_check 的单击事件, 则进行处理

            // 先取到用户输入的用户名与代码
            String obj = this.edt_username.getText().toString();
            String obj2 = this.edt_code.getText().toString();
            // 判断长度, 如果没输入就提示用户 " 输入不完整 "
            if (obj.length() == 0 || obj2.length() == 0) {
                Toast.makeText(this, " 输入不完整! ", 1).show();
                // 如果都输入了, 则将输入的两个字符串转换成字节数组, 传入 check() 方法中进行验证
            } else if (check(obj.getBytes(), obj2.getBytes())) {
                // 返回值为 true 会提示 " 验证通过 "
                Toast.makeText(this, " 验证通过! ", 1).show();
                // 执行 congratulation() 方法, 进行祝贺逻辑
                congratulation();
            } else {
                // check() 方法的返回值如果为 false, 则提示验证失败
```

```
                Toast.makeText(this, "验证失败！", 1).show();
            }
        }
    }

    private void congratulation() {
        // 启动 Congratulation Activity        startActivity(new Intent(this,
            Congratulation.class));
        // 结束当前进程
        finish();
    }
}
```

当用户单击按钮后，程序会对用户输入的用户名与代码通过 Native 层的 check() 方法进行校验，如果校验成功后则会通过 Toast 提示用户"验证通过"，同时执行 congratulation() 方法，在该方法中会启动 Congratulation Activity，并结束当前进程。

而 Congratulation Activity 的反编译代码如图 17-2 所示。

```
14 public class Congratulation extends AppCompatActivity {
       /* access modifiers changed from: protected */
       @Override // androidx.activity.ComponentActivity, androidx.core.app.ComponentActivity, androidx.fragment.app
15     public void onCreate(Bundle bundle) {
16         super.onCreate(bundle);
17         setContentView(R.layout.congratulation_activity);
18         getSupportActionBar().hide();
20         volume();
22         playMusic();
       }

25     private void volume() {
26         AudioManager audioManager = (AudioManager) getSystemService("audio");
29         audioManager.setStreamVolume(3, audioManager.getStreamMaxVolume(3) / 2, 5);
       }

32     private void playMusic() {
33         MediaPlayer mediaPlayer = new MediaPlayer();
           try {
35             AssetFileDescriptor openFd = getAssets().openFd("haoyunlai.mp3");
36             mediaPlayer.setDataSource(openFd.getFileDescriptor(), openFd.getStartOffset(), openFd.getLength());
37             mediaPlayer.prepare();
38             mediaPlayer.start();
           } catch (Exception e) {
40             e.printStackTrace();
           }
       }
}
```

图 17-2　Congratulation Activity 的反编译代码

在 Congratulation 类中的 onCreate() 方法，先是隐藏了 ActionBar；然后执行 volume() 方法，该方法通过获取到的 AudioManager 实例来设置系统音量为最大音量的一半；最后执行 playMusic() 方法，来读取位于 assets 中的 haoyunlai.mp3，并播放歌曲。

至此，Java 层的逻辑就分析完了，接下来分析 Native 层 check() 方法的逻辑。

17.1.3　so 层逻辑分析

在该 APK 文件内的 lib/armeabi-v7a 目录下含有两个 so 文件，分别是 libcrypto.so 与 libnative-lib.so 文件。我们先对含有 check() 方法的 libnative-lib.so进行分析。将该 so 文件拖入 IDA32 中，可以看到在函数列表中有静态注册函数 Java_com_r0ysue_crackme_MainActivity_check()。反编译的伪代码经优化后如下所示。

```
bool __fastcall Java_com_r0ysue_crackme_MainActivity_check(JNIEnv *env,
    jobject obj, jbyteArray username, jbyteArray code)
{
    _BOOL4 return_result; // r11
    jbyte *username_1; // r10
    jbyte *code_1; // r5
    jsize username_len; // r6
    int cipher_context; // r5
    int padding_mode; // r0
    int crypt_mode; // r0
    int encode_context; // r4
    char *code_2; // [sp+8h] [bp-100h]
    int result_len; // [sp+Ch] [bp-FCh] BYREF
    int tmp_result_len_1; // [sp+10h] [bp-F8h] BYREF
    int tmp_result_len; // [sp+14h] [bp-F4h] BYREF
    char result[104]; // [sp+18h] [bp-F0h] BYREF
    char tmp_result[104]; // [sp+80h] [bp-88h] BYREF

    return_result = 0;
    username_1 = (*env)->GetByteArrayElements(env, username, 0);
    code_1 = (*env)->GetByteArrayElements(env, code, 0);
    username_len = (*env)->GetArrayLength(env, username);
    if ( (unsigned int)(username_len - 6) <= 0xE )
    {
        code_2 = code_1;
        cipher_context = EVP_CIPHER_CTX_new();      // 分配并返回加密上下文
        padding_mode = EVP_CIPHER_CTX_set_padding(cipher_context, 1);// 设置填充：启用填充
        crypt_mode = EVP_aes_128_ecb(padding_mode); // 设置加密模式，为 AES128、ECB 模式
        EVP_EncryptInit(cipher_context, crypt_mode, "kanxuenbkanxuenb", 0);
            // key 为 "kanxuenbkanxuenb"
        memset(tmp_result, 0, 0x64u);
        tmp_result_len_1 = 0;
        tmp_result_len = 0;
        EVP_EncryptUpdate(cipher_context, tmp_result, &tmp_result_len,
            username_1, username_len);                 // 调用 update 函数进行加密
        EVP_EncryptFinal(cipher_context, &tmp_result[tmp_result_len], &tmp_
            result_len_1);                          // 调用 Final 函数
        EVP_CIPHER_CTX_free(cipher_context);    // 释放加密上下文
        tmp_result_len_1 += tmp_result_len;
        encode_context = EVP_ENCODE_CTX_new();  // 分配并返回用于 Base64 编码的上下文
        EVP_EncodeInit();                       // 对上下文进行初始化
        memset(result, 0, 0x64u);               // 将 result 初始化为 0
        result_len = 0;
        EVP_EncodeUpdate(encode_context, result, &result_len, tmp_result, tmp_
            result_len_1);
        EVP_EncodeFinal(encode_context, &result[result_len], &result_len);
            // 最终得到 Base64 编码后的结果，存储在 result 数组中
        return_result = strncmp(code_2, result, result_len - 1) == 0;
            // 将用户输入的 code，与程序经过用户名计算出的 result 进行比较，并将比较结果返回
    }
    return return_result;
}
```

在 check() 函数中，首先通过 GetByteArrayElements() 方法分别获得了指向用户名与代码的 jbyte 指针，之后通过 GetArrayLength() 方法来获取用户名的长度。然后对用户名的长度进行校验，如果小于或等于 20 则会执行加密逻辑。

在 if 语句块中，首先通过 EVP 系列方法，创建了密码上下文，然后设置填充与加密模式，最后对用户名进行加密，并将得到的结果进行 Base64 编码。对于该部分 API 的详细含义，可以参考 OpenSSL 的文档 https://beta.openssl.org/docs/manmaster/man3/EVP_EncryptUpdate.html 与 https://beta.openssl.org/docs/man3.0/man3/EVP_ENCODE_CTX_free.html 中的内容。最后，将用户名经过 AES 加密与 Base64 编码后的结果与用户输入的代码通过 strncmp() 函数进行比较，若两者相等，则返回 true；若两者不等，则返回 false。

对于各种 EVP 系列函数，它们是在导入表中声明的，如图 17-3 所示。

这部分函数位于同目录的 libcrypto.so 中，该 so 文件的导出表如图 17-4 所示。

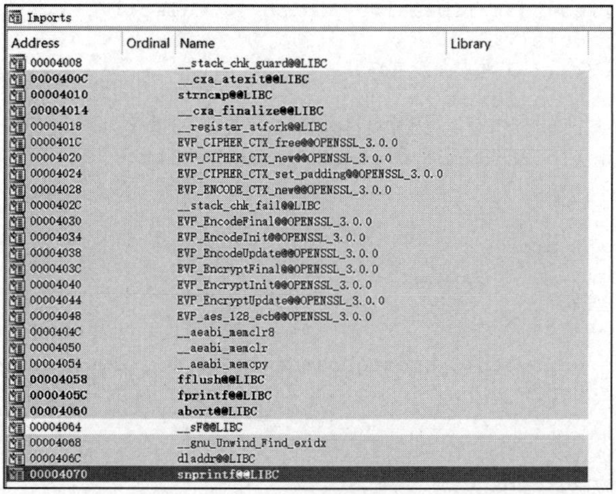

图 17-3　导入表中声明的 EVP 系列函数 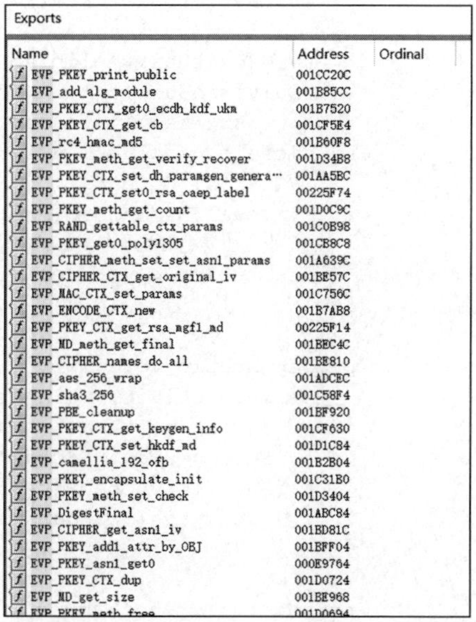　　　　图 17-4　libcrypto.so 文件的导出表

17.2　使用 unidbg 工具进行分析

接下来，我们开始使用 unidbg 工具去分析 so，体验它强大的实力。

17.2.1　使用 unidbg 进行模拟执行

我们新建 lesson26 包，创建 MainActivity 类，并将 APK 文件与 libnative-lib.so 也一同放入该包下。搭建一个简单的 unidbg 框架，实现代码如下所示。

```
public class MainActivity {
```

```java
private final AndroidEmulator emulator;
private final VM vm;
private final Memory memory;
private final Module module;
private final DvmClass thizClass;


public MainActivity() {
    // 新创建一个模拟器
    emulator = AndroidEmulatorBuilder.for32Bit()
            .build();
    // 获得内存接口，并设置Library解释器
    memory = emulator.getMemory();
    memory.setLibraryResolver(new AndroidResolver(23));
    // 创建DalvikVM虚拟机，并传入APK来进行初始化
    vm = emulator.createDalvikVM(new File("unidbg-android/src/test/java/
        com/dta/lesson26/demo.apk"));
    vm.setVerbose(true);

    // 加载libnative-lib.so文件
    DalvikModule dalvikModule = vm.loadLibrary(new File("unidbg-android/
        src/test/java/com/dta/lesson26/libnative-lib.so"), false);
    module = dalvikModule.getModule();
    // 执行JNI_OnLoad()方法，虽然这个so文件中并没有该方法
    vm.callJNI_OnLoad(emulator, module);
    // 由于当前类的类名与App中的类名不符，因此为了使用符号来模拟执行，需要获得一个原类的DvmClass
    thizClass = vm.resolveClass("com.r0ysue.crackme.MainActivity");
}

public static void main(String[] args) {
    MainActivity mainActivity = new MainActivity();
    String username = "username";
    String code = "code";
    mainActivity.check(username.getBytes(StandardCharsets.UTF_8),code.
        getBytes(StandardCharsets.UTF_8));
}

private void check(byte[] username, byte[] code) {
    // 新建一个DvmObject对象
    DvmObject<?> dvmObject = thizClass.newObject(null);
    // 通过该对象来调用返回值为boolean的check()方法，传入username和code的字节数组
    boolean b = dvmObject.callJniMethodBoolean(emulator, "check([B[B)Z",
        username, code);
    // 输出返回值
    System.out.println(b);
}
}
```

编写好unidbg模拟执行的代码后，尝试运行，运行结果如图17-5所示。

可以发现并没有输出我们所需要的结果，而是出现了错误。关键点在于最开始的几句提示，重点报错信息如下所示。

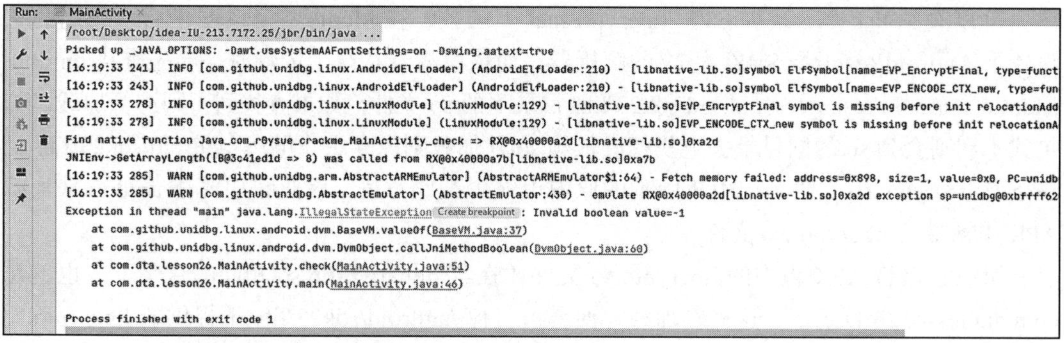

图 17-5 模拟执行的运行结果

```
INFO [com.github.unidbg.linux.AndroidElfLoader] (AndroidElfLoader:210) -
    [libnative-lib.so]symbol ElfSymbol[name=EVP_EncryptFinal, type=function,
    size=0] is missing relocationAddr=RW@0x40003fc0[libnative-lib.so]0x3fc0,
    offset=0x0
INFO [com.github.unidbg.linux.AndroidElfLoader] (AndroidElfLoader:210) -
    [libnative-lib.so]symbol ElfSymbol[name=EVP_ENCODE_CTX_new, type=function,
    size=0] is missing relocationAddr=RW@0x40003fc8[libnative-lib.so]0x3fc8,
    offset=0x0
...
```

相关的报错代码如下所示。

```
// AndroidElfLoader.java
private void resolveSymbols(boolean showWarning) throws IOException {
    // 遍历内存中加载的所有 modules
    for (LinuxModule m : modules.values()) {
        for (Iterator<ModuleSymbol> iterator = m.getUnresolvedSymbol().
            iterator(); iterator.hasNext(); ) {
            ModuleSymbol moduleSymbol = iterator.next();
            ModuleSymbol resolved = moduleSymbol.resolve(new
                HashSet<Module>(modules.values()), true, hookListeners,
                emulator.getSvcMemory());
            if (resolved != null) {
                log.debug("[" + moduleSymbol.soName + "]" + moduleSymbol.
                    symbol.getName() + " symbol resolved to " + resolved.toSoName);
                resolved.relocation(emulator);
                iterator.remove();
            } else if(showWarning) {
                // 如果没有办法解决这个符号，输出提示信息
                log.info("[" + moduleSymbol.soName + "]symbol " + moduleSymbol.
                    symbol + " is missing relocationAddr=" + moduleSymbol.
                    relocationAddr + ", offset=0x" + Long.toHexString
                    (moduleSymbol.offset));
            }
        }
    }
}
```

可以看到 log 提示缺少 EVP_EncryptFinal 等函数，在 Memory 接口创建后，我们为它设置了 AndroidResolver SDK 为 23 的解析器，而该解析器在缺少依赖时，会先查找 unidbg-android/src/main/resources/android/sdk23/lib/ 目录下的 so 文件，如果查找到了则进行加载，如果找不到则会到 so 的同目录去查找相应依赖 so 并加载到内存中。虽然 /android/sdk23/lib/ 目录下有 libcrypto.so 文件，但由于版本的原因也缺少某些方法，因此我们要让 unidbg 来加载 APK 中携带的 libcrypto.so 文件。

可以直接将 APK 包中的 libcrypto.so 文件放在与 libnative-lib.so 相同的目录下，也就是 com.dta.lesson26 目录下，这样在加载时便会覆盖掉 /android/sdk23/lib/ 下提供的 libcrypto.so 文件。之后我们再次运行，运行结果如图 17-6 所示。

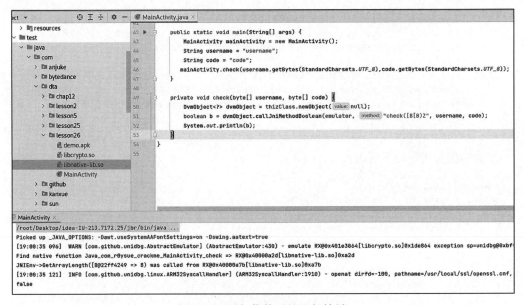

图 17-6　添加依赖后的运行结果

可见 unidbg 已经可以成功模拟执行，并将函数的返回值打印出来。

还有另外一种解决方式，就是加载 Module 到内存时，不传入一个构造好的指向 so 文件的 File 对象，而是传入去掉文件名开始处 "lib" 与后缀名的名称，即 System.loadLibrary() 方法加载 so 时使用的名称，这样 unidbg 就会直接在 APK 内部寻找相应的 so 进行加载，那与它相同目录的 so 自然也可以作为依赖进行加载。该方法的关键实现代码如下所示。

```
public class MainActivity {
    // ...
    public MainActivity() {
        // ...

        // 加载 Library 时，直接传入 so 的名称来进行加载
        DalvikModule dalvikModule = vm.loadLibrary("native-lib", false);
```

```
            // ...
        }
        // ...
}
```

使用这种加载 so 的方法的执行结果如图 17-7 所示，与第一种方法并没有差别。

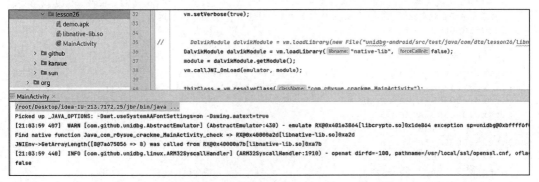

图 17-7　使用 so 名称加载 so 的模拟执行结果

17.2.2　使用 Debugger 模块实现自吐

在完成模拟执行之后，我们是否可以让程序自动输出加密后的 username，实现类似注册机的功能呢？当然是可以的，不知道大家还是否记得 unidbg 在添加断点时提供了一个 BreakPointCallback 回调类，我们可以利用这个回调，在该类中重写 onHit() 方法。当断点打在使用 strncmp() 函数对结果进行比较的时候，便可以通过寄存器来获得相应的结果，并输出到控制台中。

再次打开 IDA，查看 check() 方法的 ARM 汇编，定位到最后比较结果的部分，代码如下所示。

```
.text:00000B06              ; 40:      EVP_EncodeFinal(encode_context,
    &result[result_len], &result_len);// 最终得到 Base64 编码后的结果，存储在 result 数组中
.text:00000B06 03 98                        LDR              R0,
    [SP,#0x108+result_len]
.text:00000B08 32 46                        MOV              R2, R6
.text:00000B0A 29 18                        ADDS             R1, R5, R0
.text:00000B0C 20 46                        MOV              R0, R4
.text:00000B0E FF F7 22 EF                   BLX              EVP_EncodeFinal
.text:00000B12              ; 41:      return_result = strncmp(code_2,
    result, result_len - 1) == 0;    // 将用户输入的代码，与程序经过用户名计算出的
                                        result 进行比较，并将比较结果返回
.text:00000B12 03 98                        LDR              R0,
    [SP,#0x108+result_len]
# 使用 R1 存放用户名加密后的结果字符串
.text:00000B14 29 46                        MOV              R1, R5 ; s2
# R2 中存放着 result_len - 1 的值
.text:00000B16 42 1E                        SUBS             R2, R0, #1 ; n
# R0 存放 code_2 的地址
```

```
.text:00000B18 02 98                          LDR                R0,
    [SP,#0x108+code_2] ; s1
.text:00000B1A FF F7 22 EF                    BLX                strncmp
# CLZ 指令返回操作数二进制编码中第一个 1 前 0 的个数。如果操作数为 0，则指令返回 32；如果操作数
    二进制编码第 31 位为 1，指令返回 0。如果相等，则 R0 返回
.text:00000B1E B0 FA 80 F0                    CLZ.W              R0, R0
# 将 R0 寄存器右移五位，将结果赋值给 R11，如果 R0 为 0，经过上一步 R0 为 32，右移 5 位为 1；如果
    R0 不为 0，也就是不相等，则 R11 的结果为 0；最终将 R11 当作结果返回
.text:00000B22 4F EA 50 1B                    MOV.W              R11, R0,LSR#5
.text:00000B26                                ; 43:    return return_result;
.text:00000B26
.text:00000B26                                loc_B26                               ; CODE
    XREF: Java_com_r0ysue_crackme_MainActivity_check+54 ↑ j
.text:00000B26 D8 F8 00 00                    LDR.W              R0, [R8]
.text:00000B2A 3A 99                          LDR                R1,
    [SP,#0x108+var_20]
.text:00000B2C 40 1A                          SUBS               R0, R0, R1
.text:00000B2E 01 BF                          ITTTT EQ
.text:00000B30 58 46                          MOVEQ              R0, R11
.text:00000B32 3B B0                          ADDEQ              SP, SP, #0xEC
.text:00000B34 BD E8 00 0F                    POPEQ.W            {R8-R11}
.text:00000B38 F0 BD                          POPEQ              {R4-R7,PC}
.text:00000B3A FF F7 18 EF                    BLX                __stack_chk_fail
.text:00000B3A                                ; End of function Java_com_r0ysue_crackme_
    MainActivity_check
```

在地址 0xB14 中，恰好是将存放着最终加密结果的寄存器 R5 的值赋值给寄存器 R1，作为 strncmp 函数的第二个参数，之后将寄存器 R0 减一后作为第三个参数，再将 code_2 的地址赋值给 R0，作为第一个参数，在 0xB1A 地址处执行 strncmp 函数并与它进行比较，最后将 strncmp 函数的返回结果处理后得到 R11，作为 check 函数的返回值返回。

因此我们可以对 0xB14 到 0xB1A 地址区间处的指令进行 Hook，之后将 R5 或者 R1 寄存器中的加密结果作为字符串打印出来，这样我们便实现了加密自吐功能，也就是注册机功能。

我们选取 0xB1A 地址处，也就是在 strncmp 函数即将执行前开启调试。接着编写相应代码，在调用 mainActivity.check() 方法前，添加一个 debugger() 的方法调用，该方法的代码如下所示。

```
private void debugger() {
    // 为了方便调试，在上一条指令处也下一个断点
    emulator.attach().addBreakPoint(module, 0xB18);
    emulator.attach().addBreakPoint(module, 0xB1A, new BreakPointCallback() {
        @Override
        public boolean onHit(Emulator<?> emulator, long address) {
            // 从 R1 寄存器中拿到指针
            UnidbgPointer pointer = UnidbgPointer.register(emulator, ArmConst.
                UC_ARM_REG_R1);
            // 从指针中读取字符串
            String string = pointer.getString(0);
```

```
// 打印加密后的 code
System.out.println("code: " + string);
// 返回值为 true, 则在此处不被断下来, 会继续向下执行
return true;
    }
  });
}
```

之后我们运行程序，程序会先在 0xB18 地址处断下，如图 17-8 所示。

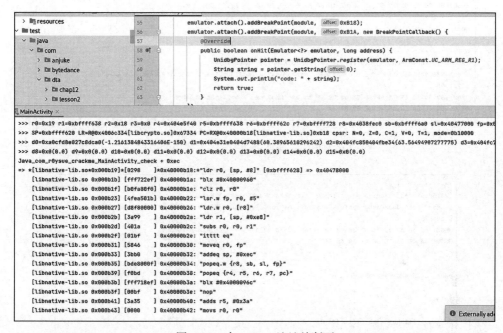

图 17-8　在 0xB18 地址处断下

此时 R1 中存放的是加密后的 username 字符串的地址，我们可以使用命令 mr1 与 mr1s 来读取 R1 寄存器中的内容，如图 17-9 所示。

此时我们使用 c 命令使程序恢复执行，发现成功打印出加密后的 code，如图 17-10 所示。

之后可以注释掉 0xB18 处的断点，这样我们只需要输入相应的 username，运行时就会自吐出正确的 code。当然除了 Debugger 的方式，使用集成的第三方 Hook 框架对代码行进行 Hook，然后读取相应寄存器的方式也是可以的，这里就不进行演示了。

17.2.3　使用 Patch 进行自吐

除了使用 Debugger 的方式来进行自吐之外，我们也可以使用对该 so 的代码进行 Patch 的方式来使它自吐。check 函数返回的是一个 boolean 值，我们可以对它进行 Patch，使它返回指向加密字符串的指针，然后我们就可以在 Java 层进行读取。

```
mr1

>-----------------------------------------------------------------<
[23:55:56 577]r1=unidbg@0xbffff638, md5=cf64af2bc4927bd4f32a224c716883dc, hex=62363230736d337065594f67334d6
size: 112
0000: 62 36 32 30 73 6D 33 70 65 59 4F 67 33 4D 67 6E    b620sm3peYOg3Mgn
0010: 34 4E 6A 50 6F 41 3D 3D 0A 00 00 00 00 00 00 00    4NjPoA==........
0020: 00 00 00 00 00 00 00 00 00 00 00 00 00 00 00 00    ................
0030: 00 00 00 00 00 00 00 00 00 00 00 00 00 00 00 00    ................
0040: 00 00 00 00 00 00 00 00 00 00 00 00 00 00 00 00    ................
0050: 00 00 00 00 00 00 00 00 00 00 00 00 00 00 00 00    ................
0060: 00 00 00 00 FC 0F 43 40 6F AD B4 B2 6D E9 79 83    ......C@o...m.y.
^-----------------------------------------------------------------^
mr1s

>-----------------------------------------------------------------<
[23:55:58 983]r1=unidbg@0xbffff638, str=b620sm3peYOg3Mgn4NjPoA==
, md5=9866565343843f8c5eb6fe7c7464994f, hex=62363230736d337065594f67334d676e344e6a506f413d3d0a
size: 25
0000: 62 36 32 30 73 6D 33 70 65 59 4F 67 33 4D 67 6E    b620sm3peYOg3Mgn
0010: 34 4E 6A 50 6F 41 3D 3D 0A                         4NjPoA==.
^-----------------------------------------------------------------^
```

图 17-9　使用 m 命令读取 R1 寄存器中的内容

```
>-----------------------------------------------------------------<
[23:55:58 983]r1=unidbg@0xbffff638, str=b620sm3peYOg3Mgn4NjPoA==
, md5=9866565343843f8c5eb6fe7c7464994f, hex=62363230736d337065594f67334d676e344e6a506f413d3d0a
size: 25
0000: 62 36 32 30 73 6D 33 70 65 59 4F 67 33 4D 67 6E    b620sm3peYOg3Mgn
0010: 34 4E 6A 50 6F 41 3D 3D 0A                         4NjPoA==.
^-----------------------------------------------------------------^
c
code: b620sm3peYOg3Mgn4NjPoA==

false

Process finished with exit code 0
```

图 17-10　使用 c 命令实现 Debugger 自吐

前文提到，check 函数的返回值是 R0，而 R0 是在 0xB30 处由 R11 赋予的。R11 中的值的产生源于 0xB1A 处执行 strncmp 函数到 0xB22 处之间的三条指令，因此我们需要将这三条指令 patch 掉，直接将 R11 赋值为 R5 的内容，也就是加密后字符串的内容。这三条指令一共有 12 字节，运行在 thumb 模式下。我们打开 armconverter，最终计算出一条 mov 指令加上五条 nop 指令刚好凑够 12 字节，如图 17-11 所示。

因此我们可以借助 keystone，将汇编代码转换成字节数组，然后对 0xB1A 处进行 patch。之后调用 check 函数，获取返回值的指针指向的字符串并打印，代码如下所示。

```
public static void main(String[] args) {
    // ...
    // 对 so 进行内存 patch 操作
    mainActivity.patch();
    // 传入 username，计算出注册码 code 并打印到控制台
```

```
    mainActivity.check(username);
}

private void patch() {
    // 获取要 patch 的内存地址
    long patchAddr = module.base + 0xB1A;
    // 使用 keystone 来将汇编代码转换为字节数组机器码
    Keystone keystone = new Keystone(KeystoneArchitecture.Arm, KeystoneMode.ArmThumb);
    KeystoneEncoded assemble = keystone.assemble(
            "mov r11, r5\n" +
                    "nop\n" +
                    "nop\n" +
                    "nop\n" +
                    "nop\n" +
                    "nop");
    byte[] machineCode = assemble.getMachineCode();
    // 写入内存相应地址，达到 Patch 的效果
    UnidbgPointer.pointer(emulator, patchAddr).write(machineCode);
}

private void check(String uname){
    DvmObject<?> dvmObject = thizClass.newObject(null);
    String code = "";
    // 调用 check() 方法，获取 int 类型的返回值
    int b = dvmObject.callJniMethodInt(emulator, "check([B[B)Z", uname.
        getBytes(StandardCharsets.UTF_8), code.getBytes(StandardCharsets.UTF_8));
    // 将返回值作为指针，从中取出字符串，并打印到控制台
    System.out.println("result ==> "+ UnidbgPointer.pointer(emulator,b).getString(0));
}
```

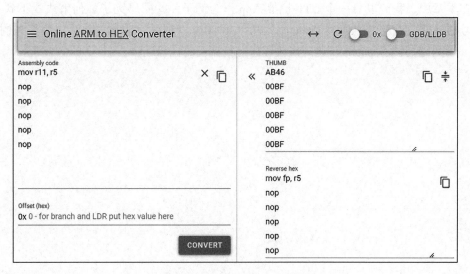

图 17-11　armconverter 结果

运行结果如图 17-12 所示。

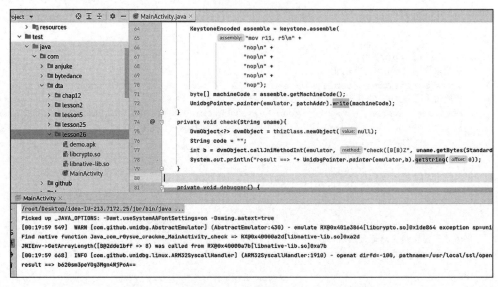

图 17-12 　使用 patch 操作进行自吐的运行结果

可见已经成功自吐出正确的注册码，同时我们也可以通过 IDA 对该 so 文件进行 patch，来直接模拟执行 patch 后的 so 以获得自吐结果。

17.3 　本章小结

在本章中，我们以另一个 CTF 挑战 App 作为例子，共同研究了如何解决找不到 so 加载符号的问题，以及如何通过 Debugger 进行 Hook 来获取关键数据，最后，我们共同实现了对 so 文件进行内存 patch 以达到修改程序运行流程的代码逻辑。

第 18 章 *Chapter 18*

unidbg 实战：指针参数与 Debugger

在本章中，我们继续通过 App 实例来了解 unidbg 的使用。在 18.1 节中，我们将以一个简单 so 层变换的 App 作为例子，对动态申请的内存的指针参数的传入进行讲解；在 18.2 节中，我们将通过 unidbg 模拟执行黑盒测试来识别加密算法。

18.1 指针参数的使用

指针参数在 unidbg 的模拟执行过程中起到至关重要的作用，接下来，我们一起看看如何使用它。

18.1.1 对 App 进行分析

首先使用 Jadx 工具对 App 的代码进行反编译分析，在 AndroidManifest.xml 文件中没有什么需要注意的地方，先分析入口 MainActivity，它的反编译代码如下所示。

```
public class MainActivity extends AppCompatActivity {
    public void onCreate(Bundle savedInstanceState) {
        super.onCreate(savedInstanceState);
        setContentView(R.layout.activity_main);
        // 查找按钮并注册单击事件监听方法
        ((Button) findViewById(R.id.button)).setOnClickListener(new View.
            OnClickListener() {
            public void onClick(View v) {
                // 通过 cyberpeace.CheckString() 方法对用户输入的字符串进行校验，如果该
                    方法返回值为 1 则验证通过
                if (cyberpeace.CheckString(((EditText) MainActivity.this.
                    findViewById(R.id.editText)).getText().toString()) == 1) {
```

```
                Toast.makeText(MainActivity.this, "验证通过!", 1).show();
            } else {
                Toast.makeText(MainActivity.this, "验证失败!", 1).show();
            }
        }
    });
}
}
```

MainActivity 的代码比较简单，当用户单击按钮时，对用户输入的字符串进行校验，将用户输入的字符串传入 cyberpeace.CheckString() 方法，当方法返回值为 1 时，提示验证通过。

cyberpeace 类的代码更为简单，仅仅是加载了 so，且含有一个 Native 层的 CheckString() 方法，代码如下所示。

```
public class cyberpeace {
    // 注册了一个 CheckString() 方法
    public static native int CheckString(String str);

    static {
        // 加载了 libcyberpeace.so 文件
        System.loadLibrary("cyberpeace");
    }
}
```

我们通过 IDA 反编译工具，载入位于 APK 中 /lib/armeabi-v7a/ 目录下的 libcyberpeace. so 文件并进行分析。so 文件中并没有 init 函数和 JNI_OnLoad 函数，所以该 so 中的 native 方法为静态注册，函数名为 Java_com_testjava_jack_pingan2_cyberpeace_CheckString，该方法优化后的 IDA 反编译代码如下所示。

```
int __fastcall Java_com_testjava_jack_pingan2_cyberpeace_CheckString(JNIEnv
    *env, jclass clazz, jstring user_input)
{
    int result;                            // r8
    const char *user_input_1;              // r9
    size_t user_input_len;                 // r6
    char *buffer_input;                    // r5

    result = 0;                            // 初始化返回值为 0
    user_input_1 = (*env)->GetStringUTFChars(env, user_input, 0);
    // 从 jstring 中取到指向字符串的 char* 指针
    user_input_len = strlen(user_input_1);    // 拿到用户输入的字符串的长度
    // 申请一块恰好能容纳用户输入的字符串的内存空间
    buffer_input = (char *)malloc(user_input_len + 1);
    // 为申请的空间初始化为 0
    memset(&buffer_input[user_input_len], 0, user_input_len != -1);
    // 将用户输入的字符串复制到新申请的内存空间中
    qmemcpy(buffer_input, user_input_1, user_input_len);
    j_TestDec(buffer_input); // 调用 j_TestDec() 函数，对用户传入的字符串进行加密变换操作
    if ( !strcmp(buffer_input, "f72c5a36569418a20907b55be5bf95ad") )
        // 如果变换后与内置的字符串相同，则设置返回值为 1
```

```
        result = 1;
    return result;
}
```

在 CheckString() 方法中，最开始将函数返回的结果 result 初始化为 0，之后，通过 GetStringUTFChars() 方法从 jstring 类型的 user_input 中取到了指向字符串数组的 char 指针，并通过 strlen 函数获取了输入的长度。为了通过 j_TestDec 函数对用户输入的字符串进行操作，我们通过 malloc 方法申请了一块堆空间，并将用户字符串赋值给它，作为副本传入 j_TestDec 函数中。在通过 j_TestDec 函数对 buffer_input 进行变换后，我们将变换结果与内置的字符串数据进行比较。如果相同，则设置返回值为 1。因此，我们的目标是求出经过 j_TestDec 函数变换后为 "f72c5a36569418a20907b55be5bf95ad" 的用户输入字符串。

我们继续对负责执行字符串变换操作的 j_TestDec 函数进行分析，优化后的反汇编代码如下所示。

```
size_t __fastcall TestDec(char *str)
{
    size_t i; // r5
    char *i_0; // r1
    char i_16; // r0
    size_t result; // r0
    int j; // r5
    char *j_0; // r0
    char j_2; // r1
    size_t v9; // r1

    if ( strlen(str) >= 2 )              // 确保 str 的长度大于或等于 2
    {
        i = 0;
        do
        {
            i_0 = &str[i];
            i_16 = str[i];
            str[i] = str[i + 16];
            ++i;
            i_0[16] = i_16;               // 这五行代码的意思是交换位于 [i] 与 [i+16] 位置
                                          //   处的元素
        }
        while ( i < strlen(str) >> 1 );  // 右移 1 位就是除以二，i 的下标范围为输入字符串长度
                                         //   的一半，校验字符串为 32 位，所以下标范围为 0~15
    }
    result = (unsigned __int8)*str;      // result 的值等于 str[0] 元素的值
    if ( *str )
    {
        *str = str[1];
        str[1] = result;                 // 将 [0] [1] 位置的元素交换位置
        result = strlen(str);
        if ( result >= 3 )               // 如果字符串的长度大于或等于 3
        {
            j = 0;
```

```
        do
        {
          j_0 = &str[j];
          j_2 = str[j + 2];
          j_0[2] = str[j + 3];
          j_0[3] = j_2;                      // 交换位于 [j+2] 和 [j+3] 位置处的元素
          result = strlen(str);
          v9 = j + 4;
          j += 2;
        }
        while ( v9 < result );
      }
    }                                        // 遍历字符串，每两个字符相互交换位置
    return result;
}
```

TestDec 函数中有两大块变换部分，第一部分是将字符串的前半部分与后半部分进行交换，第二部分是依次将字符进行两两交换。

18.1.2　使用 unidbg 进行模拟执行

我们尝试使用 unidbg 进行模拟执行来验证我们的猜想。先对 CheckString() 方法进行模拟执行，代码如下所示。

```
public class MainActivity {
    private final AndroidEmulator emulator;
    private final VM vm;
    private final Memory memory;
    private final Module module;

    public MainActivity(){
        // 新建一个 32 位模拟器
        emulator = AndroidEmulatorBuilder
                .for32Bit()
                .build();
        // 拿到内存接口并设置
        memory = emulator.getMemory();
        memory.setLibraryResolver(new AndroidResolver(23));

        vm = emulator.createDalvikVM();
        vm.setVerbose(true);
        // 加载 so 文件进入内存
        DalvikModule dalvikModule = vm.loadLibrary(new File("unidbg-android/
            src/test/java/com/dta/lesson27/libcyberpeace.so"), false);
        module = dalvikModule.getModule();
        // 执行 JNI_OnLoad 方法，但是该 so 文件并没有这个方法
        // vm.callJNI_OnLoad(emulator,module);
    }

    public static void main(String[] args) {
        long start = System.currentTimeMillis();
```

```
        MainActivity mainActivity = new MainActivity();
        // 打印加载的时间
        System.out.println("load the vm "+( System.currentTimeMillis() - start )+ "ms");
        // 执行 CheckString() 方法
        mainActivity.check();
    }
    private void check() {
        // 拿到相应的类
        DvmClass dvmClass = vm.resolveClass("com/testjava/jack/pingan2/cyberpeace");
        // 构造一个输入字符串
        String input = "123456654321abcdeffedcba4321abcd";
        // 执行返回值为 int 的静态 JNI 方法
        int i = dvmClass.callStaticJniMethodInt(emulator, "CheckString(Ljava/
            lang/String;)I", input);
        // 打印结果
        System.out.println("result  ==> "+ i);
    }
}
```

编写完代码后，尝试运行，运行结果如图 18-1 所示。

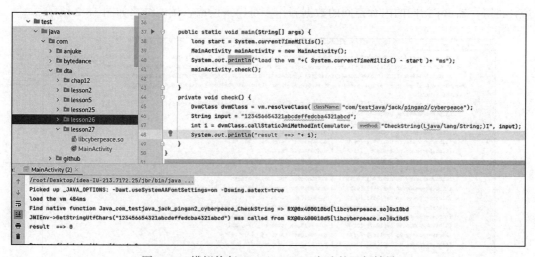

图 18-1　模拟执行 CheckString() 方法的运行结果

可见该函数的执行结果已经被打印了出来，但是只打印了最终的返回值，我们对它变换之后的结果还不是很了解。CheckString() 方法中的变换分为两部分，因此我们可以通过 unidbg 提供的 Debugger 功能，来探究它的加密结果。分析该函数的汇编代码，在 0x108A 处，恰好是第一段变换结束的地方，该部分的汇编代码如下所示。

```
.text:0000108A                    ; 24:   result = (unsigned __int8)*str;
// result 的值等于 str[0] 元素的值
.text:0000108A                    ; 25:   if ( *str )
.text:0000108A
.text:0000108A                    loc_108A                              ; CODE
```

```
     XREF: TestDec+C ↑ j
.text:0000108A 20 78                                    LDRB              R0, [R4]
.text:0000108C A0 B1                                    CBZ               R0, locret_10B8
```

当程序执行到 0x108A 处时，处理的字符串存放在寄存器 R4 中，因此我们只需要在此处通过 unidbg 下断点，便能读出经过第一段变换后的字符串，在 unidbg 中添加如下代码。

```
public static void main(String[] args) {
    // ...
    // 在 0x108A 处下断点
    mainActivity.debug_108A();
    mainActivity.check();

}
public void debug_108A(){
    // 模拟器附加，并添加断点
    emulator.attach().addBreakPoint(module.base + 0x108A);
}
```

修改完代码后，我们继续运行，此时程序会在 0x108A 处断下，我们可以通过 mr4s 指令，将寄存器 R4 指向的内存空间的数据当作字符串来读取，读取结果如图 18-2 所示。

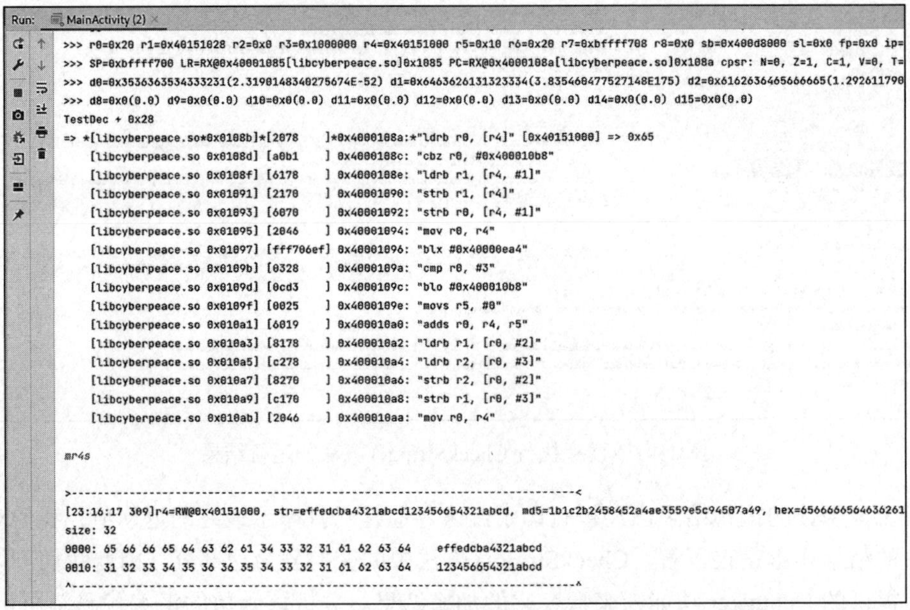

图 18-2　使用 Debugger 功能来读取第一段变换后的数据

读取到的数据为 "effedcba4321abcd123456654321abcd"，恰恰是我们的输入字符串 "123456654321abcdeffedcba4321abcd" 前后两部分交换后的结果，与我们对 IDA 伪代码的分析结果是一致的。

接下来验证第二部分的结果，同样是找到第二部分已经变换完的汇编代码，如下所示。

```
.text:000010B4 81 42                              CMP                R1, R0
.text:000010B6 F3 D3                              BCC                loc_10A0
.text:000010B8                    ; 46:    return result;
.text:000010B8
.text:000010B8                    locret_10B8                                    ; CODE
       XREF: TestDec+2A ↑ j
.text:000010B8                                                                   ;
       TestDec+3A ↑ j
.text:000010B8 B0 BD                              POP                {R4,R5,R7,PC}
.text:000010B8                    ; End of function TestDec
```

在 0x10B8 处，程序已经完成了对字符串的变换，正准备退出该函数，所以我们可以通过 unidbg 在此处下断点，来截获变换后的字符串的值。相关代码如下所示。

```java
public static void main(String[] args) {
    // ...
    mainActivity.debug_10B8();
    mainActivity.check();
}

public void debug_10B8() {
    emulator.attach().addBreakPoint(module.base + 0x10B8);
}
```

对代码进行修改后，再次运行，读取寄存器 R4 中的数据，如图 18-3 所示。

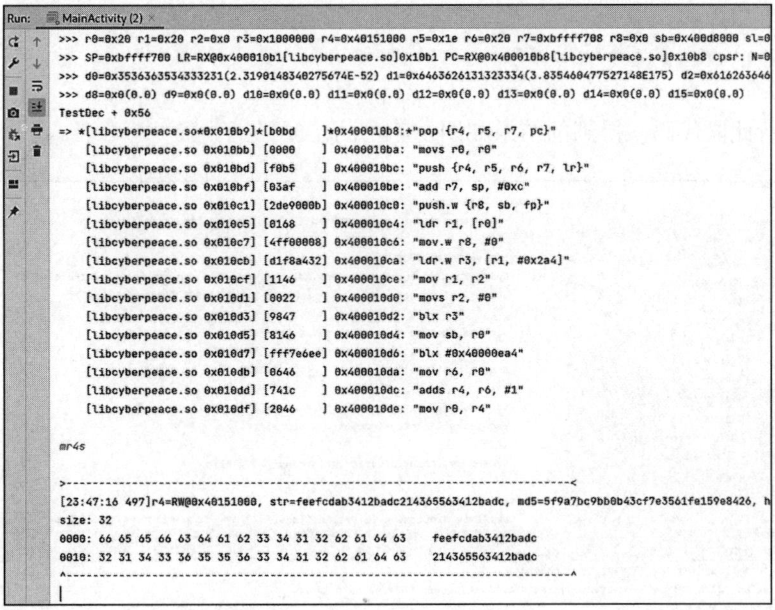

图 18-3　变换后的字符串结果

可以看到此时字符串的值变为" feefcdab3412badc214365563412badc"，与第一段的加密结果相比较，恰好是每两位交换相邻字符后的结果，也正好验证了我们的猜想。

我们的目的是通过这个 CTF 题目求出正确的输入字符串。我们仔细观察这两个变换，发现它是可逆的，也就是说，我们将同一个字符串经过两次 TestDec 函数变换后，它会得到与原字符串一模一样的字符串。

所以我们只需模拟执行 TestDec 函数，传入最后加密完成、进行比较的字符串，即可运行出正确的输入结果。但有一个问题，TestDec 函数的参数是动态申请内存空间的指针，我们应当如何传入呢？ unidbg 为我们提供了 malloc() 方法，具体代码如下所示。

```
private void callTestDec(){
    // 通过 Memory 接口的 malloc() 方法，申请 32 字节的内存空间，并拿到指向该空间的指针
    UnidbgPointer buffer = memory.malloc(32, false).getPointer();
    // 为申请的内存空间设置字符串值，从偏移 0 位置开始
    buffer.setString(0,"f72c5a36569418a20907b55be5bf95ad");

    Backend backend = emulator.getBackend();
    // 向寄存器 R0 中写入申请内存的指针，作为参数来传递
    backend.reg_write(ArmConst.UC_ARM_REG_R0,buffer.peer);
    // 调用 callFunction() 方法开始模拟执行，传入的地址是 TestDec 函数的首地址
    module.callFunction(emulator,0x1062+1);
    /*
    // 从 0x108A 处开始模拟执行，为寄存器 R4 赋值，也就是只模拟执行后半段的变换操作
    backend.reg_write(ArmConst.UC_ARM_REG_R4,buffer.peer);
    module.callFunction(emulator,0x108A+1);
    */

    // 打印变换后的结果
    System.out.println(buffer.getString(0));
}
```

我们执行此段代码，得到的结果如图 18-4 所示。

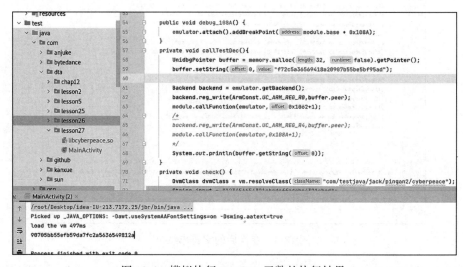

图 18-4　模拟执行 TestDec 函数的执行结果

　　注释的代码部分是在 0x108A 处开始模拟执行，也就是只模拟执行第二段变换，这里不再演示。图 18-4 中得到的结果便是我们所需的输入。

18.2　快速识别 AES 算法

　　接下来，我们一起来学习如何快速识别 AES 算法。

18.2.1　对 App 进行分析

　　我们继续通过另一个实例 App 来学习 unidbg 的 Debugger 功能。同样还是先使用 Jadx来载入 APK，查看 MainActivity 代码，如下所示。

```
public class MainActivity extends Activity implements View.OnClickListener {
    private Button a;
    private Handler b = null;
    private EditText c;
    private EditText d;

    public void onCreate(Bundle bundle) {
        super.onCreate(bundle);
        setContentView(R.layout.activity_main);
        this.a = (Button) findViewById(R.id.button1);
        this.a.setOnClickListener(this);
        this.c = (EditText) findViewById(R.id.editText1);
        this.d = (EditText) findViewById(R.id.editText2);
        // SharedPreferences 写入 test 文件，写入 Long 类型的 key 为 ili、值为当前时间
        SharedPreferences.Editor edit = getSharedPreferences("test", 0).edit();
        edit.putLong("ili", System.currentTimeMillis());
        edit.commit();
        // 通过 Log，打印 App 签名的 hashcode
        Log.d("hashcode", SignatureTool.getSignature(this) + "");
    }

    // ...

    public void onClick(View view) {
        switch (view.getId()) {
            case R.id.button1 /*{ENCODED_INT: 2131165187}*/:
                // 判断输入的字符串是否为空
                if (this.c.getText().length() == 0 || this.d.getText().
                    length() == 0) {
                    Toast.makeText(this, "不能为空", 1).show();
                    return;
                }
                String obj = this.c.getText().toString();
                String obj2 = this.d.getText().toString();
                // 通过 Log 打印输入的账户与密码
                Log.e("test", obj + " test2 = " + obj2);
                // 构造一个 Intent，使 Intent 携带用户输入的账户名与密码数据，来启动第二个 Activity
```

```
                      Intent intent = new Intent(this, SecondActivity.class);
                      intent.putExtra("ili", obj);
                      intent.putExtra("lil", obj2);
                      startActivity(intent);
                      return;
                  default:
                      return;
              }
          }
      }
```

MainActivity 并没有做太多的操作，在 onCreate() 方法中，向 SharedPreference 文件中存储了一个当前时间的键值，之后注册了一个 onClick() 方法，当单击按钮时，就会将用户输入的账户名与密码传递到 SecondActivity 中去。SecondActivity 的代码如下所示。

```
public class SecondActivity extends a {
    @Override // com.tencent.testvuln.a
    public void onCreate(Bundle bundle) {
        super.onCreate(bundle);
        setContentView(R.layout.activity_main2);
        // 通过 intent，来获取 MainActivity 传递过来的数据
        Intent intent = getIntent();
        String stringExtra = intent.getStringExtra("ili");
        String stringExtra2 = intent.getStringExtra("lil");
        // 将用户名与密码拼接后，传入 Encryto.doRawData() 方法内，如果与预设的值相同，则启
          动 Activity 与 Service
        if (Encryto.doRawData(this, stringExtra + stringExtra2).equals("VEIzd/
            V2UPYNdn/bxH3Xig==")) {
            intent.setAction("android.test.action.MoniterInstallService");
            intent.setClass(this, MoniterInstallService.class);
            intent.putExtra("company", "tencent");
            intent.putExtra("name", "hacker");
            intent.putExtra("age", 18);
            startActivity(intent);
            startService(intent);
        }
        // 将账户密码保存在 SharedPreference test 文件中
        SharedPreferences.Editor edit = getSharedPreferences("test", 0).edit();
        edit.putString("ilil", stringExtra);
        edit.putString("lili", stringExtra2);
        edit.commit();
    }
}
```

在 SecondActivity 中，先将 Intent 中携带的数据取出，在经过 Encryto.doRawData() 加密后，与预设的字符串进行比较，如果相同，则执行一系列操作。Encryto 类的代码如下所示。

```
public class Encryto {
    public static native int checkSignature(Object obj);
```

```
    public static native String decode(Object obj, String str);

    public static native String doRawData(Object obj, String str);

    public static native String encode(Object obj, String str);

    public native String HelloLoad();

    static {
        System.loadLibrary("JNIEncrypt");
    }
}
```

Encryto 类中含有几个 Native 层的方法，并加载了名为 JNIEncrypt 的 so 文件，我们可以通过 IDA 对 so 文件进行分析。该 so 文件采用的是在 JNI_OnLoad() 方法中动态注册的方式。

18.2.2　使用 unidbg 进行模拟执行

我们可以通过 unidbg 来查看动态注册的函数地址。初步的 unidbg 代码如下所示。

```
public class MainActivity{
    private final AndroidEmulator emulator;
    private final VM vm;
    private final Memory memory;
    private final Module module;

    public MainActivity(){
        emulator = AndroidEmulatorBuilder
                .for32Bit()
                .build();

        memory = emulator.getMemory();
        memory.setLibraryResolver(new AndroidResolver(23));
        // 根据 APK 来创建 DalvikVM
        vm = emulator.createDalvikVM(new File("unidbg-android/src/test/java/
            com/dta/lesson28/second.apk"));
        // 设置打印日志
        vm.setVerbose(true);
        // 加载 so 文件进入内存
        DalvikModule dalvikModule = vm.loadLibrary(new File("unidbg-android/
            src/test/java/com/dta/lesson28/libJNIEncrypt.so"), false);
        module = dalvikModule.getModule();
        // 执行 JNI_OnLoad() 方法
        vm.callJNI_OnLoad(emulator,module);
    }
    public static void main(String[] args) {
        long start = System.currentTimeMillis();
        MainActivity mainActivity = new MainActivity();
        System.out.println("load the vm "+( System.currentTimeMillis() - start
            )+ "ms");
    }
}
```

我们通过 vm.callJNI_OnLoad() 方法来调用 JNI_OnLoad() 方法进行动态注册，并设置 vm.setVerbose(true)，这样 unidbg 就能将相关的信息打印出来，运行结果如下所示。

```
JNIEnv->FindClass(com/tencent/testvuln/c/Encryto) was called from RX@0x400021f7
    [libJNIEncrypt.so]0x21f7
JNIEnv->RegisterNatives(com/tencent/testvuln/c/Encryto, RW@0x40006008
    [libJNIEncrypt.so]0x6008, 4) was called from RX@0x4000220d[libJNIEncrypt.
    so]0x220d
RegisterNative(com/tencent/testvuln/c/Encryto, checkSignature(Ljava/lang/
    Object;)I, RX@0x400021e1[libJNIEncrypt.so]0x21e1)
RegisterNative(com/tencent/testvuln/c/Encryto, decode(Ljava/lang/Object;Ljava/
    lang/String;)Ljava/lang/String;, RX@0x40003871[libJNIEncrypt.so]0x3871)
RegisterNative(com/tencent/testvuln/c/Encryto, encode(Ljava/lang/Object;Ljava/
    lang/String;)Ljava/lang/String;, RX@0x400037b1[libJNIEncrypt.so]0x37b1)
RegisterNative(com/tencent/testvuln/c/Encryto, doRawData(Ljava/lang/Object;Ljava/
    lang/String;)Ljava/lang/String;, RX@0x40003931[libJNIEncrypt.so]0x3931)
load the vm 540ms
```

根据 unidbg 显示的偏移，我们对 doRawData() 方法进行分析，反编译代码如下所示。

```
jstring __fastcall doRawData(JNIEnv *env, jclass clazz, jobject obj, jstring str)
{
    const char *str_1;                      // r6
    const char *v7;                         // r8
    jstring result;                         // r0
    jstring (*v9)(JNIEnv *, const jchar *, jsize); // r6
    char *v10;                              // r5
    size_t v11;                             // r2
    char key[24];                           // [sp+0h] [bp-28h] BYREF

    if ( j_checkSignature(env) == 1 )       // 对 App 签名进行验证
    {
        strcpy(key, "thisisatestkey==");    // AES 的 key
        str_1 = (*env)->GetStringUTFChars(env, str, 0);
        v7 = (const char *)j_AES_128_ECB_PKCS5Padding_Encrypt((int)str_1, (int)key);
                                            // 进行 AES_128_ECB_PKCS5Padding 加密
        (*env)->ReleaseStringUTFChars(env, str, str_1);
        result = (*env)->NewStringUTF(env, v7);
    }
    else
    {
        v9 = (*env)->NewString;
        v10 = UNSIGNATURE[0];               // 字符串 "UNSIGNATURE"
        v11 = strlen(UNSIGNATURE[0]);
        result = v9(env, (const jchar *)v10, v11);
    }
    return result;
}
```

在该函数内，先对 App 签名进行验证，验证通过后初始化 AES 的 key，再将用户输入的字符串与 key 传入 AES 加密函数中进行加密，并将加密之后的字符串返回。

我们可以通过 IDA 的插件 FindCrypto，来尝试查找加密算法的常量，结果如图 18-5 所示。

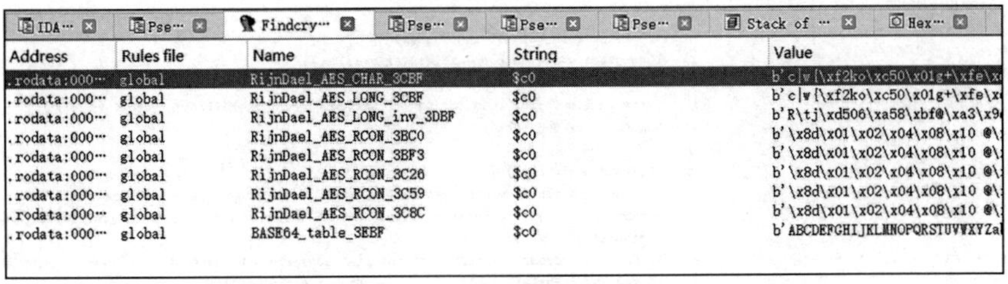

图 18-5　通过 FindCrypto 插件查找加密算法的常量

可以猜测它是一个标准的 AES，我们也可以通过 unidbg 来模拟执行，再与 CyberChef 工具的结果进行比较来判断。unidbg 模拟执行代码如下所示。

```java
public class MainActivity extends AbstractJni {
    private final AndroidEmulator emulator;
    private final VM vm;
    private final Memory memory;
    private final Module module;

    public MainActivity(){
        // ...

        vm.setJni(this);
    }
    public static void main(String[] args) {
        // ...
        mainActivity.doRawData();
    }

    private void doRawData() {
        DvmClass Encryto = vm.resolveClass("com/tencent/testvuln/c/Encryto");
        // 构造 context 类型的对象
        DvmObject<?> obj = vm.resolveClass("android/content/Context").
            newObject(null);
        String input = "123";
        DvmObject<?> dvmObject = Encryto.callStaticJniMethodObject(emulator,
            "doRawData(Ljava/lang/Object;Ljava/lang/String;)Ljava/
            lang/String;",obj,input);
        // 打印结果
        System.out.println("result ==> " + dvmObject.getValue());
    }
}
```

由于其中进行了签名校验，所以我们需要设置 JNI，而对于其中的签名校验的方法，如果我们传入了原 APK，unidbg 会自动帮助我们处理，运行结果如图 18-6 所示。

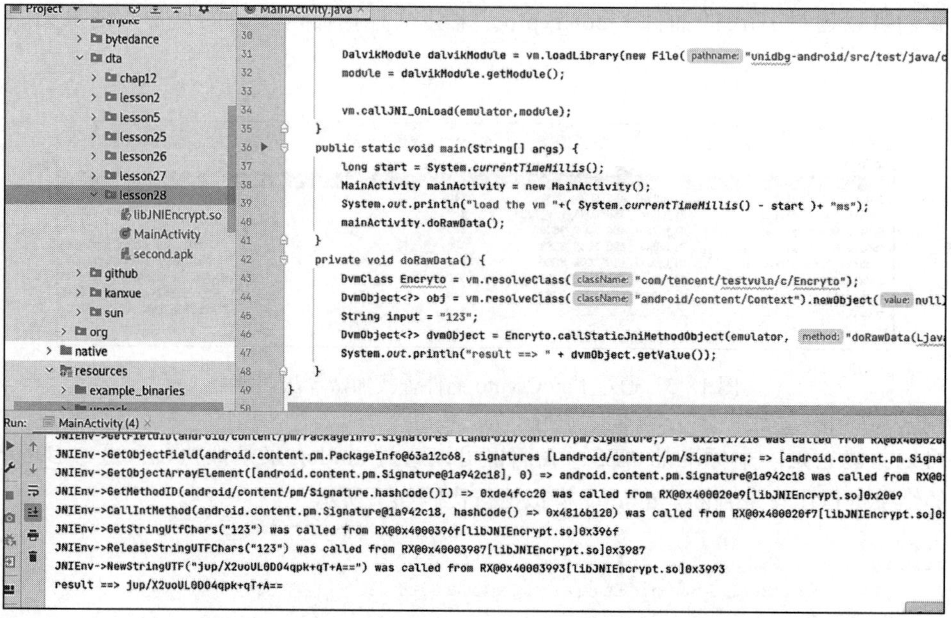

图 18-6 unidbg 模拟执行 doRawData() 函数的运行结果

该结果与图 18-7 中 CyberChef 的加密结果是相同的。

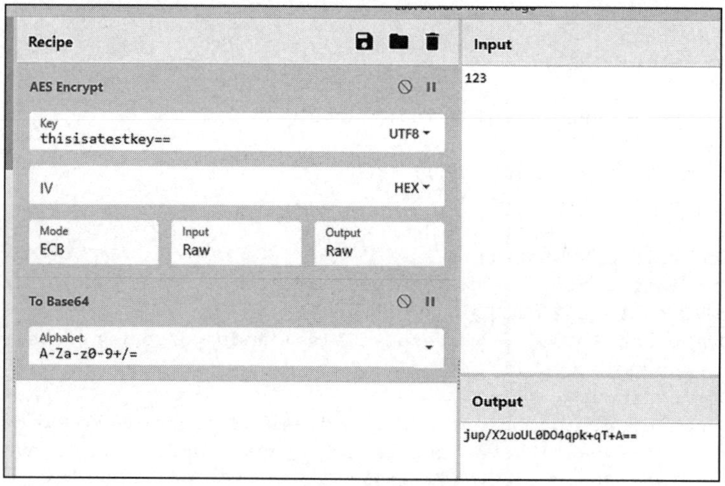

图 18-7 CyberChef 的 AES 加密结果

因此我们可以断定这是一个标准的 AES 加密。其余动态注册的方法都和 doRawData()
的逻辑大致相同，encode() 同样是 AES 加密，而 decode() 是 AES 解密，加解密的 key 均为
"thisisatestkey=="。

我们尝试对比较的数据 "VEIzd/V2UPYNdn/bxH3Xig==" 进行 AES 解密，得到的结果为

"aimagetencent"，但该值并不是正确的 flag。正确的 flag 隐藏在 Java 层的 FileDataActivity 类中，代码如下所示。

```
public class FileDataActivity extends a {
    private TextView c;

    /* access modifiers changed from: protected */
    @Override // com.tencent.testvuln.a
    public void onCreate(Bundle bundle) {
        super.onCreate(bundle);
        setContentView(R.layout.activity_main3);
        this.c = (TextView) findViewById(R.id.textView1);
        this.c.setText(Encryto.decode(this, "9YuQ2dk8CSaCe7DTAmaqAA=="));
    }
}
```

该 APK 并没有在其他地方引入该类，但 Flag 确实就是解密后的结果，解密后的结果为 "Cas3_0f_A_CAK3"，这是正确的 flag。CTF 挑战题目在某些时候还是很考验脑洞的，但这脑洞并没有什么研究意义。

18.3　本章小结

在本章中，我们首先通过 Debugger 模块调试一个简单 App，验证了其变换的操作与结果，并通过对寄存器赋值指针的形式，对变换操作进行了模拟执行；之后通过 IDA 的 FindCrypto 插件与 unidbg 模拟执行验证了 AES 加密算法，并在最后成功解密，获得了正确的 flag。

Chapter 19 | 第 19 章

unidbg 实战：魔改 Base64 还原

在本章，我们继续通过 App 实例来掌握 unidbg 的使用方法。本章的案例是一个 Base64 经过魔改的 App，核心在于如何识别 Base64 算法并确定算法。案例使用动态调试工具 unidbg 帮助我们确认算法，并抠出 Java 层的代码帮助我们顺利地拿到 Flag。

19.1　逆向环境搭建

案例在 com.r0ysue.chap19 目录下，如图 19-1 所示。

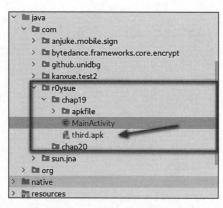

图 19-1　案例 App 的位置

安装好 App 后，在打开的界面中尝试输入一些测试数据，如 "qqqqqq"，App 会给我们反馈 "You are wrong! Bye~"，如图 19-2 所示。

图 19-2　在 App 输入测试数据

　　由于 App 的反馈并不能给我们提供有效的信息，因此我们使用反编译工具 jadx-gui 去反编译 APK 查看代码的编写情况。

19.2　APK 分析

　　使用 jadx-gui 反编译 APK 后，我们首先打开 AndroidManifest.xml 文件，获取一些基本的信息，如图 19-3 所示。

图 19-3　AndroidManifest.xml 文件信息获取

　　在 AndroidManifest.xml 文件中，我们获取到如下主要信息：
- package：com.a.easyjni。
- 它只有一个界面，即 MainActivity 界面。

　　然后，我们直接进入 MainActivity.java 查看相应的代码。进入代码中，可以看到有一个静态代码块、一个 a 函数、ncheck 函数和 OnCreate 函数，如图 19-4 所示。

```
 3  import android.os.Bundle;
 4  import android.support.v7.app.c;
 5  import android.view.View;
 6  import android.widget.EditText;
 7  import android.widget.Toast;
 8
 9  /* loaded from: classes.dex */
10  public class MainActivity extends c {
11      static {
12          System.loadLibrary("native");
13      }
14
15      /* JADX INFO: Access modifiers changed from: private */.
16      public boolean a(String str) {
17          try {
18              return ncheck(new a().a(str.getBytes()));
19          } catch (Exception e) {
20              return false;
21          }
22      }
23
24      private native boolean ncheck(String str);
25
26      /* JADX INFO: Access modifiers changed from: protected */
27      @Override // android.support.v7.app.c, android.support.v4.a.i, android.support.v4.a.aa, android.app.Activity
28      public void onCreate(Bundle bundle) {
29          super.onCreate(bundle);
30          setContentView(R.layout.activity_main);
31          findViewById(R.id.button).setOnClickListener(new View.OnClickListener() { // from class: com.a.easyjni.MainActivity.1
32              @Override // android.view.View.OnClickListener
33              public void onClick(View view) {
34                  if (MainActivity.this.a(((EditText) ((MainActivity) this).findViewById(R.id.edit)).getText().toString())) {
35                      Toast.makeText(this, "You are right!", 1).show();
36                  } else {
37                      Toast.makeText(this, "You are wrong! Bye~", 1).show();
38                  }
39              }
40          });
41      }
42  }
```

图 19-4 MainActivity.java 文件代码结构

我们先查看当单击按钮之后做了什么事情，这部分代码位于 onCreate 函数中，核心代码如下所示。

```
public void onClick(View view) {
    if (MainActivity.this.a(((EditText) ((MainActivity) this).findViewById(R.
        id.edit)).getText().toString())) {
        Toast.makeText(this, "You are right!", 1).show();
    } else {
        Toast.makeText(this, "You are wrong! Bye~", 1).show();
    }
}
```

在判断中调用了 a 方法来验证文本框中输入的内容。在 a 方法中又调用了 ncheck 函数。现在，我们去解压 APK，把 so 提取出来。

19.3 so 文件详细分析

接下来，我们一起来详细分析 so 文件。

19.3.1 基本类型手动修改

使用 IDA 打开提取出来的 so 文件，如图 19-5 所示。

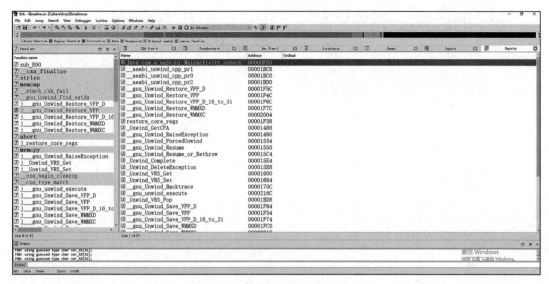

图 19-5　打开提取出来的 so 文件

首先需要判断 Java 层的 Native 方法是静态注册还是动态注册，静态注册以 Java_ 开头，经过搜索后得到如图 19-6 所示的方法。

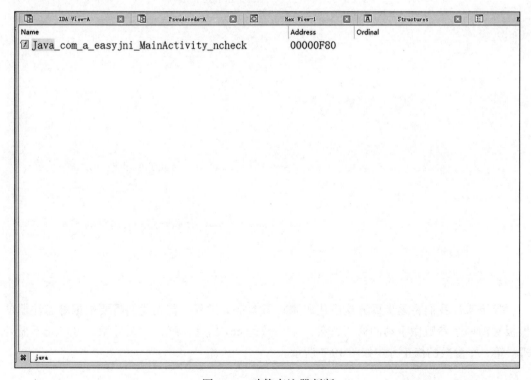

图 19-6　动静态注册判断

判断是静态注册后，双击进入此函数，并查看它的伪代码，如下所示：

```
bool __fastcall Java_com_a_easyjni_MainActivity_ncheck(int a1, int a2, int a3)
{
    const char *v5;        // r6
    int i;                 // r0
    char *v7;              // r2
    char v8;              // r1
    int v9;               // r0
    bool v10;             // cc
    char v12[32];         // [sp+3h] [bp-35h] BYREF
    char v13;             // [sp+23h] [bp-15h]

    v5 = (const char *)(*(int (__fastcall **)(int, int, _DWORD))(*(_DWORD *)a1 +
        676))(a1, a3, 0);
    if ( strlen(v5) == 32 )
    {
        for ( i = 0; i != 16; ++i )
        {
            v7 = &v12[i];
            v12[i] = v5[i + 16];
            v8 = v5[i];
            v7[16] = v8;
        }
        (*(void (__fastcall **)(int, int, const char *))(*(_DWORD *)a1 + 680))
            (a1, a3, v5);
        v9 = 0;
        do
        {
            v10 = v9 < 30;
            v13 = v12[v9];
            v12[v9] = v12[v9 + 1];
            v12[v9 + 1] = v13;
            v9 += 2;
        }
        while ( v10 );
        return memcmp(v12, "MbT3sQgX039i3g==AQOoMQFPskB1Bsc7", 0x20u) == 0;
    }
    else
    {
        (*(void (__fastcall **)(int, int, const char *))(*(_DWORD *)a1 + 680))
            (a1, a3, v5);
        return 0;
    }
}
```

接下来，我们将逐步拆分这段代码来理解验证的过程。首先我们需要根据静态注册的模板对前两个参数做手动的修正，第一个参数是 env 指针，第二个是类型，可以先不做处理。第一个参数的修正方式如图 19-7 所示。

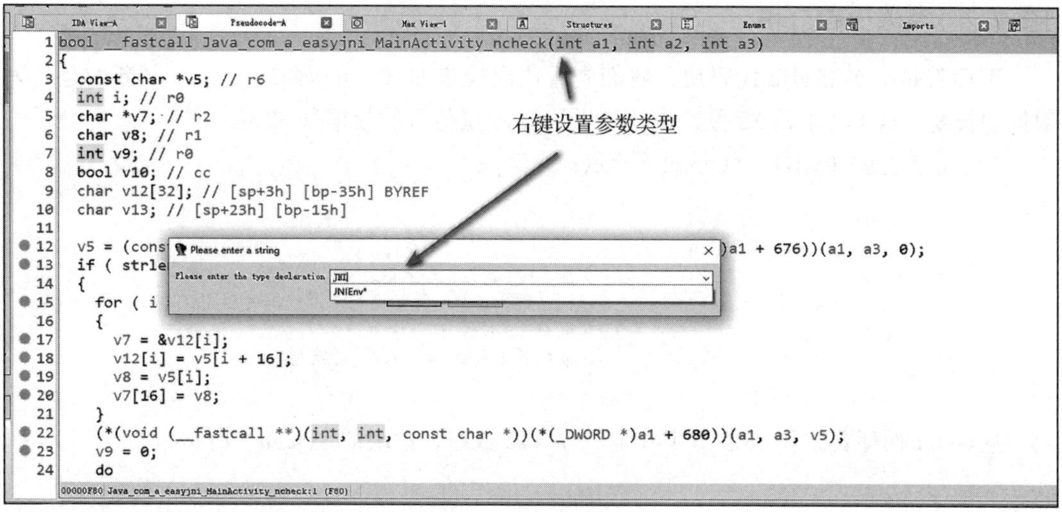

图 19-7　env 指针修正

修正后的结果如图 19-8 所示。

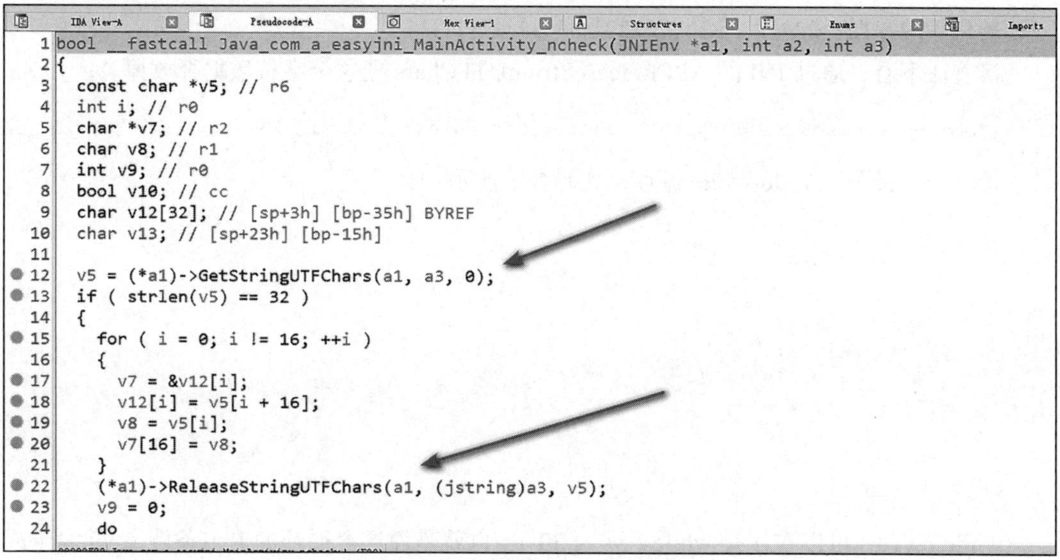

图 19-8　修正后的结果

修正后，我们发现 JNI 中的一些 API 也表示了出来。接下来，我们对参数进行解读，函数的参数 a3 是从 Java 层传入的，我们可以将它重命名为 data，而 GetStringUTFChars 则是把 a3（data）转化成 C 语言可以使用的格式，经过重命名后，代码如下所示：

```
data_c = (*env)->GetStringUTFChars(env, data, 0);
```

19.3.2 主体代码分析

下面就是一个 if-else 代码块，我们先看代码较多的 if 中的内容，if 语句判断的是传入数据的长度，这里要求是 32 位，也就是说从 Java 层传入的数据是 32 位。

接下来就是一个循环，代码如下所示：

```
for ( i = 0; i != 16; ++i )
{
    v7 = &v12[i];              // 获取 v12 中的元素地址
    v12[i] = data_c[i + 16];   // v12 的前 16 个位置填充传入数据的后 16 位
    v8 = data_c[i];            // 取前 16 位数据
    v7[16] = v8;               // 取的每个元素 + 16 进行赋值
}
```

这段 for 循环要循环 16 次，其中有一个 v12 数组，数组的定义如下所示：

```
char v12[32];                  // [sp+3h] [bp-35h] BYREF
```

它是一个长度为 32 的 char 数组，与传入的数据长度契合。这段代码的含义是把后 16 位数据移动到前 16 位，把前 16 位数据移动到后 16 位，数据演示如下所示：

传入的数据：11111111111111112222222222222222

转化后的数据：22222222222222221111111111111111

接着往下看，通过 JNI 的 API ReleaseStringUTFChars 把这个字符数据释放掉。

```
(*env)->ReleaseStringUTFChars(env, (jstring)data, data_c);
```

接下来，又是一个 do-while 循环，代码如下所示：

```
v9 = 0;
do
{
    v10 = v9 < 30;
    v13 = v12[v9];
    v12[v9] = v12[v9 + 1];
    v12[v9 + 1] = v13;
    v9 += 2;
}
while ( v10 );
```

while (v10) 可以看作是 while (v9 < 30)，也就是说这个循环的退出条件是 v9 大于或等于 30，同时可以看到 v9 的累加值是 2。

而 v12 和 v13 之间的代码关系则是一个置换关系，也就是两两交换，具体表示如下所示：

```
1 2 3 4
2 1 4 3
```

最后是与字符串 "MbT3sQgX039i3g==AQOoMQFPskB1Bsc7" 进行比对：

```
return memcmp(v12, "MbT3sQgX039i3g==AQOoMQFPskB1Bsc7", 0x20u) == 0;
```

现在，我们就可以通过反推上述的过程拿到传入的字符串。

1）两两交换。

原始字符串如下所示：

```
MbT3sQgX039i3g==AQOoMQFPskB1Bsc7
```

交换后的字符串如下所示：

```
bM3TQsXg30i9g3==QAoOQMPFks1BsB7c
```

2）前 16 位和后 16 位进行交换。

原始字符串如下所示：

```
bM3TQsXg30i9g3==QAoOQMPFks1BsB7c
```

交换后的字符串如下所示：

```
QAoOQMPFks1BsB7cbM3TQsXg30i9g3==
```

19.4　使用 unidbg 辅助分析 so

接下来，我们使用 unidbg 来辅助分析 so 文件。

19.4.1　使用 unidbg 主动调用 Native 层的算法

我们搭建一个 unidbg 项目去调用交换后的字符串数据，看看会不会得到 true。
unidbg 测试代码如下所示：

```
package com.r0ysue.chap19;

import com.github.unidbg.AndroidEmulator;
import com.github.unidbg.LibraryResolver;
import com.github.unidbg.Module;
import com.github.unidbg.arm.backend.DynarmicFactory;
import com.github.unidbg.linux.AndroidElfLoader;
import com.github.unidbg.linux.android.AndroidEmulatorBuilder;
import com.github.unidbg.linux.android.AndroidResolver;
import com.github.unidbg.linux.android.dvm.AbstractJni;
import com.github.unidbg.linux.android.dvm.DalvikModule;
import com.github.unidbg.linux.android.dvm.DvmObject;
import com.github.unidbg.linux.android.dvm.VM;
import com.github.unidbg.linux.android.dvm.jni.ProxyDvmObject;
import com.github.unidbg.memory.Memory;

import java.io.File;
import java.util.logging.Level;
import java.util.logging.Logger;
```

```java
public class MainActivity extends AbstractJni {

    static {
        Logger.getLogger(String.valueOf(AndroidElfLoader.class)).
            setLevel(Level.INFO);;
    }

    public static void main(String[] args) {
        // 实例化一个 MainActivity ( 即当前类 ) 对象
        MainActivity mainActivity = new MainActivity();
        mainActivity.ncheck();
    }

    private final AndroidEmulator emulator;
    private final VM vm;
    private final Module module;



    private MainActivity() {
        // 使用 AndroidEmulatorBuilder 构建类来构建一个 AndroidEmulator 模拟器实例
        emulator = AndroidEmulatorBuilder
                // 指定模拟器为 32 位
                .for32Bit()
                // 指定后端工厂，true 的含义为 " 当出现问题时，回退到 unicorn 后端工厂 "
                .addBackendFactory(new DynarmicFactory(true))
                .build();
        // 获取到操作内存的 Memory 接口实例
        Memory memory = emulator.getMemory();
        // 实例化一个 Android Library 解析器
        LibraryResolver resolver = new AndroidResolver(23);
        // 为 Memory 实例设置 Android 解析器
        memory.setLibraryResolver(resolver);

        // 创建 vm 虚拟机
        vm = emulator.createDalvikVM();
        vm.setJni(this);
        // 设置日志输出: false => 不输出
        vm.setVerbose(true);
        // 通过 vm 虚拟机将相应的 so 文件载入内存
        // 此处设置为 false, 为不自动执行 init 函数, 如果设置为 true, 则 unidbg 会在加载时自
        //   动调用相应的 init 函数
        DalvikModule dm = vm.loadLibrary(new File("unidbg-android/src/test/java/
            com/r0ysue/chap19/apkfile/lib/armeabi-v7a/libnative.so"), false);
        module = dm.getModule();
        // 调用 callJNI_OnLoad
        vm.callJNI_OnLoad(emulator,module);
    }

    private void ncheck(){
        // 类名为 com.a.easyjni.MainActivity
        // 解析 MainAcitivy, 并创建一个对象, 因为 ncheck 是 non-static 函数
```

```
DvmObject dvmObject = vm.resolveClass("com.a.easyjni.MainActivity").
    newObject(null);
// Java 层传入的数据，也就是我们反推回去的数据
String data = "QAoOQMPFks1BsB7cbM3TQsXg30i9g3==";
// 调用方法
boolean result = dvmObject.callJniMethodBoolean(emulator,"ncheck(Lja
    va/lang/String;)Z",data);
// 打印结果
System.out.println("result => " + result);
    }

}
```

案例 App 的 ncheck 函数是一个 non-static 函数，所以我们需要解析类并通过它重新创建一个对象。然后传入刚刚在 so 中倒推出来的字符串数据。ncheck 函数的返回值是一个 boolean 类型的函数。运行代码后的结果如下所示：

图 19-9　验证结果

```
Find native function Java_com_a_easyjni_
    MainActivity_ncheck =>
    RX@0x40000f81[libnative.so]0xf81
JNIEnv->GetStringUtfChars("QAoOQMPFks1
    BsB7cbM3TQsXg30i9g3==") was called from
    RX@0x40000fa7[libnative.so]0xfa7
JNIEnv->ReleaseStringUTFChars("QAoOQMPFk
    s1BsB7cbM3TQsXg30i9g3==") was called from
    RX@0x40000fd7[libnative.so]0xfd7
result => true

Process finished with exit code 0
```

结果不出所料，结果是 true，同时，这也验证了我们刚才对 so 文件的分析过程是正确的。我们把这个结果输入 App 中，App 还是给我们返回错误的提示，如图 19-9 所示。

```
/* JADX INFO: Access modifiers changed from: private */
public boolean a(String str) {
    try {
        return ncheck(new a().a(str.getBytes()));
    } catch (Exception e) {
        return false;
    }
}
```

图 19-10　回顾 ncheck 处的代码

我们再次回顾 ncheck 处的代码，如图 19-10 所示。

可以发现它新建了一个 a 类并调用了其中的 a 方法，而 str 则是文本框中输入的参数，我们追到 a 类中，看看它是怎么实现方法的：

```
package com.a.easyjni;

/* loaded from: classes.dex */
public class a {
    private static final char[] a = {'i', '5', 'j', 'L', 'W',
        '7', 'S', '0', 'G', 'X', '6', 'u', 'f', '1', 'c', 'v', '3', 'n', 'y',
        '4', 'q', '8', 'e', 's', '2', 'Q', '+',
        'b', 'd', 'k', 'Y', 'g', 'K', 'O', 'I', 'T', '/', 't',
```

```
        'A', 'x', 'U', 'r', 'F', 'l', 'V', 'P', 'z', 'h', 'm', 'o', 'w', '9',
            'B', 'H', 'C', 'M', 'D', 'p', 'E', 'a',
    'J', 'R', 'Z', 'N'};

    public String a(byte[] bArr) {
        StringBuilder sb = new StringBuilder();
        for (int i = 0; i <= bArr.length - 1; i += 3) {
            byte[] bArr2 = new byte[4];
            byte b = 0;
            for (int i2 = 0; i2 <= 2; i2++) {
                if (i + i2 <= bArr.length - 1) {
                    bArr2[i2] = (byte) (b | ((bArr[i + i2] & 255) >>> ((i2 *
                        2) + 2)));
                    b = (byte) (((((bArr[i + i2] & 255) << (((2 - i2) * 2) +
                        2)) & 255) >>> 2);
                } else {
                    bArr2[i2] = b;
                    b = 64;
                }
            }
            bArr2[3] = b;
            for (int i3 = 0; i3 <= 3; i3++) {
                if (bArr2[i3] <= 63) {
                    sb.append(a[bArr2[i3]]);
                } else {
                    sb.append('=');
                }
            }
        }
        return sb.toString();
    }
}
```

看到代码，我们第一眼会猜测这个函数是不是 Base64 编码。因为在 Native 层还原的参数中带有 Base64 的标志性符号"=="，进入类中后发现有一个码表 a，但是它与标准的码表有一些区别，标准的码表是有规律的字符分布，而这里几乎是乱序的。我们首先可以验证一下码表中元素的数量是否满足标准，具体在下一节介绍。

19.4.2　魔改 Base64 核心步骤分析

我们将 jadx-gui 中抠出来的代码放到 unidbg 中，反编译出来的代码几乎和 Java 一模一样，抠出来直接用即可。验证码表中元素的数量的代码如下所示：

```
public static void main(String[] args) {
    // 实例化一个 MainActivity( 即当前类) 对象
    //MainActivity mainActivity = new MainActivity();
    //mainActivity.ncheck();

    // 验证元素的数量
    System.out.println("number of elements => " + a.length);
}
```

验证的结果如下所示：

```
number of elements => 64
```

从元素的数量来看，它满足了 Base64 的要求。接下来，我们看一下它的核心代码：

```
// 步长为 3，满足 Base64 的要求，介绍 Base64 的用法
for (int i = 0; i <= bArr.length - 1; i += 3) {
    // 创建 4 个长度的字节单位
    byte[] bArr2 = new byte[4];
    byte b = 0;
    // 循环 3 次
    for (int i2 = 0; i2 <= 2; i2++) {
        if (i + i2 <= bArr.length - 1) {
            bArr2[i2] = (byte) (b | ((bArr[i + i2] & 255) >>> ((i2 * 2) + 2)));
            b = (byte) ((((bArr[i + i2] & 255) << (((2 - i2) * 2) + 2)) & 255) >>> 2);
        } else {
            bArr2[i2] = b;
            b = 64;
        }
    }
    bArr2[3] = b;
    // 添加 = 符号
    for (int i3 = 0; i3 <= 3; i3++) {
        if (bArr2[i3] <= 63) {
            sb.append(a[bArr2[i3]]);
        } else {
            sb.append('=');
        }
    }
}
```

外部的循环是循环数据的长度，而内部的第一个循环则是循环 3 次，这是因为外部的循环步长是 3，而 Base64 就是以三个字符为单位进行处理的。这里不妨先看下标准的 Base64 是怎么做的。

1. 标准 Base64 编码剖析

Base64 编码时，每 3 个字节为一组，共有 8 位 ×3=24 位的数据。Base64 使用 6 位表示一个字节，那么 24/6=4 个字节。划分前后它们的表现形式如图 19-11 所示。

图 19-11　划分前后它们的表现形式

如果这样仍然不直观，那么我们再举个例子。我们对 cat 进行编码，它的 ASCII 编码、二进制位、对应的 Base64 编码表的索引、Base64 编码如图 19-12 所示。

原文	c	a	t	
ASCII 编码	99	97	116	
二进制位	01100011	01100001	01110100	
索引	24	54	5	52
Base64 编码	Y	2	F	0

图 19-12 对 cat 编码后的内容

二进制位编码计算方式如图 19-13 所示。

将得到的二进制数据顺次以 6 位为一组进行十进制转换，然后在码表中根据索引得到相应的 Base64 字符。

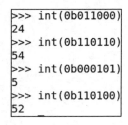

最终，cat 通过 Base64 编码变成 Y2F0。如果待转换的字符不是 3 的整数倍，该怎么处理呢？有两种处理情况，分析如下。

```
>>> int(0b011000)
24
>>> int(0b110110)
54
>>> int(0b000101)
5
>>> int(0b110100)
52
```

图 19-13 二进制位编码计算方式

（1）剩余一个字符。如果只剩下一个字符，则它的编码转换示意图如图 19-14 所示。

原文	c			
ASCII 编码	99			
二进制位	01100011	0000		
索引	24	48		
Base64 编码	Y	w	=	=

图 19-14 只剩下一个字符

图 19-14 中只有一个字符 c，它的二进制表示为 01100011，要进行位拆分，如 011000 11，但是 11 是 2 位，不够 6 位，那么就要进行补 0 的操作，这里要补充 4 个 0。补充完成后，Base64 编码只有两个字节，为了满足 4 字节，要用“=”来补充。最终编码后的字符就是 Yw==。我们也可以用在线的网站验证一下，验证结果如图 19-15 所示。

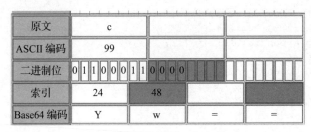

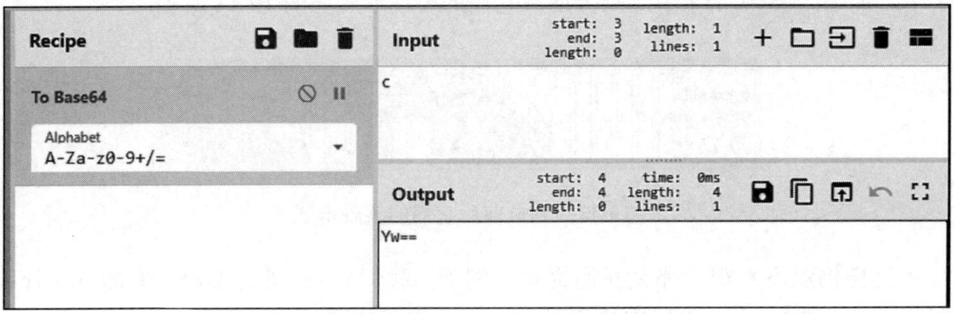

图 19-15 只剩下一个字符的验证结果

（2）剩余两个字符。如果只剩下两个字符，则它的编码转换示意图如图 19-16 所示。

原文	c		a			
ASCII 编码	99		97			
二进制位	0 1 1 0 0 0 1 1		0 1 1 0 0 0 0 1 0 0			
索引	24		54	4		
Base64 编码	Y		2	E		=

图 19-16　只剩下两个字符

字符 ca 的二进制表示如下所示：

```
01100011 01100001
```

进行 Base64 拆分后，如下所示：

```
011000 110110 0001
```

这时候最后一个可表示的字符只有 4 位，需要补 0。补充完 0 后发现只有 3 字节还少一个 Base64 字符表示。同样，用 "="号填充。使用在线网站对结果进行验证，如图 19-17 所示。

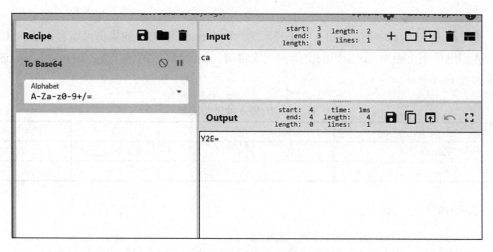

图 19-17　只剩下两个字符的验证结果

2. 标准 Base64 解码剖析

Base64 解码是编码的逆过程，当然在这个过程中引入了一个解码表，以配合解码。接下来我们就看看标准 Base64 解码过程。

首先，先介绍下解码表，解码表如下所示：

```
{
255, 255, 255, 255, 255, 255, 255, 255, 255, 255, 253, 255,
255, 253, 255, 255, 255, 255, 255, 255, 255, 255, 255, 255,
255, 255, 255, 255, 255, 255, 255, 253, 255, 255, 255,
255, 255, 255, 255, 255, 255, 255,  62, 255, 255, 255,  63,
 52,  53,  54,  55,  56,  57,  58,  59,  60,  61, 255, 255,
255, 254, 255, 255, 255,   0,   1,   2,   3,   4,   5,   6,
  7,   8,   9,  10,  11,  12,  13,  14,  15,  16,  17,  18,
 19,  20,  21,  22,  23,  24,  25, 255, 255, 255, 255, 255,
255,  26,  27,  28,  29,  30,  31,  32,  33,  34,  35,  36,
 37,  38,  39,  40,  41,  42,  43,  44,  45,  46,  47,  48,
 49,  50,  51, 255, 255, 255, 255, 255, 255, 255, 255, 255,
255, 255, 255, 255, 255, 255, 255, 255, 255, 255, 255, 255,
255, 255, 255, 255, 255, 255, 255, 255, 255, 255, 255, 255,
255, 255, 255, 255, 255, 255, 255, 255, 255, 255, 255, 255,
255, 255, 255, 255, 255, 255, 255, 255, 255, 255, 255, 255,
255, 255, 255, 255, 255, 255, 255, 255, 255, 255, 255, 255,
255, 255, 255, 255, 255, 255, 255, 255, 255, 255, 255, 255,
255, 255, 255, 255, 255, 255, 255, 255, 255, 255, 255, 255,
255, 255, 255, 255, 255, 255, 255, 255, 255, 255, 255, 255,
255, 255, 255, 255
};
```

解码表共有 256 个值，计算方式如下所示：

```
2^8 = 256
```

这是因为 ASCII 的码值是用 8 位来表示的，而 Base64 编码后的值仍可以看作是 ASCII。

我们继续用上面对 cat 编码的案例给大家讲解。cat 编码后的结果是 Y2F0，它们的进制表示如表 19-1 所示。

表 19-1　Y2F0 的进制表示

	1	2	3	4
Base64 字符	Y	2	F	0
ASCII 码值	89	50	70	48

详细的解码过程如下：

```
>>> lst = [255, 255, 255, 255, 255, 255, 255, 255, 255, 255, 253, 255,
        255, 253, 255, 255, 255, 255, 255, 255, 255, 255, 255, 255,
        255, 255, 255, 255, 255, 255, 255, 253, 255, 255, 255,
        255, 255, 255, 255, 255, 255, 255,  62, 255, 255, 255,  63,
         52,  53,  54,  55,  56,  57,  58,  59,  60,  61, 255, 255,
        255, 254, 255, 255, 255,   0,   1,   2,   3,   4,   5,   6,
          7,   8,   9,  10,  11,  12,  13,  14,  15,  16,  17,  18,
         19,  20,  21,  22,  23,  24,  25, 255, 255, 255, 255, 255,
        255,  26,  27,  28,  29,  30,  31,  32,  33,  34,  35,  36,
         37,  38,  39,  40,  41,  42,  43,  44,  45,  46,  47,  48,
```

```
     49,   50,   51, 255, 255, 255, 255, 255, 255, 255, 255, 255,
    255, 255, 255, 255, 255, 255, 255, 255, 255, 255, 255, 255,
    255, 255, 255, 255, 255, 255, 255, 255, 255, 255, 255, 255,
    255, 255, 255, 255, 255, 255, 255, 255, 255, 255, 255, 255,
    255, 255, 255, 255, 255, 255, 255, 255, 255, 255, 255, 255,
    255, 255, 255, 255, 255, 255, 255, 255, 255, 255, 255, 255,
    255, 255, 255, 255, 255, 255, 255, 255, 255, 255, 255, 255,
    255, 255, 255, 255, 255, 255, 255, 255, 255, 255, 255, 255,
    255, 255, 255, 255, 255, 255, 255, 255, 255, 255, 255, 255,
    255, 255, 255, 255, 255, 255, 255, 255, 255, 255, 255, 255,
    255, 255, 255, 255, 255, 255, 255, 255, 255, 255, 255, 255,
    255, 255, 255, 255]
>>> len(lst)
256

>>> lst[89]

24
>>> lst[50]
54
>>> lst[70]
5
>>> lst[48]
52
```

取出来的值正好是 Base64 码表中的索引值，然后我们把索引值转换成二进制，再依次还原就可以得到原始的数据了。

3. 魔改 Base64 分析

理解了标准的 Base64，现在我们回过头来看一看本案例中的 Baes64。

我们主要如下两行代码：

```
bArr2[i2] = (byte) (b | ((bArr[i + i2] & 255) >>> ((i2 * 2) + 2)));
b = (byte) ((((bArr[i + i2] & 255) << (((2 - i2) * 2) + 2)) & 255) >>> 2);
```

这里，我们使用 123 来进行测试，它们的十进制、二进制表示如表 19-2 所示。

表 19-2　123 的十进制、二进制表示

ASCII	1	2	3
十进制	49	50	51
二进制	00110001	00110010	00110011

这里共有三次循环，即每次对 3 个字符进行处理。

（1）第一次循环的条件为：

```
i=0,i2=0,b=0
```

处理过程如下：

```
// 表达式一
bArr2[i2] = (byte) (b | ((bArr[i + i2] & 255) >>> ((i2 * 2) + 2)));

// 把条件代入表达式
bArr[i + i2] = bArr[0] => 1
(i2 * 2) + 2 = 2


// 数值转换后继续代入表达式
bArr2[0] = (byte) (b | ((1 & 255) >>> (2)));
bArr2[0] = (byte) (b | ((00110001 & 255) >>> (2)));
bArr2[0] = (byte) (b |  00001100);

// 00001100 是 12，在魔改的表中为 a[12]，即 f
00001100 => 12
a[12] = f

// 表达式二
b = (byte) ((((bArr[i + i2] & 255) << (((2 - i2) * 2) + 2)) & 255) >>> 2);

// 我们拆分一下
b = (byte) ((((bArr[i + i2] & 255) << (((2 - i2) * 2) + 2)) & 255) >>> 2);
(                                                    & 255) >>> 2
(                                                    )
 (bArr[i + i2] & 255) << (((2 - i2) * 2) + 2)
 (00110001) << (((2 - 0) * 2) + 2)
 (00110001) << 6 => 01000000

 01000000 & 255 = 01000000
 01000000 >>> 2 => 00010000 = 16
```

（2）第二次循环的条件为：

```
i=0,i2=1,b=16
```

处理过程如下：

```
// 表达式一
bArr2[i2] = (byte) (b | ((bArr[i + i2] & 255) >>> ((i2 * 2) + 2)));

// 把条件代入表达式
bArr[i + i2] = bArr[1] => 2
(i2 * 2) + 2 = 4


// 数值转换后继续代入表达式
bArr2[1] = (byte) (b | ((2 & 255) >>> (4)));
bArr2[1] = (byte) (b | ((00110010 & 255) >>> (4)));
bArr2[1] = (byte) (b |  00000011);
bArr2[1] = (byte) (00010000 |  00000011);
bArr2[1] = (byte) (00010011);

// 00010011 是 19，a[19] 即 4
```

```
00010011 => 19
a[19] = 4
```

```
// 表达式二
b = (byte) ((((bArr[i + i2] & 255) << (((2 - i2) * 2) + 2)) & 255) >>> 2);
```

```
// 我们拆分一下
b = (byte) ((((bArr[i + i2] & 255) << (((2 - i2) * 2) + 2)) & 255) >>> 2);
(                                                          & 255) >>> 2
(                                                          )
 (bArr[i + i2] & 255) << (((2 - i2) * 2) + 2)
 (00110010) << (((2 - 1) * 2) + 2)
 (00110010) << 4 => 00100000

 00100000 & 255 = 00100000
 00100000 >>> 2 => 00001000 = 8
```

（3）第三次循环的条件为：

i=0,i2=2,b=8

处理过程如下：

```
// 表达式一
bArr2[i2] = (byte) (b | ((bArr[i + i2] & 255) >>> ((i2 * 2) + 2)));
```

```
// 把条件代入表达式
bArr[i + i2] = bArr[2] => 3
(i2 * 2) + 2 = 6
```

```
// 数值转换后继续代入表达式
bArr2[2] = (byte) (b | ((3 & 255) >>> (6)));
bArr2[2] = (byte) (b | ((00110011 & 255) >>> (6)));
bArr2[2] = (byte) (b |  00000000);
bArr2[2] = (byte) (00001000 | 00000000);
bArr2[2] = (byte) (00001000);
```

```
// 00001000 是 8, a[8] 即 G
00001000 => 8
a[8] = G
```

```
// 表达式二
b = (byte) ((((bArr[i + i2] & 255) << (((2 - i2) * 2) + 2)) & 255) >>> 2);
```

```
// 我们拆分一下
b = (byte) ((((bArr[i + i2] & 255) << (((2 - i2) * 2) + 2)) & 255) >>> 2);
(                                                          & 255) >>> 2
(                                                          )
 (bArr[i + i2] & 255) << (((2 - i2) * 2) + 2)
 (00110011) << (((2 - 2) * 2) + 2)
 (00110011) << 2 => 11001100
```

```
11001100 & 255 = 11001100
11001100 >>> 2 => 00110011 = 51
```

在三轮循环后，还有这样一个代码，如下所示：

```
bArr2[3] = b;
```

即存放 Base64 的第四个字符，对应代码中的 a[51]，表示 9；我们把码表中的值合并后，放入 cyberchef 中，因为它可以自定义码表，如图 19-18 所示。

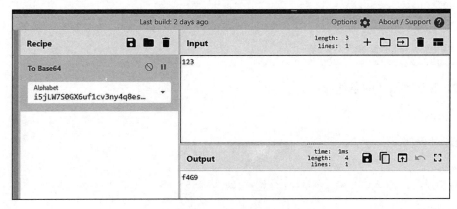

图 19-18　魔改后的编码结果

我们也可以使用抠出来的代码在 unidbg 中测试一下，代码如下所示：

```
byte[] data = { '1','2','3' };
System.out.println(mainActivity.a(data));
```

主动调用后的结果如图 19-19 所示。

```
com.r0ysue.chap19.MainActivity ×
/usr/lib/jvm/java-1.17.0-openjdk-amd64/bin/java ...
Picked up _JAVA_OPTIONS: -Dawt.useSystemAAFontSettings=on -Dswing.aatext=true
Find native function Java_com_a_easyjni_MainActivity_ncheck => RX@0x40000f81[libnative.so]0xf81
JNIEnv->GetStringUtfChars("QAoOQMPFks1BsB7cbM3TQsXg30i9g3==") was called from RX@0x40000fa7[libnative.so]0xfa7
JNIEnv->ReleaseStringUTFChars("QAoOQMPFks1BsB7cbM3TQsXg30i9g3==") was called from RX@0x40000fd7[libnative.so]0xfd7
result => true
f4G9

Process finished with exit code 0
```

图 19-19　主动调用后的结果

主动调用后的结果与我们上面演算后的结果一致。既然要获取 flag，我们也可以通过 cyberchef 替换码表来获取 flag，结果如图 19-20 所示。

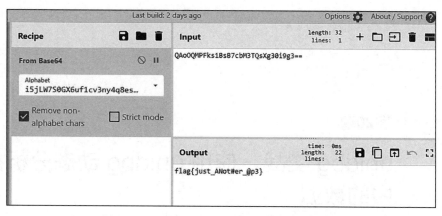

图 19-20　通过 cyberchef 替换码表来获取 flag

19.5　本章小结

在本章中，我们以一个 CTF 的赛题作为实战案例，分别对 Java 层和 Naitve 层的代码进行了分析，得知 Java 层使用了魔改的 Base64 进行了编码，而 Native 层则是对编码后的数据进行处理后再与一串特定的值进行比对。我们分析了处理过程并还原了传入的参数，并使用 unidbg 验证了我们的猜想。接着带领大家参照标准的 Base64 算法，逐步分析了魔改的 Base64 是如何计算的，过程十分详细。最终使用 cyberchef 的替换码表功能获取了 flag。

unidbg 实战：使用 unidbg 动态分析内存中的数据

当我们使用 IDA 静态分析编译的时候，由于某些逻辑比较复杂，我们分析的过程可能会有错误，这时候就需要动态地查看寄存器的值或者内存中的数据块以验证我们的分析结果。IDA 的伪代码也不一定总是正确的，我们分析静态的代码时需要瞻前顾后，使用猜想的方法去复原整个流程。

本章的案例仍然是一个 CTF 赛题。针对 CTF 赛题，一般使用 Python 和 Frida 进行分析就足够了，unidbg 的介入实际并不能加快分析的速度。不过本章的重点在于 unidbg 的调试功能，当我们对某块内存中的数据不太确定时，可以断下来查看它的内存分布。

20.1　环境搭建

如图 20-1 所示，本章的案例放置于 Chap20 目录下。

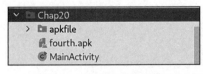

图 20-1　案例放置的目录

1. 安装 APK
接下来安装 APK，命令如下：

```
adb install -r -t fourth.apk
```

2. 成功安装 APK 的效果
安装好的 APK 如图 20-2 所示。

由界面可知，我们需要在 Input flag 输入框输入相应的 flag，测试它是不是正确的答案。

3. 测试

我们随意输入测试的数据，看看 App 的报错情况。例如，输入 testtest，得到 Failed 的提示信息，如图 20-3 所示。

图 20-2　安装好的 APK

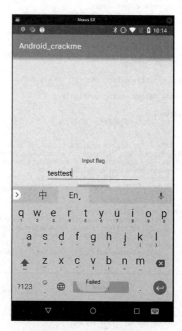

图 20-3　提示信息截图

20.2　APK 基本分析

接下来对案例进行基本的分析。

20.2.1　按钮事件分析

在界面上，我们并不能获取到很多有效信息，所以用 jadx-gui 去反编译 APK，查看它的反编译情况，如图 20-4、图 20-5 所示。

奇怪的是，在整个 MainActivity.java 的反编译文件中，我们并没有发现按钮的单击事件的绑定，但是单击按钮之后的确有相应的效果显示，那么它绑定在哪里了呢？我们不妨先看看它的布局资源文件是怎么写的？

在 MainActivity.java 中，onCreate 加载资源的代码如下所示：

```
public void onCreate(Bundle savedInstanceState) {
    super.onCreate(savedInstanceState);
    setContentView(R.layout.activity_main);
    this.etFlag = (EditText) findViewById(R.id.flag_edit);
}
```

```
@ MainActivity ×
    package com.ph0en1x.android_crackme;

    import android.os.Bundle;
    import android.support.v7.app.AppCompatActivity;
    import android.view.View;
    import android.widget.EditText;
    import android.widget.Toast;
    import java.io.UnsupportedEncodingException;
    import java.security.MessageDigest;
    import java.security.NoSuchAlgorithmException;

    /* loaded from: classes.dex */
16  public class MainActivity extends AppCompatActivity {
        EditText etFlag;

        public native String encrypt(String str);

        public native String getFlag();

        static {
18          System.loadLibrary("phcm");
        }

        /* JADX INFO: Access modifiers changed from: protected */
        @Override // android.support.v7.app.AppCompatActivity, android.support.v4.app.FragmentActivity, android.app.Activity
25      public void onCreate(Bundle savedInstanceState) {
26          super.onCreate(savedInstanceState);
27          setContentView(R.layout.activity_main);
29          this.etFlag = (EditText) findViewById(R.id.flag_edit);
        }

32      public void onGoClick(View v) {
33          String sInput = this.etFlag.getText().toString();
34          if (getSecret(getFlag()).equals(getSecret(encrypt(sInput)))) {
35              Toast.makeText(this, "Success", 1).show();
            } else {
37              Toast.makeText(this, "Failed", 1).show();
            }
        }
```

图 20-4　MainActivity-onCreate

```
public String getSecret(String string) {
    try {
        byte[] hash = MessageDigest.getInstance(encrypt("KE3TLNE6M43EK4GM34LKMLETG").substring(5, 8)).digest(string.getBytes("UTF-8"));
        if (hash != null) {
            StringBuilder hex = new StringBuilder(hash.length * 2);
            for (byte b : hash) {
                if ((b & 255) < 16) {
                    hex.append("0");
                }
                hex.append(Integer.toHexString(b & 255));
            }
            return hex.toString();
        }
    } catch (UnsupportedEncodingException e) {
        e.printStackTrace();
    } catch (NoSuchAlgorithmException e2) {
        e2.printStackTrace();
    }
    return null;
}
```

图 20-5　MainActivity-getSecret

可以看到它加载了 activity_main 这个 xml 文件，查看该文件的具体内容，如图 20-6 所示。

```
@ MainActivity      @ res/layout/activity_main.xml ×
    version='1.0' encoding='utf-8'?>
2   veLayout xmlns:android="http://schemas.android.com/apk/res/android" android:paddingLeft="@dimen/activity_horizontal_margin" android:paddingTop="@dimen/activity_vertical_margi
12  nearLayout android:gravity="center" android:orientation="vertical" android:layout_width="match_parent" android:layout_height="match_parent">
18  <TextView android:layout_gravity="center_horizontal" android:layout_width="wrap_content" android:layout_height="wrap_content" android:text="Input flag"/>
24  <EditText android:layout_gravity="center_horizontal" android:id="@+id/flag_edit" android:layout_width="@dimen/main_flag_edit_width" android:layout_height="wrap_content"/>
30  <Button android:layout_gravity="center_horizontal" android:layout_width="wrap_content" android:layout_height="wrap_content" android:text="GO!" android:onClick="onGoClick"/>
36  inearLayout>
37  iveLayout>
```

图 20-6　按钮单击事件在资源文件中的绑定

20.2.2　对输入框的内容进行判断

接下来，我们看一看当单击事件完成后，做了什么事情。这里调用的是图 20-4 中的 onGoClick 函数，其中 if 语句的条件是核心：

```
if (getSecret(getFlag()).equals(getSecret(encrypt(sInput))))
```

从这一句中，我们得知需要 3 个函数的参与，即 getSecret、getFlag、encrypt。

getSecret 是一个 Java 层的函数，它的代码如下所示：

```
public String getSecret(String string) {
    try {
        byte[] hash = MessageDigest.getInstance(encrypt("KE3TLNE6M43EK4GM34LKM
            LETG").substring(5, 8)).digest(string.getBytes("UTF-8"));
        if (hash != null) {
            StringBuilder hex = new StringBuilder(hash.length * 2);
            for (byte b : hash) {
                if ((b & 255) < 16) {
                    hex.append("0");
                }
                hex.append(Integer.toHexString(b & 255));
            }
            return hex.toString();
        }
    } catch (UnsupportedEncodingException e) {
        e.printStackTrace();
    } catch (NoSuchAlgorithmException e2) {
        e2.printStackTrace();
    }
    return null;
}
```

核心是 Java 系统库中的 md5 函数：

```
byte[] hash = MessageDigest.getInstance(encrypt("KE3TLNE6M43EK4GM34LKMLE
    TG").substring(5, 8)).digest(string.getBytes("UTF-8"));
```

MD5 算法中加密的是另一个加密函数的加密结果的子串，在 MainActivity.java 中，可以看到 encrypt 函数和 getFlag 函数均是 native 函数，并且在 onGoClick 函数中，经过拆分，可以得知：

```
getFlag() == encrypt(sInput)
```

getFlag() 函数并没有参数的传递，所以我们直接获取它的返回结果即可。获取结果的方式有多种多样，列举如下：

- 通过 Lsposed Hook。
- 通过 Frida Hook。
- 通过 unidbg 去模拟调用这个方法。

前文提到，本章的主旨是使用 unidbg 动态查看汇编代码及伪代码的逻辑，以及动态调试查看寄存器中的值。Lsposed 和 Frida 的 Hook 太过简单，这里就暂且不做演示了。

20.3 使用 IDA 静态分析 so 并使用 unidbg 动态验证

接下来，我们使用 IDA 静态分析 so 并使用 unidbg 动态验证。

20.3.1 静态代码块说明

在 MainActivity.java 中，我们可以看到有一个静态代码块的声明：

```
static {
        System.loadLibrary("phcm");
    }
```

关于静态代码块，需要注意的是：

- 它是随着类的加载而执行的，只执行一次，并且优先于主函数。具体来说，静态代码块是由类来调用的。调用时，首先执行静态代码块，然后才执行主函数的逻辑。
- 静态代码块的作用其实就是对类做初始化，而构造代码块的作用是对对象做初始化。构造代码块就是不加 static 声明的静态代码块。
- 静态代码块中的变量是局部变量，与普通函数中的局部变量的性质并没有太大的区别。
- 一个类中可以有多个静态代码块。

20.3.2 IDA 分析

1. encrypt 函数分析

将 fourth.apk 解压缩到 apkfile 目录下，并查看它的属性：

```
file libphcm.so
libphcm.so: ELF 32-bit LSB shared object, ARM, EABI5 version 1 (SYSV),
    dynamically linked, interpreter /system/bin/linker, BuildID[sha1]=276fc5dc
    520fe9ac33ba15781a18103693365fb6, stripped
```

可以得知这是一个 32 位的 so 文件。将它拖入 IDA 中进行分析。拖入 IDA 后，查看导入表，可以看到我们刚在 Java 层中分析的两个函数，getFlag 和 encrypt，并且这两个函数都是静态注册的函数。我们首先看 encrypt 函数，把相关的参数修正后，代码如下所示：

```
jstring __fastcall Java_com_ph0en1x_android_1crackme_MainActivity_
    encrypt(JNIEnv *env, int a2, int data)
{
    const char *v4;                             // r4
    const char *i;                             // r5

    v4 = (*env)->GetStringUTFChars(env, data, 0); // 将 Java 层的数据类型转化为
                                                  //   Native 层的数据类型
    for ( i = v4; i - v4 < strlen(v4); ++i )    // 循环字符串
        --*i;                                   // ascii value -1
                                                // b c d
```

```
                                             // a b c
    return (*env)->NewStringUTF(env, v4); // 将 Native 层的数据类型转化为 Java 的数据类型
}
```

我们可以使用 unidbg 去模拟执行 encrypt 函数以验证我们的推演。unidbg 代码如下
所示：

```
private void encrypt(){
    DvmObject dvmObject = vm.resolveClass("com.ph0en1x.android_crackme.
        MainActivity").newObject(null);
    DvmObject result = dvmObject.callJniMethodObject(emulator,"encrypt(Ljava/
        lang/String;)Ljava/lang/String;","bcd");
    System.out.println("encrypt result => " + result.getValue());
}
```

输出的结果如下所示：

```
Picked up _JAVA_OPTIONS: -Dawt.useSystemAAFontSettings=on -Dswing.aatext=true
encrypt result => abc

Process finished with exit code 0
```

结果按我们的预期输出了，可见我们的推理是正确的。

当然，我们依然可以使用 unidbg 的动态调试来查看寄存器中的值以验证我们的猜想。

首先，我们从 IDA 的伪代码中可以得知，变化的数据是 v4，并且它位于 R4 寄存器中：

```
const char *v4;    // r4
const char *i;     // r5
```

它们的汇编形式如下所示：

```
.text:00000FC8 04 46                          MOV              R4, R0
.text:00000FCA 05 46                          MOV              R5, R0
```

在 v4 赋值位置的下一条下断点，即 i 的定义位置，unidbg 的 debug 声明如下所示：

```
private void debuger(){
    emulator.attach().addBreakPoint(module,0xFCA);
}
```

0xFCA 即函数在 so 中的偏移。在 main 函数中的定义如下所示：

```
public static void main(String[] args) {
    MainActivity mainActivity = new MainActivity();
    mainActivity.debuger();
    mainActivity.encrypt();
}
```

然后运行代码，unidbg 会主动帮我们断到偏移的位置，如下所示：

```
debugger break at: 0x40001210 @ Runnable|Function32 address=0x40000fb9,
    arguments=[unidbg@0xfffe12a0, 660879561, 2007331442]
```

```
>>> r0=0x4018e000 r1=0x77a57272 r2=0xfffc2540 r3=0xfffe0a90 r4=0x4018e000
    r5=0x0 r6=0xfffe12a0 r7=0x0 r8=0x0 sb=0x0 sl=0x0 fp=0x0 ip=0x4011a5e0
>>> SP=0xbffff720 LR=RX@0x40000fc9[libphcm.so]0xfc9 PC=RX@0x40001210[libphcm.
    so]0x1210 cpsr: N=0, Z=1, C=1, V=0, T=1, mode=0b10000
    [libphcm.so    0x0120d] [ec30       ] 0x4000120c: "adds r0, #0xec"
=> *[libphcm.so    *0x01211]*[3740       ]*0x40001210:*"ands r7, r6"
=> *[libphcm.so    *0x01211]*[3740       ]*0x40001210:*"ands r7, r6"
    [libphcm.so    0x01213] [2de90040] 0x40001212: "stmdb sp!, {lr}"
    [libphcm.so    0x01217] [a0e1       ] 0x40001216: "b #0x4000155a"
    [libphcm.so    0x01219] [0330       ] 0x40001218: "adds r0, #3"
    [libphcm.so    0x0121b] [9fe7       ] 0x4000121a: "b #0x4000115c"
    [libphcm.so    0x0121d] [0250       ] 0x4000121c: "str r2, [r0, r0]"
    [libphcm.so    0x0121f] [41e2       ] 0x4000121e: "b #0x400016a4"
    [libphcm.so    0x01221] [0000       ] 0x40001220: "movs r0, r0"
    [libphcm.so    0x01223] [53e3       ] 0x40001222: "b #0x400018cc"
    [libphcm.so    0x01225] [0800       ] 0x40001224: "movs r0, r1"
    [libphcm.so    0x01227] [000a       ] 0x40001226: "lsrs r0, r0, #8"
    [libphcm.so    0x01229] [0500       ] 0x40001228: "movs r5, r0"
    [libphcm.so    0x0122b] [a0e1       ] 0x4000122a: "b #0x4000156e"
    [libphcm.so    0x0122d] [0410       ] 0x4000122c: "asrs r4, r0, #0x20"
    [libphcm.so    0x0122f] [8de2       ] 0x4000122e: "b #0x4000174c"
```

上述显示了各个寄存器中的值，也显示了已经加载并执行的汇编代码。我们知道 v4 的值在 R4 寄存器中，现在输入 mr4 来查看 R4 寄存器中的值：

```
mr4

...    // 这里每次都会输出操作提示

>------------------------------------------------------------------------------<
[11:59:45 897]r4=RW@0x4018e000, md5=c033b9b16eb67d584de9d0e0cddcd91e, hex=6263
    6400000000000000000000000000000000000000000000000000000000000000000000000000
    0000000000000000000000000000000000000000000000000000000000000000000000000000
    00000000000000000000000000000000000000000000000000000000000000000
size: 112
0000: 62 63 64 00 00 00 00 00 00 00 00 00 00 00 00 00    bcd.............
0010: 00 00 00 00 00 00 00 00 00 00 00 00 00 00 00 00    ................
0020: 00 00 00 00 00 00 00 00 00 00 00 00 00 00 00 00    ................
0030: 00 00 00 00 00 00 00 00 00 00 00 00 00 00 00 00    ................
0040: 00 00 00 00 00 00 00 00 00 00 00 00 00 00 00 00    ................
0050: 00 00 00 00 00 00 00 00 00 00 00 00 00 00 00 00    ................
0060: 00 00 00 00 00 00 00 00 00 00 00 00 00 00 00 00    ................
^------------------------------------------------------------------------------^
```

可以看到 R4 寄存器中就是 Java 层传入的值 bcd，接下来。接着我们查看经过 for 循环后的值，此时要在 for 循环后面的位置断下来，如图 20-7 所示。

unidbg 代码的调试信息更新如下所示：

```
private void debuger(){
    emulator.attach().addBreakPoint(module,0xFE2);
}
```

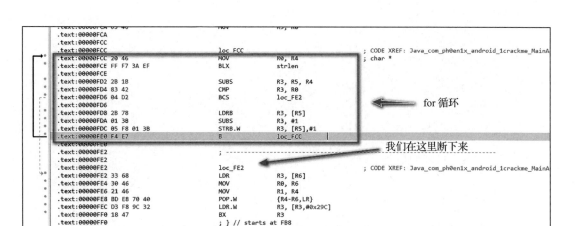

图 20-7　for 循环后下断的位置

再次查看 R4 寄存器的值，如下所示：

```
mr4

>-------------------------------------------------------------------------------<
[12:06:53 318]r4=RW@0x4018e000, md5=527a6432609d560a26f2b44252e8cdab, hex=6162
    6300000000000000000000000000000000000000000000000000000000000000000000000
    0000000000000000000000000000000000000000000000000000000000000000000000000
    0000000000000000000000000000000000000000000000000000000000000000000000000
size: 112
0000: 61 62 63 00 00 00 00 00 00 00 00 00 00 00 00 00    abc.............
0010: 00 00 00 00 00 00 00 00 00 00 00 00 00 00 00 00    ................
0020: 00 00 00 00 00 00 00 00 00 00 00 00 00 00 00 00    ................
0030: 00 00 00 00 00 00 00 00 00 00 00 00 00 00 00 00    ................
0040: 00 00 00 00 00 00 00 00 00 00 00 00 00 00 00 00    ................
0050: 00 00 00 00 00 00 00 00 00 00 00 00 00 00 00 00    ................
0060: 00 00 00 00 00 00 00 00 00 00 00 00 00 00 00 00    ................
^-------------------------------------------------------------------------------^
```

通过这种方式也能验证我们的猜想，结合前文，显然使用模拟执行的方式查看返回值时更快速，更便捷，但是当代码量变多的时候，如果要分析某一个步骤中值的变化情况，那么这种方式反而是最方便的，并且比 Frida 更便捷。

2. getFlag函数分析

由前文可知，getFlag 函数并没有进行任何 Java 层的函数传递，而是直接返回一个结果。这里，我们继续使用 unidbg 的动态调试功能来尝试着分析一下它做了什么。

getFlag 函数的伪代码如下所示，修正了 JNIEnv 的参数指针：

```
jstring __fastcall Java_com_ph0en1x_android_1crackme_MainActivity_getFlag(JNIEnv *env)
{
    char *v1;      // r4
    char *v3;      // r3
    int v4;        // r0
```

```
    int v5;                 // r1
    char *v6;               // r2
    const char *v7;         // r3
    int v8;                 // r0
    int v9;                 // r1
    char *v10;              // r4
    int v11;                // r0
    __int16 v12;            // r3
    signed int v13;         // r8
    signed int v14;         // r0
    char *v15;              // r9
    char v16;               // r3
    char v17;               // t1
    int v18;                // r1
    char v20[16];           // [sp+4h] [bp-5Ch] BYREF
    char v21[76];           // [sp+14h] [bp-4Ch] BYREF

    v1 = v21;
    v3 = (char *)&dword_2770;
    do
    {
        v4 = *(_DWORD *)v3;
        v3 += 8;
        v5 = *((_DWORD *)v3 - 1);
        *(_DWORD *)v1 = v4;
        *((_DWORD *)v1 + 1) = v5;
        v1 += 8;
    }
    while ( v3 != "Hello Ph0en1x" );
    v6 = v20;
    v7 = "Hello Ph0en1x";
    do
    {
        v8 = *(_DWORD *)v7;
        v7 += 8;
        v9 = *((_DWORD *)v7 - 1);
        *(_DWORD *)v6 = v8;
        *((_DWORD *)v6 + 1) = v9;
        v10 = v6 + 8;
        v6 += 8;
    }
    while ( v7 != "0en1x" );
    v11 = *(_DWORD *)v7;
    v12 = *((_WORD *)v7 + 2);
    *(_DWORD *)v10 = v11;
    *((_WORD *)v10 + 2) = v12;
    v13 = strlen(v20);
    v14 = strlen(v21) - 1;
    v15 = &v21[v14];
    while ( v14 > 0 )
    {
        v16 = *v15 + 1;
        *v15 = v16;
        v17 = *--v15;
```

```
        v18 = v14 % v13;
        --v14;
        v15[1] = ((v16 - v17) ^ v21[v18 - 16]) - 1;
    }
    v21[0] = (v21[0] ^ 0x48) - 1;
    return (*env)->NewStringUTF(env, v21);
}
```

下面我们将结合汇编代码、伪代码以及调试工具，一起来分析这段代码。相比于商业的 App，这个 CTF 赛题中的 C 代码少了很多，也算是一个不错的案例。

我们直接从代码的部分来看：

```
v3 = (char *)&dword_2770;
```

把 dword_2770 数据给了 v3，而 v3 的数据类型是一个 char*，根据 IDA 中命名规则可以知道 0x2770 处的偏移存放着 4 字节宽度的数据。查看它的数据内容，如图 20-8 所示。

图 20-8　dword_2770 数据内容 1

但是我们怎么知道它的长度呢？继续往下找，如图 20-9 所示。

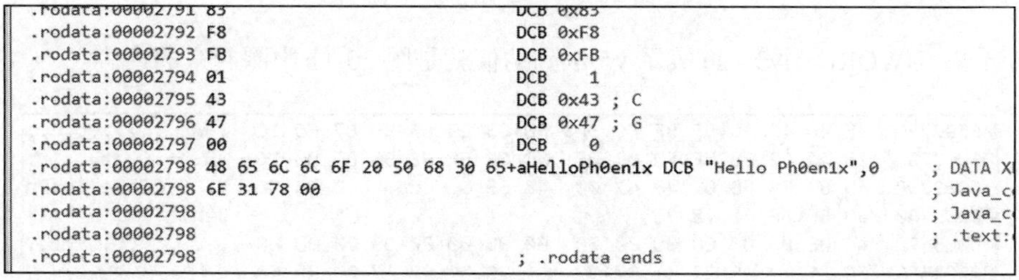

图 20-9　dword_2770 数据内容 2

下面是 Hello Ph0enlx 的内容，而我们知道在 C 语言中一个字符串的结尾是用 0 来表示的，那么 2797 就是它最后结束的位置。我们来看一下它的十六进制表示：

```
dword_2770 数据内容
00002770  2E 36 42 4C 5F BF E0 3A  A8 C3 20 63 89 B7 C0 1C   .6BL_......c....
```

```
00002780  1D 44 C2 28 7F ED 02 0E  5D 66 8F 98 B5 B7 D0 16   .D......]f......
00002790  4D 83 F8 FB 01 43 47 00                            M....CG.
```

```
                                   48 65 6C 6C 6F 20 50 68            Hello Ph
000027A0  30 65 6E 31 78 00                                  0en1x.
```

第一个 do-while 的代码如下：

```
do
{
    v4 = *(_DWORD *)v3;
    v3 += 8;
    v5 = *((_DWORD *)v3 - 1);
    *(_DWORD *)v1 = v4;
    *((_DWORD *)v1 + 1) = v5;
    v1 += 8;
}
while ( v3 != "Hello Ph0en1x" );
```

循环的结束条件是 v3 到了 Hello Ph0en1x。

```
v4 = *(_DWORD *)v3;
```

_DWORD 表示 4 个字节，也就是在 v3 中以 4 字节的长度进行取值，取到的内容如下所示：

```
2E 36 42 4C
```

v3 += 8 是指指针偏移到了如图 20-10 所示的位置。

```
00002770  2E 36 42 4C 5F BF E0 3A A8 C3 20 63 89 B7 C0 1C   .6BL_......c....
00002780  1D 44 C2 28 7F ED 02 0E  5D 66 8F 98 B5 B7 D0 16  .D......]f.....
00002790  4D 83 F8 FB 01 43 47 00  48 65 6C 6C 6F 20 50 68  M....CG.Hello·Ph
000027A0  30 65 6E 31 78 00                                 0en1x..........
00003E70  A4 0E 00 00 00 00 00 00  00 00 00 00 03 00 00 00  ................
```

图 20-10　v3 偏移的位置

v5 = *((_DWORD *)v3 - 1) 表示 v5 取到的值就是图 20-11 中圈起来的内容。

```
00002770  2E 36 42 4C 5F BF E0 3A  A8 C3 20 63 89 B7 C0 1C  .6BL_......c....
00002780  1D 44 C2 28 7F ED 02 0E  5D 66 8F 98 B5 B7 D0 16  .D......]f.....
00002790  4D 83 F8 FB 01 43 47 00  48 65 6C 6C 6F 20 50 68  M....CG.Hello·Ph
000027A0  30 65 6E 31 78 00                                 0en1x..........
00003E70  A4 0E 00 00 00 00 00 00  00 00 00 00 03 00 00 00  ................
00003E80  CC 3F 00 00 02 00 00 00  50 00 00 00 17 00 00 00  .?......P.......
```

图 20-11　v5 取值

*(_DWORD *)v1 = v4 表示把 v4 中存储的 4 字节的内容给了 v1，而 v1 指向的是 v21 数组的首地址。

*((_DWORD *)v1 + 1) = v5 表示把 v5 取出来的后 4 个字节的数据放到了刚才存放数据的后面。

v1 += 8 用于更新指针的位置。经过上述分析，我们可以得知，这段代码的含义其实就是在 dword_2770 数据内容复制到 v21 中，如下所示：

```
dword_2770 数据内容
00002770   2E 36 42 4C 5F BF E0 3A   A8 C3 20 63 89 B7 C0 1C   .6BL_......c....
00002780   1D 44 C2 28 7F ED 02 0E   5D 66 8F 98 B5 B7 D0 16   .D......]f......
00002790   4D 83 F8 FB 01 43 47 00                            M....CG.
```

也就是复制了 40 个字节的数据内容。我们可以在循环结束的时候来查看其中的值。循环结束的下一个位置是 0xF10，我们就使用这个位置来下断点：

```
private void debuger(){
    emulator.attach().addBreakPoint(module,0xF10);
}
```

更新的值都在 v1 中，即存储在 R4 寄存器中。

```
mr4
>------------------------------------------------------------------------------<
[13:37:21 458]r4=unidbg@0xbffff70c, md5=9ea9184e45fa16038c5c34d39ee53c04, hex=
    0000000000000000000000000000000000000000000000000000000000000000ffff00000
    0000000000000000fcffbf0000000000000000000000000000000000000000000000000000
    0000000000000000000000000000000000000000000000000000000000000000
size: 112
0000: 00 00 00 00 00 00 00 00 00 00 00 00 00 00 00 00   ................
0010: 00 00 00 00 00 00 00 00 00 00 00 00 00 00 00 00   ................
0020: 00 00 FF FF 00 00 00 00 00 00 00 00 FC FF BF 00   ................
0030: 00 00 00 00 00 00 00 00 00 00 00 00 00 00 00 00   ................
0040: 00 00 00 00 00 00 00 00 00 00 00 00 00 00 00 00   ................
0050: 00 00 00 00 00 00 00 00 00 00 00 00 00 00 00 00   ................
0060: 00 00 00 00 00 00 00 00 00 00 00 00 00 00 00 00   ................
^------------------------------------------------------------------------------^
```

为什么这里什么都没有呢？经过查询发现，在定义阶段 R4 寄存器中的值被传给了 R6 寄存器，如下所示：

```
.text:00000EE0 2D E9 F0 47              PUSH.W        {R4-R10,LR}
.text:00000EE4 90 B0                    SUB           SP, SP, #0x40
.text:00000EE6 31 4D                    LDR           R5, =(__stack_
    chk_guard_ptr - 0xEF0)
.text:00000EE8 05 AC                    ADD           R4, SP, #20
.text:00000EEA 07 46                    MOV           R7, R0
.text:00000EEC 7D 44                    ADD           R5, PC
    ; __stack_chk_guard_ptr
.text:00000EEE 2D 68                    LDR           R5, [R5]
    ; __stack_chk_guard
.text:00000EF0 26 46                    MOV           R6, R4
    ; r4 的数据给了 r6
.text:00000EF2 2B 68                    LDR           R3, [R5]
.text:00000EF4 0F 93                    STR           R3,
    [SP,#0x60+var_24]
.text:00000EF6 2E 4B                    LDR           R3, =(dword_2770
```

```
               - 0xEFC)
.text:00000EF8 7B 44                              ADD           R3, PC
    ; dword_2770
.text:00000EFA 03 F1 28 0E                        ADD.W         LR, R3, #40
```

我们直接来看 R6 寄存器的数据：

```
mr6

>-------------------------------------------------------------------------<
[13:40:22 304]r6=unidbg@0xbffff6e4, md5=92fa263b7ed6ec382795a045517fcad2,
    hex=2e36424c5fbfe03aa8c3206389b7c01c1d44c2287fed020e5d668f98b5b7d0164d8
    3f8fb0143470000000000000000000000000000000000000000000000000000000000000
    000ffff0000000000000000fcffbf000000000000000000000000000000000000000000
size: 112
0000: 2E 36 42 4C 5F BF E0 3A A8 C3 20 63 89 B7 C0 1C    .6BL_..:.. c....
0010: 1D 44 C2 28 7F ED 02 0E 5D 66 8F 98 B5 B7 D0 16    .D.(....]f......
0020: 4D 83 F8 FB 01 43 47 00 00 00 00 00 00 00 00 00    M....CG.........
0030: 00 00 00 00 00 00 00 00 00 00 00 00 00 00 00 00    ................
0040: 00 00 00 00 00 00 00 00 00 00 00 FF FF 00 00 00    ................
0050: 00 00 00 00 00 FC FF BF 00 00 00 00 00 00 00 00    ................
0060: 00 00 00 00 00 00 00 00 00 00 00 00 00 00 00 00    ................
^-------------------------------------------------------------------------^
```

从结果可以发现，刚好是推演出来的数据块内容。继续往下看：

```
do
{
    v8 = *(_DWORD *)v7;
    v7 += 8;
    v9 = *((_DWORD *)v7 - 1);
    *(_DWORD *)v6 = v8;
    *((_DWORD *)v6 + 1) = v9;
    v10 = v6 + 8;
    v6 += 8;
}
while ( v7 != "0en1x" );
```

代码形式几乎和上一个循环一模一样，而 v7 中的值就是 Hello Ph0en1x，也就是说上面这个循环取了 Hello Ph 这几个字符，我们在这个循环的外面找个断点，查看寄存器中的内容，断点的位置如图 20-12 所示。

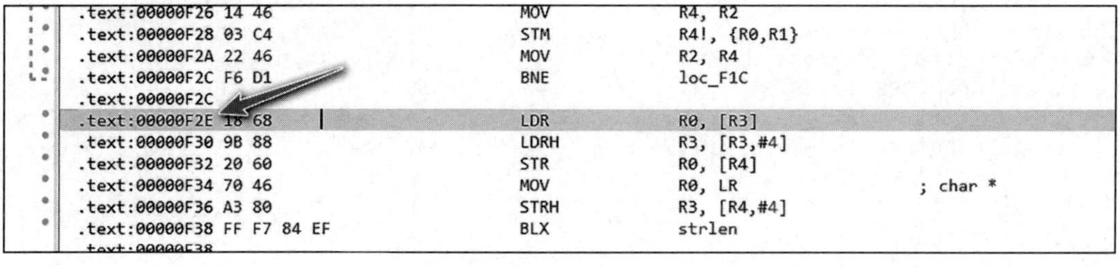

图 20-12   断点的位置

unidbg 的断点代码如下所示：

```
private void debuger(){
    emulator.attach().addBreakPoint(module,0xF2e);
}
```

那我们这次该读那个寄存器的值呢？伪代码"v6 = v20;"的汇编代码如下所示：

```
.text:00000F12 01 AA                    ADD          R2, SP, #4
```

它表示将 SP 取的值给了 R2，继续看下 R2 最终走到了哪里，如图 20-13 所示。

```
.text:00000F10 28 4B          LDR     R3, =(aHelloPh0en1x - 0xF18) ; "Hello Ph0en1x"
.text:00000F12 01 AA          ADD     R2, SP, #4
.text:00000F14 7B 44          ADD     R3, PC                        ; "Hello Ph0en1x"
.text:00000F16 96 46          MOV     LR, R2
.text:00000F18 03 F1 08 0C    ADD.W   R12, R3, #8
```

图 20-13　R2 寄存器

R2 寄存器的值给了 LR 寄存器，而且后面也没有谁去改变这个寄存器的值。我们直接读 LR，输入 mlr 后，unidbg 提示我们不能通过这种方式来读，如图 20-14 所示。

```
mlr
c: continue
n: step over
bt: back trace

st hex: search stack
shw hex: search writable heap
shr hex: search readable heap
shx hex: search executable heap

nb: break at next block
s|si: step into
s[decimal]: execute specified amount instruction
s(blx): execute util BLX mnemonic, low performance
```

图 20-14　mlr 读取失败

在运行代码后，命令行的前面部分是有提示的，如下所示：

```
ExceptionRaised[dynarmic.cpp->ExceptionRaised:231]: pc=0x40001944,
    exception=1, code=0x83A0C000
debugger break at: 0x40001944 @ Runnable|Function32 address=0x40000ee1,
    arguments=[unidbg@0xfffe12a0, 660879561]
>>> r0=0x6c6c6548 r1=0x6850206f r2=0x7fffedc8 r3=0x6c6c6548 r4=0xbffff6dc
    r5=0x4011eec0 r6=0xbffff6e4 r7=0xfffe12a0 r8=0x0 sb=0x0 sl=0x0 fp=0x0
    ip=0x400027a0
>>> SP=0xbffff6d0 LR=unidbg@0xbffff6d4 PC=RX@0x40001944[libphcm.so]0x1944
    cpsr: N=0, Z=0, C=1, V=0, T=1, mode=0b10000
```

这里显示了 LR 寄存器的地址偏移，LR 寄存器的偏移如下所示：

```
LR=unidbg@0xbffff6d4
```

unidbg 的读取方式和读取结果如下所示：

```
m0xbffff6d4

>---------------------------------------------------------------<
[14:46:40 057]unidbg@0xbffff6d4, md5=5f302d9d5c1e4dbcc794c5da39db9628, hex=
    48656c6c6f20506868ed09400cf009402e36424c5fbfe03aa8c3206389b7c01c1d44c22
    87fed020e5d668f98b5b7d0164d83f8fb01434700000000000000000000000000000000
    000000000000000000000000000000000000ffff0000000000000000000fcff
    bf0000000000000000
size: 112
0000: 48 65 6C 6C 6F 20 50 68 68 ED 09 40 0C F0 09 40    Hello Phh..@...@
0010: 2E 36 42 4C 5F BF E0 3A A8 C3 20 63 89 B7 C0 1C    .6BL_..:.. c....
0020: 1D 44 C2 28 7F ED 02 0E 5D 66 8F 98 B5 B7 D0 16    .D.(....]f......
0030: 4D 83 F8 FB 01 43 47 00 00 00 00 00 00 00 00 00    M....CG.........
0040: 00 00 00 00 00 00 00 00 00 00 00 00 00 00 00 00    ................
0050: 00 00 00 00 00 00 00 00 00 00 FF FF 00 00 00 00    ................
0060: 00 00 00 00 00 FC FF BF 00 00 00 00 00 00 00 00    ................
^---------------------------------------------------------------^
```

可以看到寄存器中存储的就是取出来的值，后面是脏数据，可以不用管。

接着往下看这段代码：

```
v11 = *(_DWORD *)v7;              // 取 4 字节
v12 = *((_WORD *)v7 + 2);         // 取 4 字节后的内容，注意这里是 _WORD
*(_DWORD *)v10 = v11;
*((_WORD *)v10 + 2) = v12;        // 将取出来的内容拼接到 v10 上
```

通过拆解后的注释可以得知，上述这段代码就是把 Hello Ph0en1x 取出来放到 v10 中。

接着我们来看最后一段代码：

```
v13 = strlen(v20);               // 13
v14 = strlen(v21) - 1;           // 38
v15 = &v21[v14];
while ( v14 > 0 )
{
    v16 = *v15 + 1;
    *v15 = v16;
    v17 = *--v15;
    v18 = v14 % v13;
    --v14;                        // 长度 -1
    v15[1] = ((v16 - v17) ^ v21[v18 - 16]) - 1;
}
v21[0] = (v21[0] ^ 0x48) - 1;
```

首先计算了刚才复制出来的数据长度，它们分别是 13 和 38，然后倒序进行处理。

```
v16 = *v15 + 1;
*v15 = v16;
```

上面这两行代码先取出一个字符，然后将字符的 ASCII 加一后再放回原来的位置。结合数据内容来看：

dword_2770 数据内容

```
00002770  2E 36 42 4C 5F BF E0 3A  A8 C3 20 63 89 B7 C0 1C   .6BL_......c....
00002780  1D 44 C2 28 7F ED 02 0E  5D 66 8F 98 B5 B7 D0 16   .D......]f......
00002790  4D 83 F8 FB 01 43 47 00                            M....CG.
```

即取出 47 加一成为 48 后再放回原来的位置。

```
v17 = *--v15; // 取前一个地址的值，即 0x43
```

然后 v18 就是取模运算，结果是 38%13=12，即 0xc；

```
v15[1] = ((v16 - v17) ^ v21[v18 - 16]) - 1;
```

v15 做了一次减一的操作，最终的目的还是要在当前位置上处理数据，即 v21[38] 的数据处理，所以用 v15[1] 的表示方式。

至此，本道赛题能被我们用来讲解知识的部分就结束了。后面大家可以自己去分析还原。

20.4　本章小结

在本章中，我们针对一道 CTF 赛题中 Native 层的部分做了非常详细的分析，并结合 unidbg 去验证分析过程中寄存器的值的变化情况。案例中的两个函数由易到难，在最后，我们会发现 IDA 翻译出来的伪代码并不总是正确的，需要我们对照汇编代码，耐心地查看代码真正含义。

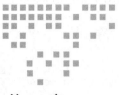

第 21 章

unidbg 实战：使用 unidbg 主动调用 fork 进程

很多商业 App 会同时开多个进程去实现某些功能，例如有的 App 针对 Frida 的注入会做双进程的保护，这样当无法使用 Attach 的方式注入时，可以使用 Spawn 的方式去注入进程。Spawn 注入的速度比应用程序内部的 fork 操作的速度还快，所以可以使 Frida 顺利地注入进去。那么针对应用程序的 fork 操作，unidbg 可以完全模拟出来吗？这是我们这一章的主题。我们通过一个样本的 App 一起来探索一下这个问题。

21.1 样本情景复现

本章的样本 App 所在的目录如图 21-1 所示。
安装并打开 App，界面如图 21-2 所示。

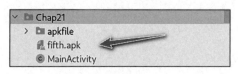

图 21-1 样本放置的目录

图 21-2 App 的界面展示

使用反编译工具 jadx-gui 直接将 fifth.apk 反编译，效果如图 21-3 所示。

```
MainActivity ×    Decode ×
1  package com.a.sample.loopcrypto;
2
3  import android.os.Bundle;
4  import android.support.v7.app.c;
5  import android.widget.Button;
6  import android.widget.EditText;
7
8  /* loaded from: classes.dex */
9  public class MainActivity extends c {
10     /* JADX INFO: Access modifiers changed from: protected */
11     @Override // android.support.v7.app.c, android.support.v4.a.l, android.support.v4.a.h, android.app.Activity
12     public void onCreate(Bundle bundle) {
13         super.onCreate(bundle);
14         setContentView(R.layout.activity_main);
15         Button button = (Button) findViewById(R.id.button);
16         button.setText(Decode.a(new byte[]{78, -65, 73, -45, 103}, 116));
17         EditText editText = (EditText) findViewById(R.id.editText);
18         editText.setHint(Decode.a(new byte[]{-72, -55, 35, -43, -108, -108, 93, -1, -91, 92, -39, -30, 44, 110, -127}, 170));
19         button.setOnClickListener(new a(editText));
20     }
21 }
```

图 21-3　使用 jadx-gui 反编译 APK

笔者这里最开始使用的是 Nexus 5X 手机，但是安装这个 APK 后，它就一直在杀死自己，最终笔者换了一个 Pixel 手机才得以顺利安装。

21.2　样本反编译分析

同样的流程，我们首先分析它的 Java 层的代码。首先分析 MainActivity.java 文件，代码如下：

```
/* loaded from: classes.dex */
public class MainActivity extends c {
    /* JADX INFO: Access modifiers changed from: protected */
    @Override // android.support.v7.app.c, android.support.v4.a.l, android.
            support.v4.a.h, android.app.Activity
    public void onCreate(Bundle bundle) {
        super.onCreate(bundle);
        // 加载资源布局
        setContentView(R.layout.activity_main);
        // button 声明
        Button button = (Button) findViewById(R.id.button);
        // button 的文本属性设置
        button.setText(Decode.a(new byte[]{78, -65, 73, -45, 103}, 116));
        // 编辑框
        EditText editText = (EditText) findViewById(R.id.editText);
        // 文本框设置
        editText.setHint(Decode.a(new byte[]{-72, -55, 35, -43, -108, -108,
            93, -1, -91, 92, -39, -30, 44, 110, -127}, 170));
        // 单击事件绑定
        button.setOnClickListener(new a(editText));
    }
}
```

可以看到，MainActivity.java 中注册了 button 事件的监听，并且对文本框和 button 的属性进行了设置。引人注目的是 Decode.a 方法，单击进入 Decode 类中查看 a 方法：

```java
package com.a.sample.loopcrypto;

import java.io.UnsupportedEncodingException;

/* loaded from: classes.dex */
public class Decode {
    //静态代码块，用于加载so
    static {
        System.loadLibrary(a(new byte[]{46, 1, -100, -4, -87}, 168));
    }

    //方法的重载
    public static String a(byte[] bArr, int i) {
        try {
            //进入另一个重载
            return new String(a(bArr, i), "UTF-8");
        } catch (UnsupportedEncodingException e) {
            return new String(new byte[0]);
        }
    }

    //核心逻辑
    public static byte[] a(byte[] bArr, long j) {
        for (int i = 0; i < j; i++) {
            for (int i2 = 0; i2 < bArr.length; i2++) {
                bArr[i2] = (byte) (((bArr[i2] >> 4) & 15) + ((bArr[i2] & 15) << 4));
            }
            for (int length = bArr.length - 1; length >= 0; length--) {
                if (length != 0) {
                    bArr[length] = (byte) (bArr[length] ^ bArr[length - 1]);
                } else {
                    bArr[length] = (byte) (bArr[length] ^ bArr[bArr.length - 1]);
                }
                bArr[length] = (byte) (bArr[length] ^ 150);
            }
            for (int length2 = bArr.length - 1; length2 >= 0; length2--) {
                if (length2 != 0) {
                    bArr[length2] = (byte) (bArr[length2] - bArr[length2 - 1]);
                } else {
                    bArr[length2] = (byte) (bArr[length2] - bArr[bArr.length - 1]);
                }
                bArr[length2] = (byte) (bArr[length2] - 58);
            }
        }
        return bArr;
    }

    //native 方法，而且它是静态的，可以直接通过类来调用
    public native String check(String str, String str2);
}
```

在 Decode 类中，对 a 方法有两个重载，同时加载了一个 so 文件，定义了一个本地的静态方法。接下来，我们对核心逻辑做简要分析。由于核心逻辑中涉及位操作，因此需要先把传入的参数转换一下。

对 button 事件中的 setText 数据做测试：

```
button.setText(Decode.a(new byte[]{78, -65, 73, -45, 103}, 116));
```

以前三个数据为例，78、–65、73 经过转换后的结果分别为 1001110、10111111、1001001。先来看第一个循环，代码如下：

```
for (int i2 = 0; i2 < bArr.length; i2++) {
    bArr[i2] = (byte) (((bArr[i2] >> 4) & 15) + ((bArr[i2] & 15) << 4));
}
```

第一个循环的作用就是将前 4 位数据和后 4 位数据进行置换。

```
01001110 => 11100100
10111111 => 11111011
01001001 => 10010100
```

再来看第二个循环，代码如下：

```
for (int length = bArr.length - 1; length >= 0; length--) {
    if (length != 0) {
        // 当前字符和前一个字符进行异或
        bArr[length] = (byte) (bArr[length] ^ bArr[length - 1]);
    } else {
        // 第一个字符前面没有字符了，需要和数组最后一个字符异或
        bArr[length] = (byte) (bArr[length] ^ bArr[bArr.length - 1]);
    }
    // 每次再和 150 做异或
    bArr[length] = (byte) (bArr[length] ^ 150);
}
```

最后看第三个循环，代码如下：

```
for (int length2 = bArr.length - 1; length2 >= 0; length2--) {
    if (length2 != 0) {
        bArr[length2] = (byte) (bArr[length2] - bArr[length2 - 1]);
    } else {
        bArr[length2] = (byte) (bArr[length2] - bArr[bArr.length - 1]);
    }
    bArr[length2] = (byte) (bArr[length2] - 58);
}
```

第三个循环和第二个循环的形式是一样的，只不过由异或变为减号。上述代码过于简单，我们直接抠出来放到 unidbg 里面看结果，执行结果如图 21-4 所示。

可以看到，执行结果就是按钮上的 Check 文字。

```
Project ▾          ⊕ ≛ ÷  ✿ —  ● MainActivity.java ×  ● Decode.java
  › ▶ kanxue.test2        1    package com.r0ysue.Chap21;
  ▽ ▶ r0ysue              2
    › ▶ Chap19            3 ▶  public class MainActivity {
    › ▶ Chap20            4
    ▽ ▶ Chap21            5 ▶      public static void main(String[] args) {
      › ▶ apkfile         6          String decode_result = Decode.a(new byte[]{78, -65, 73, -45, 103}, i 116);
        ● Decode          7          System.out.println(decode_result);
        ⬛ fifth.apk       8      }
        ● MainActivity    9    }
    › ▶ sun.jna          10
    › ▶ org
    › ▶ native
Run:  com.r0ysue.Chap21.MainActivity ×
 ▶  ↑   /usr/lib/jvm/java-1.17.0-openjdk-amd64/bin/java ...
 ✎  ↓   Picked up _JAVA_OPTIONS: -Dawt.useSystemAAFontSettings=on -Dswing.aatext=true
 ■      Check
 ⬚
 ⃝      Process finished with exit code 0
```

图 21-4　使用 unidbg 模拟执行反编译

21.3　so 中代码的分析

静态代码块中使用的也是十六进制的字符，同样用抠出来的代码跑一下，把结果还原出来，如图 21-5 所示。

```
  › ▶ Chap20            3 ▶  public class MainActivity {
    ▽ ▶ Chap21          4
      › ▶ apkfile        5 ▶      public static void main(String[] args) {
        ● Decode         6          String decode_result = Decode.a(new byte[]{46, 1, -100, -4, -87}, i 168);
        ⬛ fifth.apk      7          System.out.println(decode_result);
        ● MainActivity   8      }
    › ▶ sun.jna          9    }
    › ▶ org             10
    › ▶ native
  com.r0ysue.Chap21.MainActivity ×
  ↑   /usr/lib/jvm/java-1.17.0-openjdk-amd64/bin/java ...
  ↓   Picked up _JAVA_OPTIONS: -Dawt.useSystemAAFontSettings=on -Dswing.aatext=true
      check
  ⬚
      Process finished with exit code 0
```

图 21-5　对抠出来的结果进行还原

接下来我们解包 fifth.apk，提取出来 libcheck.so，如图 21-6 所示。

1. 动静态函数识别

将 so 拖入 IDA 后，直接在导出表中查找 check 函数，发现并没有得到相应的结果，如图 21-7 所示。

图 21-6　提取出来 libcheck.so

那么就说明 check 函数并不是静态注册，继续追到 JNI_Onload 中查找动态注册函数。进入 JNI_OnLoad 中，确实发现了函数的调用，如图 21-8 所示。

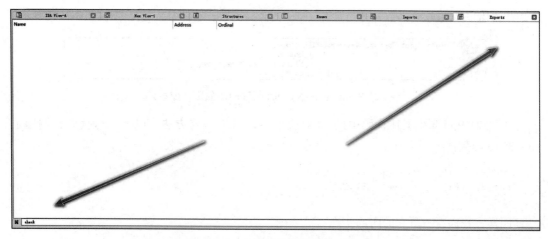

图 21-7　静态注册函数查找

```
1 jint JNI_OnLoad(JavaVM *vm, void *reserved)
2 {
3   jint v2; // r4
4   int v4; // [sp+0h] [bp-10h] BYREF
5
6   v2 = 65542;
7   if ( (*vm)->GetEnv(vm, (void **)&v4, 65542) )
8     return -1;
9   if ( !sub_88C4(v4) )
10    return -1;
11  return v2;
12 }
```

图 21-8　动态注册函数查找

2. sub_88C4 函数分析

进入 sub_88C4 函数的内部，并修正 a1 的类型，代码如下所示：

```
bool __fastcall sub_88C4(JNIEnv *a1)
{
    jclass v2;      // r1
    _DWORD v4[3]; // [sp+8h] [bp-19Ch] BYREF
    char v5[128]; // [sp+14h] [bp-190h] BYREF
    char v6[128]; // [sp+94h] [bp-110h] BYREF
    char v7[128]; // [sp+114h] [bp-90h] BYREF

    sub_8740(a1, (int)&unk_BD9B, 30, 87, v7);
    sub_8740(a1, (int)&unk_BDBA, 5, 122, v6);
    sub_8740(a1, (int)&unk_BDC0, 56, 49, v5);
    v4[0] = v6;
    v4[1] = v5;
    v4[2] = sub_87FC;
    v2 = (*a1)->FindClass(a1, v7);
    return v2 && (*a1)->RegisterNatives(a1, v2, (const JNINativeMethod *)v4, 1) >= 0;
}
```

我们倒着来看这个函数，首先看 RegisterNatives 函数，它的参数定义原型如图 21-9 所示。

```
2241  static jint RegisterNatives(JNIEnv* env,
2242                              jclass java_class,
2243                              const JNINativeMethod* methods,
2244                              jint method_count) {
```

图 21-9 RegisterNatives 函数的参数定义原型

由图 21-9 可知，上述代码中的 v2 对应着类，v4 对应着方法。以下三行代码都调用了 sub_8740 函数：

```
sub_8740(a1, (int)&unk_BD9B, 30, 87, v7);
sub_8740(a1, (int)&unk_BDBA, 5, 122, v6);
sub_8740(a1, (int)&unk_BDC0, 56, 49, v5);
```

同样，我们看一下它的内部实现：

```
char *__fastcall sub_8740(JNIEnv *a1, int a2, int a3, int a4, char *a5)
{
    jclass v9;                  // r0
    void *v10;                  // r6
    struct _jmethodID *v11;     // r5
    char *v12;                  // r11
    jbyteArray v13;             // r8
    jobject v14;                // r5
    const char *v15;            // r6
    int v17;                    // [sp+8h] [bp-10h]

    v9 = (*a1)->FindClass(a1, "com/a/sample/loopcrypto/Decode");
    v10 = v9;
    if ( !v9 )
        return 0;
    v11 = (*a1)->GetStaticMethodID(a1, v9, "a", "([BI)Ljava/lang/String;");
    if ( !v11 )
        return 0;
    v12 = a5;
    v17 = a4;
    v13 = (*a1)->NewByteArray(a1, a3);
    (*a1)->SetByteArrayRegion(a1, v13, 0, a3, (const jbyte *)a2);
    v14 = (*a1)->CallStaticObjectMethod(a1, v10, v11, v13, v17);
    v15 = (*a1)->GetStringUTFChars(a1, v14, 0);
    strcpy(a5, v15);
    (*a1)->ReleaseStringUTFChars(a1, v14, v15);
    return v12;
}
```

可以看到，这个函数是通过 JNI 的反射去调用 Java 层的 Decode 函数；传入的 unk_BD9B、unk_BDBA、unk_BDC0 就是加密后的数据块，可以用 Java 层的 Decode.a 方法去解码。

继续往下，我们看一看 sub_87FC 中完成了什么操作：

```
jstring __fastcall sub_87FC(JNIEnv *a1, int a2, int a3, int a4)
{
    const char *v7;         // r5
```

```
    const char *v8;          // r6
    char v10[256];           // [sp+4h] [bp-110h] BYREF

    // 字符串类型转换
    v7 = (*a1)->GetStringUTFChars(a1, a3, 0);
    v8 = (*a1)->GetStringUTFChars(a1, a4, 0);
    sub_8690(v7, v8, v10);
    // 释放内存
    (*a1)->ReleaseStringUTFChars(a1, (jstring)a3, v7);
    (*a1)->ReleaseStringUTFChars(a1, (jstring)a4, v8);
    // 返回字符串
    return (*a1)->NewStringUTF(a1, v10);
}
```

继续追到 sub_8690 中：

```
int __fastcall sub_8690(int a1, int a2, void *a3)
{
    ssize_t v6;              // r0
    int v8;                  // r0
    _DWORD v9[65];           // [sp+0h] [bp-11Ch] BYREF
    int pipedes[2];          // [sp+104h] [bp-18h] BYREF
    int v11;                 // [sp+10Ch] [bp-10h]

    // 管道
    pipe(pipedes);
    if ( !fork() )
    {
    // 系统调用 ptrace
    ptrace(PTRACE_TRACEME);
    // 关闭管道
    close(pipedes[0]);
    v8 = sub_85E0(off_12004, 622, a2);
    if ( !v8 )
    {
        write(pipedes[1], "You changed the signature!", 0x1Au);
        exit(1);
    }
    v9[0] = a1;
    v9[1] = pipedes;
    ((void (__fastcall *)(_DWORD *))(v8 + 1))(v9);
    exit(0);
    }
    close(pipedes[1]);
    v6 = read(pipedes[0], v9, 0x100u);
    *((_BYTE *)v9 + v6) = 0;
    qmemcpy(a3, v9, v6 + 1);
    return _stack_chk_guard - v11;
}
```

上述代码的 if 语句块调用了 fork 去生成子进程来运行相应的代码。

如果我们想要用 unidbg 去调用这段代码，需要怎么做呢？先来看一下 unidbg 对应的 fork 实现，如图 21-10 所示。

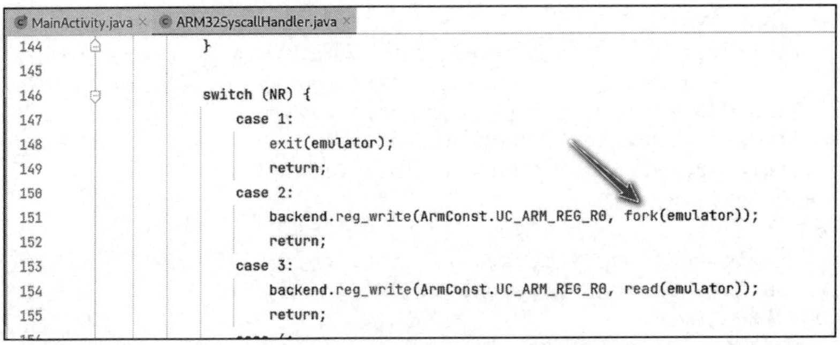

图 21-10 ARM32SyscallHandler.java

它的具体实现如下所示：

```java
protected int fork(Emulator<?> emulator) {
    log.info("fork");
    Log log = LogFactory.getLog(AbstractEmulator.class);
    if (log.isDebugEnabled()) {
        createBreaker(emulator).debug();
    }
    emulator.getMemory().setErrno(UnixEmulator.ENOSYS);
    return -1;
}
```

可以看到，它的调用很粗糙，只是返回了 –1。看不到子进程内部的逻辑，那该怎么办呢？这时候就要读懂主要逻辑，依次进行处理。首先来看子进程内部的逻辑分析。

```c
v8 = sub_85E0(off_12004, 622, a2);
if ( !v8 )
{
    write(pipedes[1], "You changed the signature!", 0x1Au);
    exit(1);
}
```

这里首先调用了 sub_85E0 并把返回值给了 v8，然后 if 语句根据 v8 的值判断是否在管道中写入内容，大致意思是更改了签名。也就是说 sub_85E0 是一个验签算法，而验证的内容是位于 off_12004 处的数据块，如图 21-11 所示，622 可能是它的长度。

sub_85E0 函数的实现逻辑如下所示：

```c
void *__fastcall sub_85E0(int a1, unsigned int a2, int a3)
{
    //参数解释
    //a1 数据块
    //a2 长度
    //a3 待定，可以使用 Hook 查看

    int v5;                    // r4
    void *v7;                  // r8
    _BYTE *v8;                 // r4
```

```
    unsigned int v9;            // r0
    int v10;                    // r5
    int v12;                    // [sp+8h] [bp-18h] BYREF
    unsigned int v13;           // [sp+Ch] [bp-14h] BYREF

    v5 = 0;
    v12 = 4096;
    v13 = a2;
    v7 = mmap(0, 0x1000u, 7, 34, -1, 0);
    if ( v7 != (void *)-1 )
    {
    v8 = malloc(a2 + 1);        // 内存大小分配
    if ( a2 )
    {
        v9 = 0;
        do
        {
        v8[v9] = *(_BYTE *)(a1 + v9) ^ *(_BYTE *)(a3 + (int)v9 % 32);
        ++v9;
        }
        while ( v9 < a2 );
    }
    v10 = sub_84D0(v7, &v12, v8, &v13);
    free(v8);
    if ( v10 )
    {
        munmap(v7, 0x1000u);
        return 0;
    }
    else
    {
        return v7;
    }
    }
    return (void *)v5;
}
```

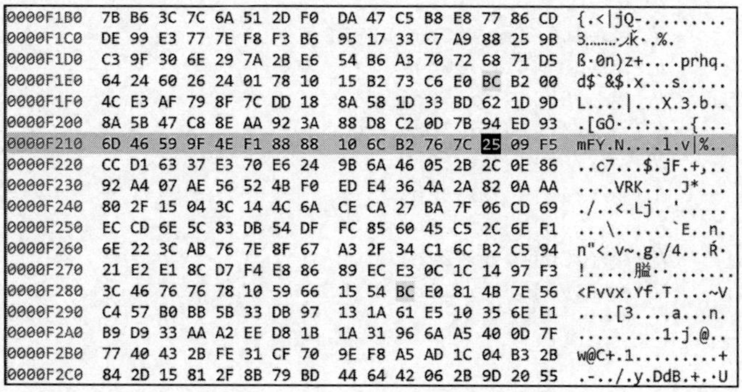

```
0000F1B0  7B B6 3C 7C 6A 51 2D F0  DA 47 C5 B8 E8 77 86 CD  {.<|jQ-.........
0000F1C0  DE 99 E3 77 7E F8 F3 B6  95 17 33 C7 A9 88 25 9B  3.......k·.%.
0000F1D0  C3 9F 30 6E 29 7A 2B E6  54 B6 A3 70 72 68 71 D5  ß·0n)z+....prhq.
0000F1E0  64 24 60 26 24 01 78 10  15 B2 73 C6 E0 BC B2 00  d$`&$.x...s.....
0000F1F0  4C E3 AF 79 8F 7C DD 18  8A 58 1D 33 BD 62 1D 9D  L....|...X.3.b..
0000F200  8A 5B 47 C8 8E AA 92 3A  88 D8 C2 0D 7B 94 ED 93  .[GÔ·..:....{...
0000F210  6D 46 59 9F 4E F1 88 88  10 6C B2 76 7C 25 09 F5  mFY.N....l.v|%..
0000F220  CC D1 63 37 E3 70 E6 24  9B 6A 46 05 2B 2C 0E 86  ..c7...$.jF.+,..
0000F230  92 A4 07 AE 56 52 4B F0  ED E4 36 4A 2A 82 0A AA  ....VRK....J*...
0000F240  80 2F 15 04 3C 14 4C 6A  CE CA 27 BA 7F 06 CD 69  ./..<.Lj..'.....
0000F250  EC CD 6E 5C 83 DB 54 DF  FC 85 60 45 C5 2C 6E F1  ...\......`E..n.
0000F260  6E 22 3C AB 76 7E 8F 67  A3 2F 34 C1 6C B2 C5 94  n"<.v~.g./4...Ŕ·
0000F270  21 E2 E1 8C D7 F4 E8 86  89 EC E3 0C 1C 14 97 F3  !.....腦·........
0000F280  3C 46 76 76 78 10 59 66  15 54 BC E0 81 4B 7E 56  <Fvvx.Yf.T....~V
0000F290  C4 57 B0 BB 5B 33 DB 97  13 1A 61 E5 10 35 6E E1  ....[3....a...n.
0000F2A0  B9 D9 33 AA A2 EE D8 1B  1A 31 96 6A A5 40 0D 7F  .........1.j.@..
0000F2B0  77 40 43 2B FE 31 CF 70  9E F8 A5 AD 1C 04 B3 2B  w@C+.1.........+
0000F2C0  84 2D 15 81 2F 8B 79 BD  44 64 42 06 2B 9D 20 55  .-../.y.DdB.+.·U
```

图 21-11　位于 off_12004 处的数据块

先分析 mmap，它的原型如下所示：

```
void *mmap(void *start, size_t length, int prot, int flags, int fd, off_t offset);
```

对应到函数中的逻辑：

```
v7 = mmap(0, 0x1000u, 7, 34, -1, 0);
start => 0          // 映射区的开始地址
length => 0x1000    // 一页大小
prot => 7           // 期望的内存保护标志，读、写、执行
flags => 34         // 指定映射对象的类型、映射选项和映射页是否可以共享
fd => -1            // 有效的文件描述词。如果 MAP_ANONYMOUS 被设定，为了兼容问题，其值应为 -1
offset => 0         // 被映射对象内容的起点
```

接下来看 do-while 循环内的内容：

```
v9 = 0;
do
{
    v8[v9] = *(_BYTE *)(a1 + v9) ^ *(_BYTE *)(a3 + (int)v9 % 32);
    ++v9;
}
while ( v9 < a2 );
```

a1 是传入的数据块，a3 是传入的参数，我们暂时不知道。这段函数的大致含义是取数据块的内容和一个数值进行异或操作。

继续往下看 sub_84D0 函数的内容：

```
v10 = sub_84D0(v7, &v12, v8, &v13);
```

它的具体实现是：

```
int __fastcall sub_84D0(char *a1, int *a2, int a3, int *a4)
{
    int v7;      // r4
    int v8;      // r11
    int v9;      // r8
    int v10;     // r6
    int v11;     // r0
    int v13;     // [sp+4h] [bp-4Ch] BYREF
    int v14;     // [sp+8h] [bp-48h]
    char *v15;   // [sp+10h] [bp-40h]
    int i;       // [sp+14h] [bp-3Ch]
    int v17;     // [sp+18h] [bp-38h]
    int v18;     // [sp+24h] [bp-2Ch]
    int v19;     // [sp+28h] [bp-28h]
    int v20;     // [sp+2Ch] [bp-24h]
    char v21;    // [sp+3Fh] [bp-11h] BYREF

    v7 = *a2;
    v8 = *a4;
    if ( *a2 )
    {
        *a2 = 0;
    }
```

```
    else
    {
        v7 = 1;
        a1 = &v21;
    }
    v13 = a3;
    v9 = 0;
    v14 = 0;
    v18 = 0;
    v19 = 0;
    v20 = 0;
    v10 = sub_6808(&v13, -15, "1.2.11", 56);
    if ( !v10 )
    {
        v15 = a1;
        for ( i = 0; ; v9 = i )
        {
            if ( !v9 )
            {
                i = v7;
                v7 = 0;
            }
            if ( !v14 )
            {
                v14 = v8;
                v8 = 0;
            }
            v10 = sub_68EC(&v13, 0);
            if ( v10 )
                break;
        }
        *a4 -= v14 + v8;
        if ( a1 == &v21 )
        {
            v11 = v7;
            if ( v17 )
                v11 = 1;
            if ( v10 == -5 )
                v7 = v11;
        }
        else
        {
            *a2 = v17;
        }
        sub_7C22(&v13);
        if ( v10 == 1 )
        {
            return 0;
        }
        else if ( v10 == 2 )
        {
            return -3;
        }
```

```
        else if ( v10 == -5 && v7 + i )
        {
            return -3;
        }
    }
    return v10;
}
```

笔者对本段代码做过简单的分析，它需要调用其他的库（zlib 库，版本是 1.2.11）进行相应操作。本章的主题是对 fork 进程在 unidbg 的使用进行讲解，所以就不对其他内容进行介绍了，有兴趣的读者可以继续追踪分析。

21.4 使用 unidbg 对 fork 进程中的函数做处理

上面给大家看了 unidbg 对 fork 进程的处理，其实就是没有处理，所以我们如果要调用 check 函数，肯定是没有结果的。

我们尝试对内部的子函数进行模拟调用。尝试调用 sub_85E0 函数的伪代码如下所示：

```
v8 = sub_85E0(off_12004, 622, a2);
```

我们首先构造参数：off_12004 是一个数据块，它的位置在图 21-11 已经演示过，它的偏移是 0xF1B0；第二个参数是 622，第三个参数是 Java 层传过来的，我们看下它的实现，如图 21-12 所示。

```
import java.security.NoSuchAlgorithmException;

/* loaded from: classes.dex */
public class a implements View.OnClickListener {
    private EditText a;

    /* JADX INFO: Access modifiers changed from: package-private */
    public a(EditText editText) {
        this.a = editText;
    }

    @Override // android.view.View.OnClickListener
    public void onClick(View view) {
        String str;
        try {
            Signature[] signatureArr = view.getContext().getPackageManager().getPackageInfo("com.a.sample.loopcrypto", 64).signature
            MessageDigest messageDigest = MessageDigest.getInstance("MD5");
            for (Signature signature : signatureArr) {
                messageDigest.update(signature.toByteArray());
            }
            byte[] digest = messageDigest.digest();
            StringBuilder sb = new StringBuilder();
            for (byte b : digest) {
                int i = b & 255;
                if (i < 16) {
                    sb.append("0");
                }
                sb.append(Integer.toHexString(i));
            }
            str = sb.toString();
        } catch (PackageManager.NameNotFoundException | NoSuchAlgorithmException e) {
            str = "";
        }
        Toast.makeText(view.getContext(), new Decode().check(this.a.getText().toString(), str), 1).show();
    }
}
```

图 21-12　Java 层 check 函数的调用

也就是说 a2 是一个 md5 值，但是我们还不知道它到底是多少，可以 Hook 看看。如图 21-13 所示，单击按钮就可以获取结果，这个 md5 值不是动态的，而是写死的，直接用即可。

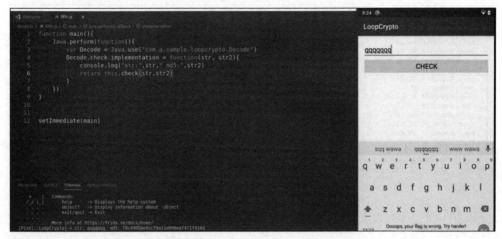

图 21-13　Frida 主动调用 check 函数

最终补齐参数的调用代码如下所示：

```java
private void sub_85E0() {
    List<Object> args = new ArrayList<>();
    UnidbgPointer ptr_arg0 = UnidbgPointer.pointer(emulator, module.base + 0xF1B0);
    args.add(ptr_arg0.toIntPeer());
    args.add(622);

    MemoryBlock malloc = memory.malloc(32, true);
    UnidbgPointer ptr_md5 = malloc.getPointer();
    String md5 = "f8c49056e4ccf9a11e090eaf471f418d";
    ptr_md5.write(md5.getBytes(StandardCharsets.UTF_8));
    args.add(ptr_md5.toIntPeer());

    Number numbers = module.callFunction(emulator, 0x85E0, args.toArray());
    System.out.println("result => " + numbers.longValue());
}
```

经过调用后，发现返回值是 –1，这就很奇怪了：

```
...
RegisterNative(com/a/sample/loopcrypto/Decode, check(Ljava/lang/String;Ljava/
    lang/String;)Ljava/lang/String;, RX@0x400087fd[libcheck.so]0x87fd)
[14:39:16 502]  WARN [com.github.unidbg.AbstractEmulator]
    (AbstractEmulator:435) - emulate RX@0x400085e0[libcheck.so]0x85e0
    exception sp=unidbg@0xbffff730, msg=unicorn.UnicornException: Write to
    write-protected memory (UC_ERR_WRITE_PROT), offset=1ms
result => -1
```

再次检查伪代码，发现是由指令判断错误引起的。一般而言 2 字节的指令一定是 thumb 指令，不是 2 字节的则是 arm 指令，这里笔者根据这个习惯错误地将指令判断为 arm 指令，如图 21-14 所示。

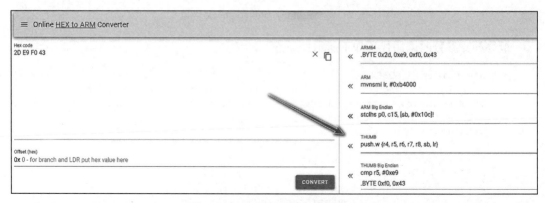

```
✓ .text:000085E0 2D E9 F0 43    PUSH.W    {R4-R9,LR}
  .text:000085E4 03 AF          ADD       R7, SP, #0xC
  .text:000085E6 85 B0          SUB       SP, SP, #0x14
  .text:000085E8 06 46          MOV       R6, R0
  .text:000085EA 27 48          LDR       R0, =(__stack_chk_guard_ptr - 0x85F4)
  .text:000085EC 0D 46          MOV       R5, R1
  .text:000085EE 00 24          MOVS      R4, #0
  .text:000085F0 78 44          ADD       R0, PC                      ; __stack_chk_guard_ptr
  .text:000085F2 91 46          MOV       R9, R2
  .text:000085F4 4F F4 80 51    MOV.W     R1, #0x1000                 ; len
  .text:000085F8 07 22          MOVS      R2, #7                      ; prot
  .text:000085FA 00 68          LDR       R0, [R0]                    ; __stack_chk_guard
  .text:000085FC 22 23          MOVS      R3, #0x22 ; '"'             ; flags
  .text:000085FE 00 68          LDR       R0, [R0]
  .text:00008600 04 90          STR       R0, [SP,#0x20+var_10]
  .text:00008602 4F F4 80 50    MOV.W     R0, #0x1000
  .text:00008606 02 90          STR       R0, [SP,#0x20+var_18]
```

图 21-14　汇编

如果看不懂，那么大家可以去在线网站上去看，如图 21-15 所示。

图 21-15　通过在线网站辨别指令

这个在线网站的链接是 https://armconverter.com/?disasm&code=2D%20E9%20F0%2043。thumb 指令需要给偏移加 1，如下所示：

```
Number numbers = module.callFunction(emulator, 0x85E0+1, args.toArray());
```

修正后再次调用获取到了比较正常的结果：

```
JNIEnv->RegisterNatives(com/a/sample/loopcrypto/Decode, unidbg@0xbffff570, 1)
    was called from RX@0x4000893b[libcheck.so]0x893b
RegisterNative(com/a/sample/loopcrypto/Decode, check(Ljava/lang/String;Ljava/
    lang/String;)Ljava/lang/String;, RX@0x400087fd[libcheck.so]0x87fd)
result => 1074683904
```

fork 进程中还存在一个函数，我们把这个函数同样还原了：

```
((void (__fastcall *)(_DWORD *))(v8 + 1))(v9);
```

把 v8 返回的结果加 1 后调用，即通过偏移的方式调用。这里首先来分析参数 v9：

```
v9[0] = a1;                    // Java 层传入的内容
v9[1] = pipedes;               // 管道信息
```

v9[0] 的构造如下所示：

```
String input = "qqqqqqq";
// 申请空间
MemoryBlock malloc = memory.malloc(input.length(), true);
// 指针获取
UnidbgPointer ptr_input = malloc.getPointer();
// 压栈
UnidbgPointer ptr_v9 = memory.allocateStack(8);
ptr_v9.setPointer(0,ptr_input);
```

申请相应内存大小的数据，然后压栈，这里 v9 是一个数组。

接着对管道信息进行处理，pipedes 的定义如下所示，它的数据类型是 int，即占 4 字节：

```
int pipedes[2];
```

管道中的值就是标准的输入与输出，在 Linux 系统中所有的操作都是通过相应的文件描述符 fd 完成，默认情况下系统中存在三个打开文件的描述符 0、1、2，其中，0 表示 stdin，标准输入；1 表示 stdout，标准输出；2 表示 stderr，标准错误。

v9[1] 的构造如下：

```
UnidbgPointer ptr_pipe = memory.allocateStack(8);
ptr_pipe.setInt(0,0);
ptr_pipe.setInt(4,1);      // 标准的输入 , 输出 0
ptr_v9.setPointer(4,ptr_pipe);
args.add(ptr_v9.toIntPeer());
```

最终构造好的代码如下所示：

```
private void sub_shellCode(long addr) {
    List<Object> args = new ArrayList<>();

    String input = "qqqqqqq";
    MemoryBlock malloc = memory.malloc(input.length(), true);
    UnidbgPointer ptr_input = malloc.getPointer();

    UnidbgPointer ptr_v9 = memory.allocateStack(8);
    ptr_v9.setPointer(0,ptr_input);


    UnidbgPointer ptr_pipe = memory.allocateStack(8);
    ptr_pipe.setInt(0,0);
    ptr_pipe.setInt(4,1);

    ptr_v9.setPointer(4,ptr_pipe);
```

```
        args.add(ptr_v9.toIntPeer());
        Number numbers = module.callFunction(emulator, addr - module.base + 1,
            args.toArray());
        System.out.println("shellcode result => " + numbers.longValue());
}
```

所有代码准备好后，我们尝试着运行代码，发现控制台报如下错误：

```
JNIEnv->FindClass(com/a/sample/loopcrypto/Decode) was called from
    RX@0x4000875d[libcheck.so]0x875d
JNIEnv->GetStaticMethodID(com/a/sample/loopcrypto/Decode.a([BI)Ljava/lang/
    String;) => 0x255cbd78 was called from RX@0x40008777[libcheck.so]0x8777
JNIEnv->NewByteArray(30) was called from RX@0x4000878b[libcheck.so]0x878b
JNIEnv->SetByteArrayRegion([B@289d1c02, 0, 30, RX@0x4000bd9b[libcheck.
    so]0xbd9b) was called from RX@0x400087a5[libcheck.so]0x87a5
[15:21:00 168]  WARN [com.github.unidbg.linux.ARM32SyscallHandler]
    (ARM32SyscallHandler:532) - handleInterrupt intno=2, NR=-1073744560,
    svcNumber=0x16e, PC=unidbg@0xfffe0774, LR=RX@0x400087b9[libcheck.
    so]0x87b9, syscall=null
java.lang.UnsupportedOperationException: com/a/sample/loopcrypto/Decode-
    >a([BI)Ljava/lang/String;
        at com.github.unidbg.linux.android.dvm.AbstractJni.callStaticObjectMethod
            (AbstractJni.java:432)
        at com.github.unidbg.linux.android.dvm.AbstractJni.callStaticObjectMethod
            (AbstractJni.java:421)
        at com.github.unidbg.linux.android.dvm.DvmMethod.callStaticObjectMethod
            (DvmMethod.java:59)
        at com.github.unidbg.linux.android.dvm.DalvikVM$111.handle(DalvikVM.
            java:1760)
        at com.github.unidbg.linux.ARM32SyscallHandler.hook(ARM32SyscallHandler.
            java:131)
        at com.github.unidbg.arm.backend.UnicornBackend$11.hook(UnicornBackend.
            java:345)
        at unicorn.Unicorn$NewHook.onInterrupt(Unicorn.java:128)
        at unicorn.Unicorn.emu_start(Native Method)
        at com.github.unidbg.arm.backend.UnicornBackend.emu_start(UnicornBackend.
            java:376)
        at com.github.unidbg.AbstractEmulator.emulate(AbstractEmulator.java:395)
        at com.github.unidbg.thread.Function32.run(Function32.java:39)
        at com.github.unidbg.thread.MainTask.dispatch(MainTask.java:19)
        at com.github.unidbg.thread.UniThreadDispatcher.run(UniThreadDispatcher.
            java:175)
        at com.github.unidbg.thread.UniThreadDispatcher.runMainForResult(UniThread
            Dispatcher.java:99)
        at com.github.unidbg.AbstractEmulator.runMainForResult(AbstractEmulator.
            java:355)
        at com.github.unidbg.arm.AbstractARMEmulator.eFunc(AbstractARMEmulator.
            java:233)
        at com.github.unidbg.Module.emulateFunction(Module.java:163)
        at com.github.unidbg.linux.LinuxModule.callFunction(LinuxModule.java:262)
        at com.github.unidbg.linux.LinuxSymbol.call(LinuxSymbol.java:27)
        at com.github.unidbg.linux.android.dvm.DalvikModule.callJNI_
            OnLoad(DalvikModule.java:33)
```

```
    at com.github.unidbg.linux.android.dvm.BaseVM.callJNI_OnLoad(BaseVM.java:343)
    at com.r0ysue.Chap21.MainActivity.<init>(MainActivity.java:53)
    at com.r0ysue.Chap21.MainActivity.main(MainActivity.java:30)
[15:21:00 171]  WARN [com.github.unidbg.AbstractEmulator] (AbstractEmulator:435) -
    emulate RX@0x40008975[libcheck.so]0x8975 exception sp=unidbg@0xbffff538,
    msg=com/a/sample/loopcrypto/Decode->a([BI)Ljava/lang/String;, offset=9ms
Exception in thread "main" java.lang.IllegalStateException: Illegal JNI
    version: 0xffffffff
    at com.github.unidbg.linux.android.dvm.BaseVM.checkVersion(BaseVM.java:207)
    at com.github.unidbg.linux.android.dvm.DalvikModule.callJNI_OnLoad
        (DalvikModule.java:39)
    at com.github.unidbg.linux.android.dvm.BaseVM.callJNI_OnLoad(BaseVM.java:343)
    at com.r0ysue.Chap21.MainActivity.<init>(MainActivity.java:53)
    at com.r0ysue.Chap21.MainActivity.main(MainActivity.java:30)

Process finished with exit code 1
```

核心的报错如下所示：

```
java.lang.UnsupportedOperationException: com/a/sample/loopcrypto/Decode-
    >a([BI)Ljava/lang/String;
```

也就是说，当找不到要使用的 Java 层的类中的某个函数时，就产生了上述的异常，这时候我们把这个类补充进来就可以了。

```java
package com.r0ysue.Chap21;

import java.io.UnsupportedEncodingException;

public class Decode {

    public static String a(byte[] bArr, int i) {
        try {
            return new String(a(bArr, (long)i), "UTF-8");
        } catch (UnsupportedEncodingException e) {
            return new String(new byte[0]);
        }
    }

    public static byte[] a(byte[] bArr, long j) {
        for (int i = 0; i < j; i++) {
            for (int i2 = 0; i2 < bArr.length; i2++) {
                bArr[i2] = (byte) (((bArr[i2] >> 4) & 15) + ((bArr[i2] & 15) << 4));
            }
            for (int length = bArr.length - 1; length >= 0; length--) {
                if (length != 0) {
                    bArr[length] = (byte) (bArr[length] ^ bArr[length - 1]);
                } else {
                    bArr[length] = (byte) (bArr[length] ^ bArr[bArr.length - 1]);
                }
                bArr[length] = (byte) (bArr[length] ^ 150);
            }
            for (int length2 = bArr.length - 1; length2 >= 0; length2--) {
```

```
                    if (length2 != 0) {
                        bArr[length2] = (byte) (bArr[length2] - bArr[length2 - 1]);
                    } else {
                        bArr[length2] = (byte) (bArr[length2] - bArr[bArr.length - 1]);
                    }
                    bArr[length2] = (byte) (bArr[length2] - 58);
                }
            }
            return bArr;
        }
    }
```

unidbg 中需要补充如下内容：

```
@Override
public DvmObject<?> callStaticObjectMethod(BaseVM vm, DvmClass dvmClass,
    String signature, VarArg varArg) {
    if(signature.equals("com/a/sample/loopcrypto/Decode->a([BI)Ljava/lang/String;")){
        byte[] bytes = (byte[]) varArg.getObjectArg(0).getValue();
        int i = varArg.getIntArg(1);
        String a = Decode.a(bytes, i);
        return new StringObject(vm, a);
    }
    return super.callStaticObjectMethod(vm, dvmClass, signature, varArg);
}
```

最终运行的效果如下所示：

```
result => 1074683904
Oooops, your flag is wrong. Try harder!
```

可以看到 flag 的验证消息出来了。到这里关于如何使用 unidbg 模拟执行 fork 进程中函数的内容就介绍完了，对于后续的分析，有兴趣的读者可以自行完成。

21.5 本章小结

本章通过一个带有 fork 操作的 App，检验了 unidbg 是否可以模拟 App 调用 fork 进程的操作。笔者通过带领大家阅读 unidbg 的源码，发现了它的不可操作性。因为 unidbg 的 fork 操作只是粗糙地返回了 –1。如果日常的模拟调用中遇到了 fork 操作，那么我们的程序就会崩溃。要解决这个问题其实很简单，看它 fork 出来的子进程内部有哪些处理逻辑，手动补齐即可。在本章，笔者为大家演示了如何在 unidbg 补齐这些内部的函数逻辑，可供读者参考。

第 22 章　Chapter 22

unidbg 补环境实战：补环境入门

从本章开始，我们将着重学习 unidbg 的补环境。补环境对于 so 的模拟执行十分重要。之前的章节可能或多或少涉及了补环境的操作，但笔者只是零零散散地带领大家做了几个 demo。使用 unidbg 最主要的问题就是补环境，我们很容易在这里跌跟头。在接下来的几章中，我们将一起来探索如何补环境。

22.1　为什么要补环境

我们知道 unidbg 的作用是模拟执行 so 中的函数，也就是使用 C/C++ 编写的函数，它处于 Native 层。而 Native 层的函数由 Java 层的函数通过 JNI 调用，那么 Native 层也可以通过 JNI 这座桥梁去调用 Java 层的函数。

在 Native 层调用 Java 层的函数的时候，因为 unidbg 中并没有这些函数的实现，这些函数无法正常地通过 unidbg 加载进来，所以我们需要手动补充 Java 层的函数，让 Native 层的函数去调用。

22.2　unidbg 补环境的案例情景复现

为了讲清楚本章的内容，笔者开发了一个样本 App，构造了一些环境问题。我们先熟悉一下这个 App。它打开后的界面如图 22-1 所示。

图 22-1　App 打开后的界面

屏幕中央显示了一串字符，像是十六进制的。我们使用 jadx-gui 进行反编译，其中 MainActivity.java 的代码如下所示：

```
public class MainActivity extends AppCompatActivity {
    private ActivityMainBinding binding;

    //检测文件
    public native void detectFile();

    //检测是否有 Hook
    public native void detectHookTool();

    // native 函数，获取 hash 结果
    public native String getHash(String str);

    //加载 so
    static {
        System.loadLibrary("dogpro");
    }

    /* JADX INFO: Access modifiers changed from: protected */
    @Override //androidx.fragment.app.FragmentActivity, androidx.activity.ComponentActivity,
            androidx.core.app.ComponentActivity, android.app.Activity
    public void onCreate(Bundle savedInstanceState) {
        super.onCreate(savedInstanceState);
        ActivityMainBinding inflate = ActivityMainBinding.inflate(getLayoutInflater());
        this.binding = inflate;
        setContentView(inflate.mo170getRoot());
        TextView tv = this.binding.sampleText;
        detectFile();
        detectHookTool();
        //获取 hash 结果
        String r1 = getHash(getApplicationContext().getPackageCodePath());
        tv.setText(r1);
    }
}
```

在 onCreate 函数中有两个检测，detectFile 和 detectHookTool，我们先不用理会，因为它们暂时不会对本章的内容产生任何影响。但是我们可以看看它们做了什么事情。

1. detectFile

先来看第一个检测——detectFile，其代码如下所示：

```
int __fastcall Java_com_example_dogpro_MainActivity_detectFile(_JNIEnv *a1)
{
    int v2;           // [sp+8h] [bp-30h]
    int v3;           // [sp+Ch] [bp-2Ch]
    int v4;           // [sp+14h] [bp-24h]
    int MethodID;     // [sp+18h] [bp-20h]
    int v6;           // [sp+1Ch] [bp-1Ch]
    int v7;           // [sp+20h] [bp-18h]
    int Class;        // [sp+24h] [bp-14h]
```

```
// 通过反射去 Java 层找 File 类
Class = _JNIEnv::FindClass(a1, "java/io/File");
v7 = _JNIEnv::AllocObject(a1, Class);
// 检测的路径
v6 = _JNIEnv::NewStringUTF(a1, "/sys/class/power_supply/battery/voltage_now");
MethodID = _JNIEnv::GetMethodID(a1, Class, "<init>", "(Ljava/lang/String;)V");
_JNIEnv::CallVoidMethod(a1, v7, MethodID, v6);
v4 = _JNIEnv::GetMethodID(a1, Class, "exists", "()Z");
if ( (unsigned __int8)_JNIEnv::CallBooleanMethod(a1, v7, v4) )
_android_log_print(6, "lilac", byte_35D7);
else
_android_log_print(6, "lilac", byte_35F0);
v3 = _JNIEnv::AllocObject(a1, Class);
v2 = _JNIEnv::NewStringUTF(a1, "/data/local/tmp/nox");
_JNIEnv::CallVoidMethod(a1, v3, MethodID, v2);
if ( (unsigned __int8)_JNIEnv::CallBooleanMethod(a1, v3, v4) )
return _android_log_print(6, "lilac", byte_361D);
else
return _android_log_print(6, "lilac", byte_3636);
}
```

以上代码首先检测了电池的相关信息，我们尝试去 /sys/class/power_supply/battery/voltage_now 下查看，如图 22-2 所示。

图 22-2　电池的相关信息

其他文件表示的含义如下所示：

```
// 电池充电状态
cat /sys/class/power_supply/battery/status

// 电池电量
cat /sys/class/power_supply/battery/capacity

// 电池运行状况
cat /sys/class/power_supply/battery/health

// 显示电池温度
cat /sys/class/power_supply/battery/temp

// 电池电压 mV
cat /sys/class/power_supply/battery/voltage_now
```

2. detectHookTool

第二个检测是 detectHookTool，它将检测 /data/local/tmp/nox 路径下的 nox 文件或目录。nox 是夜神模拟器，模拟器创建的时候会在此路径创建文件。幸运的是，当检测到文件的时候，并不会有任何操作，所以我们不予理会，这里只看看它是如何做检测的。

```
int __fastcall Java_com_example_dogpro_MainActivity_detectHookTool(_JNIEnv *a1)
{
    int v1; // r0
    int v2; // r0
```

```
const char *StringUTFChars;        // [sp+28h] [bp-A0h]
int ObjectClass;                   // [sp+34h] [bp-94h]
int ObjectArrayElement;            // [sp+38h] [bp-90h]
int i;                             // [sp+3Ch] [bp-8Ch]
int ArrayLength;                   // [sp+40h] [bp-88h]
int v9;                            // [sp+44h] [bp-84h]
int v10;                           // [sp+48h] [bp-80h]
int v11;                           // [sp+4Ch] [bp-7Ch]
int MethodID;                      // [sp+50h] [bp-78h]
int Class;                         // [sp+54h] [bp-74h]
size_t n;                          // [sp+6Ch] [bp-5Ch]
size_t v16;                        // [sp+7Ch] [bp-4Ch]
char v17[24];                      // [sp+80h] [bp-48h] BYREF
char v18[36];                      // [sp+98h] [bp-30h] BYREF

// 通过反射找到 Throwable => 异常处理
Class = _JNIEnv::FindClass(a1, "java/lang/Throwable");
MethodID = _JNIEnv::GetMethodID(a1, Class, "<init>", "()V");
v11 = _JNIEnv::NewObject(a1, Class, MethodID);
// 获取异常堆栈
v10 = _JNIEnv::GetMethodID(a1, Class, "getStackTrace", "()[Ljava/lang/
    StackTraceElement;");
// 调用方法
v9 = _JNIEnv::CallObjectMethod(a1, v11, v10);
ArrayLength = _JNIEnv::GetArrayLength(a1, v9);
// 复制值，检测 Xposed 框架
strcpy(v18, "de.robv.android.xposed.XposedBridge");
// 复制值，检测 Substrate 框架
strcpy(v17, "com.saurik.substrate");
for ( i = 0; i < ArrayLength; ++i )
{
ObjectArrayElement = _JNIEnv::GetObjectArrayElement(a1, v9, i);
ObjectClass = _JNIEnv::GetObjectClass(a1, ObjectArrayElement);
// 利用反射获取每个堆栈中的类名
v1 = _JNIEnv::GetMethodID(a1, ObjectClass, "getClassName", "()Ljava/lang/String;");
v2 = _JNIEnv::CallObjectMethod(a1, ObjectArrayElement, v1);
StringUTFChars = (const char *)_JNIEnv::GetStringUTFChars(a1, v2, 0);
n = _strlen_chk(v18, 0x24u);
// 比对
if ( !strncmp(StringUTFChars, v18, n) )
{
    _android_log_print(6, "lilac", "%s", StringUTFChars);
    _android_log_print(6, "lilac", byte_389E);
}
v16 = _strlen_chk(v17, 0x15u);
if ( !strncmp(StringUTFChars, v17, v16) )
{
    _android_log_print(6, "lilac", "%s", StringUTFChars);
    _android_log_print(6, "lilac", byte_38AE);
}
}
return _stack_chk_guard;
}
```

上述代码也很简单，获取当前的调用堆栈，并利用反射找到每条堆栈信息的类，比对类名，是否使用 Xposed 框架和 Substrate 框架，比对完之后没有进行任何操作。

22.3　模拟执行 so

接下来，我们使用 unidbg 来模拟执行 so。

22.3.1　参数获取

首先，我们来看一看传入参数的构造：

```
String r1 = getHash(getApplicationContext().getPackageCodePath());
```

很明显这是应用程序的一些信息。对于这种系统级别的 API，可以去官网查看，也可以通过 Hook 快速获取值，这里我们使用 Frida 去 Hook 应用程序快速拿到值。

Frida 的 Hook 代码如下所示：

```
function main(){
    Java.perform(function(){
        var MainActivity = Java.use("com.example.dogpro.MainActivity");
        MainActivity.onCreate.overload("android.os.Bundle").implementation =
            function(var_0){

            console.log("info:",this.getApplicationContext().getPackageCodePath())

            var ret = this.onCreate.overload("android.os.Bundle").call(this,var_0);
    }


    })
}


setImmediate(main)
```

Hook 后的结果如图 22-3 所示。

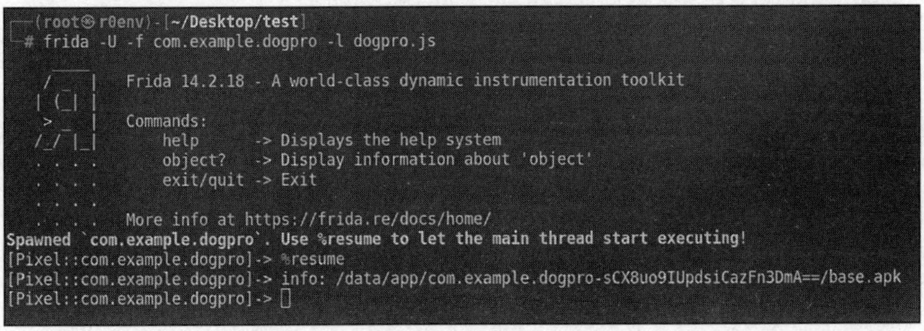

图 22-3　Hook 后的结果

getPackageCodePath() 返回此上下文的主要 Android 包的完整路径。Android 包是一个 ZIP 文件，它包含应用程序的主要代码和资产，也就是 base.apk 文件。

拿到传入的参数后就可以构造 unidbg 的模拟执行代码了。在很多场景下，只是为了快速获取结果，我们不需要打开 IDA 去分析长长的伪代码，直接把 so 放到 unidbg 中去运行即可。

当然，如果单纯地做算法分析，毋庸置疑我们一定会用到 IDA。

22.3.2　unidbg 代码初始化

unidbg 代码初始化是把对应的模拟器、内存及模块等接口都配置好。前面已经做了大量的相关练习，相信大家已经可以非常熟悉了，这里再给大家展示一下，代码如下所示：

```
public class MainActivity extends AbstractJni{
    private final AndroidEmulator emulator;
    private final VM vm;
    private final Memory memory;
    private final Module module;

    public MainActivity(){
        emulator = AndroidEmulatorBuilder
                    // 创建 32 位模拟器
                    .for32Bit()
                    // 进行构建
                    .build();

        // 实现内存接口
        memory = emulator.getMemory();
        // 设置解析的库的 SDK
        memory.setLibraryResolver(new AndroidResolver(23));

        // 创建虚拟机
        vm = emulator.createDalvikVM();
        // 日志开关
        vm.setVerbose(true);
        // 实现 JNI
        vm.setJni(this);
        // 加载 so
        DalvikModule dalvikModule = vm.loadLibrary(
                new File("unidbg-android/src/test/java/com/r0ysue/Chap22/
                    apkfile/lib/armeabi-v7a/libdogpro.so"), false);
        module = dalvikModule.getModule();
        vm.callJNI_OnLoad(emulator,module);
    }

    public static void main(String[] args) {
        MainActivity mainActivity = new MainActivity();
        mainActivity.getHash();
    }
}
```

22.3.3　目标函数的调用

我们调用的是 so 中的 getHash 函数，它是一个动态方法，需要一个实例来调用。我们先看看代码是怎么写的：

```
private void getHash() {
    // 找到调用它的类，和哪个类绑定就使用哪个类
    DvmObject<?> dvmObject = vm.resolveClass("com/example/dogpro/
        MainActivity").newObject(null);
    // 找到上面传入的参数
    String input = "/data/app/com.example.dogpro-pnF2J3-qBi8ei74vXTNXmQ==/base.apk";
    //
    DvmObject<?> ret = dvmObject.callJniMethodObject(emulator, "getHash(Ljava/
        lang/String;)Ljava/lang/String;", input);
    System.out.println("result ==> "+ret.getValue());
}
```

22.3.4　补环境说明

首先需要找到调用这个方法的类是哪个，和哪个类绑定就使用哪个类。因为方法是一个实例方法，所以我们通过 newObject 来实例化这个类。调用是通过 dvmObject 来操作的，对于 JNI 方法有如下几种类型，如图 22-4 所示。

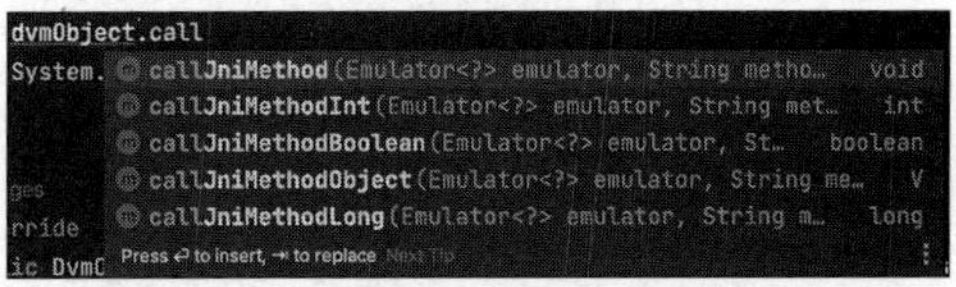

图 22-4　调用 JNI 方法的几种类型

具体需要根据函数的返回值进行选择。样本中的 getHash 函数返回的类型是 String，而 String 本质上就是 Object，所以使用 callJniMethodObject 来操作。

callJniMethodObject 中需要传递三个参数：第一个是 emulator，第二个是方法及签名，第三个是一个可变长度的参数列表。其中，方法及签名可以通过 jadx-gui 反编译的结果查看，如图 22-5 所示。

```
, Lcom/example/dogpro/MainActivity;->getHash(Ljava/lang/String;)Ljava/lang/String;
```

图 22-5　callJniMethodObject 中的方法及签名

至此，getHash 的调用就构造完成了，现在运行代码，看看是否可以正常运行。第一次运行后，运行结果中的主要报错信息如下所示：

```
java.lang.UnsupportedOperationException: java/util/zip/ZipFile-><init>(Ljava/
    lang/String;)V
    at com.github.unidbg.linux.android.dvm.AbstractJni.newObjectV(AbstractJni.
        java:791)
    at com.github.unidbg.linux.android.dvm.AbstractJni.newObjectV(AbstractJni.
        java:746)
    ...
```

额外说明一点，如果没有继承 AbstractJNI，则会出现 setJNI 的错误。这段报错具体是什么含义呢？大致就是要找 java/util/zip/ZipFile 这个类的构造方法，但是没有找到，而找不到类，后续就不知道该怎么往下执行，于是抛出了异常。这种问题就是 Java 的一个环境问题。

22.3.5　补环境实战

怎么补充这个环境呢？其实它已经很智能了，框架都填好了，只需要稍作改动即可。补环境，即它要什么，我们就给它什么。抛出的异常就是一种提示，根据这个提示进行补充就行。找到下述异常的所在位置：

```
// com.github.unidbg.linux.android.dvm.AbstractJni.newObjectV(AbstractJni.java:791)

@Override
public DvmObject<?> newObjectV(BaseVM vm, DvmClass dvmClass, String signature,
    VaList vaList) {
    switch (signature) {
        case "java/io/ByteArrayInputStream-><init>([B)V": {
            ByteArray array = vaList.getObjectArg(0);
            assert array != null;
            return vm.resolveClass("java/io/ByteArrayInputStream").
                newObject(new ByteArrayInputStream(array.value));
        }
        ...
    }
}
```

这里仅仅展示了一个 case，在这个方法中，有很多 case，这是 unidbg 作者已经提前设计好的，它们具有很好的通用性。而没补齐的 case 则比较特殊：可能是引用的第三方 SDK 中的函数，也可能是厂商自己的函数，这就需要使用者自己去补充。补环境就是在这个方法中接着当前的 case 继续去写分支。但这是在 unidbg 的项目中，为了代码的可移植性，建议大家将没补齐的 case 写到自己的代码中，因为项目已继承了 AbstractJNI，只需要重写就可以了。对于上面的报错，补的代码如下所示：

```
@Override
public DvmObject<?> newObjectV(BaseVM vm, DvmClass dvmClass, String signature,
    VaList vaList) {
    if (signature.equals("java/util/zip/ZipFile-><init>(Ljava/lang/String;)V")){
        return vm.resolveClass("java/util/zip/ZipFile").newObject(null);
    }
    return super.newObjectV(vm, dvmClass, signature, vaList);
}
```

大家思考一下，这是一个构造方法，并且报错异常中也提供了方法的签名，它的传入参数是 String 类型，没有返回值，如果只是简单地给它传一个 null 对象，肯定是不行的。先把它的传入参数打印出来看看：

```java
@Override
public DvmObject<?> newObjectV(BaseVM vm, DvmClass dvmClass, String signature,
    VaList vaList) {
    if (signature.equals("java/util/zip/ZipFile-><init>(Ljava/lang/String;)V")){
        String name = (String) vaList.getObjectArg(0).getValue();
        System.out.println("name => " + name);
        return vm.resolveClass("java/util/zip/ZipFile").newObject(null);
    }
    return super.newObjectV(vm, dvmClass, signature, vaList);
}
```

打印的结果如下所示：

```
name => /data/app/com.example.dogpro-pnF2J3-qBi8ei74vXTNXmQ==/base.apk
```

很明显这里传了一个 APK 文件，它的主要作用就是解析并获取 APK 内部的资源。我们同样去构造一个这样的数据，把它作为对象让 unidbg 去解析，补完后的结果如下所示：

```java
@Override
public DvmObject<?> newObjectV(BaseVM vm, DvmClass dvmClass, String signature,
    VaList vaList) {
    if (signature.equals("java/util/zip/ZipFile-><init>(Ljava/lang/String;)V")){
        String name = (String) vaList.getObjectArg(0).getValue();
        // System.out.println("name => " + name);
        // return vm.resolveClass("java/util/zip/ZipFile").newObject(null);
        try {
            ZipFile zipFile = new ZipFile(name);
            return vm.resolveClass("java/util/zip/ZipFile").newObject(zipFile);
        } catch (IOException e) {
            e.printStackTrace();
            return null;
        }
    }
    return super.newObjectV(vm, dvmClass, signature, vaList);
}
```

再次运行代码，又有了新的报错，如下所示：

```
[16:39:44 871]  WARN [com.github.unidbg.linux.ARM32SyscallHandler]
    (ARM32SyscallHandler:532) - handleInterrupt intno=2, NR=-1073744324,
    svcNumber=0x11f, PC=unidbg@0xfffe0284, LR=RX@0x400016e3[libdogpro.
    so]0x16e3, syscall=null
java.lang.NullPointerException
    at com.github.unidbg.linux.android.dvm.DalvikVM$32.handle(DalvikVM.java:540)
    at com.github.unidbg.linux.ARM32SyscallHandler.hook(ARM32SyscallHandler.java:131)
    at com.github.unidbg.arm.backend.UnicornBackend$11.hook(UnicornBackend.java:345)
    at unicorn.Unicorn$NewHook.onInterrupt(Unicorn.java:128)
    at unicorn.Unicorn.emu_start(Native Method)
    at com.github.unidbg.arm.backend.UnicornBackend.emu_start(UnicornBackend.java:376)
    at com.github.unidbg.AbstractEmulator.emulate(AbstractEmulator.java:380)
    ...
[16:39:44 873]  WARN [com.github.unidbg.AbstractEmulator] (AbstractEmulator:420) -
    emulate RX@0x40001281[libdogpro.so]0x1281 exception sp=unidbg@0xbffff610,
```

```
    msg=java.lang.NullPointerException, offset=7ms
java.nio.file.NoSuchFileException: /data/app/com.example.dogpro-pnF2J3-
    qBi8ei74vXTNXmQ==/base.apk
        at java.base/sun.nio.fs.UnixException.translateToIOException(UnixExcepti
            on.java:92)
        at java.base/sun.nio.fs.UnixException.rethrowAsIOException(UnixException.java:111)
        at java.base/sun.nio.fs.UnixException.rethrowAsIOException(UnixException.java:116)
```

我们来看最下面的模拟器抛出的异常，即 NoSuchFileException，这是 Java 中最常见的异常，但是在这里并没有找到这个文件的异常。大家注意：我们当前使用的是 unidbg，而不是一个手机的真实环境，所以打印出来的 name（即文件的路径）是没有的。那怎么办呢？传一个本地的 APK 到模拟器中，最终的代码如下所示：

```
@Override
public DvmObject<?> newObjectV(BaseVM vm, DvmClass dvmClass, String signature,
    VaList vaList) {
    if (signature.equals("java/util/zip/ZipFile-><init>(Ljava/lang/String;)V")){
        String name = (String) vaList.getObjectArg(0).getValue();
        // System.out.println("name => " + name);
        // return vm.resolveClass("java/util/zip/ZipFile").newObject(null);
        try {
            if(name.equals("/data/app/com.example.dogpro-pnF2J3-
                qBi8ei74vXTNXmQ==/base.apk")){
                ZipFile zipFile = new ZipFile("unidbg-android/src/test/java/
                    com/r0ysue/unidbgBook/Chap22/dogpro.apk");
                // ZipFile zipFile = new ZipFile(name);
                return vm.resolveClass("java/util/zip/ZipFile").newObject(zipFile);
            }
        } catch (IOException e) {
            e.printStackTrace();
            return null;
        }
    }
    return super.newObjectV(vm, dvmClass, signature, vaList);
}
```

这里直接根据签名信息返回了一个 ZipFile 的对象，然后我们执行 unidbg 中补好的环境。别的问题暂时没有出现，我们先不做处理。补完后再次运行代码，报错信息如下所示：

```
java.lang.UnsupportedOperationException: java/util/zip/ZipFile->entries()
    Ljava/util/Enumeration;
    at com.github.unidbg.linux.android.dvm.AbstractJni.
        callObjectMethodV(AbstractJni.java:416)
    at com.r0ysue.unidbgBook.Chap22.MainActivity.
        callObjectMethodV(MainActivity.java:124)
    at com.github.unidbg.linux.android.dvm.AbstractJni.
        callObjectMethodV(AbstractJni.java:262)
    ...
```

报错的异常显示，缺少了 ZipFile 的 entries() 方法，这个方法是空参，返回值类型是 Enumeration。我们继续使用上面的方法补环境，补完后的代码如下所示：

```
@Override
public DvmObject<?> callObjectMethodV(BaseVM vm, DvmObject<?> dvmObject,
    String signature, VaList vaList) {
    if (signature.equals("java/util/zip/ZipFile->entries()Ljava/util/Enumeration;")){
        // 拿到操作的对象
        ZipFile zipFile = (ZipFile) dvmObject.getValue();
        // 通过对象来调用方法
        Enumeration<? extends ZipEntry> entries = zipFile.entries();
        return vm.resolveClass("java/util/Enumeration").newOnject(entries);
    }
    return super.callObjectMethodV(vm, dvmObject, signature, vaList);
}
```

注意这里是在 callObjectMethodV() 方法中补环境，根据名称我们也能知道，该方法会调用对象中的方法，参数 dvmObject 就是对象，而这里是调用 ZipFile 的对象中的 entries() 方法。ZipFile 对象是在上一个方法中做的实例化，并传入了待解析的 APK 文件。我们需要通过 getValue() 方法来真正获取这个对象，然后通过该对象来调用 entries() 方法。根据签名可以知道要返回的类型是 Enumeration，直接通过前面的方法返回。继续运行代码，看看用这种方式能不能起作用：

```
[17:09:25 902]  WARN [com.github.unidbg.linux.ARM32SyscallHandler]
    (ARM32SyscallHandler:532) - handleInterrupt intno=2, NR=-1073744324,
    svcNumber=0x122, PC=unidbg@0xfffe02b4, LR=RX@0x40001253[libdogpro.
    so]0x1253, syscall=null
java.lang.ClassCastException: class com.github.unidbg.linux.android.dvm.
    DvmObject cannot be cast to class com.github.unidbg.linux.android.dvm.
    Enumeration (com.github.unidbg.linux.android.dvm.DvmObject and com.github.
    unidbg.linux.android.dvm.Enumeration are in unnamed module of loader 'app')
    at com.github.unidbg.linux.android.dvm.AbstractJni.
        callBooleanMethodV(AbstractJni.java:609)
    at com.github.unidbg.linux.android.dvm.AbstractJni.
        callBooleanMethodV(AbstractJni.java:602)
```

最开始显示了报错的主要信息，即 xxx.DvmObject cannot be cast to xxx.Enumeration，表示对象不能强制转换为枚举类型。一般出现这种问题时，我们的首要手段是到 unidbg 的框架中搜索，看看有没有相关的处理逻辑。通过搜索，在 AbstractJNI 中，我们果真找到了相关的实现逻辑：

```
@Override
public boolean callBooleanMethodV(BaseVM vm, DvmObject<?> dvmObject, String
    signature, VaList vaList) {
    switch (signature) {
        case "java/util/Enumeration->hasMoreElements()Z":
            return ((Enumeration) dvmObject).hasMoreElements();
    }
}
```

在 AbstractJNI 的同级目录下，可以发现 unidbg 对它的实现：

```
package com.github.unidbg.linux.android.dvm;
```

```
import java.util.Iterator;
import java.util.List;

public class Enumeration extends DvmObject<List<?>> {

    private final Iterator<? extends DvmObject<?>> iterator;

    public Enumeration(VM vm, List<? extends DvmObject<?>> value) {
        super(vm.resolveClass("java/util/Enumeration"), value);

        this.iterator = value == null ? null : value.iterator();
    }

    public boolean hasMoreElements() {
        return iterator != null && iterator.hasNext();
    }

    public DvmObject<?> nextElement() {
        return iterator.next();
    }

}
```

Java 中同样有 Enumeration 类的实现，为什么会这样呢？这是因为 unidbg 对基本数据类型都做了封装，并优先使用它们。比如，我们要返回一个 String 对象，一般是这样写的：

```
return new StringObject(vm,"");
```

而不是使用 resolveClass 的方式：

```
return vm.resolveClass("java/lang/String"),newOnject("");
```

这是为了方便后续的处理。unidbg 是一个完善的系统，每个环节都有相应的承接，如果使用后者，那么后续的操作就需要去做转换，否则将无法识别。我们既然知道了 unidbg 中的基本数据类型，就要使用它们。

到了这一步，就该往里面传入参数了。查看 unidbg 的 Enumeration 构造方法：

```
public Enumeration(VM vm, List<? extends DvmObject<?>> value) {
    super(vm.resolveClass("java/util/Enumeration"), value);
    this.iterator = value == null ? null : value.iterator();
}
```

需要传入的是一个 List 类型的对象，所以我们在补环境时同样需要给它一个 List 类型的对象，最终的代码如下所示：

```
@Override
public DvmObject<?> callObjectMethodV(BaseVM vm, DvmObject<?> dvmObject,
    String signature, VaList vaList) {
    if (signature.equals("java/util/zip/ZipFile->entries()Ljava/util/Enumeration;")){
        ZipFile zipFile = (ZipFile) dvmObject.getValue();
        Enumeration<? extends ZipEntry> entries = zipFile.entries();
```

```
    // return vm.resolveClass("java/util/Enumeration").newObject(entries);
    DvmClass ZipEntryClass = vm.resolveClass("java/util/zip/ZipEntry");
    List<DvmObject<?>> objs = new ArrayList<>();
    while (entries.hasMoreElements()){
        ZipEntry zipEntry = entries.nextElement();
        objs.add(ZipEntryClass.newObject(zipEntry));
    }
    return new com.github.unidbg.linux.android.dvm.Enumeration(vm,objs);
}
```

同理，我们继续往下补，先运行上述代码，抛出的异常如下所示：

```
java.lang.UnsupportedOperationException: java/util/zip/ZipEntry->getName()
    Ljava/lang/String;
    at com.github.unidbg.linux.android.dvm.AbstractJni.
        callObjectMethodV(AbstractJni.java:416)
    at com.r0ysue.unidbgBook.Chap22.MainActivity.callObjectMethodV
        (MainActivity.java:128)
```

同样是在调用对象的方法，我们需要先获取对象，再用对象调用对应的方法。它需要的返回值是一个 String 类型，即通过 StringObject 返回，代码如下所示：

```
@Override
public DvmObject<?> callObjectMethodV(BaseVM vm, DvmObject<?> dvmObject,
    String signature, VaList vaList) {
    if (signature.equals("java/util/zip/ZipEntry->getName()Ljava/lang/String;")){
        ZipEntry zipEntry = (ZipEntry) dvmObject.getValue();
        String name = zipEntry.getName();
        return new  StringObject(vm,name);
    }
    return super.callObjectMethodV(vm, dvmObject, signature, vaList);
}
```

继续运行代码，报错信息如下所示：

```
java.lang.UnsupportedOperationException: java/lang/String->endsWith(Ljava/
    lang/String;)Z
    at com.github.unidbg.linux.android.dvm.AbstractJni.
        callBooleanMethodV(AbstractJni.java:624)
    at com.github.unidbg.linux.android.dvm.AbstractJni.
        callBooleanMethodV(AbstractJni.java:602)
```

这个报错出现在 callBooleanMethodV() 方法中，代码如下所示：

```
@Override
public boolean callBooleanMethodV(BaseVM vm, DvmObject<?> dvmObject, String
    signature, VaList vaList) {
    if (signature.equals("java/lang/String->endsWith(Ljava/lang/String;)Z")){
        String value = (String) dvmObject.getValue();
        String suffix = (String) vaList.getObjectArg(0).getValue();
        return value.endsWith(suffix);
    }
    return super.callBooleanMethodV(vm, dvmObject, signature, vaList);
}
```

同样，我们需要先拿到对象，而且由于 endsWith 函数中有参数的传递，因此我们需要把参数也构造出来。vaList 是一个可变的参数列表，用第一个参数即可。继续运行代码，报错信息如下所示：

```
java.lang.UnsupportedOperationException: java/util/zip/ZipFile->getInputStream
    (Ljava/util/zip/ZipEntry;)Ljava/io/InputStream;
    at com.github.unidbg.linux.android.dvm.AbstractJni.callObjectMethodV
        (AbstractJni.java:416)
    at com.r0ysue.unidbgBook.Chap22.MainActivity.callObjectMethodV
        (MainActivity.java:128)
    at com.github.unidbg.linux.android.dvm.AbstractJni.callObjectMethodV
        (AbstractJni.java:262)
```

这个报错也出现在 callObjectMethodV() 方法中，代码如下所示：

```
@Override
public DvmObject<?> callObjectMethodV(BaseVM vm, DvmObject<?> dvmObject,
    String signature, VaList vaList) {
    if (signature.equals("java/util/zip/ZipFile->getInputStream(Ljava/util/
        zip/ZipEntry;)Ljava/io/InputStream;")){
        ZipFile zipFile = (ZipFile) dvmObject.getValue();
        ZipEntry zipEntry = (ZipEntry) vaList.getObjectArg(0).getValue();
        try {
            InputStream inputStream = zipFile.getInputStream(zipEntry);
            return vm.resolveClass("java/io/InputStream").newObject(inputStream);
        } catch (IOException e) {
            e.printStackTrace();
            return null;
        }
    }
    return super.callObjectMethodV(vm, dvmObject, signature, vaList);
}
```

涉及 I/O 的操作需要被包裹到 try…catch…中。继续运行代码，报错信息如下所示：

```
java.lang.UnsupportedOperationException: java/io/InputStream->read([B)I
    at com.github.unidbg.linux.android.dvm.AbstractJni.callIntMethodV
        (AbstractJni.java:562)
    at com.github.unidbg.linux.android.dvm.AbstractJni.callIntMethodV
        (AbstractJni.java:528)
    at com.github.unidbg.linux.android.dvm.DvmMethod.callIntMethodV(DvmMethod.
        java:109)
    at com.github.unidbg.linux.android.dvm.DalvikVM$47.handle(DalvikVM.java:821)
```

报错发生在 callIntMethodV() 方法中，需要补的是 InputStream 中的 read() 方法。根据参数和返回值，补充的代码如下所示：

```
@Override
public int callIntMethodV(BaseVM vm, DvmObject<?> dvmObject, String signature,
    VaList vaList) {
    if (signature.equals("java/io/InputStream->read([B)I")){
        InputStream inputStream = (InputStream) dvmObject.getValue();
```

```
        byte[] bytes = (byte[]) vaList.getObjectArg(0).getValue();
        try {
            int read = inputStream.read(bytes);
            return read;
        } catch (IOException e) {
            e.printStackTrace();
            return -1;
        }
    }
    return super.callIntMethodV(vm, dvmObject, signature, vaList);
}
```

继续运行代码，报错信息如下所示：

```
java.lang.UnsupportedOperationException: java/security/MessageDigest->update([B)V
    at com.github.unidbg.linux.android.dvm.AbstractJni.
        callVoidMethodV(AbstractJni.java:995)
    at com.github.unidbg.linux.android.dvm.AbstractJni.
        callVoidMethodV(AbstractJni.java:978)
    at com.github.unidbg.linux.android.dvm.DvmMethod.
        callVoidMethodV(DvmMethod.java:228)
    at com.github.unidbg.linux.android.dvm.DalvikVM$59.handle(DalvikVM.java:1045)
```

这里调用了 Java SDK 中的 MessageDigest 类。我们继续补，代码如下所示：

```
@Override
public void callVoidMethodV(BaseVM vm, DvmObject<?> dvmObject, String
    signature, VaList vaList) {
    if (signature.equals("java/security/MessageDigest->update([B)V")){
        MessageDigest md = (MessageDigest) dvmObject.getValue();
        byte[] bytes = (byte[]) vaList.getObjectArg(0).getValue();
        md.update(bytes);
        return;
    }
    super.callVoidMethodV(vm, dvmObject, signature, vaList);
}
```

继续运行代码，报错信息如下所示：

```
java.lang.UnsupportedOperationException: java/security/MessageDigest->digest()[B
    at com.github.unidbg.linux.android.dvm.AbstractJni.callObjectMethodV
        (AbstractJni.java:416)
    at com.r0ysue.unidbgBook.Chap22.MainActivity.callObjectMethodV
        (MainActivity.java:128)
    at com.github.unidbg.linux.android.dvm.AbstractJni.callObjectMethodV
        (AbstractJni.java:262)
```

还缺少 digest() 方法，我们继续补齐，代码如下所示：

```
@Override
public DvmObject<?> callObjectMethodV(BaseVM vm, DvmObject<?> dvmObject,
    String signature, VaList vaList) {
    if (signature.equals("java/security/MessageDigest->digest()[B")){
        MessageDigest md = (MessageDigest) dvmObject.getValue();
```

```
        byte[] digest = md.digest();
        return new ByteArray(vm, digest);
    }
    return super.callObjectMethodV(vm, dvmObject, signature, vaList);
}
```

再次运行代码，返回的结果出来了。与此同时，打开了 setVarbose 开关，也输出了 JNI 的执行流。结果如下所示：

```
JNIEnv->CallObjectMethodV(java.util.Enumeration@c730b35, nextElement() => java.
    util.zip.ZipEntry@3f6f6701) was called from RX@0x400016e3[libdogpro.so]0x16e3
JNIEnv->CallObjectMethodV(java.util.zip.ZipEntry@3f6f6701, getName() => "res/drawable/
    design_ic_visibility.xml") was called from RX@0x400016e3[libdogpro.so]0x16e3
JNIEnv->CallObjectMethodV("res/drawable/design_ic_visibility.xml",
    toLowerCase() => "res/drawable/design_ic_visibility.xml") was called from
    RX@0x400016e3[libdogpro.so]0x16e3
JNIEnv->GetStringUtfChars("res/drawable/design_ic_visibility.xml") was called
    from RX@0x40001749[libdogpro.so]0x1749
JNIEnv->CallBooleanMethodV("res/drawable/design_ic_visibility.xml", endsWith
    ("dog.png") => false) was called from RX@0x40001253[libdogpro.so]0x1253
JNIEnv->CallBooleanMethodV(java.util.Enumeration@c730b35, hasMoreElements() =>
    true) was called from RX@0x40001253[libdogpro.so]0x1253
JNIEnv->CallObjectMethodV(java.util.Enumeration@c730b35, nextElement() => java.
    util.zip.ZipEntry@1ed6388a) was called from RX@0x400016e3[libdogpro.so]0x16e3
JNIEnv->CallObjectMethodV(java.util.zip.ZipEntry@1ed6388a, getName() =>
    "res/drawable/design_ic_visibility_off.xml") was called from
    RX@0x400016e3[libdogpro.so]0x16e3
JNIEnv->CallObjectMethodV("res/drawable/design_ic_visibility_off.xml", toLowerCase()
    => "res/drawable/design_ic_visibility_off.xml") was called from
    RX@0x400016e3[libdogpro.so]0x16e3
JNIEnv->GetStringUtfChars("res/drawable/design_ic_visibility_off.xml") was
    called from RX@0x40001749[libdogpro.so]0x1749
JNIEnv->CallBooleanMethodV("res/drawable/design_ic_visibility_off.xml", endsWith
    ("dog.png") => false) was called from RX@0x40001253[libdogpro.so]0x1253
JNIEnv->CallBooleanMethodV(java.util.Enumeration@c730b35, hasMoreElements() =>
    true) was called from RX@0x40001253[libdogpro.so]0x1253
JNIEnv->CallObjectMethodV(java.util.Enumeration@c730b35, nextElement() => java.
    util.zip.ZipEntry@4f80542f) was called from RX@0x400016e3[libdogpro.so]0x16e3
JNIEnv->CallObjectMethodV(java.util.zip.ZipEntry@4f80542f, getName() => "res/
    drawable/design_password_eye.xml") was called from RX@0x400016e3[libdogpro.so]0x16e3
JNIEnv->CallObjectMethodV("res/drawable/design_password_eye.xml",
    toLowerCase() => "res/drawable/design_password_eye.xml") was called from
    RX@0x400016e3[libdogpro.so]0x16e3
JNIEnv->GetStringUtfChars("res/drawable/design_password_eye.xml") was called
    from RX@0x40001749[libdogpro.so]0x1749
JNIEnv->CallBooleanMethodV("res/drawable/design_password_eye.xml", endsWith("dog.
    png") => false) was called from RX@0x40001253[libdogpro.so]0x1253
JNIEnv->CallBooleanMethodV(java.util.Enumeration@c730b35, hasMoreElements() =>
    true) was called from RX@0x40001253[libdogpro.so]0x1253
JNIEnv->CallObjectMethodV(java.util.Enumeration@c730b35, nextElement() => java.
    util.zip.ZipEntry@130c12b7) was called from RX@0x400016e3[libdogpro.so]0x16e3
JNIEnv->CallObjectMethodV(java.util.zip.ZipEntry@130c12b7, getName() =>
    "res/drawable/design_snackbar_background.xml") was called from
```

```
           RX@0x400016e3[libdogpro.so]0x16e3
JNIEnv->CallObjectMethodV("res/drawable/design_snackbar_background.xml",
    toLowerCase() => "res/drawable/design_snackbar_background.xml") was called
    from RX@0x400016e3[libdogpro.so]0x16e3
JNIEnv->GetStringUtfChars("res/drawable/design_snackbar_background.xml") was
    called from RX@0x40001749[libdogpro.so]0x1749
JNIEnv->CallBooleanMethodV("res/drawable/design_snackbar_background.xml", endsWith
    ("dog.png") => false) was called from RX@0x40001253[libdogpro.so]0x1253
JNIEnv->CallBooleanMethodV(java.util.Enumeration@c730b35, hasMoreElements() =>
    true) was called from RX@0x40001253[libdogpro.so]0x1253
JNIEnv->CallObjectMethodV(java.util.Enumeration@c730b35, nextElement() => java.
    util.zip.ZipEntry@5d534f5d) was called from RX@0x400016e3[libdogpro.so]0x16e3
JNIEnv->CallObjectMethodV(java.util.zip.ZipEntry@5d534f5d, getName() => "res/
    drawable/dog.png") was called from RX@0x400016e3[libdogpro.so]0x16e3
JNIEnv->CallObjectMethodV("res/drawable/dog.png", toLowerCase() => "res/
    drawable/dog.png") was called from RX@0x400016e3[libdogpro.so]0x16e3
JNIEnv->GetStringUtfChars("res/drawable/dog.png") was called from
    RX@0x40001749[libdogpro.so]0x1749
JNIEnv->CallBooleanMethodV("res/drawable/dog.png", endsWith("dog.png") =>
    true) was called from RX@0x40001253[libdogpro.so]0x1253
JNIEnv->GetMethodID(java/util/zip/ZipFile.getInputStream(Ljava/util/zip/
    ZipEntry;)Ljava/io/InputStream;) => 0xb225c4d4 was called from
    RX@0x40001195[libdogpro.so]0x1195
JNIEnv->CallObjectMethodV(java.util.zip.ZipFile@557caf28, getInputStream(java.
    util.zip.ZipEntry@5d534f5d) => java.io.InputStream@a38c7fe) was called
    from RX@0x400016e3[libdogpro.so]0x16e3
JNIEnv->GetMethodID(java/io/InputStream.read([B)I) => 0x7b2c3fda was called
    from RX@0x40001195[libdogpro.so]0x1195
JNIEnv->NewByteArray(256) was called from RX@0x40001769[libdogpro.so]0x1769
JNIEnv->FindClass(java/security/MessageDigest) was called from
    RX@0x40001127[libdogpro.so]0x1127
JNIEnv->GetStaticMethodID(java/security/MessageDigest.getInstance(Ljava/
    lang/String;)Ljava/security/MessageDigest;) => 0x5c20796 was called from
    RX@0x40001799[libdogpro.so]0x1799
JNIEnv->NewStringUTF("MD5") was called from RX@0x40001165[libdogpro.so]0x1165
JNIEnv->CallStaticObjectMethodV(class java/security/MessageDigest,
    getInstance("MD5") => java.security.MessageDigest@25641d39) was called
    from RX@0x400017eb[libdogpro.so]0x17eb
JNIEnv->CallIntMethodV(java.io.InputStream@a38c7fe, read([B@7b36aa0c) =>
    0x100) was called from RX@0x4000185f[libdogpro.so]0x185f
JNIEnv->GetMethodID(java/security/MessageDigest.update([B)V) => 0x7d1a6599 was
    called from RX@0x40001195[libdogpro.so]0x1195
JNIEnv->CallVoidMethodV(java.security.MessageDigest@25641d39,
    update([B@7b36aa0c)) was called from RX@0x400011e7[libdogpro.so]0x11e7
JNIEnv->GetMethodID(java/security/MessageDigest.digest()[B) => 0x6ccd1d46 was
    called from RX@0x40001195[libdogpro.so]0x1195
JNIEnv->CallObjectMethodV(java.security.MessageDigest@25641d39, digest() =>
    [B@5824a83d) was called from RX@0x400016e3[libdogpro.so]0x16e3
JNIEnv->GetArrayLength([B@5824a83d => 16) was called from
    RX@0x400018c7[libdogpro.so]0x18c7
JNIEnv->NewStringUTF("D3E550889725A6A7C5E834ECCDB4B73E") was called from
    RX@0x40001165[libdogpro.so]0x1165
result ==> D3E550889725A6A7C5E834ECCDB4B73E
```

可以明显地看到，JNI 的执行流就是我们刚才补充环境的顺序，当然有一些是 unidbg 帮我们补好的。

我们终于把结果运行了出来，过程中不知补了多少函数。在获取最终结果的那一刹那，我们知道前面的所有努力都是值得的。有意思的是，现实中，我们并不知道中间会有多少函数，也不知道我们会在哪一个节点放弃，这可能就是 unidbg 的魅力吧。

22.4　本章小结

本章中，笔者带领大家正式地学习了如何补环境。其实跟着笔者走下来，你可能会发现，补环境毫无规律可言，需要的是不断从实操中总结经验。接下来的几章，希望读者继续跟随笔者的步伐，一起增加补环境的经验。

第 23 章 · *Chapter 23*

unidbg 补环境实战：标识记录

本章将会涉及两个样本的补环境问题：如何处理动态注册函数抛出的异常，以及如何应对 Android 中特有环境补充的问题。除此之外，笔者自己编写了一个样本，算是设备风控的一个雏形，主要还是对文件的操作。下面让我们一起把这两个问题解决了。

本章的实操性很强，建议读者顺着笔者的思路动手实操起来。

23.1 样本一：如何补 JNI_OnLoad 环境

接下来，我们来看 unidbg 如何补 JNI_OnLoad 的环境。

23.1.1 基本环境搭建

第一个样本是一个商业 App，这里不便于贴图，先把 unidbg 的框架搭建起来，代码如下所示：

```
package com.r0ysue.unidbgBook.Chap23;

import com.github.unidbg.AndroidEmulator;
import com.github.unidbg.Module;
import com.github.unidbg.linux.android.AndroidEmulatorBuilder;
import com.github.unidbg.linux.android.AndroidResolver;
import com.github.unidbg.linux.android.dvm.*;
import com.github.unidbg.linux.android.dvm.array.ArrayObject;
import com.github.unidbg.linux.android.dvm.array.ByteArray;
import com.github.unidbg.memory.Memory;
```

```java
import java.io.File;
import java.io.IOException;
import java.io.InputStream;
import java.security.MessageDigest;
import java.util.zip.ZipEntry;
import java.util.zip.ZipFile;


public class MainActivity extends AbstractJni {
    private final AndroidEmulator emulator;
    private final VM vm;
    private final Memory memory;
    private final Module module;

    public MainActivity(){
        emulator = AndroidEmulatorBuilder
                .for32Bit()
                .build();

        memory = emulator.getMemory();
        memory.setLibraryResolver(new AndroidResolver(23));

        vm = emulator.createDalvikVM(
                new File("unidbg-android/src/test/java/com/r0ysue/unidbgBook/
                    Chap23/boss_last.apk"));
        vm.setVerbose(true);
        vm.setJni(this);

        DalvikModule dalvikModule = vm.loadLibrary(
                new File("unidbg-android/src/test/java/com/r0ysue/unidbgBook/
                    Chap23/libyzwg.so"), false);
        module = dalvikModule.getModule();

        vm.callJNI_OnLoad(emulator,module);
    }

    public static void main(String[] args) {
        MainActivity mainActivity = new MainActivity();
    }
}
```

　　上述框架并没有调用任何方法，只是为了让 JNI_OnLoad 调用顺利执行。注意：笔者这里直接在 emulator.createDalvikVM 中传入目标的 APK 文件，有时不传 APK 文件会有莫名其妙的错误，所以建议大家都加上，养成好习惯，而这并不会花费太多时间。

　　如果只需要查看 so 中方法的结果，直接使用 unidbg 就好，这可以让我们大大减轻对 IDA 的依赖。

23.1.2　运行项目，异常分析

　　完成上述代码的编写后，开始运行代码，有如下报错：

```
[18:04:45 977]  WARN [com.github.unidbg.linux.ARM32SyscallHandler]
    (ARM32SyscallHandler:532) - handleInterrupt intno=2, NR=0, svcNumber=
    0x18d, PC=unidbg@0xfffe0964, LR=RX@0x4000a87b[libyzwg.so]0xa87b, syscall=null
java.lang.UnsupportedOperationException: com/twl/signer/YZWG-
    >gContext:Landroid/content/Context;
    at com.github.unidbg.linux.android.dvm.AbstractJni.getStaticObjectField(Ab
        stractJni.java:103)
    at com.github.unidbg.linux.android.dvm.AbstractJni.getStaticObjectField(Ab
        stractJni.java:53)
    ...
    at com.github.unidbg.linux.android.dvm.BaseVM.callJNI_OnLoad(BaseVM.java:346)
    at com.r0ysue.unidbgBook.Chap23.MainActivity.<init>(MainActivity.java:43)
    at com.r0ysue.unidbgBook.Chap23.MainActivity.main(MainActivity.java:49)
[18:04:45 979]  WARN [com.github.unidbg.AbstractEmulator]
    (AbstractEmulator:420) - emulate RX@0x4000a835[libyzwg.so]0xa835 exception
    sp=unidbg@0xbffff710, msg=com/twl/signer/YZWG->gContext:Landroid/content/
    Context;, offset=13ms
```

异常中出现了 Context，熟悉 Android 开发的读者会知道 Context 是 Android 程序运行起来的关键。我们知道 Android 程序主要是用 Java 语言编写的，那么用 Java 编写的 Android 程序和普通的 Java 程序的最大区别是什么？它们划分的界限又在哪里？Android 的程序不像 Java 的程序，创建一个类，运行其中的 main 方法就能让程序运行起来，它需要一个完整、完善的 Android 工程环境。在这个环境下，有 Activity、Service、BroadCast 等常见的系统组件，这些组件不是用 Java 简单编写出来的，它们的启动和运行需要一个完整的上下文环境，而这个上下文环境就是以上异常中出现的 Context。通俗地讲，Context 是维持 Android 程序中各个组件正常工作的核心功能类。

注意，我们当前在 Java 环境下，Context 是 Android 程序中的组件，虽然我们不能像前面介绍的那样直接使用 MessageDigest（Java 中 SDK 提供的工具类）去补这类环境，但是我们可以遵循一个补环境的准则：新建一个这种类，不过先将类的对象置空。

与此同时，我们还要知道这里的报错是指什么，在做什么事情，以及它所构造参数的数据类型是什么等，以便下次再遇到时能给对象一个合理的值，这也是一种方案。这里我们先把对象置空，把流程正常走下去，等需要的时候再回过头来补。

1. Context 补环境

补好的代码如下所示：

```
@Override
public DvmObject<?> getStaticObjectField(BaseVM vm, DvmClass dvmClass, String
    signature) {
    // 签名筛选
    if (signature.equals("com/twl/signer/YZWG->gContext:Landroid/content/Context;")){
        // 先传空的对象
        return vm.resolveClass("android/content/Context").newObject(null);
    }
    // 执行父类的方法
```

```
        return super.getStaticObjectField(vm, dvmClass, signature);
    }
```

2. JNI 版本

补完后，继续运行代码，有一个 vm 抛出的异常：

```
[main]D/YZWG: JNI_OnLoad called
Exception in thread "main" java.lang.IllegalStateException: Illegal JNI
    version: 0xffffffff
    at com.github.unidbg.linux.android.dvm.BaseVM.checkVersion(BaseVM.java:210)
    at com.github.unidbg.linux.android.dvm.DalvikModule.callJNI_
        OnLoad(DalvikModule.java:39)
    at com.github.unidbg.linux.android.dvm.BaseVM.callJNI_OnLoad(BaseVM.java:346)
    at com.r0ysue.unidbgBook.Chap23.MainActivity.<init>(MainActivity.java:43)
```

从字面含义来看，这是因为使用了非法的 JNI 版本，那么它支持的 JNI 版本有哪些呢？
unidbg 中的 checkVersion 实现如下所示：

```
final void checkVersion(int version) {
    if (version != JNI_VERSION_1_1 &&
            version != JNI_VERSION_1_2 &&
            version != JNI_VERSION_1_4 &&
            version != JNI_VERSION_1_6 &&
            version != JNI_VERSION_1_8) {
        if (log.isTraceEnabled()) {
            emulator.attach().debug();
        }
        throw new IllegalStateException("Illegal JNI version: 0x" + Integer.
            toHexString(version));
    }
}
```

很明显，我们调用的 JNI_OnLoad 并不是一个合法的版本。这里简述一下 JNI_OnLoad。
当 Android 中的 VM 执行到 System.loadLibrary() 函数，即 Java 层去加载 so 的时候，首要
执行的是 Native 层的 JNI_OnLoad 函数。其中，在初始化时，JNI_OnLoad 函数中需要指
定 JNI 的版本，告诉 VM 要使用 JNI 的哪个版本。当然我们也可以在自己的 so 文件中编写
JNI_OnLoad 函数，这就是俗称的动态注册。如果 so 没有提供 JNI_OnLoad 函数，VM 会默
认使用最古老的版本，即 JNI_VERSION_1_1。不同的 JNI 版本有不同的特性，具体需要读
者自己研究，这里不展开。至于为什么抛出异常，我们先留一个悬念，最后探讨报出异常信
息的原因。

与此同时，我们打开 setVarbose 的开关，并再次运行代码，看一下 JNI 的执行流：

```
// 查找类，unidbg 的 AbstractJNI 帮我们补全
JNIEnv->FindClass(com/twl/signer/YZWG) was called from RX@0x4000a561[libyzwg.
    so]0xa561
// 获取静态 fieldID, unidbg 的 AbstractJNI 帮我们补全
JNIEnv->GetStaticFieldID(com/twl/signer/YZWG.gContextLandroid/content/
    Context;) => 0x200e062f was called from RX@0x4000a577[libyzwg.so]0xa577
// 获取对象的 field, unidbg 的 AbstractJNI 帮我们补全
```

```
JNIEnv->GetStaticObjectField(class com/twl/signer/YZWG, gContext Landroid/
    content/Context; => android.content.Context@206a70ef) was called from
    RX@0x4000a87b[libyzwg.so]0xa87b
// 获取 getPackageManager
JNIEnv->GetMethodID(android/content/Context.getPackageManager()
    Landroid/content/pm/PackageManager;) => 0x3acc78f0 was called from
    RX@0x40027d63[libyzwg.so]0x27d63
// 调用
JNIEnv->CallObjectMethod(android.content.Context@206a70ef, getPackageManager()
    => android.content.pm.PackageManager@34e9fd99) was called from
    RX@0x40027d71[libyzwg.so]0x27d71
// 获取 getPackagesForUid
JNIEnv->GetMethodID(android/content/pm/PackageManager.getPackagesForUid(I)
    [Ljava/lang/String;) => 0x3fc7d353 was called from RX@0x40027d93[libyzwg.
    so]0x27d93
[19:02:27 543]  WARN [com.github.unidbg.linux.ARM32SyscallHandler]
    (ARM32SyscallHandler:532) - handleInterrupt intno=2, NR=-130448,
    svcNumber=0x11e, PC=unidbg@0xfffe0274,
```

从上述 JNI 的执行流来看，我们前面获取到的 Context 只是为了能够调用 getPackage-Manager() 方法，进而调用 getPackagesForUid() 方法，但是执行流到了 getPackagesForUid() 方法就断了下来，不出所料，异常应该是由缺少这个方法的环境导致的。环境缺失的异常如下所示：

```
[19:02:27 543]  WARN [com.github.unidbg.linux.ARM32SyscallHandler]
    (ARM32SyscallHandler:532) - handleInterrupt intno=2, NR=-130448,
    svcNumber=0x11e, PC=unidbg@0xfffe0274, LR=RX@0x40027da5[libyzwg.
    so]0x27da5, syscall=null
java.lang.UnsupportedOperationException: android/content/pm/PackageManager-
    >getPackagesForUid(I)[Ljava/lang/String;
    at com.github.unidbg.linux.android.dvm.AbstractJni.
        callObjectMethod(AbstractJni.java:921)
    at com.github.unidbg.linux.android.dvm.AbstractJni.
        callObjectMethod(AbstractJni.java:855)
    at com.github.unidbg.linux.android.dvm.DvmMethod.
        callObjectMethod(DvmMethod.java:74)
        ...
    at com.github.unidbg.linux.android.dvm.BaseVM.callJNI_OnLoad(BaseVM.java:346)
    at com.r0ysue.unidbgBook.Chap23.MainActivity.<init>(MainActivity.java:43)
    at com.r0ysue.unidbgBook.Chap23.MainActivity.main(MainActivity.java:49)
[19:02:27 545]  WARN [com.github.unidbg.AbstractEmulator]
    (AbstractEmulator:420) - emulate RX@0x4000a835[libyzwg.so]0xa835
    exception sp=unidbg@0xbffff6c8, msg=android/content/pm/PackageManager-
    >getPackagesForUid(I)[Ljava/lang/String;, offset=13ms
```

getPackagesForUid() 方法出了问题，对于这种系统的 API，我们可以查阅资料，也可以使用 Hook 查看它的返回值。这里我们首先查阅资料看看它是干什么的。它的函数原型如下所示，它的作用是通过 uid 获取包名。

```
public String getPackagesForUid(int uid) {
```

```
        return mContext.getPackageManager().getPackagesForUid(uid)[0];
}
```

同我们在 JNI 流程中分析的结果一致，用 Context 调用 getPackageManager() 方法，再调用目标的方法。根据 unidbg 的异常结果提示，它的返回值是一个字符串数组，我们可以在 unidbg 中看一看它的值，代码如下所示：

```
@Override
public DvmObject<?> callObjectMethod(BaseVM vm, DvmObject<?> dvmObject, String
    signature, VarArg varArg) {
    if (signature.equals("android/content/pm/PackageManager-
        >getPackagesForUid(I)[Ljava/lang/String;")){
        int uid = varArg.getIntArg(0);
        System.err.println("uid:"+uid);
        return new ArrayObject(new StringObject(vm, vm.getPackageName()));
    }
    return super.callObjectMethod(vm, dvmObject, signature, varArg);
}
```

同时，我们把这个缺失的环境也补了，它返回的是一个数组。上一章提到，对于一些基本类型，直接使用 unidbg 定义好的即可。虽然正常应该是使用 resolveClass，但是 unidbg 已经将数组定义为 ArrayObject 类，所以这里直接这样使用即可。然后把包名传进去看看有什么效果。最终运行代码，显示"uid：0"。也就是说，运行代码后并没有其他报错，而是显示下一个环境的问题。

继续往下补，上面代码的异常信息如下：

```
java.lang.UnsupportedOperationException: java/lang/String->hashCode()I
    at com.github.unidbg.linux.android.dvm.AbstractJni.callIntMethod(AbstractJni.java:953)
    at com.github.unidbg.linux.android.dvm.AbstractJni.callIntMethod(AbstractJni.java:926)
    at com.github.unidbg.linux.android.dvm.DvmMethod.callIntMethod(DvmMethod.java:129)
        ...
    at com.github.unidbg.linux.android.dvm.BaseVM.callJNI_OnLoad(BaseVM.java:346)
    at com.r0ysue.unidbgBook.Chap23.MainActivity.<init>(MainActivity.java:43)
    at com.r0ysue.unidbgBook.Chap23.MainActivity.main(MainActivity.java:49)
[19:46:54 803]  WARN [com.github.unidbg.AbstractEmulator]
    (AbstractEmulator:420) - emulate RX@0x4000a835[libyzwg.so]0xa835 exception
    sp=unidbg@0xbffff6c8, msg=java/lang/String->hashCode()I, offset=109ms
```

根据异常信息，补出来的环境代码如下所示：

```
@Override
public int callIntMethod(BaseVM vm, DvmObject<?> dvmObject, String signature,
    VarArg varArg) {
    if (signature.equals("java/lang/String->hashCode()I")){
        String s = dvmObject.getValue().toString();
        int hash = s.hashCode();
        return hash;
    }
    return super.callIntMethod(vm, dvmObject, signature, varArg);
}
```

再次运行代码后，程序就能正常运行了，且没有产生任何异常，还显示了在函数中注册的方法数量，前面的JNI版本问题也消失了。运行代码后的回显如下所示：

```
// 这里省略了上面展示过的 JNI 流程
...
JNIEnv->CallObjectMethod(android.content.pm.Signature@10163d6, toCharsString() =>
    "308201c13082012aa003020102020453b67db0300d06092a864886f70d010105050030
    24310d300b060355040b13046870627231133011060355040313130a626f73737a686970696e
    3020170d3134303730343130313035365a180f32313133330363130313030313035365a302431
    0d300b060355040b13046870627231133011060355040313130a626f73737a686970696e e3081
    9f300d06092a864886f70d010101050003818d00308189028181008d38ee8f6b8d349c152b
    2dfbac13bc4ffbd6104a6c6eea8112d8d6e3bb15149cc8c79dc622fd6c2f654c87bf20ccfb
    3b15105c2e35807e004c14ca70ef94d29fbdd39c4f7382bc9e4c64f2a6f415022aa474
    5afb0a65714fee6e03cab70e946f7d8839b1fe00bdd6857fce138ede301616aafd855fc12a
    bbd02010b76463c8f70203010001300d06092a864886f70d010105050003818100025a4
    10b9fbc0e3139243cd9368fb755f5cd113454f18441373231bf75d4e20f3608e569a0dce32
    a26ec1e6a5105e61d87b753b903d5bb7eb4646676ab08247290c3eced459bc93a81ec0ff13
    c7676c3b4763b64414da2e93b433d7869f98bd70818347227c402e7af21da16825bd392
    e59e549fd3b35be5540e400607e6c211b") was called from RX@0x40027e8d[libyzwg.
    so]0x27e8d
JNIEnv->GetMethodID(java/lang/String.hashCode()I) => 0x7eba2037 was called
    from RX@0x40027ec5[libyzwg.so]0x27ec5
JNIEnv->CallIntMethod("308201c13082012aa003020102020453b67db0300d06092a864886f
    70d010105050030 24310d300b060355040b13046870627231133011060355040313130a62
    6f73737a686970696e e3020170d3134303730343130313035365a180f32313133330363
    130313031303035365a3024310d300b060355040b13046870627231133011060355040313130
    a626f73737a686970696e e30819f300d06092a864886f70d010101050003818d0030818902
    8181008d38ee8f6b8d349c152b2dfbac13bc4ffbd6104a6c6eea8112d8d6e3bb1514
    9cc8c79dc622fd6c2f654c87bf20ccfb3b15105c2e35807e004c14ca70ef94d29fbdd39c4f
    7382bc9e4c64f2a6f415022aa4745afb0a65714fee6e03cab70e946f7d8839b1fe00bdd685
    7fce138ede301616aafd855fc12abbd02010b76463c8f70203010001300d06092a864886f
    70d010105050000381810025a410b9fbc0e3139243cd9368fb755f5cd113454f18441373231
    bf75d4e20f3608e569a0dce32a26ec1e6a5105e61d87b753b903d5bb7eb4646676ab082472
    90c3eced459bc93a81ec0ff13c7676c3b4763b64414da2e93b433d7869f98bd70818347
    227c402e7af21da16825bd392e59e549fd3b35be5540e400607e6c211b", hashCode() =>
    0x1c9ecc8) was called from RX@0x40027ed3[libyzwg.so]0x27ed3
JNIEnv->FindClass(com/twl/signer/YZWG) was called from RX@0x4000a895[libyzwg.
    so]0xa895
JNIEnv->RegisterNatives(com/twl/signer/YZWG, RW@0x40031024[libyzwg.so]0x31024,
    5) was called from RX@0x4000a8b9[libyzwg.so]0xa8b9
RegisterNative(com/twl/signer/YZWG, nativeEncodePassword(Ljava/lang/String;)
    Ljava/lang/String;, RX@0x40027f2d[libyzwg.so]0x27f2d)
RegisterNative(com/twl/signer/YZWG, nativeEncodeData([BLjava/lang/String;)
    Ljava/lang/String;, RX@0x40027fe5[libyzwg.so]0x27fe5)
RegisterNative(com/twl/signer/YZWG, nativeSignature([BLjava/lang/String;)[B,
    RX@0x400280e9[libyzwg.so]0x280e9)
RegisterNative(com/twl/signer/YZWG, nativeDecodeContent(Ljava/lang/
    String;Ljava/lang/String;)[B, RX@0x4002824d[libyzwg.so]0x2824d)
RegisterNative(com/twl/signer/YZWG, nativeDecodeContent([BLjava/lang/
    String;III)[B, RX@0x40028395[libyzwg.so]0x28395)
[main]D/YZWG: register method, method count:5
```

经过调试发现，unidbg的执行流是一致的，但是在JNI的所有环境补完后JNI版本问

题就不见了,这是为什么呢?我们看看 JNI_OnLoad 中的函数原型:

```
JNIEXPORT jint JNI_OnLoad(JavaVM* vm, void* reserved) {
    JNIEnv* env;
    if (vm->GetEnv(reinterpret_cast<void**>(&env), JNI_VERSION_1_6) != JNI_OK) {
        return JNI_ERR;
    }

    jclass c = env->FindClass("com/example/app/package/MyClass");
    if (c == nullptr) return JNI_ERR;

    static const JNINativeMethod methods[] = {
        {"nativeFoo", "()V", reinterpret_cast<void*>(nativeFoo)},
        {"nativeBar", "(Ljava/lang/String;I)Z", reinterpret_cast<void*>(nativeBar)},
    };
    int rc = env->RegisterNatives(c, methods, sizeof(methods)/sizeof
        (JNINativeMethod));
    if (rc != JNI_OK) return rc;

    return JNI_VERSION_1_6;
}
```

它返回的是 JNI 的版本信息,也就是说我们前面没有补完正常的环境,这个函数无法返回,所以 unidbg 检查版本的时候就没有,最终抛出了非法的异常。同时,从日志上来看,它注册了 5 个函数,即 5 个动态注册函数。

最终的代码如下所示:

```
package com.r0ysue.unidbgBook.Chap23;

import com.github.unidbg.AndroidEmulator;
import com.github.unidbg.Module;
import com.github.unidbg.linux.android.AndroidEmulatorBuilder;
import com.github.unidbg.linux.android.AndroidResolver;
import com.github.unidbg.linux.android.dvm.*;
import com.github.unidbg.linux.android.dvm.array.ArrayObject;
import com.github.unidbg.linux.android.dvm.array.ByteArray;
import com.github.unidbg.memory.Memory;

import java.io.File;
import java.io.IOException;
import java.io.InputStream;
import java.security.MessageDigest;
import java.util.zip.ZipEntry;
import java.util.zip.ZipFile;


public class MainActivity extends AbstractJni {
    private final AndroidEmulator emulator;
    private final VM vm;
    private final Memory memory;
    private final Module module;
```

```java
public MainActivity(){
    emulator = AndroidEmulatorBuilder
            .for32Bit()
            .build();

    memory = emulator.getMemory();
    memory.setLibraryResolver(new AndroidResolver(23));

    vm = emulator.createDalvikVM(
            new File("unidbg-android/src/test/java/com/r0ysue/unidbgBook/
                Chap23/boss_last.apk"));
    vm.setVerbose(true);
    vm.setJni(this);

    DalvikModule dalvikModule = vm.loadLibrary(
            new File("unidbg-android/src/test/java/com/r0ysue/unidbgBook/
                Chap23/libyzwg.so"), false);
    module = dalvikModule.getModule();

    vm.callJNI_OnLoad(emulator,module);
}


public static void main(String[] args) {
    MainActivity mainActivity = new MainActivity();
}

@Override
public DvmObject<?> getStaticObjectField(BaseVM vm, DvmClass dvmClass,
    String signature) {
    if (signature.equals("com/twl/signer/YZWG->gContext:Landroid/content/
        Context;")){
        return vm.resolveClass("android/content/Context").newObject(null);
    }
    return super.getStaticObjectField(vm, dvmClass, signature);
}

@Override
public DvmObject<?> callObjectMethod(BaseVM vm, DvmObject<?> dvmObject,
    String signature, VarArg varArg) {
    if (signature.equals("android/content/pm/PackageManager-
        >getPackagesForUid(I)[Ljava/lang/String;")){
        int uid = varArg.getIntArg(0);
        System.err.println("uid:"+uid);
        return new ArrayObject(new StringObject(vm, vm.getPackageName()));
    }
    return super.callObjectMethod(vm, dvmObject, signature, varArg);
}

@Override
public int callIntMethod(BaseVM vm, DvmObject<?> dvmObject, String
    signature, VarArg varArg) {
```

```
            if (signature.equals("java/lang/String->hashCode()I")){
                String s = dvmObject.getValue().toString();
                int hash = s.hashCode();
                return hash;
            }
            return super.callIntMethod(vm, dvmObject, signature, varArg);
        }
    }
```

23.2 样本二：文件标识的补环境策略

接下来，我们一起来看一看如何做文件类补环境的操作。

23.2.1 环境搭建

样本是笔者编写的一个 demo 文件，使用 jadx-gui 打开后，只有一个界面，即 MainActivity，如图 23-1 所示。

```
    /* loaded from: classes3.dex */
21  public class MainActivity extends AppCompatActivity {
        private ActivityMainBinding binding;

        public native void SysInfo();

        public native void base64result(String str);

        public native void detectFile();

        public native void detectFileNew();

        public native void getAppFilesDir();

        static {
23          System.loadLibrary("doglite");
        }

        /* JADX INFO: Access modifiers changed from: protected */
        @Override // androidx.fragment.app.FragmentActivity, androidx.activity.ComponentActivity, androidx.core.app.Component
29      public void onCreate(Bundle savedInstanceState) {
30          super.onCreate(savedInstanceState);
32          ActivityMainBinding inflate = ActivityMainBinding.inflate(getLayoutInflater());
            this.binding = inflate;
33          setContentView(inflate.getRoot());
36          TextView tv = this.binding.sampleText;
37          tv.setText("hello baby");
38          detectFile();
39          detectFileNew();
40          SysInfo();
41          getAppFilesDir();
42          base64result("12345");
        }

54      public void SysInfoJava() {
55          Application application = getApplication();
56          ContentResolver contentResolver = application.getContentResolver();
57          String id = Settings.Secure.getString(contentResolver, "android_id");
58          Log.e("android id:", id);
        }
```

图 23-1 MainActivity 函数情况

我们根据函数的顺序依次来调用。首先调用 detectFile() 函数，代码如下所示：

```
package com.r0ysue.unidbgBook.Chap23;
```

```java
import com.github.unidbg.AndroidEmulator;
import com.github.unidbg.Module;
import com.github.unidbg.linux.android.AndroidEmulatorBuilder;
import com.github.unidbg.linux.android.AndroidResolver;
import com.github.unidbg.linux.android.dvm.*;
import com.github.unidbg.linux.android.dvm.array.ArrayObject;
import com.github.unidbg.memory.Memory;

import java.io.File;


public class MainActivity2 extends AbstractJni {
    private final AndroidEmulator emulator;
    private final VM vm;
    private final Memory memory;
    private final Module module;
    // 为了调用 so 中的函数，可以声明一个全局 obj 对象
    private final DvmObject<?> obj;

    public MainActivity2(){
        emulator = AndroidEmulatorBuilder
                .for32Bit()
                .build();

        memory = emulator.getMemory();
        memory.setLibraryResolver(new AndroidResolver(23));

        vm = emulator.createDalvikVM(new File("unidbg-android/src/test/java/
            com/r0ysue/unidbgBook/Chap23/DogLite.apk"));
        vm.setVerbose(true);
        vm.setJni(this);

        DalvikModule dalvikModule = vm.loadLibrary(
                new File("unidbg-android/src/test/java/com/r0ysue/unidbgBook/
                    Chap23/libdoglite.so"), false);
        module = dalvikModule.getModule();

        vm.callJNI_OnLoad(emulator,module);

        obj = vm.resolveClass("com/example/doglite/MainActivity").newObject(null);
    }



    public static void main(String[] args) {
        MainActivity2 mainActivity = new MainActivity2();
        mainActivity.detectFile();
    }

    // 声明 detectFile() 方法
    private void detectFile() {
        obj.callJniMethod(emulator, "detectFile()V");
    }
}
```

23.2.2 文件标识策略

运行代码后，有如下报错信息：

```
[21:47:21 494]  WARN [com.github.unidbg.linux.ARM32SyscallHandler]
    (ARM32SyscallHandler:532) - handleInterrupt intno=2, NR=-1073744148,
    svcNumber=0x119, PC=unidbg@0xfffe0224, LR=RX@0x40000f41[libdoglite.
    so]0xf41, syscall=null
java.lang.UnsupportedOperationException: java/io/File-><init>(Ljava/lang/
    String;)V
    at com.github.unidbg.linux.android.dvm.AbstractJni.newObjectV(AbstractJni.java:791)
    at com.github.unidbg.linux.android.dvm.AbstractJni.newObjectV(AbstractJni.java:746)
    at com.github.unidbg.linux.android.dvm.DvmMethod.newObjectV(DvmMethod.java:213)
        ...
    at com.github.unidbg.Module.emulateFunction(Module.java:163)
    at com.github.unidbg.linux.android.dvm.DvmObject.callJniMethod(DvmObject.java:135)
    at com.github.unidbg.linux.android.dvm.DvmObject.callJniMethod(DvmObject.java:52)
    at com.r0ysue.unidbgBook.Chap23.MainActivity2.detectFile(MainActivity2.java:57)
    at com.r0ysue.unidbgBook.Chap23.MainActivity2.main(MainActivity2.java:47)
```

上述报错显示了 File 类的缺失，并且没有找到它的构造方法。按照惯例，我们继续去补全它，代码如下所示：

```
@Override
public DvmObject<?> newObjectV(BaseVM vm, DvmClass dvmClass, String signature,
    VaList vaList) {
    if (signature.equals("java/io/File-><init>(Ljava/lang/String;)V")){
        String path = (String) vaList.getObjectArg(0).getValue();
        System.err.println("path:"+path);
        return vm.resolveClass("java/io/File").newObject(path);
    }
    return super.newObjectV(vm, dvmClass, signature, vaList);
}
```

除此之外，笔者还打印了传入的参数，因为此构造方法中，需要传入一个 String 来配合运行，并且无返回值。想想也知道，构造函数怎么能有返回值呢？这里笔者同时把 path 传进去以完成这个构造函数，当然也可以传 null，但是如果后面有对这个类的引用，就不好处理了。建议大家尽量补得完美一点。运行代码，看看有什么报错信息：

```
[22:09:00 686]  WARN [com.github.unidbg.linux.ARM32SyscallHandler]
    (ARM32SyscallHandler:532) - handleInterrupt intno=2, NR=-1073744148,
    svcNumber=0x122, PC=unidbg@0xfffe02b4, LR=RX@0x40000fb7[libdoglite.
    so]0xfb7, syscall=null
java.lang.UnsupportedOperationException: java/io/File->exists()Z
    at com.github.unidbg.linux.android.dvm.AbstractJni.callBooleanMethodV
        (AbstractJni.java:624)
    at com.github.unidbg.linux.android.dvm.AbstractJni.callBooleanMethodV
        (AbstractJni.java:602)
    at com.github.unidbg.linux.android.dvm.DvmMethod.callBooleanMethodV
        (DvmMethod.java:119)
    at com.github.unidbg.linux.android.dvm.DalvikVM$35.handle(DalvikVM.java:624)
```

```
        at com.github.unidbg.linux.ARM32SyscallHandler.hook(ARM32SyscallHandler.java:131)
            ...
        at com.github.unidbg.Module.emulateFunction(Module.java:163)
        at com.github.unidbg.linux.android.dvm.DvmObject.callJniMethod(DvmObject.java:135)
        at com.github.unidbg.linux.android.dvm.DvmObject.callJniMethod(DvmObject.java:52)
        at com.r0ysue.unidbgBook.Chap23.MainActivity2.detectFile(MainActivity2.java:57)
        at com.r0ysue.unidbgBook.Chap23.MainActivity2.main(MainActivity2.java:47)
[22:09:00 688]  WARN [com.github.unidbg.AbstractEmulator] (AbstractEmulator:420) -
    emulate RX@0x40000d65[libdoglite.so]0xd65 exception sp=unidbg@0xbffff6c0,
    msg=java/io/File->exists()Z, offset=5ms
path:/sys/class/power_supply/battery/voltage_now
```

报错信息提示有新的方法需要补。首先来看一下输出的路径：

```
/sys/class/power_supply/battery/voltage_now
```

根据名称，我们知道这是在读电池的电压。因为我们是在模拟执行 so，所以并没有电池的选项。对于这种情况，我们有两种方案：

● 查看手机中这个配置是怎么写的，自己构造一个。

● 在下一步检测的时候，返回 true 或 false 以跳过这个检测。

这里介绍第二种方案，我们在大多数时候也会用第二种方案。

我们继续补。报错信息显示调用了 File 类的 exists 函数，补完后的代码如下所示：

```
@Override
public boolean callBooleanMethodV(BaseVM vm, DvmObject<?> dvmObject, String
    signature, VaList vaList) {
    if (signature.equals("java/io/File->exists()Z")){
        String path = (String) dvmObject.getValue();
        System.out.println("path => " + path);
        return true;
    }
    return super.callBooleanMethodV(vm, dvmObject, signature, vaList);
}
```

这里的返回值是一个 boolean 类型，我们直接返回 true。注意，我们知道这个函数被调用了几次。运行代码后，报错信息如下所示：

```
Find native function Java_com_example_doglite_MainActivity_detectFile =>
    RX@0x40000d65[libdoglite.so]0xd65
JNIEnv->FindClass(java/io/File) was called from RX@0x40000e9f[libdoglite.so]0xe9f
JNIEnv->NewStringUTF("/sys/class/power_supply/battery/voltage_now") was called
    from RX@0x40000ebf[libdoglite.so]0xebf
JNIEnv->GetMethodID(java/io/File.<init>(Ljava/lang/String;)V) => 0x6f64784 was
    called from RX@0x40000eef[libdoglite.so]0xeef
JNIEnv->NewObjectV(class java/io/File, <init>("/sys/class/power_
    supply/battery/voltage_now") => java.io.File@292b08d6) was called from
    RX@0x40000f41[libdoglite.so]0xf41
JNIEnv->GetMethodID(java/io/File.exists()Z) => 0xebb5c614 was called from
    RX@0x40000eef[libdoglite.so]0xeef
// 电量检测
```

```
path => /sys/class/power_supply/battery/voltage_now
JNIEnv->CallBooleanMethodV(java.io.File@292b08d6, exists() => true) was called
    from RX@0x40000fb7[libdoglite.so]0xfb7
JNIEnv->NewStringUTF("/data/local/tmp/Nox") was called from RX@0x40000ebf
    [libdoglite.so]0xebf
JNIEnv->NewObjectV(class java/io/File, <init>("/data/local/tmp/Nox") => java.
    io.File@43bc63a3) was called from RX@0x40000f41[libdoglite.so]0xf41
// 模拟器检测
path => /data/local/tmp/Nox
JNIEnv->CallBooleanMethodV(java.io.File@43bc63a3, exists() => true) was called
    from RX@0x40000fb7[libdoglite.so]0xfb7
path:/sys/class/power_supply/battery/voltage_now
[main]E/ 引导：可以访问电池信息
path:/data/local/tmp/Nox
[main]E/ 引导：检测到模拟器文件
```

如前面所说，这里 exists 被调用了多次，主要检测了电池的电量和模拟器，按照一般逻辑，模拟器电池的电量需要被检测，而模拟器是不能被检测的，直接返回 true 是会出问题的。这里我们需要根据不同的文件标识做不同的处理。修正代码后，如下所示：

```
@Override
public boolean callBooleanMethodV(BaseVM vm, DvmObject<?> dvmObject, String
    signature, VaList vaList) {
    if (signature.equals("java/io/File->exists()Z")){
        String path = (String) dvmObject.getValue();
        // System.out.println("path => " + path);
        if (path.equals("/sys/class/power_supply/battery/voltage_now")){
            return true;
        }else if (path.equals("/data/local/tmp/Nox")){
            return false;
        }else if (path.equals("/data/local/tmp/nox")){
            return false;
        }

        // return true;
    }
    return super.callBooleanMethodV(vm, dvmObject, signature, vaList);
}
```

为了防止大小写敏感，我们对 Nox 做了处理，最终的结果如下所示：

```
Find native function Java_com_example_doglite_MainActivity_detectFile =>
    RX@0x40000d65[libdoglite.so]0xd65
JNIEnv->FindClass(java/io/File) was called from RX@0x40000e9f[libdoglite.so]0xe9f
JNIEnv->NewStringUTF("/sys/class/power_supply/battery/voltage_now") was called
    from RX@0x40000ebf[libdoglite.so]0xebf
JNIEnv->GetMethodID(java/io/File.<init>(Ljava/lang/String;)V) => 0x6f64784 was
    called from RX@0x40000eef[libdoglite.so]0xeef
JNIEnv->NewObjectV(class java/io/File, <init>("/sys/class/power_
    supply/battery/voltage_now") => java.io.File@292b08d6) was called from
    RX@0x40000f41[libdoglite.so]0xf41
JNIEnv->GetMethodID(java/io/File.exists()Z) => 0xebb5c614 was called from
```

```
                             RX@0x40000eef[libdoglite.so]0xeef
JNIEnv->CallBooleanMethodV(java.io.File@292b08d6, exists() => true) was called
        from RX@0x40000fb7[libdoglite.so]0xfb7
JNIEnv->NewStringUTF("/data/local/tmp/Nox") was called from
        RX@0x40000ebf[libdoglite.so]0xebf
JNIEnv->NewObjectV(class java/io/File, <init>("/data/local/tmp/Nox") => java.
        io.File@43bc63a3) was called from RX@0x40000f41[libdoglite.so]0xf41
JNIEnv->CallBooleanMethodV(java.io.File@43bc63a3, exists() => false) was
        called from RX@0x40000fb7[libdoglite.so]0xfb7
path:/sys/class/power_supply/battery/voltage_now
[main]E/ 引导：可以访问电池信息
path:/data/local/tmp/Nox
[main]E/ 引导：未检测到模拟器文件
```

可以看到模拟器检测不到了，我们的程序正常跑通了。这就是文件标识类的补环境策略。

接下来我们继续看下一个函数，如下所示：

```
public static void main(String[] args) {
    MainActivity2 mainActivity = new MainActivity2();
    // mainActivity.detectFile();
    mainActivity.detectFileNew();

}

private void detectFileNew() {
    obj.callJniMethod(emulator, "detectFileNew()V");
}
```

然后运行代码，异常信息如下所示：

```
Find native function Java_com_example_doglite_MainActivity_detectFileNew =>
    RX@0x40000fe5[libdoglite.so]0xfe5
JNIEnv->FindClass(java/io/File) was called from RX@0x40000e9f[libdoglite.so]0xe9f
[22:58:42 895]  WARN [com.github.unidbg.linux.ARM32SyscallHandler]
    (ARM32SyscallHandler:532) - handleInterrupt intno=2, NR=-1073744144,
    svcNumber=0x117, PC=unidbg@0xfffe0204, LR=RX@0x4000112f[libdoglite.
    so]0x112f, syscall=null
java.lang.UnsupportedOperationException: java/io/File->allocObject
    at com.github.unidbg.linux.android.dvm.AbstractJni.
        allocObject(AbstractJni.java:800)
    at com.github.unidbg.linux.android.dvm.DvmClass.allocObject(DvmClass.java:74)
    at com.github.unidbg.linux.android.dvm.DalvikVM$24.handle(DalvikVM.java:360)
    at com.github.unidbg.linux.ARM32SyscallHandler.hook(ARM32SyscallHandler.java:131)
    at com.github.unidbg.arm.backend.UnicornBackend$11.hook(UnicornBackend.java:345)
    at unicorn.Unicorn$NewHook.onInterrupt(Unicorn.java:128)
    at unicorn.Unicorn.emu_start(Native Method)
    at com.github.unidbg.arm.backend.UnicornBackend.emu_start(UnicornBackend.java:376)
    at com.github.unidbg.AbstractEmulator.emulate(AbstractEmulator.java:380)
    at com.github.unidbg.thread.Function32.run(Function32.java:39)
    at com.github.unidbg.thread.MainTask.dispatch(MainTask.java:19)
    at com.github.unidbg.thread.UniThreadDispatcher.run(UniThreadDispatcher.java:175)
```

```
        at com.github.unidbg.thread.UniThreadDispatcher.runMainForResult(UniThreadDispatch
            er.java:99)
        at com.github.unidbg.AbstractEmulator.runMainForResult(AbstractEmulator.java:340)
        at com.github.unidbg.arm.AbstractARMEmulator.eFunc(AbstractARMEmulator.java:229)
        at com.github.unidbg.Module.emulateFunction(Module.java:163)
        at com.github.unidbg.linux.android.dvm.DvmObject.callJniMethod(DvmObject.java:135)
        at com.github.unidbg.linux.android.dvm.DvmObject.callJniMethod(DvmObject.java:52)
        at com.r0ysue.unidbgBook.Chap23.MainActivity2.detectFileNew(MainActivity2.java:53)
        at com.r0ysue.unidbgBook.Chap23.MainActivity2.main(MainActivity2.java:48)
[22:58:42 897]  WARN [com.github.unidbg.AbstractEmulator] (AbstractEmulator:420) -
    emulate RX@0x40000fe5[libdoglite.so]0xfe5 exception sp=unidbg@0xbfffff6e0,
    msg=java/io/File->allocObject, offset=3ms
```

这里显示调用了 allocObject，注意，这是 jni.h 中定义的类型。那这个函数是如何使用的呢？

首先，我们看看它在 jni.h 中的定义：

```
jobject        (*AllocObject)(JNIEnv*, jclass);
jobject        (*NewObject)(JNIEnv*, jclass, jmethodID, ...);
```

这里把 newObject 拿来对比，因为它们的职能一样，只不过稍有差异。它们的共同点是：两者都用于构建新的类对象。它们的区别是：allocObject 只构建新的类对象（仅仅为类对象分配内存空间），既不初始化成员变量，也不调用构造方法；而 newObject 需要指明调用的构造方法，构建新的类对象，并初始化成员变量，调用指定的构造方法。也就是说，我们新模拟执行的这个方法再一次调用了 File 类，只不过初始化的操作需要我们自己做。我们先把环境补起来：

```
@Override
public DvmObject<?> allocObject(BaseVM vm, DvmClass dvmClass, String signature) {
    if (signature.equals("java/io/File->allocObject")){
        return vm.resolveClass("java/io/File").newObject(null);
    }
    return super.allocObject(vm, dvmClass, signature);
}
```

这里我们什么都不传，先置空，然后运行代码，查看报错信息：

```
[23:12:14 019]  WARN [com.github.unidbg.linux.ARM32SyscallHandler] (ARM32Syscall
    Handler:532) - handleInterrupt intno=2, NR=-1073744148, svcNumber=0x13a,
    PC=unidbg@0xfffe0434, LR=RX@0x40001183[libdoglite.so]0x1183, syscall=null
java.lang.UnsupportedOperationException: java/io/File-><init>(Ljava/lang/String;)V
        at com.github.unidbg.linux.android.dvm.AbstractJni.callVoidMethodV
            (AbstractJni.java:995)
        at com.github.unidbg.linux.android.dvm.AbstractJni.callVoidMethodV
            (AbstractJni.java:978)
        at com.github.unidbg.linux.android.dvm.DvmMethod.callVoidMethodV
            (DvmMethod.java:228)
        at com.github.unidbg.linux.android.dvm.DalvikVM$59.handle(DalvikVM.java:1045)
        at com.github.unidbg.linux.ARM32SyscallHandler.hook(ARM32SyscallHandler.java:131)
```

```
        at com.github.unidbg.arm.backend.UnicornBackend$11.hook(UnicornBackend.java:345)
        at unicorn.Unicorn$NewHook.onInterrupt(Unicorn.java:128)
        at unicorn.Unicorn.emu_start(Native Method)
        at com.github.unidbg.arm.backend.UnicornBackend.emu_start(UnicornBackend.java:376)
        at com.github.unidbg.AbstractEmulator.emulate(AbstractEmulator.java:380)
        at com.github.unidbg.thread.Function32.run(Function32.java:39)
        at com.github.unidbg.thread.MainTask.dispatch(MainTask.java:19)
        at com.github.unidbg.thread.UniThreadDispatcher.run(UniThreadDispatcher.java:175)
        at com.github.unidbg.thread.UniThreadDispatcher.runMainForResult(UniThreadDispatch
            er.java:99)
        at com.github.unidbg.AbstractEmulator.runMainForResult(AbstractEmulator.java:340)
        at com.github.unidbg.arm.AbstractARMEmulator.eFunc(AbstractARMEmulator.java:229)
        at com.github.unidbg.Module.emulateFunction(Module.java:163)
        at com.github.unidbg.linux.android.dvm.DvmObject.callJniMethod(DvmObject.java:135)
        at com.github.unidbg.linux.android.dvm.DvmObject.callJniMethod(DvmObject.java:52)
        at com.r0ysue.unidbgBook.Chap23.MainActivity2.detectFileNew(MainActivity2.java:53)
        at com.r0ysue.unidbgBook.Chap23.MainActivity2.main(MainActivity2.java:48)
```

再一次调用了 init 方法，但是这次是在 callVoidMethodV 中，而前面补的是在 newObjectV 中，这时候就能理解刚才说的 newObject 和 allocObject 的区别了吧。既然在 allocObject 中创建了对象，那么我们就可以通过一些技术手段来区分这些对象的创建。修正后的代码如下所示：

```
private static int count = 0;

@Override
public DvmObject<?> allocObject(BaseVM vm, DvmClass dvmClass, String signature) {
    if (signature.equals("java/io/File->allocObject")){
        return vm.resolveClass("java/io/File").newObject(count);
    }
    return super.allocObject(vm, dvmClass, signature);
}


private int getCount(){
    return ++count;
}
```

通过一个 int 类型的数值来标识不同的对象。接下来，补 File 的构造函数：

```
@Override
public void callVoidMethodV(BaseVM vm, DvmObject<?> dvmObject, String
    signature, VaList vaList) {
    if (signature.equals("java/io/File-><init>(Ljava/lang/String;)V")){
        String path = (String) vaList.getObjectArg(0).getValue();
        System.err.println("File<init>() path:"+path);
        String key =  dvmObject.getValue().toString();
        emulator.set(key, path);
        return;
    }
    super.callVoidMethodV(vm, dvmObject, signature, vaList);
}
```

这里我们在模拟器上给它绑定了对象和要传入的参数，可以看下 emulator 的 set 实现：

```
@Override
public void set(String key, Object value) {
    context.put(key, value);
}
```

其实就是在封装一个上下文，注意，这里需要先把前面补的代码注释掉，如下所示：

```
@Override
public boolean callBooleanMethodV(BaseVM vm, DvmObject<?> dvmObject, String
    signature, VaList vaList) {
    if (signature.equals("java/io/File->exists()Z")){
        // String path = (String) dvmObject.getValue();
        // System.out.println("path => " + path);
        // if (path.equals("/sys/class/power_supply/battery/voltage_now")){
        //     return true;
        // }else if (path.equals("/data/local/tmp/Nox")){
        //     return false;
        // }else if (path.equals("/data/local/tmp/nox")){
        //     return false;
        // }

        // count TAG
        String tag = (String) dvmObject.getValue().toString();
        System.out.println("tag =>"+tag);
        // if (tag.equals("1")){
        //     return true;
        // }else if(tag.equals("2")){
        //     return false;
        // }

        // return true;
    }
    return super.callBooleanMethodV(vm, dvmObject, signature, vaList);
}
```

然后继续运行代码，给出的反馈如下所示：

```
// 标识
tag =>1
[23:52:42 155]  WARN [com.github.unidbg.linux.ARM32SyscallHandler]
    (ARM32SyscallHandler:532) - handleInterrupt intno=2, NR=-1073744148,
    svcNumber=0x122, PC=unidbg@0xfffe02b4, LR=RX@0x40000fb7[libdoglite.
    so]0xfb7, syscall=null
java.lang.UnsupportedOperationException: java/io/File->exists()Z
    at com.github.unidbg.linux.android.dvm.AbstractJni.callBooleanMethodV
        (AbstractJni.java:624)
    at com.r0ysue.unidbgBook.Chap23.MainActivity2.callBooleanMethodV(MainActiv
        ity2.java:97)
    at com.github.unidbg.linux.android.dvm.AbstractJni.
        callBooleanMethodV(AbstractJni.java:602)
    at com.github.unidbg.linux.android.dvm.DvmMethod.
```

```
            callBooleanMethodV(DvmMethod.java:119)
    at com.github.unidbg.linux.android.dvm.DalvikVM$35.handle(DalvikVM.java:624)
    at com.github.unidbg.linux.ARM32SyscallHandler.hook(ARM32SyscallHandler.
        java:131)
    at com.github.unidbg.arm.backend.UnicornBackend$11.hook(UnicornBackend.
        java:345)
    at unicorn.Unicorn$NewHook.onInterrupt(Unicorn.java:128)
    at unicorn.Unicorn.emu_start(Native Method)
    at com.github.unidbg.arm.backend.UnicornBackend.emu_start(UnicornBackend.
        java:376)
    at com.github.unidbg.AbstractEmulator.emulate(AbstractEmulator.java:380)
    at com.github.unidbg.thread.Function32.run(Function32.java:39)
    at com.github.unidbg.thread.MainTask.dispatch(MainTask.java:19)
    at com.github.unidbg.thread.UniThreadDispatcher.run(UniThreadDispatcher.
        java:175)
    at com.github.unidbg.thread.UniThreadDispatcher.runMainForResult(UniThread
        Dispatcher.java:99)
    at com.github.unidbg.AbstractEmulator.runMainForResult(AbstractEmulator.
        java:340)
    at com.github.unidbg.arm.AbstractARMEmulator.eFunc(AbstractARMEmulator.
        java:229)
    at com.github.unidbg.Module.emulateFunction(Module.java:163)
    at com.github.unidbg.linux.android.dvm.DvmObject.callJniMethod(DvmObject.
        java:135)
    at com.github.unidbg.linux.android.dvm.DvmObject.callJniMethod(DvmObject.
        java:52)
    at com.r0ysue.unidbgBook.Chap23.MainActivity2.detectFileNew(MainActivity2.
        java:53)
    at com.r0ysue.unidbgBook.Chap23.MainActivity2.main(MainActivity2.java:48)
[23:52:42 157]  WARN [com.github.unidbg.AbstractEmulator]
    (AbstractEmulator:420) - emulate RX@0x40000fe5[libdoglite.so]0xfe5
    exception sp=unidbg@0xbffff6c0, msg=java/io/File->exists()Z, offset=5ms
// 构造函数中的路径
File<init>() path:/sys/class/power_supply/battery/voltage_now
```

这里还是在查看电量，并且输出了内存中的标识 tag。最后，我们完善一下 exists 函数：

```
@Override
public boolean callBooleanMethodV(BaseVM vm, DvmObject<?> dvmObject, String
    signature, VaList vaList) {
    if (signature.equals("java/io/File->exists()Z")){

        String key =  dvmObject.getValue().toString();
        String path = emulator.get(key);
        // String path = (String) dvmObject.getValue();
        // System.out.println("path => " + path);
        // if (path.equals("/sys/class/power_supply/battery/voltage_now")){
        //     return true;
        // }else if (path.equals("/data/local/tmp/Nox")){
        //     return false;
        // }else if (path.equals("/data/local/tmp/nox")){
        //     return false;
```

```
    // }

    // count TAG
    String tag = (String) dvmObject.getValue().toString();
    System.out.println("tag =>"+tag);
    if (tag.equals("1")){
        return true;
    }else if(tag.equals("2")){
        return false;
    }

    // return true;
    }
    return super.callBooleanMethodV(vm, dvmObject, signature, vaList);
}
```

最终输出的结果如下所示：

```
Find native function Java_com_example_doglite_MainActivity_detectFileNew =>
    RX@0x40000fe5[libdoglite.so]0xfe5
JNIEnv->FindClass(java/io/File) was called from RX@0x40000e9f[libdoglite.so]0xe9f
JNIEnv->AllocObject(java/io/File => java.io.File@75d4a5c2) was called from
    RX@0x4000112f[libdoglite.so]0x112f
JNIEnv->NewStringUTF("/sys/class/power_supply/battery/voltage_now") was called
    from RX@0x40000ebf[libdoglite.so]0xebf
JNIEnv->GetMethodID(java/io/File.<init>(Ljava/lang/String;)V) => 0x6f64784 was
    called from RX@0x40000eef[libdoglite.so]0xeef
JNIEnv->CallVoidMethodV(java.io.File@75d4a5c2, <init>("/sys/class/power_supply/
    battery/voltage_now")) was called from RX@0x40001183[libdoglite.so]0x1183
JNIEnv->GetMethodID(java/io/File.exists()Z) => 0xebb5c614 was called from
    RX@0x40000eef[libdoglite.so]0xeef
tag =>1
JNIEnv->CallBooleanMethodV(java.io.File@75d4a5c2, exists() => true) was called
    from RX@0x40000fb7[libdoglite.so]0xfb7
JNIEnv->AllocObject(java/io/File => java.io.File@38425407) was called from
    RX@0x4000112f[libdoglite.so]0x112f
JNIEnv->NewStringUTF("/data/local/tmp/nox") was called from
    RX@0x40000ebf[libdoglite.so]0xebf
JNIEnv->CallVoidMethodV(java.io.File@38425407, <init>("/data/local/tmp/nox"))
    was called from RX@0x40001183[libdoglite.so]0x1183
tag =>2
JNIEnv->CallBooleanMethodV(java.io.File@38425407, exists() => false) was
    called from RX@0x40000fb7[libdoglite.so]0xfb7
File<init>() path:/sys/class/power_supply/battery/voltage_now
[main]E/引导：可以访问电池信息
File<init>() path:/data/local/tmp/nox
[main]E/引导：未检测到模拟器文件
```

这样我们就用一种新的方式完成了补环境的操作，大概总结一下：把对象挂到模拟器上，手动给它做个 tag 标识，根据这个 tag 标识来区分。虽然这样有失优雅，但在某些情况下不失为一种有效的做法。

23.3　样本总结

本章是 unidbg 补环境实战的第二章，主要介绍了两个样本。

1. 一个商业 App

在这个商业 App 中，我们并没有调用什么函数，而是补全它的基本环境，即 so 加载链路上的一些操作。这里介绍了如何在有动态注册函数的情况下正确地把 so 加载起来。JNI_OnLoad 是动态注册的关键，如果是正常情况，只有静态注册，那么初始的 unidbg 框架可以正常地运行，并不会报错，然而本章的样本在运行 unidbg 的初始框架时直接显示版本错误。笔者结合源码和实际情况给大家详细介绍了 JNI_OnLoad 的一些基本知识，分析出报错的原因，并带领大家一步步解决了 JNI_OnLoad 函数中遇到的环境问题，成功返回了 JNI 的版本信息。

同时，笔者也从 Java 和 Android 这两种程序的区别的角度阐述了 Context 的作用。一般而言，要补这种 Context，传入 null 即可，基本不会对后面的结果产生不良影响。因为后面只使用这个对象的一些 API，这些 API 在调用时都会自动转换为 DvmObject 类型。DvmObject 是 Android 虚拟机中的对象类型，有了这个对象，Android 中的其他对象自然就可以使用了。

2. demo 样本

第二个样本是笔者自己编写的 demo 样本，主要调用了两个检测函数，这也算是为下一章的设备风控相关内容做个铺垫。在检测函数中，笔者演示了两种创建对象的方式，它们是 jni.h 中的 API，主要做了文件的检测。笔者详细地介绍了使用这两种方式对不同的参数进行标识，并做出了不同的动作。如果只是一味地返回一个结果，则会产生无法挽回的错误。

可能对于标识，大家还是有点懵懂。比如，我们在 Native 层做反射，调用 Java 层的 API，最终会使用 callMethod，需要传入类、签名、参数，这个类是一个对象，对象可以有多个，但是在 unidbg 补环境后，我们是无法感知这个对象的，所以需要标识每个对象。后面使用了一种不太优雅的方式，直接使用 int 类型的数据来标识内存中的这个对象，然后根据对象来判断返回值的类型，以此来达到想要的效果。

23.4　本章小结

本章通过两个样本分别解决了两个比较重要的补环境问题，即动态加载和签名标识的问题。笔者在讲解样本一的同时也对动态注册和 JNI 的一些知识进行了介绍，并结合源码说明了报错的原因。样本二是两个比较基础的设备信息环境补充的问题，通过这个样本，笔者介绍了同一函数签名下不同参数标识的处理，并带领大家做了精细化的处理，而不是笼统地返回一个值应对所有的情况。

Chapter 20　第 24 章

unidbg 补环境实战：设备风控

本章的补环境主题将针对设备风控展开，首先要明确程序在运行的过程中，收集设备的哪些信息，列举如下。

- ❑ 设备的基础信息：设备制造商、设备品牌、设备型号、设备名称、设备操作系统信息、设备配置信息、设备环境信息。
- ❑ 设备的标识信息：IMEI（国际移动设备识别码）、IMSI（国际移动用户识别码）、MAC 地址、ICCID（集成电路卡识别码）、AndroidId、硬件序列号、OAID、Google AID（Google 广告 ID）、蓝牙 MAC、IDFA、IDFV。
- ❑ 设备的网络信息：IP 地址、WIFI 信息、BSSID、SSID、网络运营商信息、网络类型、网络状态。
- ❑ 其他信息：SDK 宿主 App 信息（包括应用名称、应用版本、安装时间）。

然后通过检测上述的设备信息来得知应用程序是否在一个安全的运行环境中，当然收集的信息，不局限于上面提到的，还有很多点可供程序去检测，需要读者多做、多总结。

24.1　Android 系统 API 补全策略

继续使用第 23 章的第二个样本，有一些函数我们还没有执行，首先构造一些初始的代码：

```
package com.r0ysue.unidbgBook.Chap24;

import com.github.unidbg.AndroidEmulator;
```

```
import com.github.unidbg.Module;
import com.github.unidbg.linux.android.AndroidEmulatorBuilder;
import com.github.unidbg.linux.android.AndroidResolver;
import com.github.unidbg.linux.android.dvm.*;
import com.github.unidbg.memory.Memory;
import java.io.File;

public class MainActivity extends AbstractJni {

    private final AndroidEmulator emulator;
    private final VM vm;
    private final Memory memory;
    private final Module module;
    private final DvmObject<?> obj;

    public MainActivity(){
        emulator = AndroidEmulatorBuilder
                .for32Bit()
                .build();

        memory = emulator.getMemory();
        memory.setLibraryResolver(new AndroidResolver(23));

        vm = emulator.createDalvikVM(new File("unidbg-android/src/test/java/
            com/r0ysue/unidbgBook/Chap24/DogLite.apk"));
        vm.setVerbose(true);
        vm.setJni(this);

        DalvikModule dalvikModule = vm.loadLibrary(
                new File("unidbg-android/src/test/java/com/r0ysue/unidbgBook/
                    Chap24/libdoglite.so"), false);
        module = dalvikModule.getModule();

        vm.callJNI_OnLoad(emulator,module);

        obj = vm.resolveClass("com/example/doglite/MainActivity").newObject(null);
    }

    public static void main(String[] args) {
        MainActivity mainActivity = new MainActivity();
    }
}
```

首先我们先调用第一个函数，代码如下所示：

```
public static void main(String[] args) {
    MainActivity mainActivity = new MainActivity();
    mainActivity.SysInfo();
}

private void SysInfo() {
    obj.callJniMethod(emulator,"SysInfo()V");
}
```

运行代码后，报错信息如下所示：

```
[02:44:33 072]  WARN [com.github.unidbg.linux.ARM32SyscallHandler]
    (ARM32SyscallHandler:532) - handleInterrupt intno=2, NR=-1073744164,
    svcNumber=0x11f, PC=unidbg@0xfffe0284, LR=RX@0x400013ab[libdoglite.
    so]0x13ab, syscall=null
java.lang.UnsupportedOperationException: android/app/ActivityThread-
    >getApplication()Landroid/app/Application;
    at com.github.unidbg.linux.android.dvm.AbstractJni.
        callObjectMethodV(AbstractJni.java:416)
    at com.github.unidbg.linux.android.dvm.AbstractJni.
        callObjectMethodV(AbstractJni.java:262)
    at com.github.unidbg.linux.android.dvm.DvmMethod.
        callObjectMethodV(DvmMethod.java:89)
    at com.github.unidbg.linux.android.dvm.DalvikVM$32.handle(DalvikVM.
        java:547)
    at com.github.unidbg.linux.ARM32SyscallHandler.hook(ARM32SyscallHandler.
        java:131)
    at com.github.unidbg.arm.backend.UnicornBackend$11.hook(UnicornBackend.
        java:345)
    at unicorn.Unicorn$NewHook.onInterrupt(Unicorn.java:128)
        ...
    at com.github.unidbg.arm.AbstractARMEmulator.eFunc(AbstractARMEmulator.
        java:229)
    at com.github.unidbg.Module.emulateFunction(Module.java:163)
    at com.github.unidbg.linux.android.dvm.DvmObject.callJniMethod(DvmObject.
        java:135)
    at com.github.unidbg.linux.android.dvm.DvmObject.callJniMethod(DvmObject.
        java:52)
    at com.r0ysue.unidbgBook.Chap24.MainActivity.SysInfo(MainActivity.java:58)
    at com.r0ysue.unidbgBook.Chap24.MainActivity.main(MainActivity.java:43)
[02:44:33 074]  WARN [com.github.unidbg.AbstractEmulator]
    (AbstractEmulator:420) - emulate RX@0x400011a1[libdoglite.so]0x11a1
    exception sp=unidbg@0xbffff6b0, msg=android/app/ActivityThread-
    >getApplication()Landroid/app/Application;, offset=5ms
```

24.1.1 ActivityThread

这里没有 Android 的 ActivityThread，所以调用 getApplication() 无法成功。这里对这异常的类简单解释一下：这个类涉及 Android 启动流程的一些操作。ActivityThread 就是我们常说的主线程或 UI 线程，ActivityThread 的 main() 方法是整个 App 的入口。

从 App 图标被单击到显示第一个界面，中间做了什么事情呢？

1）单击桌面 App 图标时，Launcher 的 startActivity() 方法通过 Binder 通信调用 system_server 进程中 AMS 服务的 startActivity() 方法，发起启动请求。

2）system_server 进程接收到请求后，向 Zygote 进程发送创建进程的请求。

3）Zygote 进程 fork 出 App 进程，并执行 ActivityThread 的 main() 方法，创建 ActivityThread 线程，初始化 MainLooper、主线程 Handler，同时初始化 ApplicationThread 用于和 AMS 通信交互。

4）App 进程通过 Binder 向 sytem_server 进程发起 attachApplication 请求，这里实际上就是 APP 进程通过 Binder 调用 sytem_server 进程中 AMS 的 attachApplication() 方法，上面我们已经分析过，AMS 的 attachApplication() 方法的作用是将 ApplicationThread 对象与 AMS 绑定。

5）system_server 进程在收到 attachApplication 的请求，进行一些准备工作后，再通过 Binder IPC 向 App 进程发送 handleBindApplication 请求（初始化 Application 并调用 onCreate() 方法）和 scheduleLaunchActivity 请求（创建启动 Activity）。

6）App 进程的 Binder 线程（ApplicationThread）在收到请求后，通过 handler 向主线程发送 BIND_APPLICATION 和 LAUNCH_ACTIVITY 消息，需要注意的是 AMS 和主线程并不直接通信，而是通过 Binder 与主线程的内部类 ApplicationThread 通信，ApplicationThread 再通过 Handler 消息和主线程交互。这里猜测这样的设计可能是为了统一管理主线程与 AMS 的通信，并且不向 AMS 暴露主线程中的其他公开方法，感兴趣的读者可以来解析下。

7）主线程在收到消息后，创建 Application 并调用 onCreate() 方法，再通过反射机制创建目标 Activity，并回调 Activity.onCreate() 等方法。

8）到此，App 便正式启动，开始进入 Activity 生命周期，执行完 onCreate/onStart/onResume 方法，UI 渲染后显示 App 主界面。

以上就是 App 启动的流程，那么在 ApplicationThread 初始化完成后，用 getApplication 方法获取了什么信息呢？它是用来获取应用实例的操作，还有一个功能与它相同的方法 getApplicationContext，那它们又有什么不同呢？ getApplication() 是用来获取 Application 实例的，但是该方法只能在 Activity 和 Service 中调用；在一些其他的地方，比如当我们在 BroadcastReceiver 中也想获取 Application 实例时，就需要使用 getApplicationContext() 方法。

明白了它的含义，我们就来补全这个函数吧，补完后的代码如下所示：

```
@Override
public DvmObject<?> callObjectMethodV(BaseVM vm, DvmObject<?> dvmObject,
    String signature, VaList vaList) {
    if (signature.equals("android/app/ActivityThread->getApplication()
        Landroid/app/Application;")){
        return vm.resolveClass("android/app/Application").newObject(null);
    }
    return super.callObjectMethodV(vm, dvmObject, signature, vaList);
}
```

24.1.2　android_id

还记得我们在上一章对于 Context 是怎么处理的吗？对象也是传的空值，它对后续不会产生任何影响。然后继续运行代码，抛出的异常信息如下所示（这里打开了 verbose 开关）：

```
Find native function Java_com_example_doglite_MainActivity_SysInfo =>
    RX@0x400011a1[libdoglite.so]0x11a1
```

```
JNIEnv->FindClass(android/app/ActivityThread) was called from
    RX@0x40000e9f[libdoglite.so]0xe9f
JNIEnv->GetStaticMethodID(android/app/ActivityThread.currentActivityThread()
    Landroid/app/ActivityThread;) => 0xf7e11563 was called from
    RX@0x400012e5[libdoglite.so]0x12e5
JNIEnv->CallStaticObjectMethodV(class android/app/ActivityThread,
    currentActivityThread() => android.app.ActivityThread@3c46e67a) was called
    from RX@0x40001337[libdoglite.so]0x1337
JNIEnv->GetMethodID(android/app/ActivityThread.getApplication()Landroid/app/
    Application;) => 0x130a9b92 was called from RX@0x40000eef[libdoglite.so]0xeef
JNIEnv->CallObjectMethodV(android.app.ActivityThread@3c46e67a,
    getApplication() => android.app.Application@c730b35) was called from
    RX@0x400013ab[libdoglite.so]0x13ab
JNIEnv->FindClass(android/app/Application) was called from
    RX@0x40000e9f[libdoglite.so]0xe9f
JNIEnv->GetMethodID(android/app/Application.getContentResolver()
    Landroid/content/ContentResolver;) => 0x4975ee81 was called from
    RX@0x40000eef[libdoglite.so]0xeef
JNIEnv->CallObjectMethodV(android.app.Application@c730b35,
    getContentResolver() => android.content.ContentResolver@206a70ef) was
    called from RX@0x400013ab[libdoglite.so]0x13ab
JNIEnv->FindClass(android/provider/Settings$Secure) was called from
    RX@0x40000e9f[libdoglite.so]0xe9f
JNIEnv->GetStaticMethodID(android/provider/Settings$Secure.getString(Landroid/
    content/ContentResolver;Ljava/lang/String;)Ljava/lang/String;) =>
    0x3efce417 was called from RX@0x400012e5[libdoglite.so]0x12e5
// 这里在获取 android_id
JNIEnv->NewStringUTF("android_id") was called from RX@0x40000ebf[libdoglite.
    so]0xebf
[02:57:53 708]  WARN [com.github.unidbg.linux.ARM32SyscallHandler]
    (ARM32SyscallHandler:532) - handleInterrupt intno=2, NR=-1073744164,
    svcNumber=0x170, PC=unidbg@0xfffe0794, LR=RX@0x40001337[libdoglite.
    so]0x1337, syscall=null
java.lang.UnsupportedOperationException: android/provider/Settings$Secure-
    >getString(Landroid/content/ContentResolver;Ljava/lang/String;)Ljava/lang/String;
    at com.github.unidbg.linux.android.dvm.AbstractJni.callStaticObjectMethodV
        (AbstractJni.java:503)
    at com.github.unidbg.linux.android.dvm.AbstractJni.callStaticObjectMethodV
        (AbstractJni.java:437)
    at com.github.unidbg.linux.android.dvm.DvmMethod.callStaticObjectMethodV
        (DvmMethod.java:64)
    at com.github.unidbg.linux.android.dvm.DalvikVM$113.handle(DalvikVM.
        java:1810)
    at com.github.unidbg.linux.ARM32SyscallHandler.hook(ARM32SyscallHandler.
        java:131)
    at com.github.unidbg.arm.backend.UnicornBackend$11.hook(UnicornBackend.
        java:345)
        ...
    at com.github.unidbg.Module.emulateFunction(Module.java:163)
    at com.github.unidbg.linux.android.dvm.DvmObject.callJniMethod(DvmObject.
        java:135)
    at com.github.unidbg.linux.android.dvm.DvmObject.callJniMethod(DvmObject.
        java:52)
```

```
    at com.r0ysue.unidbgBook.Chap24.MainActivity.SysInfo(MainActivity.java:58)
    at com.r0ysue.unidbgBook.Chap24.MainActivity.main(MainActivity.java:43)
[02:57:53 710]  WARN [com.github.unidbg.AbstractEmulator] (AbstractEmulator:420) -
    emulate RX@0x400011a1[libdoglite.so]0x11a1 exception sp=unidbg@0xbffff6b0,
    msg=android/provider/Settings$Secure->getString(Landroid/content/
    ContentResolver;Ljava/lang/String;)Ljava/lang/String;, offset=5ms
```

让我们先来看看 android/provider/Settings$Secure 这个类的含义，它是一个内部类，一起来看看官网的解释：安全系统设置，包含应用程序可以读取但不允许写入的系统首选项。这些首选项必须通过系统应用程序的 UI 显式修改。普通应用程序无法直接或通过调用此类包含的"put"方法来修改安全设置数据库。

很明显这是在获取 Android 系统中的一些配置，在主要的 JNI 流程中看到一个 android_id 了吗？ android/provider/Settings$Secure 的官网中有很多常量的说明，其中就有 android_id 这个常量，它的解释如下：

在 Android 8.0（API 级别 26）和更高版本的平台上，一个 64 位数字（表示为十六进制字符串），对于应用签名密钥、用户和设备的每个组合都是唯一的。android_id 的值由签名密钥和用户限定范围。如果在设备上执行出厂重置或 APK 签名密钥更改，则该值可能会更改。

不幸的是，对于 Android 平台而言，没有稳定的 API 可以让开发者获取到这样的设备 ID。开发者通常会遇到这样的困境：随着项目的演进，越来越多的地方需要用到设备 ID，然而随着 Android 版本的升级，获取设备 ID 却越来越难了，加上 Android 平台碎片化的问题，获取设备 ID 之路可以说是步履维艰。获取设备标识的 API 屈指可数，而且或多或少都有一些问题。

我们这里并没有设备信息，随便给它一个值看看有什么效果：

```java
@Override
    public DvmObject<?> callStaticObjectMethodV(BaseVM vm, DvmClass dvmClass,
        String signature, VaList vaList) {
    if (signature.equals("android/provider/Settings$Secure-
        >getString(Landroid/content/ContentResolver;Ljava/lang/String;)Ljava/
        lang/String;")){
        String arg1 = vaList.getObjectArg(1).getValue().toString();
        System.err.println("getString() arg1:"+arg1);
        return new StringObject(vm, "123456789");
    }
    return super.callStaticObjectMethodV(vm, dvmClass, signature, vaList);
}
```

然后运行代码，结果如下：

```
JNIEnv->FindClass(android/app/ActivityThread) was called from RX@0x40000e9f
    [libdoglite.so]0xe9f
JNIEnv->GetStaticMethodID(android/app/ActivityThread.currentActivityThread()
    Landroid/app/ActivityThread;) => 0xf7e11563 was called from
    RX@0x400012e5[libdoglite.so]0x12e5
JNIEnv->CallStaticObjectMethodV(class android/app/ActivityThread,
```

```
    currentActivityThread() => android.app.ActivityThread@3c46e67a) was called
    from RX@0x40001337[libdoglite.so]0x1337
JNIEnv->GetMethodID(android/app/ActivityThread.getApplication()Landroid/app/
    Application;) => 0x130a9b92 was called from RX@0x40000eef[libdoglite.so]0xeef
JNIEnv->CallObjectMethodV(android.app.ActivityThread@3c46e67a,
    getApplication() => android.app.Application@c730b35) was called from
    RX@0x400013ab[libdoglite.so]0x13ab
JNIEnv->FindClass(android/app/Application) was called from
    RX@0x40000e9f[libdoglite.so]0xe9f
JNIEnv->GetMethodID(android/app/Application.getContentResolver()
    Landroid/content/ContentResolver;) => 0x4975ee81 was called from
    RX@0x40000eef[libdoglite.so]0xeef
JNIEnv->CallObjectMethodV(android.app.Application@c730b35,
    getContentResolver() => android.content.ContentResolver@206a70ef) was
    called from RX@0x400013ab[libdoglite.so]0x13ab
JNIEnv->FindClass(android/provider/Settings$Secure) was called from
    RX@0x40000e9f[libdoglite.so]0xe9f
JNIEnv->GetStaticMethodID(android/provider/Settings$Secure.getString(Landroid/
    content/ContentResolver;Ljava/lang/String;)Ljava/lang/String;) =>
    0x3efce417 was called from RX@0x400012e5[libdoglite.so]0x12e5
JNIEnv->NewStringUTF("android_id") was called from RX@0x40000ebf[libdoglite.
    so]0xebf
JNIEnv->CallStaticObjectMethodV(class android/provider/Settings$Secure,
    getString(android.content.ContentResolver@206a70ef, "android_id") =>
    "123456789") was called from RX@0x40001337[libdoglite.so]0x1337
JNIEnv->GetStringUtfChars("123456789") was called from
    RX@0x400013f3[libdoglite.so]0x13f3
getString() arg1:android_id
[main]E/ 引导 : android id:123456789
```

程序正常运行，并返回了我们构造的 android_id 信息。

24.2　目录获取

接着我们调用下一个函数，代码如下所示：

```
private void getAppFilesDir() {
    obj.callJniMethod(emulator,"getAppFilesDir()V");
}
```

从名字就可以看出来，函数在获取应用的目录，运行代码，看看效果：

```
[03:26:05 304]  WARN [com.github.unidbg.linux.ARM32SyscallHandler]
    (ARM32SyscallHandler:532) - handleInterrupt intno=2, NR=-1073744188,
    svcNumber=0x170, PC=unidbg@0xfffe0794, LR=RX@0x40001337[libdoglite.
    so]0x1337, syscall=null
java.lang.UnsupportedOperationException: android/os/Environment-
    >getExternalStorageDirectory()Ljava/io/File;
    at com.github.unidbg.linux.android.dvm.AbstractJni.callStaticObjectMethodV
        (AbstractJni.java:503)
    at com.r0ysue.unidbgBook.Chap24.MainActivity.callStaticObjectMethodV
```

```
    (MainActivity.java:97)
  at com.github.unidbg.linux.android.dvm.AbstractJni.callStaticObjectMethodV
    (AbstractJni.java:437)
  at com.github.unidbg.linux.android.dvm.DvmMethod.callStaticObjectMethodV
    (DvmMethod.java:64)
    ...
  at com.github.unidbg.Module.emulateFunction(Module.java:163)
  at com.github.unidbg.linux.android.dvm.DvmObject.callJniMethod(DvmObject.
    java:135)
  at com.github.unidbg.linux.android.dvm.DvmObject.callJniMethod(DvmObject.
    java:52)
  at com.r0ysue.unidbgBook.Chap24.MainActivity.getAppFilesDir(MainActivity.
    java:55)
  at com.r0ysue.unidbgBook.Chap24.MainActivity.main(MainActivity.java:44)
```

从报错来看，这是在获取外置存储，而外置存储一般是指 /sdcard，继续补环境，补出来的代码如下所示：

```
@Override
  public DvmObject<?> callStaticObjectMethodV(BaseVM vm, DvmClass dvmClass,
    String signature, VaList vaList) {
  if (signature.equals("android/provider/Settings$Secure->getString
    (Landroid/content/ContentResolver;Ljava/lang/String;)Ljava/lang/String;")){
    String arg1 = vaList.getObjectArg(1).getValue().toString();
    System.err.println("getString() arg1:"+arg1);
    return new StringObject(vm, "123456789");
  }
  if (signature.equals("android/os/Environment-
    >getExternalStorageDirectory()Ljava/io/File;")){
    return vm.resolveClass("java/io/File").newObject(null);
  }
  return super.callStaticObjectMethodV(vm, dvmClass, signature, vaList);
}
```

然后我们继续运行代码，仍然抛出了异常，异常信息如下：

```
[03:42:54 308]  WARN [com.github.unidbg.linux.ARM32SyscallHandler]
  (ARM32SyscallHandler:532) - handleInterrupt intno=2, NR=-1073744188,
  svcNumber=0x11f, PC=unidbg@0xfffe0284, LR=RX@0x400013ab[libdoglite.
  so]0x13ab, syscall=null
java.lang.NullPointerException
  at com.github.unidbg.linux.android.dvm.AbstractJni.
    callObjectMethodV(AbstractJni.java:306)
  at com.r0ysue.unidbgBook.Chap24.MainActivity.
    callObjectMethodV(MainActivity.java:75)
  at com.github.unidbg.linux.android.dvm.AbstractJni.
    callObjectMethodV(AbstractJni.java:262)
  at com.github.unidbg.linux.android.dvm.DvmMethod.
    callObjectMethodV(DvmMethod.java:89)
  at com.github.unidbg.linux.android.dvm.DalvikVM$32.handle(DalvikVM.java:547)
  at com.github.unidbg.linux.ARM32SyscallHandler.hook(ARM32SyscallHandler.
    java:131)
```

```
    at com.github.unidbg.arm.backend.UnicornBackend$11.hook(UnicornBackend.
        java:345)
        ...
    at com.github.unidbg.Module.emulateFunction(Module.java:163)
    at com.github.unidbg.linux.android.dvm.DvmObject.callJniMethod(DvmObject.
        java:135)
    at com.github.unidbg.linux.android.dvm.DvmObject.callJniMethod(DvmObject.
        java:52)
    at com.r0ysue.unidbgBook.Chap24.MainActivity.getAppFilesDir(MainActivity.
        java:55)
    at com.r0ysue.unidbgBook.Chap24.MainActivity.main(MainActivity.java:44)
```

提示显示空指针异常，我们看下 AbstractJni 的第 305 行：

```
case "java/io/File->getAbsolutePath()Ljava/lang/String;":
    File file = (File) dvmObject.getValue();
    return new StringObject(vm, file.getAbsolutePath());
```

因为我们前一步给的 File 类创建的对象是空的，所以就不能通过实例来调用 getAbsolutePath 方法，这里我们需要重写如下内容：

```
@Override
    public DvmObject<?> callObjectMethodV(BaseVM vm, DvmObject<?> dvmObject,
        String signature, VaList vaList) {
    if (signature.equals("android/app/ActivityThread->getApplication()
        Landroid/app/Application;")){
        return vm.resolveClass("android/app/Application").newObject(null);
    }
    if (signature.equals("java/io/File->getAbsolutePath()Ljava/lang/String;")){
    }
    return super.callObjectMethodV(vm, dvmObject, signature, vaList);
}
```

这里调用 getAbsolutePath 方法，我们依旧使用标识的方式来确定当前使用的是哪个对象，把前面的代码改一下，如下所示：

```
@Override
    public DvmObject<?> callStaticObjectMethodV(BaseVM vm, DvmClass dvmClass,
        String signature, VaList vaList) {
    if (signature.equals("android/provider/Settings$Secure->getString
        (Landroid/content/ContentResolver;Ljava/lang/String;)Ljava/lang/String;")){
        String arg1 = vaList.getObjectArg(1).getValue().toString();
        System.err.println("getString() arg1:"+arg1);
        return new StringObject(vm, "123456789");
    }
    if (signature.equals("android/os/Environment->getExternalStorageDirectory()
        Ljava/io/File;")){
        // 把 null 改为了 signature
        return vm.resolveClass("java/io/File").newObject(signature);
    }
    return super.callStaticObjectMethodV(vm, dvmClass, signature, vaList);
}
```

最终更改好的代码如下所示：

```
@Override
    public DvmObject<?> callObjectMethodV(BaseVM vm, DvmObject<?> dvmObject,
        String signature, VaList vaList) {
    if (signature.equals("android/app/ActivityThread->getApplication()
        Landroid/app/Application;")){
        return vm.resolveClass("android/app/Application").newObject(null);
    }
    if (signature.equals("java/io/File->getAbsolutePath()Ljava/lang/String;")){
        String tag = dvmObject.getValue().toString();
        if (tag.equals("android/os/Environment->getExternalStorageDirectory()
            Ljava/io/File;")) {
            return new StringObject(vm, "/sdcard/");
        }
    }
    return super.callObjectMethodV(vm, dvmObject, signature, vaList);
}
```

继续运行代码，发现又获取了内置的存储目录，报错信息如下所示：

```
Find native function Java_com_example_doglite_MainActivity_getAppFilesDir =>
    RX@0x400013f9[libdoglite.so]0x13f9
JNIEnv->FindClass(android/os/Environment) was called from RX@0x40000e9f
    [libdoglite.so]0xe9f
JNIEnv->FindClass(java/io/File) was called from RX@0x40000e9f[libdoglite.so]0xe9f
JNIEnv->GetMethodID(java/io/File.getAbsolutePath()Ljava/lang/String;) =>
    0xb4553f34 was called from RX@0x40000eef[libdoglite.so]0xeef
JNIEnv->GetStaticMethodID(android/os/Environment.getExternalStorageDirectory()
    Ljava/io/File;) => 0x57b36412 was called from RX@0x400012e5[libdoglite.so]0x12e5
JNIEnv->CallStaticObjectMethodV(class android/os/Environment,
    getExternalStorageDirectory() => java.io.File@3c46e67a) was called from
    RX@0x40001337[libdoglite.so]0x1337
JNIEnv->CallObjectMethodV(java.io.File@3c46e67a, getAbsolutePath() => "/
    sdcard/") was called from RX@0x400013ab[libdoglite.so]0x13ab
JNIEnv->GetStringUtfChars("/sdcard/") was called from RX@0x400013f3
    [libdoglite.so]0x13f3
JNIEnv->GetStaticMethodID(android/os/Environment.getStorageDirectory()Ljava/
    io/File;) => 0x87307527 was called from RX@0x400012e5[libdoglite.so]0x12e5
[03:56:27 724]  WARN [com.github.unidbg.linux.ARM32SyscallHandler]
    (ARM32SyscallHandler:532) - handleInterrupt intno=2, NR=-1073744188,
    svcNumber=0x170, PC=unidbg@0xfffe0794, LR=RX@0x40001337[libdoglite.
    so]0x1337, syscall=null
java.lang.UnsupportedOperationException: android/os/Environment-
    >getStorageDirectory()Ljava/io/File;
    at com.github.unidbg.linux.android.dvm.AbstractJni.callStaticObjectMethodV
        (AbstractJni.java:503)
    at com.r0ysue.unidbgBook.Chap24.MainActivity.callStaticObjectMethodV
        (MainActivity.java:98)
    at com.github.unidbg.linux.android.dvm.AbstractJni.callStaticObjectMethodV
        (AbstractJni.java:437)
    at com.github.unidbg.linux.android.dvm.DvmMethod.callStaticObjectMethodV
        (DvmMethod.java:64)
```

```
    at com.github.unidbg.linux.android.dvm.DalvikVM$113.handle(DalvikVM.
        java:1810)
        ...
    at com.github.unidbg.Module.emulateFunction(Module.java:163)
    at com.github.unidbg.linux.android.dvm.DvmObject.callJniMethod(DvmObject.
        java:135)
    at com.github.unidbg.linux.android.dvm.DvmObject.callJniMethod(DvmObject.
        java:52)
    at com.r0ysue.unidbgBook.Chap24.MainActivity.getAppFilesDir(MainActivity.
        java:55)
    at com.r0ysue.unidbgBook.Chap24.MainActivity.main(MainActivity.java:44)
[03:56:27 725]  WARN [com.github.unidbg.AbstractEmulator] (AbstractEmulator:420) -
    emulate RX@0x400013f9[libdoglite.so]0x13f9 exception sp=unidbg@0xbffff698,
    msg=android/os/Environment->getStorageDirectory()Ljava/io/File;, offset=11ms
[main]E/ 引导 : /sdcard/
```

继续补代码，如下所示：

```java
@Override
public DvmObject<?> callObjectMethodV(BaseVM vm, DvmObject<?> dvmObject,
    String signature, VaList vaList) {
    if (signature.equals("android/app/ActivityThread->getApplication()
        Landroid/app/Application;")){
        return vm.resolveClass("android/app/Application").newObject(null);
    }
    if (signature.equals("java/io/File->getAbsolutePath()Ljava/lang/String;")){
        String tag = dvmObject.getValue().toString();
        if (tag.equals("android/os/Environment->getExternalStorageDirectory()
            Ljava/io/File;")) {
            return new StringObject(vm, "/sdcard/");
        }
        else if (tag.equals("android/os/Environment->getStorageDirectory()
            Ljava/io/File;")){
            return new StringObject(vm, "/");
        }
    }
    return super.callObjectMethodV(vm, dvmObject, signature, vaList);
}


@Override
public DvmObject<?> callStaticObjectMethodV(BaseVM vm, DvmClass dvmClass,
    String signature, VaList vaList) {
    if (signature.equals("android/provider/Settings$Secure->getString
        (Landroid/content/ContentResolver;Ljava/lang/String;)Ljava/lang/
        String;")){
        String arg1 = vaList.getObjectArg(1).getValue().toString();
        System.err.println("getString() arg1:"+arg1);
        return new StringObject(vm, "123456789");
    }
    if (signature.equals("android/os/Environment->getExternalStorageDirectory()
        Ljava/io/File;")){
        return vm.resolveClass("java/io/File").newObject(signature);
    }
```

```
    if (signature.equals("android/os/Environment->getStorageDirectory()Ljava/
        io/File;")){
        return vm.resolveClass("java/io/File").newObject(signature);
    }
    return super.callStaticObjectMethodV(vm, dvmClass, signature, vaList);
}
```

继续运行代码，程序正常退出且没有报错信息：

```
Find native function Java_com_example_doglite_MainActivity_getAppFilesDir =>
    RX@0x400013f9[libdoglite.so]0x13f9
JNIEnv->FindClass(android/os/Environment) was called from
    RX@0x40000e9f[libdoglite.so]0xe9f
JNIEnv->FindClass(java/io/File) was called from RX@0x40000e9f[libdoglite.so]0xe9f
JNIEnv->GetMethodID(java/io/File.getAbsolutePath()Ljava/lang/String;) =>
    0xb4553f34 was called from RX@0x40000eef[libdoglite.so]0xeef
JNIEnv->GetStaticMethodID(android/os/Environment.getExternalStorageDirectory()
    Ljava/io/File;) => 0x57b36412 was called from RX@0x400012e5[libdoglite.
    so]0x12e5
JNIEnv->CallStaticObjectMethodV(class android/os/Environment,
    getExternalStorageDirectory() => java.io.File@3c46e67a) was called from
    RX@0x40001337[libdoglite.so]0x1337
JNIEnv->CallObjectMethodV(java.io.File@3c46e67a, getAbsolutePath() => "/
    sdcard/") was called from RX@0x400013ab[libdoglite.so]0x13ab
JNIEnv->GetStringUtfChars("/sdcard/") was called from
    RX@0x400013f3[libdoglite.so]0x13f3
JNIEnv->GetStaticMethodID(android/os/Environment.getStorageDirectory()Ljava/
    io/File;) => 0x87307527 was called from RX@0x400012e5[libdoglite.so]0x12e5
JNIEnv->CallStaticObjectMethodV(class android/os/Environment,
    getStorageDirectory() => java.io.File@43bc63a3) was called from
    RX@0x40001337[libdoglite.so]0x1337
JNIEnv->CallObjectMethodV(java.io.File@43bc63a3, getAbsolutePath() => "/") was
    called from RX@0x400013ab[libdoglite.so]0x13ab
JNIEnv->GetStringUtfChars("/") was called from RX@0x400013f3[libdoglite.
    so]0x13f3
[main]E/ 引导 : /sdcard/
[main]E/ 引导 : /
```

24.3　样本最后一个函数的调用

最后一个函数是编码算法 Base64，调用代码如下所示：

```
public static void main(String[] args) {
    MainActivity mainActivity = new MainActivity();
    // mainActivity.SysInfo();
    // mainActivity.getAppFilesDir();
    mainActivity.base64result();
}

private void base64result() {
    String input = "12345";
```

```
    obj.callJniMethod(emulator,"base64result(Ljava/lang/String;)V",input);
}
```

调用完成后运行代码，报错信息如下所示：

```
Find native function Java_com_example_doglite_MainActivity_base64result =>
    RX@0x400014fd[libdoglite.so]0x14fd
JNIEnv->GetMethodID(java/lang/String.getBytes()[B) => 0x8b04c6b3 was called
    from RX@0x40000eef[libdoglite.so]0xeef
JNIEnv->CallObjectMethodV("12345", getBytes() => [B@34e9fd99) was called from
    RX@0x400013ab[libdoglite.so]0x13ab
JNIEnv->FindClass(android/util/Base64) was called from
    RX@0x40000e9f[libdoglite.so]0xe9f
JNIEnv->GetStaticMethodID(android/util/Base64.encodeToString([BI)Ljava/lang/
    String;) => 0x66644c0a was called from RX@0x400012e5[libdoglite.so]0x12e5
[04:05:04 652]  WARN [com.github.unidbg.linux.ARM32SyscallHandler]
    (ARM32SyscallHandler:532) - handleInterrupt intno=2, NR=-1073744148,
    svcNumber=0x170, PC=unidbg@0xfffe0794, LR=RX@0x40001337[libdoglite.
    so]0x1337, syscall=null
java.lang.UnsupportedOperationException: android/util/Base64->encodeToString
    ([BI)Ljava/lang/String;
    at com.github.unidbg.linux.android.dvm.AbstractJni.callStaticObjectMethodV
        (AbstractJni.java:503)
    at com.r0ysue.unidbgBook.Chap24.MainActivity.callStaticObjectMethodV(MainA
        ctivity.java:99)
    at com.github.unidbg.linux.android.dvm.AbstractJni.callStaticObjectMethodV
        (AbstractJni.java:437)
    at com.github.unidbg.linux.android.dvm.DvmMethod.callStaticObjectMethodV
        (DvmMethod.java:64)
    at com.github.unidbg.linux.android.dvm.DalvikVM$113.handle(DalvikVM.
        java:1810)
    at com.github.unidbg.linux.ARM32SyscallHandler.hook(ARM32SyscallHandler.
        java:131)
    at com.github.unidbg.arm.backend.UnicornBackend$11.hook(UnicornBackend.
        java:345)
    at unicorn.Unicorn$NewHook.onInterrupt(Unicorn.java:128)
    at unicorn.Unicorn.emu_start(Native Method)
    at com.github.unidbg.arm.backend.UnicornBackend.emu_start(UnicornBackend.
        java:376)
    at com.github.unidbg.AbstractEmulator.emulate(AbstractEmulator.java:380)
    at com.github.unidbg.thread.Function32.run(Function32.java:39)
    at com.github.unidbg.thread.MainTask.dispatch(MainTask.java:19)
    at com.github.unidbg.thread.UniThreadDispatcher.run(UniThreadDispatcher.
        java:175)
    at com.github.unidbg.thread.UniThreadDispatcher.runMainForResult(UniThread
        Dispatcher.java:99)
    at com.github.unidbg.AbstractEmulator.runMainForResult(AbstractEmulator.
        java:340)
    at com.github.unidbg.arm.AbstractARMEmulator.eFunc(AbstractARMEmulator.
        java:229)
    at com.github.unidbg.Module.emulateFunction(Module.java:163)
    at com.github.unidbg.linux.android.dvm.DvmObject.callJniMethod(DvmObject.
        java:135)
```

```
    at com.github.unidbg.linux.android.dvm.DvmObject.callJniMethod(DvmObject.
        java:52)
    at com.r0ysue.unidbgBook.Chap24.MainActivity.base64result(MainActivity.
        java:51)
    at com.r0ysue.unidbgBook.Chap24.MainActivity.main(MainActivity.java:45)
[04:05:04 653]  WARN [com.github.unidbg.AbstractEmulator] (AbstractEmulator:420) -
    emulate RX@0x400014fd[libdoglite.so]0x14fd exception sp=unidbg@0xbffff6c0,
    msg=android/util/Base64->encodeToString([BI)Ljava/lang/String;, offset=4ms
```

　　这里使用了 Android 封装的 Base64，我们新建一个 Android 项目，然后把 Base64 提取出来，这里只看编码部分，整个文件中的代码太多，这里就不贴了。

```
package com.r0ysue.unidbgBook.Chap24;

import java.io.UnsupportedEncodingException;


public class Base64 {
    // ---------------------------------------------------------
    // encoding
    // ---------------------------------------------------------



    public static String encodeToString(byte[] input, int flags) {
        try {
            return new String(encode(input, flags), "US-ASCII");
        } catch (UnsupportedEncodingException e) {
            throw new AssertionError(e);
        }
    }



    public static byte[] encode(byte[] input, int flags) {
        return encode(input, 0, input.length, flags);
    }



    public static byte[] encode(byte[] input, int offset, int len, int flags) {
        Encoder encoder = new Encoder(flags, null);

        int output_len = len / 3 * 4;

        if (encoder.do_padding) {
            if (len % 3 > 0) {
                output_len += 4;
            }
        } else {
            switch (len % 3) {
                case 0: break;
                case 1: output_len += 2; break;
```

```
                    case 2: output_len += 3; break;
                }
            }


        if (encoder.do_newline && len > 0) {
            output_len += (((len-1) / (3 * Encoder.LINE_GROUPS)) + 1) *
                    (encoder.do_cr ? 2 : 1);
        }

        encoder.output = new byte[output_len];
        encoder.process(input, offset, len, true);

        assert encoder.op == output_len;

        return encoder.output;
    }

/* package */ static class Encoder extends Coder {

    public static final int LINE_GROUPS = 19;


    private static final byte ENCODE[] = {
            'A', 'B', 'C', 'D', 'E', 'F', 'G', 'H', 'I', 'J', 'K', 'L',
            'M', 'N', 'O', 'P',
            'Q', 'R', 'S', 'T', 'U', 'V', 'W', 'X', 'Y', 'Z', 'a', 'b',
            'c', 'd', 'e', 'f',
            'g', 'h', 'i', 'j', 'k', 'l', 'm', 'n', 'o', 'p', 'q', 'r',
            's', 't', 'u', 'v',
            'w', 'x', 'y', 'z', '0', '1', '2', '3', '4', '5', '6', '7',
            '8', '9', '+', '/',
    };


    final private byte[] tail;
    /* package */ int tailLen;
    private int count;

    final public boolean do_padding;
    final public boolean do_newline;
    final public boolean do_cr;
    final private byte[] alphabet;

    public Encoder(int flags, byte[] output) {
        this.output = output;

        do_padding = (flags & NO_PADDING) == 0;
        do_newline = (flags & NO_WRAP) == 0;
        do_cr = (flags & CRLF) != 0;
        alphabet = ((flags & URL_SAFE) == 0) ? ENCODE : ENCODE_WEBSAFE;

        tail = new byte[2];
```

```
        tailLen = 0;

        count = do_newline ? LINE_GROUPS : -1;
}


public int maxOutputSize(int len) {
    return len * 8/5 + 10;
}

public boolean process(byte[] input, int offset, int len, boolean finish) {
    //使用局部变量可使编码器快约 9%
    final byte[] alphabet = this.alphabet;
    final byte[] output = this.output;
    int op = 0;
    int count = this.count;

    int p = offset;
    len += offset;
    int v = -1;


    switch (tailLen) {
        case 0:
            break;

        case 1:
            if (p+2 <= len) {
                v = ((tail[0] & 0xff) << 16) |
                        ((input[p++] & 0xff) << 8) |
                        (input[p++] & 0xff);
                tailLen = 0;
            };
            break;

        case 2:
            if (p+1 <= len) {
                v = ((tail[0] & 0xff) << 16) |
                        ((tail[1] & 0xff) << 8) |
                        (input[p++] & 0xff);
                tailLen = 0;
            }
            break;
    }

    if (v != -1) {
        output[op++] = alphabet[(v >> 18) & 0x3f];
        output[op++] = alphabet[(v >> 12) & 0x3f];
        output[op++] = alphabet[(v >> 6) & 0x3f];
        output[op++] = alphabet[v & 0x3f];
        if (--count == 0) {
            if (do_cr) output[op++] = '\r';
            output[op++] = '\n';
```

```
                    count = LINE_GROUPS;
            }
    }

    while (p+3 <= len) {
        v = ((input[p] & 0xff) << 16) |
                ((input[p+1] & 0xff) << 8) |
                (input[p+2] & 0xff);
        output[op] = alphabet[(v >> 18) & 0x3f];
        output[op+1] = alphabet[(v >> 12) & 0x3f];
        output[op+2] = alphabet[(v >> 6) & 0x3f];
        output[op+3] = alphabet[v & 0x3f];
        p += 3;
        op += 4;
        if (--count == 0) {
            if (do_cr) output[op++] = '\r';
            output[op++] = '\n';
            count = LINE_GROUPS;
        }
    }

    if (finish) {
        if (p-tailLen == len-1) {
            int t = 0;
            v = ((tailLen > 0 ? tail[t++] : input[p++]) & 0xff) << 4;
            tailLen -= t;
            output[op++] = alphabet[(v >> 6) & 0x3f];
            output[op++] = alphabet[v & 0x3f];
            if (do_padding) {
                output[op++] = '=';
                output[op++] = '=';
            }
            if (do_newline) {
                if (do_cr) output[op++] = '\r';
                output[op++] = '\n';
            }
        } else if (p-tailLen == len-2) {
            int t = 0;
            v = (((tailLen > 1 ? tail[t++] : input[p++]) & 0xff) << 10) |
                    (((tailLen > 0 ? tail[t++] : input[p++]) & 0xff) << 2);
            tailLen -= t;
            output[op++] = alphabet[(v >> 12) & 0x3f];
            output[op++] = alphabet[(v >> 6) & 0x3f];
            output[op++] = alphabet[v & 0x3f];
            if (do_padding) {
                output[op++] = '=';
            }
            if (do_newline) {
                if (do_cr) output[op++] = '\r';
                output[op++] = '\n';
            }
        } else if (do_newline && op > 0 && count != LINE_GROUPS) {
```

```
                if (do_cr) output[op++] = '\r';
                output[op++] = '\n';
            }

            assert tailLen == 0;
            assert p == len;
        } else {

            if (p == len-1) {
                tail[tailLen++] = input[p];
            } else if (p == len-2) {
                tail[tailLen++] = input[p];
                tail[tailLen++] = input[p+1];
            }
        }

        this.op = op;
        this.count = count;

        return true;
    }
}
}
```

然后把相应的参数提取出来，并传入这个类中进行运算：

```
@Override
    public DvmObject<?> callStaticObjectMethodV(BaseVM vm, DvmClass dvmClass,
        String signature, VaList vaList) {
    if (signature.equals("android/util/Base64->encodeToString([BI)Ljava/lang/
        String;")){
        // 取出传入的参数
        byte[] input = (byte[]) vaList.getObjectArg(0).getValue();
        // 获取 flag
        int flag = vaList.getIntArg(1);
        // 计算结果
        String s = Base64.encodeToString(input, flag);
        return new StringObject(vm, s);
    }
    return super.callStaticObjectMethodV(vm, dvmClass, signature, vaList);
}
```

运行代码后，无异常提示，并显示出了结果：

```
Find native function Java_com_example_doglite_MainActivity_base64result =>
    RX@0x400014fd[libdoglite.so]0x14fd
JNIEnv->GetMethodID(java/lang/String.getBytes()[B) => 0x8b04c6b3 was called
    from RX@0x40000eef[libdoglite.so]0xeef
JNIEnv->CallObjectMethodV("12345", getBytes() => [B@34e9fd99) was called from
    RX@0x400013ab[libdoglite.so]0x13ab
JNIEnv->FindClass(android/util/Base64) was called from
    RX@0x40000e9f[libdoglite.so]0xe9f
```

```
JNIEnv->GetStaticMethodID(android/util/Base64.encodeToString([BI)Ljava/lang/
    String;) => 0x66644c0a was called from RX@0x400012e5[libdoglite.so]0x12e5
JNIEnv->CallStaticObjectMethodV(class android/util/Base64,
    encodeToString([B@34e9fd99, 0x0) => "MTIzNDU=
") was called from RX@0x40001337[libdoglite.so]0x1337
JNIEnv->GetStringUtfChars("MTIzNDU=
") was called from RX@0x400013f3[libdoglite.so]0x13f3
[main]E/ 引导 : base64 ret:MTIzNDU=
```

最终的成品代码如下所示：

```java
package com.r0ysue.unidbgBook.Chap24;

import com.github.unidbg.AndroidEmulator;
import com.github.unidbg.Module;
import com.github.unidbg.linux.android.AndroidEmulatorBuilder;
import com.github.unidbg.linux.android.AndroidResolver;
import com.github.unidbg.linux.android.dvm.*;
import com.github.unidbg.memory.Memory;

import java.io.File;

public class MainActivity extends AbstractJni {

    private final AndroidEmulator emulator;
    private final VM vm;
    private final Memory memory;
    private final Module module;
    private final DvmObject<?> obj;

    public MainActivity(){
        emulator = AndroidEmulatorBuilder
                .for32Bit()
                .build();

        memory = emulator.getMemory();
        memory.setLibraryResolver(new AndroidResolver(23));

        vm = emulator.createDalvikVM(new File("unidbg-android/src/test/java/
            com/r0ysue/unidbgBook/Chap24/DogLite.apk"));
        vm.setVerbose(true);
        vm.setJni(this);

        DalvikModule dalvikModule = vm.loadLibrary(
                new File("unidbg-android/src/test/java/com/r0ysue/unidbgBook/
                    Chap24/libdoglite.so"), false);
        module = dalvikModule.getModule();

        vm.callJNI_OnLoad(emulator,module);

        obj = vm.resolveClass("com/example/doglite/MainActivity").newObject(null);
    }
```

```
public static void main(String[] args) {
    MainActivity mainActivity = new MainActivity();
    // mainActivity.SysInfo();
    // mainActivity.getAppFilesDir();
    mainActivity.base64result();
}


private void base64result() {
    String input = "12345";
    obj.callJniMethod(emulator,"base64result(Ljava/lang/String;)V",input);
}


private void getAppFilesDir() {
    obj.callJniMethod(emulator,"getAppFilesDir()V");
}

private void SysInfo() {
    obj.callJniMethod(emulator,"SysInfo()V");
}

@Override
public DvmObject<?> callObjectMethodV(BaseVM vm, DvmObject<?> dvmObject,
    String signature, VaList vaList) {
    if (signature.equals("android/app/ActivityThread->getApplication()
        Landroid/app/Application;")){
        return vm.resolveClass("android/app/Application").newObject(null);
    }
    if (signature.equals("java/io/File->getAbsolutePath()Ljava/lang/String;")){
        String tag = dvmObject.getValue().toString();
        if (tag.equals("android/os/Environment-
            >getExternalStorageDirectory()Ljava/io/File;")) {
            return new StringObject(vm, "/sdcard/");
        }
        else if (tag.equals("android/os/Environment->getStorageDirectory()
            Ljava/io/File;")){
            return new StringObject(vm, "/");
        }
    }
    return super.callObjectMethodV(vm, dvmObject, signature, vaList);
}

@Override
public DvmObject<?> callStaticObjectMethodV(BaseVM vm, DvmClass dvmClass,
    String signature, VaList vaList) {
    if (signature.equals("android/provider/Settings$Secure-
        >getString(Landroid/content/ContentResolver;Ljava/lang/String;)
        Ljava/lang/String;")){
        String arg1 = vaList.getObjectArg(1).getValue().toString();
        System.err.println("getString() arg1:"+arg1);
        return new StringObject(vm, "123456789");
    }
```

```
        if (signature.equals("android/os/Environment-
            >getExternalStorageDirectory()Ljava/io/File;")){
            return vm.resolveClass("java/io/File").newObject(signature);
        }
        if (signature.equals("android/os/Environment->getStorageDirectory()
            Ljava/io/File;")){
            return vm.resolveClass("java/io/File").newObject(signature);
        }
        if (signature.equals("android/util/Base64->encodeToString([BI)Ljava/
            lang/String;")){
            byte[] input = (byte[]) vaList.getObjectArg(0).getValue();
            int flag = vaList.getIntArg(1);
            String s = Base64.encodeToString(input, flag);
            return new StringObject(vm, s);
        }
        return super.callStaticObjectMethodV(vm, dvmClass, signature, vaList);
    }
}
```

24.4　本章小结

在本章，我们就设备风控的两个 API 展开了讲解，详细地描述了 API 的作用以及参数值是如何传递的，要给 unidbg 返回怎样的值，才可以让程序继续运行。读者下次遇到此类问题，也可以按笔者这样的思路解决问题。

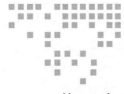

第 25 章　*Chapter 25*

unidbg 补环境实战：补环境加强

本章将加强介绍补环境的用法，以一个无障碍服务作为切入点，讲解如何补这种类型的 Android 系统函数。同时，也强调了补环境的一个基本准则：先将流程跑通，再处理值的问题。

25.1　上文回顾

在上一章中，我们对前面一个 APK 中剩余的三个方法做了补全，运用了一些基本的准则，如形式补全、传 null 值、传 TAG 以及传标识的方法。

以案例中补全的 Base64result 方法为例，其实遇到这类问题，我们可以把 APK 中 Java 部分的代码扣下来，补到 unidbg 的环境中。该方法使用了 Android SDK 的 Base64 类中的几个方法，我们可以直接到 Android Studio 中把相应的代码拉下来，如果是非 SDK 中的内容，我们也可以使用 jadx 或者 jeb 指令反编译把相应的内容拉下来。如果是加壳后的应用，则要先脱壳再拿取对应的代码。getAPPFilesDir() 方法则是传入了对应的签名来识别 so 在使用什么方法。

25.2　样本的框架搭建

到目前为止，相信大家对 unidbg 的补环境有一定的理解了，大家可以试着自己去补一下，如果可以完美地补出来，那么可以跳过本章的内容。如果补不出来则跟着笔者再来熟悉一下如何补 unidbg 的环境。

首先使用 Jadx 打开样本的 APK 文件，查看基本的信息。同样，这个样本只有一个界面，反编译后的结果如图 25-1 所示。

```
🐾 MainActivity ×
      import android.widget.TextView;
      import androidx.appcompat.app.AppCompatActivity;
      import com.example.dogplus.databinding.ActivityMainBinding;
      import java.util.List;

      /* loaded from: classes3.dex */
17    public class MainActivity extends AppCompatActivity {
         private ActivityMainBinding binding;

         public native void detectAccessibilityManager();

         static {
            System.loadLibrary("dogplus");
19       }

         /* JADX INFO: Access modifiers changed from: protected */
         @Override // androidx.fragment.app.FragmentActivity, androidx.activity.ComponentActivity, androidx.core.app.ComponentActivity, android.app.Activity
25       public void onCreate(Bundle savedInstanceState) {
26          super.onCreate(savedInstanceState);
28          ActivityMainBinding inflate = ActivityMainBinding.inflate(getLayoutInflater());
            this.binding = inflate;
29          setContentView(inflate.mo169getRoot());
32          TextView tv = this.binding.sampleText;
33          tv.setText("");
34          getInfo();
35          detectAccessibilityManager();
         }

41       public void getInfo() {
43          AccessibilityManager accessibilityManager = (AccessibilityManager) getApplication().getSystemService("accessibility");
44          List<AccessibilityServiceInfo> accessibilityServiceInfos = accessibilityManager.getInstalledAccessibilityServiceList();
            for (AccessibilityServiceInfo accessibilityServiceInfo : accessibilityServiceInfos) {
47             String[] strArr = accessibilityServiceInfo.packageNames;
48             String str = accessibilityServiceInfo.getResolveInfo().serviceInfo.packageName;
49             String str2 = accessibilityServiceInfo.getResolveInfo().serviceInfo.name;
50             accessibilityServiceInfo.getResolveInfo().loadLabel(getPackageManager());
51             System.out.println(BuildConfig.BUILD_TYPE);
            }
         }
      }
```

图 25-1　样本基本情况

在样本中只看到一个 detectAccessibilityManager 方法，它是一个 Native 方法。AccessibilityManager 是手机中的一个无障碍管理器，可以在"设置"→"无障碍"中找到，如图 25-2 所示。

我们可以点进去看看它有些什么，如图 25-3 所示。

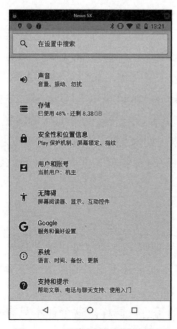

图 25-2　无障碍管理器的位置

图 25-3　无障碍管理器的内容

内容有很多，一张图截不完，这里简单介绍下。

谷歌提供了一种与 App 自动交互的手动无障碍服务，只要像正常的 Android Service 一样写一个继承 AccessibilityService 的类即可创建一个无障碍服务。

无障碍服务可以做哪些事情呢？

1. 更改显示设置

如果屏幕的显示内容较小，可以调整显示大小或字体大小。具有屏幕放大功能，类似于放大镜。可以调整对比度和颜色。可以朗读屏幕内容。

2. 互动控制

通过语言来控制手机，如可以使用语音来控制设备从而打开应用或者导航。

3. 使用盲文显示屏

可以显示盲文的显示屏幕。

4. 字幕

可以实时生成字幕，并显示到屏幕上。借助这种实时信息功能，可以在通话期间使用文字进行沟通。

同时该服务还提供一些实验性的功能，如高对比度文字、色彩校验等功能。包括之前特别火的抢红包功能，也有一部分是基于无障碍服务研发出来的。

很显然这个样本只有一个 Native 方法，我们需要对这个方法进行模拟执行。初始化后的 unidbg 框架代码如下所示：

```
package com.r0ysue.unidbgBook.Chap25;

import com.r0ysue.unidbgBook.Chap24.Base64;
import com.github.unidbg.AndroidEmulator;
import com.github.unidbg.Module;
import com.github.unidbg.linux.android.AndroidEmulatorBuilder;
import com.github.unidbg.linux.android.AndroidResolver;
import com.github.unidbg.linux.android.dvm.*;
import com.github.unidbg.linux.android.dvm.array.ArrayObject;
import com.github.unidbg.memory.Memory;

import java.io.File;
import java.util.ArrayList;
import java.util.List;


public class MainActivity2 extends AbstractJni {
    private final AndroidEmulator emulator;
    private final VM vm;
    private final Memory memory;
    private final Module module;
    private final DvmObject<?> obj;
```

```
    public MainActivity2(){
        emulator = AndroidEmulatorBuilder
                .for32Bit()
                // .setRootDir(new File("target/rootfs/default"))
                // .addBackendFactory(new DynarmicFactory(true))
                .build();

        memory = emulator.getMemory();
        memory.setLibraryResolver(new AndroidResolver(23));
        // 放入APK，让unidbg帮助我们解析基本的信息
        vm = emulator.createDalvikVM(new File("unidbg-android/src/test/java/
            com/r0ysue/unidbgBook/Chap25/DogPlus.apk"));
        vm.setVerbose(true);
        vm.setJni(this);
        // 这里不需要传入so的路径，传入libname即可，unidbg会自动去APK里提取
        DalvikModule dalvikModule = vm.loadLibrary("dogplus", false);
        module = dalvikModule.getModule();

        vm.callJNI_OnLoad(emulator,module);
        // 解析要加载的类
        obj = vm.resolveClass("com/example/dogplus/MainActivity").
            newObject(null);
    }



    public static void main(String[] args) {
        MainActivity2 mainActivity = new MainActivity2();
    }
}
```

大家注意到了吗？笔者换了一种方式去加载 so，在初始化的时候先把样本的 APK 加载进来，而不需要单独地将 so 提取出来，传入 so 的名称即可，这是因为在第一步的时候，我们传入 APK 文件，unidbg 会自动解析出一些关键的信息以及文件，后面只需要传入一些配置即可。

25.3 补环境实操

25.3.1 getApplication 环境补充

首先把需要模拟执行的方法传入，代码如下所示：

```
public static void main(String[] args) {
    MainActivity2 mainActivity = new MainActivity2();
    mainActivity.detectAccessibilityManager();
}

// public native void detectAccessibilityManager();
private void detectAccessibilityManager(){
```

```
    obj.callJniMethod(emulator,"detectAccessibilityManager()V");
}
```

运行代码，查看异常信息：

```
Find native function Java_com_example_dogplus_MainActivity_
    detectAccessibilityManager => RX@0x40000c99[libdogplus.so]0xc99
JNIEnv->FindClass(android/app/ActivityThread) was called from
    RX@0x4000108b[libdogplus.so]0x108b
JNIEnv->GetStaticMethodID(android/app/ActivityThread.currentActivityThread()
    Landroid/app/ActivityThread;) => 0xf7e11563 was called from
    RX@0x400010bb[libdogplus.so]0x10bb
JNIEnv->CallStaticObjectMethodV(class android/app/ActivityThread,
    currentActivityThread() => android.app.ActivityThread@6a79c292) was called
    from RX@0x4000110f[libdogplus.so]0x110f
JNIEnv->GetMethodID(android/app/ActivityThread.getApplication()Landroid/app/
    Application;) => 0x130a9b92 was called from RX@0x40001161[libdogplus.so]0x1161
[14:15:22 827]  WARN [com.github.unidbg.linux.ARM32SyscallHandler]
    (ARM32SyscallHandler:532) - handleInterrupt intno=2, NR=-1073744332,
    svcNumber=0x11f, PC=unidbg@0xfffe0284, LR=RX@0x400011b3[libdogplus.
    so]0x11b3, syscall=null
java.lang.UnsupportedOperationException: android/app/ActivityThread->
    getApplication()Landroid/app/Application;
    at com.github.unidbg.linux.android.dvm.AbstractJni.
        callObjectMethodV(AbstractJni.java:416)
    at com.github.unidbg.linux.android.dvm.AbstractJni.
        callObjectMethodV(AbstractJni.java:262)
    at com.github.unidbg.linux.android.dvm.DvmMethod.
        callObjectMethodV(DvmMethod.java:89)
    at com.github.unidbg.linux.android.dvm.DalvikVM$32.handle(DalvikVM.java:547)
    at com.github.unidbg.linux.ARM32SyscallHandler.hook(ARM32SyscallHandler.
        java:131)
    ...
    at com.r0ysue.unidbgBook.Chap25.MainActivity2.detectAccessibilityManager
        (MainActivity2.java:55)
    at com.r0ysue.unidbgBook.Chap25.MainActivity2.main(MainActivity2.java:50)
[14:15:22 832]  WARN [com.github.unidbg.AbstractEmulator]
    (AbstractEmulator:435) - emulate RX@0x40000c99[libdogplus.so]0xc99
    exception sp=unidbg@0xbffff608, msg=android/app/ActivityThread-
    >getApplication()Landroid/app/Application;, offset=9ms
```

这里抛出了一个 getApplication 异常，这个异常在前面补过，对于这种 Android 系统可以处理的异常，直接传空值即可，补完后的代码如下所示：

```
@Override
    public DvmObject<?> callObjectMethodV(BaseVM vm, DvmObject<?> dvmObject,
        String signature, VaList vaList) {
    if (signature.equals("android/app/ActivityThread->getApplication()
        Landroid/app/Application;")){
        return vm.resolveClass("android/app/Application").newObject(null);
    }
        return super.callObjectMethodV(vm, dvmObject, signature, vaList);
}
```

补完后，继续运行代码，又抛出如下异常：

```
Find native function Java_com_example_dogplus_MainActivity_
    detectAccessibilityManager => RX@0x40000c99[libdogplus.so]0xc99
JNIEnv->FindClass(android/app/ActivityThread) was called from
    RX@0x4000108b[libdogplus.so]0x108b
JNIEnv->GetStaticMethodID(android/app/ActivityThread.currentActivityThread()
    Landroid/app/ActivityThread;) => 0xf7e11563 was called from
    RX@0x400010bb[libdogplus.so]0x10bb
JNIEnv->CallStaticObjectMethodV(class android/app/ActivityThread,
    currentActivityThread() => android.app.ActivityThread@6a79c292) was called
    from RX@0x4000110f[libdogplus.so]0x110f
JNIEnv->GetMethodID(android/app/ActivityThread.getApplication()Landroid/app/
    Application;) => 0x130a9b92 was called from RX@0x40001161[libdogplus.so]0x1161
JNIEnv->CallObjectMethodV(android.app.ActivityThread@6a79c292,
    getApplication() => android.app.Application@37574691) was called from
    RX@0x400011b3[libdogplus.so]0x11b3
// 获取 Application
JNIEnv->FindClass(android/app/Application) was called from
    RX@0x4000108b[libdogplus.so]0x108b
// 通过 Application 调用 getSystemService，即系统服务
JNIEnv->GetMethodID(android/app/Application.getSystemService(Ljava/
    lang/String;)Ljava/lang/Object;) => 0x7c9d0476 was called from
    RX@0x40001161[libdogplus.so]0x1161
JNIEnv->NewStringUTF("accessibility") was called from
    RX@0x400011f5[libdogplus.so]0x11f5
JNIEnv->CallObjectMethodV(android.app.Application@37574691, getSystemService
    ("accessibility") => android.view.accessibility.AccessibilityManager@1445d7f)
    was called from RX@0x400011b3[libdogplus.so]0x11b3
// AccessibilityManager 类的寻找
JNIEnv->FindClass(android/view/accessibility/AccessibilityManager) was called
    from RX@0x4000108b[libdogplus.so]0x108b
// 调用 getInstalledAccessibilityServiceList 方法，返回值类型是 List
JNIEnv->GetMethodID(android/view/accessibility/AccessibilityManager.
    getInstalledAccessibilityServiceList()Ljava/util/List;) => 0xac86e356 was
    called from RX@0x40001161[libdogplus.so]0x1161
[14:35:38 302]  WARN [com.github.unidbg.linux.ARM32SyscallHandler]
    (ARM32SyscallHandler:532) - handleInterrupt intno=2, NR=-1073744332,
    svcNumber=0x11f, PC=unidbg@0xfffe0284, LR=RX@0x400011b3[libdogplus.
    so]0x11b3, syscall=null
java.lang.UnsupportedOperationException: android/view/accessibility/
    AccessibilityManager->getInstalledAccessibilityServiceList()Ljava/util/List;
    at com.github.unidbg.linux.android.dvm.AbstractJni.
        callObjectMethodV(AbstractJni.java:416)
    at com.r0ysue.unidbgBook.Chap25.MainActivity2.
        callObjectMethodV(MainActivity2.java:84)
    at com.github.unidbg.linux.android.dvm.AbstractJni.
        callObjectMethodV(AbstractJni.java:262)
    at com.github.unidbg.linux.android.dvm.DvmMethod.
        callObjectMethodV(DvmMethod.java:89)
    at com.github.unidbg.linux.android.dvm.DalvikVM$32.handle(DalvikVM.java:547)
        ...
    at com.github.unidbg.Module.emulateFunction(Module.java:163)
```

```
    at com.github.unidbg.linux.android.dvm.DvmObject.callJniMethod(DvmObject.
        java:135)
    at com.github.unidbg.linux.android.dvm.DvmObject.callJniMethod(DvmObject.
        java:52)
    at com.r0ysue.unidbgBook.Chap25.MainActivity2.detectAccessibilityManager
        (MainActivity2.java:55)
    at com.r0ysue.unidbgBook.Chap25.MainActivity2.main(MainActivity2.java:50)
[14:35:38 306]  WARN [com.github.unidbg.AbstractEmulator]
    (AbstractEmulator:435) - emulate RX@0x40000c99[libdogplus.so]0xc99
    exception sp=unidbg@0xbffff608, msg=android/view/accessibility/
    AccessibilityManager->getInstalledAccessibilityServiceList()Ljava/util/
    List;, offset=11ms
```

25.3.2　无障碍服务的补环境

getInstalledAccessibilityServiceList() 获取无障碍服务的 List，通过 JNI 的执行流，我们可以看到这个函数的调用和前面的 getAPPlication 有很大的关系。这个过程怎么理解呢？我们可以使用 Hook 查看 List 中的内容，也可以使用开发的方式检验。这里不妨从开发的角度来理解这个问题。

在 Android Studio 中新建一个项目，通过上述的 JNI 流程还原调用的过程，如下所示：

```
// 获取 Application
Application application = getApplication();
// 获取 accessibilityManager
AccessibilityManager accessibilityManager = (AccessibilityManager)
    application.getSystemService(ACCESSIBILITY_SERVICE);
// 调用 getInstalledAccessibilityServiceList，获取 List 信息
List<AccessibilityServiceInfo> installedAccessibilityServiceList =
    accessibilityManager.getInstalledAccessibilityServiceList();
// 遍历获取内容
for(AccessibilityServiceInfo info : installedAccessibilityServiceList){
    String name = info.getSettingsActivityName();
    Log.e("ZTAG","info name => " + name);
}
```

同 JNI 的流程一致，先获取 Application，然后获取 accessibilityManager，最后调用 getInstalledAccessibilityServiceList 获取 List，使用 foreach 循环遍历取出 List 中的值。获取的结果如图 25-4 所示。

```
-------------------------- PROCESS STARTED (31615) for package com.zapata.test2 --------------------------
14:59:37.663  E  info name ⇒ com.android.talkback.TalkBackPreferencesActivity
14:59:37.664  E  info name ⇒ com.google.android.accessibility.selecttospeak.activities.SelectToSpeakPreferencesActivity
14:59:37.664  E  info name ⇒ com.google.android.accessibility.switchaccess.SwitchAccessPreferenceActivity
14:59:37.664  E  info name ⇒ null
```

图 25-4　获取的结果

由图 25-4 可知，结果很长，直接构造的可操作性不是很强，我们先按正常的逻辑去补环境，看看后续的操作是否需要这里的值。补完后的代码如下所示：

```
@Override
public DvmObject<?> callObjectMethodV(BaseVM vm, DvmObject<?> dvmObject,
    String signature, VaList vaList) {
    if (signature.equals("android/app/ActivityThread->getApplication()
        Landroid/app/Application;")){
        return vm.resolveClass("android/app/Application").newObject(null);
    }
    if (signature.equals("android/view/accessibility/AccessibilityManager->get
        InstalledAccessibilityServiceList()Ljava/util/List;")){
        List<DvmObject<?>> list = new ArrayList<>();
        // AccessibilityServiceInfo
        DvmClass dvmClass = vm.resolveClass("android/accessibilityservice/
            AccessibilityServiceInfo");
        list.add(dvmClass.newObject(null));
        list.add(dvmClass.newObject(null));
        list.add(dvmClass.newObject(null));
        return new ArrayListObject(vm,list);
    }
    return super.callObjectMethodV(vm, dvmObject, signature, vaList);
}
```

我们知道这个函数的返回值的类型是 List，并且由前面的 Android Studio 中系统调用，也知道了它的结果是什么样的格式，它们的类型都是 AccessibilityServiceInfo，于是我们去加载这个类型，里面的值暂且不做处理，直接置空，然后继续运行项目，有了新的报错，如下所示：

```
[18:59:14 107]  WARN [com.github.unidbg.linux.ARM32SyscallHandler]
    (ARM32SyscallHandler:532) - handleInterrupt intno=2, NR=-1073744332,
    svcNumber=0x11f, PC=unidbg@0xfffe0284, LR=RX@0x400011b3[libdogplus.
    so]0x11b3, syscall=null
java.lang.UnsupportedOperationException: android/accessibilityservice/
    AccessibilityServiceInfo->getResolveInfo()Landroid/content/pm/ResolveInfo;
    at com.github.unidbg.linux.android.dvm.AbstractJni.
        callObjectMethodV(AbstractJni.java:416)
    at com.r0ysue.unidbgBook.Chap25.MainActivity2.
        callObjectMethodV(MainActivity2.java:87)
    at com.github.unidbg.linux.android.dvm.AbstractJni.
        callObjectMethodV(AbstractJni.java:262)
        ...
    at com.github.unidbg.Module.emulateFunction(Module.java:163)
    at com.github.unidbg.linux.android.dvm.DvmObject.callJniMethod(DvmObject.
        java:135)
    at com.github.unidbg.linux.android.dvm.DvmObject.callJniMethod(DvmObject.
        java:52)
    at com.r0ysue.unidbgBook.Chap25.MainActivity2.detectAccessibilityManager(M
        ainActivity2.java:55)
    at com.r0ysue.unidbgBook.Chap25.MainActivity2.main(MainActivity2.java:50)
[18:59:14 110]  WARN [com.github.unidbg.AbstractEmulator]
    (AbstractEmulator:435) - emulate RX@0x40000c99[libdogplus.so]0xc99
    exception sp=unidbg@0xbffff608, msg=android/accessibilityservice/
    AccessibilityServiceInfo->getResolveInfo()Landroid/content/pm/
    ResolveInfo;, offset=13ms
```

这个环境属于 callObjectMethodV 类型，根据提示的返回类型，补的代码如下所示：

```
@Override
    public DvmObject<?> callObjectMethodV(BaseVM vm, DvmObject<?> dvmObject,
        String signature, VaList vaList) {
    ...
    if (signature.equals("android/accessibilityservice/AccessibilityServiceInfo->
        getResolveInfo()Landroid/content/pm/ResolveInfo;")){
        // dvmObject
        return vm.resolveClass("android/content/pm/ResolveInfo").
            newObject(dvmObject.getValue());
    }
    return super.callObjectMethodV(vm, dvmObject, signature, vaList);
}
```

通过 resolveClass 来声明 android/content/pm/ResolveInfo 对象，并使用当前的对象作为参数去新建这个对象并返回。补完后继续运行代码，有了新的异常，如下所示：

```
[11:35:39 064]  WARN [com.github.unidbg.linux.ARM32SyscallHandler]
    (ARM32SyscallHandler:532) - handleInterrupt intno=2, NR=-1073744328,
    svcNumber=0x15b, PC=unidbg@0xfffe0644, LR=RX@0x400012df[libdogplus.
    so]0x12df, syscall=null
java.lang.UnsupportedOperationException: android/content/pm/ResolveInfo-
    >serviceInfo:Landroid/content/pm/ServiceInfo;
    at com.github.unidbg.linux.android.dvm.AbstractJni.
        getObjectField(AbstractJni.java:171)
    at com.github.unidbg.linux.android.dvm.AbstractJni.
        getObjectField(AbstractJni.java:141)
    at com.github.unidbg.linux.android.dvm.DvmField.getObjectField(DvmField.
        java:126)
    at com.github.unidbg.linux.android.dvm.DalvikVM$92.handle(DalvikVM.
        java:1403)
        ...
    at com.github.unidbg.arm.AbstractARMEmulator.eFunc(AbstractARMEmulator.
        java:233)
    at com.github.unidbg.Module.emulateFunction(Module.java:163)
    at com.github.unidbg.linux.android.dvm.DvmObject.callJniMethod(DvmObject.
        java:135)
    at com.github.unidbg.linux.android.dvm.DvmObject.callJniMethod(DvmObject.
        java:52)
    at com.r0ysue.unidbgBook.Chap25.MainActivity2.detectAccessibilityManager
        (MainActivity2.java:55)
    at com.r0ysue.unidbgBook.Chap25.MainActivity2.main(MainActivity2.java:50)
[11:35:39 067]  WARN [com.github.unidbg.AbstractEmulator]
    (AbstractEmulator:435) - emulate RX@0x40000c99[libdogplus.so]0xc99
exception sp=unidbg@0xbffff628, msg=android/content/pm/ResolveInfo-
    >serviceInfo:Landroid/content/pm/ServiceInfo;, offset=15ms
```

继续补，环境异常出现在 getObjectField 中，异常操作为 android/content/pm/ResolveInfo->serviceInfo:Landroid/content/pm/ServiceInfo;，这个也很简单，直接给大家演示代码：

```
@Override
```

```
public DvmObject<?> getObjectField(BaseVM vm, DvmObject<?> dvmObject, String signature) {
    if (signature.equals("android/content/pm/ResolveInfo-
        >serviceInfo:Landroid/content/pm/ServiceInfo;")){

        return vm.resolveClass("android/content/pm/ServiceInfo").newObject(null);
    }
    return super.getObjectField(vm, dvmObject, signature);
}
```

继续运行代码后，新的异常如下所示：

```
[11:52:52 441]  WARN [com.github.unidbg.linux.ARM32SyscallHandler]
    (ARM32SyscallHandler:532) - handleInterrupt intno=2, NR=-1073744328,
    svcNumber=0x15b, PC=unidbg@0xfffe0644, LR=RX@0x400012df[libdogplus.
    so]0x12df, syscall=null
java.lang.UnsupportedOperationException: android/content/pm/ServiceInfo-
    >name:Ljava/lang/String;
    at com.github.unidbg.linux.android.dvm.AbstractJni.
        getObjectField(AbstractJni.java:171)
    at com.r0ysue.unidbgBook.Chap25.MainActivity2.
        getObjectField(MainActivity2.java:107)
    at com.github.unidbg.linux.android.dvm.AbstractJni.
        getObjectField(AbstractJni.java:141)
        ...
    at com.github.unidbg.AbstractEmulator.runMainForResult(AbstractEmulator.
        java:355)
    at com.github.unidbg.arm.AbstractARMEmulator.eFunc(AbstractARMEmulator.
        java:233)
    at com.github.unidbg.Module.emulateFunction(Module.java:163)
    at com.github.unidbg.linux.android.dvm.DvmObject.callJniMethod(DvmObject.
        java:135)
    at com.github.unidbg.linux.android.dvm.DvmObject.callJniMethod(DvmObject.
        java:52)
    at com.r0ysue.unidbgBook.Chap25.MainActivity2.detectAccessibilityManager
        (MainActivity2.java:55)
    at com.r0ysue.unidbgBook.Chap25.MainActivity2.main(MainActivity2.java:50)
[11:52:52 445]  WARN [com.github.unidbg.AbstractEmulator]
    (AbstractEmulator:435) - emulate RX@0x40000c99[libdogplus.so]0xc99
    exception sp=unidbg@0xbffff628, msg=android/content/pm/ServiceInfo-
    >name:Ljava/lang/String;, offset=15ms
```

从报错中可以看到这是在获取 ServiceInfo 中的 name 属性，我们暂时不知道 name 中的值是什么，随意给它一个值：

```
@Override
public DvmObject<?> getObjectField(BaseVM vm, DvmObject<?> dvmObject, String signature) {
    ...
    if (signature.equals("android/content/pm/ServiceInfo->name:Ljava/lang/String;")){
        return new StringObject(vm, "name1");
    }
    return super.getObjectField(vm, dvmObject, signature);
}
```

补全之后，新的异常如下所示：

```
// so 中日志
[main]E/ 引导：无障碍服务的名字 :name1
[11:59:29 006]  WARN [com.github.unidbg.linux.ARM32SyscallHandler]
    (ARM32SyscallHandler:532) - handleInterrupt intno=2, NR=-1073744328,
    svcNumber=0x15b, PC=unidbg@0xfffe0644, LR=RX@0x400012df[libdogplus.
    so]0x12df, syscall=null
java.lang.UnsupportedOperationException: android/content/pm/ServiceInfo-
    >packageName:Ljava/lang/String;
    at com.github.unidbg.linux.android.dvm.AbstractJni.
        getObjectField(AbstractJni.java:171)
    at com.r0ysue.unidbgBook.Chap25.MainActivity2.
        getObjectField(MainActivity2.java:108)
    at com.github.unidbg.linux.android.dvm.AbstractJni.
        getObjectField(AbstractJni.java:141)
    at com.github.unidbg.linux.android.dvm.DvmField.getObjectField(DvmField.
        java:126)
        ...
    at com.github.unidbg.linux.android.dvm.DvmObject.callJniMethod(DvmObject.
        java:135)
    at com.github.unidbg.linux.android.dvm.DvmObject.callJniMethod(DvmObject.
        java:52)
    at com.r0ysue.unidbgBook.Chap25.MainActivity2.detectAccessibilityManager
        (MainActivity2.java:55)
    at com.r0ysue.unidbgBook.Chap25.MainActivity2.main(MainActivity2.java:50)
[11:59:29 011]  WARN [com.github.unidbg.AbstractEmulator]
    (AbstractEmulator:435) - emulate RX@0x40000c99[libdogplus.so]0xc99
    exception sp=unidbg@0xbffff628, msg=android/content/pm/ServiceInfo-
    >packageName:Ljava/lang/String;, offset=24ms
```

在 Terminal 中，除了 unidbg 框架自身的日志信息，同时输出了 so 中的日志信息，即我们给 unidbg 返回的随意字符串 name1，同时也说明在前面 android/view/accessibility/ AccessibilityManager->getInstalledAccessibilityServiceList()Ljava/util/List 中，有价值的数据就是 name 属性。这里先不做处理，继续往下走，提示需要 packageName 信息，补完后的代码如下所示：

```
@Override
public DvmObject<?> getObjectField(BaseVM vm, DvmObject<?> dvmObject, String
    signature) {
    ...
    if (signature.equals("android/content/pm/ServiceInfo->packageName:Ljava/
        lang/String;")){
        return new StringObject(vm, "com.example.dogplus");
    }
    return super.getObjectField(vm, dvmObject, signature);
}
```

运行代码后，报错信息如下所示：

```
[main]E/ 引导：无障碍服务的名字 :name1
```

```
[main]E/引导：无障碍服务所属的包名 :com.example.dogplus
[12:05:21 409]  WARN [com.github.unidbg.linux.ARM32SyscallHandler]
    (ARM32SyscallHandler:532) - handleInterrupt intno=2, NR=-1073744332,
    svcNumber=0x11f, PC=unidbg@0xfffe0284, LR=RX@0x400011b3[libdogplus.
    so]0x11b3, syscall=null
java.lang.UnsupportedOperationException: android/content/pm/ServiceInfo-
    >loadLabel(Landroid/content/pm/PackageManager;)Ljava/lang/CharSequence;
    at com.github.unidbg.linux.android.dvm.AbstractJni.
        callObjectMethodV(AbstractJni.java:416)
    at com.r0ysue.unidbgBook.Chap25.MainActivity2.
        callObjectMethodV(MainActivity2.java:87)
    at com.github.unidbg.linux.android.dvm.AbstractJni.
        callObjectMethodV(AbstractJni.java:262)
    at com.github.unidbg.linux.android.dvm.DvmMethod.
        callObjectMethodV(DvmMethod.java:89)
    at com.github.unidbg.linux.android.dvm.DalvikVM$32.handle(DalvikVM.java:547)
        ...
    at com.github.unidbg.AbstractEmulator.runMainForResult(AbstractEmulator.
        java:355)
    at com.github.unidbg.arm.AbstractARMEmulator.eFunc(AbstractARMEmulator.
        java:233)
    at com.github.unidbg.Module.emulateFunction(Module.java:163)
    at com.github.unidbg.linux.android.dvm.DvmObject.callJniMethod(DvmObject.
        java:135)
    at com.github.unidbg.linux.android.dvm.DvmObject.callJniMethod(DvmObject.
        java:52)
    at com.r0ysue.unidbgBook.Chap25.MainActivity2.detectAccessibilityManager
        (MainActivity2.java:55)
    at com.r0ysue.unidbgBook.Chap25.MainActivity2.main(MainActivity2.java:50)
```

根据反馈的信息得知还要取 List 中的 packageName 属性。继续补 loadLabel，还是传空，先让整个流程跑通，再回来考虑值的问题：

```
@Override
public DvmObject<?> callObjectMethodV(BaseVM vm, DvmObject<?> dvmObject,
    String signature, VaList vaList) {
    ...
    if (signature.equals("android/content/pm/ServiceInfo->loadLabel(Landroid/
        content/pm/PackageManager;)Ljava/lang/CharSequence;")){
            return vm.resolveClass("java/lang/CharSequence").newObject(null);
    }
return super.callObjectMethodV(vm, dvmObject, signature, vaList);
}
```

对于 loadLabel 中具体返回的数据，稍后使用 Android Studio 模拟执行一下就可以知道它真正的数据类型。继续运行项目代码后，出现如下所示的报错信息：

```
java.lang.NullPointerException: Cannot invoke "Object.toString()" because
    "dvmObject.value" is null
    at com.github.unidbg.linux.android.dvm.AbstractJni.
        callObjectMethodV(AbstractJni.java:398)
    at com.r0ysue.unidbgBook.Chap25.MainActivity2.
```

```
        callObjectMethodV(MainActivity2.java:89)
    at com.github.unidbg.linux.android.dvm.AbstractJni.
        callObjectMethodV(AbstractJni.java:262)
    at com.github.unidbg.linux.android.dvm.DvmMethod.
        callObjectMethodV(DvmMethod.java:89)
    at com.github.unidbg.linux.android.dvm.DalvikVM$32.handle(DalvikVM.java:547)
    at com.github.unidbg.linux.ARM32SyscallHandler.hook(ARM32SyscallHandler.
        java:131)
        ...
```

很显然，此时的 DvmObject 表示的对象是一个空值，空值怎么能有 value 属性呢？我们看一下异常堆栈中的第一个：

```
@Override
public DvmObject<?> callObjectMethodV(BaseVM vm, DvmObject<?> dvmObject,
    String signature, VaList vaList) {
    ...
    switch (signature) {
        case "java/lang/CharSequence->toString()Ljava/lang/String;": {
            return new StringObject(vm, dvmObject.value.toString());
        }
    ...
    throw new UnsupportedOperationException(signature);
}
```

unidbg 帮我们处理了 CharSequence 类型的数据，但是当前的对象是一个空值，我们前面构造的对象都是空值。这里我们重写这个分支，看看是否可生效。如果可以生效，我们就继续这个流程：

```
@Override
public DvmObject<?> callObjectMethodV(BaseVM vm, DvmObject<?> dvmObject,
    String signature, VaList vaList) {
    ...
    if (signature.equals("java/lang/CharSequence->toString()Ljava/lang/String;")){
        return new StringObject(vm,"123");
    }
    return super.callObjectMethodV(vm, dvmObject, signature, vaList);
}
```

继续运行项目代码，新的报错信息如下所示：

```
[main]E/ 引导：无障碍服务的名字:name1
[main]E/ 引导：无障碍服务所属的包名:com.example.dogplus
[main]E/ 引导：无障碍服务所属 app 的标签名:123
[01:00:05 970]  WARN [com.github.unidbg.linux.ARM32SyscallHandler]
    (ARM32SyscallHandler:532) - handleInterrupt intno=2, NR=-1073744328,
    svcNumber=0x15b, PC=unidbg@0xfffe0644, LR=RX@0x400012df[libdogplus.
    so]0x12df, syscall=null
java.lang.UnsupportedOperationException: android/accessibilityservice/
    AccessibilityServiceInfo->packageNames:[Ljava/lang/String;
    at com.github.unidbg.linux.android.dvm.AbstractJni.
        getObjectField(AbstractJni.java:171)
```

```
at com.r0ysue.unidbgBook.Chap25.MainActivity2.
   getObjectField(MainActivity2.java:111)
at com.github.unidbg.linux.android.dvm.AbstractJni.
   getObjectField(AbstractJni.java:141)
at com.github.unidbg.linux.android.dvm.DvmField.getObjectField(DvmField.
   java:126)
at com.github.unidbg.linux.android.dvm.DalvikVM$92.handle(DalvikVM.java:1403)
at com.github.unidbg.linux.ARM32SyscallHandler.hook(ARM32SyscallHandler.
   java:131)
at com.github.unidbg.arm.backend.UnicornBackend$11.hook(UnicornBackend.
   java:345)
at unicorn.Unicorn$NewHook.onInterrupt(Unicorn.java:128)
at unicorn.Unicorn.emu_start(Native Method)
   ...
```

反馈中显示我们构造的"123"是无障碍服务所属的标签名。根据反馈继续补下一个环境，代码如下所示：

```
@Override
public DvmObject<?> getObjectField(BaseVM vm, DvmObject<?> dvmObject, String
   signature) {
   ...
   if (signature.equals("android/accessibilityservice/
      AccessibilityServiceInfo->packageNames:[Ljava/lang/String;")){
      return new ArrayObject(new StringObject(vm,"com.example.dogplus"));
   }
   return super.getObjectField(vm, dvmObject, signature);
}
```

补完后运行代码，发现无异常报错，只是显示了补环境中随意构造的一些参数：

```
[main]E/ 引导 : 无障碍服务的名字 :name1
[main]E/ 引导 : 无障碍服务所属的包名 :com.example.dogplus
[main]E/ 引导 : 无障碍服务所属 app 的标签名 :123
[main]E/ 引导 : 作用于 App:com.example.dogplus
[main]E/ 引导 : 无障碍服务的名字 :name1
[main]E/ 引导 : 无障碍服务所属的包名 :com.example.dogplus
[main]E/ 引导 : 无障碍服务所属 app 的标签名 :123
[main]E/ 引导 : 作用于 App:com.example.dogplus
[main]E/ 引导 : 无障碍服务的名字 :name1
[main]E/ 引导 : 无障碍服务所属的包名 :com.example.dogplus
[main]E/ 引导 : 无障碍服务所属 app 的标签名 :123
[main]E/ 引导 : 作用于 App:com.example.dogplus
```

而且这些参数反复出现了 3 次。大家可以想想，这可能吗？显然是不可能的，这是因为每次调用相应的函数获取属性时，我们都返回了同一个值，最后要追根溯源，回到最开始的 List 问题上。

这里我们根据 JNI 执行流，在 Android Studio 中模拟执行一遍看看都有什么数据。描述上述过程的 JNI 执行流如下所示：

```
// 找到 AccessibilityManager 类
```

```
JNIEnv->FindClass(android/view/accessibility/AccessibilityManager) was called
    from RX@0x4000108b[libdogplus.so]0x108b
// 获取 getInstalledAccessibilityServiceList() 方法
JNIEnv->GetMethodID(android/view/accessibility/AccessibilityManager.
    getInstalledAccessibilityServiceList()Ljava/util/List;) => 0xac86e356 was
    called from RX@0x40001161[libdogplus.so]0x1161
// 调用
JNIEnv->CallObjectMethodV(android.view.accessibility.
    AccessibilityManager@1445d7f, getInstalledAccessibilityServiceList()
    => java.util.ArrayList@6c3f5566) was called from RX@0x400011b3[libdogplus.
    so]0x11b3
// 获取 List 大小
JNIEnv->GetMethodID(java/util/ArrayList.size()I) => 0x7c07529f was called from
    RX@0x40001161[libdogplus.so]0x1161
// 调用
JNIEnv->CallIntMethodV(java.util.ArrayList@6c3f5566, size() => 0x3) was called
    from RX@0x40001267[libdogplus.so]0x1267
// 获取 ArrayList 中的元素
JNIEnv->GetMethodID(java/util/ArrayList.get(I)Ljava/lang/Object;) =>
    0x11309d56 was called from RX@0x40001161[libdogplus.so]0x1161
// 调用
JNIEnv->CallObjectMethodV(java.util.ArrayList@6c3f5566, get(0x0) => android.
    accessibilityservice.AccessibilityServiceInfo@12405818) was called from
    RX@0x400011b3[libdogplus.so]0x11b3
// 获取 getResolveInfo 方法
JNIEnv->GetMethodID(android/accessibilityservice/AccessibilityServiceInfo.
    getResolveInfo()Landroid/content/pm/ResolveInfo;) => 0x76537b64 was called
    from RX@0x40001161[libdogplus.so]0x1161
// 调用
JNIEnv->CallObjectMethodV(android.accessibilityservice.AccessibilityServiceInfo
    @12405818, getResolveInfo() => android.content.pm.ResolveInfo@314c508a)
    was called from RX@0x400011b3[libdogplus.so]0x11b3
// 获取 ServiceInfo
JNIEnv->GetFieldID(android/content/pm/ResolveInfo.serviceInfo
    Landroid/content/pm/ServiceInfo;) => 0x7c5b124e was called from
    RX@0x400012b9[libdogplus.so]0x12b9
// 获取对象属性
JNIEnv->GetObjectField(android.content.pm.ResolveInfo@314c508a, serviceInfo
    Landroid/content/pm/ServiceInfo; => android.content.
    pm.ServiceInfo@6b67034) was called from RX@0x400012df[libdogplus.so]0x12df
// 获取 ServiceInfo 的 name 属性
JNIEnv->GetFieldID(android/content/pm/ServiceInfo.name Ljava/lang/String;) =>
    0x9f6455a1 was called from RX@0x400012b9[libdogplus.so]0x12b9
JNIEnv->GetObjectField(android.content.pm.ServiceInfo@6b67034, name Ljava/
    lang/String; => "name1") was called from RX@0x400012df[libdogplus.so]0x12df
JNIEnv->GetStringUtfChars("name1") was called from RX@0x40001305[libdogplus.
    so]0x1305
// 获取 ServiceInfo 属性
JNIEnv->GetFieldID(android/content/pm/ServiceInfo.packageName Ljava/lang/
    String;) => 0xac13d6eb was called from RX@0x400012b9[libdogplus.so]0x12b9
JNIEnv->GetObjectField(android.content.pm.ServiceInfo@6b67034,
    packageName Ljava/lang/String; => "com.example.dogplus") was called from
    RX@0x400012df[libdogplus.so]0x12df
```

```
JNIEnv->GetStringUtfChars("com.example.dogplus") was called from
    RX@0x40001305[libdogplus.so]0x1305
// 获取 getPackageManager() 方法
JNIEnv->GetMethodID(android/app/Application.getPackageManager()
    Landroid/content/pm/PackageManager;) => 0x630dae39 was called from
    RX@0x40001161[libdogplus.so]0x1161
// 调用
JNIEnv->CallObjectMethodV(android.app.Application@37574691,
    getPackageManager() => android.content.pm.PackageManager@6e38921c) was
    called from RX@0x400011b3[libdogplus.so]0x11b3
// 获取 ServiceInfo loadLabel 方法
JNIEnv->GetMethodID(android/content/pm/ServiceInfo.loadLabel(Landroid/content/
    pm/PackageManager;)Ljava/lang/CharSequence;) => 0x3425649b was called from
    RX@0x40001161[libdogplus.so]0x1161
// 调用
JNIEnv->CallObjectMethodV(android.content.pm.ServiceInfo@6b67034,
    loadLabel(android.content.pm.PackageManager@6e38921c) => java.lang.
    CharSequence@64d7f7e0) was called from RX@0x400011b3[libdogplus.so]0x11b3
JNIEnv->GetMethodID(java/lang/CharSequence.toString()Ljava/lang/String;) =>
    0x13c3c453 was called from RX@0x40001161[libdogplus.so]0x1161
JNIEnv->CallObjectMethodV(java.lang.CharSequence@64d7f7e0, toString() =>
    "123") was called from RX@0x400011b3[libdogplus.so]0x11b3
```

按照上述过程，我们从开发的角度把这些代码实现一遍：

```
@Override
protected void onCreate(Bundle savedInstanceState) {
    super.onCreate(savedInstanceState);

    binding = ActivityMainBinding.inflate(getLayoutInflater());
    setContentView(binding.getRoot());

    // 调用本机方法的示例
    TextView tv = binding.sampleText;
    tv.setText(stringFromJNI());

    // 获取 Application
    Application application = getApplication();
    // 获取 accessibilityManager
    AccessibilityManager accessibilityManager = (AccessibilityManager)
        application.getSystemService(ACCESSIBILITY_SERVICE);
    // 调用 getInstalledAccessibilityServiceList，获取 List 信息
    List<AccessibilityServiceInfo> installedAccessibilityServiceList =
        accessibilityManager.getInstalledAccessibilityServiceList();
    // 遍历获取内容
    for(AccessibilityServiceInfo info : installedAccessibilityServiceList){

        ResolveInfo resolveInfo = info.getResolveInfo();
        ServiceInfo serviceInfo = resolveInfo.serviceInfo;
        CharSequence charSequence = serviceInfo.
            loadLabel(getPackageManager());
        String s = charSequence.toString();
        String[] packageNames = info.packageNames;
```

```
        Log.d("引导","无障碍服务的名字: " + serviceInfo.name);
        Log.d("引导","无障碍服务所属的包名: " + serviceInfo.packageName);
        Log.d("引导","无障碍服务所属 app 的标签名: " + s);
        if(packageNames == null) continue;
        for(String ss:packageNames){
            Log.d("引导","作用于 App: " + ss);
        }
    }
}
```

运行 App 项目后，结果如图 25-5 所示。

```
01:35:06.056  D  无障碍服务的名字:com.google.android.marvin.talkback.TalkBackService
01:35:06.056  D  无障碍服务所属的包名:com.google.android.marvin.talkback
01:35:06.056  D  无障碍服务所属app的标签名:TalkBack
01:35:06.056  D  无障碍服务的名字:com.google.android.accessibility.selecttospeak.SelectToSpeakService
01:35:06.056  D  无障碍服务所属的包名:com.google.android.marvin.talkback
01:35:06.056  D  无障碍服务所属app的标签名:随选朗读
01:35:06.057  D  无障碍服务的名字:com.android.switchaccess.SwitchAccessService
01:35:06.057  D  无障碍服务所属的包名:com.google.android.marvin.talkback
01:35:06.057  D  无障碍服务所属app的标签名:开关控制
01:35:06.061  D  无障碍服务的名字:l.°
01:35:06.061  D  无障碍服务所属的包名:bin.mt.plus
01:35:06.061  D  无障碍服务所属app的标签名:Activity记录
```

图 25-5　获取的结果

日志中显示的数据即我们要补到 unidbg 的正确数据。那我们怎样传入这些数据呢？由于无障碍服务属于 Android SDK 中的内容，unidbg 中并没有，因此我们可以根据整个过程中取值的内容构造一个类，构造好的类如下所示：

```
package com.r0ysue.unidbgBook.Chap25;

public class AccessibilityServiceInfo {
    public String[] packageNames;
    public String name;
    public String packageName;
    public String lable;

    public AccessibilityServiceInfo(String name, String packageName, String lable) {
        this.name = name;
        this.packageName = packageName;
        this.lable = lable;
    }
}
```

进入模拟执行的主文件中，我们使用新的方式构造一份数据，并存放到 List 中：

```
@Override
public DvmObject<?> callObjectMethodV(BaseVM vm, DvmObject<?> dvmObject,
    String signature, VaList vaList) {
    if (signature.equals("android/app/ActivityThread->getApplication()
    Landroid/app/Application;")){
```

```
        return vm.resolveClass("android/app/Application").newObject(null);
    }
    if (signature.equals("android/view/accessibility/AccessibilityManager->get
        InstalledAccessibilityServiceList()Ljava/util/List;")){
        List<DvmObject<?>> list = new ArrayList<>();
        // AccessibilityServiceInfo
        DvmClass dvmClass = vm.resolveClass("android/accessibilityservice/
            AccessibilityServiceInfo");
        AccessibilityServiceInfo info1 = new AccessibilityServiceInfo
            ("TalkBackService","com.google.android.marvin.talkback","TalkBack");
        AccessibilityServiceInfo info2= new AccessibilityServiceInfo
            ("SelectToSpeakService","com.google.android.marvin.talkback","随选朗读");
        list.add(dvmClass.newObject(info1));
        list.add(dvmClass.newObject(info2));
        // list.add(dvmClass.newObject(null));
        // list.add(dvmClass.newObject(null));
        // list.add(dvmClass.newObject(null));
        return new ArrayListObject(vm,list);
    }
    if (signature.equals("android/accessibilityservice/
        AccessibilityServiceInfo->getResolveInfo()Landroid/content/pm/
        ResolveInfo;")){
        // dvmObject
        return vm.resolveClass("android/content/pm/ResolveInfo").
            newObject(dvmObject.getValue());
    }
    if (signature.equals("android/content/pm/ServiceInfo->loadLabel(Landroid/
        content/pm/PackageManager;)Ljava/lang/CharSequence;")){
        AccessibilityServiceInfo info = (AccessibilityServiceInfo) dvmObject.
            getValue();
        return vm.resolveClass("java/lang/CharSequence").newObject(info.lable);
        // return vm.resolveClass("java/lang/CharSequence").newObject(null);
    }
    if (signature.equals("java/lang/CharSequence->toString()Ljava/lang/String;")){
        return new StringObject(vm,dvmObject.getValue().toString());
        // return new StringObject(vm,"123");
    }
    return super.callObjectMethodV(vm, dvmObject, signature, vaList);
}
```

构造完成后，只需把所有填 null 的地方配置为 dvmObject 对象即可，需要返回值的地方直接从 info 中取，修正后的代码如下所示：

```
package com.r0ysue.unidbgBook.Chap25;

import com.r0ysue.unidbgBook.Chap24.Base64;
import com.github.unidbg.AndroidEmulator;
import com.github.unidbg.Module;
import com.github.unidbg.linux.android.AndroidEmulatorBuilder;
import com.github.unidbg.linux.android.AndroidResolver;
import com.github.unidbg.linux.android.dvm.*;
import com.github.unidbg.linux.android.dvm.array.ArrayObject;
```

```java
import com.github.unidbg.memory.Memory;

import java.io.File;
import java.util.ArrayList;
import java.util.List;


public class MainActivity2 extends AbstractJni {
    private final AndroidEmulator emulator;
    private final VM vm;
    private final Memory memory;
    private final Module module;
    private final DvmObject<?> obj;

    public MainActivity2(){
        emulator = AndroidEmulatorBuilder
                .for32Bit()
                // .setRootDir(new File("target/rootfs/default"))
                // .addBackendFactory(new DynarmicFactory(true))
                .build();

        memory = emulator.getMemory();
        memory.setLibraryResolver(new AndroidResolver(23));
        // 放入 APK，让 unidbg 帮助我们解析基本的信息
        vm = emulator.createDalvikVM(new File("unidbg-android/src/test/java/
            com/r0ysue/unidbgBook/Chap25/DogPlus.apk"));
        vm.setVerbose(true);
        vm.setJni(this);
        // 这里不需要传入 so 的路径，传入 libname 即可，unidbg 会自动去 APK 里提取
        DalvikModule dalvikModule = vm.loadLibrary("dogplus", false);
        module = dalvikModule.getModule();

        vm.callJNI_OnLoad(emulator,module);
        // 解析要加载的类
        obj = vm.resolveClass("com/example/dogplus/MainActivity").newObject(null);
    }



    public static void main(String[] args) {
        MainActivity2 mainActivity = new MainActivity2();
        mainActivity.detectAccessibilityManager();
    }

    // public native void detectAccessibilityManager();
    private void detectAccessibilityManager(){
        obj.callJniMethod(emulator,"detectAccessibilityManager()V");
    }

    @Override
    public DvmObject<?> callObjectMethodV(BaseVM vm, DvmObject<?> dvmObject,
        String signature, VaList vaList) {
        if (signature.equals("android/app/ActivityThread->getApplication()
```

```
            Landroid/app/Application;")){
        return vm.resolveClass("android/app/Application").newObject(null);
    }
    if (signature.equals("android/view/accessibility/AccessibilityManager-
        >getInstalledAccessibilityServiceList()Ljava/util/List;")){
        List<DvmObject<?>> list = new ArrayList<>();
        // AccessibilityServiceInfo
        DvmClass dvmClass = vm.resolveClass("android/accessibilityservice/
            AccessibilityServiceInfo");
        AccessibilityServiceInfo info1 = new AccessibilityServiceInfo
            ("TalkBackService","com.google.android.marvin.talkback","TalkBack");
        AccessibilityServiceInfo info2= new AccessibilityServiceInfo
            ("SelectToSpeakService","com.google.android.marvin.talkback","随选朗读");
        list.add(dvmClass.newObject(info1));
        list.add(dvmClass.newObject(info2));
        // list.add(dvmClass.newObject(null));
        // list.add(dvmClass.newObject(null));
        // list.add(dvmClass.newObject(null));
        return new ArrayListObject(vm,list);
    }
    if (signature.equals("android/accessibilityservice/
        AccessibilityServiceInfo->getResolveInfo()Landroid/content/pm/
        ResolveInfo;")){
        // dvmObject
        return vm.resolveClass("android/content/pm/ResolveInfo").
            newObject(dvmObject.getValue());
    }
    if (signature.equals("android/content/pm/ServiceInfo->loadLabel
        (Landroid/content/pm/PackageManager;)Ljava/lang/CharSequence;")){
        AccessibilityServiceInfo info = (AccessibilityServiceInfo)
            dvmObject.getValue();
        return vm.resolveClass("java/lang/CharSequence").newObject(info.lable);
        // return vm.resolveClass("java/lang/CharSequence").newObject(null);
    }
    if (signature.equals("java/lang/CharSequence->toString()Ljava/lang/
        String;")){
        return new StringObject(vm,dvmObject.getValue().toString());
        // return new StringObject(vm,"123");
    }
    return super.callObjectMethodV(vm, dvmObject, signature, vaList);
}

@Override
public DvmObject<?> getObjectField(BaseVM vm, DvmObject<?> dvmObject,
    String signature) {
    if (signature.equals("android/content/pm/ResolveInfo-
        >serviceInfo:Landroid/content/pm/ServiceInfo;")){
        return vm.resolveClass("android/content/pm/ServiceInfo").
            newObject(dvmObject.getValue());
        // return vm.resolveClass("android/content/pm/ServiceInfo").newObject(null);
    }
    if (signature.equals("android/content/pm/ServiceInfo->name:Ljava/lang/String;")){
        AccessibilityServiceInfo info = (AccessibilityServiceInfo)
```

```
        dvmObject.getValue();
        return new StringObject(vm, info.name);
        // return new StringObject(vm, "name1");
    }
    if (signature.equals("android/content/pm/ServiceInfo-
        >packageName:Ljava/lang/String;")){
        AccessibilityServiceInfo info = (AccessibilityServiceInfo)
            dvmObject.getValue();
        return new StringObject(vm, info.packageName);
        // return new StringObject(vm, "com.example.dogplus");
    }
    if (signature.equals("android/accessibilityservice/
        AccessibilityServiceInfo->packageNames:[Ljava/lang/String;")){
        // return new ArrayObject(new StringObject(vm,"com.example.dogplus"));
        return new ArrayObject();
    }
    return super.getObjectField(vm, dvmObject, signature);
    }
}
```

最终的执行结果如下所示：

```
[main]E/ 引导：无障碍服务的名字:TalkBackService
[main]E/ 引导：无障碍服务所属的包名:com.google.android.marvin.talkback
[main]E/ 引导：无障碍服务所属 app 的标签名:TalkBack
[main]E/ 引导：无障碍服务的名字:SelectToSpeakService
[main]E/ 引导：无障碍服务所属的包名:com.google.android.marvin.talkback
[main]E/ 引导：无障碍服务所属 app 的标签名：随选朗读
```

25.4　本章小结

本章同样是一个样本的补环境实战，样本主要围绕无障碍服务展开讨论：首先我们在保证 unidbg 不报错的情况下，以跑通流程为首要目的，至于值的正确性，我们先不考虑。对于值的处理，一般可以回过头来处理，因为当我们对整个 JNI 的执行流有了整体上的认知后，内部的细节就很好构造了。本章对于值的处理是首先在开发环境中根据 JNI 的执行流倒推出开发的流程，然后获取对应的值，最后填入 unidbg，从而完美地调用 so 中的函数。

unidbg 补环境实战：总结

本章是 unidbg 补环境的最后一章，对前面 unidbg 基本操作和补环境中遇到的一些通用性的问题做了简单的总结，接下来就让我们一起来复习一下吧。

26.1　补环境初始化

我们先学习补环境初始化。

26.1.1　架构选择

补环境初始化是指将基础的架构搭建起来，包括初始化模拟器、初始化内存、设置依赖库的路径、创建虚拟机处理器、加载目标 so、执行 JNI_OnLoad 函数等一系列操作。我们的 Java 代码一般写在 unidbg-android/src/test/java 路径下，这是一条比较好的路径。

对模拟器进行初始化时，我们需要确定目标 so 是 32 位还是 64 位。大家注意 unidbg 天生是为 Android 的 so 模拟执行而打造的，它不是一个泛架构模拟器，不同于 qiling 那样既可以模拟 PC 的 x86，又可以模拟 MIPS 等架构的框架，Unidbg 只为 ARM 打造。

```
if (emulator.is32Bit() && elfFile.arch != ElfFile.ARCH_ARM) {
    throw new ElfException("Must be ARM arch.");
}

if (emulator.is64Bit() && elfFile.arch != ElfFile.ARCH_AARCH64) {
    throw new ElfException("Must be ARM64 arch.");
}
```

如果设置为 32 位，那么传入的动态库必须是 ARM32；如果设置为 64 位，那么传入的动态库必须是 ARM64。

从 unidbg 的使用角度来看，有两个可供参考的因素。

- 执行速度：整体上模拟执行 ARM64 会比 ARM32 快一些，但不会特别夸张，可能相差 10% 上下。
- 完善程度：unidbg 对 ARM32 的支持和完善程度高于 ARM64，原因见下文。

这是前文的延续，因为更多情况下只能从 APK 中提取到 32 位 so，所以逆向分析时主要看的也是 ARM32，进一步也反映在 unidbg 这个 Android Native 模拟器上。它的设计、代码完善、bug 修复等方面，都更多地在处理 ARM32，所以 ARM32 会更完善一些。简而言之，面向未来选 ARM64，面向当下选 ARM32。

26.1.2　进程名称初始化

我们在初始化框架时，并没有刻意地设置进程名，很多时候也会忽略这一点，因为在大多数时候它无关紧要。但是最好还是设置一下，并且不要随意地设置，要按照 APK 中真实的进程名称去设置，不然在某些场景下，可能会造成一些不必要的隐患。

获取进程名称的方式多种多样，可以使用 Android SDK 中的 getprogname 函数来获取。当然在 App 中也可以使用这个函数来做环境的检测。如果程序调用了 getprogname 函数来获取进程名，在 unidbg 中会返回什么呢？直接看 unidbg 这部分的实现：

```
this.processName = processName == null ? "unidbg" : processName;
```

如果 so 中有对 unidbg 的反制，那么通过这样的检测，一定可以"杀死"unidbg 所产生的进程。我们显然不希望这件事发生，因此最好还是正确设置这个参数。

26.1.3　处理器后端的设置

我们先看下处理器、操作系统、程序的对应关系，如图 26-1 所示。

处理器的基本任务是执行汇编指令，操作系统的基本任务是管理、调度资源并提供服务，程序依赖于 CPU 执行指令，基于操作系统提供的 API 实现功能。

unidbg 为了让程序感觉自己在操作系统里，做了如图 26-2 所示的设计。

图 26-1　对应关系　　　　　　　　　　图 26-2　unidbg 的设计方式

unidbg 扮演着操作系统的角色，提供微型、有限的操作系统服务，实现了许多系统调用、代理，模拟了大量的 JNI 调用。在 so 的感知里，就好似在真实 Android 系统环境里运行。

unidbg 支持了数个新的后端，目前共五个 Backend，分别是 Unicorn、Unicorn2、Dynarmic、Hypervisor、KVM。如果不添加后端工厂，则默认使用 Unicorn，代码逻辑如下所示：

```
public static Backend createBackend(Emulator<?> emulator, boolean is64Bit,
    Collection<BackendFactory> backendFactories) {
    if (backendFactories != null) {
        for (BackendFactory factory : backendFactories) {
            Backend backend = factory.newBackend(emulator, is64Bit);
            if (backend != null) {
                return backend;
            }
        }
    }
    //默认使用 Unicorn 后端
    return new UnicornBackend(emulator, is64Bit);
}
```

一般使用默认的后端架构即可。

26.1.4　Android 根目录设置

除了可以设置进程名之外，还可以设置虚拟的
Android 目录，它在语义上对应于 Android 的根目
录。当读者认为 so 文件可能会做文件访问与读写
操作时，就应该设置根目录，程序对文件的读写会
落在这个目录里，如图 26-3 所示。

26.1.5　Android 虚拟机创建

unidbg 的虚拟机主要用于处理 JNI 逻辑，这里
我们通过如下方式创建。

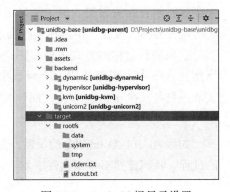

图 26-3　Android 根目录设置

```
vm = emulator.createDalvikVM(new File("unidbg-android/src/test/xxx/xxx.apk"));
```

加载 APK 这一行为让很多人对 unidbg 产生了误解，觉得它不是 so 模拟器，而是应用
级的模拟器，就像雷电或夜神模拟器那样。事实上，unidbg 加载 APK 并非要做执行 DEX
甚至运行 APK 这样的大事，相反，它只是在做一些小事，主要包括下面两部分：

1）解析 APK 基本信息，减少使用者在补 JNI 环境上的工作量。unidbg 会解析 APK 的
版本名、版本号、包名、APK 签名等信息。如果样本通过 JNI 获取这些信息，unidbg 会替
我们处理。如果没有加载 APK，这些逻辑就需要我们去补环境，平添了不少工作量。

2）解析和管理 APK 资源文件，加载 APK 后可以通过 openAsset 获取 Apkassets 目录下
的文件。如果样本通过 AAssetManager_open 等函数访问 APK 的 assets 目录，unidbg 会替
我们做处理。

26.1.6　加载 so

我们通过 loadLibrary API 将 so 加载到 unidbg 中，它有多个重载方法，最常用的两个方
法如下所示。

```
// 参数一：动态库或可执行 ELF 文件
// 参数二：是否必须执行 init_proc、init_array 这些初始化函数
DalvikModule loadLibrary(File elfFile, boolean forceCallInit);
```

```
// 参数一：动态库或可执行 ELF 的文件名
// 参数二：是否必须执行 init_proc、init_array 这些初始化函数
DalvikModule loadLibrary(String libname, boolean forceCallInit);
```

可以发现二者的区别在于第一个参数，前者传入文件，后者传入动态库的名字。后者在使用上近似于 Java 的 System.loadLibrary(soName)，名字要掐头去尾，如 libnative-lib.so 对应 libnative-lib。

```
vm.loadLibrary("libnative-lib", true);
```

loadLibrary 内部会为 libname 再添头添尾。

```
@Override
public final DalvikModule loadLibrary(String libname, boolean forceCallInit) {
    String soName = "lib" + libname + ".so";
    LibraryFile libraryFile = findLibrary(soName);
    if (libraryFile == null) {
        throw new IllegalStateException("load library failed: " + libname);
    }
    Module module = emulator.getMemory().load(libraryFile, forceCallInit);
    return new DalvikModule(this, module);
}
```

只传入名字如何找到对应的 so 文件并进行加载？这其实依赖于前文提到的加载 APK 的相关内容，unidbg 会去 APK 的 lib 目录下寻找目标 so，如果不加载 APK 就没法处理，下面看具体代码。

这些基本的初始化完成后，就可以模拟执行 so 中的函数了。在模拟执行的过程中，会出现各种各样的环境问题，具体在下一节介绍。

26.2   补环境适用场景

我们说的补环境一般是指补 JNI 的环境，我们能接触到的最多的场景就是报错，接下来进行详细说明。

26.2.1   unidbg 的报错

前面介绍了很多报错，形式如下所示：

```
JNIEnv->GetStringUtfChars("hello world") was called from RX@0x40066b07[libnet_
    crypto.so]0x66b07
JNIEnv->ReleaseStringUTFChars("hello world") was called from
    RX@0x40066b23[libnet_crypto.so]0x66b23
JNIEnv->FindClass(com/izuiyou/common/base/BaseApplication) was called from
```

```
    RX@0x4004da21[libnet_crypto.so]0x4da21
JNIEnv->GetStaticMethodID(com/izuiyou/common/base/BaseApplication.
    getAppContext()Landroid/content/Context;) => 0x2157b33c was called from
    RX@0x4004da57[libnet_crypto.so]0x4da57
[08:21:02 080]  WARN [com.github.unidbg.linux.ARM32SyscallHandler]
    (ARM32SyscallHandler:532) - handleInterrupt intno=2, NR=-1073744548,
    svcNumber=0x170, PC=unidbg@0xfffe0794, LR=RX@0x4004db2f[libnet_crypto.
    so]0x4db2f, syscall=null
java.lang.UnsupportedOperationException: com/izuiyou/common/base/
    BaseApplication->getAppContext()Landroid/content/Context;
    at com.github.unidbg.linux.android.dvm.AbstractJni.callStaticObjectMethodV
        (AbstractJni.java:503)
    at com.github.unidbg.linux.android.dvm.AbstractJni.callStaticObjectMethodV
        (AbstractJni.java:437)
    at com.github.unidbg.linux.android.dvm.DvmMethod.callStaticObjectMethodV
        (DvmMethod.java:64)
    at com.github.unidbg.linux.android.dvm.DalvikVM$113.handle(DalvikVM.java:1810)
    at com.github.unidbg.linux.ARM32SyscallHandler.hook(ARM32SyscallHandler.
        java:131)
    at com.github.unidbg.arm.backend.Unicorn2Backend$11.hook(Unicorn2Backend.
        java:347)
    at com.github.unidbg.arm.backend.unicorn.Unicorn$NewHook.onInterrupt
        (Unicorn.java:109)
```

首先，读者需要意识到，这并不是真正的"报错"，而是 unidbg 为了提醒我们补 JNI 环境，主动抛出异常。接下来首先讨论报错。

报错可以分为两部分，第一部分报错内容如下：

```
[08:21:02 080]  WARN [com.github.unidbg.linux.ARM32SyscallHandler]
    (ARM32SyscallHandler:532) - handleInterrupt intno=2, NR=-1073744548,
    svcNumber=0x170, PC=unidbg@0xfffe0794, LR=RX@0x4004db2f[libnet_crypto.
    so]0x4db2f, syscall=null
```

日志输出的位置是 [com.github.unidbg.linux.ARM32SyscallHandler] (ARM32SyscallHandler:532)，如图 26-4 所示。

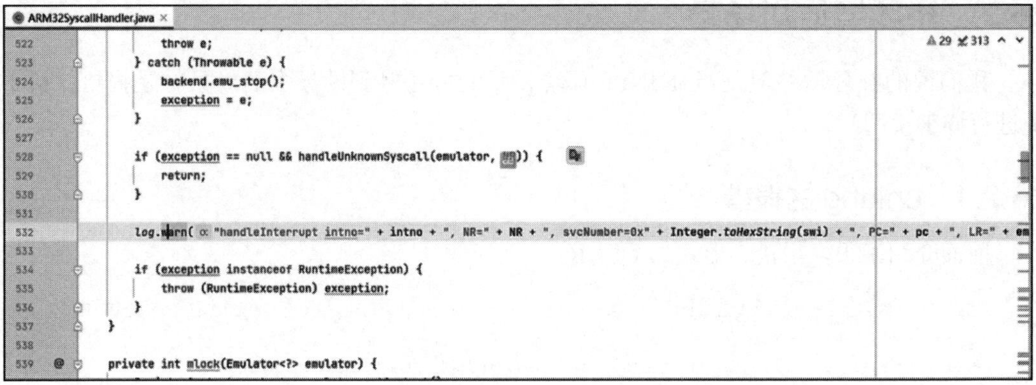

图 26-4　日志输出的位置

读者可能会困惑，为什么处理 JNI 的逻辑报错的位置在 Arm32SyscallHandler，这似乎是系统调用的处理模块吧？事实上，unidbg 正是凭此实现了对 JNI 的代理，首先它构造了 JNIEnv 和 JavaVM 这两个 JNI 中的关键结构，它们是指向 JNI 函数表的二级指针。在处理函数表时，unidbg 将函数都导向一个 8 字节的跳板函数。

```
svc #imm;
bx lr;
```

我们以图 26-5 所示的 ReleaseStringUTFChars 函数为例展开介绍。

```
 1 int __fastcall sub_66AB8(int a1, JNIEnv *a2, int a3)
 2 {
 3   void *v4; // r5
 4   int v6; // r1
 5   JNIEnv *v7; // r2
 6   _BOOL4 v8; // r0
 7   const char *v9; // r4
 8   int v11; // [sp+0h] [bp-30h] BYREF
 9   char v12[24]; // [sp+4h] [bp-2Ch] BYREF
10   int v13; // [sp+1Ch] [bp-14h]
11
12   v4 = (void *)a3;
13   v6 = a3;
14   v7 = a2;
15   v8 = ((unsigned int)a2 | v6) == 0;
16   if ( v4 )
17     v6 = 1;
18   if ( a2 )
19     v7 = (JNIEnv *)(&dword_0 + 1);
20   if ( (unsigned int)v7 != v6 || v8 || (v9 = (*a2)->GetStringUTFChars(a2, v4, 0)) == 0 )
21   {
22     sub_4B38E(a1, &unk_198DF9, v12);
23   }
24   else
25   {
26     sub_4B38E(v12, v9, &v11);
27     (*a2)->ReleaseStringUTFChars(a2, v4, v9);
28     sub_4A9D8(a1, v12);
29     sub_4ABB8(v12);
30   }
31   return _stack_chk_guard - v13;
32 }
```

图 26-5　ReleaseStringUTFChars 函数

该函数的汇编代码如下：

```
.text:00066B1A                MOV            R0, R6
.text:00066B1C                MOV            R1, R5
.text:00066B1E                MOV            R2, R4
.text:00066B20                BLX            R3
```

在真实的 Android 环境中，这里通过 R3 跳到 ReleaseStringUTFChars 函数位于 libart.so 文件中的真正实现上。在 unidbg 里，则落到我们的跳板函数上。

```
[10:43:10 899][libnet_crypto.so 0x066b1b] [3046    ] 0x40066b1a: "mov r0, r6"
    r6=0xfffe12a0 => r0=0xfffe12a0
[10:43:10 899][libnet_crypto.so 0x066b1d] [2946    ] 0x40066b1c: "mov r1, r5"
    r5=0x703580bf => r1=0x703580bf
[10:43:10 899][libnet_crypto.so 0x066b1f] [2246    ] 0x40066b1e: "mov r2, r4"
    r4=0x40358000 => r2=0x40358000
[10:43:10 899][libnet_crypto.so 0x066b21] [9847    ] 0x40066b20: "blx r3"
    r3=0xfffe0aa0
[10:43:10 899][ArmSvc            0x000aa0] [a10100ef] 0xfffe0aa0: "svc #0x1a1"
    => lr=0x40066b23
```

```
[10:43:10 899][ArmSvc          0x000aa4] [1eff2fe1] 0xfffe0aa4: "bx lr"
[10:43:10 899][libnet_crypto.so 0x066b23] [01a9   ] 0x40066b22: "add r1, sp,
    #4" sp=0xbffff628 => r1=0xbffff62c
```

此处的 ReleaseStringUTFChars 函数，对应的是下面这两条指令：

```
svc #0x1a1;
bx lr;
```

SVC 是软中断，Unicorn 等 CPU 模拟器会拦截这些中断，unidbg 会接管这些中断，并对 JNI 调用做模拟。可是 unidbg 如何分辨系统调用和 JNI 调用呢？毕竟系统调用也是通过 SVC 软中断发起的。这就要依赖 SVC 后面跟着的数字来分辨，我们称之为 imm。在系统调用的调用约定里，imm 无实际意义，而且默认会使用 0，即 SVC 0，就像下面这样。

```
.text:0004147C                 MOV        R12, R7
.text:00041480                 LDR        R7, =0x142
.text:00041484                 SVC        0
```

因此，根据 imm 是否为 0，unidbg 可以确认逻辑应该导向模拟的 JNI 函数还是模拟的系统调用。换句话说，在 unidbg 里，JNI 函数被提升到了和系统调用相同的层级，因此 JNI 报错也发生在 syscallHandler 里面。

对于报错的第一部分，重点关注 LR，它是 JNI 跳板函数的返回地址，对应样本发起 JNI 调用的位置。

```
[08:21:02 080]  WARN [com.github.unidbg.linux.ARM32SyscallHandler]
    (ARM32SyscallHandler:532) - handleInterrupt intno=2, NR=-1073744548,
    svcNumber=0x170, PC=unidbg@0xfffe0794, LR=RX@0x4004db2f[libnet_crypto.
    so]0x4db2f, syscall=null
```

第二部分就是其余的部分：

```
java.lang.UnsupportedOperationException: com/izuiyou/common/base/
    BaseApplication->getAppContext()Landroid/content/Context;
        at com.github.unidbg.linux.android.dvm.AbstractJni.callStaticObjectMethodV
            (AbstractJni.java:503)
        at com.github.unidbg.linux.android.dvm.AbstractJni.callStaticObjectMethodV
            (AbstractJni.java:437)
```

由报错信息可知，unidbg 无法处理的函数的签名是 com/izuiyou/common/base/BaseApplication->getAppContext()Landroid/content/Context;，这个格式很清晰，即 com/izuiyou/common/base/BaseApplication 类的 getAppContext() 方法。再看它的调用栈，来自 callStaticObjectMethodV 这个 JNI 方法。

26.2.2　何时补环境

unidbg 通过构造 JNIEnv、JavaVM 结构，辅以 SVC 跳板函数，实现了对 JNI 的拦截和接管。

但如何模拟 JNI 函数，这是问题的核心。unidbg 实现了一套 JNI 处理逻辑，当遇到 JNI 调用时，如果是 FindClass、NewGlobalRef、GetObjectClass、GetMethodID、GetStringLength、GetStringChars、ReleaseStringChars 等函数，那么它可以自洽处理，不需要使用者介入。

以 GetStringLength 为例，获取字符串长度，不需要使用者去做什么事。

```
Pointer _GetStringLength = svcMemory.registerSvc(new ArmSvc() {
    @Override
    public long handle(Emulator<?> emulator) {
        RegisterContext context = emulator.getContext();
        UnidbgPointer object = context.getPointerArg(1);
        DvmObject<?> string = getObject(object.toIntPeer());
        String value = (String) Objects.requireNonNull(string).getValue();
        return value.length();
    }
});
```

那么什么时候需要补 JNI 环境呢？如果是 callStaticObjectMethod、callObjectMethodV、getObjectField、getStaticIntField 等 JNI 函数对样本的 Java 层数据做访问，unidbg 既没运行 DEX，又没运行 APK，则需要读者去补全这些外部信息。下面是一个示例，通过 JNI 访问样本的 com.example.jnidemo.Utils 类里的静态字段 country。

```
#include <jni.h>
#include <string>

extern "C" JNIEXPORT jstring JNICALL
Java_com_example_jnidemo_MainActivity_stringFromJNI(
        JNIEnv* env,
        jobject /* this */) {
    jclass clz = env->FindClass("com/example/jnidemo/Utils");
    jfieldID jfieldId = env->GetStaticFieldID(clz, "country", "Ljava/lang/String;");
    jstring ret = static_cast<jstring>(env->GetStaticObjectField(clz, jfieldId));
    const char* c_str = env->GetStringUTFChars(ret, nullptr);
    return env->NewStringUTF(c_str);
}
```

Utils 类的代码如下：

```
package com.example.jnidemo;

public class Utils {
    public static String country = "China";
}
```

因为 unidbg 只模拟执行 Native 层，自然无法感知和获取到 Utils 类以及其中的 country 字段，所以必须交由使用者自行处理。比如在 JADX 中反编译样本，找到 Utils 类并静态分析代码，获悉 country 字段的值，再如直接使用 Frida Hook 查看等。因为担心用户意识不到补 JNI 的需求，所以通过抛出报错和打印堆栈予以提醒。需要注意的是，并不是所有基于 JNI 发起的函数调用、字段访问都必须由用户处理，其中有部分可以被预处理，列举如下：

- Android PackageManager 类里的 GET_SIGNATURES 静态字段，它的值固定是 64。
- String 类的 getBytes 方法。
- List 实现类的 size 方法。

为了减少用户补 JNI 环境的负担，unidbg 预处理了数百个常见的 JNI 函数调用和字段访问，逻辑位于 src/main/java/com/github/unidbg/linux/android/dvm/AbstractJni.java 类里。比如 callBooleanMethodV，调用返回布尔值的实例方法，预处理了如下方法。

```
@Override
public boolean callBooleanMethodV(BaseVM vm, DvmObject<?> dvmObject, String
    signature, VaList vaList) {
    switch (signature) {
        case "java/util/Enumeration->hasMoreElements()Z":
            return ((Enumeration) dvmObject).hasMoreElements();
        case "java/util/ArrayList->isEmpty()Z":
            return ((ArrayListObject) dvmObject).isEmpty();
        case "java/util/Iterator->hasNext()Z":
            Object iterator = dvmObject.getValue();
            if (iterator instanceof Iterator) {
                return ((Iterator<?>) iterator).hasNext();
            }
        case "java/lang/String->startsWith(Ljava/lang/String;)Z":{
            String str = (String) dvmObject.getValue();
            StringObject prefix = vaList.getObjectArg(0);
            return str.startsWith(prefix.value);
        }
    }

    throw new UnsupportedOperationException(signature);
}
```

比如 getObjectField，访问对象类型的实例字段，做了如下处理。

```
@Override
public DvmObject<?> getObjectField(BaseVM vm, DvmObject<?> dvmObject, String signature) {
    if ("android/content/pm/PackageInfo->signatures:[Landroid/content/pm/
        Signature;".equals(signature) &&
            dvmObject instanceof PackageInfo) {
        PackageInfo packageInfo = (PackageInfo) dvmObject;
        if (packageInfo.getPackageName().equals(vm.getPackageName())) {
            CertificateMeta[] metas = vm.getSignatures();
            if (metas != null) {
                Signature[] signatures = new Signature[metas.length];
                for (int i = 0; i < metas.length; i++) {
                    signatures[i] = new Signature(vm, metas[i]);
                }
                return new ArrayObject(signatures);
            }
        }
    }
    if ("android/content/pm/PackageInfo->versionName:Ljava/lang/String;".
```

```
        equals(signature) &&
            dvmObject instanceof PackageInfo) {
        PackageInfo packageInfo = (PackageInfo) dvmObject;
        if (packageInfo.getPackageName().equals(vm.getPackageName())) {
            String versionName = vm.getVersionName();
            if (versionName != null) {
                return new StringObject(vm, versionName);
            }
        }
    }

    throw new UnsupportedOperationException(signature);
}
```

这两个调用的作用是获取 APK 签名信息以及版本信息，unidbg 之所以能处理，是因为它通过我们传入的 APK 解析出了这些信息。

AbstractJNI 中主要包含下列四类处理。

- App 基本信息与签名。
- JDK 加密解密与数字签名。
- 字符串和容器类型。
- Android FrameWork 类库。

前文列举的两个调用就属于第一类，但不止于此，通过加载和解析 APK 让 unidbg 获取了大量的信息。比如获取包名：

```
@Override
public DvmObject<?> callStaticObjectMethod(BaseVM vm, DvmClass dvmClass,
    String signature, VarArg varArg) {
    if ("android/app/ActivityThread->currentPackageName()Ljava/lang/String;".
        equals(signature)) {
        String packageName = vm.getPackageName();
        if (packageName != null) {
            return new StringObject(vm, packageName);
        }
    }
    throw new UnsupportedOperationException(signature);
}
```

第二类是 Java 加解密和数字签名相关的方法，它主要服务于 APK 签名校验，出现频率很高。

```
case "java/security/KeyFactory->getInstance(Ljava/lang/String;)Ljava/security/
    KeyFactory;":{
    StringObject algorithm = vaList.getObjectArg(0);
    assert algorithm != null;
    try {
        return dvmClass.newObject(KeyFactory.getInstance(algorithm.value));
    } catch (NoSuchAlgorithmException e) {
        throw new IllegalStateException(e);
```

```
        }
    }
    case "javax/crypto/Cipher->getInstance(Ljava/lang/String;)Ljavax/crypto/Cipher;":{
        StringObject transformation = vaList.getObjectArg(0);
        assert transformation != null;
        try {
            return dvmClass.newObject(Cipher.getInstance(transformation.value));
        } catch (NoSuchAlgorithmException | NoSuchPaddingException e) {
            throw new IllegalStateException(e);
        }
    }
    case "java/security/MessageDigest->getInstance(Ljava/lang/String;)Ljava/
        security/MessageDigest;": {
        StringObject type = vaList.getObjectArg(0);
        assert type != null;
        try {
            return dvmClass.newObject(MessageDigest.getInstance(type.value));
        } catch (NoSuchAlgorithmException e) {
            throw new IllegalStateException(e);
        }
    }
}
```

第三类是对基本类型的包装类、字符串、容器类型的处理。

```
@Override
public DvmObject<?> newObject(BaseVM vm, DvmClass dvmClass, String signature,
    VarArg varArg) {
    switch (signature) {
        case "java/lang/String-><init>([B)V":
            ByteArray array = varArg.getObjectArg(0);
            return new StringObject(vm, new String(array.getValue()));
        case "java/lang/String-><init>([BLjava/lang/String;)V":
            array = varArg.getObjectArg(0);
            StringObject string = varArg.getObjectArg(1);
            try {
                return new StringObject(vm, new String(array.getValue(),
                    string.getValue()));
            } catch (UnsupportedEncodingException e) {
                throw new IllegalStateException(e);
            }
    }

    throw new UnsupportedOperationException(signature);
}
```

第四类是依赖于 Android FrameWork 的类库，它们没办法在普通的 Java 环境里良好处理，因此需要做一些粗糙的模拟或占位。比如 Android 系统服务：

```
case "android/app/Application->getSystemService(Ljava/lang/String;)Ljava/lang/
    Object;": {
    StringObject serviceName = vaList.getObjectArg(0);
    assert serviceName != null;
    return new SystemService(vm, serviceName.getValue());}
```

SystemService 的实现如下，只是大量的简单占位，当调用其中的方法实际获取数据时，还是要使用者来补。

```java
package com.github.unidbg.linux.android.dvm.api;

import com.github.unidbg.arm.backend.BackendException;
import com.github.unidbg.linux.android.dvm.DvmClass;
import com.github.unidbg.linux.android.dvm.DvmObject;
import com.github.unidbg.linux.android.dvm.VM;

public class SystemService extends DvmObject<String> {

    public static final String WIFI_SERVICE = "wifi";
    public static final String CONNECTIVITY_SERVICE = "connectivity";
    public static final String TELEPHONY_SERVICE = "phone";
    public static final String ACCESSIBILITY_SERVICE = "accessibility";
    public static final String KEYGUARD_SERVICE = "keyguard";
    public static final String ACTIVITY_SERVICE = "activity";
    public static final String SENSOR_SERVICE = "sensor";
    public static final String INPUT_METHOD_SERVICE = "input_method";
    public static final String LOCATION_SERVICE = "location";
    public static final String WINDOW_SERVICE = "window";
    public static final String UI_MODE_SERVICE = "uimode";
    public static final String DISPLAY_SERVICE = "display";
    public static final String AUDIO_SERVICE = "audio";

    public SystemService(VM vm, String serviceName) {
        super(getObjectType(vm, serviceName), serviceName);
    }

    private static DvmClass getObjectType(VM vm, String serviceName) {
        switch (serviceName) {
            case TELEPHONY_SERVICE:
                return vm.resolveClass("android/telephony/TelephonyManager");
            case WIFI_SERVICE:
                return vm.resolveClass("android/net/wifi/WifiManager");
            case CONNECTIVITY_SERVICE:
                return vm.resolveClass("android/net/ConnectivityManager");
            case ACCESSIBILITY_SERVICE:
                return vm.resolveClass("android/view/accessibility/
                    AccessibilityManager");
            case KEYGUARD_SERVICE:
                return vm.resolveClass("android/app/KeyguardManager");
            case ACTIVITY_SERVICE:
                return vm.resolveClass("android/os/BinderProxy");
// 或 android/app/ActivityManager
            case SENSOR_SERVICE:
                return vm.resolveClass("android/hardware/SensorManager");
            case INPUT_METHOD_SERVICE:
                return vm.resolveClass("android/view/inputmethod/
                    InputMethodManager");
            case LOCATION_SERVICE:
                return vm.resolveClass("android/location/LocationManager");
```

```
        case WINDOW_SERVICE:
            return vm.resolveClass("android/view/WindowManager");
        case UI_MODE_SERVICE:
            return vm.resolveClass("android/app/UiModeManager");
        case DISPLAY_SERVICE:
            return vm.resolveClass("android/hardware/display/DisplayManager");
        case AUDIO_SERVICE:
            return vm.resolveClass("android/media/AudioManager");
        default:
            throw new BackendException("service failed: " + serviceName);
        }
    }

}
```

过去几年，unidbg 一直在对 AbstractJNI 做扩充，让它预处理更多的逻辑，减少用户的使用负担。关于 AbstractJNI 可以做两点总结。

1）确实能让我们免于一些补环境的苦恼。

2）相较于所有可能的 JNI 访问，它只是杯水车薪，补 JNI 环境这个步骤不可避免。

如果有些样本没有让我们去补环境，那么一种可能是没有引用 Java 层的代码，另一种可能是 AbstractJNI 替我们完成了环境的补充。

FindClass、GetStaticMethodID、GetMethodID、GetStringUtfChars、GetFieldID、GetObjectArrayElement、ReleaseStringUTFChars、RegisterNatives、GetArrayLength、NewStringUTF 是 unidbg 直接可以处理的内容。CallStaticObjectMethodV、CallObjectMethodV、GetObjectField 则由 AbstrctJNI 处理，比如下面这条：

```
JNIEnv->CallStaticObjectMethodV(class android/app/ActivityThread,
    currentApplication() => android.app.Application@2805c96b) was called from
    RX@0x400126cc[liboasiscore.so]0x126cc
```

CallStaticObjectMethodV 的位置如图 26-6 所示。

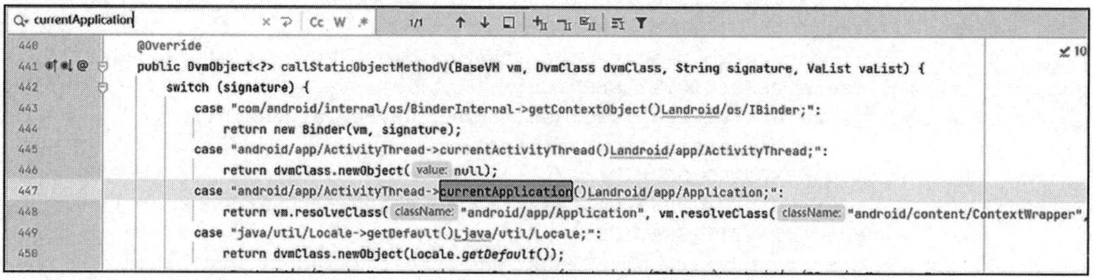

图 26-6　CallStaticObjectMethodV 的位置

26.3　补环境的规范

接下来，我们一起来学习补环境的规范。

26.3.1　通用规则

一般，补环境要遵循如下规则：

1）基本类型直接传递。

2）字符串、字节数组等基本对象直接传递，对象内部会做封装，也可以自己调用 new StringObject(vm, str)、new ByteArray(vm, value) 等。

3）JDK 标准库对象，如 HashMap、JSONObject 等，使用 ProxyDvmObject.createObject (vm, value) 处理。

4）非 JDK 标准库对象，如 Android Context、SharedPreference 等，使用 vm.resolveClass (vm，className).newObject(value) 处理。

可以看到，补环境主要基于数据类型做不同的处理。如果要发起对目标函数的调用，那么查看代码的反编译情况，可以看到清晰的参数类型。

```
static native SignedQuery s(SortedMap<String, String> sortedMap);
```

如果样本通过 JNI 访问 Java 方法，那么根据报错确定返回值类型。

案例一：方法签名中，返回值是 "Landroid/content/Context;"，那么它的类型就是 android/content/Context，L 代表是类。

```
java.lang.UnsupportedOperationException: com/izuiyou/common/base/
    BaseApplication->getAppContext()Landroid/content/Context;
    at com.github.unidbg.linux.android.dvm.AbstractJni.callStaticObjectMethodV
        (AbstractJni.java:503)
    at com.github.unidbg.linux.android.dvm.AbstractJni.callStaticObjectMethodV
        (AbstractJni.java:437)
    at com.github.unidbg.linux.android.dvm.DvmMethod.callStaticObjectMethodV(D
        vmMethod.java:64)
```

案例二：类型是 android/content/pm/PackageManager。

```
java.lang.UnsupportedOperationException: cn/xiaochuankeji/tieba/AppController-
    >getPackageManager()Landroid/content/pm/PackageManager;
    at com.github.unidbg.linux.android.dvm.AbstractJni.
        callObjectMethodV(AbstractJni.java:416)
    at com.izuiyou.NetWork.callObjectMethodV(NetWork.java:79)
```

案例三：I 即 Int，对于基本类型，也可以根据使用的 JNI 方法做判断，比如这里是 callStaticIntMethodV。

```
java.lang.UnsupportedOperationException: android/os/Process->myPid()I
    at com.github.unidbg.linux.android.dvm.AbstractJni.callStaticIntMethodV(Ab
        stractJni.java:211)
```

案例四：Z 即 boolean，或者根据 callStaticBooleanMethodV 里的 Boolean 确认。

```
java.lang.UnsupportedOperationException: android/os/Debug-
    >isDebuggerConnected()Z
```

```
    at com.github.unidbg.linux.android.dvm.AbstractJni.callStaticBooleanMethod
        V(AbstractJni.java:191)
```

26.3.2　复杂类型的规则

这里给大家总结了 4 种类型来说明复杂类型的补环境操作，详细说明如下。

类型一

首先看基本类型，即 Byte、Short、Int、Long、Double、Float、Boolean、Char 等类型，只需要直接传递即可。以 AbstractJNI 为例，可以找到很多的例子，比如下面直接返回 0x40，至于值是如何来的，这不是本节的重点，本节只讨论补环境的"形式"。

```
@Override
public int getStaticIntField(BaseVM vm, DvmClass dvmClass, String signature) {
    if ("android/content/pm/PackageManager->GET_SIGNATURES:I".equals(signature)) {
        return 0x40;
    }
    throw new UnsupportedOperationException(signature);
}
```

需要注意的是，在准备参数，发起函数调用时，Long 类型的参数必须显式声明，即在整数后面加 L，以供 unidbg 识别和处理，而不能使用隐式声明。

类型二

接下来看基本对象——基本类型的包装类、字符串、基本类型数组、对象数组等。

先来看案例一，代码如下：

```
java.lang.UnsupportedOperationException: cn/xiaochuankeji/tieba/AppController-
    >getPackageName()Ljava/lang/String;
    at com.github.unidbg.linux.android.dvm.AbstractJni.
        callObjectMethodV(AbstractJni.java:416)
    at com.izuiyou.NetWork.callObjectMethodV(NetWork.java:86)
    at com.github.unidbg.linux.android.dvm.AbstractJni.
        callObjectMethodV(AbstractJni.java:262)
```

首先获取包名" String packageName = vm.getPackageName();"，然后在下面两种方案中任选一种，将它处理为 StringObject：

```
StringObject stringObject1 = (StringObject) ProxyDvmObject.createObject(vm, packageName);
StringObject stringObject2 = new StringObject(vm, packageName);
```

ProxyDvmObject.createObject 内部做了类型判断，将 String 转为 StringObject。

```
if (value instanceof String) {
    return new StringObject(vm, (String) value);
}
```

使用哪一种看个人喜好，我个人认为用 StringObject 构造更好，因为更直观。

案例二，代码如下：

```
java.lang.UnsupportedOperationException: java/lang/Integer-><init>(I)V
    at com.github.unidbg.linux.android.dvm.AbstractJni.newObjectV(AbstractJni.java:789)
    at com.demo5.MeiTuan.newObjectV(MeiTuan.java:557)
```

Integer 类是基本类型 Int 所对应的包装类，unidbg 对部分包装类做了处理，详见 com.github.unidbg.linux.android.dvm.wrapper，如图 26-7 所示。

其中都对 valueOf() 方法做了包装：

```
case "java/lang/Integer-><init>(I)V": {
    int i = vaList.getIntArg(0);
    return DvmInteger.valueOf(vm, i);
}
```

案例三，代码如下：

```
java.lang.UnsupportedOperationException: java/net/NetworkInterface-
    >getHardwareAddress()[B
    at com.github.unidbg.linux.android.dvm.AbstractJni.
        callObjectMethod(AbstractJni.java:921)
    at com.demo14.SimpleSign.callObjectMethod(SimpleSign.java:177)
```

[B 即 byte[]，在 unidbg 中对应 ByteArray。

```
case "java/net/NetworkInterface->getHardwareAddress()[B":
    byte[] addr = new byte[]{0x64, (byte) 0xBC, 0x0C, 0x65, (byte) 0xAA, 0x1E};
    return new ByteArray(vm, addr);
```

com.github.unidbg.linux.android.dvm.array 包中有对各种基本类型数组的表示和处理，如图 26-8 所示。

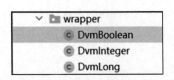

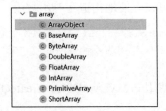

图 26-7　包装类　　　　图 26-8　对各种基本类型数组的表示和处理

这里也可以用 ProxyDvmObject.createObject，就像 StringObject 一样，它的内部会做如下处理。

```
if (value instanceof byte[]) {
    return new ByteArray(vm, (byte[]) value);
}
if (value instanceof short[]) {
    return new ShortArray(vm, (short[]) value);
}
if (value instanceof int[]) {
    return new IntArray(vm, (int[]) value);
}
```

```
if (value instanceof float[]) {
    return new FloatArray(vm, (float[]) value);
}
if (value instanceof double[]) {
    return new DoubleArray(vm, (double[]) value);
}
```

案例四，代码如下：

```
java.lang.UnsupportedOperationException: android/os/Build->SUPPORTED_
    ABIS:[Ljava/lang/String;
    at com.github.unidbg.linux.android.dvm.AbstractJni.getStaticObjectField(Ab
        stractJni.java:103)
    at com.demo5.MeiTuan.getStaticObjectField(MeiTuan.java:629)
```

类型是"[Ljava/lang/String;"，它是一个对象数组，更具体点说，它是一个字符串数组。在 unidbg 中，对象数组通过 ArrayObject 表示，unidbg 还为字符串数组提供了一个处理函数。

```
public static ArrayObject newStringArray(VM vm, String... strings) {
    StringObject[] objects = new StringObject[strings.length];
    for (int i = 0; i < strings.length; i++) {
        String str = strings[i];
        if (str != null) {
            objects[i] = new StringObject(vm, str);
        }
    }
    return new ArrayObject(objects);
}
```

使用它可以方便地构造字符串数组：

```
case "android/os/Build->SUPPORTED_ABIS:[Ljava/lang/String;":{
    return ArrayObject.newStringArray(vm, "arm64-v8a", "armeabi-v7a", "armeabi");
}
```

也可以使用 ProxyDvmObject.createObject：

```
case "android/os/Build->SUPPORTED_ABIS:[Ljava/lang/String;":{
    String[] abis = new String[]{"arm64-v8a", "armeabi-v7a", "armeabi"};
    return ProxyDvmObject.createObject(vm, abis);
}
```

它最终也是转换为 ArrayObject。

```
Class<?> clazz = value.getClass();
if (clazz.isArray()) {
    if (clazz.getComponentType().isPrimitive()) {
        throw new UnsupportedOperationException(String.valueOf(value));
    }
    Object[] array = (Object[]) value;
    DvmObject<?>[] dvmArray = new DvmObject[array.length];
    for (int i = 0; i < array.length; i++) {
```

```
        dvmArray[i] = createObject(vm, array[i]);
    }
    return new ArrayObject(dvmArray);
}
```

类型三

针对基本对象的处理往往有两种选择，而除此之外其余的 JDK 类库，基本只能用 Proxy-DvmObject.createObject。

案例一，代码如下：

```
java.lang.UnsupportedOperationException: java/util/HashMap-><init>()V
    at com.github.unidbg.linux.android.dvm.AbstractJni.newObject(AbstractJni.java:741)
    at com.demo4.TBSecurity.newObject(TBSecurity.java:392)
```

对于 HashMap 对象：

```
case "java/util/HashMap-><init>()V":{
    return ProxyDvmObject.createObject(vm, new HashMap<>());
}
```

案例二，代码如下：

```
java.lang.UnsupportedOperationException: java/util/zip/ZipFile->getInputStream
    (Ljava/util/zip/ZipEntry;)Ljava/io/InputStream;
    at com.github.unidbg.linux.android.dvm.AbstractJni.
        callObjectMethodV(AbstractJni.java:416)
    at com.demo7.TDJNI.callObjectMethodV(TDJNI.java:625)
```

对于 InputStream 对象：

```
case "java/util/zip/ZipFile->getInputStream(Ljava/util/zip/ZipEntry;)Ljava/io/
    InputStream;":{
    ZipFile zipFile = (ZipFile) dvmObject.getValue();
    try {
        return ProxyDvmObject.createObject(vm, zipFile.getInputStream
            ((ZipEntry) vaList.getObjectArg(0).getValue()));
    } catch (IOException e) {
        e.printStackTrace();
    }
}
```

案例三，代码如下：

```
java.lang.UnsupportedOperationException: java/util/Map->put(Ljava/lang/
    Object;Ljava/lang/Object;)Ljava/lang/Object;
    at com.github.unidbg.linux.android.dvm.AbstractJni.
        callObjectMethod(AbstractJni.java:922)
    at com.Bili.NativeLibrary.callObjectMethod(NativeLibrary.java:88)
```

这里只知道是 Object，而不确定具体是字符串还是其他什么类型，使用 ProxyDvmObject.createObject 更合适。

```
case "java/util/Map->put(Ljava/lang/Object;Ljava/lang/Object;)Ljava/lang/Object;":{
    Map map = (Map) dvmObject.getValue();
    Object key = varArg.getObjectArg(0).getValue();
    Object value = varArg.getObjectArg(1).getValue();
    return ProxyDvmObject.createObject(vm, map.put(key, value));
}
```

类型四

对于 Android FrameWork 类库中的对象和类，使用 resolveClass 创建对应的 DvmClass 和 DvmObject 比较好。在 AbstrctJNI 中可以看到大量的例子。

案例一，代码如下：

```
java.lang.UnsupportedOperationException: android/telephony/FtTelephonyAdapter-
    >getFtTelephony(Landroid/content/Context;)Landroid/telephony/FtTelephony;
    at com.github.unidbg.linux.android.dvm.AbstractJni.callStaticObjectMethodV
        (AbstractJni.java:503)
    at com.demo7.TDJNI.callStaticObjectMethodV(TDJNI.java:763)
```

这显然是一个 Android 里的类库，没办法在 unidbg 中实际处理，只能用 resolveClass 占位。

```
case "android/telephony/FtTelephonyAdapter->getFtTelephony(Landroid/content/
    Context;)Landroid/telephony/FtTelephony;":{
    return vm.resolveClass("android/telephony/FtTelephony").newObject(null);
}
```

案例二，代码如下：

```
java.lang.UnsupportedOperationException: java/lang/Class->forName(Ljava/lang/
    String;)Ljava/lang/Class;
    at com.github.unidbg.linux.android.dvm.AbstractJni.callStaticObjectMethodV
        (AbstractJni.java:503)
    at com.demo7.TDJNI.callStaticObjectMethodV(TDJNI.java:763)
```

Class.forName(className) 用于加载类，由于我们不确定所加载的类是样本自定义的类、Android 框架层类库，还是 JDK 中的标准类库，因此这里使用 resolveClass 更合适。

```
case "java/lang/Class->forName(Ljava/lang/String;)Ljava/lang/Class;":{
    String className = vaList.getObjectArg(0).getValue().toString();
    System.out.println("Class->forName:"+className);
    return vm.resolveClass(className);
}
```

案例三，代码如下：

```
java.lang.UnsupportedOperationException: android/content/IntentFilter-
    ><init>(Ljava/lang/String;)V
    at com.github.unidbg.linux.android.dvm.AbstractJni.newObjectV(AbstractJni.java:791)
    at com.demo7.TDJNI.newObjectV(TDJNI.java:826)
```

这里要初始化 IntentFilter，它是 Android 框架层的类库，只能做占位处理。

```
case "android/content/IntentFilter-><init>(Ljava/lang/String;)V":{
    String intent = vaList.getObjectArg(0).getValue().toString();
    System.out.println("IntentFilter:"+intent);
    return vm.resolveClass("android/content/IntentFilter").newObject(intent);
}
```

可以注意到，这里的 newObject 没有传 null，而是传递了参数，这是因为样本初始化了多个 IntentFilter，需要一个办法分辨不同的 IntentFilter，并把初始化的内容传递到之后的函数中去。

26.4　本章小结

本章从三个方面对 unidbg 补环境做了一些总结：

1）补环境的初始化。包括模拟器架构的选择、进程名称的初始化、处理器后端的设置、Android 根目录的设置、Android 虚拟机的创建以及 so 的加载。

2）补环境适用场景。补环境中遇到的报错解析，以及为什么要补环境两个角度展开。

3）补环境规范。补环境过程中的一些通用规范，以及复杂类型的补环境策略。

第四部分 *Part 4*

反制与生产环境部署

Anti-unidbg 系列：环境变量检测

本章我们将学习 unidbg 反制的相关内容。unidbg 的反制角度有很多，本章将针对常见的标识学习反制措施，包括但不限于 Linux 环境变量、Android 的环境变量、Android 的层级结构、内存映射等。

27.1 Linux 中的环境变量

环境变量一般是指在操作系统中用来指定操作系统运行环境的一些参数，如临时文件夹位置和系统文件夹位置等。

本节主要介绍 Linux 的环境变量，Windows 的环境变量和 Linux 的环境变量基本一致，主要是形式上的差异，即如何定义环境变量。

Android 的底层就是 Linux，掌握了设置 Linux 的环境变量的方法，就为设置 Android 的环境变量奠定了基础。

如何设置 Linux 的环境变量呢？比如我们要使用 adb，连接手机到虚拟机后，直接输入 adb shell，就能进入 Android 手机的命令行界面，如图 27-1 所示。

那这个环境变量在哪里设置呢？如图 27-2 所示。

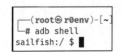

图 27-1　输入 adb shell

```
┌──(root💀r0env)-[/share/tmp]
└─# which adb
/root/Android/Sdk/platform-tools/adb
```

图 27-2　环境变量的位置

这个环境变量是我们之前安装 Android Studio 时下载的 SDK 包，在正常情况下，我们要使用全路径去看，设置完环境变量后，就可以直接使用，位置如下所示。

```
/root/.bashrc.sh
```

使用 vim 打开这个文件后，可以清楚地看到 SDK 的设置路径，而这个文件下就包括了可执行文件 adb，如图 27-3 所示。

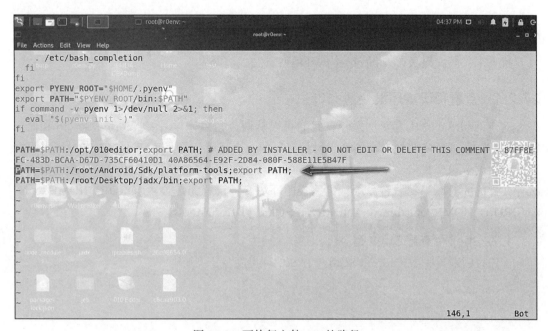

图 27-3　可执行文件 adb 的路径

可以一次性输出这些环境变量：

```
# export
...
declare -x LESS_TERMCAP_me=""

declare -x LESS_TERMCAP_se=""
declare -x LESS_TERMCAP_so=""
declare -x LESS_TERMCAP_ue=""

declare -x LESS_TERMCAP_us=""
declare -x LOGNAME="root"

declare -x PATH="/root/.pyenv/shims:/root/.pyenv/bin:/usr/local/sbin:/
    usr/local/bin:/usr/sbin:/usr/bin:/sbin:/bin:/usr/local/games:/usr/games:/
    opt/010editor:/root/Android/Sdk/platform-tools:/root/Desktop/jadx/bin"

declare -x PWD="/root"
...
```

或者输出某个具体的环境变量，如图 27-4 所示。

```
┌─(root💀r0env)-[~]
└─# echo $PATH
/root/.pyenv/shims:/root/.pyenv/bin:/usr/local/sbin:/usr/local/bin:/usr/sbin:/usr/bin:/sbin:/bin:/usr/loc
al/games:/usr/games:/opt/010editor:/root/Android/Sdk/platform-tools:/root/Desktop/jadx/bin
```

图 27-4　输出某个具体的环境变量

27.2　Android 中的环境变量

接下来我们一起来看 Android 中的环境变量。

27.2.1　查看和设置环境变量

对于 Android 的环境变量操作，我们可以从两个角度来学习：Android Studio 和命令行工具。在众多环境变量中，笔者觉得最有用的一个环境变量是 ANDROID_HOME，很多工具都会读取该变量来确定 Android SDK 的目录。如需通过命令行运行工具，而不包含可执行文件的完整路径，请将命令搜索路径的环境变量设置为包含 ANDROID_HOME/tools、ANDROID_HOME/tools/bin 和 ANDROID_HOME/platform-tools。

1. 在 Shell 中查看环境变量

首先我们来看一下 Android Shell 中存在的环境变量：

```
# adb shell
sailfish:/ $ su
sailfish:/ # exit
sailfish:/ $ export
ANDROID_ASSETS
ANDROID_BOOTLOGO
ANDROID_DATA
ANDROID_ROOT
ANDROID_RUNTIME_ROOT
ANDROID_SOCKET_adbd
ANDROID_STORAGE
ANDROID_TZDATA_ROOT
ASEC_MOUNTPOINT
BOOTCLASSPATH
DEX2OATBOOTCLASSPATH
DOWNLOAD_CACHE
EXTERNAL_STORAGE
HOME
HOSTNAME
LOGNAME
PATH
SHELL
SYSTEMSERVERCLASSPATH
TERM
TMPDIR
USER
```

2. 在 Shell 中设置环境变量

设置环境变量：

```
sailfish:/ $ export a=b
```

再次查看环境变量：

```
sailfish:/ $ export
...
a
```

当然，也可以通过回显的方式查看某个环境变量的值：

```
sailfish:/ $ echo $a
b
```

27.2.2　常见环境变量说明

介绍完查看和设置环境变量的方法后，本节总结了 Android 中一些常用的环境变量，说明如下。

1. Android SDK 环境变量

先来看几种常见的 Android SDK 环境变量，详细介绍如下。

- ANDROID_HOME。设置 SDK 安装目录的路径。设置后，该值通常不会更改，并且可以由同一台计算机上的多个用户共享。ANDROID_SDK_ROOT 也指向 SDK 安装目录，但已废弃。如果你继续使用它，Android Studio 和 Android Gradle 插件将检查旧变量和新变量是否一致。
- ANDROID_USER_HOME。为 Android SDK 中包含的工具设置用户偏好目录的路径。默认为 $HOME/.android/。某些较旧的工具（例如 Android Studio 4.3 及更低版本）不会读取 ANDROID_USER_HOME。如需替换这些旧工具的用户偏好设置位置，需将 ANDROID_SDK_HOME 设置为要在其下创建 .android 目录的父目录。
- REPO_OS_OVERRIDE。当你使用 sdkmanager 为不同于当前计算机的操作系统下载软件包时，需将此变量设置为 Windows、macOSx 或 Linux。

2. Android Studio 环境变量

常见的 Android Studio 环境变量列举如下。

- STUDIO_VM_OPTIONS。设置 studio.vmoptions 文件的位置。此文件包含会影响 Java HotSpot 虚拟机性能特征的设置。你也可以从 Android Studio 中访问此文件。
- STUDIO_PROPERTIES。设置 idea.properties 文件的位置。你可以使用此文件自定义 Android Studio IDE 属性（例如用户安装的插件的路径）以及该 IDE 支持的文件大小上限。
- STUDIO_JDK。设置 Android Studio 在其中运行的 JDK 的位置。当你启动 Android Studio 时，它会依次检查 STUDIO_JDK、JDK_HOME 和 JAVA_HOME 环境变量。

- STUDIO_GRADLE_JDK。设置 Android Studio 用于启动 Gradle 守护程序的 JDK 的位置。当你启动 Android Studio 时，它会先检查 STUDIO_GRADLE_JDK。如果未定义 STUDIO_GRADLE_JDK，Android Studio 将使用在项目结构设置中设置的值。

3. 模拟器环境变量

默认情况下，模拟器会将配置文件存储在 $HOME/.android/ 下，将 AVD 数据存储在 $HOME/.android/avd/ 下。你可以通过设置以下环境变量来替换默认设置。emulator -avd 命令会依次按照 ANDROIDAVDHOME、ANDROID_USER_HOME/avd/ 和 $HOME/.android/avd/ 中的值来搜索 avd 目录。

- ANDROID_EMULATOR_HOME。设置特定于用户的模拟器配置目录的路径，默认为 $ANDROID_USER_HOME。较旧的工具（如 Android Studio 4.3 及更早版本）不会读取 ANDROID_USER_HOME。对于这些工具，默认值为 $ANDROID_SDK_HOME/.android。
- ANDROID_AVD_HOME。设置包含所有 AVD 特定文件的目录的路径，这些文件大多包含非常大的磁盘映像。默认位置是 $ANDROID_EMULATOR_HOME/avd/。如果默认位置的磁盘空间不足，则可能需要指定新位置。

Android 模拟器在启动时会查询以下环境变量：

- ANDROID_LOG_TAGS。运行 logcat 命令时，可使用此环境变量设置默认过滤器表达式。
- HTTP_PROXY。包含全局 HTTP 代理的 HTTP/HTTPS 代理设置。在主机和端口之间使用英文冒号 (:) 分隔符。例如 set HTTP_PROXY=myserver:1981。这相当于在运行模拟器时从命令行指定 -http-proxy proxy 参数。
- ANDROID_EMULATOR_USE_SYSTEM_LIBS。包含值 0（默认值）或 1。值为 1 时表示使用系统的 libstdc++.so 文件，而不是与模拟器捆绑在一起的文件。请仅在模拟器因系统库问题而无法在 Linux 系统上启动时设置此环境变量。例如，某些 Linux Radeon GL 驱动程序库需要更新的 libstdc++.so 文件。

注意：将此环境变量设置为 1 并不能保证模拟器的正常运行。这样做只能够解决影响很少一部分 Linux 用户的系统库问题。

4. QEMU 环境变量

- QEMU_AUDIO_DRV QEMU_AUDIO_OUT_DRV QEMU_AUDIO_IN_DRV。在 Linux 上，你可以通过将 QEMU_AUDIO_DRV 环境变量设置为以下值之一，更改模拟器的默认音频后端：
  - ❑ alsa：使用高级 Linux 音频架构（ALSA）后端。
  - ❑ esd：使用 Enlightened Sound Daemon（EsounD）后端。
  - ❑ sdl：使用简易直控媒体层（SDL）音频后端（不支持音频输入）。
  - ❑ oss：使用开放声音系统（OSS）后端。
  - ❑ none：不支持音频。

如果要停用音频支持，则使用 emulator -no-audio 选项或将 QEMU_AUDIO_DRV 设置为 none。在以下情况，你可能需要停用音频：在极少数情况下，音频驱动程序可能会导致 Windows 在模拟器运行时重新启动；在某些 Linux 计算机上，如果启用了音频支持，模拟器可能会在启动时卡住。

5. adb 环境变量

- ANDROID_SERIAL。可使用此变量为 adb 命令提供模拟器序列号，例如 emulator-5555。如果你设置了此变量，但又使用 -s 选项从命令行指定序列号，那么命令行输入将取代 ANDROID_SERIAL 的值。以下示例会设置 ANDROID_SERIAL 并调用 adb install helloworld.apk，然后该 APK 会在 emulator-5555 上安装 Android 应用软件包。

```
set ANDROID_SERIAL=emulator-555 adb install helloWorld.apk
```

6. adb logcat 环境变量

- ANDROID_LOG_TAGS。当你从开发计算机运行 logcat 命令时，可使用此环境变量设置默认过滤器表达式。例如：

```
set ANDROID_LOG_TAGS=ActivityManager:I MyApp:D *:.
```

这相当于在运行模拟器时从命令行指定 -logcat tags 参数。

- ADB_TRACE。包含要记录的调试信息的逗号分隔列表。具体值可以是：all、adb、sockets、packets、rwx、usb、sync、sysdeps、transport 和 jdwp。如需显示 adb 客户端和 adb 服务器的 adb 日志，请将 ADB_TRACE 设置为 all，然后调用 adb logcat 命令，如下所示。

```
set ADB_TRACE=all
     adb logcat
```

- ANDROID_VERBOSE。包含模拟器使用的详细输出选项（调试标记）的逗号分隔列表。以下示例展示了使用 debug-socket 和 debug-radio 调试标记定义的 ANDROID_VERBOSE：

```
set ANDROID_VERBOSE=socket,radio
```

这相当于在运行模拟器时从命令行同时指定 -verbose、-verbose-socket、-verbose-radio 参数。不受支持的调试标记会被忽略。如需详细了解调试标记，请使用 emulator -help-debug-tags。

27.3　环境变量源码解析

接下来我们来看如何从开发的角度设置环境变量，首先新建一个 Android Studio 的工程，以 Native C++ 为模板。

27.3.1 Java 层环境变量读取和设置

建立好项目后，我们搭建一个布局，需求是在文本框输入一个 key，能获取环境变量中 key 对应的值。

```xml
<?xml version="1.0" encoding="utf-8"?>
<androidx.constraintlayout.widget.ConstraintLayout xmlns:android="http://
    schemas.android.com/apk/res/android"
    xmlns:app="http://schemas.android.com/apk/res-auto"
    xmlns:tools="http://schemas.android.com/tools"
    android:layout_width="match_parent"
    android:layout_height="match_parent"
    tools:context=".MainActivity">

    <LinearLayout
        android:orientation="vertical"
        android:layout_width="match_parent"
        android:layout_height="match_parent">
        <EditText
            android:id="@+id/edt_key"
            android:layout_width="match_parent"
            android:layout_height="wrap_content"/>
        <Button
            android:id="@+id/btn_read"
            android:text="READ"
            android:layout_gravity="center"
            android:layout_width="200dp"
            android:layout_height="wrap_content"/>

    </LinearLayout>

    <TextView
        android:id="@+id/tv_value"
        android:layout_width="wrap_content"
        android:layout_height="wrap_content"
        android:text="Hello World!"
        app:layout_constraintBottom_toBottomOf="parent"
        app:layout_constraintLeft_toLeftOf="parent"
        app:layout_constraintRight_toRightOf="parent"
        app:layout_constraintTop_toTopOf="parent" />

</androidx.constraintlayout.widget.ConstraintLayout>
```

我们在 Java 层使用系统 API 获取系统变量，案例中使用的是 android.system.os 库，此库可访问低级系统功能，其中大部分是系统调用。当然，大多数情况下我们会使用它的上层 API，如下面的案例所示：

```java
private TextView tv_value;
private EditText edt_key;
private Button btn_read;

@Override
```

```
protected void onCreate(Bundle savedInstanceState) {
    super.onCreate(savedInstanceState);
    setContentView(R.layout.activity_main);

    tv_value = findViewById(R.id.tv_value);
    edt_key = findViewById(R.id.edt_key);
    btn_read = findViewById(R.id.btn_read);

    btn_read.setOnClickListener(new View.OnClickListener() {
        @RequiresApi(api = Build.VERSION_CODES.LOLLIPOP)
        @Override
        public void onClick(View v) {
            String key = edt_key.getText().toString();
            try {
                String value = Os.getenv(key);
                tv_value.setText(value);
            }catch (Exception ignore){}

        }
    });
}
```

核心代码只有一句：

```
String value = Os.getenv(key);
```

根据传入的 key，获取对应的 value，运行项目后，UI 效果如图 27-5 所示。

我们先读取最常见的 PATH 环境变量，如图 27-6 所示。

图 27-5　UI 效果

图 27-6　读取 PATH 环境变量

我们也可以通过程序去添加一个环境变量：

```
try {
    Os.setenv("name","r0ysue",true);
}catch (Exception ignore){}
```

在环境变量中添加一个 key 为 name 的环境变量，它
的值为"r0ysue"。然后我们尝试着去读取，如图 27-7
所示。

27.3.2　Native 层环境变量读取和设置

Native 层读取同样也是调用封装好的库，位于 stdlib.
h 中。获取环境变量的代码如下所示。

图 27-7　读取 name 环境变量

```
extern "C"
JNIEXPORT jstring JNICALL
Java_com_example_envcheck_MainActivity_
    readEnv(JNIEnv *env, jobject thiz,
    jstring key) {
    // TODO: implement readEnv()
    char* key_ = const_cast<char *>(env-
        >GetStringUTFChars(key, NULL));
    char* value = getenv(key_);
    env->ReleaseStringUTFChars(key, key_);
    return env->NewStringUTF(value);
}
```

更改 Java 层的代码，调用刚刚编写好的 native 函数：

```
@Override
protected void onCreate(Bundle savedInstanceState) {
    super.onCreate(savedInstanceState);
    setContentView(R.layout.activity_main);

    try {
        Os.setenv("name","r0ysue",true);
    }catch (Exception ignore){}

    tv_value = findViewById(R.id.tv_value);
    edt_key = findViewById(R.id.edt_key);
    btn_read = findViewById(R.id.btn_read);

    btn_read.setOnClickListener(new View.OnClickListener() {
        @RequiresApi(api = Build.VERSION_CODES.LOLLIPOP)
        @Override
        public void onClick(View v) {
            String key = edt_key.getText().toString();
            try {
                // 调用 readEnv 函数
```

```
            String value = readEnv(key);
            tv_value.setText(value);
        }catch (Exception ignore){}

    }
});
}
```

再次读取 name 环境变量，结果如图 27-8 所示。

27.3.3　情景模拟

现在我们来模拟一个情景：假设要对一个 MD5 加盐，加盐的时候会获取在 Java 层设置的环境变量，根据是否获取到环境变量来设置不同的盐值，最终影响加密的结果：

1. Java 层

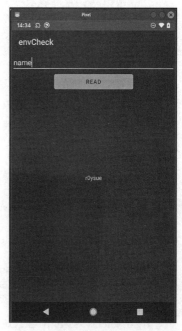

图 27-8　再次读取 name 环境变量

```
@Override
protected void onCreate(Bundle
    savedInstanceState) {
    super.onCreate(savedInstanceState);
    setContentView(R.layout.activity_main);

    try {
        Os.setenv("name","r0ysue",true);
    }catch (Exception ignore){}

    tv_value = findViewById(R.id.tv_value);
    edt_key = findViewById(R.id.edt_key);
    btn_read = findViewById(R.id.btn_read);


    tv_value.setText(getSalt());
}

// 获取盐值
public native String getSalt();
```

2. Native 层

```
extern "C"
JNIEXPORT jstring JNICALL
Java_com_example_envcheck_MainActivity_getSalt(JNIEnv *env, jobject thiz) {
    // TODO: implement getSalt()
    // salt 是字面值 dta123 的副本
    std::string salt("dta123");
    char* name = getenv("name");
    if (name == NULL){
```

```
        salt.append("find_exception!");
    } else{
        salt.append(name);
    }
    return env->NewStringUTF(salt.c_str());
}
```

运行项目后的结果如图 27-9 所示。

然后尝试把 so 提取出来放到 unidbg 去执行，这里不再展开，注意样本是 32 位的哦！

27.4 unidbg 如何设置环境变量

直接来看 unidbg 模拟的代码：

图 27-9 getSalt 结果

```
package com.r0ysue.unidbgBook.Chap33;

import com.github.unidbg.AndroidEmulator;
import com.github.unidbg.LibraryResolver;
import com.github.unidbg.arm.backend.
    DynarmicFactory;
import com.github.unidbg.linux.android.
    AndroidEmulatorBuilder;
import com.github.unidbg.linux.android.
    AndroidResolver;
import com.github.unidbg.linux.android.dvm.AbstractJni;
import com.github.unidbg.linux.android.dvm.DalvikModule;
import com.github.unidbg.linux.android.dvm.DvmObject;
import com.github.unidbg.linux.android.dvm.VM;
import com.github.unidbg.linux.android.dvm.jni.ProxyDvmObject;
import com.github.unidbg.memory.Memory;

import java.io.File;

public class MainActivity {

    public static void main(String[] args) {
        MainActivity mainActivity = new MainActivity();
        mainActivity.getSalt();
    }

    private final AndroidEmulator emulator;
    private final VM vm;

    private MainActivity() {
        emulator = AndroidEmulatorBuilder
                .for32Bit()
                .build();
        Memory memory = emulator.getMemory();
        LibraryResolver resolver = new AndroidResolver(23);
```

```
        memory.setLibraryResolver(resolver);

        vm = emulator.createDalvikVM();
        vm.setVerbose(false);
        DalvikModule dm = vm.loadLibrary(
                new File("unidbg-android/src/test/java/com/r0ysue/unidbgBook/
                    Chap33/libenvcheck.so"), false);
        dm.callJNI_OnLoad(emulator);
    }

    private void getSalt() {
        DvmObject<?> obj = vm.resolveClass("com.example.envcheck.
            MainActivity").newObject(null);
        // public native String getSalt();
        DvmObject<?> dvmObject = obj.callJniMethodObject(emulator, "getSalt()
            Ljava/lang/String;");
        Object value = dvmObject.getValue();
        System.out.println(value);
    }
}
```

运行结果如下所示。

```
dta123find_exception!
```

其实不用看结果都可以猜到，unidbg 的模拟器中没有设置环境变量，所以没有对应环境变量供程序去获取，自然会得到的结果。

其实 unidbg 的设计者在设计时已经考虑过这个问题，环境的设置位于 AndroidElfLoader. java 构造函数中。

```
public AndroidElfLoader(Emulator<AndroidFileIO> emulator, UnixSyscallHandler<A
    ndroidFileIO> syscallHandler) {
        super(emulator, syscallHandler);

        // init stack
        stackSize = STACK_SIZE_OF_PAGE * emulator.getPageAlign();
        backend.mem_map(STACK_BASE - stackSize, stackSize, UnicornConst.UC_
            PROT_READ | UnicornConst.UC_PROT_WRITE);

        setStackPoint(STACK_BASE);
        this.environ = initializeTLS(new String[] {
                "ANDROID_DATA=/data",
                "ANDROID_ROOT=/system",
                "PATH=/sbin:/vendor/bin:/system/sbin:/system/bin:/system/xbin",
                "NO_ADDR_COMPAT_LAYOUT_FIXUP=1"
        });
        this.setErrno(0);
    }
```

我们直接在这里填入需要补的环境变量即可：

```
this.environ = initializeTLS(new String[] {
```

```
        "ANDROID_DATA=/data",
        "ANDROID_ROOT=/system",
        "PATH=/sbin:/vendor/bin:/system/sbin:/system/bin:/system/xbin",
        "NO_ADDR_COMPAT_LAYOUT_FIXUP=1",
        "name=r0ysue"
});
```

再次运行项目，结果为：

```
dta123r0ysue
```

至此，unidbg 中环境变量相关内容介绍完毕。

27.5　本章小结

在本章中，我们从 Linux 的环境变量出发，介绍了 Linux 中的环境变量是如何设置以及读取的，然后引申到 Android 上，因为 Android 就是基于 Linux 的一个系统。Android 虽然基于 Linux，但是它毕竟是移动端的系统，内部的环境变量还是稍有差异，所以笔者又对 Android 中常见的环境变量一一做了介绍。

接着，我们开发了一个 App，演示了如何通过程序的方式读取和设置环境变量，并对市面上 App 对于环境变量反制 unidbg 的方式做了模拟。如果获取不到正确的环境变量或者获取到一个错误的环境变量就会得到假的数据。最后，我们通过 unidbg 作者预留的接口，把环境变量补进去解决了异常问题，获取到了真实的数据。

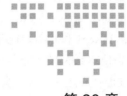

Anti-unidbg 系列：xHook 检测

unidbg 中内置了很多第三方框架，这些三方框架基本上都是来 Hook Android 的，可以分为两大类：

1）unidbg 内置的第三方 Hook 框架，如 xHook、Whale、HookZz、Dobby。

2）unicorn Hook 以及被封装好的 Console Debugger。

第一类是 unidbg 支持并内置的第三方 Hook 框架，有 Dobby（前身 HookZz）/Whale 这样的 Inline Hook 框架，也有 xHook 这样的 PLT Hook 框架。

第二类是当 unidbg 的底层引擎选择为 Unicorn 时（默认引擎），Unicorn 自带的 Hook 功能。Unicorn 提供了各种级别和粒度的 Hook，内存 Hook/ 指令 / 基本块 Hook/ 异常 Hook 等，十分强大和好用，而且 unidbg 基于它封装了更便于使用的 Console Debugger。

本章着重介绍对抗 xHook 框架，对于其他的 Hook 框架，读者可以参照本章介绍思路来进行检测和对抗。

28.1 xHook 的基本使用

接下来，我们来学习 xHook 的基本使用。

28.1.1 项目简介

xHook 是一个针对 Android 平台的 ELF（可执行文件和动态库）的 PLT Hook 库。它是一个比较古老的项目，但是因稳定性的原因，被一直使用，并集成到了 unidbg 中。xHook 有以下比较突出的特征：

- 支持 Android 4.0 - 10（API level 14 ～ 29）。
- 支持 armeabi、armeabi-v7a、arm64-v8a，x86 和 x86_64。
- 支持 ELF HASH 和 GNU HASH 索引的符号。
- 支持 SLEB128 编码的重定位信息。
- 支持通过正则表达式批量设置 Hook 信息。
- 不需要 root 权限或任何系统权限。
- 不依赖于任何的第三方动态库。

28.1.2 项目编译

1. 下载 NDK

使用 xHook 之前需要进行编译，由于它要支持 armeabi（这个 ABI 比较古老，NDK 的 r17 版本后移除掉了），因此我们需下载 NDK r16 版本，链接为 https://github.com/android/ndk/wiki/Unsupported-Downloads。

大家在这个页面找 r16 版本的 NDK，并根据自己的平台选择下载合适的版本。下载后添加到环境变量中，本书使用的都是 r0env(Linux)，如图 28-1 所示。

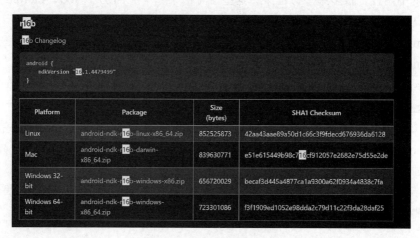

图 28-1　Android NDK r16

2. 设置环境变量

接下来设置环境变量：

```
geany /root/.bashrc
```

.bashrc 中的内容如下：

```
...
PATH=$PATH:/root/Android/Sdk/ndk/android-ndk-r16b;export PATH;
```

3. 下载源码

使用下述方式对源码进行下载：

```
proxychains git clone https://github.com/iqiyi/xHook.git
```

下载后的结果如下：

```
-rwxr-xr-x 1 root root    94 Dec 25 05:15  build_libs.sh
-rwxr-xr-x 1 root root   112 Dec 25 05:15  clean_libs.sh
-rw-r--r-- 1 root root  1458 Dec 25 05:15  CONTRIBUTING.md
drwxr-xr-x 3 root root  4096 Dec 25 05:15  docs
-rwxr-xr-x 1 root root  1844 Dec 25 05:15  install_libs.sh
drwxr-xr-x 5 root root  4096 Dec 25 05:23  libbiz
drwxr-xr-x 5 root root  4096 Dec 25 05:23  libtest
drwxr-xr-x 5 root root  4096 Dec 25 05:23  libxhook
-rw-r--r-- 1 root root  4295 Dec 25 05:15  LICENSE
-rwxr-xr-x 1 root root 18525 Dec 25 05:15  LICENSE-docs
-rw-r--r-- 1 root root  7324 Dec 25 05:15  README.md
-rw-r--r-- 1 root root  7524 Dec 25 05:15  README.zh-CN.md
drwxr-xr-x 7 root root  4096 Dec 25 05:50  xhookwrapper
```

编译过程中要用到两个脚本：

```
build_libs.sh
install_libs.sh
```

build_libs.sh 脚本的内容如下：

```
// build_libs.sh

#!/bin/bash

ndk-build -C ./libxhook/jni
ndk-build -C ./libbiz/jni
ndk-build -C ./libtest/jni
```

编译对应目录下的文件，以 xHook 为例，如图 28-2 所示。

install_libs.sh 脚本的内容如下：

```
// install_libs.sh

#!/bin/bash
```

图 28-2　xHook 目录下的文件

```
mkdir -p ./xhookwrapper/xhook/libs/armeabi
mkdir -p ./xhookwrapper/xhook/libs/armeabi-v7a
mkdir -p ./xhookwrapper/xhook/libs/arm64-v8a
mkdir -p ./xhookwrapper/xhook/libs/x86
mkdir -p ./xhookwrapper/xhook/libs/x86_64

cp -f ./libxhook/libs/armeabi/libxhook.so     ./xhookwrapper/xhook/libs/armeabi/
cp -f ./libxhook/libs/armeabi-v7a/libxhook.so ./xhookwrapper/xhook/libs/armeabi-v7a/
```

```
cp -f ./libxhook/libs/arm64-v8a/libxhook.so    ./xhookwrapper/xhook/libs/arm64-v8a/
cp -f ./libxhook/libs/x86/libxhook.so          ./xhookwrapper/xhook/libs/x86/
cp -f ./libxhook/libs/x86_64/libxhook.so       ./xhookwrapper/xhook/libs/x86_64/

...
```

总结来看，上述脚本是把编译好的 so 放入样本目录中，在本章中，我们暂时不要项目提供的样本，自己写一个，以便大家理解。如果大家有兴趣可以自行研究。

运行上述 build_libs.sh 脚本即可完成编译，install_libs.sh 先忽略。

28.1.3 xHook API 介绍

1. 引入头文件

```
libxhook/jni/xhook.h
```

2. 注册 Hook 信息

```
int xhook_register(const char   *pathname_regex_str,
                   const char   *symbol,
                   void         *new_func,
                   void         **old_func);
```

在当前进程的内存空间中，在每一个符合正则表达式 pathname_regex_str 的已加载 ELF 中，每一个调用 symbol 的 PLT 入口点的地址值都将替换为 new_func。之前的 PLT 入口点的地址值将被保存在 old_func 中。

new_func 必须具有与原函数相同的函数声明。

pathname_regex_str 只支持 POSIX BRE（Basic Regular Expression）定义的正则表达式语法。

3. 忽略部分 Hook 信息

```
int xhook_ignore(const char *pathname_regex_str,  const char *symbol);
```

根据 pathname_regex_str 和 symbol，从已经通过 xhook_register 注册的 Hook 信息中，忽略一部分 Hook 信息。如果 symbol 为 NULL，xHook 将忽略所有路径名符合正则表达式 pathname_regex_str 的 ELF。成功返回 0，失败返回非 0。

4. 执行 Hook

```
int xhook_refresh(int async);
```

根据前面注册的 Hook 信息，执行真正的 Hook 操作。

给 async 参数传 1 表示执行异步的 Hook 操作，传 0 表示执行同步的 Hook 操作。成功返回 0，失败返回非 0。

xHook 在内部维护了一个全局的缓存，用于保存最后一次从 /proc/self/maps 读取到的

ELF 加载信息。每次调用 xhook_refresh 函数，这个缓存都将被更新。xHook 使用这个缓存来判断哪些 ELF 是新被加载到内存中的。我们每次只需要针对这些新加载的 ELF 做 Hook 就可以了。

5. 清除缓存

```
void xhook_clear();
```

清除 xHook 的缓存，重置所有的全局标识。

如果你确定需要的所有 PLT 入口点都已经被替换了，那么你可以调用这个函数来释放和节省一些内存空间。

6. 启用 / 禁用 SFP（段错误保护）

```
void xhook_enable_sigsegv_protection(int flag);
```

给 flag 参数传 1 表示启用 SFP，传 0 表示禁用 SFP，默认为启用。

xHook 并不是一个常规的业务层的动态库。在 xHook 中，我们不得不直接计算一些内存指针的值。在一些极端的情况下，读或者写这些指针指向的内存会发生段错误。根据我们的测试，xHook 的行为将导致 App 崩溃率增加 "一千万分之一"(0.0000001)。（崩溃率具体会增加多少，也和你想要 Hook 的库和符号有关）。最终，我们不得不使用某些方法来防止这些无害的崩溃。我们称之为 SFP（段错误保护），它是由 sigaction()、SIGSEGV、siglongjmp() 和 sigsetjmp() 组成的。

在 release 版本的 App 中，你应该始终启用 SFP，这能防止你的 App 因为 xHook 而崩溃。在 debug 版本的 App 中，你应该始终禁用 SFP，这样你就不会丢失那些一般性的编码失误导致的段错误，这些段错误是应该被修复的。

xHook 官网中给出的 Hook 案例如下：

```
// 监测内存泄露
xhook_register(".*\\.so$", "malloc",  my_malloc,  NULL);
xhook_register(".*\\.so$", "calloc",  my_calloc,  NULL);


// 监控 sockets 生命周期
xhook_register(".*\\.so$", "getaddrinfo", my_getaddrinfo, NULL);
xhook_register(".*\\.so$", "socket",       my_socket,      NULL);


// 过滤出和保存部分 Android log 到本地文件
xhook_register(".*\\.so$", "__android_log_write", my_log_write, NULL);
xhook_register(".*\\.so$", "__android_log_print", my_log_print, NULL);


// 追踪某些调用（忽略 Linker 和 Linker64）
xhook_register("^/system/.*$", "mmap",  my_mmap,  NULL);
xhook_register("^/vendor/.*$", "munmap", my_munmap, NULL);
```

```
// 防御某些注入攻击
xhook_register(".*com\\.hacker.*\\.so$", "malloc",  my_malloc_always_return_
    NULL, NULL);
xhook_register(".*/libhacker\\.so$",      "connect", my_connect_with_recorder,      NULL);

// 修复某些系统 bug
xhook_register(".*some_vendor.*/libvictim\\.so$", "bad_func", my_nice_func, NULL);

// 忽略 libwebviewchromium.so 的所有 hook 信息
xhook_ignore(".*/libwebviewchromium.so$", NULL);

// 现在执行 Hook
xhook_refresh(1);
```

28.1.4　样本编写

新建一个以 Native 为模板的工程，Java 层有如下代码：

```
public native String stringFromJNI();
```

在 Native 层编写测试代码：

```
// say_hello (原始的函数，应该跳到这个函数)
string say_hello(){
    string hello = "Hello from C++";
    return hello;
}
// new_say_hello (Hook 后应该跳转到的函数)
string new_say_hello(){
    string old = old_say_hello();
    string hello = "hook success!";
    return old + hello;
}
```

old_say_hello 是原始函数的地址，即 say_hello，xHook 会帮我们保存下来，我们需要定义一下：

```
string (*old_say_hello)();
```

在 stringFrom 中添加如下代码：

```
extern "C" JNIEXPORT jstring JNICALL
Java_com_example_xhookcheck_MainActivity_stringFromJNI(
        JNIEnv* env,
        jobject /* this */) {

    int ret_register = xhook_register(".*\\.so$","_Z9say_hellov", (void *)new_
        say_hello, (void **)&old_say_hello);
    if(ret_register){
        // error
        LOGD("hook say_hello error:%d", ret_register);
    } else{
        // success
```

```
        LOGD("hook say_hello success:%d", ret_register);
    }

    int ret_refresh = xhook_refresh(0);

    if(ret_refresh){
        // error
        LOGD("refresh say_hello error:%d", ret_refresh);
    } else {
        // success
        LOGD("refresh say_hello success:%d", ret_refresh);
    }

    string hello = say_hello();

    return env->NewStringUTF(hello.c_str());
}
```

首先注册了 Hook，注意要跳转的新的函数名称是 namemangling 后的字符串：

```
_Z9say_hellov
```

如果大家不会它的编写规则，可以把 so 拖入 IDA 中，去看它的名称，具体做法大家可以自行查阅。

注册完之后，我们根据返回值来判断 Hook 是否生效。然后运行代码，日志的输出如下所示：

```
D/DTANative: hook say_hello success:0
D/DTANative: refresh say_hello success:0
```

手机上的 xHook 演示结果如图 28-3 所示。

同 new_say_hello 中函数表达的内容一致，首先运行 old_say_hello 函数，即 say_hello 函数，然后返回 "Hello from C++"，并与本函数中的 "hook success！" 进行拼接，就得到了屏幕上显示的结果。

图 28-3　xHook 演示结果

28.2　xHook 的原理阐述

接下来，我们一起来学习 xHook 的框架原理。

28.2.1　文件编译和测试

演示完 xHook 的基本操作，我们一起来看看它的原理，只有看懂了它的原理才能正确地检测并反制它。

xHook 本身有一个原理的演示的项目，我们不妨一起来看一下。这个项目需要两个文件来完成测试，它们分别是 libtest.so 和 main，代码如下：

首先看头文件 test.h：

```
#ifndef TEST_H
#define TEST_H 1

#ifdef __cplusplus
extern "C" {
#endif

void say_hello();

#ifdef __cplusplus
}
#endif

#endif
```

接着看源文件 test.c：

```
#include <stdlib.h>
#include <stdio.h>

void say_hello()
{
    char *buf = malloc(1024);
    if(NULL != buf)
    {
        snprintf(buf, 1024, "%s", "hello\n");
        printf("%s", buf);
    }
}
```

say_hello 函数的功能是打印 hello，然后重新编写一个测试程序：main。源文件 main.c 如下：

```
#include <test.h>

int main()
{
    say_hello();
    return 0;
}
```

使用前面下载的 NDK r16 版本编译即可。

```
// test Android.mk
LOCAL_PATH := $(call my-dir)

include $(CLEAR_VARS)
LOCAL_MODULE     := test
LOCAL_SRC_FILES  := test.c
LOCAL_CFLAGS     := -Wall -Wextra -Werror #-O0
```

```
LOCAL_CONLYFLAGS := -std=c11
include $(BUILD_SHARED_LIBRARY)

// test Application.mk

APP_ABI      := armeabi-v7a
APP_PLATFORM := android-14

// main Android.mk

LOCAL_PATH := $(call my-dir)

include $(CLEAR_VARS)
LOCAL_MODULE             := test
LOCAL_SRC_FILES          := $(LOCAL_PATH)/../../libtest/libs/$(TARGET_ARCH_
    ABI)/libtest.so
LOCAL_EXPORT_C_INCLUDES := $(LOCAL_PATH)/../../libtest/jni
include $(PREBUILT_SHARED_LIBRARY)

include $(CLEAR_VARS)
LOCAL_MODULE             := main
LOCAL_SRC_FILES          := main.c
LOCAL_SHARED_LIBRARIES  := test
LOCAL_CFLAGS             := -Wall -Wextra -Werror -fPIE
LOCAL_CONLYFLAGS         := -std=c11
LOCAL_LDLIBS             += -fPIE -pie
include $(BUILD_EXECUTABLE)

// main Application.mk

APP_ABI      := armeabi-v7a
APP_PLATFORM := android-14
```

编写完配置文件后，编译项目：

```
// build.sh

ndk-build -C ./libtest/jni
ndk-build -C ./main/jni
```

至此，所有的文件已经编译为 armv7a 格式，现在编写一个脚本，后续就使用这个脚本来将所有文件推到手机上并运行：

```
#!/bin/bash

adb push ./main/libs/armeabi-v7a/libtest.so ./main/libs/armeabi-v7a/main /
    data/local/tmp
adb shell "chmod +x /data/local/tmp/main"
adb shell "export LD_LIBRARY_PATH=/data/local/tmp; /data/local/tmp/main"
```

运行之后，结果如下所示：

```
hello
```

28.2.2 出现的问题

至此，这个简单的项目就运行起来了。但是这个程序编写得并不完美，它申请了 1024KB 的内存空间，但程序结束的时候并没有释放掉内存，最终会导致内存泄漏。

对于这个问题，我们可以轻而易举地解决，可是以后该怎么处理呢？此时，我们面临着两个问题：

- 如果我们的测试范围不足，甚至无法完全覆盖所有问题场景的时候，如何发现和确定线上 App 的此类问题？
- 如果 libtest.so 是某些厂商的系统库或者第三方的闭源库，我们该如何修复？如何监控它的行为呢？

如果我们能对动态库中的函数调用做 Hook（替换、拦截、窃听，或者你觉得任何正确的描述方式），那就能够做很多我们想做的事情。比如通过 Hook malloc、calloc、realloc 和 free，我们就能统计出各个动态库分配了多少内存，哪些内存一直被占用没有释放。

这真的能做到吗？答案是：Hook 我们自己的进程是完全可以的。Hook 其他进程需要 root 权限（对于其他进程，没有 root 权限就不能修改它的内存空间，也不能注入代码）。幸运的是，我们只要 Hook 自己就够了。

我们要了解 PLT Hook 的原理，就需要先了解 ELF 文件格式的相关知识以及 Linker（动态链接器）加载 ELF 文件的过程。

28.2.3 ELF 文件格式

libtest.so 本质是一种 ELF 文件，对于 Runtime Native Hook 来说，我们主要关心最终的产物，即 ELF 文件。

相信很多读者和笔者一样，刚接触 ELF 文件时觉得它没有什么特别之处。实则不然，ELF 文件非常重要，它涉及程序的编译链接以及运行的方方面面，但它又太基础，以至于我们编程时天天都会接触到它，但是从来没有仔细地研究过它。

ELF 文件参与了源代码的编译和链接。比如一个用 C 编写的源文件，先被编译为可重定位的 .o 文件，然后编译器处理这些 .o 文件。由于 .o 文件是可以重定位的，即文件内部的变量、函数、符号表是可以调整的，最终这些 .o 文件会组成 .so 文件或可执行文件。可执行程序的运行依赖 ELF 文件里面的信息。比如，ELF 文件头结构的 e_entry 就指明了可执行文件的入口地址。后面还可以看到 ELF 文件里面包含的代码段和数据段。这些内容都会按 ELF 文件对应的成员字段所指定的位置加载到内存中。当然，动态库文件的加载就更复杂了。

读者有没有想过，系统的动态库不是我们编写的，编写动态库的语言可以是 C，也可以是 C++，OS 更是很早之前就存在了，为什么我们后面编写的代码可以和之前编写的代码融合呢？

这是因为参与合作的模块以及操作系统之间需要遵守一种标准。这就是专门用于二进制模块之间以及模块和操作系统交互的 ABI 标准。ABI（Application Binary Interface，应用程序二进制接口）实际是 ELF 相关规范在不同硬件平台上的进一步拓展和补充。比如，ABI

会规定应用程序调用动态库的函数时，栈帧该如何去创建，参数该如何传递。ABI 和 ELF 是紧密相关的，它需要利用 ELF 中的某些信息。

ELF 文件大致可以分为三个部分：ELF 文件头、节头表、程序头表。接下来我们详细介绍这三部分的内容。

1. ELF 文件头

ELF 文件头有 32 位、64 位两种，这里以 32 位为例展开叙述。首先来看 Android 源码中的定义，如图 28-4 所示。

查看 ELF 文件头的各个部分，可以使用知名的 readelf 工具，如图 28-5 所示。

```
#define EI_NIDENT 16
typedef struct {
    unsigned char e_ident[EI_NIDENT];
    Elf32_Half e_type;
    Elf32_Half e_machine;
    Elf32_Word e_version;
    Elf32_Addr e_entry;
    Elf32_Off e_phoff;
    Elf32_Off e_shoff;
    Elf32_Word e_flags;
    Elf32_Half e_ehsize;
    Elf32_Half e_phentsize;
    Elf32_Half e_phnum;
    Elf32_Half e_shentsize;
    Elf32_Half e_shnum;
    Elf32_Half e_shstrndx;
} Elf32_Ehdr;
```

图 28-4　32 位 ELF 文件头定义

```
┌─(root@r0env)-[~/Desktop/test/code/libtest/libs/armeabi-v7a]
└─# readelf -h libtest.so
ELF Header:
  Magic:   7f 45 4c 46 01 01 01 00 00 00 00 00 00 00 00 00
  Class:                             ELF32
  Data:                              2's complement, little endian
  Version:                           1 (current)
  OS/ABI:                            UNIX - System V
  ABI Version:                       0
  Type:                              DYN (Shared object file)
  Machine:                           ARM
  Version:                           0x1
  Entry point address:               0x0
  Start of program headers:          52 (bytes into file)
  Start of section headers:          12744 (bytes into file)
  Flags:                             0x5000200, Version5 EABI, soft-float ABI
  Size of this header:               52 (bytes)
  Size of program headers:           32 (bytes)
  Number of program headers:         8
  Size of section headers:           40 (bytes)
  Number of section headers:         25
  Section header string table index: 24
```

图 28-5　使用 readelf 查看 ELF 文件头

接下来简单总结一下头部的字段的含义。

最开始处的 16 字节含有 ELF 文件的识别标志，并且提供了一些用于解码和解析文件内容的数据，是不依赖于具体操作系统的。

前面提过，ELF 格式提供的目标文件框架可以支持多种处理器以及多种编码方式。针对不同的体系结构和编码格式，ELF 文件的内容是不同的。如果不知道编码格式，系统将无法知道怎么去读取目标文件；如果系统结构与本机不同，系统也将无法解析和运行。这些信息需要以独立的格式存放在一个默认的地方，所有系统都约定好从文件的同一个地方来读取这些信息，这就是 ELF 标识的作用。

ELF 文件最开始的这一部分的格式是固定且通用的，在所有平台上都一样。所有处理器都可以用固定的格式去读取这部分内容，从而了解这个 ELF 文件中接下来的内容应该如何读取和解析。

e_ident 是一个数组，数组中的每个字节表示不同的含义。

2. 节头表

ELF 以节（section）为单位来组织和管理各种信息。ELF 使用节头表（Section Header

Table，SHT）来记录所有 section 的基本信息。这些信息主要包括 section 的类型、在文件中的偏移量、大小、加载到内存后的虚拟内存相对地址、内存中字节的对齐方式等。

libtest.so 的节头表如下所示：

```
readelf -S ./libtest.so

There are 25 section headers, starting at offset 0x31c8:

Section Headers:
  [Nr] Name              Type            Addr     Off    Size   ES Flg Lk Inf Al
  [ 0]                   NULL            00000000 000000 000000 00      0   0  0
  [ 1] .note.android.ide NOTE            00000134 000134 000098 00   A  0   0  4
  [ 2] .note.gnu.build-i NOTE            000001cc 0001cc 000024 00   A  0   0  4
  [ 3] .dynsym           DYNSYM          000001f0 0001f0 0003a0 10   A  4   1  4
  [ 4] .dynstr           STRTAB          00000590 000590 0004b1 00   A  0   0  1
  [ 5] .hash             HASH            00000a44 000a44 000184 04   A  3   0  4
  [ 6] .gnu.version      VERSYM          00000bc8 000bc8 000074 02   A  3   0  2
  [ 7] .gnu.version_d    VERDEF          00000c3c 000c3c 00001c 00   A  4   1  4
  [ 8] .gnu.version_r    VERNEED         00000c58 000c58 000020 00   A  4   1  4
  [ 9] .rel.dyn          REL             00000c78 000c78 000040 08   A  3   0  4
  [10] .rel.plt          REL             00000cb8 000cb8 0000f0 08  AI  3  18  4
  [11] .plt              PROGBITS        00000da8 000da8 00017c 00  AX  0   0  4
  [12] .text             PROGBITS        00000f24 000f24 0015a4 00  AX  0   0  4
  [13] .ARM.extab        PROGBITS        000024c8 0024c8 00003c 00   A  0   0  4
  [14] .ARM.exidx        ARM_EXIDX       00002504 002504 000100 08  AL 12   0  4
  [15] .fini_array       FINI_ARRAY      00003e3c 002e3c 000008 04  WA  0   0  4
  [16] .init_array       INIT_ARRAY      00003e44 002e44 000004 04  WA  0   0  1
  [17] .dynamic          DYNAMIC         00003e48 002e48 000118 08  WA  4   0  4
  [18] .got              PROGBITS        00003f60 002f60 0000a0 00  WA  0   0  4
  [19] .data             PROGBITS        00004000 003000 000004 00  WA  0   0  4
  [20] .bss              NOBITS          00004004 003004 000000 00  WA  0   0  1
  [21] .comment          PROGBITS        00000000 003004 000065 01  MS  0   0  1
  [22] .note.gnu.gold-ve NOTE            00000000 00306c 00001c 00      0   0  4
  [23] .ARM.attributes   ARM_ATTRIBUTES  00000000 003088 00003b 00      0   0  1
  [24] .shstrtab         STRTAB          00000000 0030c3 000102 00      0   0  1
Key to Flags:
  W (write), A (alloc), X (execute), M (merge), S (strings), I (info),
  L (link order), O (extra OS processing required), G (group), T (TLS),
  C (compressed), x (unknown), o (OS specific), E (exclude),
  y (noread), p (processor specific)
```

比较重要，且和 Hook 关系比较大的 section 列举如下。

- .dynstr：保存了所有的字符串常量信息。
- .dynsym：保存了符号（symbol）的信息（符号的类型、开始地址、大小、符号名称在 .dynstr 中的索引编号等）。函数也是一种符号。
- .text：程序代码经过编译后生成的机器指令。
- .dynamic：供动态链接器使用的各项信息，记录了当前 ELF 的外部依赖，以及其他重要 section 的起始位置等信息。

- .got：全局偏移表，用于记录外部调用的入口地址。动态链接器执行重定位操作时，这里会被填入真实的外部调用的绝对地址。
- .plt：过程链接表，外部调用的跳板，主要用于支持延迟绑定方式的外部调用重定位。Android 目前只有 MIPS 架构支持延迟绑定。
- .rel.plt：对外部函数直接调用的重定位信息。

3. 程序头表

ELF 被加载到内存时，是以段（segment）为单位的。一个 segment 包含一个或多个 section。ELF 使用程序头表（Program Header Table，PHT）来记录所有 segment 的基本信息。这些信息主要包括 segment 的类型、在文件中的偏移量、大小、加载到内存后的虚拟内存相对地址、内存中字节的对齐方式等。

libtest.so 的程序头表如下所示：

```
readelf -l ./libtest.so

Elf file type is DYN (Shared object file)
Entry point 0x0
There are 8 program headers, starting at offset 52

Program Headers:
  Type           Offset   VirtAddr   PhysAddr   FileSiz MemSiz  Flg Align
  PHDR           0x000034 0x00000034 0x00000034 0x00100 0x00100 R   0x4
  LOAD           0x000000 0x00000000 0x00000000 0x02604 0x02604 R E 0x1000
  LOAD           0x002e3c 0x00003e3c 0x00003e3c 0x001c8 0x001c8 RW  0x1000
  DYNAMIC        0x002e48 0x00003e48 0x00003e48 0x00118 0x00118 RW  0x4
  NOTE           0x000134 0x00000134 0x00000134 0x000bc 0x000bc R   0x4
  GNU_STACK      0x000000 0x00000000 0x00000000 0x00000 0x00000 RW  0x10
  EXIDX          0x002504 0x00002504 0x00002504 0x00100 0x00100 R   0x4
  GNU_RELRO      0x002e3c 0x00003e3c 0x00003e3c 0x001c4 0x001c4 RW  0x4

 Section to Segment mapping:
  Segment Sections...
   00
   01     .note.android.ident .note.gnu.build-id .dynsym .dynstr .hash .gnu.
   version .gnu.version_d .gnu.version_r .rel.dyn .rel.plt .plt .text
   .ARM.extab .ARM.exidx
   02     .fini_array .init_array .dynamic .got .data
   03     .dynamic
   04     .note.android.ident .note.gnu.build-id
   05
   06     .ARM.exidx
   07     .fini_array .init_array .dynamic .got
```

所有类型为 PT_LOAD 的 segment 都会被动态链接器映射到内存中。

连接视图（Linking View）：ELF 未被加载到内存执行前，以 section 为单位的数据组织形式。执行视图（Execution View）：ELF 被加载到内存后，以 segment 为单位的数据组织形式。

Hook 操作属于动态形式的内存操作，因此我们主要关心的是执行视图，即 ELF 被加载到内存后，ELF 中的数据是如何组织和存放的。

.dynamic section 是一个十分重要和特殊的 section，它包含了 ELF 中其他 section 的内存位置等信息。在执行视图中，总会存在一个类型为 PT_DYNAMIC 的 segment，这个 segment 就包含了 .dynamic section 的内容。

无论是执行 Hook 操作时，还是动态链接器执行动态链接时，都需要通过 PT_DYNAMIC segment 来找到 .dynamic section 的内存位置，再进一步读取其他 section 的信息。

```
readelf -d ./libtest.so

Dynamic section at offset 0x2e48 contains 30 entries:
  Tag        Type                         Name/Value
 0x00000003 (PLTGOT)                      0x3f7c
 0x00000002 (PLTRELSZ)                    240 (bytes)
 0x00000017 (JMPREL)                      0xcb8
 0x00000014 (PLTREL)                      REL
 0x00000011 (REL)                         0xc78
 0x00000012 (RELSZ)                       64 (bytes)
 0x00000013 (RELENT)                      8 (bytes)
 0x6ffffffa (RELCOUNT)                    3
 0x00000006 (SYMTAB)                      0x1f0
 0x0000000b (SYMENT)                      16 (bytes)
 0x00000005 (STRTAB)                      0x590
 0x0000000a (STRSZ)                       1201 (bytes)
 0x00000004 (HASH)                        0xa44
 0x00000001 (NEEDED)                      Shared library: [libc.so]
 0x00000001 (NEEDED)                      Shared library: [libm.so]
 0x00000001 (NEEDED)                      Shared library: [libstdc++.so]
 0x00000001 (NEEDED)                      Shared library: [libdl.so]
 0x0000000e (SONAME)                      Library soname: [libtest.so]
 0x0000001a (FINI_ARRAY)                  0x3e3c
 0x0000001c (FINI_ARRAYSZ)               8 (bytes)
 0x00000019 (INIT_ARRAY)                  0x3e44
 0x0000001b (INIT_ARRAYSZ)               4 (bytes)
 0x0000001e (FLAGS)                       BIND_NOW
 0x6ffffffb (FLAGS_1)                     Flags: NOW
 0x6ffffff0 (VERSYM)                      0xbc8
 0x6ffffffc (VERDEF)                      0xc3c
 0x6ffffffd (VERDEFNUM)                   1
 0x6ffffffe (VERNEED)                     0xc58
 0x6fffffff (VERNEEDNUM)                  1
 0x00000000 (NULL)                        0x0
```

28.2.4 Linker

前面给大家详细地叙述了 Linker 相关的知识，这里简单介绍它在 PLT Hook 的过程中的作用。

动态链接（比如执行 dlopen）的大致步骤如下。

1）检查已加载的 ELF 列表。如果 libtest.so 已经加载，就不再重复加载了，仅把 libtest.so 的引用计数加一，然后直接返回。

2）从 libtest.so 的 .dynamic section 中读取 libtest.so 的外部依赖的 ELF 列表，从此列表中剔除已加载的 ELF，最后得到本次需要加载的 ELF 完整列表（包括 libtest.so 自身）。

3）逐个加载列表中的 ELF。加载步骤如下。

①用 mmap 预留一块足够大的内存，用于后续映射 ELF。这是 MAP_PRIVATE 方式。

②读 ELF 的程序头表，用 mmap 把所有类型为 PT_LOAD 的 segment 依次映射到内存中。

③从 .dynamic segment 中读取各信息项，主要是各个 section 的虚拟内存相对地址，然后计算并保存各个 section 的虚拟内存绝对地址。

④执行重定位操作，这是最关键的一步。重定位信息可能存在于下面的一个或多个 section 中：.rel.plt、.rela.plt、.rel.dyn、.rela.dyn、.rel.android、.rela.android。动态链接器需要逐个处理这些 .relxxx section 中的重定位诉求。根据已加载的 ELF 的信息，动态链接器首先查找所需符号的地址（比如 libtest.so 的符号 malloc），找到后，将地址值填入 .relxxx 中指明的目标地址，这些"目标地址"一般存在于 .got 或 .data 中。

⑤ELF 的引用计数加一。

4）逐个调用列表中 ELF 的构造函数，这些构造函数的地址是之前从 .dynamic segment 中读取到的地址（类型为 DT_INIT 和 DT_INIT_ARRAY）。各 ELF 的构造函数是按照依赖关系逐层调用的，先调用被依赖 ELF 的构造函数，后调用 libtest.so 自己的构造函数。（ELF 也可以定义自己的析构函数，在 ELF 被卸载的时候会被自动调用。）等一下，我们似乎发现了什么！再看一遍重定位操作的部分。难道我们只要从这些 .relxxx 中获取到"目标地址"，然后在"目标地址"中重新填上一个新的函数地址，这样就完成 Hook 了吗？也许吧。

28.2.5　重定向追踪

我们以上面编译出来的 so 文件为例，首先看一下 say_hello 函数对应的汇编代码：

```
/root/Android/Sdk/ndk/21.4.7075529/toolchains/llvm/prebuilt/linux-x86_64/arm-
    linux-androideabi/bin/readelf -s libtest.so

Symbol table '.dynsym' contains 58 entries:
   Num:    Value  Size Type    Bind   Vis      Ndx Name
     0: 00000000     0 NOTYPE  LOCAL  DEFAULT  UND
     1: 00000000     0 FUNC    GLOBAL DEFAULT  UND __cxa_finalize@LIBC (2)
     2: 00000000     0 FUNC    GLOBAL DEFAULT  UND snprintf@LIBC (2)
     3: 00000000     0 FUNC    GLOBAL DEFAULT  UND malloc@LIBC (2)
     4: 00000000     0 FUNC    GLOBAL DEFAULT  UND __cxa_atexit@LIBC (2)
     5: 00000000     0 FUNC    GLOBAL DEFAULT  UND printf@LIBC (2)
     6: 00000f61    60 FUNC    GLOBAL DEFAULT   12 say_hello
     ...
```

后续的工具均是从 /root/Android/Sdk/ndk/21.4.7075529/toolchains/llvm/prebuilt/linux-x86_64/arm-linux-androideabi/bin/ 目录下提取的，Linux 自带的工具只能分析 x86_64 格式的文件。

找到了！say_hello 在地址 f61 处，对应的汇编指令体积为 60（十进制）字节。用 objdump 查看 say_hello 的反汇编输出。

```
# objdump -D libtest.so

...

00000f60 <say_hello@@Base>:
    f60:    b5b0        push    {r4, r5, r7, lr}
    f62:    af02        add r7, sp, #8
    f64:    f44f 6080   mov.w   r0, #1024    ; 0x400
    f68:    f7ff ef34   blx dd4 <malloc@plt>
    f6c:    4604        mov r4, r0
    f6e:    b16c        cbz r4, f8c <say_hello@@Base+0x2c>
    f70:    a507        add r5, pc, #28 ; (adr r5, f90 <say_hello@@Base+0x30>)
    f72:    a308        add r3, pc, #32 ; (adr r3, f94 <say_hello@@Base+0x34>)
    f74:    4620        mov r0, r4
    f76:    f44f 6180   mov.w   r1, #1024    ; 0x400
    f7a:    462a        mov r2, r5
    f7c:    f7ff ef30   blx de0 <snprintf@plt>
    f80:    4628        mov r0, r5
    f82:    4621        mov r1, r4
    f84:    e8bd 40b0   ldmia.w sp!, {r4, r5, r7, lr}
    f88:    f001 ba96   b.w 24b8 <_Unwind_GetTextRelBase@@Base+0x8>
    f8c:    bdb0        pop {r4, r5, r7, pc}
    f8e:    bf00        nop
    f90:    7325        strb    r5, [r4, #12]
    f92:    0000        movs    r0, r0
    f94:    6568        str r0, [r5, #84]    ; 0x54
    f96:    6c6c        ldr r4, [r5, #68]    ; 0x44
    f98:    0a6f        lsrs    r7, r5, #9
    f9a:    0000        movs    r0, r0
    f9c:    3000        adds    r0, #0

    ...
```

对 malloc 函数的调用对应指令 blx dd4。跳转到地址 dd4，看看这个地址里有什么：

```
# objdump -D libtest.so
...

00000dd4 <malloc@plt>:
 dd4:    e28fc600    add ip, pc, #0, 12
 dd8:    e28cca03    add ip, ip, #12288 ; 0x3000
 ddc:    e5bcf1b4    ldr pc, [ip, #436]! ; 0x1b4
 ...
```

果然，跳转到了 .plt 中，经过了几次地址计算，最后跳转到了地址 3f90 指向的地址处，3f90 是个函数指针。

稍微解释一下：因为 ARM 处理器使用 3 级流水线，所以第一条指令取到的 pc 的值是当前执行的指令地址 + 8。于是：dd4 + 8 + 3000 + 1b4 = 3f90。

地址 3f90 在哪里呢？在 .got 里。

```
...
00003f60 <.got>:
    ...
    3f70:    00002604    andeq    r2, r0, r4, lsl #12
    3f74:    00002504    andeq    r2, r0, r4, lsl #10
    ...
    3f88:    00000da8    andeq    r0, r0, r8, lsr #27
    3f8c:    00000da8    andeq    r0, r0, r8, lsr #27
    3f90:    00000da8    andeq    r0, r0, r8, lsr #27
```

...

顺便再看一下 .rel.plt：

```
Relocation section '.rel.plt' at offset 0xcb8 contains 30 entries:
 Offset      Info        Type            Sym.Value   Sym. Name
00003f88    00000416 R_ARM_JUMP_SLOT     00000000    __cxa_atexit@LIBC
00003f8c    00000116 R_ARM_JUMP_SLOT     00000000    __cxa_finalize@LIBC
00003f90    00000316 R_ARM_JUMP_SLOT     00000000    malloc@LIBC
```

malloc 的地址居然正好存放在 3f90 里，这绝对不是巧合！还等什么，赶紧改代码吧。
我们的 main.c 应该改成这样：

```c
#include <test.h>

void *my_malloc(size_t size)
{
    printf("%zu bytes memory are allocated by libtest.so\n", size);
    return malloc(size);
}

int main()
{
    void **p = (void **)0x3f90;
    *p = (void *)my_malloc; // do hook

    say_hello();
    return 0;
}
```

再次编译运行后，发现失败了。此时代码存在 3 个问题：
- 3f90 是个相对内存地址，需要把它换算成绝对地址。
- 3f90 对应的绝对地址很可能没有写入权限，直接对这个地址赋值会引起段错误。
- 新的函数地址即使赋值成功了，my_malloc 也不会被执行，因为处理器有指令缓存（instruction cache）。

28.2.6　内存检索

1. 基地址
在进程的内存空间中，各种 ELF 的加载地址是随机的，只有在运行时才能拿到加载地址，也就是基地址。我们只有知道 ELF 的基地址，才能将相对地址换算成绝对地址。

没有错，熟悉 Linux 开发的读者都知道，我们可以直接调用 dl_iterate_phdr。但先等等，多年的 Android 开发被坑经历告诉我们，还是再看一眼 NDK 里的 Linker.h 头文件吧：

```
#if defined(__arm__)

#if __ANDROID_API__ >= 21
int dl_iterate_phdr(int (*__callback)(struct dl_phdr_info*, size_t, void*),
    void* __data) __INTRODUCED_IN(21);
#endif /* __ANDROID_API__ >= 21 */

#else
int dl_iterate_phdr(int (*__callback)(struct dl_phdr_info*, size_t, void*),
    void* __data);
#endif
```

为什么？ ARM 架构的 Android 5.0 以下版本居然不支持 dl_iterate_phdr！我们的 App 是要支持 Android 4.0 以上的所有版本的。特别是 ARM，怎么能不支持呢？

幸运的是，我们还可以解析 /proc/self/maps：

```
root@android:/ # ps | grep main
ps | grep main
shell     7884  7882  2616    1016   hrtimer_na b6e83824 S /data/local/tmp/main

root@android:/ # cat /proc/7884/maps
cat /proc/7884/maps

address          perms offset  dev   inode     pathname
--------------------------------------------------------------------
...........
...........
b6e42000-b6eb5000 r-xp 00000000 b3:17 57457     /system/lib/libc.so
b6eb5000-b6eb9000 r--p 00072000 b3:17 57457     /system/lib/libc.so
b6eb9000-b6ebc000 rw-p 00076000 b3:17 57457     /system/lib/libc.so
b6ec6000-b6ec9000 r-xp 00000000 b3:19 753708    /data/local/tmp/libtest.so
b6ec9000-b6eca000 r--p 00002000 b3:19 753708    /data/local/tmp/libtest.so
b6eca000-b6ecb000 rw-p 00003000 b3:19 753708    /data/local/tmp/libtest.so
b6f03000-b6f20000 r-xp 00000000 b3:17 32860     /system/bin/Linker
b6f20000-b6f21000 r--p 0001c000 b3:17 32860     /system/bin/Linker
b6f21000-b6f23000 rw-p 0001d000 b3:17 32860     /system/bin/Linker
b6f25000-b6f26000 r-xp 00000000 b3:19 753707    /data/local/tmp/main
b6f26000-b6f27000 r--p 00000000 b3:19 753707    /data/local/tmp/main
becd5000-becf6000 rw-p 00000000 00:00 0         [stack]
ffff0000-ffff1000 r-xp 00000000 00:00 0         [vectors]
...........
...........
```

maps 返回的是指定进程的内存空间中 mmap 的映射信息，包括各种动态库、可执行文件（如 Linker）、栈空间、堆空间，甚至还包括字体文件。

我们的 libtest.so 在 maps 中有 3 行记录。offset 为 0 的第一行的开始地址 b6ec6000 在绝大多数情况下就是我们寻找的基地址。

2. 内存访问权限

maps 返回的信息中已经包含了权限访问信息。如果要执行 Hook，就需要写入的权限，可以使用 mprotect 来完成：

```
#include <sys/mman.h>

int mprotect(void *addr, size_t len, int prot);
```

注意修改内存访问权限时，只能以"页"为单位。

3. 指令缓存

注意 .got 和 .data 的 section 类型是 PROGBITS，也就是执行代码。处理器可能会对这部分数据做缓存。修改内存地址后，我们需要清除处理器的指令缓存，让处理器重新从内存中读取这部分指令。

```
void __builtin___clear_cache (char *begin, char *end);
```

28.2.7　跳转验证

下面来看一段具体的代码示例。

```
#include <inttypes.h>
#include <unistd.h>
#include <stdlib.h>
#include <stdio.h>
#include <sys/mman.h>
#include <test.h>

#define PAGE_START(addr) ((addr) & PAGE_MASK)
#define PAGE_END(addr)   (PAGE_START(addr) + PAGE_SIZE)

void *my_malloc(size_t size)
{
    printf("%zu bytes memory are allocated by libtest.so\n", size);
    return malloc(size);
}

void hook()
{
    char        line[512];
    FILE        *fp;
    uintptr_t   base_addr = 0;
    uintptr_t   addr;

    if(NULL == (fp = fopen("/proc/self/maps", "r"))) return;
    while(fgets(line, sizeof(line), fp))
    {
        if(NULL != strstr(line, "libtest.so") &&
```

```
            sscanf(line, "%"PRIxPTR"-%*lx %4s 00000000", &base_addr) == 1)
             break;
    }
    fclose(fp);
    if(0 == base_addr) return;

    addr = base_addr + 0x3f90;

    mprotect((void *)PAGE_START(addr), PAGE_SIZE, PROT_READ | PROT_WRITE);

    *(void **)addr = my_malloc;

    __builtin___clear_cache((void *)PAGE_START(addr), (void *)PAGE_END(addr));
}

int main()
{
    hook();

    say_hello();
    return 0;
}
```

重新编译运行，结果如下：

```
adb push ./main /data/local/tmp
adb shell "chmod +x /data/local/tmp/main"
adb shell "export LD_LIBRARY_PATH=/data/local/tmp; /data/local/tmp/main"
1024 bytes memory are allocated by libtest.so
hello
```

是的，成功了！我们并没有修改 libtest.so 的代码，甚至没有重新编译它，只是修改了 main 程序。

28.3 xHook 检测实现

我们先回顾一下 PLT Hook 的工作流程：

- 读 maps，获取 ELF 的内存首地址。
- 验证 ELF 头信息。
- 从程序头表中找到类型为 PT_LOAD 且 offset 为 0 的 segment，计算 ELF 基地址。
- 从程序头表中找到类型为 PT_DYNAMIC 的 segment，从中获取到 .dynamic section，再从 .dynamic section 中获取其他各项 section 对应的内存地址。
- 在 .dynstr section 中找到需要 Hook 的符号对应的索引值。
- 遍历所有的 .relxxx section（重定位 section），查找符号索引和符号类型都匹配的项，对这些重定位项执行 Hook 操作。

Hook 流程如下：

1）读 maps，确认当前 Hook 地址的内存访问权限。

2）如果权限不是可读也可写，则用 mprotect 将访问权限修改为可读也可写。

3）如果调用方需要，就保留 Hook 地址当前的值，用于返回。

4）将 Hook 地址的值替换为新的值。（执行 Hook。）

5）如果之前用 mprotect 修改过内存访问权限，那么现在要还原到之前的权限。

6）清除 Hook 地址所在内存页的处理器指令缓存。

从上述流程中，我们可以总结出 PLT Hook 的检测思路。

28.3.1　获取 ELF 文件在内存中的首地址

获取 ELF 文件在内存中的首地址（也称为基地址），笔者采用系统库中的 dl_iterate_phdr 函数，使用 man 查看它的基本使用定义如下：

```
NAME
       dl_iterate_phdr


SYNOPSIS
       #define _GNU_SOURCE
       #include <link.h>

       int dl_iterate_phdr(
              int (*callback)(struct dl_phdr_info *info,
                                 size_t size, void *data),
              void *data);
```

了解了基本的使用规范后，我们尝试着来开发代码，新建一个 util.h 文件来获取基址：

```
#ifndef GOTCHECK_UTIL_H
#define GOTCHECK_UTIL_H

#include <link.h>
#include "android/log.h"

#define  TAG "DTANative"

// 定义 info 信息
#define LOGD(...) __android_log_print(ANDROID_LOG_DEBUG,TAG,__VA_ARGS__)

// 声明结构体，需要传出的数据
struct iterater_data{
    // so 名称
    char *lib_name;
    // 回调的信息
    dl_phdr_info **info;
};
```

```
// dl_iterate_phdr 的回调函数
// 参数：info、size（长度）、data（传入的数据）
int callback(struct dl_phdr_info *info,
             size_t size, void *data){

    // 声明结构体，注意此结构体是传入的结构体，最后要在 get_lib_info 中使用
    struct iterater_data *data_ = (struct iterater_data *)data;
    // 每一次回调都有一个 so 对应的 info 信息，所以我们需要过滤出自己需要的 so 信息
    if (strstr(info->dlpi_name, data_->lib_name) != nullptr){
        // 打印
        LOGD("%s:%lx", info->dlpi_name, info->dlpi_addr);
        // 把 dl_iterate_phdr 的 info 传出去
        // 申请内存空间
        dl_phdr_info* ptr = (dl_phdr_info*)malloc(sizeof(dl_phdr_info));
        // 传出去
        memcpy(ptr, info, sizeof(dl_phdr_info));
        *data_->info = ptr;
        return 1;
    }
    return 0;
}


dl_phdr_info *get_lib_info(char *lib_name){
    struct iterater_data data;
    data.lib_name = lib_name;
    // 存储 dl_iterate_phdr 返回的 info 结果
    data.info = (dl_phdr_info **)malloc(sizeof(data.info));
    *data.info = nullptr;

    int ret = dl_iterate_phdr(callback, (void *)&data);
    if (ret){
        LOGD("found aim elf %s:%lx", (*data.info)->dlpi_name, (*data.info)-
            >dlpi_addr);
        dl_phdr_info *ret = *data.info;
        free(data.info);
        return ret;
    }
    return nullptr;
}


#endif // GOTCHECK_UTIL_H
```

我们尝试着在 native-lib 中编写以下代码，查看能否正常获取基地址：

```
extern "C" JNIEXPORT jstring JNICALL
Java_com_example_xhookcheck_MainActivity_stringFromJNI(
        JNIEnv* env,
        jobject /* this */) {
    ...
    dl_phdr_info * info = get_lib_info("libxhookcheck.so");
    ...
    return env->NewStringUTF(hello.c_str());
}
```

读取的结果如下所示：

```
D/DTANative: hook
D/DTANative: refresh
D/DTANative: /data/app/com.example.xhookcheck-wFFYq4AqhOE1_TA6o7DREA==/lib/
    arm64/libxhookcheck.so:7f14143000
D/DTANative: found aim elf /data/app/com.example.xhookcheck-wFFYq4AqhOE1_
    TA6o7DREA==/lib/arm64/libxhookcheck.so:7f14143000
```

获取基地址后，下一步我们需要根据基地址获取相关的 segment 来获取各种信息进而计算 plt 的地址，这一过程和 Linker 息息相关。

28.3.2　Linker 的复写

首先我们看下 Java 层是如何加载 so 的：

```java
// MainActivity.java
static {
    System.loadLibrary("xhookcheck");
}
```

追进去之后就是 stub 代码，真正的代码在框架层，我们需要去源码网站寻找：

```java
public static void loadLibrary(@RecentlyNonNull String libname) {
    throw new RuntimeException("Stub!");
}
# /libcore/ojluni/src/main/java/java/lang/System.java
public static void loadLibrary(String libname) {
    Runtime.getRuntime().loadLibrary0(VMStack.getCallingClassLoader(), libname);
}
# /libcore/ojluni/src/main/java/java/lang/Runtime.java
synchronized void loadLibrary0(ClassLoader loader, String libname) {
    if (libname.indexOf((int)File.separatorChar) != -1) {
        throw new UnsatisfiedLinkerror(
"Directory separator should not appear in library name: " + libname);
    }
    String libraryName = libname;
    if (loader != null) {
        String filename = loader.findLibrary(libraryName);
        if (filename == null) {



            throw new UnsatisfiedLinkerror(loader + " couldn't find \"" +
                                    System.mapLibraryName(libraryName) + "\"");
        }
        String error = doLoad(filename, loader);
        if (error != null) {
            throw new UnsatisfiedLinkerror(error);
        }
        return;
    }
```

```
String filename = System.mapLibraryName(libraryName);
List<String> candidates = new ArrayList<String>();
String lastError = null;
for (String directory : getLibPaths()) {
    String candidate = directory + filename;
    candidates.add(candidate);

    if (IoUtils.canOpenReadOnly(candidate)) {
        String error = doLoad(candidate, loader);
        if (error == null) {
            return;
        }
        lastError = error;
    }
}

if (lastError != null) {
    throw new UnsatisfiedLinkerror(lastError);
}
throw new UnsatisfiedLinkerror("Library " + libraryName + " not found;
    tried " + candidates);
}
```

我们跟着 libname 走，最终都会走向 doLoad 函数：

```
private String doLoad(String name, ClassLoader loader) {

    String librarySearchPath = null;
    if (loader != null && loader instanceof BaseDexClassLoader) {
        BaseDexClassLoader dexClassLoader = (BaseDexClassLoader) loader;
        librarySearchPath = dexClassLoader.getLdLibraryPath();
    }

    synchronized (this) {
        return nativeLoad(name, loader, librarySearchPath);
    }
}
```

Android 应用程序是从孵化器中孵化出来的，所以它们不能有自定义的 LD_LIBRARY_PATH，这意味着默认情况下应用程序的共享库目录不在 LD_LIBRARY_PATH 上。因为可以通过 frameworks/base 设置的 PathClassLoader 知道适当的路径，所以我们可以加载没有依赖关系的库，但是一个应用程序有多个相互依赖的库，需要以依赖的优先顺序加载它们。我们给 Android 的 Linker 添加了 API，这样就可以更新当前运行进程的库路径。我们从 ClassLoader 中取出所需的路径，并将它传递给 nativeLoad，以便它可以调用私有动态链接器 API。我们在一开始就改变了 frameworks/base 来更新 LD_LIBRARY_PATH，因为多个 APK 可以在同一个进程中运行，所以第三方代码可以使用自己的 BaseDexClassLoader。我们不添加 dlopen_with_custom_LD_LIBRARY_PATH 调用，因为我们希望任何 dlopen(3) 调用都从 .so 文件的 JNI_OnLoad 中进行。

上述这段话是官网对 doLoad 函数的解释，相信大家读完后会对 Android 框架层加载 so 的方式有更深入的了解。最后 doLoad 函数流程都被封装到了 nativeLoad 中：

```
// /libcore/ojluni/src/main/native/Runtime.c
Runtime_nativeLoad(JNIEnv* env, jclass ignored, jstring javaFilename,
                   jobject javaLoader, jstring javaLibrarySearchPath)
{
    return JVM_NativeLoad(env, javaFilename, javaLoader, javaLibrarySearchPath);
}
// /art/runtime/openjdkjvm/OpenjdkJvm.cc
JNIEXPORT jstring JVM_NativeLoad(JNIEnv* env,
                                 jstring javaFilename,
                                 jobject javaLoader,
                                 jstring javaLibrarySearchPath) {
    ScopedUtfChars filename(env, javaFilename);
    if (filename.c_str() == NULL) {
        return NULL;
    }

    std::string error_msg;
    {
        art::JavaVMExt* vm = art::Runtime::Current()->GetJavaVM();
        // 进入此函数中
        bool success = vm->LoadNativeLibrary(env,
                                             filename.c_str(),
                                             javaLoader,
                                             javaLibrarySearchPath,
                                             &error_msg);
        if (success) {
            return nullptr;
        }
    }

    env->ExceptionClear();
    return env->NewStringUTF(error_msg.c_str());
}
// /art/runtime/java_vm_ext.cc
bool JavaVMExt::LoadNativeLibrary(JNIEnv* env,
                                 const std::string& path,
                                 jobject class_loader,
                                 jstring library_path,
                                  std::string* error_msg) {
    ...
    void* handle = android::OpenNativeLibrary(env,
                                              runtime_->GetTargetSdkVersion(),
                                              path_str,
                                              class_loader,
                                              library_path,
                                              &needs_native_bridge,
                                              error_msg);

    ...
}
```

继续追踪 OpenNativeLibrary：

```
// /system/core/libnativeloader/native_loader.cpp
void* OpenNativeLibrary(JNIEnv* env,
                        int32_t target_sdk_version,
                        const char* path,
                        jobject class_loader,
                        jstring library_path,
                        bool* needs_native_bridge,
                        std::string* error_msg) {

    ...
    // 低版本项目中 so 的加载方式
    void* handle = android_dlopen_ext(path, RTLD_NOW, &extinfo);

    ...
    // 高版本项目中 so 的加载方式
    void* handle = dlopen(path, RTLD_NOW);

}
```

我们继续跟踪 android_dlopen_ext：

```
// /bionic/libdl/libdl.c
void* __loader_android_dlopen_ext(const char* filename,
                                  int flag,
                                  const android_dlextinfo* extinfo,
                                  const void* caller_addr);
```

最终的实现在 dlfcn.cpp 中：

```
// /bionic/Linker/dlfcn.cpp
static void* dlopen_ext(const char* filename,
                        int flags,
                        const android_dlextinfo* extinfo,
                        const void* caller_addr) {
    ScopedPthreadMutexLocker locker(&g_dl_mutex);
    g_Linker_logger.ResetState();
    void* result = do_dlopen(filename, flags, extinfo, caller_addr);
    if (result == nullptr) {
        __bionic_format_dlerror("dlopen failed", Linker_get_error_buffer());
        return nullptr;
    }
    return result;
}
```

其实最终 dlopen 和 android_dlopen_ext 都会走到 do_dlopen 中，而这个函数就位于 Linker 中：

```
void* do_dlopen(const char* name, int flags,
                const android_dlextinfo* extinfo,
                const void* caller_addr) {
...
```

```
soinfo* si = find_library(ns, translated_name, flags, extinfo, caller);

...

}
```

我们继续追踪 find_library 函数：

```
// /bionic/Linker/Linker.cpp
static soinfo* find_library(android_namespace_t* ns,
                            const char* name, int rtld_flags,
                            const android_dlextinfo* extinfo,
                            soinfo* needed_by) {
    soinfo* si;


    std::unordered_map<const soinfo*, ElfReader> readers_map;
    if (name == nullptr) {
        si = solist_get_somain();
    } else if (!find_libraries(ns,
                               needed_by,
                               &name,
                               1,
                               &si,
                               nullptr,
                               0,
                               rtld_flags,
                               extinfo,
                               false /* add_as_children */,
                               true /* search_linked_namespaces */,
                               readers_map)) {
        return nullptr;
    }

    si->increment_ref_count();

    return si;
}
```

至此追到 Linker 的核心位置就结束了，笔者想给大家展示的是 Linker 中程序头表加载到内存中的方式：

```
// /bionic/Linker/Linker_phdr.cpp
bool ElfReader::Read(const char* name, int fd, off64_t file_offset, off64_t file_size) {
    if (did_read_) {
        return true;
    }
    name_ = name;
    fd_ = fd;
    file_offset_ = file_offset;
    file_size_ = file_size;
```

```
if (ReadElfHeader() &&
    VerifyElfHeader() &&
    ReadProgramHeaders() &&
    ReadSectionHeaders() &&
    ReadDynamicSection()) {
    did_read_ = true;
}

return did_read_;
}
```

接下来，我们模仿 Android 读取程序头表的方式，在我们自己的 App 中实现相关代码。新建 Linker.cpp 源文件和 Linker.h 头文件。

```cpp
// Linker.h

#ifndef GOTCHECK_Linker_H
#define GOTCHECK_Linker_H

#include <link.h>
#include <string>
#include <sys/system_properties.h>
#include "android/log.h"


#define PAGE_START(x)  ((x) & PAGE_MASK)

#define PAGE_OFFSET(x) ((x) & ~PAGE_MASK)


#define PAGE_END(x)    PAGE_START((x) + (PAGE_SIZE-1))

#define USE_RELA 1

#if defined(__LP64__)
#define ELFW(what) ELF64_ ## what
#else
#define ELFW(what) ELF32_ ## what
#endif

#define ELF32_R_SYM(x) ((x) >> 8)
#define ELF32_R_TYPE(x) ((x) & 0xff)
#define ELF64_R_SYM(i) ((i) >> 32)
#define ELF64_R_TYPE(i) ((i) & 0xffffffff)

#define  TAG "DTANative"

// 定义 info 信息
#define LOGD(...) __android_log_print(ANDROID_LOG_DEBUG,TAG,__VA_ARGS__)

using namespace std;
```

```cpp
class Linker {
public:
    Linker(ElfW(Addr) base, string name);

    ~Linker();
    // 检测是否发生 GotHook
    bool isGotHook(const string& symName);

private:
    ElfW(Addr) base_;
    string name_;
    ElfW(Ehdr) header_;
    size_t phdr_num_;
    ElfW(Phdr)* phdr_table_;
    ElfW(Dyn)* dynamic_;
    char* strtab_;
    ElfW(Sym)* symtab_;
    bool inInited = false;

#if defined(USE_RELA)
    ElfW(Rela)* plt_rela_ = nullptr;
    size_t plt_rela_count_ = 0;

    ElfW(Rela)* rela_ = nullptr;
    size_t rela_count_ = 0;
#else
    ElfW(Rel)* plt_rel_;
  size_t plt_rel_count_;

  ElfW(Rel)* rel_;
  size_t rel_count_;
#endif
    // 读 ELF 文件头
    bool ReadElfHeader();
    // 验证 ELF 文件头
    bool VerifyElfHeader();
    // 读程序头
    bool ReadProgramHeaders();
    // 解析程序头
    bool ResolveProgramHeaders();
    // 解析动态
    bool ResolveDynamic();
    // 寻找符号
    ElfW(Sym)* findSym(const string& symName);

};


#endif // GOTCHECK_Linker_H

      Linker.cpp
#include "Linker.h"
```

```cpp
#define  TAG "DTANative"

// 定义 info 信息
#define LOGD(...) __android_log_print(ANDROID_LOG_DEBUG,TAG,__VA_ARGS__)

using namespace std;

Linker::Linker(ElfW(Addr) base, string name):base_(base), name_(move(name)) {
    if(ReadElfHeader() &&
       VerifyElfHeader() &&
       ReadProgramHeaders() &&
       ResolveProgramHeaders() &&
       ResolveDynamic()){
         inInited = true;
    }
//    LOGD("read_elf_header:%d", ReadElfHeader())
//    LOGD("verify_elf_header:%d", VerifyElfHeader())
//    LOGD("read_program_headers:%d",ReadProgramHeaders())
//    LOGD("resolve_program_headers:%d",ResolveProgramHeaders())
//    LOGD("resolve_dynamic:%d",ResolveDynamic())
}

Linker::~Linker() {

}

bool Linker::ReadElfHeader() {
    memcpy(&header_, (void *)base_, sizeof(header_));
    return true;
}

static int GetTargetElfMachine() {
#if defined(__arm__)
    return EM_ARM;
#elif defined(__aarch64__)
    return EM_AARCH64;
#elif defined(__i386__)
    return EM_386;
#elif defined(__mips__)
    return EM_MIPS;
#elif defined(__x86_64__)
  return EM_X86_64;
#endif
}

static const char* EM_to_string(int em) {
    if (em == EM_386) return "EM_386";
    if (em == EM_AARCH64) return "EM_AARCH64";
    if (em == EM_ARM) return "EM_ARM";
    if (em == EM_MIPS) return "EM_MIPS";
    if (em == EM_X86_64) return "EM_X86_64";
    return "EM_???";
}
```

```
size_t get_application_target_sdk_version(){
    char *m_szSdkVer = nullptr;
    __system_property_get("ro.build.version.sdk", m_szSdkVer);
    return strtol(m_szSdkVer, nullptr, 10);
}


bool Linker::VerifyElfHeader() {
    if (memcmp(header_.e_ident, ELFMAG, SELFMAG) != 0) {
        LOGD("%s has bad ELF magic", name_.c_str());
        return false;
    }



    int elf_class = header_.e_ident[EI_CLASS];
#if defined(__LP64__)
    if (elf_class != ELFCLASS64) {
    if (elf_class == ELFCLASS32) {
      LOGD("%s is 32-bit instead of 64-bit", name_.c_str());
    } else {
      LOGD("%s has unknown ELF class: %d", name_.c_str(), elf_class);
    }
    return false;
  }
#else
    if (elf_class != ELFCLASS32) {
        if (elf_class == ELFCLASS64) {
            LOGD("%s is 64-bit instead of 32-bit", name_.c_str());
        } else {
            LOGD("%s has unknown ELF class: %d", name_.c_str(), elf_class);
        }
        return false;
    }
#endif

    if (header_.e_ident[EI_DATA] != ELFDATA2LSB) {
        LOGD("%s not little-endian: %d", name_.c_str(), header_.e_ident[EI_DATA]);
        return false;
    }

    if (header_.e_type != ET_DYN) {
        LOGD("%s has unexpected e_type: %d", name_.c_str(), header_.e_type);
        return false;
    }

    if (header_.e_version != EV_CURRENT) {
        LOGD("%s has unexpected e_version: %d", name_.c_str(), header_.e_version);
        return false;
    }

    if (header_.e_machine != GetTargetElfMachine()) {
        LOGD("%s has unexpected e_machine: %d (%s)", name_.c_str(), header_.e_machine,
            EM_to_string(header_.e_machine));
        return false;
```

```
    }

    if (header_.e_shentsize != sizeof(ElfW(Shdr))) {
        if (get_application_target_sdk_version() >= __ANDROID_API_O__) {
            LOGD("%s has unsupported e_shentsize: 0x%x (expected 0x%zx)",
                name_.c_str(), header_.e_shentsize, sizeof(ElfW(Shdr)));
            return false;
        }
        LOGD("%s has unsupported e_shentsize: 0x%x (expected 0x%zx)",
            name_.c_str(), header_.e_shentsize, sizeof(ElfW(Shdr)));

    }

    if (header_.e_shstrndx == 0) {
            if (get_application_target_sdk_version() >= __ANDROID_API_O__) {
            LOGD("%s has invalid e_shstrndx", name_.c_str());
            return false;
        }

        LOGD("%s has invalid e_shstrndx", name_.c_str());
    }

    return true;
}

bool Linker::ReadProgramHeaders() {
    phdr_num_ = header_.e_phnum;


    if (phdr_num_ < 1 || phdr_num_ > 65536/sizeof(ElfW(Phdr))) {
        LOGD("%s has invalid e_phnum: %zd", name_.c_str(), phdr_num_);
        return false;
    }

    size_t size = phdr_num_ * sizeof(ElfW(Phdr));

    phdr_table_ = static_cast<ElfW(Phdr)* >((void *)(base_ + PAGE_OFFSET(header_.
        e_phoff)));
    return true;
}

bool Linker::ResolveProgramHeaders() {
    for (ElfW(Phdr) *phdr = phdr_table_; phdr < phdr_table_ + phdr_num_  ; phdr++) {
        if (phdr->p_type == PT_DYNAMIC){
            dynamic_ = static_cast<ElfW(Dyn)* >((void *)(base_ + phdr->p_vaddr));
            return true;
        }
    }
    return false;
}

bool Linker::ResolveDynamic() {
    for (ElfW(Dyn) *d = dynamic_; d->d_tag != DT_NULL; d++) {
```

```
            switch (d->d_tag) {
                case DT_STRTAB:
                    strtab_ = reinterpret_cast<char*>((base_ + d->d_un.d_ptr));
                    break;
                case DT_SYMTAB:
                    symtab_ = reinterpret_cast<ElfW(Sym)*>(base_ + d->d_un.d_ptr);
                    break;
                case DT_JMPREL:
#if defined(USE_RELA)
                    plt_rela_ = reinterpret_cast<ElfW(Rela)*>(base_ + d->d_un.d_ptr);
#else
                    plt_rel_ = reinterpret_cast<ElfW(Rel)*>(base_ + d->d_un.d_ptr);
#endif
                    break;

                case DT_PLTRELSZ:
#if defined(USE_RELA)
                    plt_rela_count_ = d->d_un.d_val / sizeof(ElfW(Rela));
#else
                    plt_rel_count_ = d->d_un.d_val / sizeof(ElfW(Rel));
#endif
                    break;
                case DT_RELA:
                    rela_ = reinterpret_cast<ElfW(Rela)*>(base_ + d->d_un.d_ptr);
                    break;

                case DT_RELASZ:
                    rela_count_ = d->d_un.d_val / sizeof(ElfW(Rela));
                    break;
            }
        }
    return true;
}


ElfW(Sym)* Linker::findSym(const string& symName){
    for (ElfW(Sym)* sym = symtab_; (void *)sym < (void *)strtab_; sym++) {
        if (symName == strtab_+sym->st_name){
            LOGD("findSym: %s", strtab_+sym->st_name);
            return sym;
        }
    }
    return nullptr;
}

bool Linker::isGotHook(const string& symName) {
    ElfW(Sym)* symbol = findSym(symName);
    if (symbol != nullptr){
        if (plt_rela_ != nullptr){
            for (ElfW(Rela)* rel = plt_rela_; rel <  plt_rela_+plt_rela_
                count_; rel++) {;
                ElfW(Word) sym = ELFW(R_SYM)(rel->r_info);
                if(sym > 0 && sym == (symbol - symtab_)){
                    LOGD("plt_rela: sym:%s, %d", strtab_ + (symtab_+sym)->st_
```

```
                         name, sym);
             void **got_addr = (void **)(base_+rel->r_offset);
             void *except_addr = (void *)(base_ + symbol->st_value);
             if (*got_addr != except_addr){
                 // hook
                 return true;
             }
         }
     }
 }

 if (rela_ != nullptr){
     for (ElfW(Rela)* rel = rela_; rel <  rela_+rela_count_; rel++) {
         ElfW(Word) sym = ELFW(R_SYM)(rel->r_info);
         if(sym > 0 && sym == (symbol - symtab_)){
             LOGD("rela: sym:%s, %d", strtab_ + (symtab_+sym)->st_name, sym);
             void **got_addr = (void **)(base_+rel->r_offset);
             void *except_addr = (void *)(base_ + symbol->st_value);
             if (*got_addr != except_addr){
                 // hook
                 return true;
             }
         }
     }
 }
 return false;
}
```

28.4　unidbg xHook 检测

在开发完 so 中针对 xHook 的检测后，我们尝试着在 unidbg 框架中使用 xHook 来 Hook so 中的函数：

```
package com.r0ysue.unidbgBook.Chap34;

import com.github.unidbg.*;
import com.github.unidbg.arm.HookStatus;
import com.github.unidbg.hook.HookContext;
import com.github.unidbg.hook.ReplaceCallback;
import com.github.unidbg.hook.hookzz.Dobby;
import com.github.unidbg.hook.xhook.IxHook;
import com.github.unidbg.linux.android.AndroidEmulatorBuilder;
import com.github.unidbg.linux.android.AndroidResolver;
import com.github.unidbg.linux.android.XHookImpl;
import com.github.unidbg.linux.android.dvm.DalvikModule;
import com.github.unidbg.linux.android.dvm.DvmObject;
import com.github.unidbg.linux.android.dvm.VM;
import com.github.unidbg.memory.Memory;
import org.apache.log4j.Level;
```

```
import org.apache.log4j.Logger;

import java.io.File;

public class MainActivity {

    public static void main(String[] args) {
        long start = System.currentTimeMillis();
        MainActivity mainActivity = new MainActivity();
        System.out.println("load offset=" + (System.currentTimeMillis() -
            start) + "ms");
        mainActivity.hook();
        mainActivity.stringFromJNI();
    }

    private void hook() {
        IxHook ixHook = XHookImpl.getInstance(emulator);
        ixHook.register(".*\\.so", "_Z9say_hellov", new ReplaceCallback() {
            @Override
            public HookStatus onCall(Emulator<?> emulator, HookContext
                context, long originFunction) {
                return super.onCall(emulator, context, originFunction);
            }

            @Override
            public void postCall(Emulator<?> emulator, HookContext context) {
                super.postCall(emulator, context);
            }
        });

        ixHook.refresh();

    }


    static{
        // Logger.getLogger(AbstractEmulator.class).setLevel(Level.DEBUG);
    }

    private final AndroidEmulator emulator;
    private final VM vm;

    private MainActivity() {
        emulator = AndroidEmulatorBuilder
                .for64Bit()
                .build();
        Memory memory = emulator.getMemory();
        LibraryResolver resolver = new AndroidResolver(23);
        memory.setLibraryResolver(resolver);

        vm = emulator.createDalvikVM();
        vm.setVerbose(false);
        DalvikModule dm = vm.loadLibrary(
```

```
                        new File("unidbg-android/src/test/java/com/r0ysue/unidbgBook/
                            Chap34/libxhookcheck.so"), false);
        dm.callJNI_OnLoad(emulator);
    }

    private void stringFromJNI() {
        DvmObject<?> obj = vm.resolveClass("com.example.xhookcheck.
            MainActivity").newObject(null);
        //public native String stringFromJNI();
        DvmObject<?> dvmObject = obj.callJniMethodObject(emulator, "stringFromJNI()
            Ljava/lang/String;");
        Object value = dvmObject.getValue();
        System.out.println(value);
    }
}
```

运行项目后，结果如下所示：

```
[main]D/DTANative: libxhookcheck.so:40000000
[main]D/DTANative: found aim elf libxhookcheck.so:40000000
[main]D/DTANative: findSym: _Z9say_hellov
[main]D/DTANative: plt_rela: sym:_Z9say_hellov, 275
Hello from C++ DANGEROUS!!!!
```

可以看到结果是检测代码中被检测的分支。

28.5　补充 Inline Hook 检测

接下来，我们学习 Inline Hook 检测的相关内容。

28.5.1　Inline Hook 通用检测思路

Inline Hook 的检测同 PLT Hook 的原理基本一致，在做检测之前，我们先来简单地了解 Inline Hook 的原理。

Inline Hook 是内部跳转的 Hook，通过替换函数开始处的指令为跳转地址，使得原函数跳转到自己的函数，同时保存原始函数的地址。相比 PLT 和 GOT 的 Hook，Inline Hook 的使用范围更广，它几乎可以 Hook 所有的函数，这也导致它的实现非常复杂。在某些场景下，PLT Hook 和 GOT Hook 有一定的局限性，这时候就需要使用 Inline Hook 了。

unidbg 中集成了两个 Inline Hook 框架，分别是 HookZz 和 Dobby。二者的区别是作用的架构位数不一样，HookZz 一般用于 32 位的 so，而 Dobby 用于 64 位的 so。

使用 IDA64 打开我们前面开发的 PLT Hook 检测，跳到 say_hello 的位置：

```
.text:000000000000FD8C                                          _Z9say_hellov
    ; CODE XREF: say_hello(void)+C ↑ j
...
.text:000000000000FD8C                                          ; __unwind {
```

```
.text:000000000000FD8C FF C3 00 D1                    SUB              SP, SP, #0x30
.text:000000000000FD90 FD 7B 02 A9                    STP              X29, X30,
    [SP,#0x20+var_s0]
.text:000000000000FD94 FD 83 00 91                    ADD              X29, SP, #0x20
.text:000000000000FD98 C1 00 00 F0 21 70 28 91        ADRL             X1, aHelloFromC
    ; "Hello from C++    "
.text:000000000000FDA0 A8 83 1F F8                    STUR             X8, [X29,#var_8]
.text:000000000000FDA4 09 00 80 52                    MOV              W9, #0
.text:000000000000FDA8 2A 00 80 52                    MOV              W10, #1
.text:000000000000FDAC 29 01 0A 0A                    AND              W9, W9, W10
...
```

Inline Hook 会把函数的前几个字节替换为跳转指令，然后跳到自己编写的函数的地址上。然后此函数被修改的几个字节会被移动到其他位置，如果我们想要回过头来执行原始的函数，就需要对这些指令进行修复，因为它们和原始的指令已经不是连续的。

至此，我们就能得出检测的思路，在运行函数的时候，检测此函数的地址，看它是否与正确函数的地址一致，如果不一致，则发生了 Inline Hook。

接下来，我们开始写检测的代码，直接修改 Linker.cpp 的代码：

```cpp
#include "Linker.h"

using namespace std;

Linker::Linker(ElfW(Addr) base, string name):base_(base), name_(move(name)) {
    if(ReadElfHeader() &&
            VerifyElfHeader() &&
            ReadProgramHeaders() &&
            ResolveProgramHeaders() &&
            ResolveDynamic()){
        inInited = true;
    }
//    LOGD("read_elf_header:%d", ReadElfHeader())
//    LOGD("verify_elf_header:%d", VerifyElfHeader())
//    LOGD("read_program_headers:%d",ReadProgramHeaders())
//    LOGD("resolve_program_headers:%d",ResolveProgramHeaders())
//    LOGD("resolve_dynamic:%d",ResolveDynamic())
}

Linker::~Linker() {

}

bool Linker::ReadElfHeader() {
    memcpy(&header_, (void *)base_, sizeof(header_));
    return true;
}

static int GetTargetElfMachine() {
#if defined(__arm__)
```

```
        return EM_ARM;
#elif defined(__aarch64__)
        return EM_AARCH64;
#elif defined(__i386__)
        return EM_386;
#elif defined(__mips__)
        return EM_MIPS;
#elif defined(__x86_64__)
  return EM_X86_64;
#endif
}

static const char* EM_to_string(int em) {
    if (em == EM_386) return "EM_386";
    if (em == EM_AARCH64) return "EM_AARCH64";
    if (em == EM_ARM) return "EM_ARM";
    if (em == EM_MIPS) return "EM_MIPS";
    if (em == EM_X86_64) return "EM_X86_64";
    return "EM_???";
}

size_t get_application_target_sdk_version(){
    char *m_szSdkVer = nullptr;
    __system_property_get("ro.build.version.sdk", m_szSdkVer);
    return strtol(m_szSdkVer, nullptr, 10);
}

bool Linker::VerifyElfHeader() {
    if (memcmp(header_.e_ident, ELFMAG, SELFMAG) != 0) {
        LOGE("%s has bad ELF magic", name_.c_str());
        return false;
    }

    int elf_class = header_.e_ident[EI_CLASS];
#if defined(__LP64__)
    if (elf_class != ELFCLASS64) {
    if (elf_class == ELFCLASS32) {
      LOGE("%s is 32-bit instead of 64-bit", name_.c_str());
    } else {
      LOGE("%s has unknown ELF class: %d", name_.c_str(), elf_class);
    }
    return false;
  }
#else
    if (elf_class != ELFCLASS32) {
        if (elf_class == ELFCLASS64) {
            LOGE("%s is 64-bit instead of 32-bit", name_.c_str());
        } else {
            LOGE("%s has unknown ELF class: %d", name_.c_str(), elf_class);
        }
        return false;
    }
#endif
```

```
    if (header_.e_ident[EI_DATA] != ELFDATA2LSB) {
        LOGE("%s not little-endian: %d", name_.c_str(), header_.e_ident[EI_DATA]);
        return false;
    }

    if (header_.e_type != ET_DYN) {
        LOGE("%s has unexpected e_type: %d", name_.c_str(), header_.e_type);
        return false;
    }

    if (header_.e_version != EV_CURRENT) {
        LOGE("%s has unexpected e_version: %d", name_.c_str(), header_.e_version);
        return false;
    }

    if (header_.e_machine != GetTargetElfMachine()) {
        LOGE("%s has unexpected e_machine: %d (%s)", name_.c_str(), header_.e_machine,
                EM_to_string(header_.e_machine));
        return false;
    }

    if (header_.e_shentsize != sizeof(ElfW(Shdr))) {
        if (get_application_target_sdk_version() >= __ANDROID_API_O__) {
            LOGE("%s has unsupported e_shentsize: 0x%x (expected 0x%zx)",
                    name_.c_str(), header_.e_shentsize, sizeof(ElfW(Shdr)));
            return false;
        }
        LOGD("%s has unsupported e_shentsize: 0x%x (expected 0x%zx)",
                name_.c_str(), header_.e_shentsize, sizeof(ElfW(Shdr)));

    }

    if (header_.e_shstrndx == 0) {

        if (get_application_target_sdk_version() >= __ANDROID_API_O__) {
            LOGE("%s has invalid e_shstrndx", name_.c_str());
            return false;
        }

        LOGD("%s has invalid e_shstrndx", name_.c_str());
    }

    return true;
}

bool Linker::ReadProgramHeaders() {
    phdr_num_ = header_.e_phnum;


    if (phdr_num_ < 1 || phdr_num_ > 65536/sizeof(ElfW(Phdr))) {
        LOGE("%s has invalid e_phnum: %zd", name_.c_str(), phdr_num_);
        return false;
    }
```

```cpp
        size_t size = phdr_num_ * sizeof(ElfW(Phdr));

        phdr_table_ = static_cast<ElfW(Phdr)* >((void *)(base_ + PAGE_
            OFFSET(header_.e_phoff)));
        return true;
}

bool Linker::ResolveProgramHeaders() {
    for (ElfW(Phdr) *phdr = phdr_table_; phdr < phdr_table_ + phdr_num_  ; phdr++) {
        if (phdr->p_type == PT_DYNAMIC){
            dynamic_ = static_cast<ElfW(Dyn)* >((void *)(base_ + phdr->p_vaddr));
            return true;
        }
    }
    return false;
}

bool Linker::ResolveDynamic() {
    for (ElfW(Dyn) *d = dynamic_; d->d_tag != DT_NULL; d++) {
        switch (d->d_tag) {
            case DT_STRTAB:
                strtab_ = reinterpret_cast<char*>((base_ + d->d_un.d_ptr));
                break;
            case DT_SYMTAB:
                symtab_ = reinterpret_cast<ElfW(Sym)*>(base_ + d->d_un.d_ptr);
                break;
            case DT_JMPREL:
#if defined(USE_RELA)
                plt_rela_ = reinterpret_cast<ElfW(Rela)*>(base_ + d->d_un.d_ptr);
#else
                plt_rel_ = reinterpret_cast<ElfW(Rel)*>(base_ + d->d_un.d_ptr);
#endif
                break;

            case DT_PLTRELSZ:
#if defined(USE_RELA)
                plt_rela_count_ = d->d_un.d_val / sizeof(ElfW(Rela));
#else
                plt_rel_count_ = d->d_un.d_val / sizeof(ElfW(Rel));
#endif
                break;
            case DT_RELA:
                rela_ = reinterpret_cast<ElfW(Rela)*>(base_ + d->d_un.d_ptr);
                break;

            case DT_RELASZ:
                rela_count_ = d->d_un.d_val / sizeof(ElfW(Rela));
                break;
        }
    }
    return true;
}
```

```
ElfW(Sym)* Linker::findSym(const string& symName){
    for (ElfW(Sym)* sym = symtab_; (void *)sym < (void *)strtab_; sym++) {
        if (symName == strtab_+sym->st_name){
            LOGD("findSym: %s", strtab_+sym->st_name);
            return sym;
        }
    }
    return nullptr;
}

bool Linker::isInlineHook(const string& symName) {
    ElfW(Sym)* symbol = findSym(symName);
    if (symbol != nullptr){
        auto *insns = (uint32_t *)(base_+symbol->st_value);
        if (*insns != 3506488319){
            return true;
        }
    }
    return false;
}
```

前半部分程序头的读取和验证以及解析步骤是一致的，后半部分拿到符号的地址，并获取正确的符号地址，观测是否跳转正常。

3506488319 是怎么来的呢？它是通过调试得来的：把断点下到 insns 上，查看它的地址，如果是正确的函数地址便记录到这里，st_value 即符号的地址。

接下来我们把 so 提取出来，放到 unidbg 中去加载：

```
package com.r0ysue.unidbgbook.Chap34;

import com.github.unidbg.*;
import com.github.unidbg.Module;
import com.github.unidbg.arm.HookStatus;
import com.github.unidbg.hook.HookContext;
import com.github.unidbg.hook.ReplaceCallback;
import com.github.unidbg.hook.hookzz.Dobby;
import com.github.unidbg.hook.xhook.IxHook;
import com.github.unidbg.linux.android.AndroidEmulatorBuilder;
import com.github.unidbg.linux.android.AndroidResolver;
import com.github.unidbg.linux.android.XHookImpl;
import com.github.unidbg.linux.android.dvm.DalvikModule;
import com.github.unidbg.linux.android.dvm.DvmObject;
import com.github.unidbg.linux.android.dvm.VM;
import com.github.unidbg.memory.Memory;

import java.io.File;

public class MainActivity2 {

    public static void main(String[] args) {
        long start = System.currentTimeMillis();
        MainActivity2 mainActivity = new MainActivity2();
```

```
        System.out.println("load offset=" + (System.currentTimeMillis() -
            start) + "ms");
        mainActivity.stringFromJNI();
    }

    private final AndroidEmulator emulator;
    private final VM vm;
    private final Module module;

    private MainActivity2() {
        emulator = AndroidEmulatorBuilder
                .for64Bit()
                .build();
        Memory memory = emulator.getMemory();
        LibraryResolver resolver = new AndroidResolver(23);
        memory.setLibraryResolver(resolver);

        vm = emulator.createDalvikVM();
        vm.setVerbose(false);
        DalvikModule dm = vm.loadLibrary(new File("unidbg-android/src/test/
            java/com/r0ysue/unidbgbook/Chap34/libnative-lib.so"), false);
        dm.callJNI_OnLoad(emulator);
        module = dm.getModule();
    }

    private void stringFromJNI() {

        DvmObject<?> obj = vm.resolveClass("com/dta/inlinehookcheck/
            MainActivity").newObject(null);
        //public native String stringFromJNI();
        DvmObject<?> dvmObject = obj.callJniMethodObject(emulator,
            "stringFromJNI()Ljava/lang/String;");
        Object value = dvmObject.getValue();
        System.out.println(value);
    }
}
```

正常情况下，我们对 so 中的 stringFromJNI 函数进行加载，会得到如下所示的结果：

```
load offset=865ms
[main]D/r0ysue: libnative-lib.so:40000000
[main]D/r0ysue: found aim elf libnative-lib.so:40000000
[main]D/r0ysue: findSym: _Z9say_hellov
Hello from C++    GOOD!!!!
```

当我们使用了 unidbg 中集成的 Inline Hook 框架（Dobby）后，代码如下：

```
private void inlinehook() {
    Dobby instance = Dobby.getInstance(emulator);
    Symbol z9say_hellov = emulator.getMemory().findModule("libnative-lib.so").
        findSymbolByName("_Z9say_hellov");

    instance.replace(z9say_hellov, new ReplaceCallback() {
```

```
    @Override
    public HookStatus onCall(Emulator<?> emulator, HookContext context,
        long originFunction) {
        System.out.println("inline hook!!!!!");
        return super.onCall(emulator, context, originFunction);
    }

    @Override
    public void postCall(Emulator<?> emulator, HookContext context) {
        super.postCall(emulator, context);
    }
});
}
```

得到的结果如下所示：

```
inline hook!!!!!
[main]D/r0ysue: libnative-lib.so:40000000
[main]D/r0ysue: found aim elf libnative-lib.so:40000000
[main]D/r0ysue: findSym: _Z9say_hellov
Hello from C++    DANGEROUS!!!!
```

至此，Inline Hook 的检测效果就达到了。

28.5.2　Inline Hook 模块检测思路

我们在使用 unidbg 的 Hook 框架时，它其实帮我们加载了对应的 so 文件，如图 28-6 所示。

我们可以在自己开发的项目中加入相关代码来验证一下：

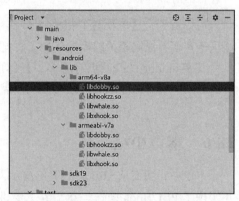

图 28-6　Hook 加载 so 文件

```
//util.h
int callback(struct dl_phdr_info *info,
             size_t size, void *data){

    LOGD("%s:%x",info->dlpi_name, info->dlpi_addr);

    return 0;
}
```

编译好项目后，提取 so 到 unidbg 中：

```
DalvikModule dm = vm.loadLibrary(
            new File("unidbg-android/src/test/java/com/r0ysue/unidbgbook/
                Chap34/libnative-lib-dl-iterater-phdr.so"), false);
```

同时把 Inline Hook 的代码打开：

```
public static void main(String[] args) {
    long start = System.currentTimeMillis();
    MainActivity2 mainActivity = new MainActivity2();
```

```
        System.out.println("load offset=" + (System.currentTimeMillis() - start) + "ms");
        mainActivity.inlinehook();
        mainActivity.stringFromJNI();
}
```

运行项目后得到如下结果：

```
[main]D/r0ysue: libdl.so:40160000
[main]D/r0ysue: libc.so:40180000
[main]D/r0ysue: libm.so:40270000
[main]D/r0ysue: liblog.so:40040000
[main]D/r0ysue: libnative-lib.so:40000000
[main]D/r0ysue: libdobby.so:40380000
```

当我们关闭 Inline Hook 之后，得到的结果如下：

```
[main]D/r0ysue: libdl.so:40160000
[main]D/r0ysue: libc.so:40180000
[main]D/r0ysue: libm.so:40270000
[main]D/r0ysue: liblog.so:40040000
[main]D/r0ysue: libnative-lib.so:40000000
```

可以看到，这里没有了相关的 so 作用到内存空间，从这个角度来说也可以检测 unidbg。这里笔者就不提供相关的检测代码了，把上文中的进行移植即可完成。

其实 unidbg 的检测点有很多，具体取决于读者对 unidbg 项目的熟练程度，你对项目本身的源码了解得越深刻，可以检测的点就越多。

28.6 本章小结

本章中，我们从 xHook 的案例演示入手，带领大家一起把 xHook 集成到自己的项目中，并实现了 PLT Hook 操作。28.2 节主要讲解了 PLT Hook 的原理，从 ELF 的文件格式入手，详细地阐述了节头表和程序头表的内部格式是如何变化的，然后对 Linker 部分进行回顾，最后，总结了 PLT Hook 的原理，并为检测 unidbg 中的 xHook 打下基础。在 28.3 节，我们根据 PLT Hook 的原理在 Native 层开发了 PLT Hook 的检测代码。在 28.4 节，我们把工程中的 so 提取出来放到 unidbg 中去模拟执行，并给大家展示了检测的效果，最后结合了 PLT Hook 检测的代码稍作修改即可实现对 Inline Hook 的检测。

Anti-unidbg 系列：JNI 层常见函数处理

本章将对 JNI 层常见的一些函数做出反制处理。JNI 是衔接 Java 层和 Native 层的桥梁，自然类和方法是它们之间进行调用的核心。而 unidbg 中对应部分的实现和 Android 本身稍有差异，需要大家去详细了解，不然 so 检测到我们的环境异常后会产生一些假的数据，而我们却无法感知。

29.1　FindClass 反制策略

在研究 unidbg 中的 FindClass 之前，我们先对 JNI 中的 FindClass 做个简单的介绍。

29.1.1　FindClass 介绍

我们先来看看 FindClass 的源码：

```
// /art/runtime/jni_internal.cc
static jclass FindClass(JNIEnv* env, const char* name) {
    CHECK_NON_NULL_ARGUMENT(name);
    // 获取 Runtime 对象
    Runtime* runtime = Runtime::Current();
    // 获取 ClassLinker 对象
    ClassLinker* class_linker = runtime->GetClassLinker();
    // JNI 规范要求的类名和 name 传入的值不一样
    // 比如类名 "java.lang.String" 的 JNI 类名为 "Ljava/lang/String;"
    // 下面这个函数的功能是完成上述类名规范的转换
    std::string descriptor(NormalizeJniClassDescriptor(name));
    ScopedObjectAccess soa(env);
    mirror::Class* c = nullptr;
```

```
// IsStarted 返回 runtime 的 started_ 成员变量
// 不管虚拟机有没有启动，目标类的搜索工作都是由 ClassLinker 完成的
if (runtime->IsStarted()) {
    StackHandleScope<1> hs(soa.Self());
    Handle<mirror::ClassLoader> class_loader(hs.NewHandle(GetClassLoader(soa)));
    c = class_linker->FindClass(soa.Self(), descriptor.c_str(), class_loader);
} else {
    c = class_linker->FindSystemClass(soa.Self(), descriptor.c_str());
}
    // 通过 ScopedObjectAccess 的 AddLocalReference 函数，将输入的 mirror
       Class 对象转化为 jclass 类型的值然后返回
return soa.AddLocalReference<jclass>(c);
}
```

FindClass 是 JNIEnv 中的 API，用于查找指定类名的类信息。它的函数实现位于 art 目录下的 jni_internal.cc 文件中。

FindClass 是 JNI 类的静态成员函数，用于查找指定类名对应的类信息。此函数有两个参数：第一个参数为 JNIEnv 对象，第二个参数为目标类的类名。注意：这个类名的分隔符是 "/"。比如我们要查找 Java 层的 java.lang.String 类，传入的 name 参数可以是 "Ljava/lang/String;" 或者 "java.lang.String"。"Ljava/lang/String;" 是 JNI 要求的规范格式。

如果虚拟机启动了，会搜索并获取 ClassLoader，即 GetClassLoader：

```
static ObjPtr<mirror::ClassLoader> GetClassLoader(const ScopedObjectAccess& soa)
    REQUIRES_SHARED(Locks::mutator_lock_) {
  ArtMethod* method = soa.Self()->GetCurrentMethod(nullptr);

  if (method == jni::DecodeArtMethod(WellKnownClasses::java_lang_Runtime_
      nativeLoad)) {
    return soa.Decode<mirror::ClassLoader>(soa.Self()-
        >GetClassLoaderOverride());
  }

  if (method != nullptr) {
    return method->GetDeclaringClass()->GetClassLoader();
  }

  ObjPtr<mirror::ClassLoader> class_loader =
      soa.Decode<mirror::ClassLoader>(Runtime::Current()-
          >GetSystemClassLoader());
  if (class_loader != nullptr) {
    return class_loader;
  }

  class_loader = soa.Decode<mirror::ClassLoader>(soa.Self()-
      >GetClassLoaderOverride());
  if (class_loader != nullptr) {

    CHECK(Runtime::Current()->IsAotCompiler());
    CHECK(!Runtime::Current()->IsCompilingBootImage());
    return class_loader;
  }
```

```
        return nullptr;
}
```

可以看到，按照优先级会依次返回几种 ClassLoader，但是通常情况下主要有两种可能：

- 如果有正在执行的 Java 方法，那么返回对应的类所关联的 ClassLoader。
- 如果没有正在执行的 Java 方法，那么返回 SystemClassLoader。

根据前文的代码内容我们可以知道，最后调用的 FindClass 的内容是 ClassLinker 中的内容。

```
mirror::Class* ClassLinker::FindClass(Thread* self,
                                      const char* descriptor,
                                      Handle<mirror::ClassLoader> class_loader) {
    ...
    //1）针对基本数据类型，直接调用 FindPrimitiveClass(descriptor[0]);
    if (descriptor[1] == '\0') {
        return FindPrimitiveClass(descriptor[0]);
    }
    //2）从现有的类列表中查找类
    const size_t hash = ComputeModifiedUtf8Hash(descriptor);
    ObjPtr<mirror::Class> klass = LookupClass(self, descriptor, hash, class_
        loader.Get());
    if (klass != nullptr) {
        return EnsureResolved(self, descriptor, klass);
    }
    if (descriptor[0] != '[' && class_loader == nullptr) {
        //3）class 为 Non-array class，并且使用 boot class loader
        ClassPathEntry pair = FindInClassPath(descriptor, hash, boot_class_path_);
        if (pair.second != nullptr) {
            return DefineClass(self,
                               descriptor,
                               hash,
                               ScopedNullHandle<mirror::ClassLoader>(),
                               *pair.first,
                               *pair.second);
        } else {
            ...
        }
    }
    ObjPtr<mirror::Class> result_ptr;
    bool descriptor_equals;
    if (descriptor[0] == '[') { //4）class 为 array class
        result_ptr = CreateArrayClass(self, descriptor, hash, class_loader);
        DCHECK_EQ(result_ptr == nullptr, self->IsExceptionPending());
        DCHECK(result_ptr == nullptr || result_ptr-
            >DescriptorEquals(descriptor));
        descriptor_equals = true; //上面会做一些检测，如果没问题则把 descriptor_
                                    equals 置为 true
    } else {                        //5）class 为 Non-array class
        ScopedObjectAccessUnchecked soa(self);
        bool known_hierarchy =
```

```
                        FindClassInBaseDexClassLoader(soa, self, descriptor, hash,
                            class_loader, &result_ptr);
            if (result_ptr != nullptr) {
                DCHECK(known_hierarchy);
                DCHECK(result_ptr->DescriptorEquals(descriptor));
                descriptor_equals = true;
            } else {
                ...
                std::string class_name_string(descriptor + 1, descriptor_length - 2);
                std::replace(class_name_string.begin(), class_name_string.end(),
                    '/', '.'); // 把 FullClassName 中的 'L' 换成 ';', 把 FullClassName
                                    中的 '/' 换成 '.'

                ScopedLocalRef<jobject> class_loader_object(
                        soa.Env(), soa.AddLocalReference<jobject>(class_loader.Get()));
                ScopedLocalRef<jobject> result(soa.Env(), nullptr);
                {
                    ScopedThreadStateChange tsc(self, kNative);
                    ScopedLocalRef<jobject> class_name_object(
                        soa.Env(), soa.Env()->NewStringUTF(class_name_string.c_str()));
                    ...
                    // 关键步骤
                    result.reset(soa.Env()->CallObjectMethod(class_loader_object.get(),
                                            WellKnownClasses::java_lang_
                                                ClassLoader_loadClass,
                                            class_name_object.get()));
                }
                ...
                result_ptr = soa.Decode<mirror::Class>(result.get());
                descriptor_equals = (result_ptr != nullptr) && result_ptr-
                    >DescriptorEquals(descriptor);
            }
    }

    if (self->IsExceptionPending()) {
        // 6）如果本线程发生异常，那么从现有的类列表中查找类，看看其他线程是否成功
        result_ptr = LookupClass(self, descriptor, hash, class_loader.Get());
        if (result_ptr != nullptr && !result_ptr->IsErroneous()) {
            self->ClearException();
            return EnsureResolved(self, descriptor, result_ptr);
        }
        return nullptr;
    }

    // 7）在类列表中插入类，检测是否不匹配
    ObjPtr<mirror::Class> old;
    {
        WriterMutexLock mu(self, *Locks::classlinker_classes_lock_);
        ClassTable* const class_table = InsertClassTableForClassLoader(class_
            loader.Get()); // 返回 class_loader 对应的 class_table, 每个 class_
                            loader 都有自己的 class_table
        old = class_table->Lookup(descriptor, hash);
        if (old == nullptr) {
```

```
        old = result_ptr;
        if (descriptor_equals) {
            class_table->InsertWithHash(result_ptr.Ptr(), hash);
            Runtime::Current()->GetHeap()->WriteBarrierEveryFieldOf(class_
                loader.Get());
        }
    }
}
...
return result_ptr.Ptr();
}
```

从上面的分析可以看到 FindClass 的逻辑主要分为以下几种：

- 针对基本数据类型，直接调用 FindPrimitiveClass(descriptor[0]);。
- 从现有的类列表中查找类。

下面全部都是没有找到类的情况：

- class 为 Non-array class，并且使用 boot class loader。
- class 为 array class 的情况。
- class 为 Non-array class 的情况，主要分为两种：FindClassInBaseDexClassLoader 和
  CallObjectMethod(class_loader_object.get(), WellKnownClasses::java_lang_ClassLoader_
  loadClass, class_name_object.get());。
- 如果本线程发生异常，那么从现有的类列表中查找类，看看其他线程是否成功。

29.1.2 FindClass 基本使用

新建一个工程 Anti_Unidbg_FindClass，并编写如下代码：

```
extern "C" JNIEXPORT jstring JNICALL
Java_com_r0ysue_anti_1unidbg_1findclass_MainActivity_stringFromJNI(
        JNIEnv* env,
        jobject /* this */) {
    std::string hello = "r0ysue ";

    jclass MainActivity = env->FindClass("com/r0ysue/anti_unidbg_findclass/MainActivity");
    bool exception = env->ExceptionCheck();
    if(exception){
        hello.append("=> An exception occurs!!!");
        env->ExceptionClear();
    }else{
        hello.append("=> Lucky!!!");
    }

    return env->NewStringUTF(hello.c_str());
}
```

上述代码段要去 Java 层找 MainActivity 类，想想也知道，肯定是可以找到的。如果找
一个不存在的类呢？

```
extern "C" JNIEXPORT jstring JNICALL
Java_com_r0ysue_anti_1unidbg_1findclass_MainActivity_stringFromJNI(
        JNIEnv* env,
        jobject /* this */) {
    std::string hello = "r0ysue ";

    jclass MainActivity = env->FindClass("com/r0ysue/anti_unidbg_findclass/
        MainActivity2");
    bool exception = env->ExceptionCheck();
    if(exception){
        hello.append("=> An exception
            occurs!!!");
        env->ExceptionClear();
    }else{
        hello.append("=> Lucky!!!");
    }

    return env->NewStringUTF(hello.c_str());
}
```

这次我们找一个 MainActivity2 类，看看是否能找到，结果如图 29-1 所示。

我们把 so 提取出来，看看 unidbg 模拟执行的情况：

图 29-1　寻找 MainActivity2 类的结果

```
package com.r0ysue.unidbgbook.Chap35;

import com.github.unidbg.AndroidEmulator;
import com.github.unidbg.LibraryResolver;
import com.github.unidbg.linux.android.AndroidEmulatorBuilder;
import com.github.unidbg.linux.android.AndroidResolver;
import com.github.unidbg.linux.android.dvm.DalvikModule;
import com.github.unidbg.linux.android.dvm.DvmObject;
import com.github.unidbg.linux.android.dvm.VM;
import com.github.unidbg.memory.Memory;

import java.io.File;

public class AntiFindClass {
    public static void main(String[] args) {
        AntiFindClass antiFinclass = new AntiFindClass();
        antiFinclass.stringFromJNI();
    }

    private final AndroidEmulator emulator;
    private final VM vm;

    private AntiFindClass() {
        emulator = AndroidEmulatorBuilder
                .for64Bit()
                .build();
        Memory memory = emulator.getMemory();
```

```
        LibraryResolver resolver = new AndroidResolver(23);
        memory.setLibraryResolver(resolver);

        vm = emulator.createDalvikVM();
        vm.setVerbose(false);
        DalvikModule dm = vm.loadLibrary(new File("unidbg-android/src/test/
            java/com/r0ysue/unidbgbook/Chap35/libanti_unidbg_findclass.so"), false);
        dm.callJNI_OnLoad(emulator);
    }

    private void stringFromJNI() {
        DvmObject<?> obj = vm.resolveClass("com/r0ysue/anti_unidbg_findclass/
            MainActivity").newObject(null);
        // public native String stringFromJNI();
        DvmObject<?> dvmObject = obj.callJniMethodObject(emulator,
            "stringFromJNI()Ljava/lang/String;");
        Object value = dvmObject.getValue();
        System.out.println(value);
    }
}
```

真机中明明显示有异常发生，但是到了 unidbg 中异常却消失了。我们不妨来看一下 unidbg 中 FindClass 的相应代码：

```
Pointer _FindClass = svcMemory.registerSvc(new Arm64Svc() {
    @Override
    public long handle(Emulator<?> emulator) {
    RegisterContext context = emulator.getContext();
    Pointer env = context.getPointerArg(0);
    Pointer className = context.getPointerArg(1);
    String name = className.getString(0);

    boolean notFound = notFoundClassSet.contains(name);
    if (verbose) {
        if (notFound) {
            System.out.printf("JNIEnv->FindNoClass(%s) was called from %s%n",
                name, context.getLRPointer());
        } else {
            System.out.printf("JNIEnv->FindClass(%s) was called from %s%n",
                name, context.getLRPointer());
        }
    }

    if (notFound) {
        throwable = resolveClass("java/lang/NoClassDefFoundError").newObject(name);
        return 0;
    }

    DvmClass dvmClass = resolveClass(name);
    long hash = dvmClass.hashCode() & 0xffffffffL;
    if (log.isDebugEnabled()) {
        log.debug("FindClass env=" + env + ", className=" + name + ", hash=0x" +
```

```
            Long.toHexString(hash));
            }
            return hash;
        }
    });
```

核心就在于这一句：

```
DvmClass dvmClass = resolveClass(name);
```

unidbg 并不知道我们要加载的类是否存在，只要传入类名，它就会使用 resolveClass 来解析，这就是会得到与真机不一样的结果的原因。

这也是检测 unidbg 的一个位置，正常情况下（即真机环境下）会有错误或者异常抛出，但是这里却没有。那我们怎么解决这个异常呢？

虚拟机有一个 addNotFoundClass 方法来设置未找到的类，我们手动设置一下即可：

```
private void stringFromJNI() {
    vm.addNotFoundClass("com/r0ysue/anti_unidbg_findclass/MainActivity2");
    DvmObject<?> obj = vm.resolveClass("com/r0ysue/anti_unidbg_findclass/
        MainActivity").newObject(null);
    //public native String stringFromJNI();
    DvmObject<?> dvmObject = obj.callJniMethodObject(emulator,
        "stringFromJNI()Ljava/lang/String;");
    Object value = dvmObject.getValue();
    System.out.println(value);
}
```

设置完再次运行，发现得到了与真机一样的结果：

```
r0ysue => An exception occurs!!!
```

29.2　methodID 反制策略

首先搭建一个环境供大家学习（新建一个 App 项目）：

```
//MainActivity.java
package com.r0ysue.anti_unidbg_methodid;

public class MainActivity extends AppCompatActivity {

    static {
        System.loadLibrary("anti_unidbg_methodid");
    }

    private ActivityMainBinding binding;

    @Override
    protected void onCreate(Bundle savedInstanceState) {
        super.onCreate(savedInstanceState);
```

```
    binding = ActivityMainBinding.inflate(getLayoutInflater());
    setContentView(binding.getRoot());

    ZhangSan zhangSan = new ZhangSan();

    TextView tv = binding.sampleText;
    tv.setText(stringFromJNI(zhangSan));
}

public native String stringFromJNI(ZhangSan zhangSan);
}
        Person.java
package com.r0ysue.anti_unidbg_methodid;

public class Person {

    public String getName(){
        return "Person";
    }

    public int getAge(){
        return 0;
    }
}
        ZhangSan.java
package com.r0ysue.anti_unidbg_methodid;

public class ZhangSan extends Person{
    @Override
    public String getName() {
        return "Zhangsan";
    }

    @Override
    public int getAge() {
        return 18;
    }
}
```

该项目新建了两个类，分别是 Person 类和 ZhangSan 类，ZhangSan 类继承了 Person 类并重写了 getName() 方法。

然后我们来看看 Native 层的代码：

```
#include <jni.h>
#include <string>

extern "C" JNIEXPORT jstring JNICALL
Java_com_r0ysue_anti_1unidbg_1methodid_MainActivity_stringFromJNI(
        JNIEnv* env,
        jobject /* this */,
        jobject person) {
    jclass Person = env->FindClass("com/r0ysue/anti_unidbg_methodid/Person");
    jmethodID getName = env->GetMethodID(Person, "getName", "()Ljava/lang/String;");
```

```
jobject name = env->CallObjectMethod(person, getName);
return static_cast<jstring>(name);
}
```

通过 JNI 反射去寻找 Java 层的 Person 类，并调用 getName() 方法，结果如图 29-2 所示。

虽然 Native 中调用 FindClass() 方法寻找 Person 类，然后使用 GetMethodID() 方法获取了 Person 类的 getName() 方法，但是最终调用 getName() 方法的时候，我们传入的是 Java 传进来的 ZhangSan 对象，所以最后屏幕上打印的结果是 Zhangsan。

现在我们把 so 提取出来放到 unidbg 中，看看模拟执行的结果是什么。

图 29-2　调用 getName() 方法

```
package com.r0ysue.unidbgbook.Chap35;

import com.github.unidbg.AndroidEmulator;
import com.github.unidbg.LibraryResolver;
import com.github.unidbg.linux.android.
    AndroidEmulatorBuilder;
import com.github.unidbg.linux.android.
    AndroidResolver;
import com.github.unidbg.linux.android.dvm.*;
import com.github.unidbg.memory.Memory;

import java.io.File;

public class AntiMethodID extends AbstractJni{
    public static void main(String[] args) {
        AntiMethodID antiFinclass = new AntiMethodID();
        antiFinclass.stringFromJNI();
    }

    private final AndroidEmulator emulator;
    private final VM vm;

    private AntiMethodID() {
        emulator = AndroidEmulatorBuilder
                .for64Bit()
                .build();
        Memory memory = emulator.getMemory();
        LibraryResolver resolver = new AndroidResolver(23);
        memory.setLibraryResolver(resolver);

        vm = emulator.createDalvikVM();
        vm.setVerbose(false);
        vm.setJni(this);
        DalvikModule dm = vm.loadLibrary(
                new File("unidbg-android/src/test/java/com/r0ysue/unidbgbook/
```

```
                Chap35/libanti_unidbg_methodid.so"), false);
        dm.callJNI_OnLoad(emulator);
    }

    private void stringFromJNI() {
        DvmObject<?> obj = vm.resolveClass("com.r0ysue.anti_unidbg_methodid.
            MainActivity").newObject(null);
        // public native String stringFromJNI();
        DvmObject<?> zhangsan = vm.resolveClass("com.r0ysue.anti_unidbg_
            methodid.ZhangSan", vm.resolveClass("com.r0ysue.anti_unidbg_
            methodid.Person")).newObject(null);
        DvmObject<?> dvmObject = obj.callJniMethodObject(emulator,
            "stringFromJNI(Lcom/r0ysue/anti_unidbg_methodid/ZhangSan;)Ljava/
            lang/String;", zhangsan);
        Object value = dvmObject.getValue();
        System.out.println(value);
    }

    @Override
    public DvmObject<?> callObjectMethodV(BaseVM vm, DvmObject<?> dvmObject,
        String signature, VaList vaList) {
        if (signature.equals("com/r0ysue/anti_unidbg_methodid/Person-
            >getName()Ljava/lang/String;")){
            System.out.println(dvmObject);
            return new StringObject(vm, "Person");
        }
        return super.callObjectMethodV(vm, dvmObject, signature, vaList);
    }
}
```

代码中有一些补环境的操作，这里不再赘述。运行上述 unidbg 工程代码后，有如下结果：

```
com.r0ysue.anti_unidbg_methodid.ZhangSan@71a794e5
Person
```

结果中显示的是 Person，与真机中显示的结果不一致，而我们在构造 stringFromJNI 函数时，也构造了 ZhangSan 对象传入 so 的函数中，预期打印的结果是 ZhangSan，怎么是 Person 呢？

这是由于 unidbg 的继承关系设计得不是很明确。当有继承关系时，我们需要自己判断到底是用了哪个对象上的方法。就算我们主动补了 ZhangSan 对象，依旧不起作用：

```
    @Override
    public DvmObject<?> callObjectMethodV(BaseVM vm, DvmObject<?> dvmObject,
        String signature, VaList vaList) {
        if (signature.equals("com/r0ysue/anti_unidbg_methodid/Person->getName()
            Ljava/lang/String;")){
            System.out.println(dvmObject);
            return new StringObject(vm, "Person");
        }else if (signature.equals("com/r0ysue/anti_unidbg_methodid/ZhangSan-
            >getName()Ljava/lang/String;")){
```

```
        System.out.println(dvmObject);
        return new StringObject(vm, "ZhangSan");
    }
    return super.callObjectMethodV(vm, dvmObject, signature, vaList);
}
```

运行后的结果如下所示:

```
com.r0ysue.anti_unidbg_methodid.ZhangSan@71a794e5
Person
```

最终的解决方案是手动修复:

```
@Override
public DvmObject<?> callObjectMethodV(BaseVM vm, DvmObject<?> dvmObject,
    String signature, VaList vaList) {
    if (signature.equals("com/r0ysue/anti_unidbg_methodid/Person->getName()
        Ljava/lang/String;")){
        System.out.println(dvmObject);
        return new StringObject(vm, "ZhangSan");
    }
    return super.callObjectMethodV(vm, dvmObject, signature, vaList);
}
```

运行后的结果如下所示:

```
com.r0ysue.anti_unidbg_methodid.ZhangSan@71a794e5
ZhangSan
```

此方法适用于我们使用 unidbg 来模拟执行 so 中的函数,可能会返回假的数据的情况,具体绕过措施参照上述过程即可。

29.3　本章小结

在本章中,我们就 JNI 中常用的两个概念做了详细讲解,并说明了它们在 unidbg 中和真机中的差异,点明了 unidbg 在 JNI 层可以做的反制措施有哪些。

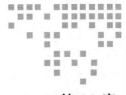

Anti-unidbg 系列：unidbg 常规检测总结

经过前面的学习，我们对 unidbg 这个模拟器有了更深入的认识，并且能够根据一些特点采取一些反制措施。在本章中，笔者对前面的一些内容进行总结，让大家对检测的整个知识脉络有更加清晰的认知。

30.1 检测说明

检测和对抗是两个相对独立的问题，检测的重点是如何感知运行环境是 unidbg，对抗的重点是阻止 unidbg 完成模拟执行。本节主要讨论检测。

在本质上，unidbg 是一个微型的操作系统模拟器，它和真实系统的差异很大，但这并不意味着有海量可以检测出当前环境是 unidbg 的检测点。在检测方面，需要考虑到准确性、易用性、隐蔽性这三点需求，只有同时满足这三点的检测方案才是可行的方案。

- 准确性。使用的检测技术应该具有很强的辨别能力，不应该对某些型号或版本的真实 Android 设备产生误判，也不应该对云手机、模拟器、魔改机产生误判。检测思路和逻辑应该无歧义，但无法分辨是 unidbg 还是 AndroidNativeEmu、Qiling 等同类项目是可接受的。
- 易用性。我们希望检测的方式、逻辑相对简单，如果逻辑太复杂，既容易被分析者发现，又可能干扰应用的正常逻辑。除此之外，因为 unidbg 是 Android 本地模拟器，所以如果希望检测当前 so 是否运行在模拟器中，就需要把这个检测逻辑放到这个 so 里。
- 隐蔽性。检测逻辑不能过于显眼，以降低它被分析者意识和绕过的风险和可能。

下面讨论一些符合这三点的可行方案。

30.2 基地址检测

unidbg 采用了非常经典的内存加载模型，而且在
32 位与 64 位架构下都保持一致，如图 30-1 所示。

堆空间与栈空间的布局，相较真实设备有很大差
异。这里以堆空间为例（栈空间与之同理）。堆空间从
0x40000000 开始分配：

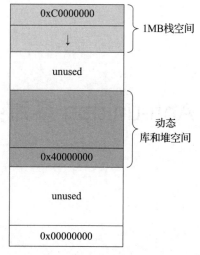

```
// src/main/java/com/github/unidbg/memory/
  Memory.java
public interface Memory extends IO, Loader,
  StackMemory {

  long STACK_BASE = 0xc0000000L;
  int STACK_SIZE_OF_PAGE = 256; // 1024k

  long MMAP_BASE = 0x40000000L;
```

图 30-1　内存加载模型

这意味着目标 so 的基地址是 0x40000000，或是比
它稍大的某个数——如果用户手动加载 libc.so 等其他
模块，在真实环境中，堆空间的地址绝不会这么 "低"。

30.3　JNI 环境之 JNI 调用

JNI 是 unidbg 整个结构中最适合检测的一个部分，因为它和 Android JNI 实现有极大
差异。在 Android 上，JNI 属于 ART 虚拟机实现的一部分，换句话说，它的实现在 libart.
so 里。由于 unidbg 无法加载 libart.so 以及顺利、完备地执行 JNI 逻辑，因此 unidbg 代理了
整个 JNI 层，并将它通过桥函数转交给 unidbg 的 Java 代码进行后续处理。JNI 桥函数位于
0xfffe0000L ～ 0xffff0000L 地址范围内，通过检测 JNI 函数的地址是否在这个范围内，我们
就可以判断它是否在 unidbg 环境里。也可以 "委婉" 一些，检测任意两个临近的 JNI 函数
地址的距离。在 unidbg 中，每个跳板函数只占据 8 字节（一条中断指令，一条返回指令），
两个临近函数的地址的距离不超过 16 字节。在真实系统中，一个 JNI 函数的处理逻辑至少
为数十字节，间隔至少为几十字节。

30.4　JNI 环境之类检测

这个方法在实践中最简单直观，也确实被用于 unidbg 检测中。在检测自身是否处于
FART、Youpk 等风险环境时，类检测是一个常用办法。所谓类检测，就是检测当前进程是否
加载了某些风险类，比如 Youpk 的 cn.youlor.unpacker。为了对抗类检测，很多工具不得不采

用随机类名的策略，或对项目魔改，乃至闭源。可以反向使用类检测，实现对 unidbg 的检测。

首先回顾 unidbg 的一个基本策略——在处理 JNI 调用时，为了减少使用者的补环境工作量，会做许多"默认有"的操作。比如 FindClass 默认有这个类，GetMethodID 默认类里有这个方法。在大多数情况下，这确实正确（否则 FindClass 做什么？），也确实给我们带来了方便。但如果将类检测应用在检测里，则是一个有力武器。看下面这个示例。

```
#include <jni.h>
#include <string>

extern "C" JNIEXPORT jstring JNICALL
Java_com_example_findmyclass_MainActivity_stringFromJNI(
        JNIEnv* env,
        jobject mainactivity /* this */) {

    const char *result;
    jclass fake_clazz = env->FindClass("my/fake/class");
    bool exc = env->ExceptionCheck();
    if(exc){
        // 清除异常，不让进程崩溃
        env->ExceptionClear();
    }
    if(fake_clazz == nullptr){
        result = "A";
    } else{
        result = "B";
    }
    return env->NewStringUTF(result);
}
```

以上代码主要由三个简单逻辑构成：

- 找 my.fake.class 类。
- 对 JNI 做异常处理，防止错误与崩溃。
- 根据能否找到类进入 A/B 不同分支，加以区分。

值得一提的是，类名应该尽量特殊，确保不会在真实逻辑中出现，比如 unidbg.unidbg.unidbg、v.me.fifty。但这么做有违隐蔽性原则，更好的思路是将这个类名设置为系统类，但整体上相差一两个字母，绝大多数分析者没办法发现这个陷阱。如果想实现更好的隐蔽性，那么利用类方法是更好的选择。例如，对某个真实存在的系统类或自定义类调用 GetMethodID，寻找其中的某个方法，并在方法签名上做点手脚，比如多输入一个空格或分号。在真实环境中，这样会找不到方法，而在 unidbg 中会很顺利，无异常。如果你在使用 unidbg 分析样本时遇到了此类检测，请看下面的解决方案。

unidbg 在设计上考虑到了这些情况，虽然它默认样本所访问的类、方法、字段都存在，但使用者可以介入流程，告知 unidbg 某些类、方法、字段并不存在。这些 API 是 addNotFoundClass、acceptMethod、acceptField，比如告知 unidbg 并不存在 com/aliyun/TigerTally/NaitveAPI 类。

```
vm.addNotFoundClass("com/aliyun/TigerTally/NaitveAPI");
```

代码应该添加在 JNI_OnLoad 调用前，确保在任何 JNI 调用前就已经介入。一个更好的检测点是 MethodID。在真实环境里，MethodID 是一个 ArtMethod 结构体指针；而在 unidbg 中，MethodID 是一个字符串 hash 值。以 java/lang/String 类的 getBytes(Ljava/lang/String;)[B 方法为例，它在 unidbg 中的 MethodID 是"java/lang/String->getBytes(Ljava/lang/String;)[B".hashCode()，值是 0x318b4ca9。具体代码逻辑如下：

```
int getMethodID(String methodName, String args) {
    String signature = getClassName() + "->" + methodName + args;
    System.out.println(signature);
    int hash = signature.hashCode();
}
```

这意味着我们可以对任意一个方法调用 GetMethodID，比较它的值是否和签名的字符串 hash 值相等。

本节所谈到的这些方法有相对好的隐蔽性、很高的准确性和易用性，且已经被实际应用于一些样本。其中判断 hashcode 的办法的隐蔽性极佳。

30.5 文件描述符

打开任意一个文件，比如 maps，根据返回的文件描述符就可以判断运行环境是不是 unidbg 或它的同类型工具。

```
int fd = open("/proc/self/maps", 0);
```

这听起来很神奇，但确实可以，而且原理很简单。根据 UNIX 规范，文件在打开后拥有一个文件描述符，它是一个小的非负整数，最小为 0。文件描述符的分配采用由小到大递增的方式，因此进程启动时最早打开的标准输入、输出、错误这三个文件对应于 0、1、2 三个文件描述符。其后打开的文件的文件描述符从 3 开始递增。

在真实系统环境里，即使是简单的 Android 示例，也会与数十个文件交互。如果在程序中打开一个文件，它返回的文件描述符的值总会大于 20。

而在 unidbg 中，因为 unidbg 只是一个 so 模拟器，不包含真实进程存在的各种逻辑，仅有标准输入、输出、错误三个文件以及目标 so 所打开的文件，所以文件描述符的值往往小于 20。

30.6 uname

uname 系统调用用于查询系统和主机信息，它的函数原型如下：

```
int uname(struct utsname *buf);
```

在语义上，它会返回一系列关于主机系统的标识信息，放在 utsname 结构体里。关于这个结构体，Android 源码中对它的注释如下：

```
struct utsname {
    char sysname[SYS_NMLN];
    char nodename[SYS_NMLN];
    char release[SYS_NMLN];
    char version[SYS_NMLN];
    char machine[SYS_NMLN];
    char domainname[SYS_NMLN];
};
```

可以通过 adb shell 命令获取除 domainname 之外的所有信息。

```
polaris:/ $ uname --help
usage: uname [-asnrvm]

Print system information.

-s      System name
-n      Network (domain) name
-r      Kernel Release number
-v      Kernel Version
-m      Machine (hardware) name
-a      All of the above

polaris:/ $ uname -s
Linux
polaris:/ $ uname -n
localhost
polaris:/ $ uname -r
4.9.186 -perf-gd3d6708
polaris:/ $ uname -v
#1 SMP PREEMPT Wed Nov 4 01:05:59 CST 2020
polaris:/ $ uname -m
aarch64
polaris:/ $ uname -a
Linux localhost 4.9.186-perf-gd3d6708 #1 SMP PREEMPT Wed Nov 4 01:05:59 CST
    2020 aarch64
```

你可能认为 unidbg 在实现上会模仿或伪装成真机，但它并没有这么做。

```
protected int uname(Emulator<?> emulator) {
    Pointer buf = UnidbgPointer.register(emulator, ArmConst.UC_ARM_REG_R0);
    if (log.isDebugEnabled()) {
        log.debug("uname buf=" + buf);
    }

    final int SYS_NMLN = 65;

    Pointer sysname = buf.share(0);
    sysname.setString(0, "Linux");
```

```
        Pointer nodename = sysname.share(SYS_NMLN);
        nodename.setString(0, "localhost");

        Pointer release = nodename.share(SYS_NMLN);
        release.setString(0, "1.0.0-unidbg");

        Pointer version = release.share(SYS_NMLN);
        version.setString(0, "#1 SMP PREEMPT Thu Apr 19 14:36:58 CST 2018");

        Pointer machine = version.share(SYS_NMLN);
        machine.setString(0, "armv7l");

        Pointer domainname = machine.share(SYS_NMLN);
        domainname.setString(0, "localdomain");

        return 0;
    }
```

unidbg 将主机信息设置为 1.0.0-unidbg，可以调用 uname 系统调用或同名库函数，检查主机信息是否包含 "unidbg" 字符串。

30.7 运行时间检测

模拟执行的速度比真实设备慢（这里只讨论 Unicorn/Dynarmic 引擎），即使在较快的 Dynarmic 引擎下，执行效率也不到普通真实设备的 1/10。如果使用 Unicorn 引擎，性能更是连搭载 Android 4.0 的老设备都不如。但是，仅基于 "运行速度较慢" 这一点去检测是否是 unidbg 环境，很片面也不精准。因为在 Debug、Hook、Trace 等分析情景下，unidbg 执行耗时也会很久，即这种检测会带来歧义。

一个更好的思路是对比执行时间，即对比执行不同函数的时间差异。举个例子，在真实环境中，执行样本中 1000 行汇编代码的时间会少于执行复杂 JNI 函数的时间，因为 JNI 调用要经过 ART 中大量的处理逻辑。但在 unidbg 中，因为 JNI 层由自身处理，不经过 libart.so 的种种逻辑，所以执行速度较快。读者可以去测试这一思路，这只是我的设想，并未实际测试。

除此之外，还有许多不符合检测三项原则的特征，比如，虽然 unidbg 中不存在地址空间布局随机化（ASLR），但是因为通过魔改等手段可以关掉真实设备的 ASLR，而这违背了准确性原则，所以不将 ASLR 考虑在内。

30.8 检测 Unicorn

对于这部分内容只浅谈一下。Unicorn 项目的核心功能来自 QEMU 这款知名的开源虚拟机，它提取了 QEMU 中与 CPU 模拟相关的代码逻辑，并对其进行了封装、完善、重构。

检测 Unicorn 可以转换为在运行环境中寻找 QEMU 在 CPU 模拟部分和真实设备的差异。差异主要来自以下几方面：

- QEMU 在某些指令实现上存在 Bug 或不完善之处，在特殊指令集上更容易找到这些问题。除此之外，尽管部分 Bug 已经被修复了，但因为 Unicorn 所基于的 QEMU 版本较老，所以 QEMU 最新版已经解决的问题，可能在 Unicorn 中仍然存在。
- 某些指令操作在真机上有更强的约束或限制，比如 ARM64 要求栈指针必须 16 字节对齐，但 QEMU 不存在这一限制。
- Unicorn 作为模拟执行方案，指令执行速度会比真机慢，研究人员发现，在某些指令集上（比如向量化计算指令集 Neon），这种速度差异更加明显。可以根据这种指令执行速度差异构建运行时间检测。需要注意的是，应该经过谨慎的调查、广泛的测试得出 Unicorn 执行所检测函数的耗时范围，设置对应的判断阈值。这个范围不应该造成对某些性能较差的真机的误判，也不应该和另一种风险运行环境——正在做 Debug、Hook、Trace 的运行环境（这种情况下执行速度会比 Unicorn 更慢产生混淆）。

以第二个方面为例，ARM64 内联汇编中对栈进行了读写操作，它在各种运行环境上都不会出错。

```
void unicorn_test() {
    __asm __volatile__ (
    "add sp, sp, #16\n"
    "str x0, [sp]\n"
    "ldr x0, [sp]\n"
    "sub sp, sp, #16\n"
    );
}
```

但如果将汇编代码改成下面这样，不再满足栈指针必须 16 字节对齐的要求，那么代码在各种真实设备环境中都会导致错误，错误信号是 SIGBUS 下的 BUS_ADRALN，语义是内存访问异常中的内存未对齐错误。

```
void unicorn_test() {
    __asm __volatile__ (
    "add sp, sp, #1\n"
    "str x0, [sp]\n"
    "ldr x0, [sp]\n"
    "sub sp, sp, #1\n"
    );
}
```

但代码在 QEMU 虚拟机以及基于它的各种模拟器（夜神、雷电模拟器等），基于 QEMU 剪裁的 Unicorn，或者基于 Unicorn 的 unidbg、AndroidNativeEmu 等运行环境中，均可以正常执行。

测试代码如下。首先通过信号处理器捕获异常，根据报错的信号及报错位置确定报错来自 unicorn_test 函数，然后进入不同的分支。

```cpp
#include <jni.h>
#include <string>
#include <pthread.h>
#include <android/log.h>
#include <unistd.h>
#include <dlfcn.h>
#include <csignal>
#include <cstring>
#include <ucontext.h>
#include <map>
#include <memory>
#include <mutex>
#include <new>
#include <string>
#include <sstream>
#include <thread>

#define LOGE(...) __android_log_print(ANDROID_LOG_ERROR,"Lilac" ,__VA_ARGS__);
static pid_t sTidToDump;
static void *sContext;
static std::mutex sMutex;
static std::condition_variable sCondition;
static void DumpStacks(void* context);
int detect = 1;
void unicorn_test() {
    __asm __volatile__ (
    "add sp, sp, #1\n"
    "str x0, [sp]\n"
    "ldr x0, [sp]\n"
    "sub sp, sp, #1\n"
    );
}

void my_signal_handler(int sig, siginfo_t *siginfo, void *context){
    detect = 0;
    DumpStacks(context);
}

extern "C" JNIEXPORT jstring JNICALL
Java_com_example_testalign_MainActivity_stringFromJNI(
        JNIEnv* env,
        jobject /* this */) {

    stack_t stack{};
    stack.ss_sp = new(std::nothrow) char[SIGSTKSZ];

    if (!stack.ss_sp) {
        LOGE("fail to alloc stack for crash catching");
    }
```

```
    stack.ss_size = SIGSTKSZ;
    stack.ss_flags = 0;
    if (stack.ss_sp) {
        if (sigaltstack(&stack, nullptr) != 0) {
            LOGE("fail to setup signal stack");
        }
    }

    struct sigaction sig_action = {};
    sig_action.sa_sigaction = my_signal_handler;
    sig_action.sa_flags = SA_SIGINFO | SA_ONSTACK;
    sigaction(SIGBUS, &sig_action, nullptr);

    pthread_t newthread;
    pthread_create(&newthread, nullptr, reinterpret_cast<void *(*)(void *)>
        (unicorn_test), nullptr);
    sleep(1);
    if(detect == 1){
        return env->NewStringUTF("Unidbg detect");
    } else{
        return env->NewStringUTF("invalid address alignment");
    }

}

static void DumpStacks(void* context) {
    std::unique_lock<std::mutex> lock{sMutex};
    sTidToDump = gettid();
    sContext = context;
    sCondition.notify_one();
    sCondition.wait(lock, []{ return sTidToDump == 0; });
}
```

在检测到 QEMU 的这一特征后，需要根据文件特征、任务调度、系统属性等特征，确认这种运行环境是 QEMU 以及基于它的各种模拟器，还是 Unicorn 环境。

总体而言，对 Unicorn 的检测并不容易，很难找出一些准确无歧义、优雅且简单的实现方式，而检测基于它构建的上层系统更容易。

30.9　本章小结

在本章中，我们首先就 unidbg 模拟器的检测基准，即检测的基本要求展开叙述，阐述了一个好的检测需要满足准确性、易用性和隐蔽性的特点。然后对 unidbg 的基址以及 JNI 的接口、文件操作、uname 等系统底层做了简要总结。最后从运行时间和 unidbg 的底层 Unicorn 两个角度说明了检测的要点。

第 31 章

unidbg 生产环境部署

至此，unidbg 的知识已经接近尾声，在最后一章，笔者将介绍如何部署生产环境。笔者希望 unidbg 成为大家进行算法分析的好帮手而不仅仅是模拟执行用于生产环境，但是这种方式毕竟有一定的需求，所以这里简单介绍下。

经过前面的学习，我们已经可以通过 unidbg 模拟执行算法，对于爬虫工程师来说，需要每次调用加密算法获取结果并添加到请求中获取最终的数据，这时候，我们就需要一个算法服务器来实现上述的需求。

unidbg 是一个 Java 项目，所以我们可以与 Java 中著名的 Spring Boot 框架相结合来开发一个算法服务。

31.1 Spring Boot 框架的基本使用方法

接下来，我们学习 String Boot框架的基本使用方法。在学习前，需要了解 Spring 与 Spring Boot 的关系。

Spring 是用于创建微服务应用程序的框架，比如我们常见的 Web 应用服务。Spring Boot 则简化了 Spring 配置，让开发变得更快捷、高效。

Sprint Boot 的基本配置说明可以到 https://start.spring.io/ 网站寻求，这里只介绍一个项目的最基本的配置说明，如图 31-1 所示。

首先，我们看一个 Spring Boot 案例，了解如何在 IDEA 中配置 Spring Boot 的。在 IDEA 中新建一个项目，在 Build system 处选择 Maven，如图 31-2 所示。

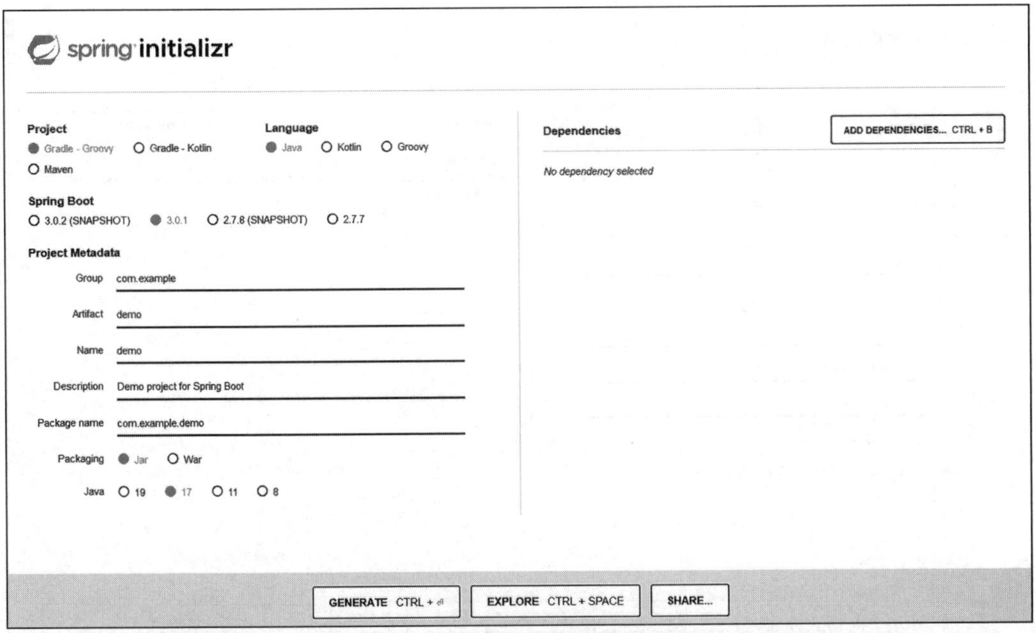

图 31-1　项目的配置说明

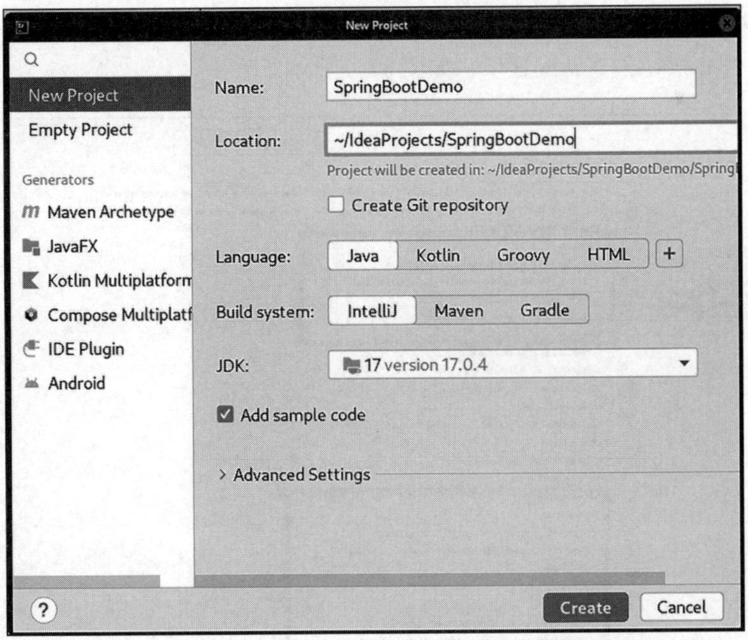

图 31-2　新建项目

　　新建完成之后，需要获取 Spring Boot 的配置，我们可以到刚才的网站获取相应配置信息，如图 31-3 所示。

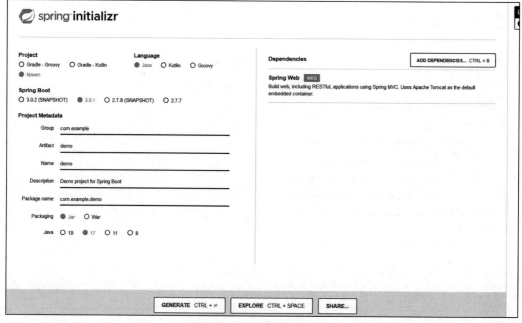

图 31-3　获取相应配置信息

我们要构建 Web 服务，所以需要在右上角中添加 Web 服务的依赖。然后我们单击底部中间的 EXPLORE 按钮去查看配置项，如图 31-4 所示。

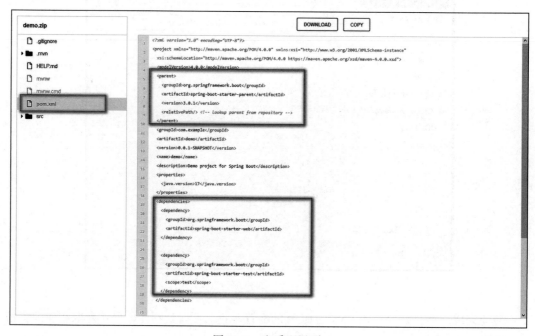

图 31-4　查看配置项

我们把 pom.xml 中的红框内容移植到项目中，如图 31-5 所示。

```
 7        <parent>
 8            <groupId>org.springframework.boot</groupId>
 9            <artifactId>spring-boot-starter-parent</artifactId>
10            <version>3.0.1</version>
11            <relativePath/> <!-- lookup parent from repository -->
12        </parent>
13
14        <groupId>org.example</groupId>
15        <artifactId>SpringBootDemo</artifactId>
16        <version>1.0-SNAPSHOT</version>
17
18        <properties>
19            <maven.compiler.source>17</maven.compiler.source>
20            <maven.compiler.target>17</maven.compiler.target>
21            <project.build.sourceEncoding>UTF-8</project.build.sourceEncoding>
22        </properties>
23
24        <dependencies>
25            <dependency>
```

图 31-5　移植配置项

使用 parent 父类引用，解决依赖版本号不确定时自
动匹配的问题。dependencies 是所需要的依赖项目。移
植完成后同步依赖即可。

完成移植后，我们编写样例代码，让 Web 服务启动
起来。

项目的文件分布如图 31-6 所示。

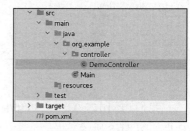

图 31-6　文件分布

首先我们查看 Main 文件中的代码：

```java
package org.example;

import org.springframework.boot.SpringApplication;
import org.springframework.boot.autoconfigure.SpringBootApplication;

@SpringBootApplication
public class Main {
    public static void main(String[] args) {
        SpringApplication.run(Main.class, args);
    }
}
```

此文件定义了整个项目的启动入口，我们运行项目也是从这个文件开始。接下来在新
建的 Controller 中编写项目 DemoConller 开发一个资源路径：

```java
package org.example.controller;

import org.springframework.web.bind.annotation.GetMapping;
import org.springframework.web.bind.annotation.RestController;
```

```
@RestController
public class DemoController {

    @GetMapping("/test")
    public String test(){
        return "hello Spring boot !";
    }
}
```

运行项目结果如图 31-7 所示。

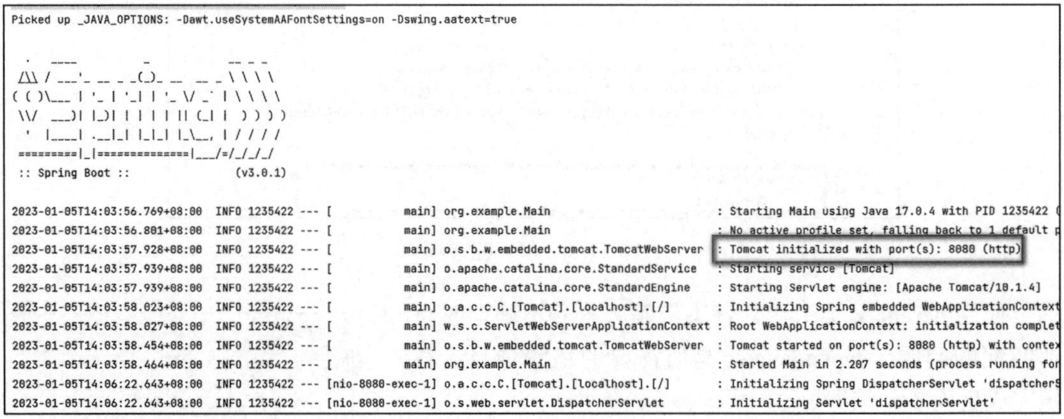

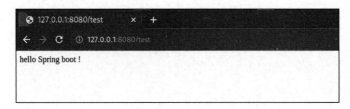

图 31-7 运行项目结果

我们访问 127.0.0.1：8080/test 即可看到返回的字符串。打开浏览器，键入 URL 路径，结果如图 31-8 所示。

图 31-8 项目结果

至此，Spring Boot 的体验就结束了，接下来我们看看 Spring Boot 和 unidbg 能碰撞出什么样的火花。

31.2 Spring Boot 和 unidbg 结合

前面我们对 Spring Boot 的基本操作做了演示，那我们如何把它和 unidbg 结合起来呢？我们知道 unidbg 也是 Java 项目，同时它是基于 Maven 来构建的，所以它也有 pom.xml 文件，如图 31-9 所示。

移植过程可参考 30.1 节的相关内容。

测试项目开发

为了配合 Spring Boot 的开发，我们编写一个 MD5 供项目来使用。

首先是 Java 层，声明如下：

```
public native String getSign(String inputData);
```

再来看 Native 层，这里只给大家展示头文件，源文件请自行查阅相关文件。

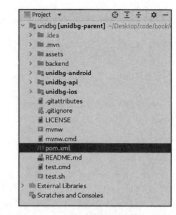

图 31-9　unidbg 中的 pom.xml 文件

```
// MD5 头文件

#ifndef MD5_H
#define MD5_H

/* Parameters of MD5. */
#define s11 7
#define s12 12
#define s13 17
#define s14 22
#define s21 5
#define s22 9
#define s23 14
#define s24 20
#define s31 4
#define s32 11
#define s33 16
#define s34 23
#define s41 6
#define s42 10
#define s43 15
#define s44 21

/**
 * @Basic MD5 functions.
 *
 * @param there bit32.
 *
 * @return one bit32.
 */
#define F(x, y, z) (((x) & (y)) | ((~x) & (z)))
#define G(x, y, z) (((x) & (z)) | ((y) & (~z)))
#define H(x, y, z) ((x) ^ (y) ^ (z))
#define I(x, y, z) ((y) ^ ((x) | (~z)))

/**
```

```
 * @Rotate Left.
 *
 * @param {num} the raw number.
 *
 * @param {n} rotate left n.
 *
 * @return the number after rotated left.
 */
#define ROTATELEFT(num, n) (((num) << (n)) | ((num) >> (32-(n))))

/**
 * @Transformations for rounds 1, 2, 3, and 4.
 */
#define FF(a, b, c, d, x, s, ac) { \
  (a) += F ((b), (c), (d)) + (x) + ac; \
  (a) = ROTATELEFT ((a), (s)); \
  (a) += (b); \
}
#define GG(a, b, c, d, x, s, ac) { \
  (a) += G ((b), (c), (d)) + (x) + ac; \
  (a) = ROTATELEFT ((a), (s)); \
  (a) += (b); \
}
#define HH(a, b, c, d, x, s, ac) { \
  (a) += H ((b), (c), (d)) + (x) + ac; \
  (a) = ROTATELEFT ((a), (s)); \
  (a) += (b); \
}
#define II(a, b, c, d, x, s, ac) { \
  (a) += I ((b), (c), (d)) + (x) + ac; \
  (a) = ROTATELEFT ((a), (s)); \
  (a) += (b); \
}

#include <string>
#include <cstring>

using std::string;

/* Define of btye.*/
typedef unsigned char byte;
/* Define of byte. */
typedef unsigned int bit32;

class MD5 {
public:
    /* Construct a MD5 object with a string. */
    MD5(const string& message);

    /* Generate md5 digest. */
    const byte* getDigest();

    /* Convert digest to string value */
```

```
        string toStr();

private:
    /* Initialization the md5 object, processing another message block,
     * and updating the context.*/
    void init(const byte* input, size_t len);

    /* MD5 basic transformation. Transforms state based on block. */
    void transform(const byte block[64]);

    /* Encodes input (usigned long) into output (byte). */
    void encode(const bit32* input, byte* output, size_t length);

    /* Decodes input (byte) into output (usigned long). */
    void decode(const byte* input, bit32* output, size_t length);

private:
    /* Flag for mark whether calculate finished. */
    bool finished;

    /* state (ABCD). */
    bit32 state[4];

    /* number of bits, low-order word first. */
    bit32 count[2];

    /* input buffer. */
    byte buffer[64];

    /* message digest. */
    byte digest[16];

    /* padding for calculate. */
    static const byte PADDING[64];

    /* Hex numbers. */
    static const char HEX_NUMBERS[16];
};

#endif // MD5_H
// native-lib.cpp
extern "C"
JNIEXPORT jstring JNICALL
Java_com_r0ysue_getsign_MainActivity_getSign(JNIEnv *env, jobject thiz,
    jstring input_data) {
    // TODO: implement getSign()
    const char *data = const_cast<char *>(env->GetStringUTFChars(input_data, 0));
    return env->NewStringUTF(MD5(data).toStr().c_str());
}
```

编写完成之后尝试着调用一下：

```
Log.e("DTag",getSign("r0ysue"));
```

结果如下所示：

```
2023-01-05 15:10:12.941 4956-4956/com.r0ysue.getsign E/DTag: 8e2b0b38f557578f5
    78ef21b33e4df0d
```

然后我们编写 unidbg 的调用代码：

```java
package com.r0ysue.unidbgbook.Chap37;

import com.github.unidbg.AndroidEmulator;
import com.github.unidbg.LibraryResolver;
import com.github.unidbg.linux.android.AndroidEmulatorBuilder;
import com.github.unidbg.linux.android.AndroidResolver;
import com.github.unidbg.linux.android.dvm.*;
import com.github.unidbg.memory.Memory;

import java.io.File;

public class ObtainSing extends AbstractJni {

    private final AndroidEmulator emulator;
    private final VM vm;

    private ObtainSing() {
        emulator = AndroidEmulatorBuilder.for64Bit().build();
        Memory memory = emulator.getMemory();
        LibraryResolver resolver = new AndroidResolver(23);
        memory.setLibraryResolver(resolver);
        vm = emulator.createDalvikVM();
        vm.setVerbose(false);
        vm.setJni(this);
        DalvikModule dm = vm.loadLibrary(
                new File("unidbg-android/src/test/java/com/r0ysue/unidbgbook/
                    Chap37/libgetsign.so"), false);
        dm.callJNI_OnLoad(emulator);
    }

    public static void main(String[] args) {
        ObtainSing obtainSing = new ObtainSing();
        obtainSing.getSign();
    }

    public void getSign() {
        DvmObject<?> obj = vm.resolveClass("com.r0ysue.getsign.MainActivity").
            newObject(null);
        String signValue = (String) obj.callJniMethodObject(emulator,"getSign(
            Ljava/lang/String;)Ljava/lang/String;",
                "r0ysue").getValue();
        System.out.println(signValue);
    }
}
```

调用后的结果如下所示：

```
8e2b0b38f557578f578ef21b33e4df0d
```

为了配合 Spring Boot 的运行，向 getSign 函数传入参数：

```
public String getSign(String inputData) {
    DvmObject<?> obj = vm.resolveClass("com.r0ysue.getsign.MainActivity").
        newObject(null);
    String signValue = (String) obj.callJniMethodObject(emulator,"getSign(Lja
        va/lang/String;)Ljava/lang/String;",
            inputData).getValue();
    return signValue;
}
```

然后看下本章对应的项目文件分布，如图 31-10
所示。

GetSign 类中的代码如下所示：

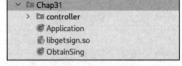

图 31-10　unidbg 中的项目文件分布

```
package com.r0ysue.unidbgbook.Chap30.controller;

import com.r0ysue.unidbgbook.Chap30.ObtainSing;
import org.springframework.web.bind.annotation.GetMapping;
import org.springframework.web.bind.annotation.RestController;

@RestController
public class GetSign {

    ObtainSing obtainSing = new ObtainSing();

    @GetMapping("/getSign")
    public String getSingDemo(String data){
        return obtainSing.getSign(data);
    }
}
```

Application.java 中的代码如下所示：

```
package com.r0ysue.unidbgbook.Chap37;

import org.springframework.boot.SpringApplication;
import org.springframework.boot.autoconfigure.SpringBootApplication;

@SpringBootApplication
public class Application {
    public static void main(String[] args) {
        SpringApplication.run(Application.class, args);
    }
}
```

最后，我们运行 Application 文件，会发现一个报错：

```
Exception in thread "main" java.lang.IllegalArgumentException: LoggerFactory
    is not a Logback LoggerContext but Logback is on the classpath. Either
```

```
remove Logback or the competing implementation (class org.slf4j.impl.
Reload4jLoggerFactory loaded from file:/root/.m2/repository/org/slf4j/
slf4j-reload4j/1.7.36/slf4j-reload4j-1.7.36.jar). If you are using
WebLogic you will need to add 'org.slf4j' to prefer-application-packages
in WEB-INF/weblogic.xml: org.slf4j.impl.Reload4jLoggerFactory
```

如图 31-11 所示，这是由于 slf4j 包冲突所产生的异常，我们移除冲突的包即移除 unidbg 中的 slf4j 包。

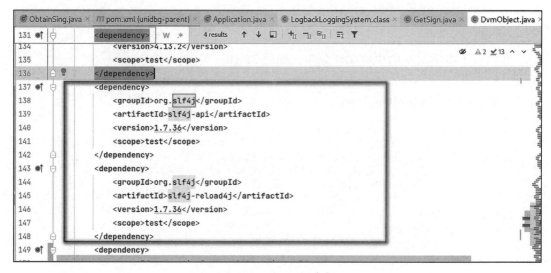

图 31-11　slf4j 包冲突

再次运行项目，可得到正常的响应。然后，我们在浏览器中访问 http://127.0.0.1:8080/getSign?data=r0ysue，得到如图 31-12 所示的结果。

图 31-12　在浏览器中访问结果

这样，一个简易的生产环境就部署完成了。对于这样一套环境，前人已经帮我们封装好了，并做成了一个项目：https://github.com/anjia0532/unidbg-boot-server。下面，我们一起来看看这个项目的配置和使用。

31.3　unidbg-boot-server 简介

接下来我们一起来学习 unidbg-boot-server 的相关知识。

31.3.1　简介

unidbg-boot-server 的最初定位是一个开箱即用的 unidbg 的高性能多线程的 HTTP Server，但是只是这点的话，格局就小了，目前 unidbg-boot-server 的定位是基于 unidbg 的开箱即用，新手友好，集成最佳实践的 unidbg 脚手架，Java 工程师可以无门槛上手，无 Java 基础的其他工程师也可以低成本上手。

31.3.2　常规配置项说明

application.yml 配置项说明如下：

```
server:
    # 端口
    port: 9999

application:
    unidbg:
        # 是否启用 dynarmic 引擎
        dynarmic: false
        # 是否打印 JNI 调用细节 vm.setVerbose()
        verbose: false
        # 是否使用异步多线程，默认为 true，如果值为 false 则改成加锁单线程调用
        async: true

# 多线程相关
spring:
    task:
        execution:
            pool:
                allow-core-thread-timeout: true
                # 8 个核心线程
                core-size: 8
                # 超过多久没用的线程自动释放
                keep-alive: 60s
                # 最大线程数
                max-size: 8
```

31.4　unidbg-boot-server 项目实例

接下来，我们一起来看具体的项目实例。

31.4.1　项目演示

我们第一步需要复制整个项目：

```
# proxychains git clone https://github.com/anjia0532/unidbg-boot-server.git

[proxychains] config file found: /etc/proxychains4.conf
[proxychains] preloading /usr/lib/x86_64-linux-gnu/libproxychains.so.4
[proxychains] DLL init: proxychains-ng 4.16
Cloning into 'unidbg-boot-server'...
```

```
[proxychains] DLL init: proxychains-ng 4.16
[proxychains] DLL init: proxychains-ng 4.16
[proxychains] Strict chain  ...  192.168.3.12:10808  ...  github.com:443  ...  OK
remote: Enumerating objects: 554, done.
[proxychains] DLL init: proxychains-ng 4.16
remote: Counting objects: 100% (126/126), done.
remote: Compressing objects: 100% (59/59), done.
remote: Total 554 (delta 69), reused 75 (delta 64), pack-reused 428
Receiving objects: 100% (554/554), 2.69 MiB | 90.00 KiB/s, done.
Resolving deltas: 100% (224/224), done.
[proxychains] DLL init: proxychains-ng 4.16
```

复制下来的项目只有几兆，而 unidbg 却有几百兆，这是为什么呢？我们不妨来看看
pom.xml 文件：

```
...
<dependency>
    <groupId>com.github.zhkl0228</groupId>
    <artifactId>unidbg-android</artifactId>
    <version>${unidbg.version}</version>
</dependency>
<dependency>
    <groupId>com.github.zhkl0228</groupId>
    <artifactId>unidbg-dynarmic</artifactId>
    <version>${unidbg.version}</version>
    <exclusions>
        <exclusion>
            <artifactId>unidbg-api</artifactId>
            <groupId>com.github.zhkl0228</groupId>
        </exclusion>
    </exclusions>
</dependency>
...
```

上面呈现的只是部分代码，可以看到，项目本身把 unidbg 作为依赖导入项目中。

使用 IDEA 把项目打开，如图 31-13 所示。

图 31-13　unidbg-boot-server

同步完项目后，我们一起来看一下项目的结构，UnidbgServerApplication 相当于我们前面演示项目的 Application，即项目的入口文件，如图 31-14 所示。

我们直接运行这个入口文件，看看项目的情况，运行后的控制台输出如下所示：

```
...
2023-01-05 19:31:06.923  INFO 1359300 ---
   [          main] c.a.u.UnidbgServerApplic
   ation              :
------------------------------------------------------------
   应用  :          unidbg-boot-server 已启动！
   地址  :          http://127.0.0.1:9999/
   演示访问  :    curl http://127.0.0.1:9999/api/tt-encrypt/encrypt (linux)
   演示访问  :    http://127.0.0.1:9999/api/tt-encrypt/encrypt (windows：浏览器直接打开)
   常见问题  :    https://github.com/anjia0532/unidbg-boot-server/blob/main/QA.md
   配置文件  :    [application, application-dev]
------------------------------------------------------------
...
```

直接在浏览器中打开对应的地址，获取到的运行结果如图 31-15 所示。

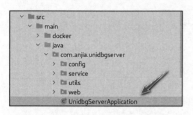

图 31-14 项目的入口文件

图 31-15 server 运行结果

乱码是正常的，这是因为作者写的示例返回的是 Hex 数据，但是没有处理，所以显示乱码。

31.4.2 添加模拟执行

项目本身已经有一个示例，我们对照着原始的代码去移植对应的内容即可。这里有两点需要注意：

- 入口文件不需要动。
- web 目录下放置的是 Controller 文件。

```
package com.anjia.unidbgserver.web;

import com.anjia.unidbgserver.service.GetSignServiceWorker;
import lombok.SneakyThrows;
import lombok.extern.slf4j.Slf4j;
import org.springframework.http.MediaType;
import org.springframework.web.bind.annotation.RequestMapping;
import org.springframework.web.bind.annotation.RequestMethod;
import org.springframework.web.bind.annotation.RequestParam;
```

```
import org.springframework.web.bind.annotation.RestController;

import javax.annotation.Resource;


@Slf4j
@RestController
@RequestMapping(path = "/api/getSign", produces = MediaType.APPLICATION_JSON_VALUE)
public class GetSignController {

    @Resource(name = "getSignWorker")
    private GetSignServiceWorker getSignServiceWorker;

    @SneakyThrows @RequestMapping(value = "", method = {RequestMethod.GET,
        RequestMethod.POST})
    // 对传入的参数进行计算
    public String getSign(@RequestParam String data) {
        String result = getSignServiceWorker.GetSign(data).get();
        return result;
    }
}
```

下面来看 unidbg 代码部分，它被封装到了两个文件中。

首先我们来看 GetSignService.java 文件，内容如下：

```
package com.anjia.unidbgserver.service;

import com.anjia.unidbgserver.config.UnidbgProperties;
import com.anjia.unidbgserver.utils.TempFileUtils;
import com.github.unidbg.AndroidEmulator;
import com.github.unidbg.LibraryResolver;
import com.github.unidbg.Module;
import com.github.unidbg.linux.android.AndroidEmulatorBuilder;
import com.github.unidbg.linux.android.AndroidResolver;
import com.github.unidbg.linux.android.dvm.*;
import com.github.unidbg.memory.Memory;
import org.apache.commons.io.IOUtils;

import java.io.File;
import java.io.IOException;

public class GetSignService extends AbstractJni{
    private final AndroidEmulator emulator;
    private final VM vm;

    private final Module module;

    private final static String LIB_PATH = "data/apks/so/libgetsign.so";


    public GetSignService(UnidbgProperties unidbgProperties) throws IOException {
        emulator = AndroidEmulatorBuilder.for64Bit().build();
        Memory memory = emulator.getMemory();
```

```
        LibraryResolver resolver = new AndroidResolver(23);
        memory.setLibraryResolver(resolver);
        vm = emulator.createDalvikVM();
        vm.setVerbose(false);
        vm.setJni(this);
        DalvikModule dm = vm.loadLibrary(TempFileUtils.getTempFile(LIB_PATH), false);
        module = dm.getModule();
        dm.callJNI_OnLoad(emulator);
    }

    public String getSign(String inputData) {
        DvmObject<?> obj = vm.resolveClass("com.r0ysue.getsign.MainActivity").
            newObject(null);
        String signValue = (String) obj.callJniMethodObject(emulator,"getSign(
            Ljava/lang/String;)Ljava/lang/String;",
            inputData).getValue();
        return signValue;
    }

    public void destroy() {
        try {
            IOUtils.close(emulator);
        } catch (IOException e) {
            e.printStackTrace();
        }
    }
}
```

然后我们来看 GetSignServiceWorker.java 文件，内容如下：

```
package com.anjia.unidbgserver.service;

import com.anjia.unidbgserver.config.UnidbgProperties;
import com.github.unidbg.worker.Worker;
import com.github.unidbg.worker.WorkerPool;
import com.github.unidbg.worker.WorkerPoolFactory;
import lombok.SneakyThrows;
import lombok.extern.slf4j.Slf4j;
import org.springframework.beans.factory.annotation.Autowired;
import org.springframework.beans.factory.annotation.Value;
import org.springframework.scheduling.annotation.Async;
import org.springframework.stereotype.Service;

import java.io.IOException;
import java.util.concurrent.CompletableFuture;
import java.util.concurrent.TimeUnit;

@Slf4j
@Service("getSignWorker")
public class GetSignServiceWorker extends Worker {

    private UnidbgProperties unidbgProperties;
    private WorkerPool pool;
    private GetSignService getSignService;
```

```java
public GetSignServiceWorker(WorkerPool pool) {
    super(pool);

}


@Autowired
public GetSignServiceWorker(UnidbgProperties unidbgProperties,
                           @Value("${spring.task.execution.pool.core-
                                   size:4}") int poolSize) throws IOException {
    super(null);
    this.unidbgProperties = unidbgProperties;
    if (this.unidbgProperties.isAsync()) {
        pool = WorkerPoolFactory.create((pool) ->
                new TTEncryptServiceWorker(unidbgProperties.isDynarmic(),
                    unidbgProperties.isVerbose(),pool),
            Math.max(poolSize, 4));
        log.info("线程池为:{}", Math.max(poolSize, 4));
    } else {
        this.getSignService = new GetSignService(unidbgProperties);
    }
}


public GetSignServiceWorker(boolean dynarmic, boolean verbose, WorkerPool
    pool) throws IOException {
    super(pool);
    this.unidbgProperties = new UnidbgProperties();
    unidbgProperties.setDynarmic(dynarmic);
    unidbgProperties.setVerbose(verbose);
    log.info("是否启用动态引擎:{},是否打印详细信息:{}", dynarmic, verbose);
    this.getSignService = new GetSignService(unidbgProperties);
}


@Async
@SneakyThrows
public CompletableFuture<String> GetSign(String key1) {

    GetSignServiceWorker worker;
    String data;
    if (this.unidbgProperties.isAsync()) {
        while (true) {
            if ((worker = pool.borrow(2, TimeUnit.SECONDS)) == null) {
                continue;
            }
            data = worker.doWork(key1);
            pool.release(worker);
            break;
        }
    } else {
        synchronized (this) {
            data = this.doWork(key1);
        }
    }
    return CompletableFuture.completedFuture(data);
}
```

```java
    private String doWork(String key1) {
        return getSignService.getSign(key1);
    }

    @SneakyThrows @Override public void destroy() {
        getSignService.destroy();
    }
}
```

最后我们运行代码，在浏览器中获得如图 31-16 所示的结果。

当然我们也可以用 Python 批量请求并查看结果，如图 31-17 所示。

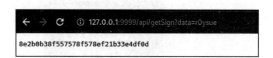

图 31-16　在浏览器中获得的结果

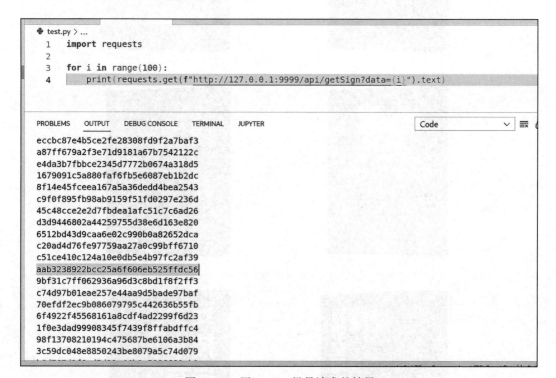

图 31-17　用 Python 批量请求的结果

31.5　本章小结

在本书的最后一章，笔者向大家介绍了 unidbg 算法服务器搭建案例，从 Spring Boot 入手，说明了它如何使用，并做了演示，然后搭建 MD5 签名获取的 App 工程，演示了如何将 Spring Boot 和 unidbg 结合起来做算法签名服务器。最后，介绍并演示了完整的微服务工程 unidbg-boot-server 的使用方式，并用 Python 做了请求，获取了不错的结果。